Excel 2019办公应用从入门到精通

龙马高新教育 ◎ 编著

北京大学出版社
PEKING UNIVERSITY PRESS

内 容 提 要

本书通过精选案例引导读者深入学习，系统地介绍使用 Excel 2019 办公应用的相关知识和应用方法。

全书分为 5 篇，共 18 章。第 1 篇“快速入门篇”主要介绍 Excel 2019 的安装与配置、Excel 2019 的基本操作、数据的输入与编辑技巧，以及工作表的美化设计及数据的查看等；第 2 篇“公式函数篇”主要介绍公式及函数的运用等；第 3 篇“数据分析篇”主要介绍数据列表管理、图表的应用及数据透视表和透视图等；第 4 篇“高效办公实战篇”主要介绍 Excel 在企业办公、人力资源管理、市场营销及财务管理中的高效应用等；第 5 篇“高手秘籍篇”主要介绍 Excel 文档的打印、宏与 VBA 的应用、Office 组件间的协作及移动办公等。

在本书附赠的学习资源中，包含了 12 个小时与图书内容同步的教学视频，以及所有案例的配套素材和结果文件。此外，还赠送了大量与学习内容相关的教学视频及扩展学习电子书等，以满足读者在手机和平板电脑上学习的需要。

本书既适合计算机初级、中级用户学习，也可以作为各类院校相关专业学生和计算机培训班学员的教材或辅导用书。

图书在版编目（CIP）数据

Excel 2019 办公应用从入门到精通 / 龙马高新教育编著 . — 北京：北京大学出版社，2019.3

ISBN 978-7-301-30240-8

Ⅰ. ① E… Ⅱ. ①龙… Ⅲ. ①表处理软件 Ⅳ. ① TP391.13

中国版本图书馆 CIP 数据核字 (2019) 第 008163 号

书　　名	Excel 2019 办公应用从入门到精通 Excel 2019 BANGONG YINGYONG CONG RUMEN DAO JINGTONG
著作责任者	龙马高新教育　编著
责任编辑	吴晓月
标准书号	ISBN 978-7-301-30240-8
出版发行	北京大学出版社
地　　址	北京市海淀区成府路 205 号　100871
网　　址	http://www.pup.cn　　新浪微博：@ 北京大学出版社
电子信箱	pup7@pup.cn
电　　话	邮购部 010-62752015　发行部 010-62750672　编辑部 010-62570390
印 刷 者	三河市北燕印装有限公司
经 销 者	新华书店
	787 毫米 × 1092 毫米　16 开本　22.75 印张　568 千字
	2019 年 3 月第 1 版　2020 年 10 月第 3 次印刷
印　　数	5001-6000 册
定　　价	69.00 元

Excel 2019 很神秘吗？

不神秘！

学习 Excel 2019 难吗？

不难！

阅读本书能掌握 Excel 2019 的使用方法吗？

能！

为什么要阅读本书

Office 是现代公司日常办公中不可或缺的工具，主要包括 Word、Excel、PowerPoint 等组件，被广泛地应用于财务、行政、人事、统计和金融等众多领域。本书从实用的角度出发，结合应用案例，模拟了真实的办公环境，介绍 Excel 2019 的使用方法与技巧，旨在帮助读者全面、系统地掌握 Excel 2019 在办公中的应用。

本书内容导读

本书分为 5 篇，共 18 章，内容如下。

第 0 章　共 4 段教学视频，主要介绍了 Excel 的最佳学习方法，使读者在正式阅读本书之前对 Excel 2019 有初步的了解。

第 1 篇（第 1 ~ 4 章）为快速入门篇，共 30 段教学视频。主要介绍了 Excel 的基本操作，通过对该篇的学习，读者可以掌握 Excel 2019 的安装与配置、Excel 2019 的基本操作、数据的输入与编辑技巧，以及工作表的美化设计及数据的查看等操作。

第 2 篇（第 5 ~ 6 章）为公式函数篇，共 20 段教学视频。主要介绍 Excel 中各种公式和函数的运用，通过对该篇的学习，读者可以掌握简单及复杂的数据处理等技巧。

第 3 篇（第 7 ~ 9 章）为数据分析篇，共 25 段教学视频。主要介绍 Excel 数据分析的各种操作，通过对该篇的学习，读者可以掌握数据列表管理、图表的应用及数据透视表和透视图的操作等。

第 4 篇（第 10 ~ 13 章）为高效办公实战篇，共 12 段教学视频。主要介绍 Excel 在企业办公、人力资源管理、市场营销及财务管理中的高效应用等。

第 5 篇（第 14 ~ 17 章）为高手秘籍篇，共 23 段教学视频。主要介绍 Excel 文档的打印、宏与 VBA 的应用、Office 组件间的协作及移动办公等。

选择本书的 N 个理由

❶ 简单易学，案例为主

以案例为主线，贯穿知识点，实操性强，与读者的需求紧密结合，模拟真实的工作环境，帮助读者解决在工作中遇到的问题。

❷ 高手支招，高效实用

本书的“高手支招”板块提供了大量实用技巧，既能满足读者的阅读需求，也能解决在工作、学习中遇到的一些常见问题。

❸ 举一反三，巩固提高

本书的“举一反三”板块提供与本章知识点有关或类型相似的综合案例，帮助读者巩固所学内容，提高操作水平。

❹ 海量资源，实用至上

赠送大量的实用模板、实用技巧及学习辅助资料等，便于读者结合赠送资料学习。另外，本书赠送《手机办公 10 招就够》手册，在强化读者学习的同时，也可为其在工作中提供便利。

配套资源

❶ 12 小时名师指导视频

教学视频涵盖本书所有知识点，详细讲解每个实例及实战案例的操作过程和关键点。读者可更轻松地掌握 Excel 2019 的使用方法和技巧，而且扩展性讲解部分可使读者获得更多的知识。

❷ 超多、超值资源大赠送

赠送本书素材和结果文件、本书配套 PPT 课件、通过互联网获取学习资源和解题方法、办公类手机 APP 索引、办公类网络资源索引、Word/Excel/PPT 2019 常用快捷键查询手册、Office 十大实战应用技巧、1000 个 Office 常用模板、Excel 函数查询手册、Windows 10 操作教学视频、《微信高手技巧随身查》电子书、《QQ 高手技巧随身查》电子书、《高效能人士效率倍增手册》电子书等超值资源，以方便读者扩展学习。

配套资源下载

为了方便读者学习，本书配备了多种学习方式，供读者选择。

❶ 下载地址

（1）扫描下方二维码，关注微信公众号“博雅读书社”，找到资源下载模块，根据提示即可下载本书配套资源。

（2）扫描下方二维码或在浏览器中输入下载链接：http://v.51pcbook.cn/download/30240.html，即可下载本书配套资源。

❷ 使用方法

下载配套资源到电脑端，单击相应的文件夹即可查看对应的资源。每一章所用到的素材文件均在“本书实例的素材文件、结果文件\素材\ch*”文件夹中。读者在操作时可随时取用。

❸ 扫描二维码观看同步视频

使用微信“扫一扫”功能，扫描每节中对应的二维码，根据提示进行操作，关注“千聊”公众号，点击“购买系列课￥0”按钮，支付成功后返回视频页面，即可观看相应的教学视频。

本书读者对象

1．没有任何办公软件应用基础的初学者。

2．有一定办公软件应用基础，想精通 Excel 2019 的人员。

3．有一定办公软件应用基础，没有实战经验的人员。

4．大专院校及培训学校的老师和学生。

创作者说

本书由龙马高新教育策划，左琨任主编，李震、赵源源任副主编，为读者精心呈现。读者在读完本书后会惊奇地发现，“我已经是 Excel 办公达人了”，这也是让编者最欣慰的结果。

本书在编写过程中，我们竭尽所能地为读者呈现最好、最全的实用功能，但仍难免有疏漏和不妥之处，敬请广大读者不吝指正。若读者在学习过程中产生疑问，或者有任何建议，可以通过 E-mail 与我们联系。

读者邮箱：2751801073@qq.com

投稿邮箱：pup7@pup.cn

目录
CONTENTS

第 0 章 Excel 最佳学习方法

第 1 篇 快速入门篇

第 1 章 快速上手——Excel 2019 的安装与配置

Excel 2019 是微软公司推出的 Office 2019 办公系列软件的一个重要组成部分，主要用于电子表格的处理，可以高效地完成各种表格和图的设计，进行复杂的数据计算和分析。本章将介绍 Excel 2019 的安装与卸载、启动与退出，以及 Excel 2019 的工作界面等。

第 2 章 Excel 2019 的基本操作

本章主要学习 Excel 工作簿和工作表的基本操作。对于初学 Excel 的人员来说，可能会将工作簿和工作表混淆，而这两者的操作又是学习 Excel 时首先应该了解的。

第 3 章　数据的输入与编辑技巧

本章 9 段教学视频

本章主要学习 Excel 工作表编辑数据的常用技巧和高级技巧。对于初学 Excel 的人来说，在单元格中编辑数据是第一步操作，因此针对这一问题，本章详细介绍了如何在单元格中输入数据及对单元格的基本操作。

第 4 章　工作表的美化设计及数据的查看

本章 10 段教学视频

本章将通过员工资料归档管理表的制作，详细介绍表格的创建和编辑、文本段落的格式化设计、套用表格样式、设置条件格式及数据的查看方式等内容，从而帮助读者掌握制作表格和美化表格的操作。

第 2 篇 公式函数篇

第 5 章 简单数据的快速计算——公式

本章 7 段教学视频

本章将详细介绍公式的输入和使用、单元格的引用及审核公式是否正确等内容。通过本章的学习，读者可以了解公式的强大计算功能，从而为分析和处理工作表中的数据提供极大的方便。

第 6 章 复杂数据的处理技巧——函数

本章 13 段教学视频

通过本章的学习，读者将对函数有一个全面的了解。本章首先介绍函数的基本概念和输入方法，然后通过常见函数的使用来具体解析各个函数的功能，最后通过案例综合运用相关函数，从而为更好地使用函数奠定坚实的基础。

第 3 篇 数据分析篇

第 7 章 初级数据处理与分析——数据列表的管理

本章 8 段教学视频

本章主要介绍 Excel 2019 中的数据验证功能、数据排序和筛选功能及数据分类汇总功能。通过本章的学习，读者可以掌握数据的处理和分析技巧，并通过所学知识轻松快捷地管理数据列表。

第 8 章 中级数据处理与分析——图表的应用

本章 8 段教学视频

图表作为一种比较形象、直观的表达形式，不仅可以直观地展示各种数据的多少，还可以展示数据增减变化的情况，以及部分数据与总数据之间的关系等信息。本章主要介绍图表的创建及应用。

第 9 章 专业数据的分析——数据透视表和透视图

本章 9 段教学视频

作为专业的数据分析工具，数据透视表不仅可以清晰地展示出数据的汇总情况，而且对数据的分析和决策起着至关重要的作用。本章主要介绍了创建、编辑和设置数据透视表，以及创建透视图和切片器的应用等内容。

第 4 篇 高效办公实战篇

第 10 章 Excel 在企业办公中的高效应用

本章 3 段教学视频

本章主要介绍 Excel 在企业办公中的高效应用，包括制作客户信息管理表、部门经费预算汇总表和员工资料统计表。通过本章的学习，读者可以比较轻松地完成企业办公中的常见工作。

第 11 章 Excel 在人力资源管理中的高效应用

本章 3 段教学录像

本章主要介绍 Excel 在人力资源管理中的高效应用，包括制作公司年度培训计划表、员工招聘流程图及员工绩效考核表。通过对这些知识的学习，读者可以掌握 Excel 在人力资源管理中的应用技巧。

第 12 章 Excel 在市场营销中的高效应用

本章 3 段教学视频

作为 Excel 的最新版本，Excel 2019 具有强大的数据分析管理能力，在市场营销管理中有着广泛的应用。本章根据其在市场营销中的实际应用状况，详细介绍了市场营销项目计划表、产品销售分析与预测，以及进销存管理表的制作及美化。

第 13 章 Excel 在财务管理中的高效应用

本章 3 段教学视频

通过分析公司财务报表，能对公司财务状况及整个经营状况有一个基本的了解，从而对公司内在价值做出判断。本章主要介绍如何制作员工实发工资表、现金流量表和分析资产负债管理表等操作，让读者对 Excel 在财务管理中的高级应用技能有更加深刻的理解。

第 5 篇 高手秘籍篇

第 14 章 Excel 文档的打印

本章 5 段教学视频

本章主要介绍 Excel 文档的打印方法。通过本章的学习，读者可以轻松地添加打印机、设置打印前的页面效果、选择打印的范围。同时，通过对高级技巧的学习，读者可以掌握行号、列标、网格线、表头等的打印技巧。

第 15 章 宏与 VBA 的应用

本章 9 段教学视频

宏是可以执行任意次数的一个或一组操作，宏的最大优点是，如果需要在 Excel 中重复执行多个任务，可以通过录制一个宏来自动执行这些任务。VBA 是 Visual Basic for Applications 的缩写，是 Visual Basic 的一种宏语言，主要用来扩展 Windows 的应用程式功能。Excel 2019 提供了 VBA 的开发界面，即 Visual Basic 编辑器（VBE）窗口，在该窗口中可以实现应用程序的编写、调试和运行等操作。使用宏和 VBA 的主要作用是提高工作效率，让重复的工作只需单击一个按钮，就可以轻松完成。

第 16 章 Office 组件间的协作

本章 4 段教学视频

本章主要介绍 Office 组件之间的协同办公功能，主要包括 Word 与 Excel 之间的协作、Excel 与 PowerPoint 之间的协作等。通过本章的学习，可以实现 Office 组件之间的协同办公。

第 17 章 Office 的跨平台应用——移动办公

本章 5 段教学视频

使用智能手机、平板电脑等移动设备，可以轻松跨越 Windows 操作系统平台，随时随地进行移动办公，不仅方便快捷，而且不受地域限制。本章将介绍在手机中处理邮件、使用手机 QQ 协助办公及在手机中处理办公文档的操作。

第 0 章

Excel 最佳学习方法

本章导读

在学习 Excel 2019 之前，需要先了解 Excel 都在哪些行业被应用及不同行业对 Excel 的要求，以及了解目前常见的 Excel 版本、必须要避免的 Excel 办公学习误区和如何成为 Excel 办公高手。

思维导图

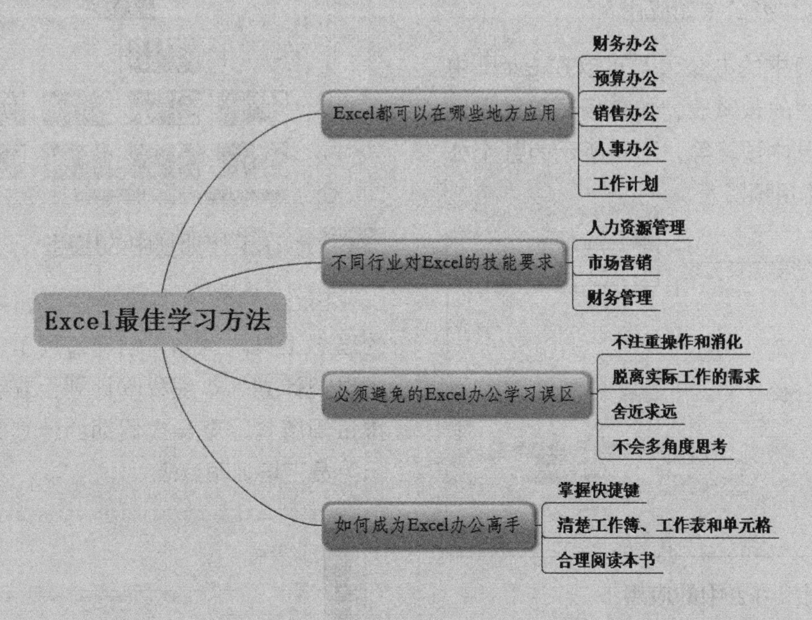

0.1 Excel 都可以在哪些地方应用

Excel 属于办公软件。一般来说，只要制作表格都可以使用 Excel，而且 Excel 对需要大量计算的表格特别适用。下面介绍 Excel 主要的应用领域。

1. 在财务办公中的应用

Excel 在财务办公中的应用主要表现在制作财务会计报表方面，常见的报表包括资产负债表、现金流量表、利润表等，使用 Excel 强大的计算功能可以快速处理报表中的数据，下图所示为企业会计准则现金流量表。

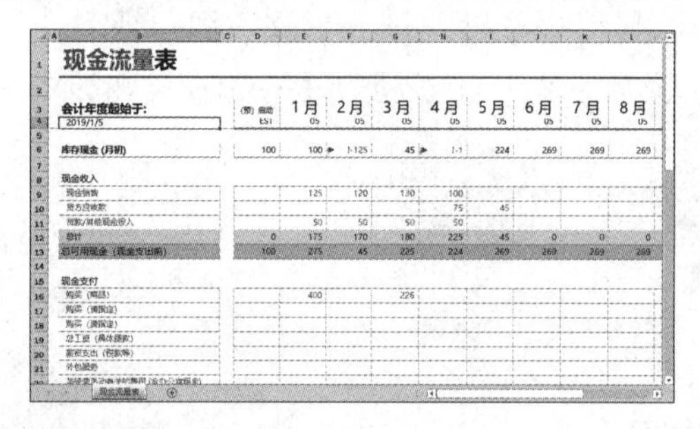

2. 在预算办公中的应用

预算部门中的办公人员可以在 Excel 中创建任何类型的预算表，如市场预算计划、活动预算或退休预算等，下图所示为某个公司促销活动费用预算表。

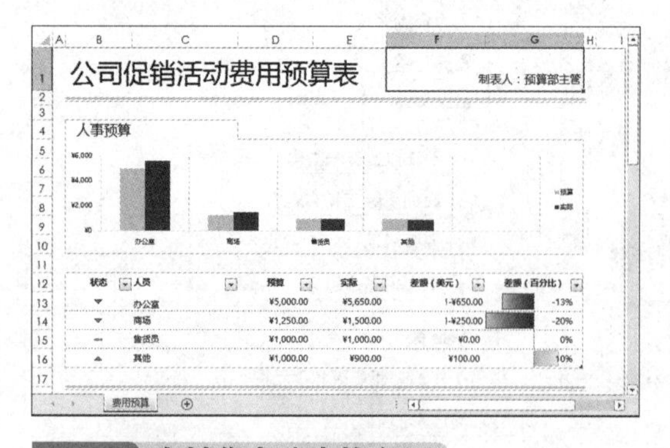

3. 在销售办公中的应用

Excel 可用于统计销售人员的销售数据，如销售统计表、产品销售清单等，下图所示为某销售公司的销售报表。

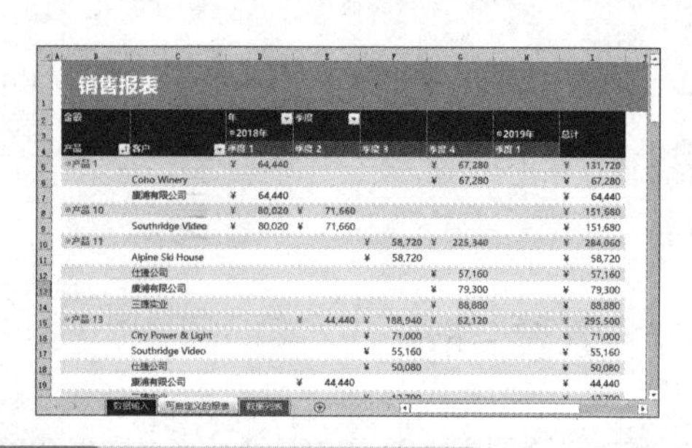

4. 在人事办公中的应用

为了更好地展示公司的人事结构，人事办公人员需要制作人力资源组织结构图。使用 Excel 强大的组织结构图功能可以快速制作出组织结构图，下图所示为某学校的人事组织结构图。

5. 在工作计划中的应用

Excel 是用于创建专业计划或日程计划的理想工具。例如，创建每周工作计划、市场研究计划、年底税收计划，或者有助于安排每周膳食、聚会或假期的计划等。下图所示为员工培训跟踪表。

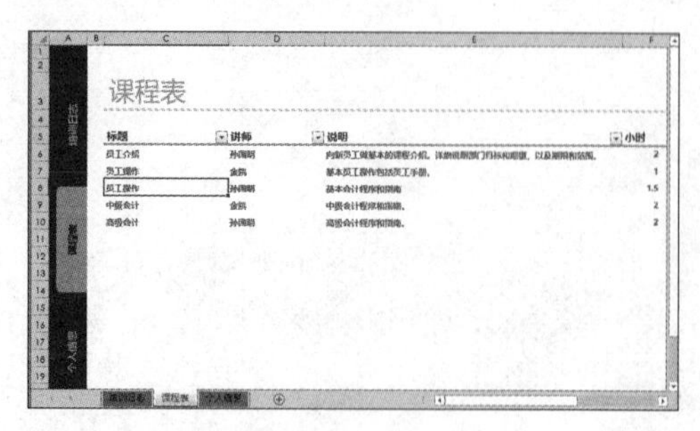

0.2 不同行业对 Excel 的技能要求

不同的行业，对 Excel 技能的要求是不同的，常见的行业要求如下。

1. 人力资源管理行业

人力资源管理行业的主要工作包括招聘录用企业新员工、员工培训、员工的薪酬福利、人事信息统计、员工设备业务、员工考评管理、企业员工调动管理、企业员工奖惩管理、企业人事查询等。该行业要求掌握以下技能。

首先，会设计规范的 Excel 基础表格，这是高效数据分析的第一步，因为数据分析的源头就是基础表格数据。设计基础表格的总体原则是：结构的科学性、数据的易读性、汇总的便利性、分析的灵活性和外观的美观性。

其次，可以快速对相关人事数据进行分析和汇总，让公司人力资源现状一目了然，而且能够对上百人甚至上千人的工资状况进行汇总、制作五险一金汇总表、制作个税代扣代缴表、对刷卡考勤数据进行快速统计等。

最后，可以处理重复数据、高效核对数据、高效规范输入数据、熟练应用公式和函数、会用图表分析员工的信息等。

2. 市场营销行业

市场营销行业要求熟练应用数据的输入与编辑技能，公式、函数与名称应用技能，数据组织与内容整理技能，设置数据显示格式的技能，制作数据图表的技能，等等。

根据销售管理与市场营销的工作需要，要求会制作销售表单、销售数据汇总表、销售业绩提成表、代理商管理表、应收账款管理表、市场预测表及营销决策分析表等领域的 Excel 表格。

3. 财务管理行业

财务管理行业要求能够熟悉 Excel 的工作界面，会进行 Excel 工作簿、工作表及单元格的基本操作，会在 Excel 中绘制图形、建立图表，了解 Excel 中公式的运算符并会编辑数组公式，熟悉 Excel 中一些常用的财务函数，会进行 Excel 数据清单的创建、排序、筛选及汇总操作，会进行 Excel 数据透视图的操作，会利用 Excel 进行财务报表分析，会利用 Excel 进行债券、股票的估价计算，会利用 Excel 进行项目投资决策、资本结构决策及营运资本决策等。

目前，Excel 软件的版本有很多种，如 Excel 2003、Excel 2007、Excel 2010、Excel 2013、Excel 2016 和 Excel 2019。不同的 Excel 版本，其默认的文件后缀名是有区别的，如下表所示。

不同版本的 Excel 的默认文件后缀名

软件版本	后缀名
Excel 2003	.xls
Excel 2007	.xlsx
Excel 2010	.xlsx
Excel 2013	.xlsx
Excel 2016	.xlsx
Excel 2019	.xlsx

默认情况下，Excel 2003 只能打开后缀名为“.xls”的工作簿，Excel 2007、Excel 2010、Excel 2013、Excel 2016 和 Excel 2019 可以打开后缀名为“.xls”和“.xlsx”的工作簿。如果读者想让各个版本的软件都能打开该工作簿，那么必须将该工作簿保存为“.xls”格式。

0.3 必须避免的 Excel 办公学习误区

在学习 Excel 2019 的过程中，初学者容易走很多弯路，常见的学习误区如下。

误区 1：盲目地购买学习资料，而不注重操作和消化。Excel 主要应用于办公实战中，所以读者还是需要多做案例，并且理解案例中为什么这样做，有没有更有效率的方法和技巧。

误区 2：盲目地学习，脱离实际工作的需求。Excel 软件的功能和技巧非常多，如果每个功能都去学习，会耗费大量的精力和时间，所以建议读者以实际工作为需求，目的要明确，实践性要强。

误区 3：为了学习而学习，舍近求远。有的读者会深入研究 VBA 代码，其实有些功能是 Excel 已经内置好的，或者说内置功能虽然不能直接实现，但是借助一些简单的辅助工具，再结合内置功能就能够轻易实现，根本没有必要花费大量的时间去研究 VBA 代码。Excel 只是一个工具，一个能够帮助读者解决问题的工具，学习 Excel 的最终目的是更好地解决问题，而不是为了学习而学习。

误区 4：解决问题总是喜欢一步到位，不会多角度思考。很多情况下，Excel 高级功能的实现，是几个基本功能的巧妙组合。有的初学者总是在寻找新的功能，忽略了对已经掌握的功能的进一步理解和应用。也许只是多加一个辅助列就能解决的问题，却要花费许多精力去学习新功能。因此，建议读者在遇到问题时要多角度思考，对不能直接实现的功能，可以用几个基本功能组合一下，分成几步解决问题。

0.4 如何成为 Excel 办公高手

要想快速成为 Excel 办公高手，需要读者有好的学习方法和技巧。下面介绍最实用的自学 Excel 的 3 个步骤。

1. 快人一步，不得不记的快捷键

要想提高工作效率，使用快捷键是一个非常有效的方法，Excel 常用的快捷键如下表所示。

Excel 常用快捷键

快捷键	含义	快捷键	含义
F1	帮助	Ctrl+1	打开单元格格式的窗口
Ctrl+Z	撤销上一步的操作	F12	另存为
F2	编辑当前单元格	Ctrl+Home	将鼠标指针移至 A1 单元格
Ctrl+F4	关闭当前工作簿	Ctrl+A	全选
Ctrl+F6	在多个工作簿中切换	Ctrl+F	查找
F11	插入一个图表页	Ctrl+End	将鼠标指针移至数据区域的最后一行最后一列的单元格
Ctrl+PageUp	切换至前一个工作表	Ctrl+B	加粗当前选择单元格或内容
Ctrl+PageDown	切换至后一个工作表	Ctrl+C	复制
Ctrl+G	定位	Ctrl+Tab	在多个工作簿中切换
Ctrl+N	新建一个空白的工作簿	Ctrl+H	替换
Ctrl+K	插入超链接	Shift+ 空格	在没有非输入法状态下选择整行
Shift+ 箭头	选择鼠标指针经过的单元格	Ctrl+P	打印
Shift+F2	插入注释	Ctrl+O	打开一个存在的工作簿

续表

快捷键	含义	快捷键	含义
Shift+F3	粘贴函数	Ctrl+S	保存
Shift+F9	最小化工作表	Ctrl+I	将当前选择单元格或内容设为斜体
Shift+F10	最大化工作表	Ctrl+V	粘贴
Shift+F11	添加一个工作表	Ctrl+W	关闭当前工作簿
Alt+F4	关闭	Ctrl+X	剪切
Alt+ 下箭头	列出列中其他单元格的内容	Ctrl+Y	如果撤销错误，恢复上一步的操作

2. Excel 三大元素：工作簿、工作表和单元格

Excel 三大元素是指工作簿、工作表和单元格。工作簿是用来存储并处理工作数据的文件，其扩展名是“.xlsx”（在 Excel 2003 版本中为“.xls”）。一个工作簿就如同一本书，其中包含许多工作表，工作表中可以存储不同类型的数据。通常所说的 Excel 文件是指工作簿文件，如下图所示，“假期规划器”即为工作簿文件。

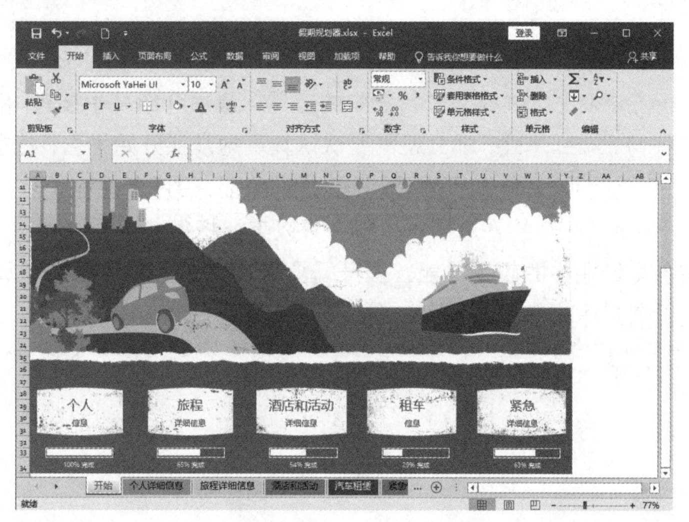

工作表是工作簿的组成部分。默认情况下，新创建的工作簿只包含 1 个工作表，名称为“Sheet1”。使用工作表可以组织和分析数据，读者可以对工作表进行“重命名”“插入”“删除”“显示”“隐藏”等操作。下图所示的“个人详细信息”为工作表的名称。

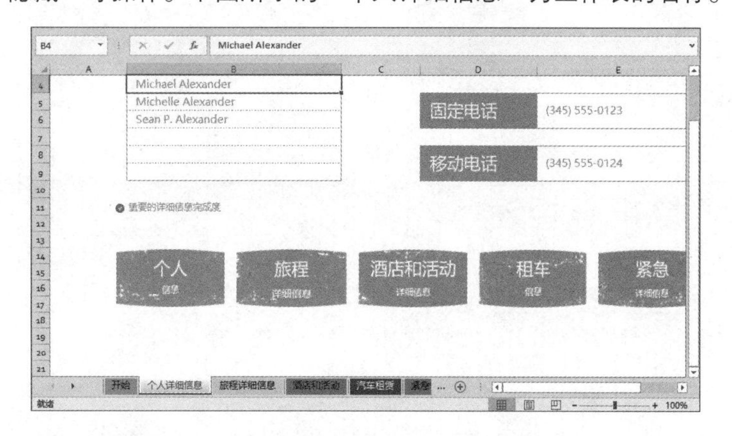

工作表中行、列交汇处的区域称为单元格，用于存放文字、数字、公式和声音等信息。单

元格是存储数据的基本单位。

默认情况下，Excel 用列序号字母和行序号数字来表示一个单元格的位置，称为单元格地址。在工作表中，每个单元格都有其固定的地址，一个地址也只表示一个单元格。例如，B3 表示位于 B 列与第 3 行交会处的单元格，如下图所示。

3. 如何阅读本书

本书从 Excel 2019 的基本操作开始介绍，进一步学习数据的计算方法、复杂数据的处理技巧、各种数据的分析方法及 Excel 在各个行业中的应用，最后介绍高手技巧。

如果读者没有任何 Excel 基础，那么就需要认认真真地从头开始学习，把书中的案例做完，然后对照结果文件，对比是否一样，从而发现问题、提升技能，循序渐进地学习 Excel 的办公技能。

如果读者了解 Excel 2019 的基本操作，那么可以直接把每章中的“举一反三”操作一遍，重点练习 Excel 在各个行业中的应用技能，提升行业应用经验。最后要熟练掌握宏、VBA 和各个组件的协作，以提高工作效率，成为用 Excel 办公的高手。

第1篇

快速入门篇

本篇主要介绍了 Excel 中的各种操作，通过对本篇的学习，读者可以了解 Excel 2019 的安装与配置、Excel 2019 的基本操作、工作表的编辑与数据输入技巧，以及工作表美化设计和数据的查看等操作。

第 1 章

快速上手——Excel 2019 的安装与配置

本章导读

Excel 2019 是微软公司推出的 Office 2019 办公系列软件的一个重要组成部分，主要用于电子表格的处理，可以高效地完成各种表格和图的设计，进行复杂的数据计算和分析。本章将介绍 Excel 2019 的安装与卸载、启动与退出，以及 Excel 2019 的工作界面等。

思维导图

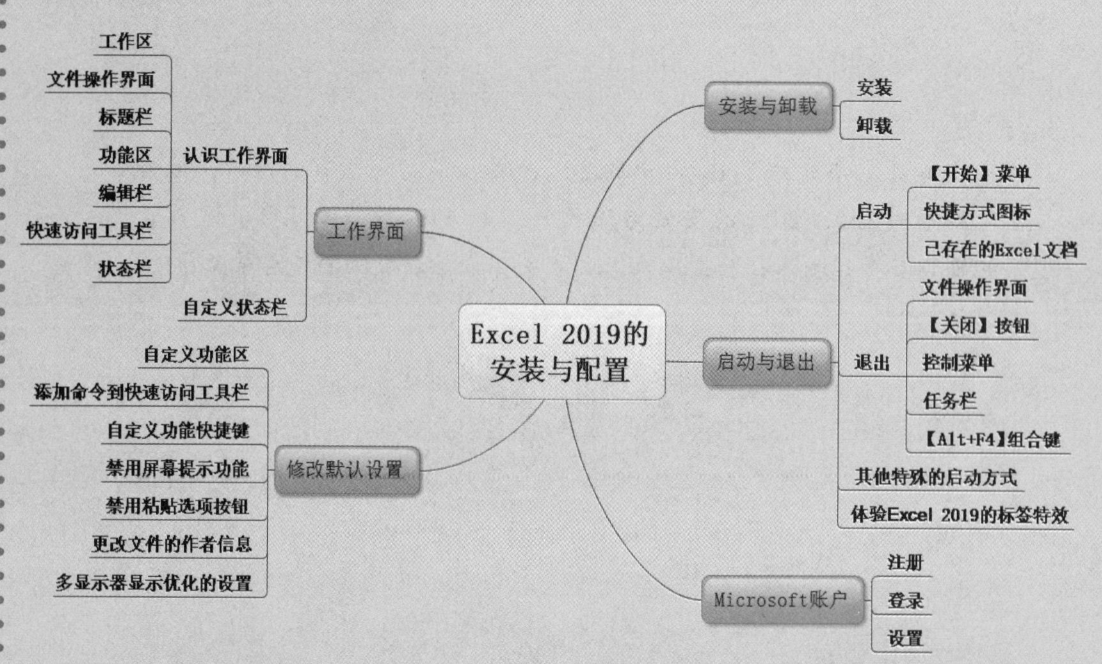

1.1 Excel 2019 的安装与卸载

在使用 Excel 2019 前，首先需要在计算机上安装该软件。同样地，如果不需要再使用 Excel 2019，可以从计算机中卸载该软件。下面介绍 Excel 2019 的安装与卸载。

1.1.1 安装

Excel 2019 是 Office 2019 的组件之一。若要安装 Excel 2019，首先要启动 Office 2019 的安装程序。为了安装方便，微软已经不再提供 Office 2019 镜像文件，用户需要通过在线安装程序下载组件，执行自动安装，具体的操作步骤如下。

第 1 步 执行 Office 2019 在线安装包，计算机桌面弹出下图所示的界面。

提示

Office 2019 仅支持 Windows 10 和 Mac OS 操作系统，不再支持 Windows 7、Windows 8.1 等操作系统。

第 2 步 准备就绪后，弹出下图所示的安装界面，并显示 Office 2019 的下载与安装进度。

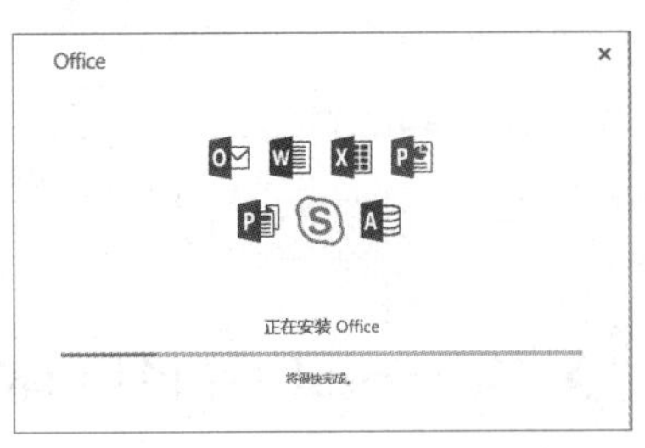

第 3 步 安装完成后，显示一切就绪，单击【关闭】按钮，即可完成安装，如下图所示。

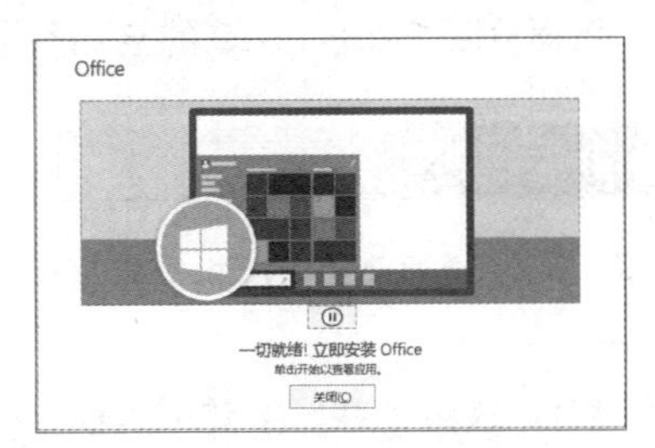

1.1.2 卸载

由于 Excel 2019 是 Office 2019 的组件之一，当不需要使用 Excel 2019 时，可以直接卸载 Office 2019 应用程序，具体操作步骤如下。

第 1 步 按【Windows+I】组合键，打开【设置】面板，然后单击【应用】图标，进入下图所示的界面。在【应用和功能】列表中，选择“Office 2019”程序，并单击【卸载】按钮。

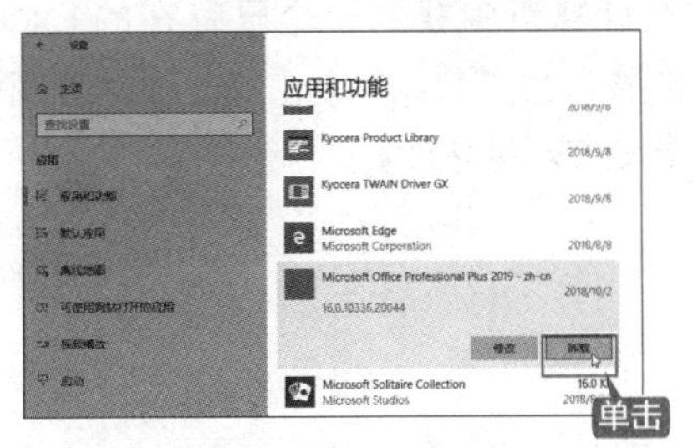

第 2 步 在弹出的提示框中，单击【卸载】按钮，如下图所示。

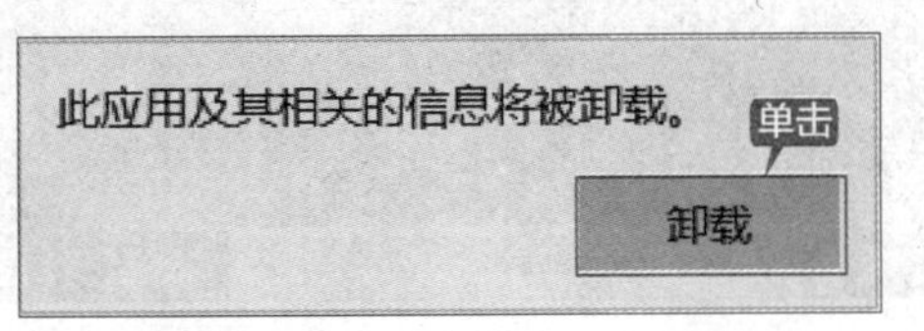

第 3 步 弹出【准备卸载】窗口，单击【卸载】按钮，如下图所示。

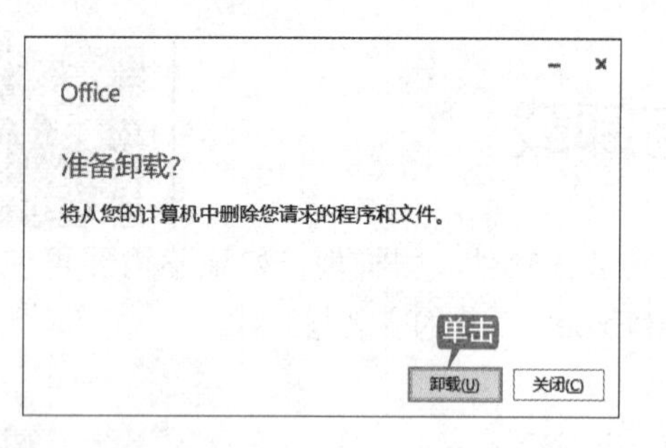

第 4 步　系统开始自动卸载，并显示卸载的进度，如下图所示。

第 5 步　卸载完成后，弹出【卸载完成！】对话框，如下图所示。建议用户此时重启计算机，从而整理一些剩余文件。

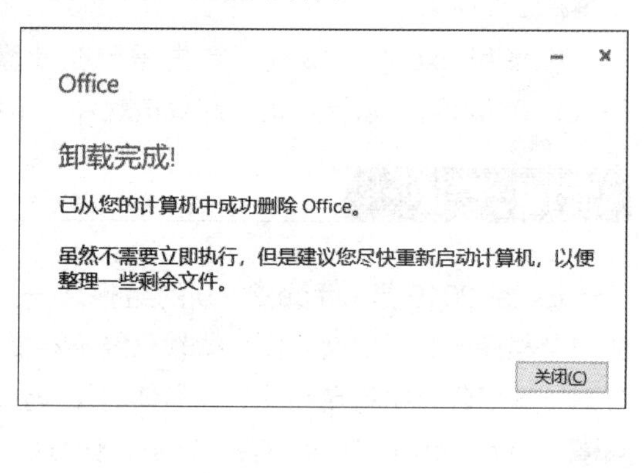

1.2 Excel 2019 的启动与退出

在系统中安装好 Excel 2019 后，要想使用该软件编辑与管理表格数据，还需要启动 Excel，下面介绍 Excel 2019 的启动与退出。

1.2.1 启动

用户可以通过以下 3 种方法启动 Excel 2019。

方法 1：通过【开始】菜单启动。

单击桌面任务栏中的【开始】按钮，在所有程序列表中选择【Excel】选项，即可启动 Excel 2019，如下图所示。

方法 2：通过桌面快捷方式图标启动。

双击桌面上的 Excel 2019 快捷方式图标，即可启动 Excel 2019，如下图所示。

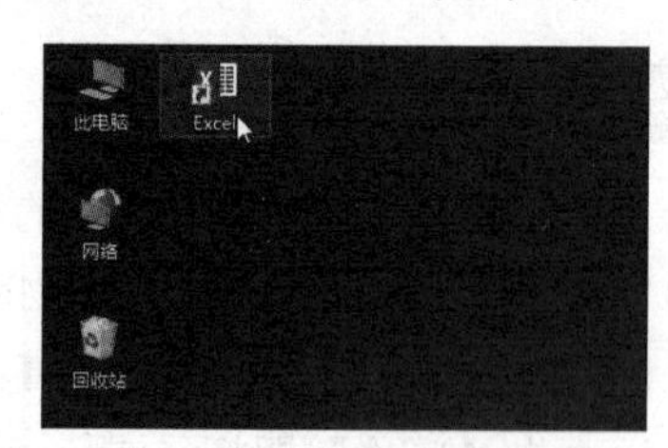

方法 3：通过打开已存在的 Excel 文档启动。

在计算机中找到一个已存在的 Excel 文档（扩展名为“.xlsx”），双击该文档图标，即可启动 Excel 2019。

提示

使用前两种方法启动 Excel 2019 时，Excel 2019 会自动创建一个空白工作簿；使用第 3 种方法启动 Excel 2019 时，Excel 2019 会打开已经创建好的工作簿。

1.2.2 退出

与退出其他应用程序类似，通常有以下 5 种方法可退出 Excel 2019。

方法 1：通过文件操作界面退出。

在 Excel 工作窗口中，选择【文件】选项卡，进入文件操作界面，选择左侧列表中的【关闭】选项，即可退出 Excel 2019，如下图所示。

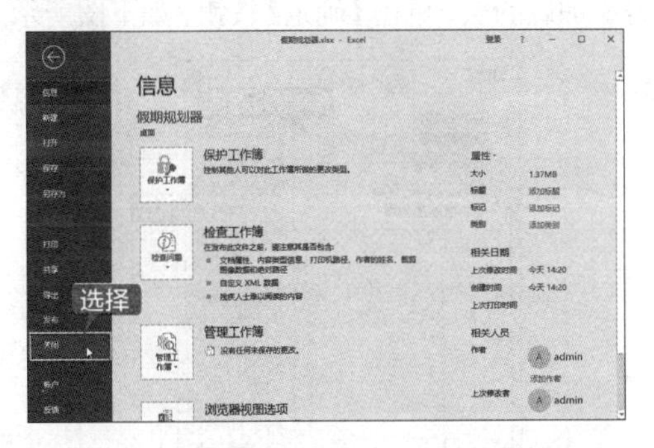

方法 2：通过【关闭】按钮退出。

该方法最为简单直接，在 Excel 工作窗口中，单击右上角的【关闭】按钮，即可退出 Excel 2019，如下图所示。

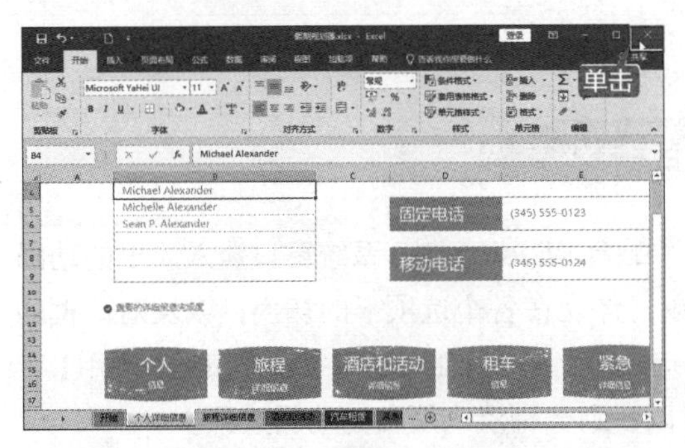

方法 3：通过控制菜单图标退出。

在 Excel 工作窗口中，在标题栏上右击，在弹出的快捷菜单中选择【关闭】选项，即可退出 Excel 2019，如下图所示。

方法 4：通过任务栏退出。

在桌面任务栏中，选中 Excel 2019 图标并右击，选择【关闭窗口】选项，即可退出 Excel 2019，如下图所示。

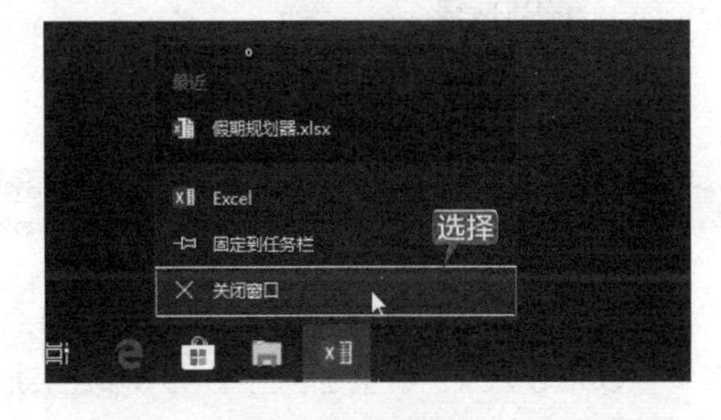

方法 5：通过组合键退出。

选中 Excel 窗口，按【Alt+F4】组合键，即可退出 Excel 2019。

1.2.3 其他特殊的启动方式

如果用户使用的 Excel 2019 程序存在某种问题而无法正常启动，可以通过安全模式强制启动 Excel 2019，具体操作步骤如下。

第 1 步 按住【Ctrl】键，然后双击桌面上的 Excel 2019 快捷方式图标，在弹出的提示框中单击【是】按钮，如下图所示。

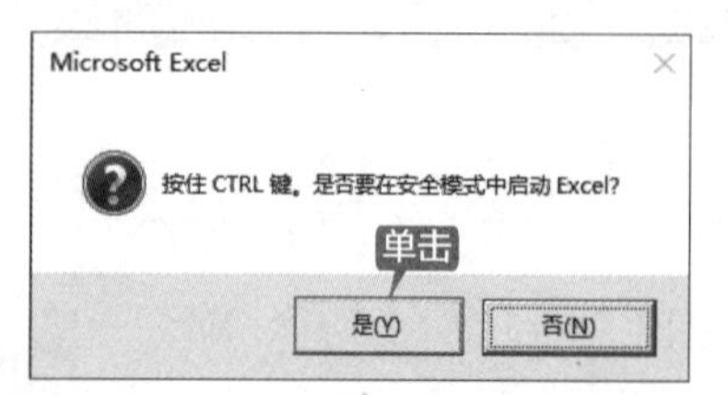

第 2 步 即可启动Excle 2019，进入安全模式，如下图所示。

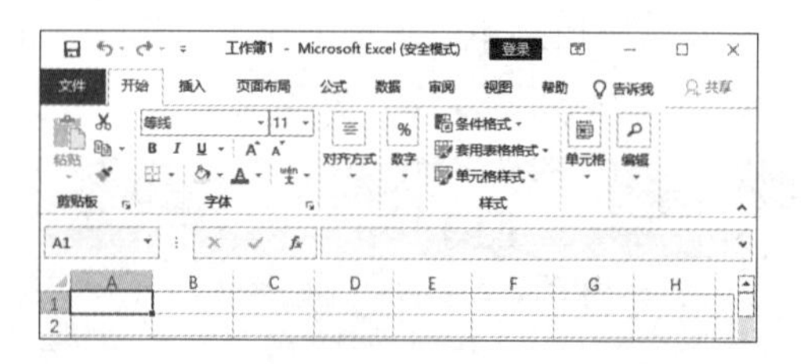

Excel 在启动时会同时打开相应的加载项文件。如果 Excel 启动时加载项过多，就会大大影响 Excel 的启动速度。通过禁止不需要的加载项，可以快速启动 Excel 2019，具体操作步骤如下。

第 1 步 选择【文件】选项卡，在弹出的界面左侧列表中选择【选项】选项，如下图所示。

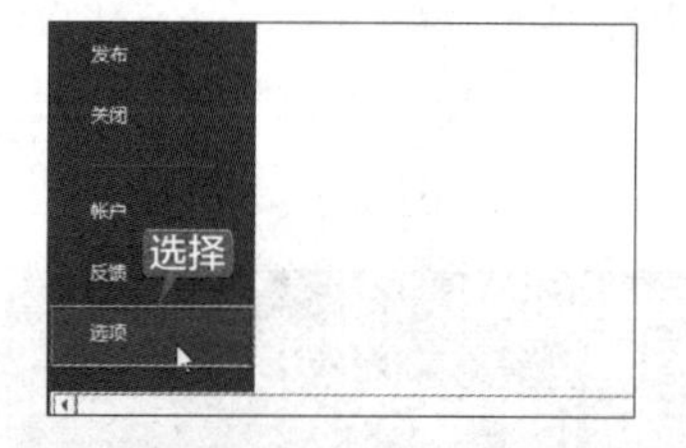

第 2 步 弹出【Exle 选项】对话框，在左侧列表中选择【加载项】选项，在右侧单击【转到】按钮，如下图所示。

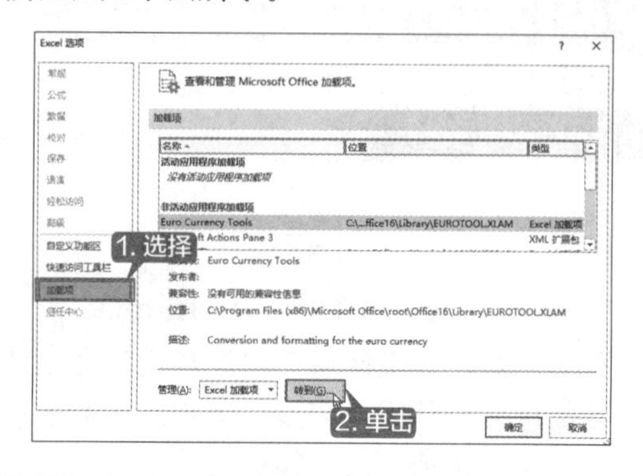

第 3 步 打开【加载项】对话框，取消选中不需要加载的宏，单击【确定】按钮，如下图所示。

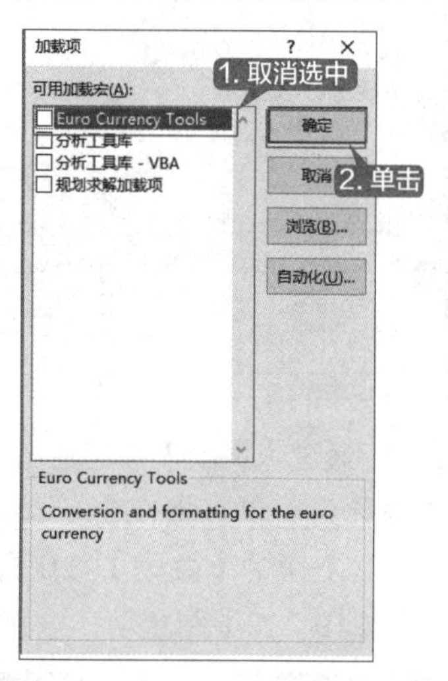

1.2.4 新功能：体验 Excel 2019 的标签特效

标签特效是 Office 2019 的一大功能特点，为了配合 Windows 10 系统窗口淡入淡出的动画效果，Office 2019 中也加入了许多类似的动画效果，体现在各个选项卡的切换，以及对话框的打开和关闭方面。例如，在 Excel 中，单击【开始】选项卡【字体】组中的【字体】按钮，调用【字体】对话框，在打开和关闭【字体】对话框时，可以看到一种淡入淡出的动画效果。

1.3 随时随地办公的秘诀——Microsoft 账户

Office 2019 具有账户登录功能，在使用该功能前，用户需要注册一个 Microsoft

账户，然后登录该账户，不仅能实现随时随地处理工作，还能联机保存 Office 文件。

注册Microsoft账户的具体操作步骤如下。

第 1 步 打开浏览器，输入网址 http://login.live.com/，单击【创建一个！】按钮，如下图所示。

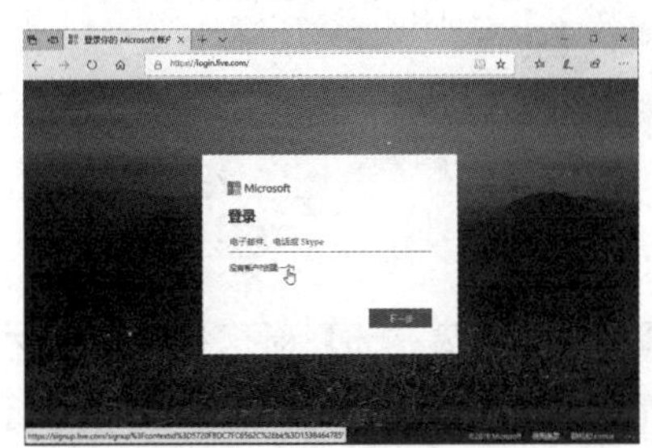

第 2 步 打开【创建账户】界面，输入邮箱或电话号码，单击【下一步】按钮，如下图所示。

第 3 步 根据提示输入信息并验证邮箱后，会进入下图所示的界面，表示账号已注册成功。

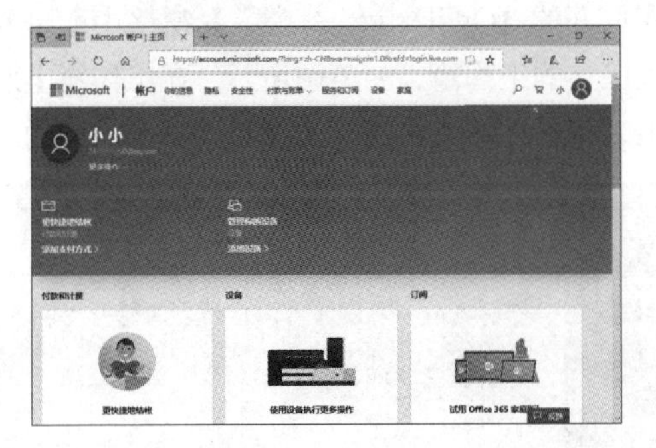

成功创建账户后，即可使用账户登录 Excel 2019，配置账户的具体操作步骤如下。

第 1 步 打开 Excel 2019 软件，单击软件界面右上角的【登录】链接，如下图所示。

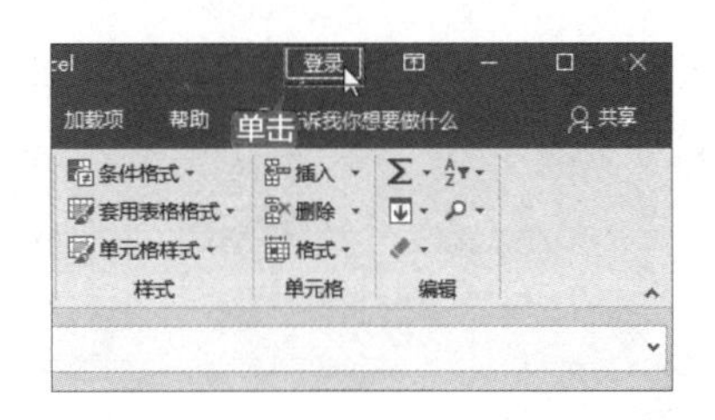

第 2 步 弹出【登录】界面，在文本框中输入电子邮件地址，单击【下一步】按钮，如下图所示。

第 3 步 在弹出的界面中输入账户密码，单击【登录】按钮，如下图所示。

第 4 步 登录后即可在界面右上角显示用户名称，单击【账户设置】超链接，如下图所示。

第 5 步 在【账户】区域单击【更改照片】按钮，如下图所示。

第 6 步 打开【个人资料】页面，单击【添加图片】按钮，如下图所示。

第 7 步 在图片页面选择要设置的图片，图片加载完成后，可以拖动选择框选择图片的大小，然后单击【保存】按钮，如下图所示。

第 8 步 完成图片的保存，返回 Excel 2019 界面，即可看到设置好的照片，如下图所示。

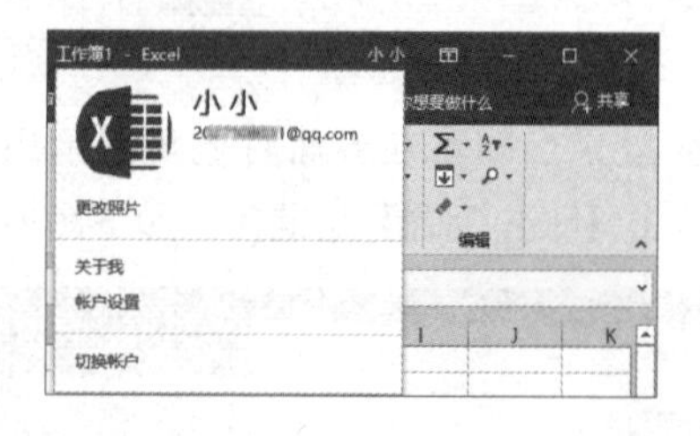

第 9 步 用户登录账户以后，即可实现移动办公。选择【文件】选项卡，在弹出的界面左侧列表中选择【另存为】选项，在右侧选择【OneDrive － 个人】选项，如下图所示。

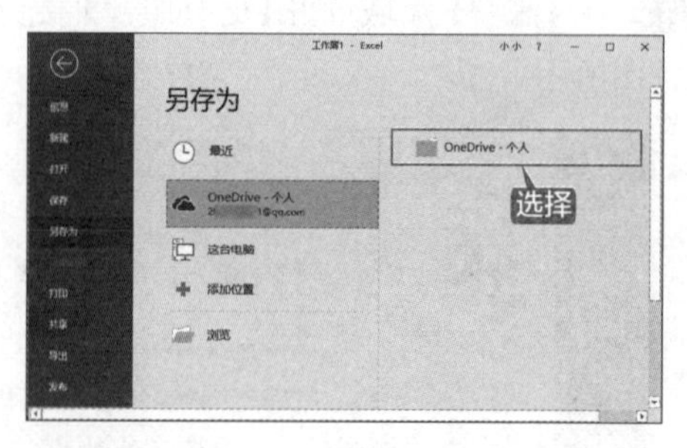

第 10 步 打开【Windows 安全】对话框，输入 Microsoft 账户和密码，单击【确定】按钮，如下图所示。

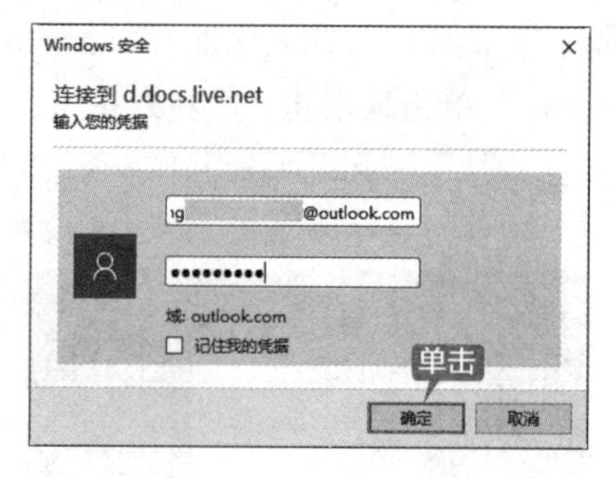

第 11 步 打开【另存为】对话框，输入文件的名称后，单击【保存】按钮，如下图所示。

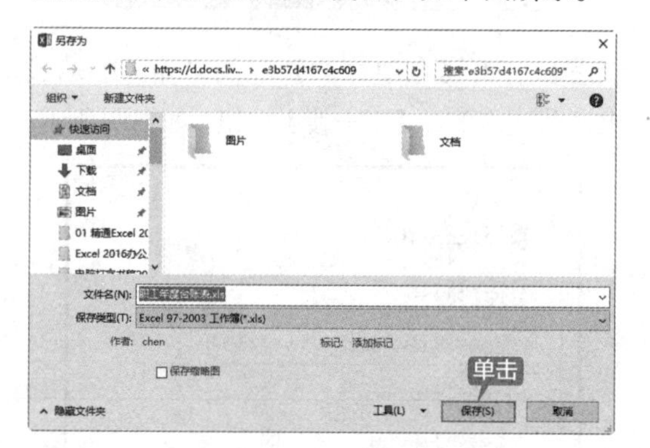

第 12 步 当用户需要打开保存在服务器上的工作簿时，首先要登录账户，然后选择【文件】选项卡，在弹出的界面左侧列表中选择【打开】选项，在右侧选择【OneDrive － 个人】选项，在打开的【OneDrive － 个人】窗格中即可看到保存的工作簿，如下图所示。在工作簿上双击即可打开该工作簿，实现移动办公的目的。

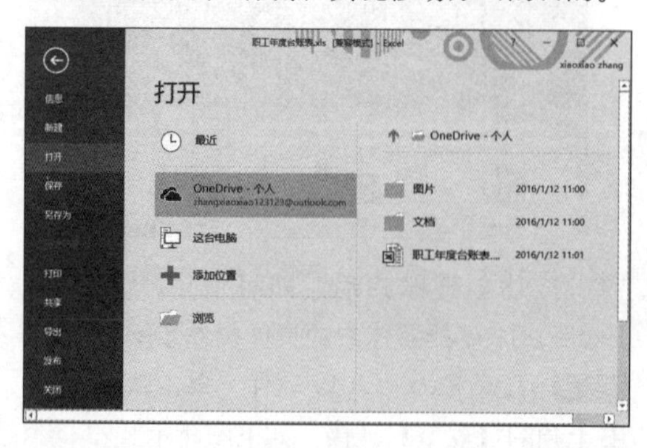

1.4 熟悉 Excel 2019 的工作界面

每个 Windows 应用程序都有其独立的窗口，Excel 2019 也不例外。启动 Excel 2019 后将打开 Excel 的工作界面，如下图所示。Excel 2019 的工作界面主要由工作区、文件操作界面、标题栏、功能区、编辑栏、快速访问工具栏和状态栏 7 个部分组成。

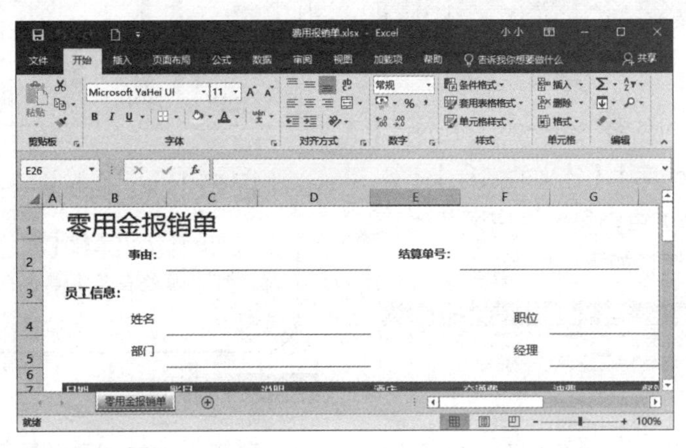

1.4.1 认识 Excel 的工作界面

在了解了 Excel 工作界面的基本结构后，下面详细介绍各个组成部分的用途和功能。

1. 工作区

如下图所示，工作区是在 Excel 2019 操作界面中用于输入数据的区域，由单元格组成，用于输入和编辑不同类型的数据。

2. 文件操作界面

选择【文件】选项卡，会显示一些基本命令，包括【信息】【新建】【打开】【保存】【另存为】【历史记录】【打印】【共享】及其他命令，如下图所示。

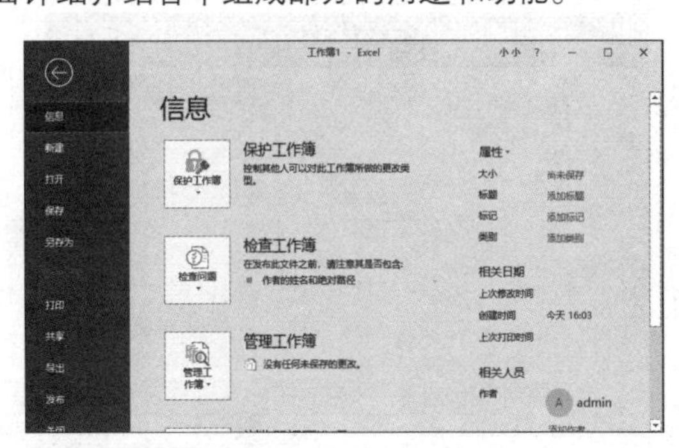

3. 标题栏

默认状态下，标题栏左侧显示【快速访问工具栏】，中间显示当前编辑表格的文件名称。启动 Excel 时，默认的文件名为“工作簿 1”，如下图所示。

4. 功能区

Excel 2019 的功能区由各种选项卡和包含在选项卡中的各种命令按钮组成，如下图所示。利用它可以轻松地查找以前隐藏在复杂菜单和工具栏中的命令和功能。

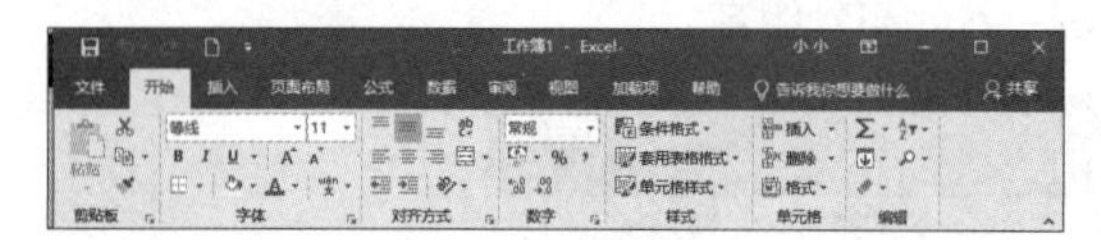

每个选项卡中包括多个组。例如，【公式】选项卡中包括【函数库】【定义的名称】【公式审核】和【计算】组，每个组中又包含若干个相关的命令按钮，如下图所示。

某些组的右下角有 按钮，单击此按钮，可以打开相关的对话框。例如，单击【剪贴板】组右下角的 按钮，即可打开【剪贴板】窗格，如下图所示。

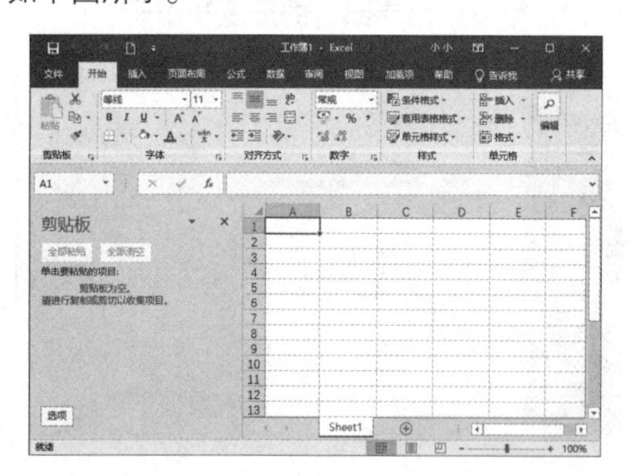

某些选项卡处于隐藏状态，只在需要使用时才显示出来。例如，选择图表时，选项卡中添加了【设计】和【格式】选项卡，如下图所示。这些选项卡为操作图表提供了更多适合的命令，当没有选定这些对象时，与之相关的选项卡则会隐藏起来。

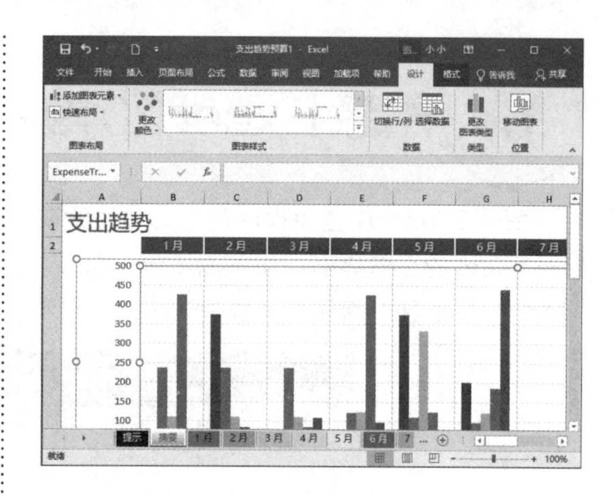

提示

Excel 默认选择【开始】选项卡，使用时，可以通过在其上单击来选择其他需要的选项卡。

5. 编辑栏

编辑栏位于功能区的下方，工作区的上方，用于显示和编辑当前活动单元格的名称、数据或公式，如下图所示。

名称框用于显示当前单元格的地址和名称。当选择单元格或区域时，名称框中将出现相应的地址名称。使用名称框可以快速转到目标单元格中，如在名称框中输入“C6”，按【Enter】键即可将活动单元格定位至 C 列第 6 行，如下图所示。

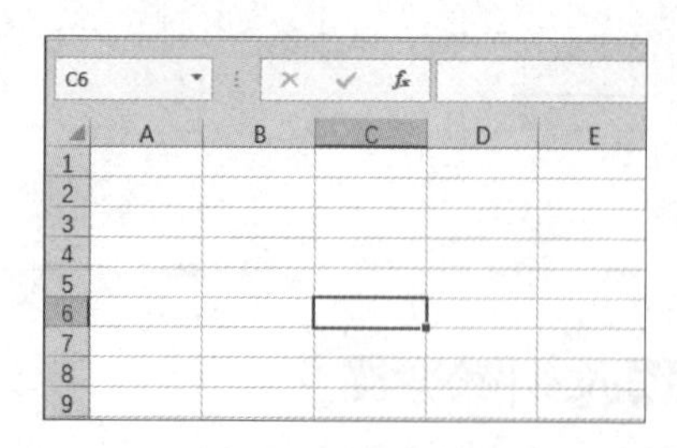

公式框主要用于在活动单元格中输入、修改数据或公式，当向单元格中输入数据或公式时，在名称框和公式框之间会出现【确定】和【取消】两个按钮，如下图所示。单击【确定】按钮✔，可以确定输入或修改该单元格

的内容，同时退出编辑状态；单击【取消】按钮 ×，则可取消对该单元格的编辑。

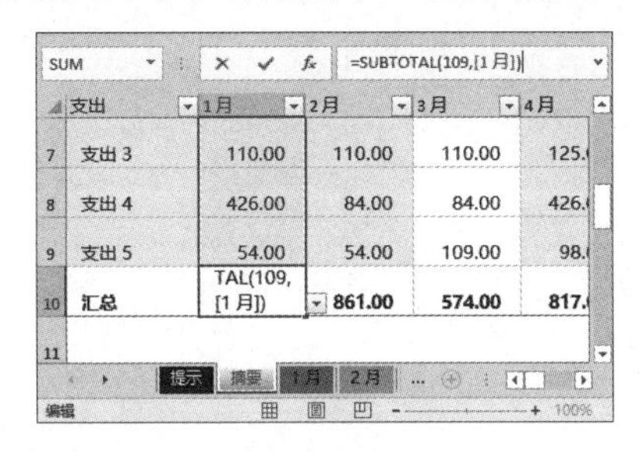

6. 快速访问工具栏

快速访问工具栏位于标题栏的左侧，包含一组独立于当前显示的功能区中的命令按钮，默认的快速访问工具栏中包含【保存】【撤销】和【恢复】等命令按钮，如下图所示。

单击快速访问工具栏右边的下拉按钮，在弹出的下拉菜单中，可以自定义快速访问工具栏中的命令按钮，如下图所示。

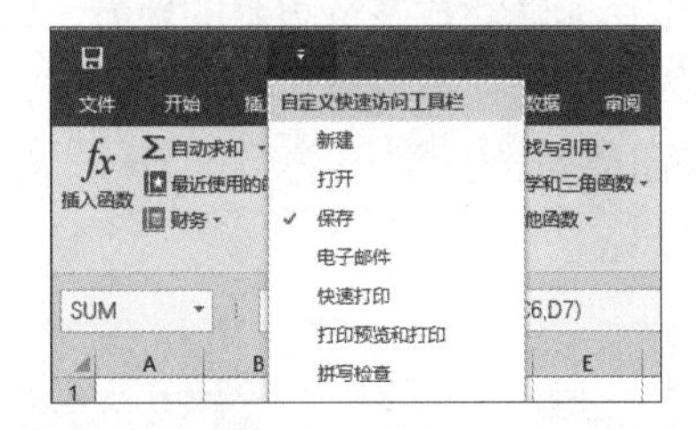

7. 状态栏

状态栏用于显示当前数据的编辑状态、选定数据统计区、调整页面显示方式及页面显示比例等。

在 Excel 2019 的状态栏中显示的 3 种状态如下。

（1）对单元格进行任何操作时，状态栏会显示“就绪”字样，如下图所示。

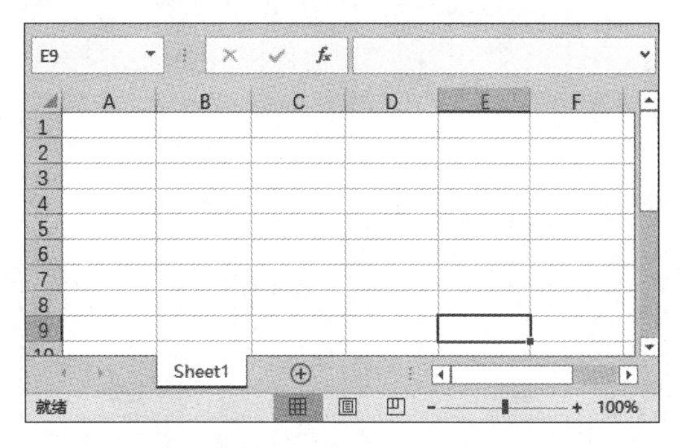

（2）向单元格中输入数据时，状态栏会显示“输入”字样，如下图所示。

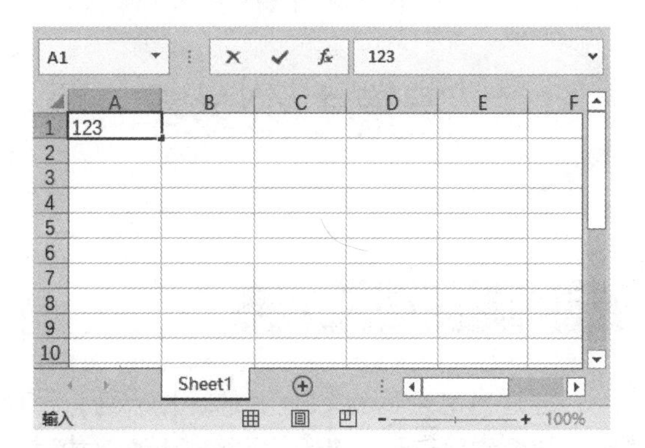

（3）对单元格中的数据进行编辑时，状态栏会显示“编辑”字样，如下图所示。

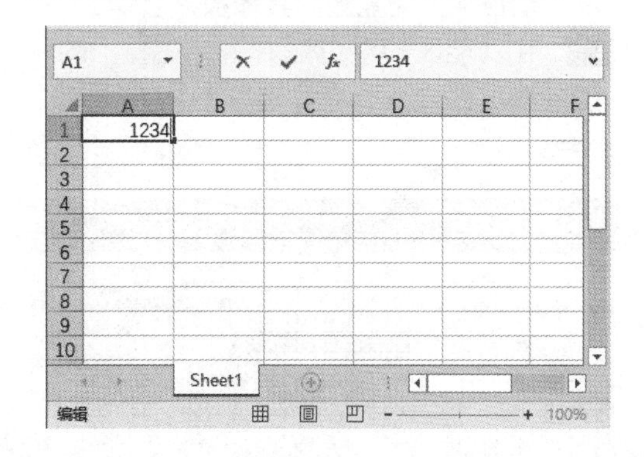

1.4.2 自定义状态栏

在状态栏上右击，在弹出的快捷菜单中，可以通过选中或取消选中相关选项，来实现在状态栏上显示或隐藏信息的目的，如下图所示。

例如，这里取消选中【缩放滑块】选项，可以看到 Excel 2019 工作界面右下角的显示比例数据消失，如下图所示。

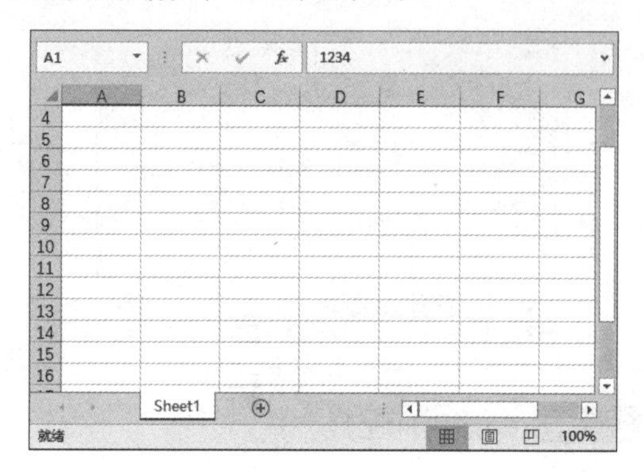

1.5 提高办公效率——修改默认设置

在 Excel 2019 中，用户可以根据实际的工作需求修改界面的设置，从而提高办公效率。

1.5.1 自定义功能区

通过自定义 Excel 2019 的操作界面，用户可以将最常用的功能放在最显眼的地方，以便更加快捷地使用 Excel 2019 的这些功能。其中，功能区中的各个选项卡可以由用户自定义，包括功能区中选项卡、组、命令的添加、删除、重命名、次序调整等。

启动自定义功能区的具体操作步骤如下。

第1步 在功能区的空白处右击，在弹出的快捷菜单中选择【自定义功能区】选项，如下图所示。

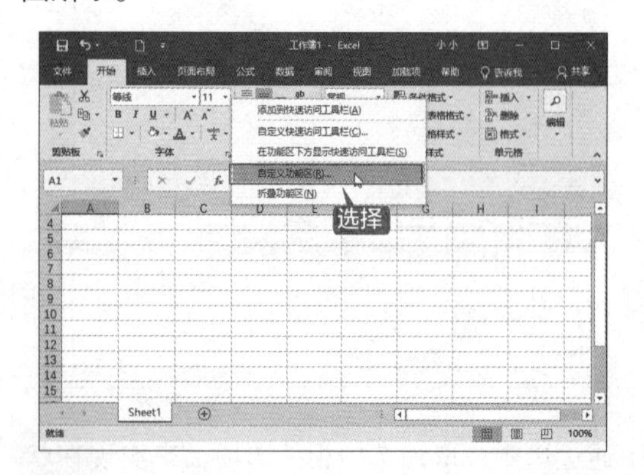

第2步 打开【Excel 选项】对话框中的【自定义功能区】设置界面，在其可以实现功能区的自定义，如下图所示。

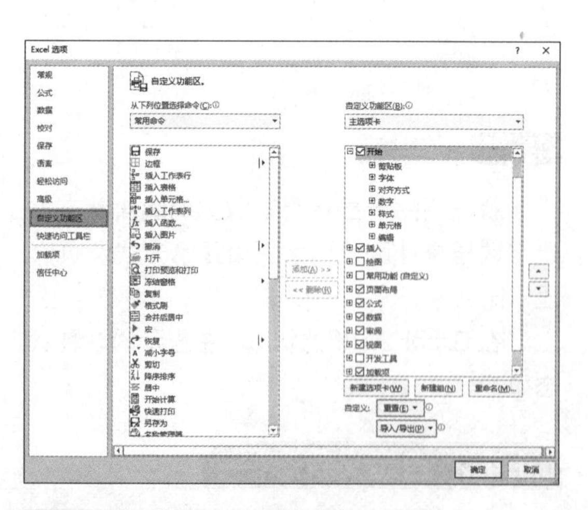

1. 新建 / 删除选项卡

第1步 打开【自定义功能区】设置界面，单击其右侧列表下方的【新建选项卡】按钮，系统会自动创建一个选项卡和一个组，如下

图所示。

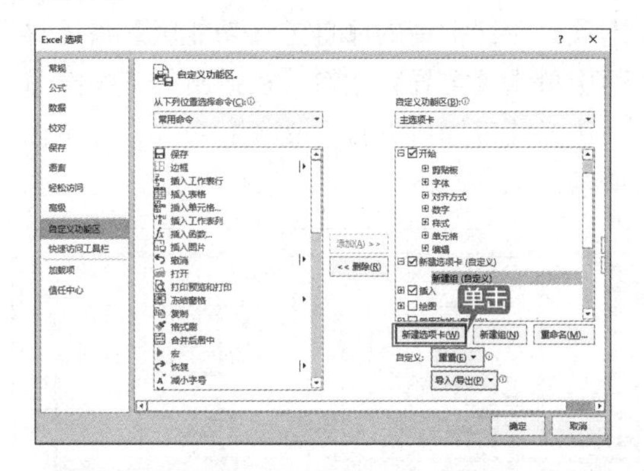

第2步 单击【确定】按钮，功能区中即可出现新建的选项卡，如下图所示。

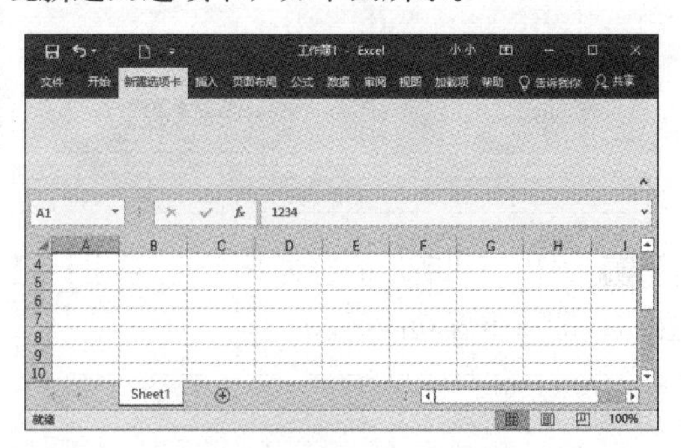

第3步 在【主选项卡】列表框中选择新添加的选项卡，单击【删除】按钮，即可从功能区中删除该选项卡，如下图所示。

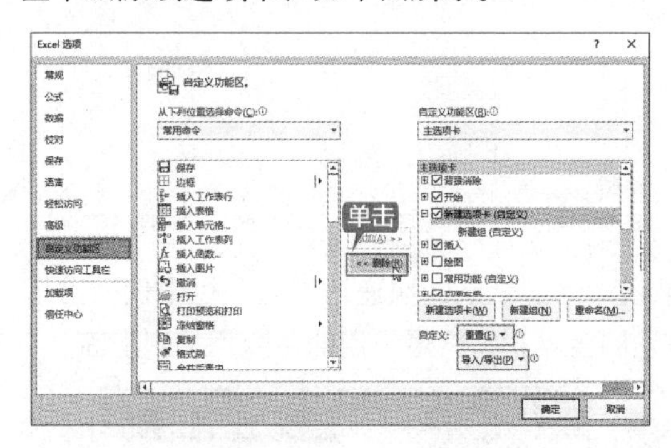

第4步 单击【确定】按钮，返回Excel工作界面，可以看到新添加的选项卡已经消失，如下图所示。

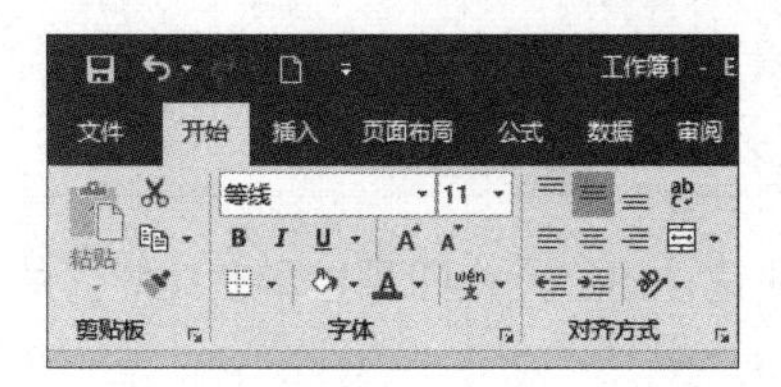

2. 新建 / 删除组

第1步 打开【自定义功能区】设置界面，在其右侧列表框中选择任一选项卡，单击下方的【新建组】按钮，系统则会在此选项卡中创建组，如下图所示。

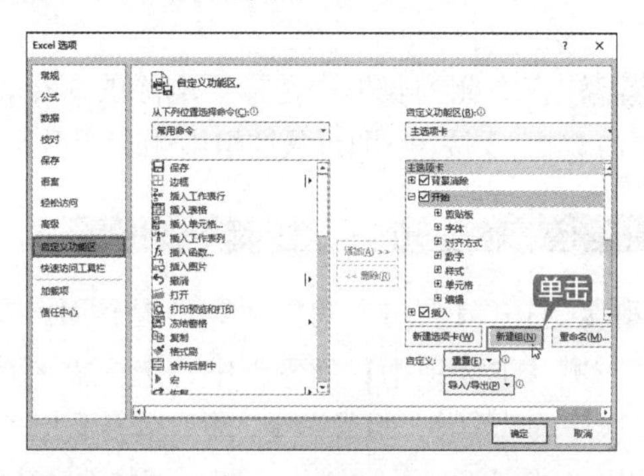

第2步 返回【自定义功能区】设置界面，单击【重命名】按钮，弹出【重命名】对话框，可以选择组图标和名称，并单击【确定】按钮，如下图所示。

第3步 返回【自定义功能区】设置界面，单击右侧列表框中要添加命令的组，选择左侧列表框中要添加的命令，然后单击【添加】按钮，即可将此命令添加到指定组中，如下图所示。

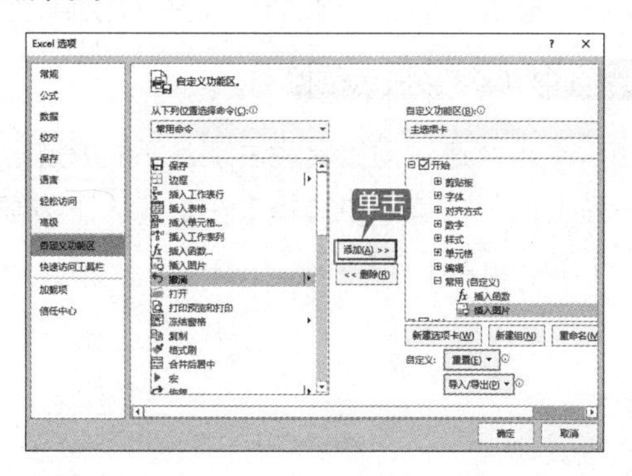

第4步 单击【确定】按钮，即可在功能区中

添加这些命令，如下图所示。

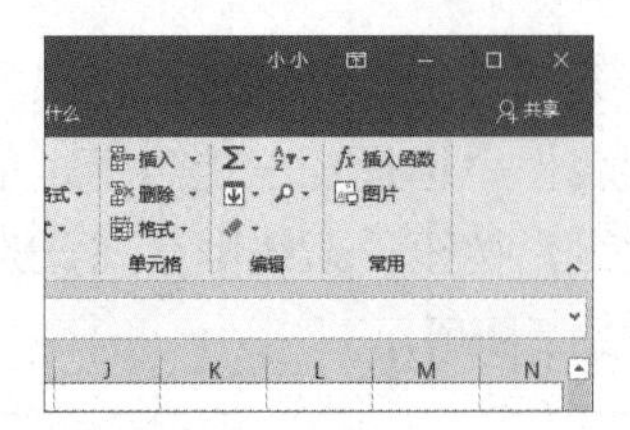

第 5 步 在右侧列表框中选择要删除的命令，单击【删除】按钮，即可从该组中删除此命令。

3. 调整选项卡、组、命令的次序

第 1 步 打开【自定义功能区】设置界面，在其右侧【主选项卡】列表框中，选中需要调整次序的选项卡、组或命令，然后单击【上移】按钮或【下移】按钮，即可调整选项卡、组、命令的次序，如下图所示。

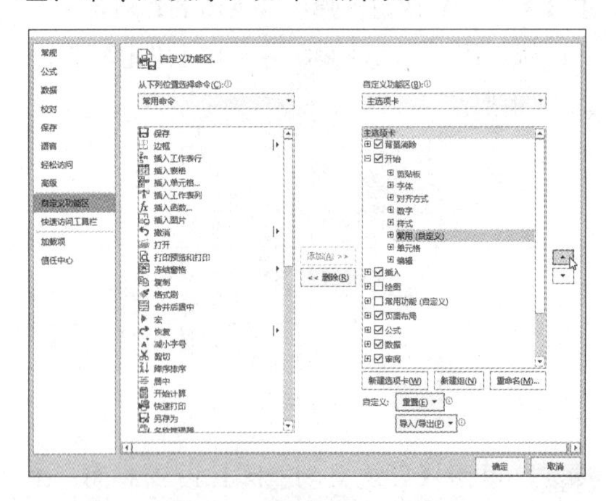

第 2 步 如果想要重置功能区，则可以在【Excel 选项】对话框中的【自定义功能区】设置界面中单击【重置】按钮，在弹出的下拉菜单中选择【重置所有自定义项】命令，如下图所示。

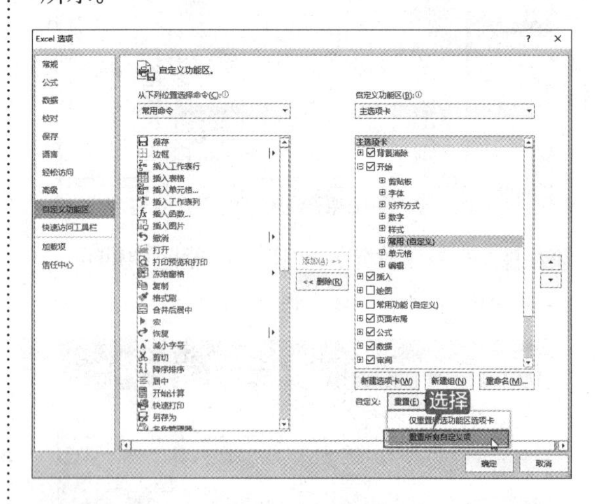

第 3 步 弹出下图所示的警告对话框，单击【是】按钮，即可重置功能区。

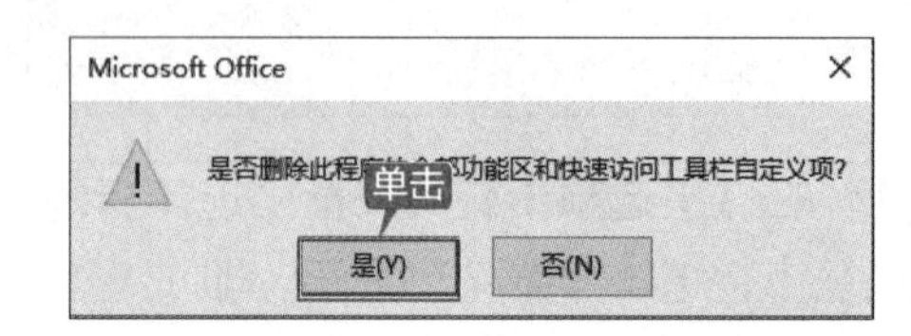

1.5.2 添加命令到快速访问工具栏

快速访问工具栏的功能就是让用户快速访问某项命令。默认的快速访问工具栏中仅列出了保存、撤销、恢复 3 项功能，用户可以自定义快速访问工具栏，将最常用的命令添加到上面。

1. 自定义显示位置

单击快速访问工具栏右侧的下拉按钮，在弹出的下拉菜单中选择【在功能区下方显示】选项，如下图所示。

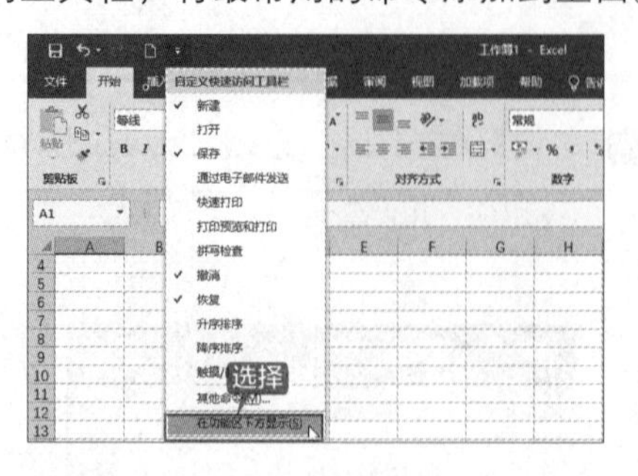

快速访问工具栏即可显示在功能区的下方，如下图所示。

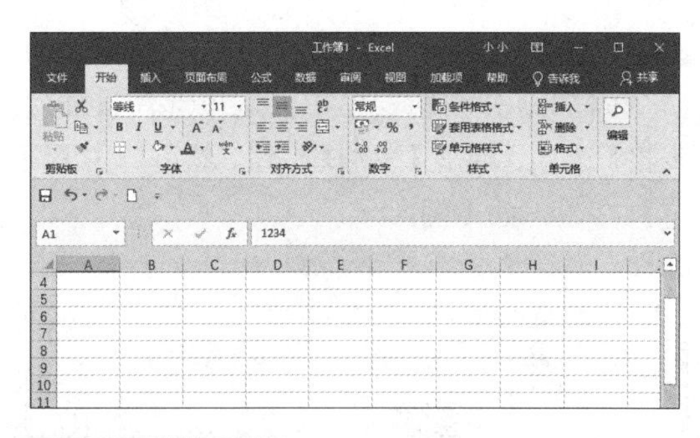

2. 添加功能

方法 1：单击快速访问工具栏右侧的下拉按钮，在弹出的下拉菜单中选择相应的选项（如选择【打开】选项），即可将其添加到快速访问工具栏中，如下图所示。添加后，快速访问工具栏中会出现📂标记。

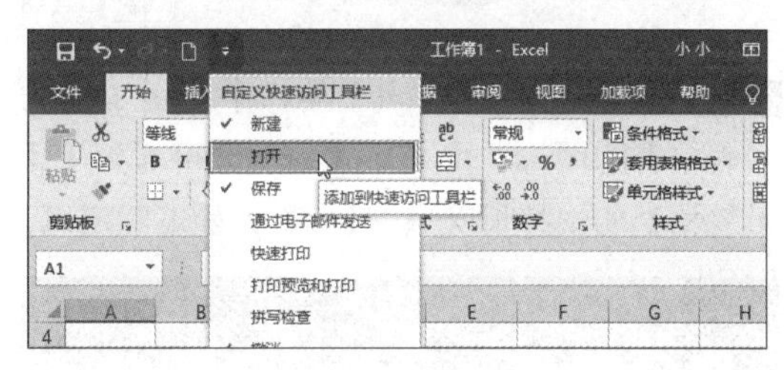

方法 2：选择【其他命令】选项，打开【Excel 选项】对话框，在【自定义快速访问工具栏】设置界面中单击【添加】按钮，将左侧列表框中的命令添加到右侧列表框中，即可将其添加到快速访问工具栏中，如下图所示。

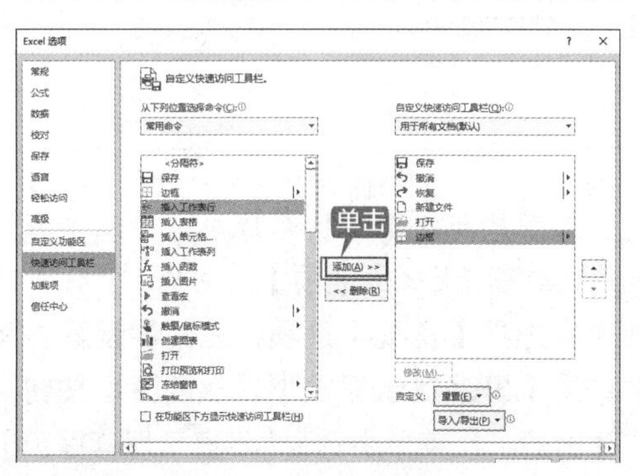

3. 移除功能

方法 1：单击快速访问工具栏右侧的下拉按钮，在弹出的下拉菜单中选择要移除的命令，如【打开】命令（前提是该命令已被添加到快速访问工具栏中），即可将其从快速访问工具栏中移除，如下图所示。此时该命令前的📂标记会消失。

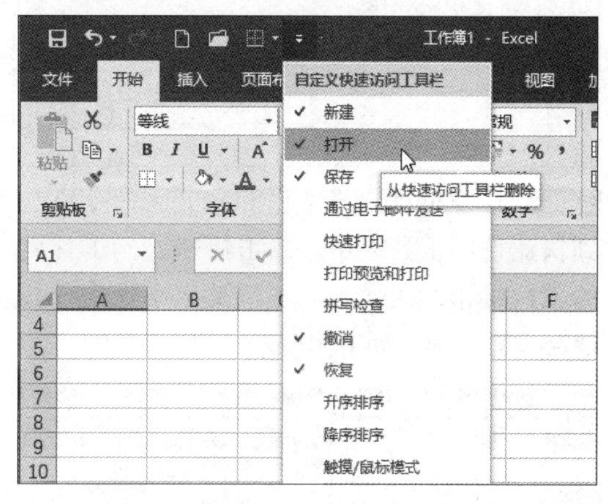

方法 2：在【Excel 选项】对话框的【自定义快速访问工具栏】设置界面中，选中要删除的选项，单击【删除】按钮，将右侧列表框中的命令移动到左侧列表框中，即可将其从快速访问工具栏中移除，如下图所示。

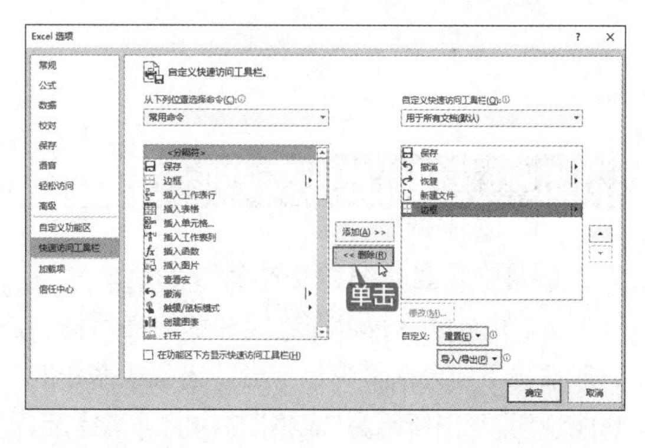

1.5.3 自定义功能快捷键

用户可以为常用的功能设置快捷键，这样可以提高工作的效率，具体操作步骤如下。

第 1 步 在 Excel 2019 主界面中，按【Alt】键，窗口中会立刻显示不同功能所对应的快捷键。例如，快速访问工具栏中的组合键分别为【Alt+1】【Alt+2】【Alt+3】等，如下图所示。

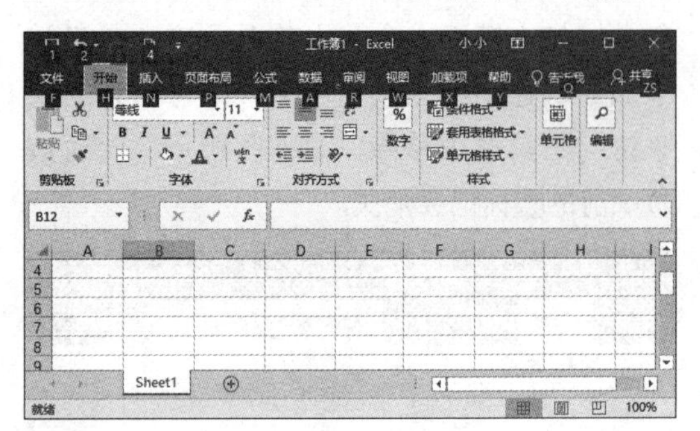

第 2 步 用户也可以将常用的功能区命令添加到快速访问工具栏中。单击快速访问工具栏的下拉按钮，在弹出的下拉菜单中选择【其他命令】选项，如下图所示。

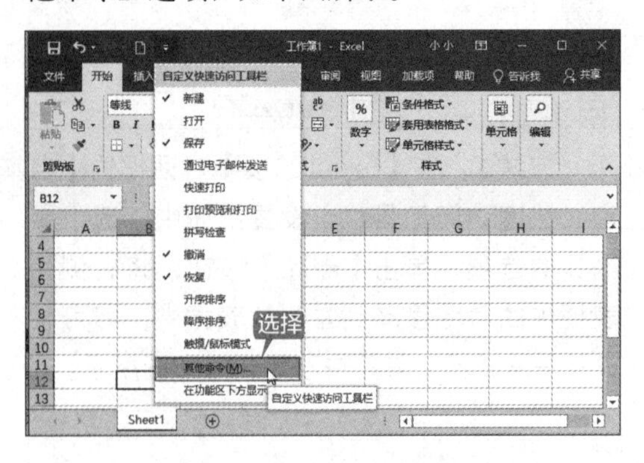

第 3 步 弹出【Excel 选项】对话框，将需要的命令添加到右侧列表框中，这里选择【插入表格】选项，单击【添加】按钮，然后单击【确定】按钮，如下图所示。

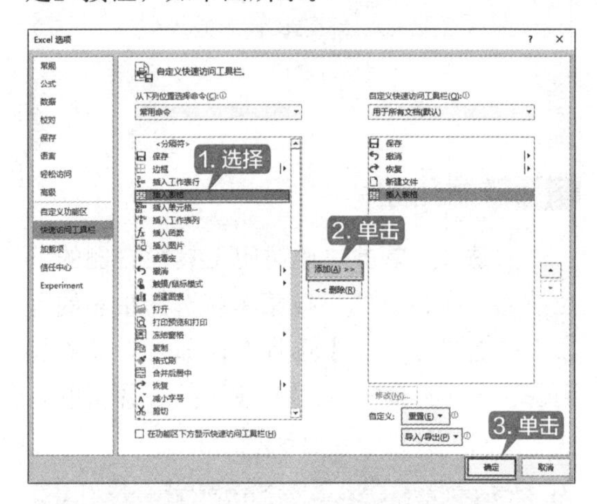

第 4 步 此时在快速访问工具栏中出现了【插入表格】的图标，按【Alt】键，即可看到【插入表格】的快捷键为【Alt+5】，如下图所示。

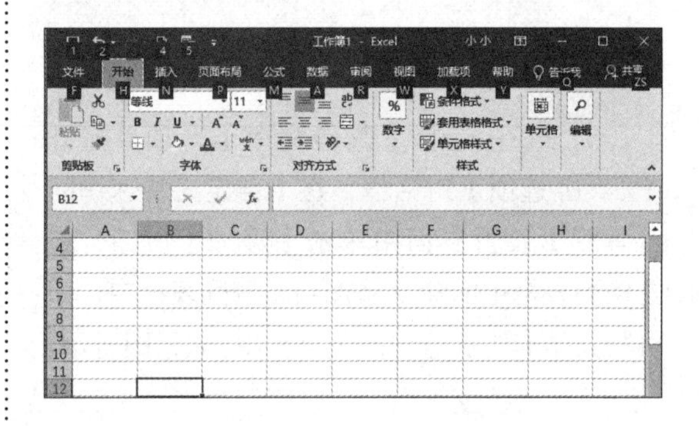

1.5.4 禁用屏幕提示功能

屏幕提示是指将鼠标指针移动到命令或选项上，即可显示包含描述性文字的提示框。一般情况下，会在其中显示当前选项或命令的功能说明。下图所示为“表格”按钮的屏幕提示。

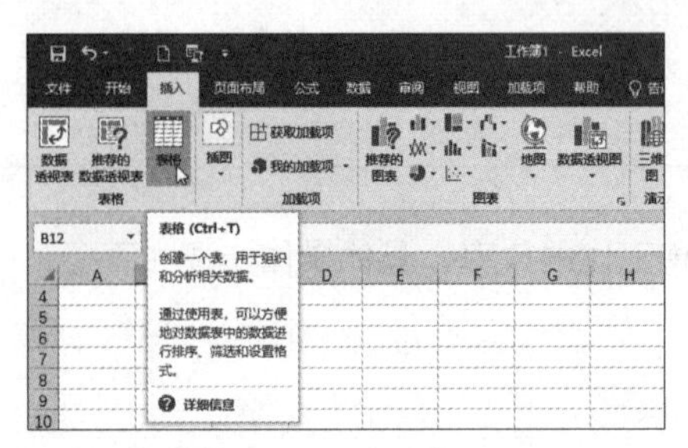

如果用户不需要屏幕提示，可以将该功能禁止。在【Excel 选项】对话框中，在左侧列表中选择【常规】选项，在右侧设置界面中单击【屏幕提示样式】右侧的下拉按钮，在弹出的下拉菜单中选择【不显示屏幕提示】选项，然后单击【确定】按钮即可，如下图所示。

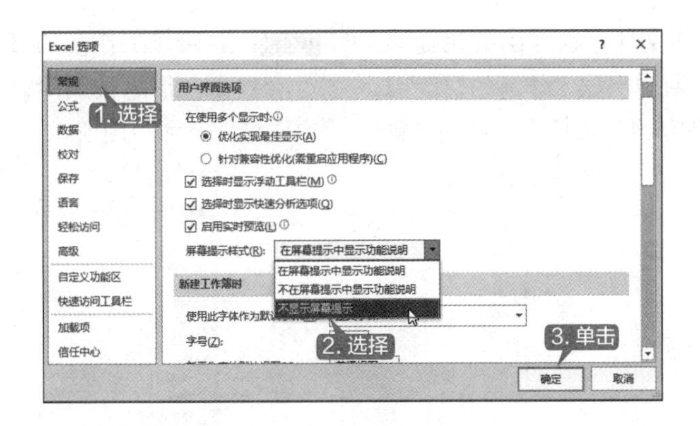

1.5.5 禁用粘贴选项按钮

为了提高工作簿的安全性，用户可以禁用粘贴选项按钮。如下图所示，在【Excel 选项】对话框中，在左侧列表中选择【高级】选项，在右侧设置界面中取消选中【粘贴内容时显示粘贴选项按钮】复选框，然后单击【确定】按钮即可。

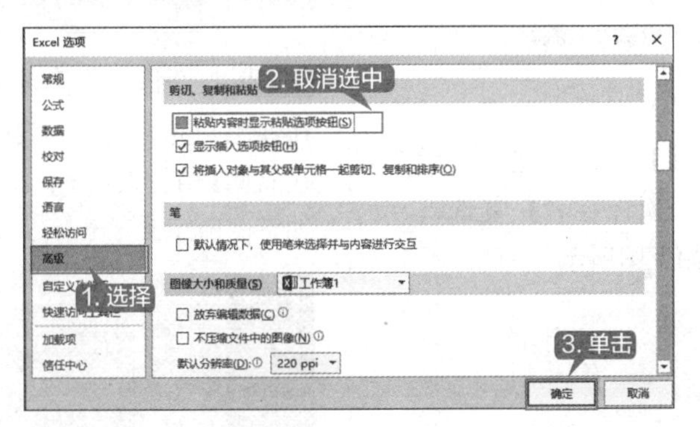

1.5.6 更改文件的作者信息

默认情况下，系统的管理员为该工作簿的作者。例如，新建一个工作簿，选择【文件】选项卡，在弹出的界面左侧列表中选择【信息】选项，即可在界面右侧看到该工作簿的作者名称，如下图所示。

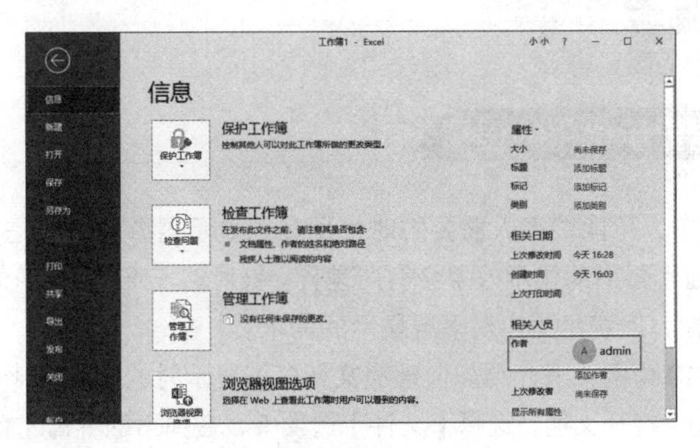

用户可以修改该工作簿作者的信息，具体操作步骤如下。

第 1 步 右击该工作簿文件，在弹出的快捷菜单中选择【属性】选项，弹出该工作簿的【属性】对话框，选择【详细信息】选项卡，单击【删除属性和个人信息】链接，如下图所示。

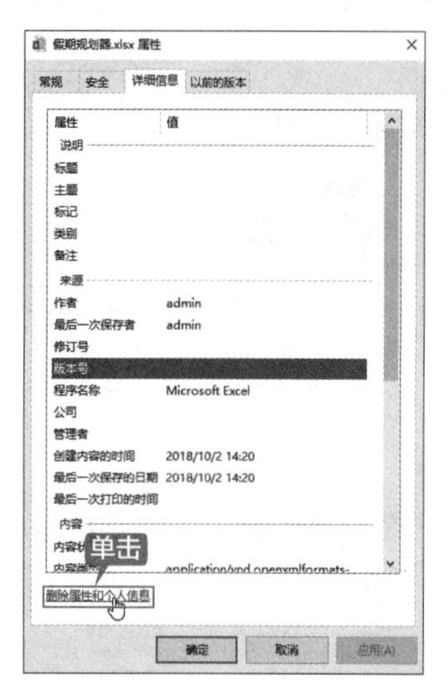

第 2 步 打开【删除属性】对话框，选中【从此文件中删除以下属性】单选按钮，然后选中【作者】和【最后一次保存者】复选框，单击【确定】按钮，如下图所示。

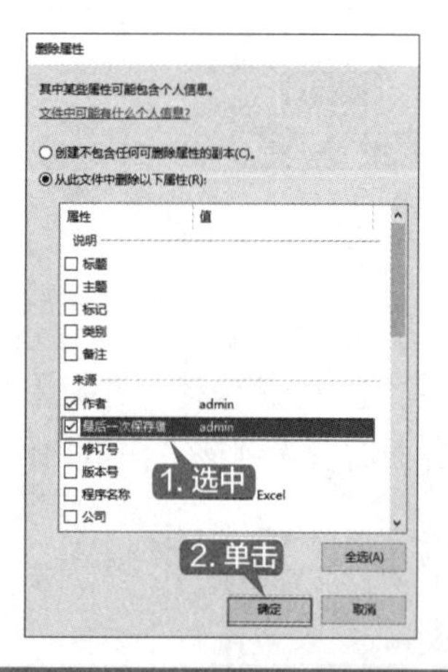

第 3 步 返回该工作簿的【属性】对话框，即可看到作者信息被删除，单击【确定】按钮完成操作，如下图所示。

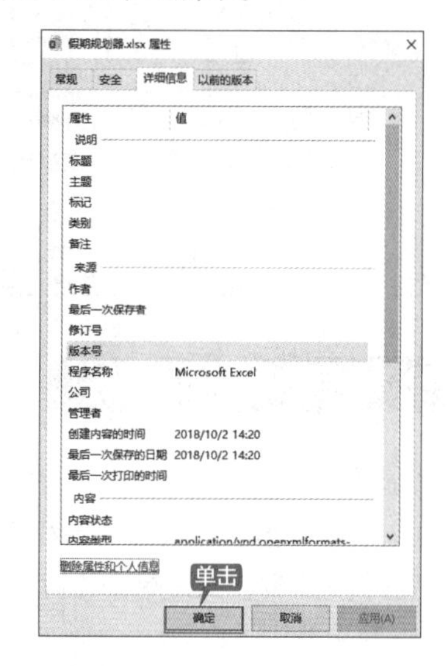

第 4 步 打开该工作簿，选择【文件】选项卡，在弹出的界面左侧列表中选择【信息】选项，在右侧【相关人员】下方添加作者的名称即可，如下图所示。

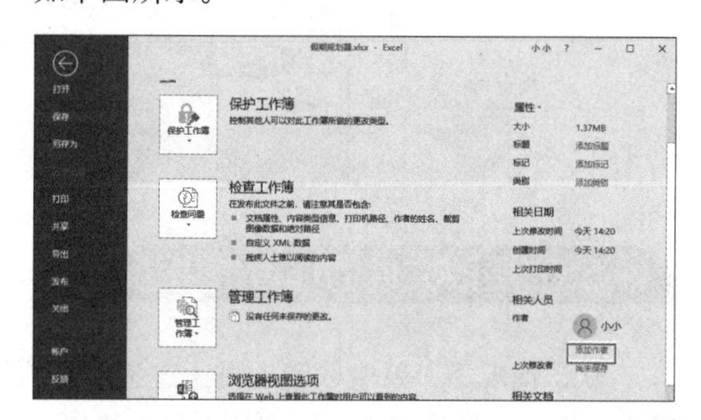

1.5.7 多显示器显示优化的设置

在实际办公过程中，可能很多人需要同时使用多个显示器办公。但是当显示器的分辨率不一致时，文档在不同显示器上的显示效果会有所差异。针对这一难题，Office 2019 中加入了“多显示器显示优化”功能，以满足用户对多屏显示的需求。

这里以 Excel 2019 为例，来介绍如何解决文档多屏显示时的显示优化问题。

首先用 Excel 2019 打开文档，选择【文件】选项卡，在弹出的界面左侧列表中选择【选项】选项，调出【Excel 选项】对话框，在左侧列表中选择【常规】选项，在右侧区域找到“用户界

面选项”，在【在使用多个显示时】选项区域，选中【优化实现最佳显示】单选按钮即可，如下图所示。

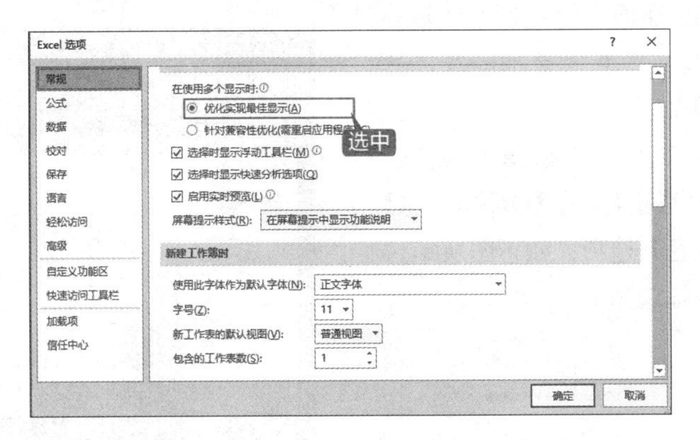

◇ 安装 Office 2019 时需要注意的问题

在安装和卸载 Office 2019 及其组件时，需要注意以下几点。

（1）Office 2019 支持 Windows 10 和 Mac OS 操作系统，不支持 Windows 7 和 Windows 8.1 操作系统。

（2）在安装 Office 2019 的过程中，不能同时安装其他软件。

（3）选择常用的组件进行安装即可，否则将占用大量的磁盘空间。

（4）安装 Office 2019 后，需要激活才能使用。

（5）卸载 Office 2019 时，要卸载彻底，否则会占用大量的磁盘空间。

◇ 在任务栏中启动 Excel 2019

如果经常使用 Excel 2019，用户除了可以将快捷方式图标放在桌面上，还可以将其锁定在任务栏中，从而快速启动 Excel 2019。

具体操作步骤如下。

第1步 单击【开始】按钮，在弹出的开始菜单中选择【Excel 2019】选项，并在其上右击，在弹出的快捷菜单中选择【更多】→【固定到任务栏】选项，如下图所示。

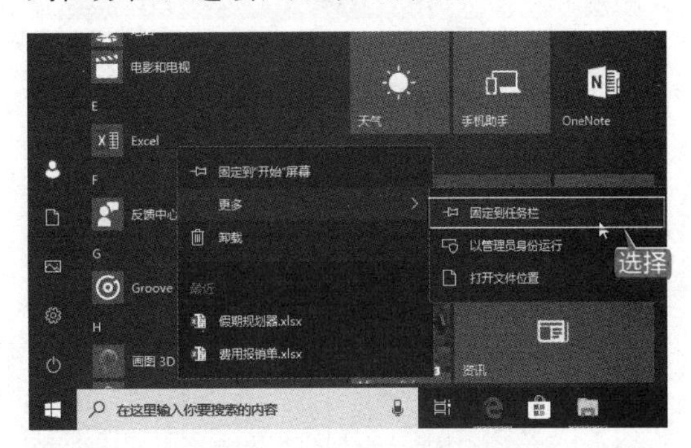

第2步 即可看到 Excel 2019 被固定在任务栏上，单击该程序图标，即可启动程序，如下图所示。

◇ 新功能：设置 Excel 为黑色主题

新版 Excel 2019 在原有的主题颜色基础上，增加了黑色主题，使界面更加酷炫，其设置的具体操作步骤如下。

第 1 步 选择【文件】选项卡，在弹出的界面左侧列表中选择【账户】选项，在【Office 主题】下拉列表中选择【黑色】选项，如下图所示。

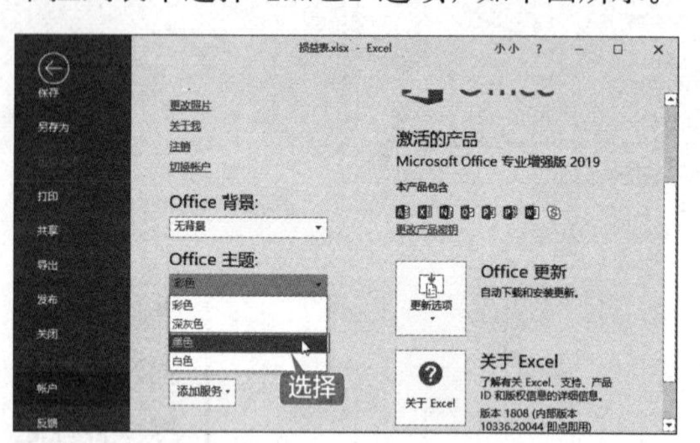

第 2 步 即可将 Excel 2019 的主题设置为黑色，效果如下图所示。

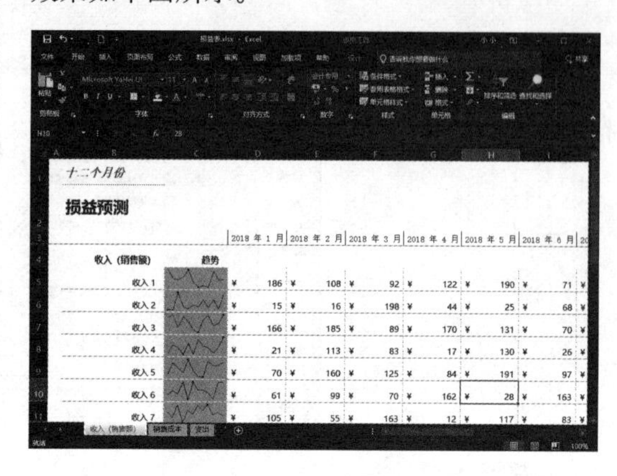

第 2 章 Excel 2019 的基本操作

本章导读

本章主要学习 Excel 工作簿和工作表的基本操作。对于初学 Excel 的人员来说，可能会将工作簿和工作表混淆，而这两者的操作又是学习 Excel 时首先应该了解的。

思维导图

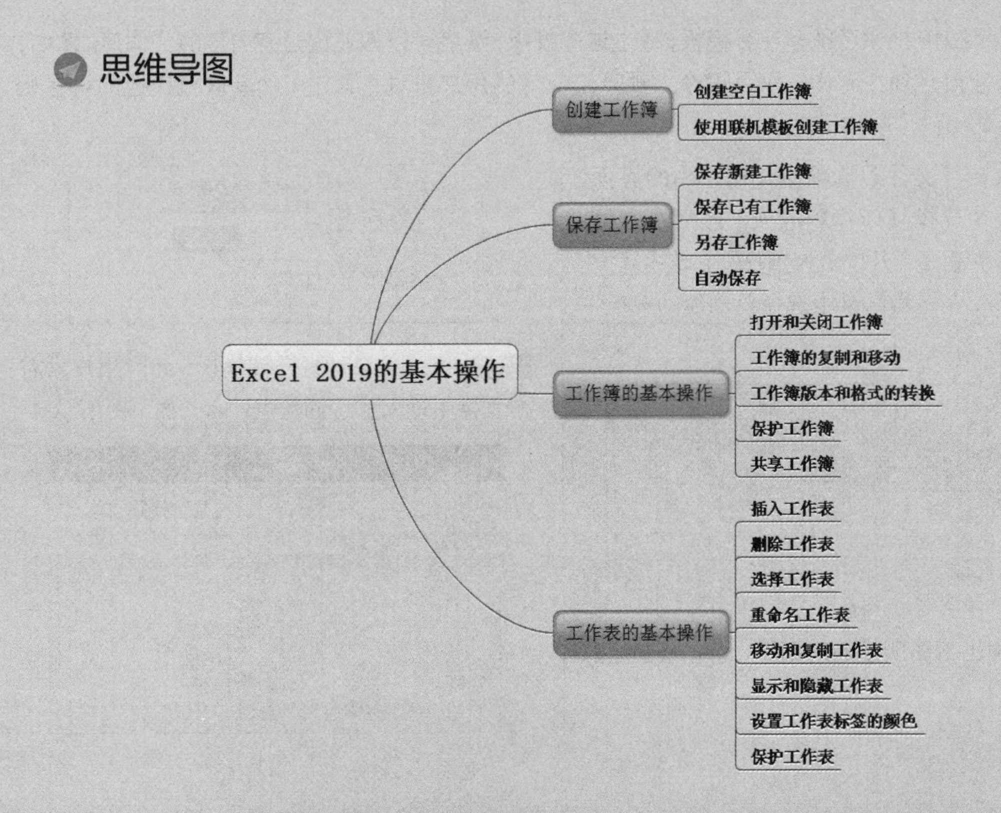

2.1 创建工作簿

工作簿是指Excel中用来存储并处理工作数据的文件，在Excel 2019中，其扩展名为“.xlsx”。通常所说的Excel文件指的是工作簿文件，新建工作簿的方法有以下几种。

2.1.1 创建空白工作簿

创建空白工作簿的具体操作步骤如下。

第1步 启动Excel 2019后，在打开的界面中选择【空白工作簿】选项，如下图所示。

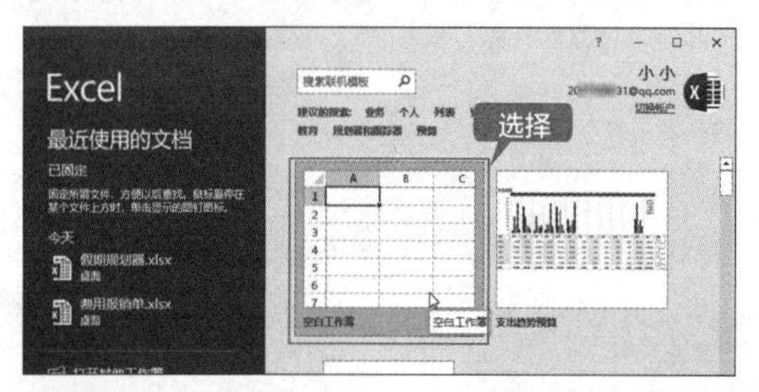

第2步 系统会自动创建一个名称为“工作簿1”的工作簿，如下图所示。

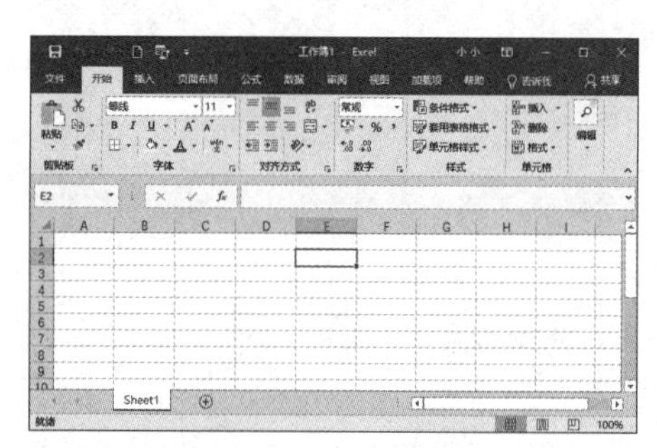

提示

在上面的窗口中按【Ctrl+N】组合键，即可快速创建一个名称为“工作簿2”的空白工作簿。

2.1.2 使用联机模板创建工作簿

Excel 2019提供了很多在线模板，通过这些模板，读者可以快速创建有内容的工作簿。例如，对于希望能自己独立制作一个月度个人预算工作簿的用户来说，通过Excel联机模板即可轻松实现，具体操作步骤如下。

第1步 选择【文件】选项卡，在弹出的界面左侧列表中选择【新建】选项，然后在右侧的搜索框中输入“月度个人预算”，单击【搜索】按钮，在搜索结果中选择要创建的模板，如下图所示。

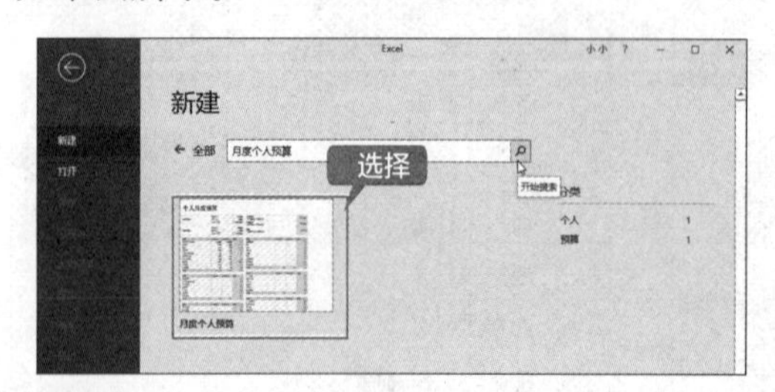

第2步 弹出下图所示的对话框，单击【创建】按钮。

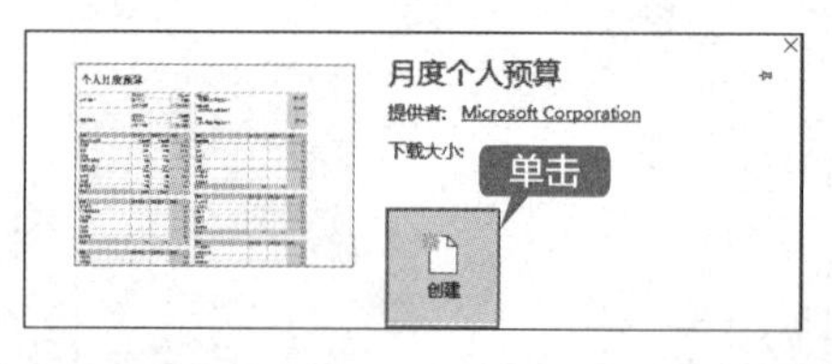

第3步 系统会自动打开该模板，此时用户只需在表格中输入相应的数据即可，如下图所示。

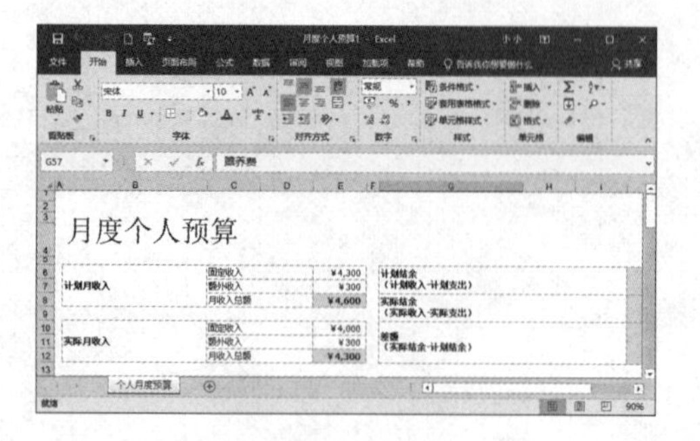

2.2 保存工作簿

保存工作簿的方法有多种，常见的有保存新建的工作簿、保存已经存在的工作簿、另存为工作簿及自动保存工作簿等。下面分别介绍这几种保存方法。

2.2.1 保存新建工作簿

工作簿创建完毕，就要将其进行保存以备今后查看和使用。在初次保存工作簿时需要指定工作簿的保存路径和保存名称，具体操作步骤如下。

第 1 步 在新创建的Excel工作界面中，选择【文件】选项卡，在弹出的界面左侧列表中选择【保存】选项（或者按【Ctrl+S】组合键，也可以单击【快速访问工具栏】的【保存】按钮），如下图所示。

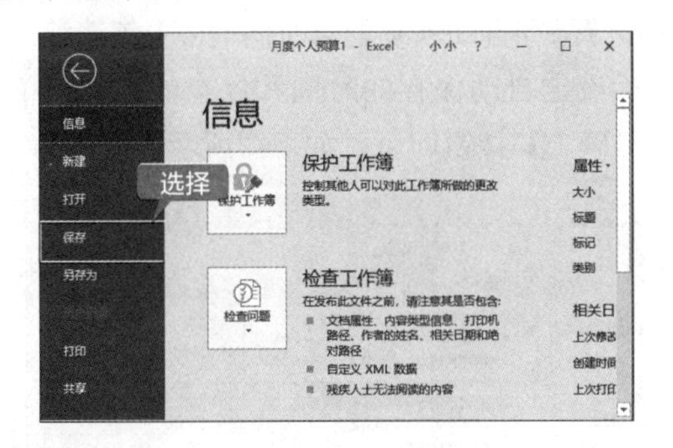

第 2 步 在右侧界面中弹出另存为显示信息，单击【浏览】按钮，如下图所示。

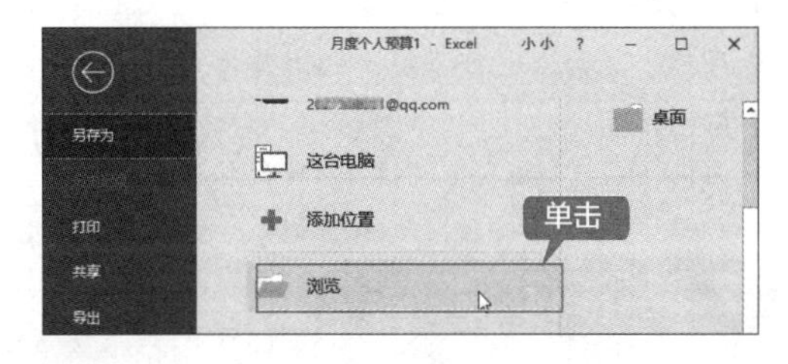

第 3 步 打开【另存为】对话框。设置工作簿的保存位置，然后在【文件名】文本框中输入工作簿的名称，在【保存类型】下拉列表中选择要存为的文件类型。设置完毕后，单击【保存】按钮即可，如下图所示。

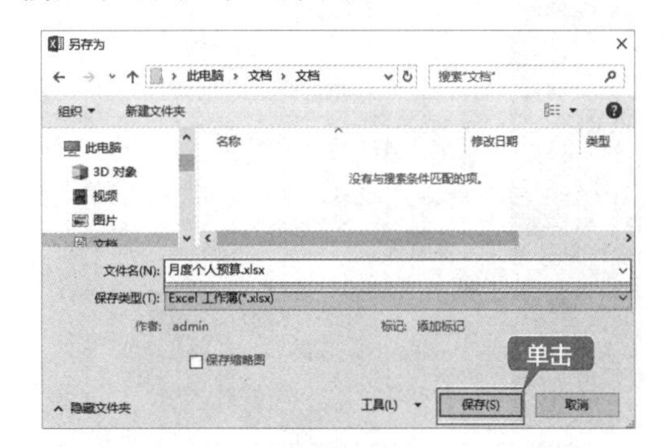

2.2.2 保存已有工作簿

对于已有的工作簿，打开并修改完毕后，只需单击【常用】工具栏中的【保存】按钮或按【Ctrl+S】组合键，即可保存已经修改的内容。

2.2.3 重点：另存工作簿

如果想将修改后的工作簿另外保存一份，而保持原工作簿的内容不变，可以对工作簿进行“另存为”操作，具体操作步骤如下。

第 1 步 选择【文件】选项卡，在弹出的界面左侧列表中选择【另存为】选项，在界面右侧单击【浏览】按钮，如下图所示。

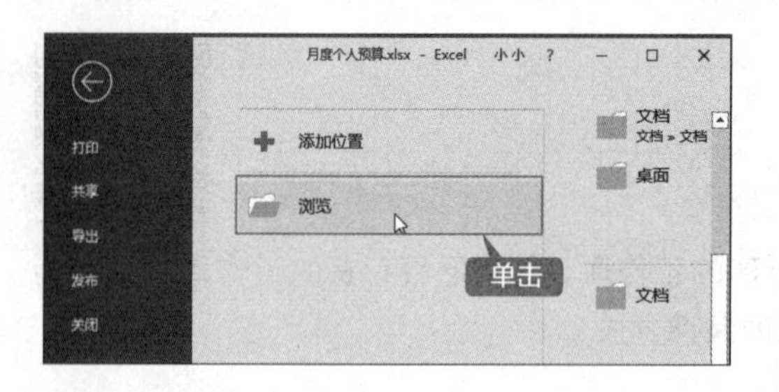

提示

按【Ctrl+S】组合键，可快速切入【另存为】页面，也可将现有的工作簿保存在当前的位置。

第2步 在弹出的【另存为】对话框中设置工作簿另存后的名称、存储路径及类型等，然后单击【保存】按钮即可，如下图所示。

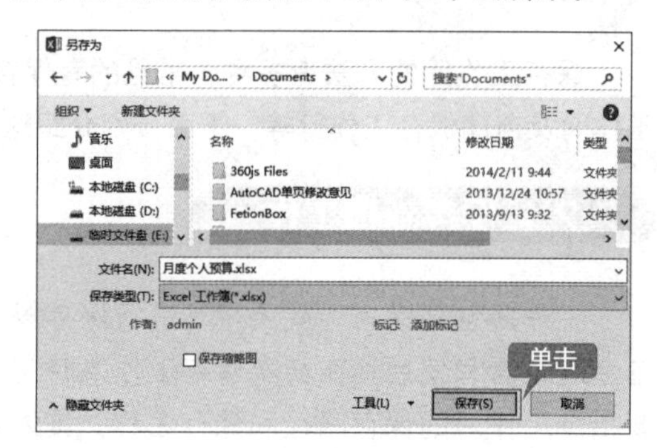

2.2.4 自动保存

为了防止由于停电或死机等意外情况造成工作簿中的数据丢失，用户可以设置工作簿的自动保存功能，具体操作步骤如下。

第1步 选择【文件】选项卡，在弹出的界面左侧列表中选择【选项】选项，如下图所示。

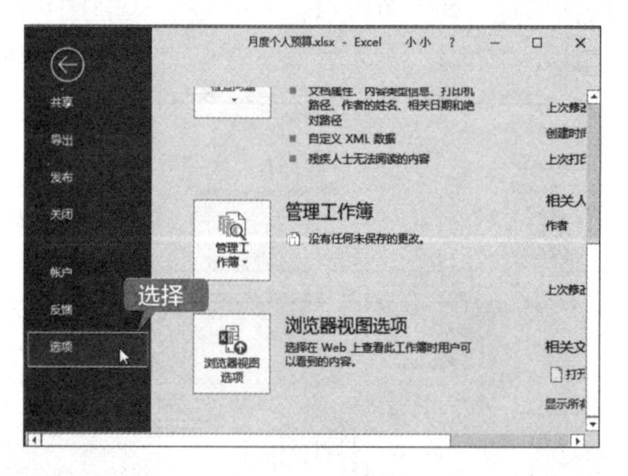

第2步 打开【Excel 选项】对话框，在左侧列表中选择【保存】选项，在右侧设置界面中选中【保存自动恢复信息时间间隔】复选框，然后设定自动保存的时间和保存的位置，单击【确定】按钮即可，如下图所示。

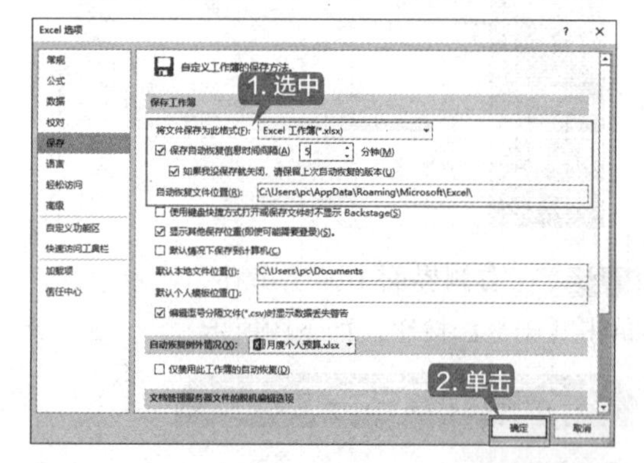

2.3 工作簿的基本操作

Excel 2019 对工作簿的操作主要有新建、保存、打开、切换及关闭等。

2.3.1 打开和关闭工作簿

当需要使用 Excel 文件时，用户需要打开工作簿。而当用户不需要使用时，则需要关闭工作簿。下面介绍打开和关闭工作簿的具体操作步骤。

1. 打开工作簿

打开工作簿的方式有以下两种。

方法 1：在文件上双击，即可打开 Excel 2019，如下图所示。

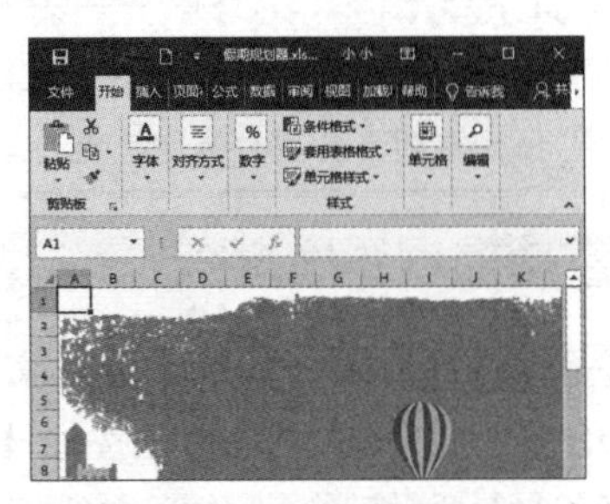

方法 2：选择【文件】→【打开】→【浏览】选项，如下图所示。

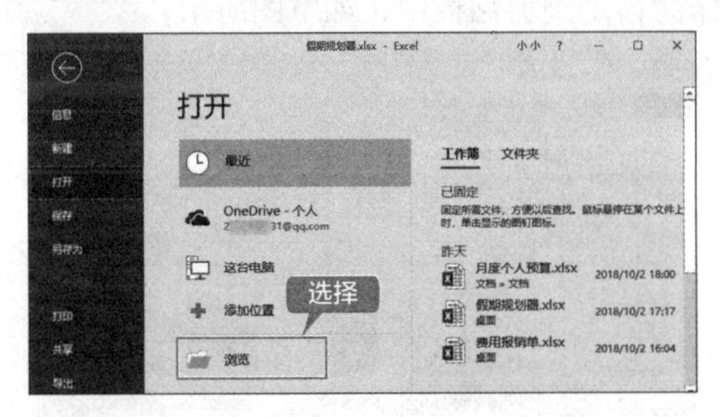

打开【打开】对话框，选择文件所在的位置，在其右侧的列表框中列出了该驱动器中所有的文件和子文件夹。双击文件所在的文件夹，选择要打开的文件，然后单击【打开】按钮即可，如下图所示。

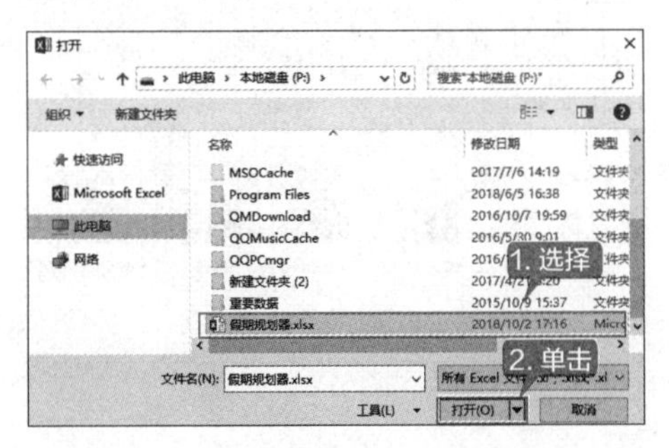

提示

也可以按【Ctrl + O】组合键打开【打开】对话框，在其中选择要打开的文件，进而打开需要编辑的工作簿。

2. 关闭工作簿

可以使用以下两种方式关闭工作簿。

方法 1：单击窗口右上角的【关闭】按钮，如下图所示。

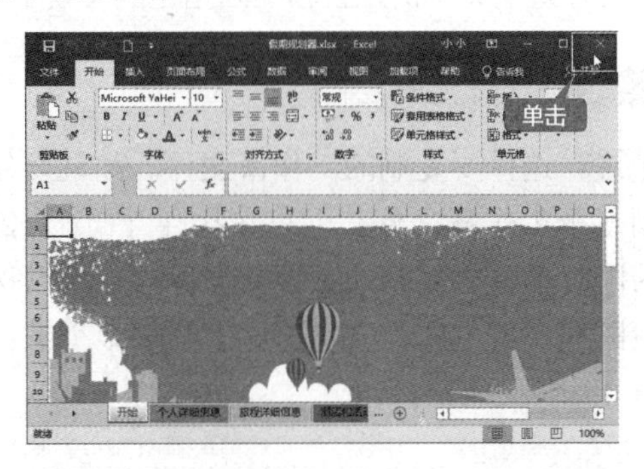

方法 2：选择【文件】→【关闭】选项，如下图所示。

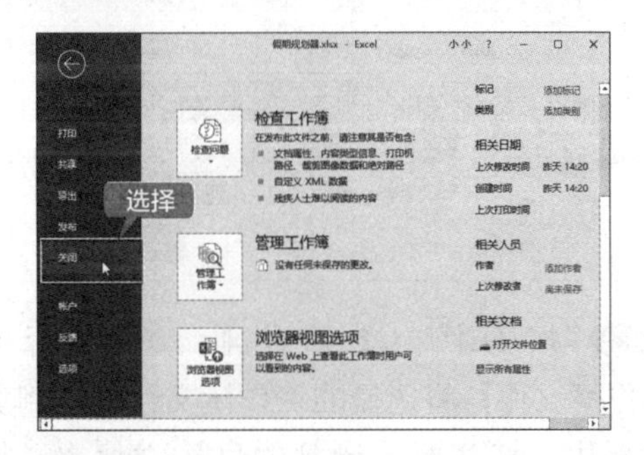

提示

在关闭 Excel 2019 文件之前，如果所编辑的表格没有保存，系统会弹出保存提示对话框，如下图所示。

单击【保存】按钮，保存对表格所做的修改，并关闭 Excel 2019 文件；单击【不保存】按钮，则不保存对表格的修改，并关闭 Excel 2019 文件；单击【取消】按钮，则不关闭 Excel 2019 文件，返回其工作界面继续编辑表格。

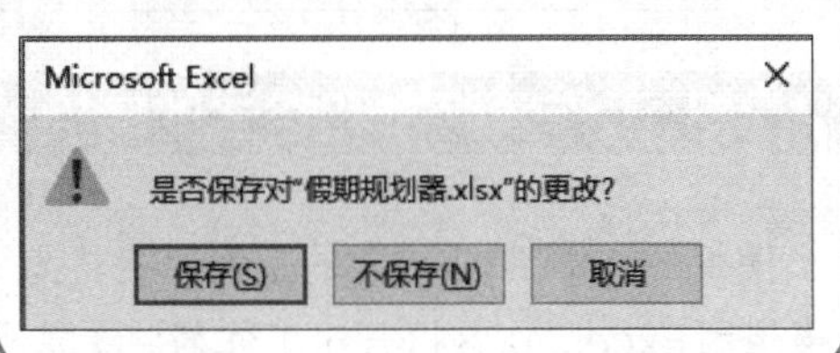

2.3.2 工作簿的复制和移动

复制是指将工作簿在原来的位置上保留，而在指定的位置上建立原文件的副本；移动是指将工作簿从原来的位置移动到指定的位置上。

1. 工作簿的复制

第1步 选择要复制的工作簿文件。如果要复制多个工作簿文件，则可在按住【Ctrl】键的同时单击要复制的工作簿文件，也可以按住鼠标左键不放，依次选中连续的多个工作簿，如下图所示。

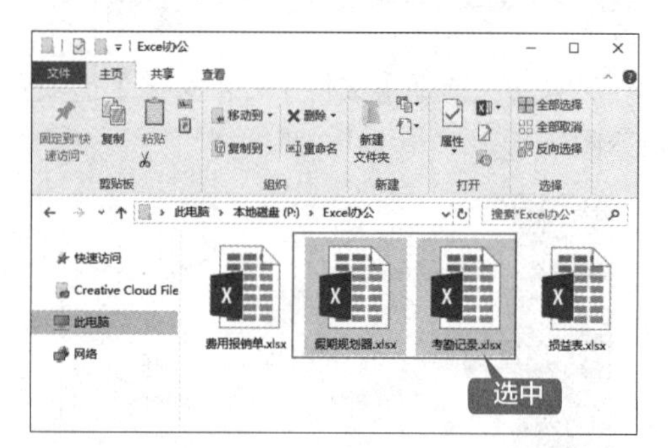

第2步 按【Ctrl+C】组合键，复制选择的工作簿文件，将选择的工作簿文件复制到剪贴板中。打开要复制到的目标文件夹，按【Ctrl+V】组合键粘贴文件，将剪贴板中的工作簿复制到当前的文件夹中，如下图所示。

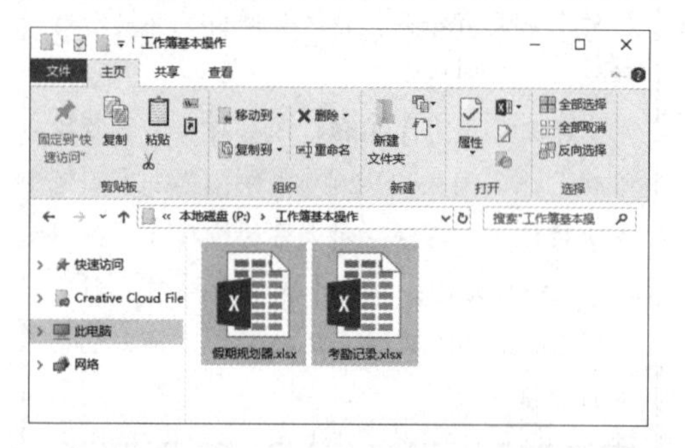

提示

用户可以选择要复制的工作簿，将其直接拖曳到目标文件夹中，也可实现复制。

2. 工作簿的移动

第1步 选择要移动的工作簿文件。如果要移动多个工作簿，则可在按住【Ctrl】键的同时选中要移动的工作簿文件。按【Ctrl+X】组合键剪切选择的工作簿文件，将选择的工作簿移动到剪贴板中，如下图所示。

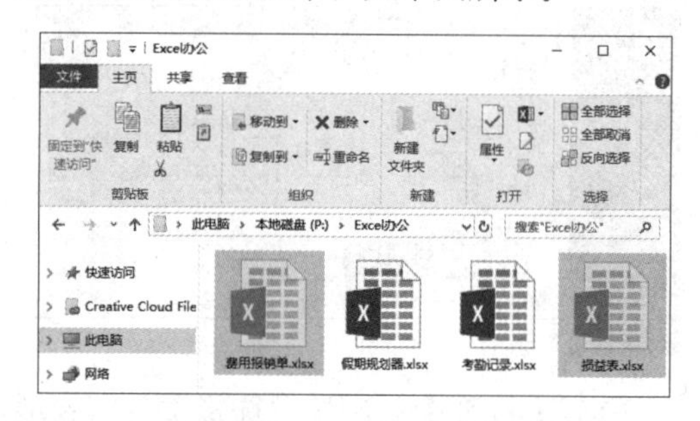

第2步 打开要移动到的目标文件夹，按【Ctrl+V】组合键粘贴文件，将剪贴板中的工作簿移动到当前文件夹中，如下图所示。

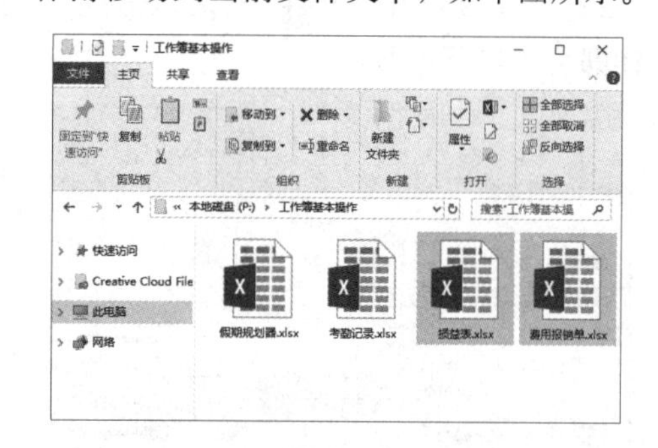

2.3.3 工作簿版本和格式的转换

使用 Excel 2019 创建的工作簿格式为“.xlsx”，只有 Excel 2007 及以上的版本才能打开，如果想用 Excel 2003 打开该工作簿，就需要将工作簿的格式转换为“.xls”，具体操作步骤如下。

第1步 选中需要进行格式转换的文件，选择【文件】选项卡，在弹出的界面左侧列表中选择【另存为】选项，单击右侧界面中的【浏览】按钮，如下图所示。

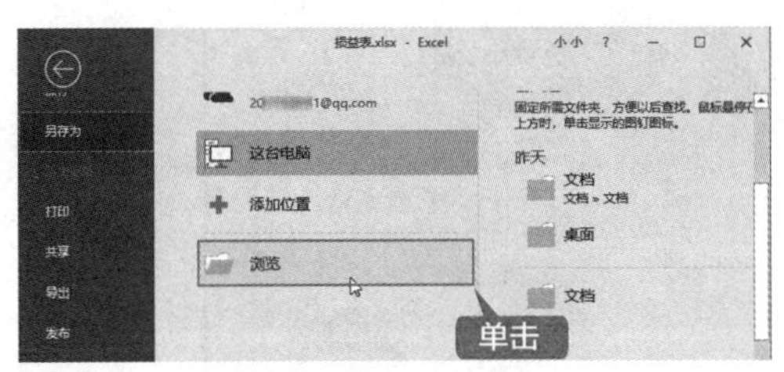

第 2 步 打开【另存为】对话框，在【保存类型】下拉列表中选择【Excel 97–2003 工作簿（*.xls）】选项，如下图所示。

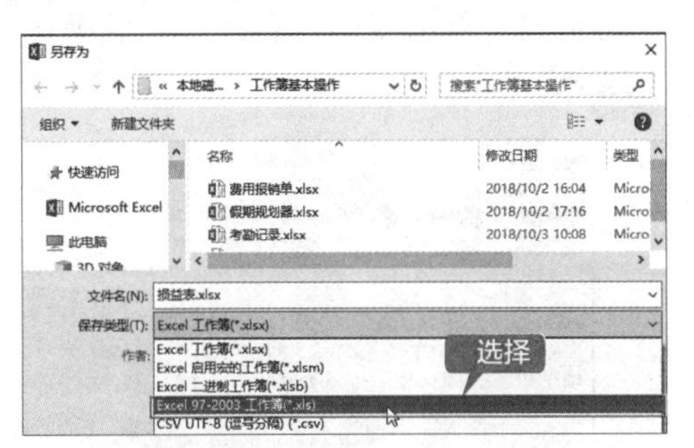

第 3 步 设置完毕后，单击【保存】按钮，即可将该文件保存为 Excel 2003 格式文件。可以看到该工作簿的扩展名为“.xls”，如下图所示。

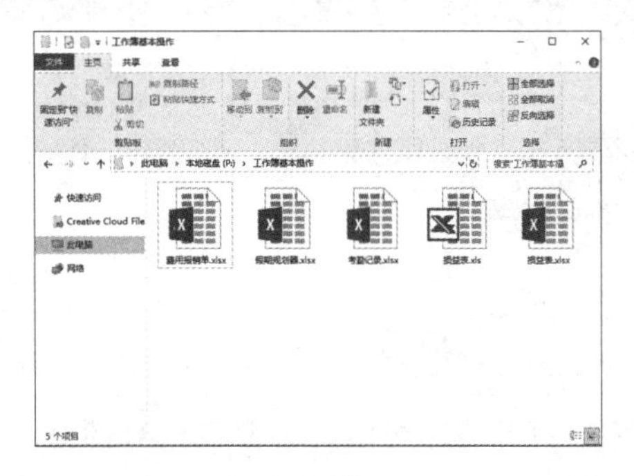

除了保存为 Excel 2003 格式外，也可以在保存类型中选择其他格式，如 HTML、JPG、PDF 等格式。

2.3.4 重点：保护工作簿

对于特殊的工作簿，用户有时需要进行保护操作，具体操作步骤如下。

第 1 步 选择【文件】选项卡，在弹出的界面左侧列表中选择【信息】选项，在右侧界面中单击【保护工作簿】按钮，在弹出的下拉菜单中选择【用密码进行加密】选项，如下图所示。

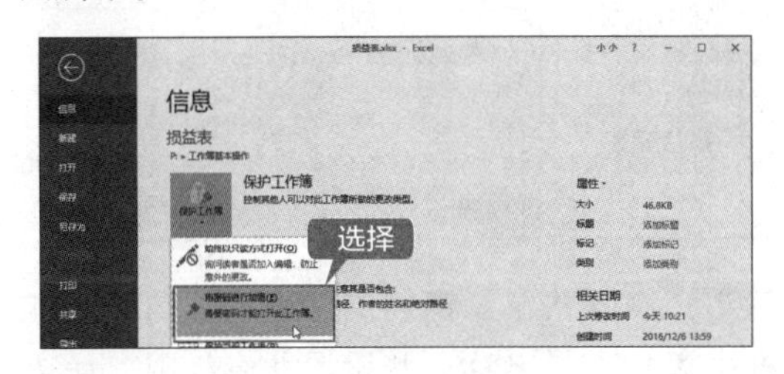

第 2 步 打开【加密文档】对话框，在【密码】文本框中输入密码，单击【确定】按钮，如下图所示。

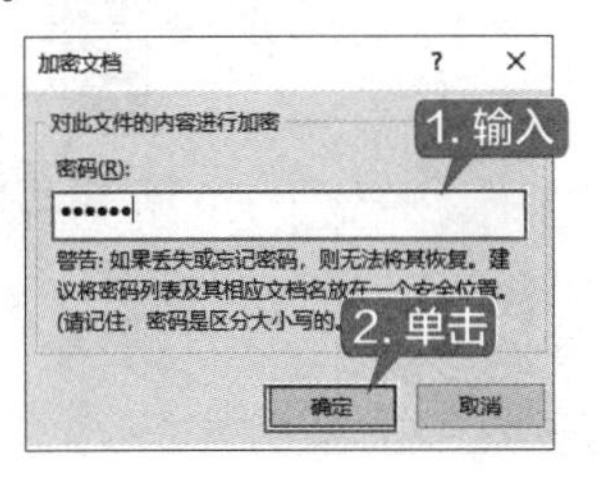

第 3 步 弹出【确认密码】对话框，再次输入上面的密码，单击【确定】按钮，如下图所示。

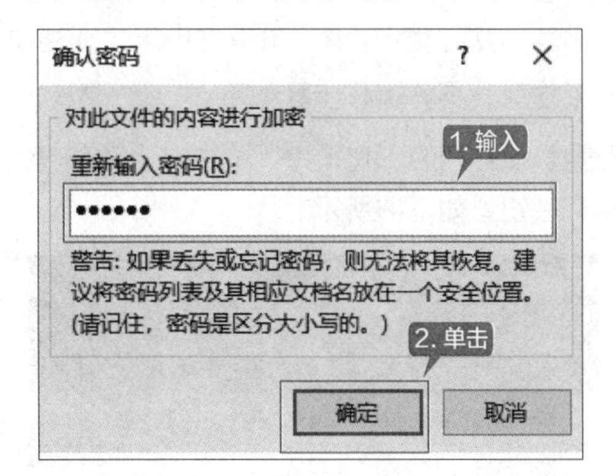

第 4 步 当再次打开该工作簿时，会弹出【密码】对话框，输入设置的密码，单击【确定】按钮即可取消保护，如下图所示。

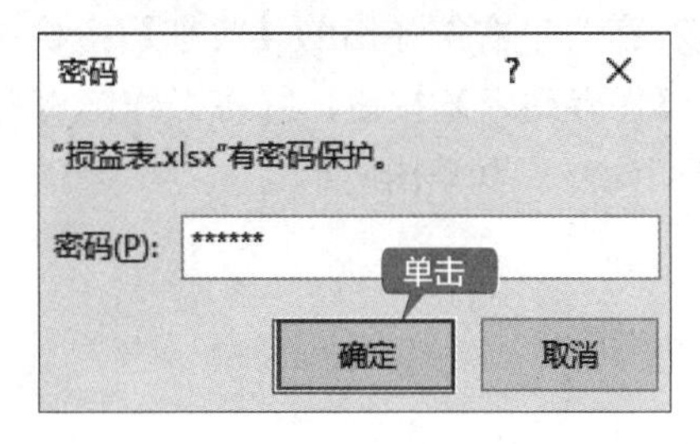

第 5 步 另外，读者还可以在打开的工作簿中，单击【审阅】选项卡【更改】组中的【保护工作簿】按钮，如下图所示。

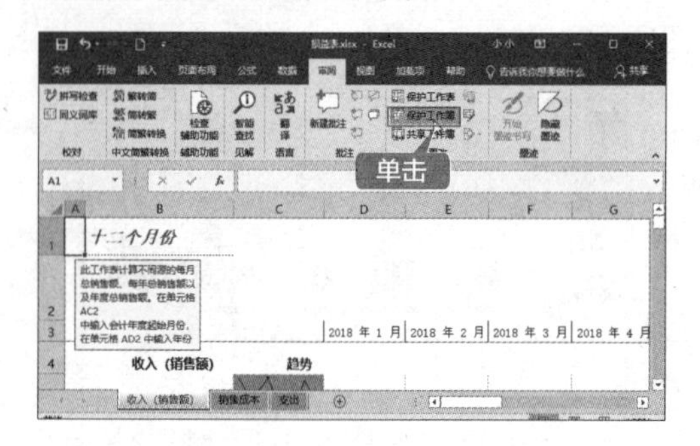

第 6 步 打开【保护结构和窗口】对话框，默认情况下，【结构】复选框是被选中的，用户可以根据实际的工作需要进行选择。如果不需要保护结构，可以取消选中对应的复选框，然后输入保护工作簿的密码，单击【确定】按钮，如下图所示。

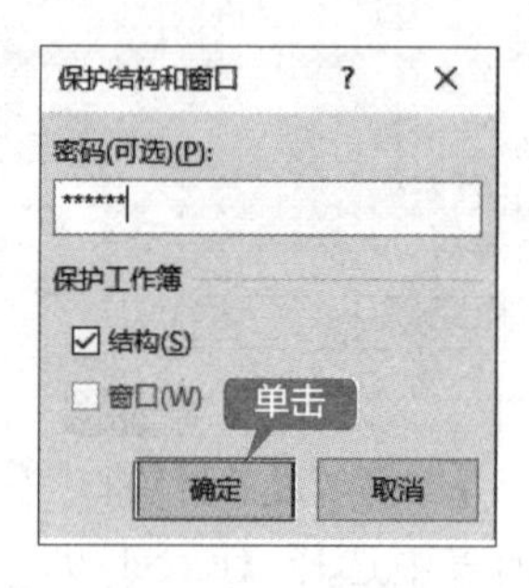

第 7 步 弹出【确认密码】对话框，再次输入设置的密码，单击【确定】按钮完成操作，如下图所示。

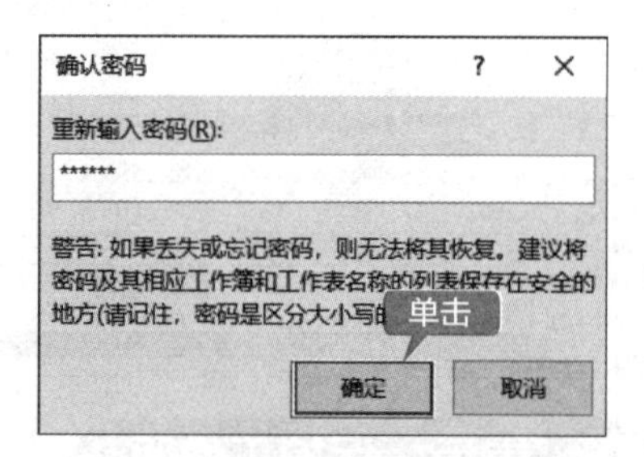

2.3.5 重点：共享工作簿

在 Excel 2019 中，用户可以将工作簿进行共享操作，这样其他人就可以通过网络查看共享的工作簿，具体操作步骤如下。

第 1 步 在打开的工作簿中，单击右上角的【共享】按钮，如下图所示。

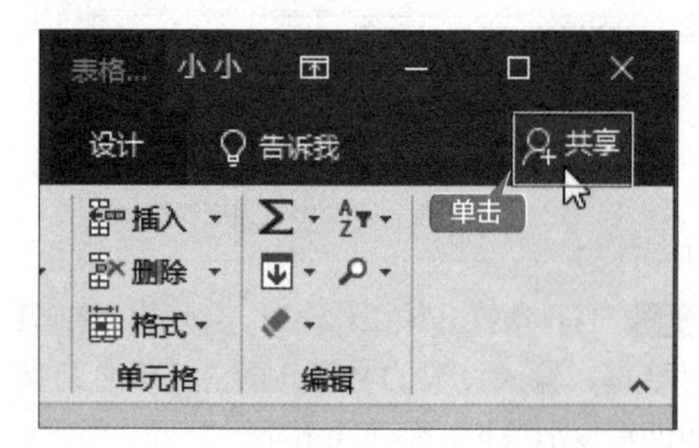

第 2 步 在窗口右侧弹出的【共享】窗格中，单击【保存到云】按钮，并将工作簿保存到 OneDrive 中，如下图所示。

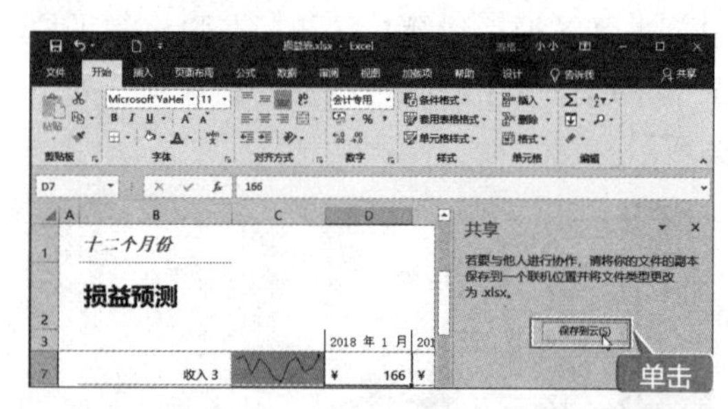

第 3 步 在【共享】窗格的【邀请人员】文本框中添加人员名称，并设置共享权限，如选择【可编辑】选项，如下图所示。

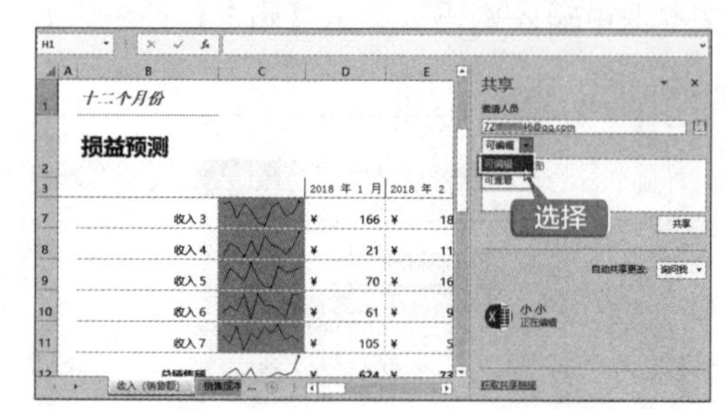

第 4 步 单击【共享】按钮，即可向被邀请人发送链接，并在窗格下方显示参与者的人员信息及权限，如下图所示。

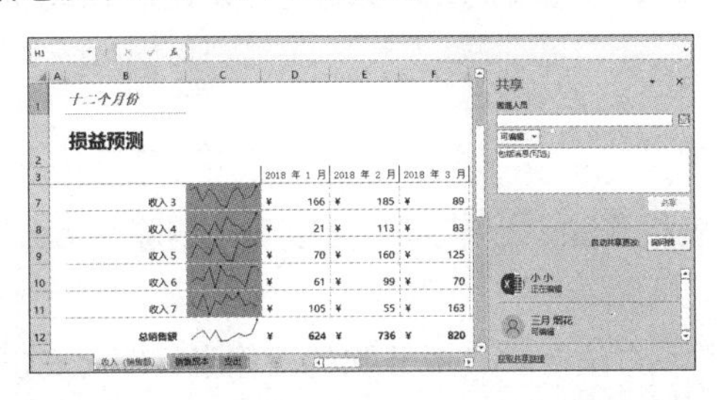

第 5 步 另外，用户也可以单击【获取共享链接】超链接，选择生成的链接，并单击【复制】按钮，将链接发送给其他人，也可实现共享，如下图所示。

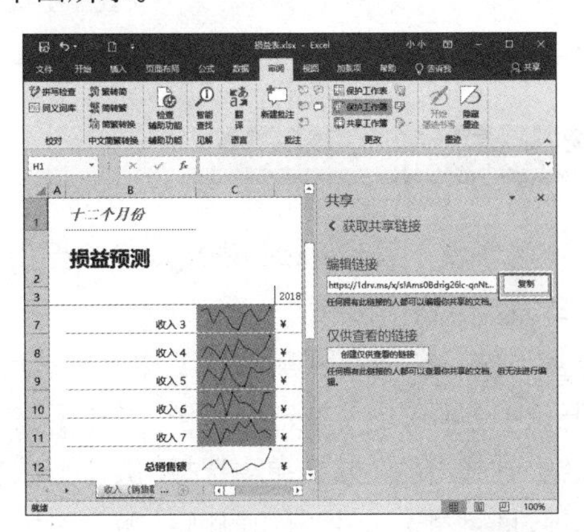

2.4 工作表的基本操作

工作表是工作簿的组成部分，默认情况下，每个工作簿都包含 1 个工作表，名称为“Sheet1”。使用工作表可以组织和分析数据，用户可以对工作表进行插入、删除、重命名、显示、隐藏等操作。

2.4.1 插入工作表

插入工作表也称为添加工作簿，在工作簿中插入一个新工作表的具体操作步骤如下。

第 1 步 打开需要插入工作表的文件，在窗口中右击工作表 Sheet1 的标签，然后在弹出的快捷菜单中选择【插入】选项，如下图所示。

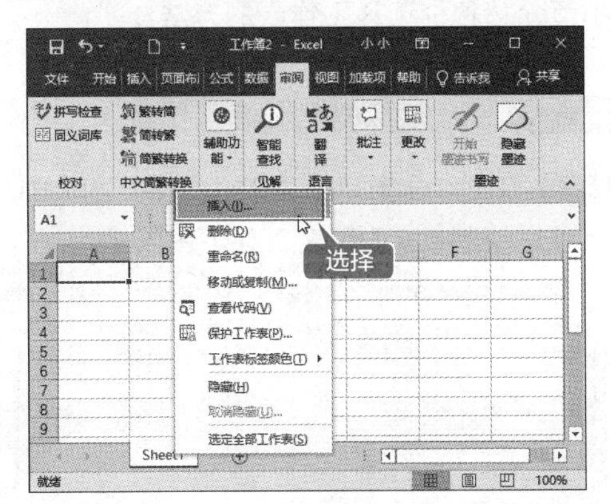

第 2 步 打开【插入】对话框，选择【常用】选项卡，选择【工作表】选项，单击【确定】按钮，如下图所示，即可插入一个名称为“Sheet2”的工作表。

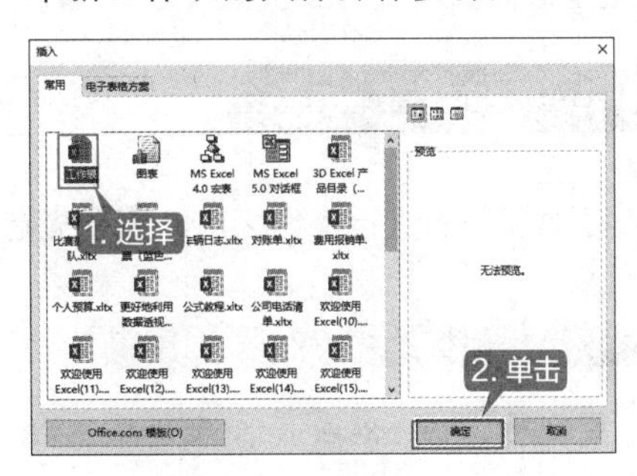

另外，用户也可以单击工作表 Sheet1 右侧的【新工作表】按钮 ⊕，插入新的工作表 Sheet3，如下图所示。

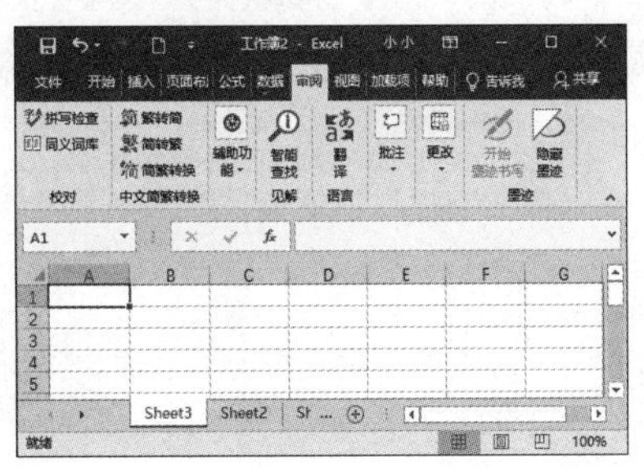

提示

在实际操作中，插入的工作表数会受所使用的计算机内存的限制。

2.4.2 删除工作表

为了便于管理 Excel 表格，应将无用的 Excel 表格删除，以节省存储空间。删除 Excel 表格的方法有以下两种。

方法 1：选择要删除的工作表，然后在【开始】选项卡的【单元格】组中单击【删除】按钮，在弹出的下拉菜单中选择【删除工作表】选项，即可将选择的工作表删除，如下图所示。

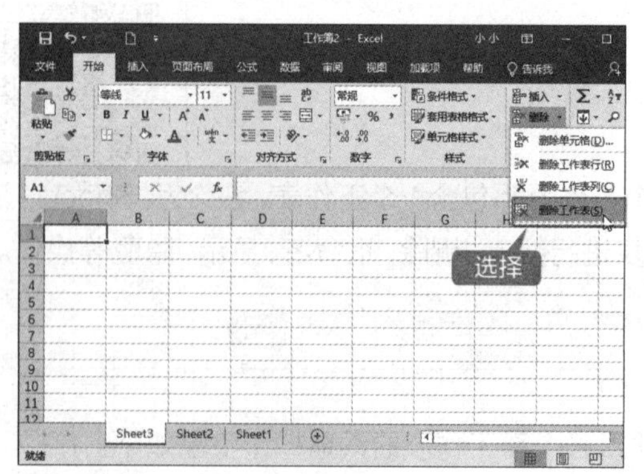

方法 2：在要删除的工作表标签上右击，在弹出的快捷菜单中选择【删除】选项，也可以将工作表删除，如下图所示。该删除操作不能撤销，即工作表被永久删除。

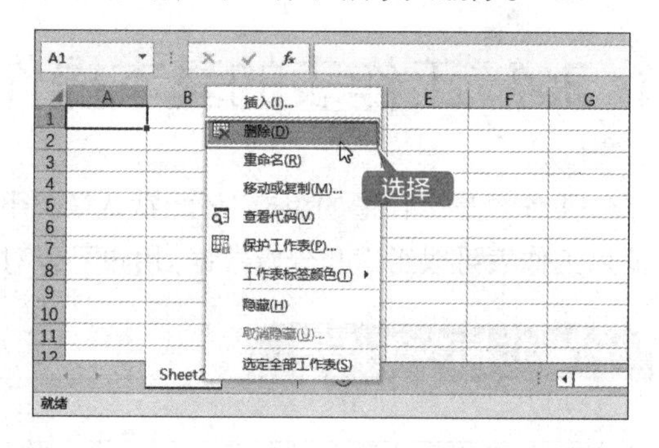

2.4.3 选择工作表

在对工作表进行操作之前，需要先选中它。本小节介绍各种选择工作表的方法。

1. 用鼠标选中 Excel 工作表

用鼠标选中 Excel 工作表是最常用、最快速的方法，只需在 Excel 工作表标签上单击即可。例如，在 Sheet3 工作表标签上单击，即可选择 Sheet3 工作表，如下图所示。

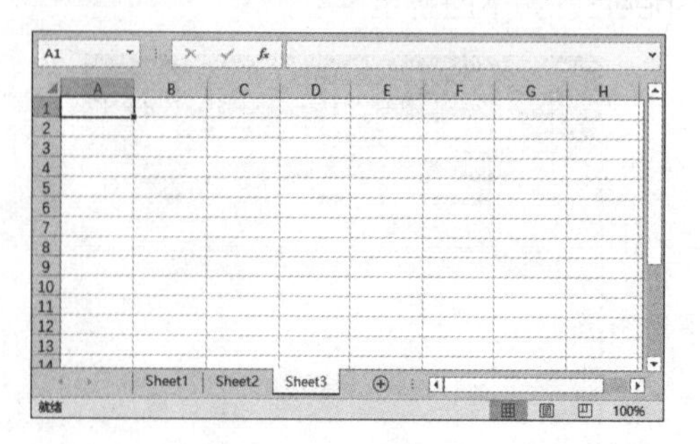

2. 选中连续的 Excel 工作表

第 1 步 在 Excel 窗口下方的工作表“Sheet1”上单击，选中该工作表，如下图所示。

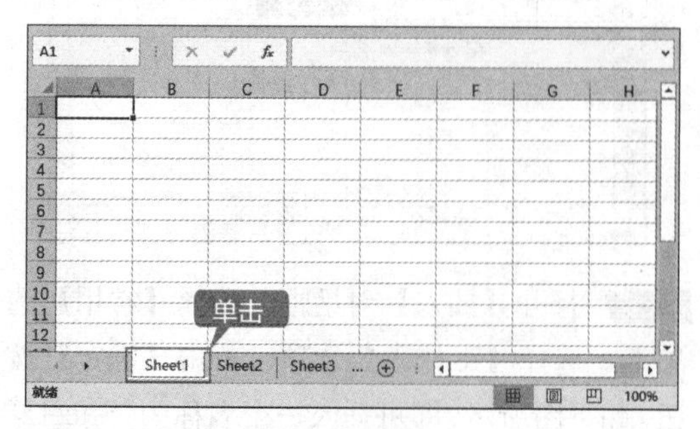

第 2 步 按住【Shift】键的同时选中最后一个工作表的标签，即可选中连续的Excel工作表。

此时，标题栏中将显示“组”字样，如下图所示。

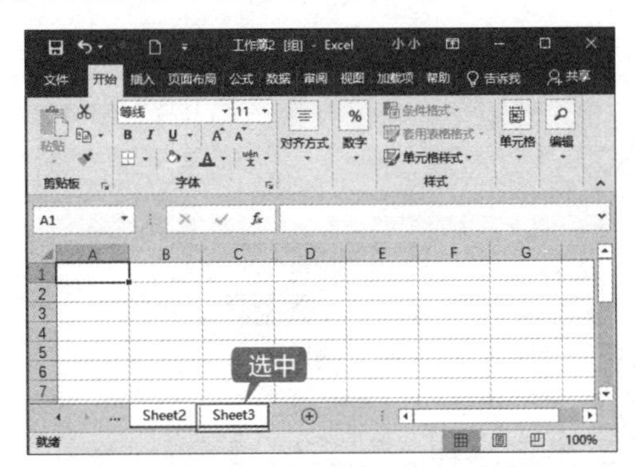

3. 选中不连续的工作表

若要选择不连续的 Excel 工作表，则按住【Ctrl】键的同时选择相应的 Excel 工作表即可。例如，下图所示为选择 Sheet1 和 Sheet3 工作表。

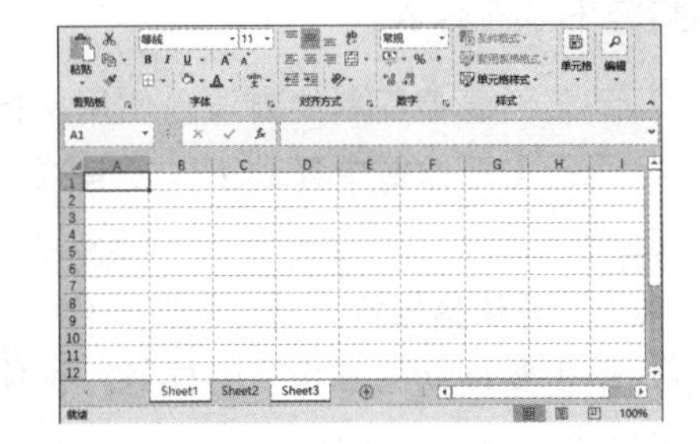

2.4.4 重命名工作表

每个工作表都有自己的名称，默认情况下以 Sheet1、Sheet2、Sheet3……命名工作表。但是，这种命名方式不便于管理工作表，用户可以对工作表进行重命名操作，以便更好地管理工作表。

重命名工作表的方法有两种，即直接在标签上重命名和使用快捷菜单重命名。

1. 在标签上直接重命名

第 1 步 新建一个工作簿，双击要重命名工作表的标签 Sheet1（此时该标签以灰度底纹显示），进入可编辑状态，如下图所示。

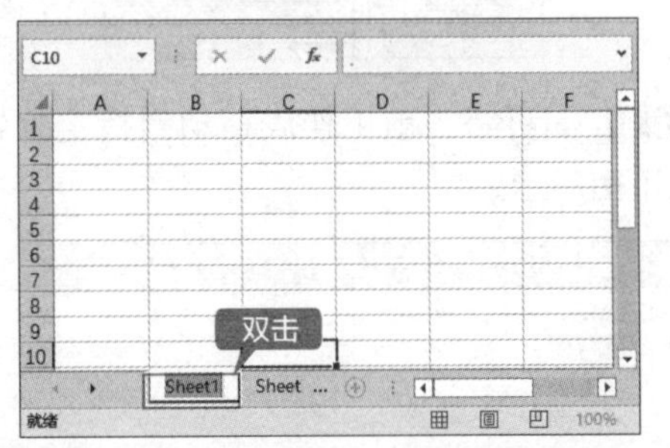

第 2 步 输入新的标签名，按【Enter】键，即可完成对该工作表标签进行重命名的操作，如下图所示。

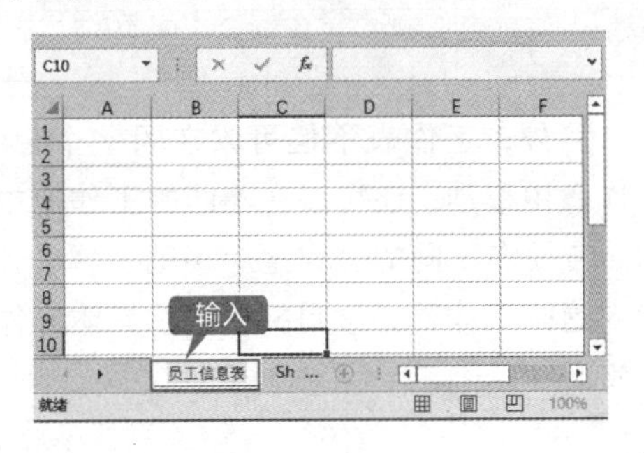

2. 使用快捷菜单重命名

第 1 步 在要重命名的工作表标签上右击，在弹出的快捷菜单中选择【重命名】选项，如下图所示。

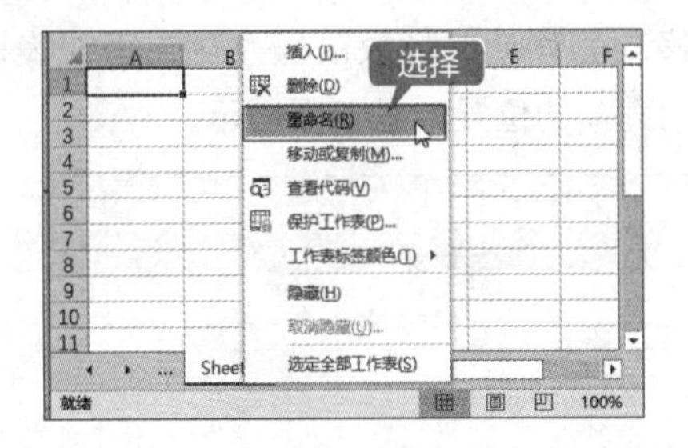

第 2 步 此时工作表标签以灰度底纹显示，然后输入新的标签名，按【Enter】键，即可完成工作表的重命名操作，如下图所示。

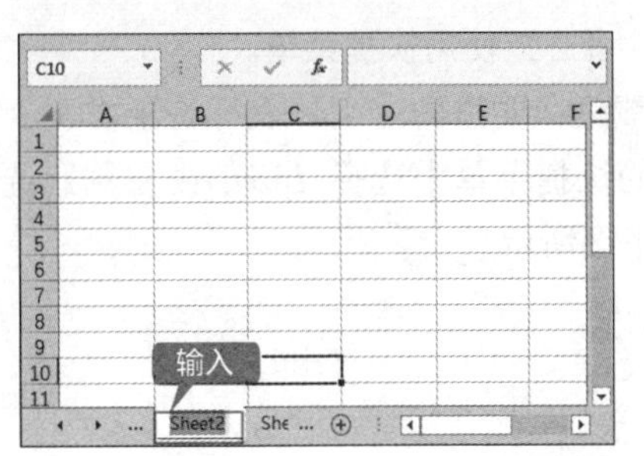

2.4.5 移动和复制工作表

在工作簿中可以对工作表进行复制和移动操作。

1. 移动工作表

移动工作表最简单的方法是使用鼠标操作，在同一个工作簿中移动工作表有以下两种方法。

（1）直接拖曳法。

第1步 单击要移动的工作表的标签，按住鼠标左键不放，如下图所示。

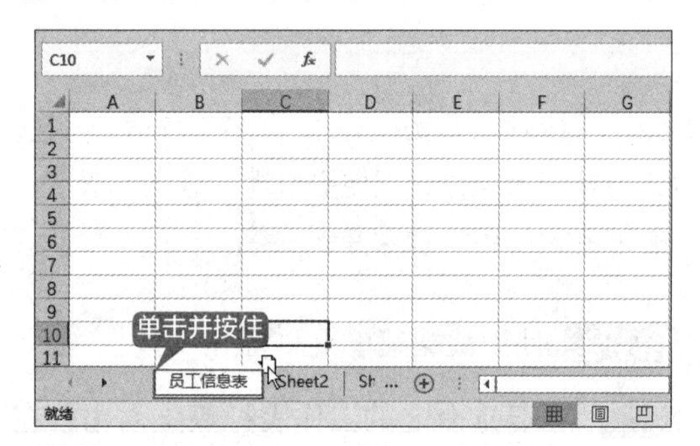

第2步 拖曳鼠标，将鼠标指针移动到工作表的新位置，黑色倒三角图标会随鼠标指针的移动而移动。释放鼠标左键，工作表即可移动到新的位置，如下图所示。

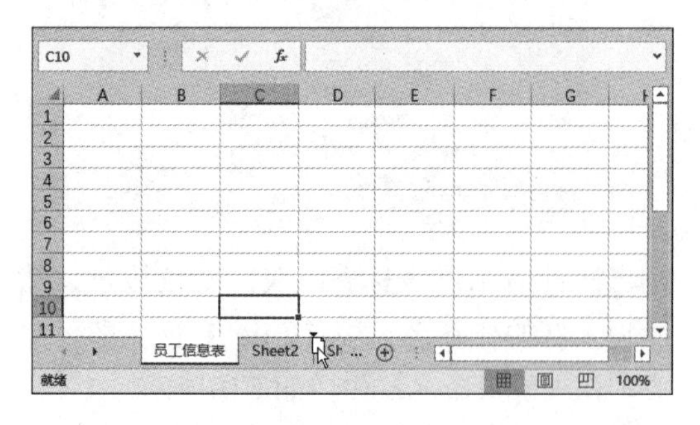

（2）使用快捷菜单。

第1步 在要移动的工作表标签上右击，在弹出的快捷菜单中选择【移动或复制】选项，如下图所示。

第2步 在弹出的【移动或复制工作表】对话框中选择要插入的位置，单击【确定】按钮，如下图所示。

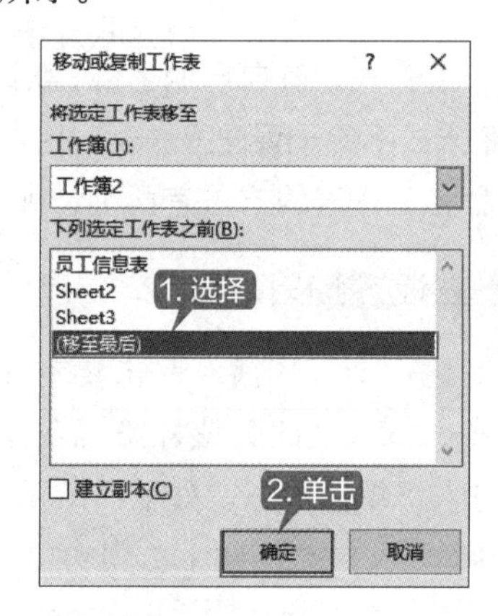

第3步 即可将当前工作表移动到指定位置，如下图所示。

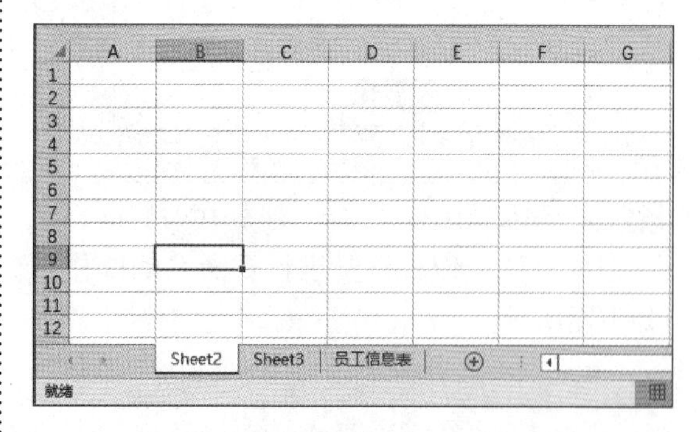

另外，工作表不但可以在同一个 Excel 工作簿中移动，还可以在不同的工作簿中移动。若要在不同的工作簿中移动工作表，则要求这些工作簿必须是打开的，具体操作步骤如下。

第 1 步 在要移动的工作表标签上右击，在弹出的快捷菜单中选择【移动或复制】选项，如下图所示。

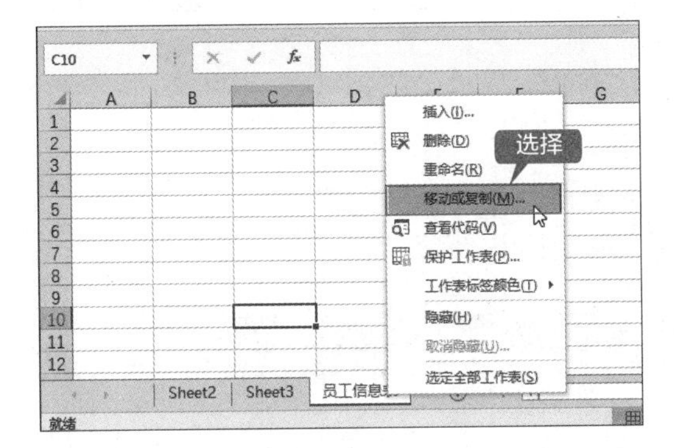

第 2 步 打开【移动或复制工作表】对话框，在【将选定工作表移至工作簿】下拉列表中选择要移动到的目标位置，在【下列选定工作表之前】列表框中选择要插入的位置，单击【确定】按钮，如下图所示。

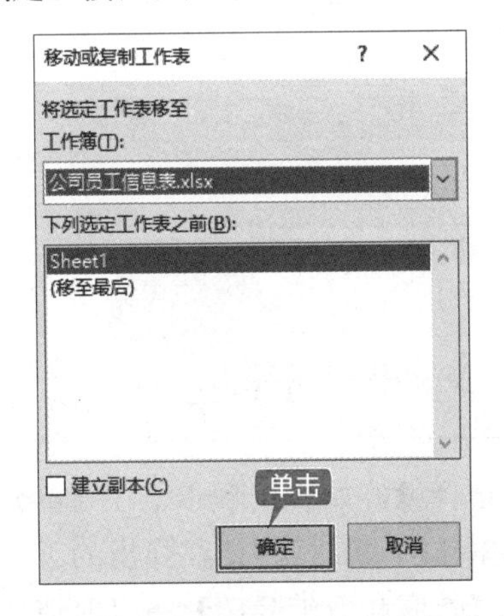

第 3 步 即可将当前工作表移动到指定位置，如下图所示。

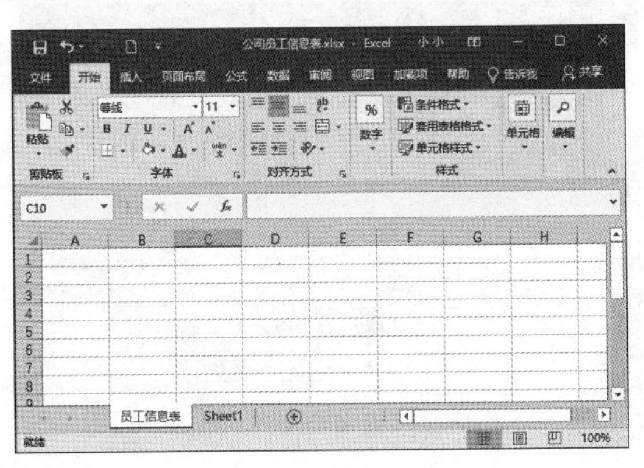

2. 复制工作表

用户可以在一个或多个 Excel 工作簿中复制工作表，其操作方法有以下两种。

（1）使用鼠标复制。

用鼠标复制工作表的步骤与移动工作表的步骤相似，在拖动鼠标的同时按住【Ctrl】键即可。

第 1 步 选择要复制的工作表，按住【Ctrl】键的同时单击该工作表标签，如下图所示。

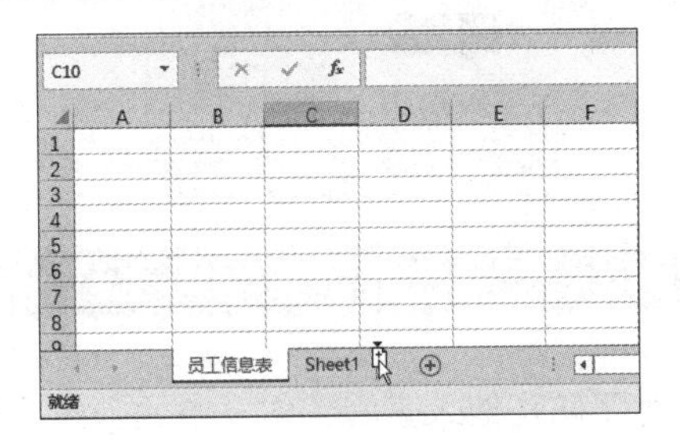

第 2 步 拖曳鼠标，将鼠标指针移动到工作表的新位置，黑色倒三角图标会随鼠标指针的移动而移动。释放鼠标左键，工作表即可复制到新的位置，如下图所示。

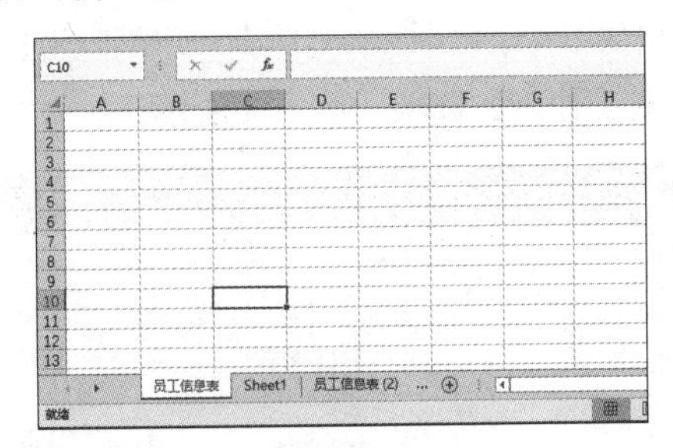

（2）使用快捷菜单复制。

第 1 步 选择要复制的工作表。在工作表标签上右击，在弹出的快捷菜单中选择【移动或复制】选项，如下图所示。

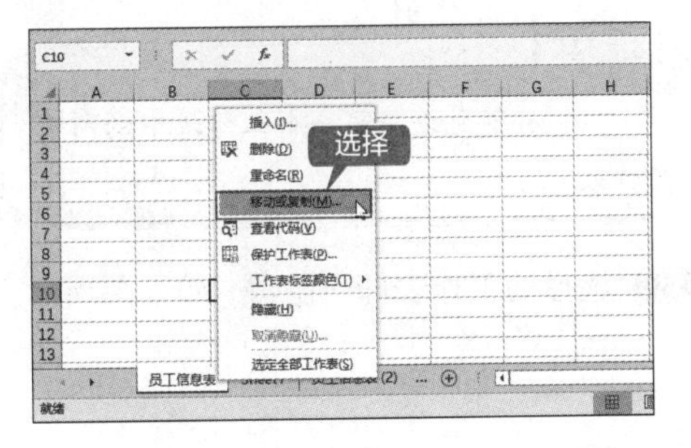

第 2 步 在弹出的【移动或复制工作表】对话框中选择要复制的目标工作簿和要插入的位置，然后选中【建立副本】复选框，单击【确定】按钮，如下图所示。

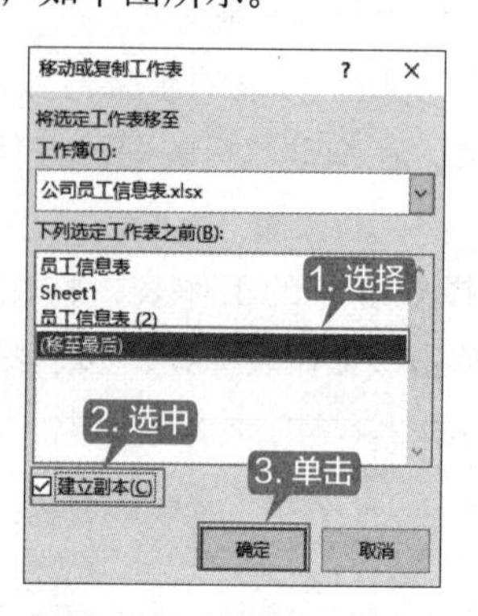

第 3 步 即可完成复制工作表的操作，如下图所示。

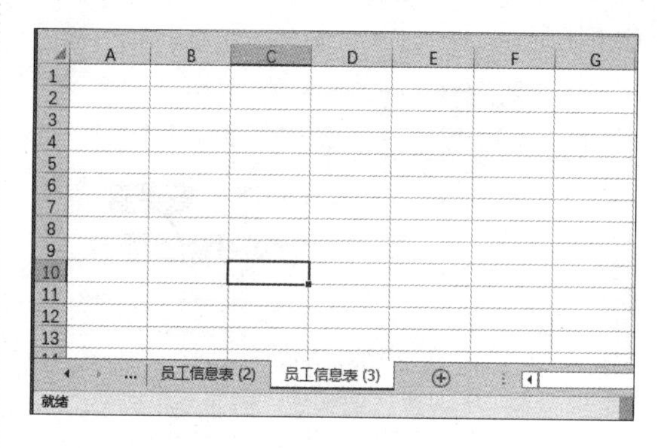

2.4.6 重点：显示和隐藏工作表

为了防止他人查看工作表中的数据，可以使用工作表的隐藏功能，将包含重要数据的工作表隐藏起来，当想要查看被隐藏的工作表时，则可取消工作表的隐藏状态。

隐藏和显示工作表的具体操作步骤如下。

第 1 步 选择要隐藏的工作表，然后选择【开始】选项卡，在【单元格】组中单击【格式】按钮，在弹出的下拉菜单中选择【隐藏和取消隐藏】→【隐藏工作表】选项，如下图所示。

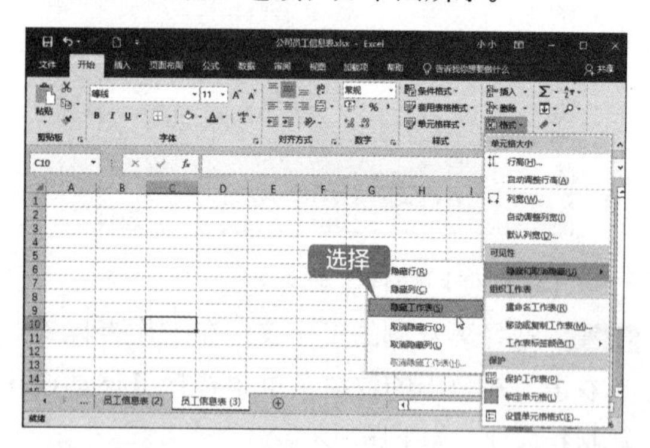

提示

Excel 不允许隐藏一个工作簿中的所有工作表。

第 2 步 选择的工作表即可隐藏，如下图所示。

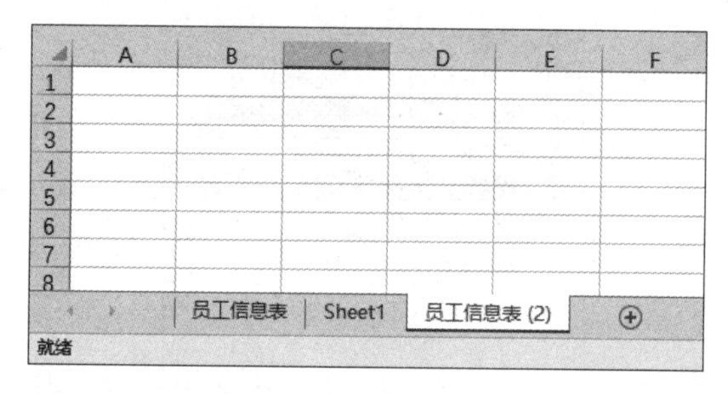

第 3 步 选择【开始】选项卡，在【单元格】组中单击【格式】按钮，在弹出的下拉菜单中选择【隐藏和取消隐藏】→【取消隐藏工作表】选项，如下图所示。

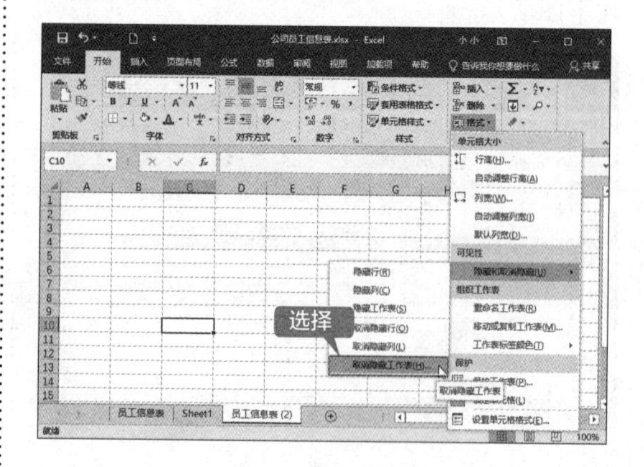

第 4 步 在弹出的【取消隐藏】对话框中选择要显示的工作表，单击【确定】按钮，如下图所示。

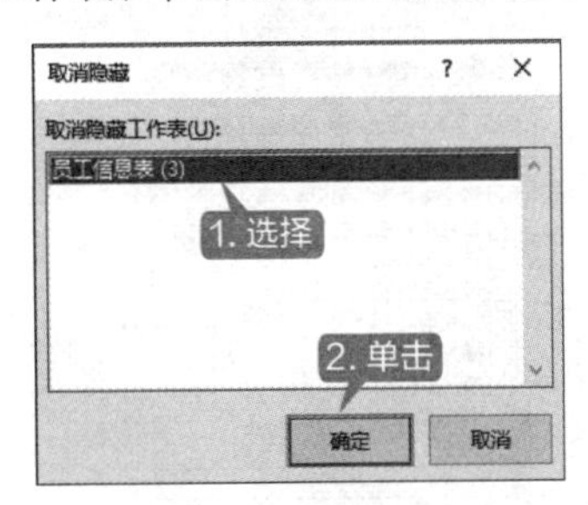

第 5 步 即可取消工作表的隐藏状态，如下图所示。

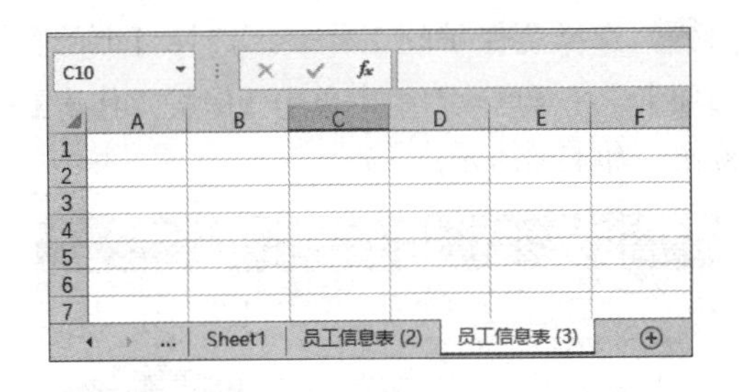

提示

另外，也可以在工作表标签上执行隐藏和取消隐藏工作表的操作。

2.4.7 重点：设置工作表标签的颜色

Excel 软件提供了工作表标签的美化功能，用户可以根据需要对工作表标签的颜色进行设置，以便区分不同的工作表。

设置工作表标签颜色的具体操作步骤如下。

第 1 步 单击要设置颜色的“Sheet1”标签。选择【格式】→【工作表】→【工作表标签颜色】选项，或者右击“Sheet1”标签，在弹出的快捷菜单中选择【工作表标签颜色】选项，然后选择需要的颜色，如下图所示。

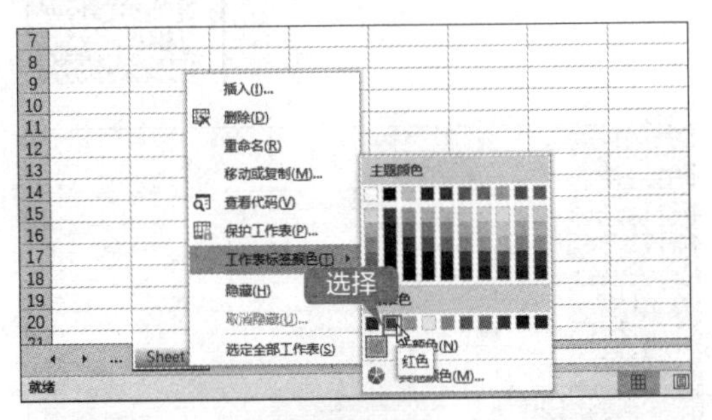

第 2 步 选择完成后，即可应用选中的颜色，如下图所示。

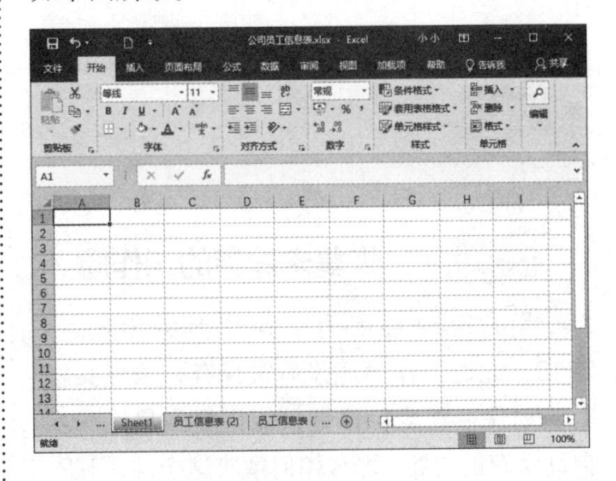

2.4.8 保护工作表

Excel 提供了保护工作表的功能，以防止其被更改、移动或删除某些重要的数据。保护工作表的具体操作步骤如下。

第 1 步 选择要保护的工作表。选择【审阅】选项卡，在【更改】组中单击【保护工作表】按钮，如下图所示。

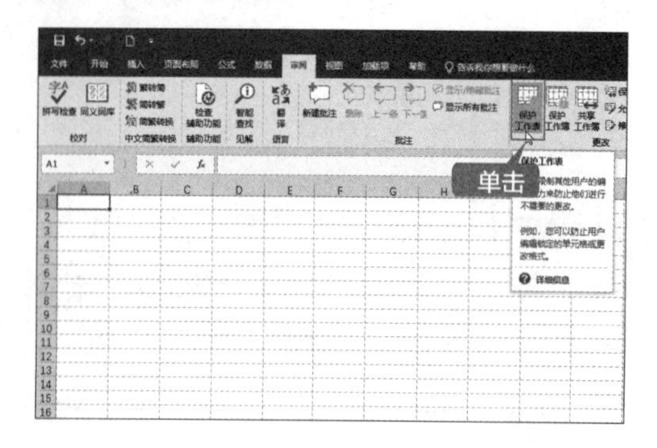

第 2 步 在弹出的【保护工作表】对话框中，用户可以选中需要保护的内容，然后输入取消工作表保护时使用的密码，并单击【确定】按钮，如下图所示。

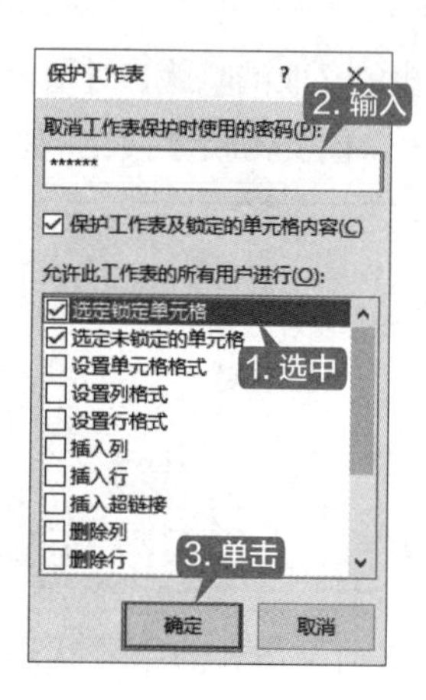

第 3 步 在弹出的【确认密码】对话框中重新输入密码，单击【确定】按钮，即可完成工作表的保护，如下图所示。

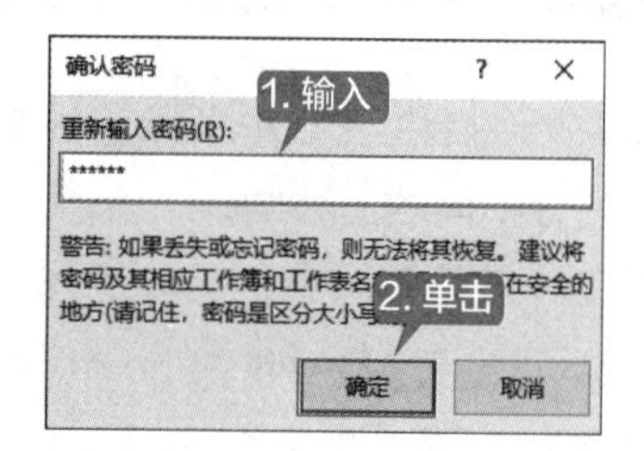

◇ 恢复未保存的工作簿

用户有时会因为误操作而关闭 Excel 2019，此时工作簿还没有被保存，虽然文档有自动保存功能，但是只能恢复到最近一次自动保存的内容，那么如何解决这个问题呢？下面介绍如何恢复未保存的工作簿，具体操作步骤如下。

第 1 步 选择【文件】选项卡，在弹出的界面左侧列表中选择【选项】选项，如下图所示。

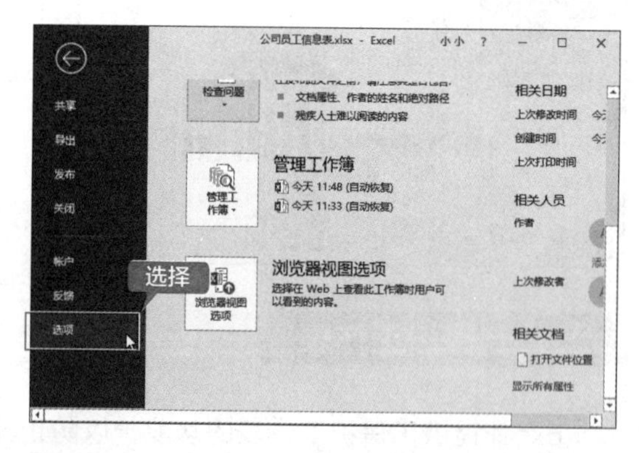

第 2 步 弹出【Excel 选项】对话框，在左侧列表中选择【保存】选项，在右侧界面中选中【如果我没保存就关闭，请保留上次自动恢复的版本】复选框，然后设定自动保存文件的位置，单击【确定】按钮即可，如下图所示。

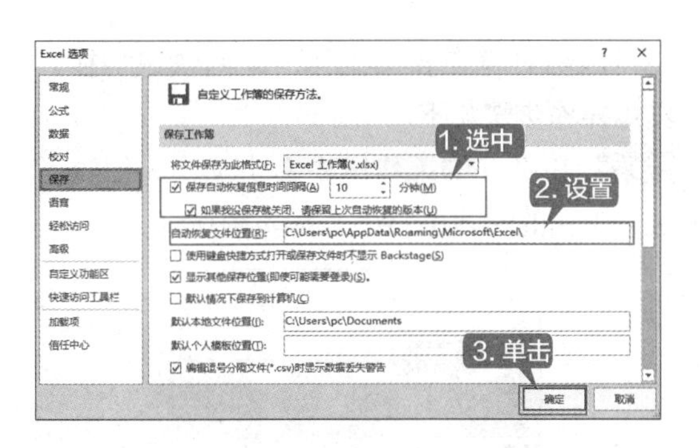

第 3 步　选择【文件】选项卡，在弹出的界面左侧列表中选择【打开】选项，在界面右侧单击【恢复未保存的工作簿】按钮，如下图所示。

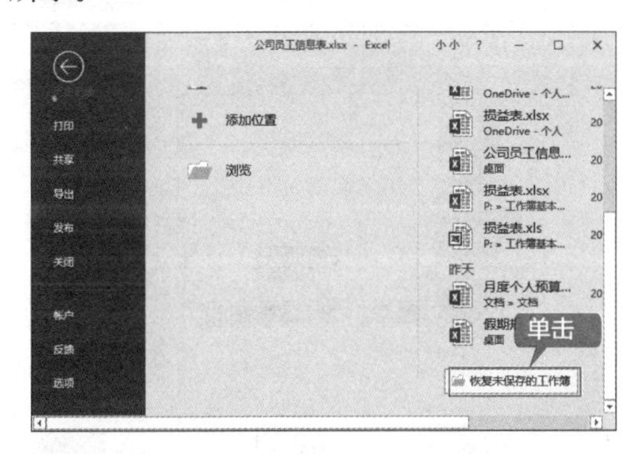

第 4 步　打开【打开】对话框，选择需要恢复的工作簿，单击【打开】按钮，即可恢复未保存的工作簿，如下图所示。

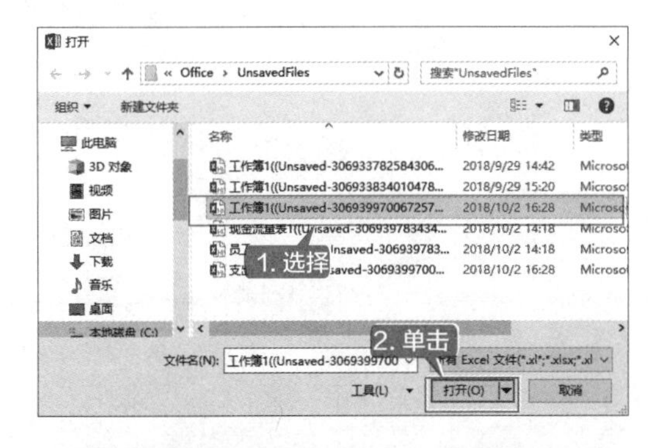

◇ 删除最近使用过的工作簿记录

Excel 2019 可以记录最近使用过的 Excel 工作簿，用户也可以将这些记录信息删除。

第 1 步　在 Excel 2019 中，选择【文件】选项卡，在弹出的界面左侧列表中选择【打开】选项，在【打开】区域选择【最近】选项，即可看到右侧列表中显示了最近打开的工作簿信息，如下图所示。

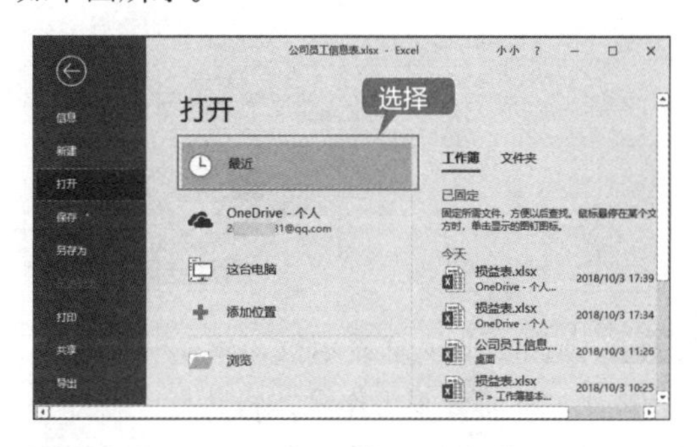

第 2 步　右击要删除的记录信息，在弹出的快捷菜单中选择【从列表中删除】命令，即可将该记录信息删除，如下图所示。

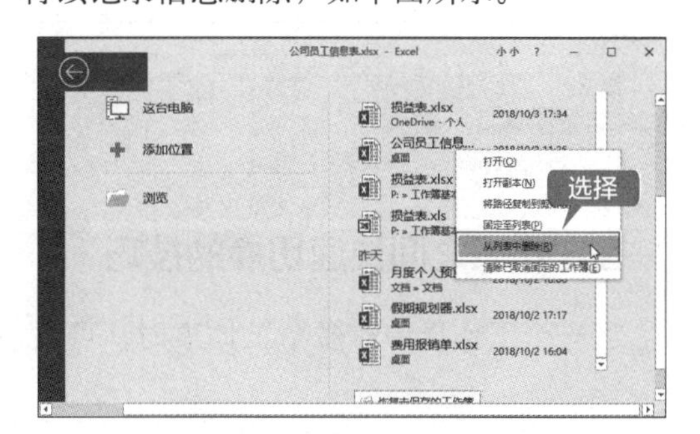

如果用户要删除全部的打开信息，可选择【清除已取消固定的工作簿】命令，即可快速删除。

◇ 修复损坏的 Excel 工作簿

对于已经损坏的工作簿，可以利用 Excel 2019 修复它。具体操作步骤如下。

第 1 步　启动 Excel 2019 程序，选择【文件】→【打开】选项，单击【浏览】按钮。弹出【打开】对话框，选择要打开的工作簿文件。单击【打开】右侧的下拉按钮，在弹出的下拉菜单中选择【打开并修复】选项，如下图所示。

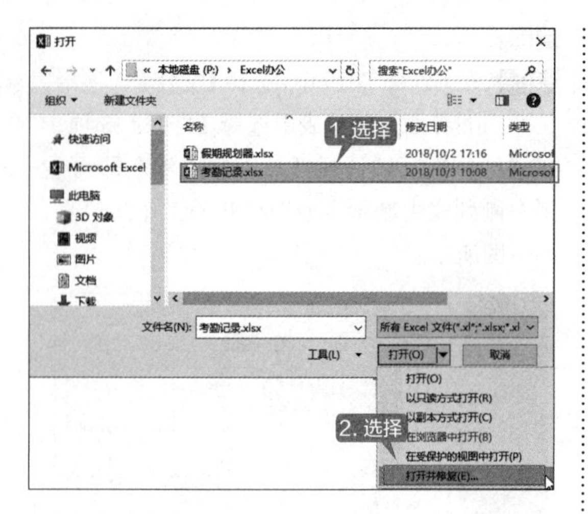

第 2 步 弹出一个信息提示框，单击【修复】按钮，Excel 将修复工作簿并将其打开，如下图所示。如果修复不能完成，则单击【提取数据】按钮，只将工作簿中的数据提取出来即可。

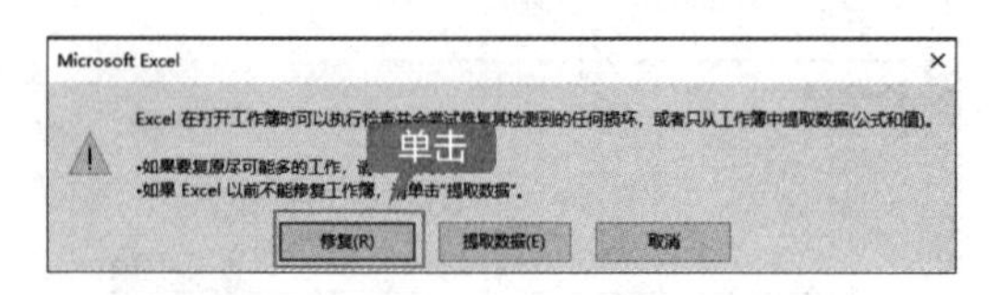

◇ 在工作表之间快速切换的技巧

当一个工作簿中有多个工作表时，可以利用鼠标右键在多个工作表之间快速切换，具体操作步骤如下。

第 1 步 在打开的工作簿中右击工作表编辑区域左下角的 ◂ 或 ▸ 按钮，如下图所示。

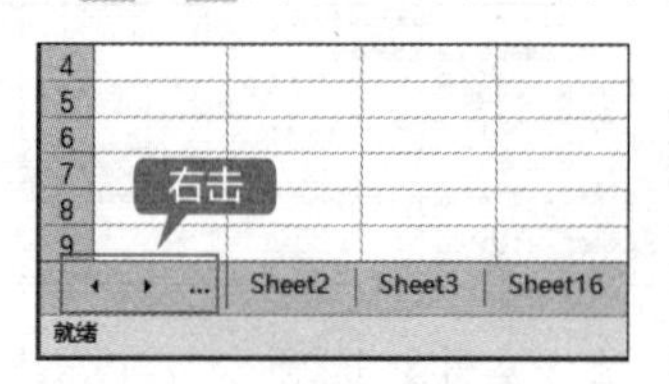

第 2 步 在弹出的【激活】对话框中选择需要的工作表，单击【确定】按钮，即可完成工作表的切换，如下图所示。

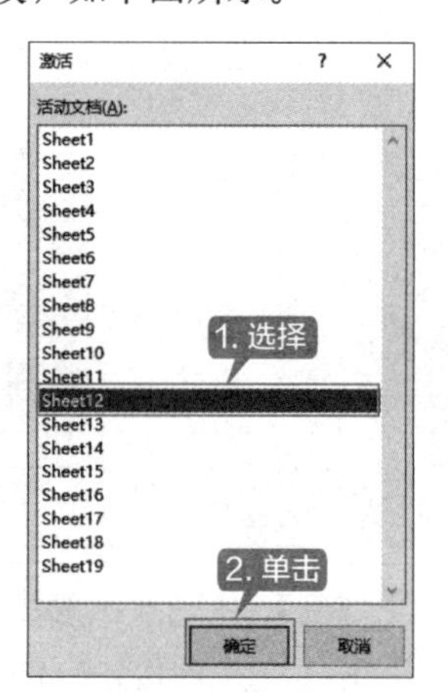

第 3 章

数据的输入与编辑技巧

本章导读

本章主要学习 Excel 工作表编辑数据的常用技巧和高级技巧。对于初学 Excel 的人来说，在单元格中编辑数据是第一步操作，因此针对这一问题，本章详细介绍了如何在单元格中输入数据及对单元格的基本操作。

思维导图

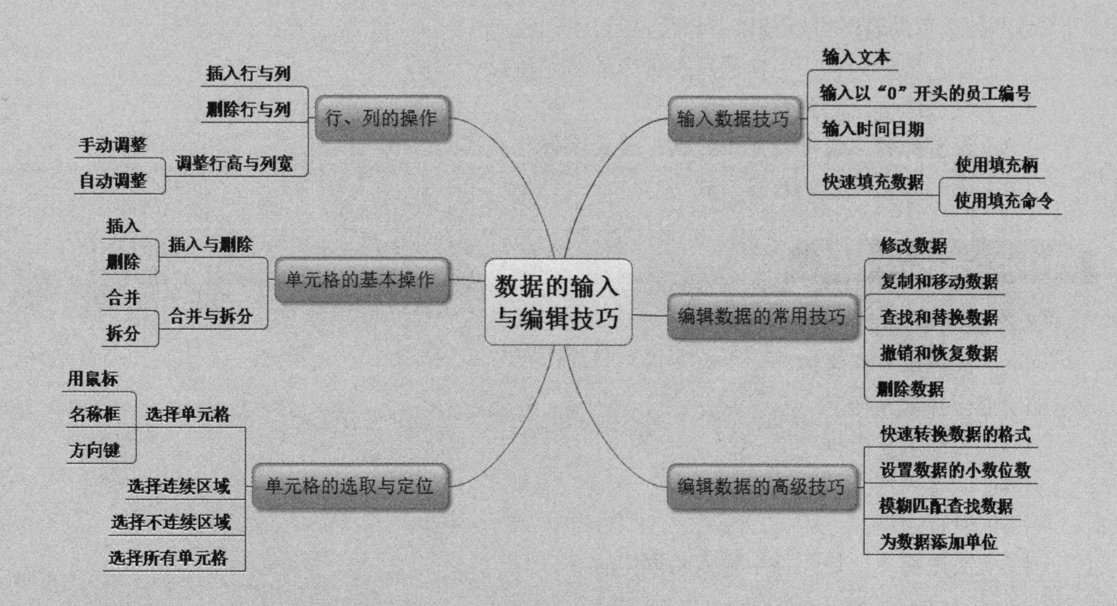

3.1 公司员工考勤表

员工考勤表既是公司员工每天上班的凭证，也是员工领工资的凭证，因此公司都会制作员工考勤表来统计员工的出勤率。员工考勤表一般包括员工的基本信息、出勤记录及未出勤原因等内容。

实例名称：员工考勤表		
实例目的：统计员工的出勤率		
	素材	素材 \ch03\ 公司员工考勤表.xlsx
	结果	结果 \ch03\ 公司员工考勤表 .xlsx
	视频	教学视频 \03 第 3 章

3.1.1 案例概述

制作员工考勤表时，需要注意以下几点。

1. 格式统一

注意标题及内容的字体区分，一般标题字体要大于表格内的字体，并且要统一表格内的字体样式（包括字体、字号、字体颜色等）。

2. 美化表格

在员工考勤表制作完成后，还需要进行美化操作，使其看起来更加美观。美化表格包括设置边框、调整行高列宽、设置标题、设置对齐方式等内容。

3.1.2 设计思路

制作员工考勤表时可以按以下思路进行。

（1）输入表格内容，包含题目及各个项目名称。

（2）设置边框、调整列宽。

（3）设置标题，包括合并单元格、设置字体格式等。

（4）统一表格内容的对齐方式。

3.1.3 涉及知识点

本章案例中主要涉及以下知识点。

（1）选择单元格区域。

（2）合并单元格。

（3）自动填充数据。

（4）调整列宽。

（5）设置边框。

（6）快速在多个单元格中输入相同内容。

3.2 输入数据技巧

向工作表中输入数据是创建工作表的第一步，工作表中可以输入的数据类型有很多种，主要包括文本、数值、小数和分数等。由于数值类型不同，因此采用的输入方法也不尽相同。

3.2.1 输入文本

单元格中的文本包括任何字母、数字和键盘符号的组合，每个单元格中最多可包含 32 000 个字符。输入文本信息的操作很简单，只需选中需要输入文本信息的单元格，然后输入即可。如果单元格的列宽容不下文本或字符串，则可占用相邻的单元格或换行显示，此时单元格的列宽会被加长。如果相邻的单元格中已有数据，就会截断显示，如下图所示。

	A	B	C
1	公司员工考勤表		
2			
3	公司员工考	已有数据	
4			
5			

如果在单元格中输入的是多行数据，那么在换行处按【Alt + Enter】组合键，即可实现换行。换行后的单元格中将显示多行文本，行的高度也会自动增大，如下图所示。

	A	B	C	D
1	员工姓名	性别	家庭住址	
2	张倩	女	北京市海 淀区万寿 路	
3	李雷	男	幸福小区	
4				
5				

3.2.2 重点：输入以“0”开头的员工编号

在单元格中输入数字时，数字也会以文本格式显示。例如，在单元格中输入“0001”，默认情况下只会显示“1”，若设置了文本格式，则显示为“0001”。

第 1 步 启动 Excel 2019，新建一个空白文档，输入下图所示的内容。

	A	B	C	D	E
1	工号	姓名	性别		
2					
3					
4					
5					
6					
7					
8					
9					
10					

第 2 步 选中单元格区域 A2:A10 并右击，在弹出的快捷菜单中选择【设置单元格格式】选项，在弹出的对话框中，选择【数字】选项卡，然后在【分类】列表框中选择【文本】选项，如下图所示。

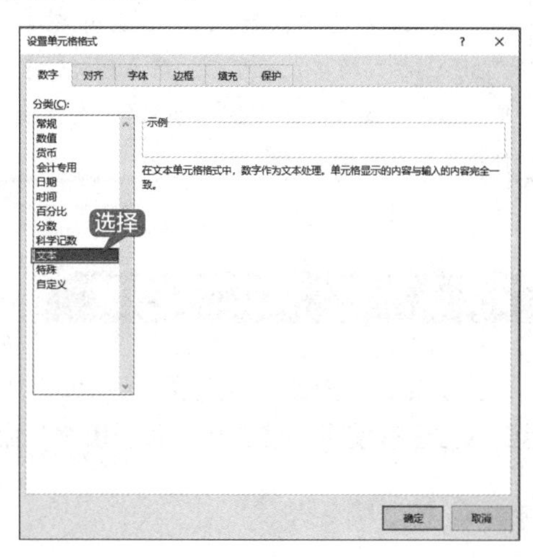

第3步 单击【确定】按钮，即可将选中的单元格区域设置为文本格式。这样，在其中输入数字时，也会被认为是文本内容，如下图所示。

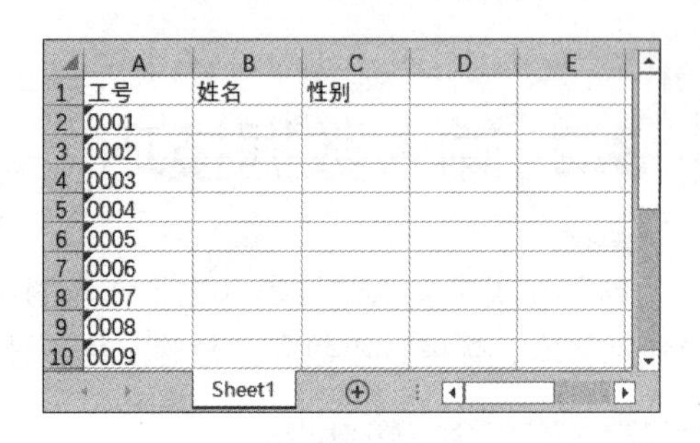

3.2.3 输入时间日期

日期和时间也是 Excel 工作表中常见的数据类型之一。在单元格中输入日期和时间型数据时，默认对齐方式为“右对齐”。若要在单元格中输入日期和时间，就要遵循特定的规则。

1. 输入日期

在单元格中输入日期型数据时，需使用斜线“/”或连字符“-”分隔日期的年、月、日。例如，可以输入“2019/1/6”或“2019-1-6”来表示日期，然后按【Enter】键完成输入，此时单元格中显示的日期格式均为“2019/1/6”，如下图所示。如果要获取系统当前的日期，则按【Ctrl+;】组合键即可。

	A	B	C
1	2019/1/6		
2	2019/1/6		
3	2018/12/26		
4			

提示

默认情况下，输入的日期都会以“2019/1/6”的格式来显示，用户还可设置单元格的格式来改变其显示的形式，具体操作步骤将在后面详细介绍。

2. 输入时间

在单元格中输入时间型数据时，需使用冒号“：”分隔时间的小时、分、秒。若要按 12 小时制表示时间，则需要在时间后面添加一个空格，然后输入 AM（上午）或 PM（下午）。如果要获取系统当前的时间，按【Ctrl + Shift+;】组合键即可，如下图所示。

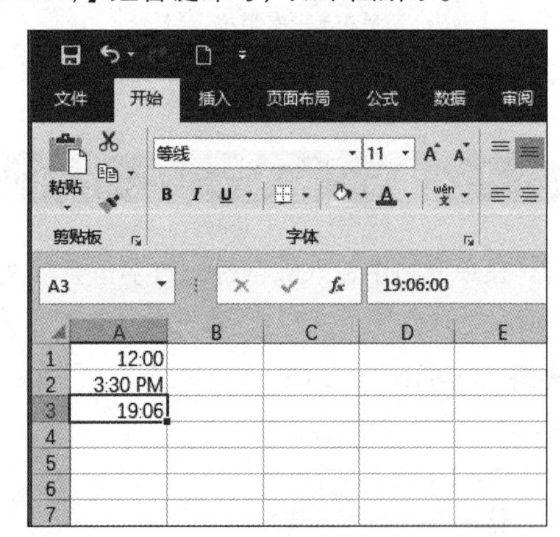

3.2.4 重点：快速填充数据

为了提高用户的输入速度，Excel 2019 为用户提供了多种快速填充表格数据的功能，经常用到的方法有使用“填充柄”和“填充”命令，下面分别介绍这两种方法的使用技巧。

1. 使用填充柄

填充柄是位于当前活动单元格右下角的黑色方块，用鼠标拖动或双击它可进行填充操作，该功能适用于填充相同数据或序列数据信息。使用填充柄快速填充数据的具体操作步骤如下。

第1步 启动Excel 2019，新建一个空白文档，输入下图所示内容。

第2步 分别在单元格A2和A3中输入“1”和“2”，然后选中单元格区域A2:A3，并将鼠标指针移动到单元格A3的右下角，如下图所示。

第3步 此时鼠标指针变成✚形状，按住鼠标左键不放向下拖动，即可完成序号的快速填充，如下图所示。

第4步 选中单元格D2: D3，并输入“技术部”，然后将鼠标指针移到其右下角，当鼠标指针变成✚形状时，按住鼠标左键不放向下拖动至单元格D11，即可完成文本的快速填充，如下图所示。

第5步 分别在单元格C2和C3中输入“男”“女”，然后选中单元格C4，按【Alt+ ↓】组合键，此时在单元格C4的下方会显示已经输入数据的列表，选择相应的选项即可，如下图所示。

2. 使用填充命令

使用填充命令实现快速输入数据的具体操作步骤如下。

第1步 启动Excel 2019，新建一个空白文档，在单元格A1中输入“Excel 2019”，如下图所示。

第2步 选中需要快速填充的单元格区域A1:A5，如下图所示。

第3步 选择【开始】选项卡，在【编辑】组中单击【填充】按钮，在弹出的下拉菜单中选择【向下】选项，如下图所示。

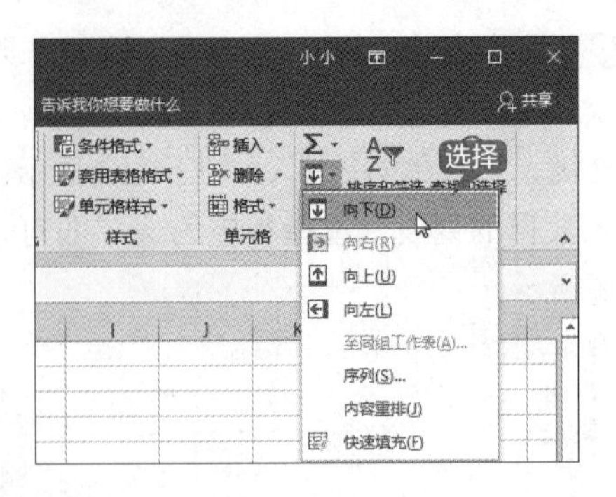

第 4 步 即可在选中的单元格区域快速填充数据，效果如下图所示。

	A	B	C	D	E
1	Excel 2019				
2	Excel 2019				
3	Excel 2019				
4	Excel 2019				
5	Excel 2019				
6					
7					
8					
9					

提示

用户根据填充数据的实际情况，还可以进行向左、向右、向上 3 个方向的填充。

3.3 编辑数据的常用技巧

掌握编辑数据的常用技巧可快速对数据进行修改、复制、移动、查找、替换及清除数据等操作。

3.3.1 修改数据

当输入的数据不正确时就需要对其进行修改，修改数据的具体操作步骤如下。

第 1 步 双击需要修改数据的单元格，此时鼠标指针移动到了该数据的后面，如下图所示。

	A	B	C	D
1	姓名			
2	张三			
3	李四			
4	王六			
5				
6				
7				
8				

第 2 步 按【Backspace】键，将错误的数据清除，然后重新输入数据即可，如下图所示。

	A	B	C	D
1	姓名			
2	张三			
3	李四			
4	王五			
5				
6				
7				
8				

3.3.2 重点：复制和移动数据

在向工作表中输入数据时，若数据输错了位置，不必重新输入，将其移动到正确的单元格或单元格区域即可；若单元格中的数据与其他单元格数据相同，为了避免重复输入，可采用复制的方法来输入相同的数据，从而提高工作效率。

1. 复制数据

第 1 步 启动 Excel 2019，新建一个空白文档，然后输入下图所示的内容。

A3 移动数据

	A	B	C	D	E
1	修改数据				
2	复制数据				
3	移动数据				
4					
5					
6					
7					
8					
9					

第 2 步 选中单元格区域 A1:A3，然后按【Ctrl+C】组合键进行复制，如下图所示。

第 3 步 选择目标位置，这里选中单元格区域 C2:C4，然后按【Ctrl+V】组合键进行粘贴，即可将选中单元格区域中的数据复制到目标单元格区域 C2:C4 中，如下图所示。

2. 移动数据

第 1 步 选中单元格区域 A1:A3，然后将鼠标指针移至选中单元格区域的边框上，此时鼠标指针变成下图所示的形状。

第 2 步 按住鼠标左键不放并将其拖动至合适的位置，然后释放鼠标左键，即可实现数据的移动操作，如下图所示。

3.3.3 重点：查找和替换数据

使用 Excel 提供的查找与替换功能，可以在工作表中快速定位要查找的信息，并且可以有选择性地用其他值将查找的内容替换。查找和替换数据的具体操作步骤如下。

第 1 步 打开"素材\ch03\员工考勤表.xlsx"文件，如下图所示。

第 2 步 依次选择【开始】→【编辑】→【查找和选择】选项，在弹出的下拉菜单中选择【查找】选项（或按【Ctrl+F】组合键），如下图所示。

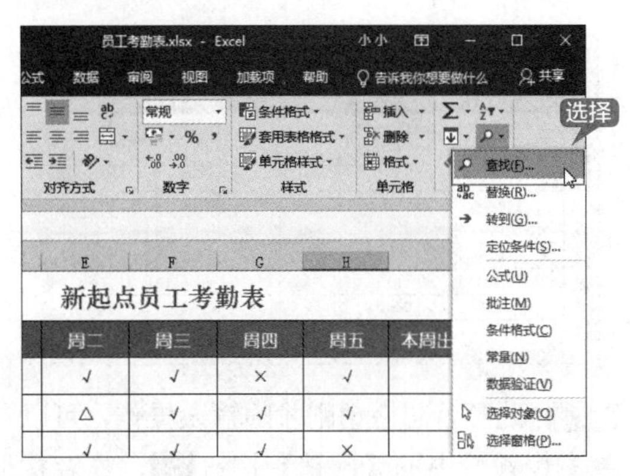

第 3 步 打开【查找和替换】对话框，默认显示为【查找】选项卡，然后在【查找内容】文本框中输入"本周出勤天数"，如下图所示。

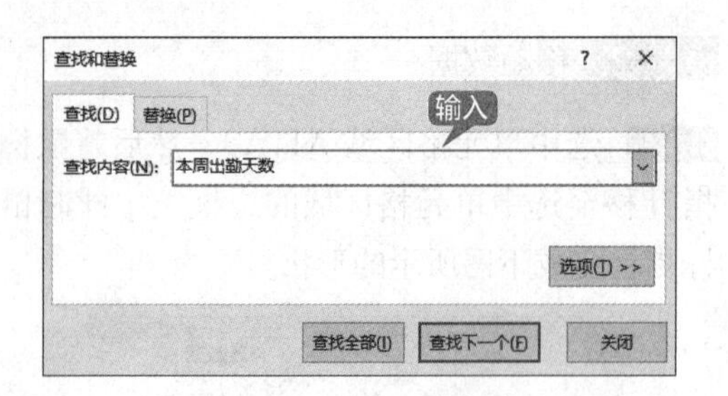

第4步 单击【查找下一个】按钮，即可快速定位要查找的信息，如下图所示。

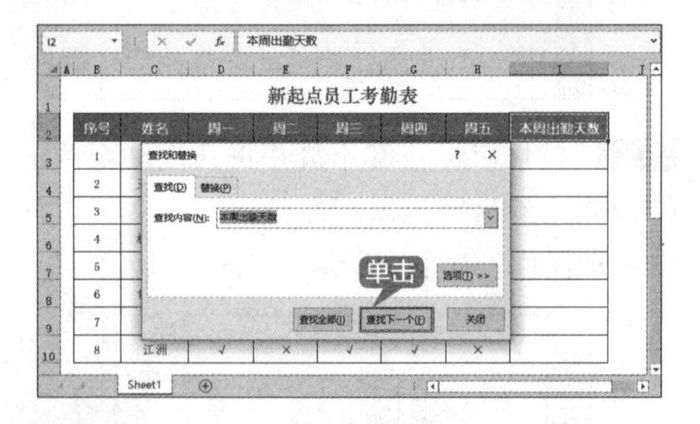

第5步 在【查找和替换】对话框中选择【替换】选项卡，然后在【替换为】文本框中输入“出勤天数”，并单击【替换】按钮，如下图所示。

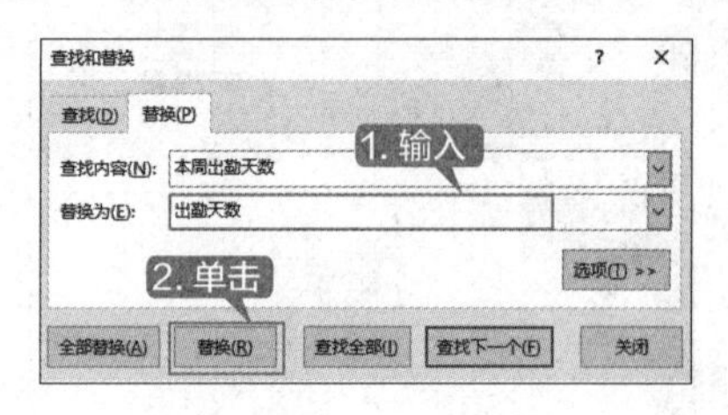

第6步 即可将查找出的内容替换为“出勤天数”，如下图所示。

3.3.4 重点：撤销和恢复数据

撤销可以取消刚刚完成的一步或多步操作，恢复则可以取消刚刚完成的一步或多步的撤销操作。撤销和恢复数据的具体操作步骤如下。

第1步 打开“素材\ch03\员工考勤表.xlsx”文件，然后在单元格I3中输入“4”，如下图所示。

第2步 此时若想撤销刚才的输入操作，可以单击标题栏中的【撤销】按钮，或者按【Ctrl+Z】组合键，即可恢复至上一步操作，如下图所示。

第3步 经过撤销操作以后，【恢复】按钮被置亮，这表明可以用【恢复】按钮来恢复已被撤销的操作，其快捷键为【Ctrl+Y】，如下图所示。

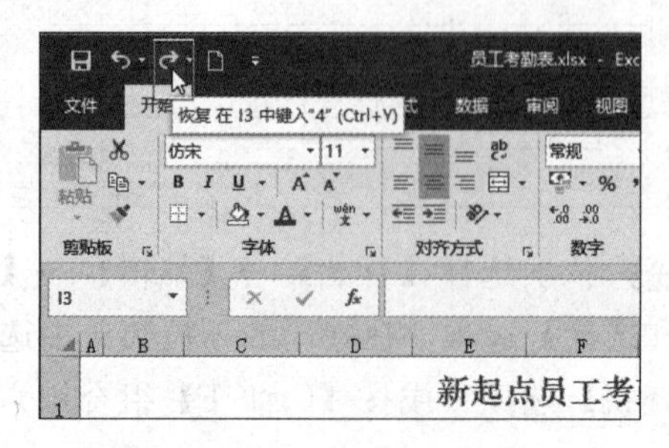

3.3.5 清除数据

清除数据包括清除单元格中的公式或内容、清除格式、清除批注及清除超链接等，具体操作步骤如下。

第 1 步 打开“素材 \ch03\ 员工考勤表 .xlsx”文件，并选中需要清除数据的单元格 B1，如下图所示。

新起点员工考勤表

序号	姓名	周一	周二	周三	周四	周五	本周出勤天数
1	张珊	√	√	√	×	√	
2	王红梅	√	△	√	√	√	
3	冯欢	√	√	√	√	×	
4	杜志辉	√	×	√	√	√	
5	陈涛	√	√	√	√	√	
6	肯扎提	√	√	△	√	√	
7	周佳	√	√	√	√	√	
8	江洲	√	×	√	√	×	

第 2 步 依次单击【开始】→【编辑】→【清除】按钮，从弹出的下拉菜单中选择【清除内容】选项，如下图所示。

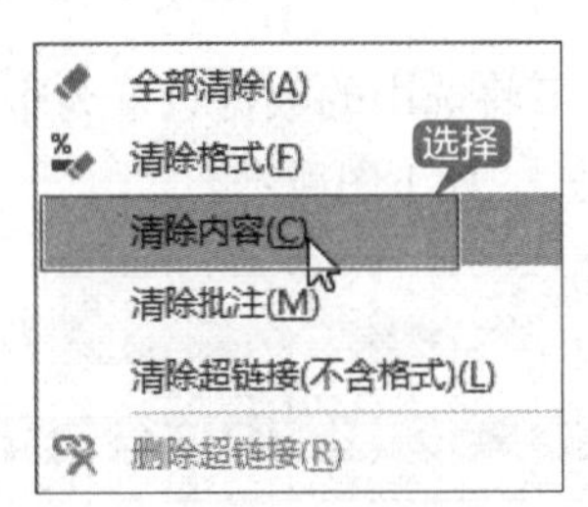

第 3 步 即可将单元格 B1 中的数据清除，但保留该单元格的格式，如下图所示。

序号	姓名	周一	周二	周三	周四	周五	本周出勤天数
1	张珊	√	√	√	×	√	
2	王红梅	√	△	√	√	√	
3	冯欢	√	√	√	√	×	
4	杜志辉	√	×	√	√	√	
5	陈涛	√	√	√	√	√	
6	肯扎提	√	√	△	√	√	
7	周佳	√	√	√	√	√	
8	江洲	√	×	√	√	×	

第 4 步 若在第 2 步弹出的下拉菜单中选择【清除格式】选项，即可将单元格 B1 的格式清除，但保留该单元格中的数据，如下图所示。

新起点员工考勤表

序号	姓名	周一	周二	周三	周四
1	张珊	√	√	√	×
2	王红梅	√	△	√	√
3	冯欢	√	√	√	√

第 5 步 若选择【全部清除】选项，则单元格 B1 的格式及文本内容将全部被清除，如下图所示。

序号	姓名	周一	周二	周三	周四	周五	本周出勤天数
1	张珊	√	√	√	×	√	
2	王红梅	√	△	√	√	√	
3	冯欢	√	√	√	√	×	
4	杜志辉	√	×	√	√	√	
5	陈涛	√	√	√	√	√	
6	肯扎提	√	√	△	√	√	
7	周佳	√	√	√	√	√	
8	江洲	√	×	√	√	×	

3.4 编辑数据的高级技巧

本节将介绍编辑数据的高级技巧，包括快速转换数据格式、设置数据小数位数及为数据添加单位等，灵活掌握这些输入技巧，将大大提高工作效率。

3.4.1 重点：快速转换数据的格式

有时在向工作表中输入数据时，默认的数据格式并不是用户需要的格式，因此需要将其转换为特定的格式。快速转换数据格式的具体操作步骤如下。

第1步 打开“素材\ch03\办公用品采购清单.xlsx”文件，如下图所示。

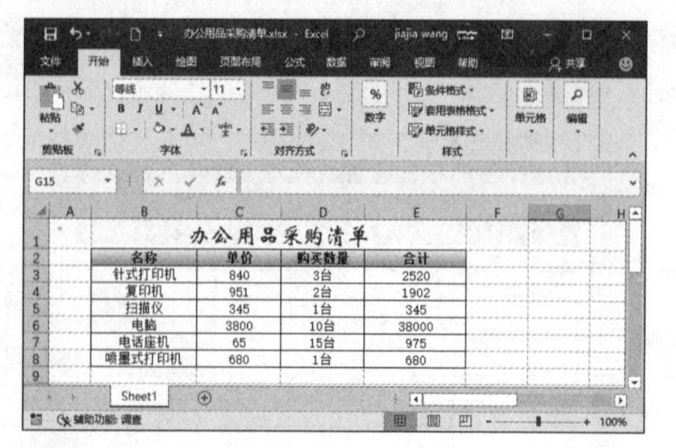

第2步 选中需要转换数据格式的单元格区域C3:C8，然后依次单击【开始】→【数字】→【数字格式】按钮，在弹出的下拉菜单中选择【货币】选项，如下图所示。

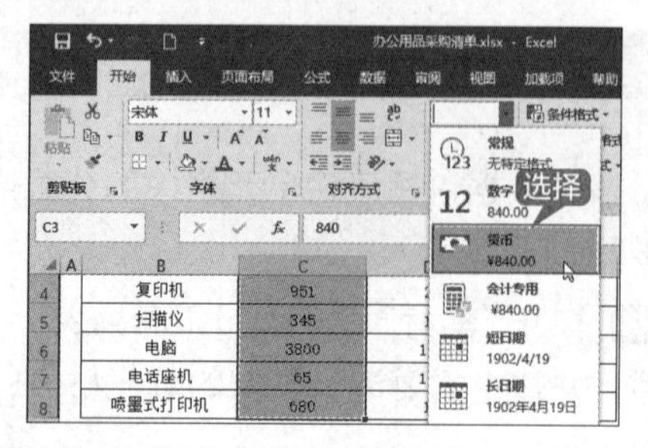

第3步 即可将选中的数据转换为货币格式，如下图所示。

3.4.2 重点：设置数据的小数位数

默认情况下，在 Excel 工作表中输入的整数数字没有小数位数，若用户需要，可以为其设置小数位数。具体操作步骤如下。

第1步 接着 3.4.1 小节的操作，打开“办公用品采购清单.xlsx”文件，并选中单元格区域 E3:E8，按【Ctrl+1】组合键打开【设置单元格格式】对话框，选择【数字】选项卡，然后在左侧的【分类】列表框中选择【数值】选项，并在右侧的【小数位数】文本框中输入“2”，单击【确定】按钮，如下图所示。

第2步 即可将选中的数据设置为带两位小数的数值格式，如下图所示。

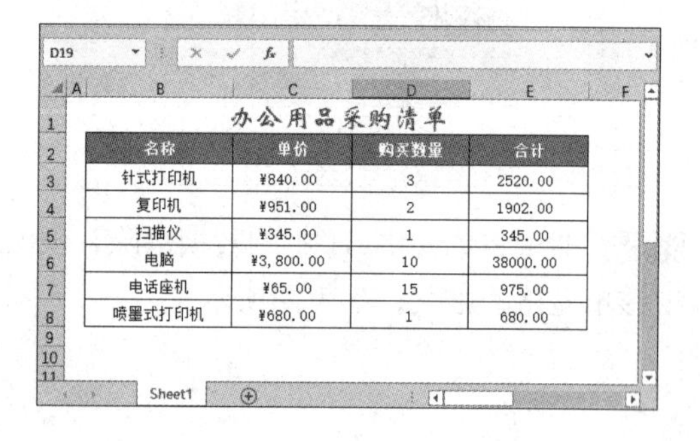

3.4.3 重点：模糊匹配查找数据

模糊匹配查找数据是指在工作表中输入一个简称或关键词，然后通过相关函数查找到原始数据。模糊匹配查找数据的具体操作步骤如下。

第 1 步 接着 3.4.2 小节的操作，打开“办公用品采购清单.xlsx”文件，然后在单元格 B10 中输入“喷墨”，在单元格 C10 中输入公式“=LOOKUP(1,0/FIND(B10,B1:B8),B1:B8)”，如下图所示。

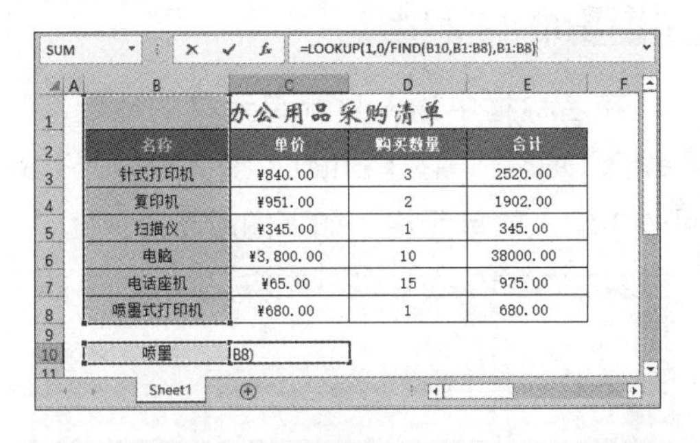

=LOOKUP(1,0/FIND(B10,B1:B8),B1:B8)

办公用品采购清单

名称	单价	购买数量	合计
针式打印机	¥840.00	3	2520.00
复印机	¥951.00	2	1902.00
扫描仪	¥345.00	1	345.00
电脑	¥3,800.00	10	38000.00
电话座机	¥65.00	15	975.00
喷墨式打印机	¥680.00	1	680.00

喷墨	B8)

第 2 步 按【Enter】键完成输入，即可在单元格 C10 中返回单元格 B10 对应的原始数据，如下图所示。

=LOOKUP(1,0/FIND(B10,B1:B8),B1:B8)

办公用品采购清单

名称	单价	购买数量	合计
针式打印机	¥840.00	3	2520.00
复印机	¥951.00	2	1902.00
扫描仪	¥345.00	1	345.00
电脑	¥3,800.00	10	38000.00
电话座机	¥65.00	15	975.00
喷墨式打印机	¥680.00	1	680.00

喷墨	喷墨式打印机

3.4.4 重点：为数据添加单位

如果为少量的数据添加单位，可采用手动输入的方法。如果为大量的数据添加相同的单位，再使用手动输入就比较烦琐，此时可采用自定义的方法为数据添加单位。为数据添加单位的具体操作步骤如下。

第 1 步 接着 3.4.3 小节的操作，打开“办公用品采购清单.xlsx”文件，并选中单元格区域 D3:D8，然后按【Ctrl+1】组合键打开【设置单元格格式】对话框，在【分类】列表框中选择【自定义】选项，在右侧的【类型】文本框中输入“#"台"”，并单击【确定】按钮，如下图所示。

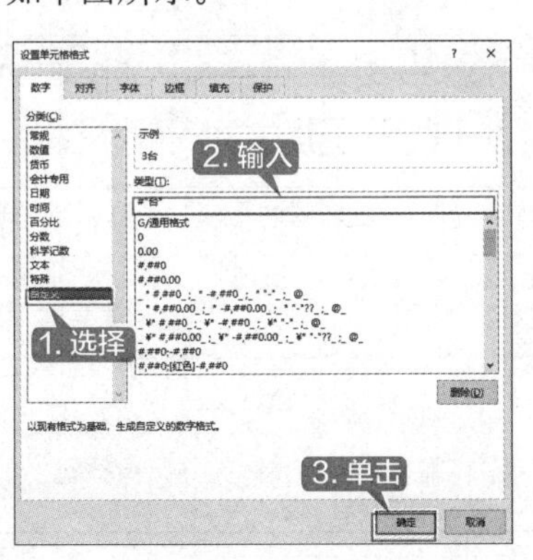

第 2 步 即可为选中的数据添加相同的单位，如下图所示。

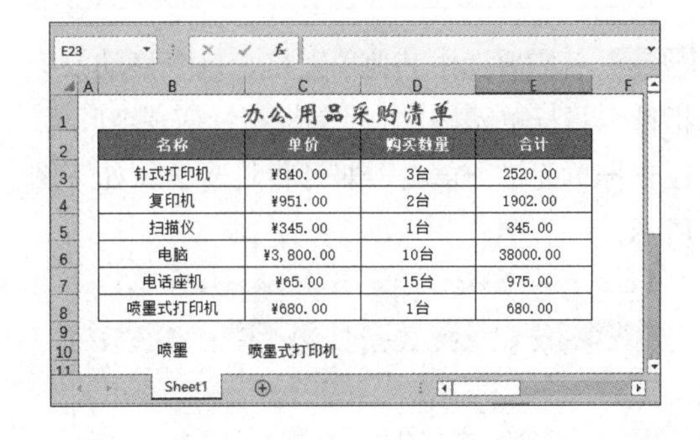

办公用品采购清单

名称	单价	购买数量	合计
针式打印机	¥840.00	3台	2520.00
复印机	¥951.00	2台	1902.00
扫描仪	¥345.00	1台	345.00
电脑	¥3,800.00	10台	38000.00
电话座机	¥65.00	15台	975.00
喷墨式打印机	¥680.00	1台	680.00

喷墨	喷墨式打印机

3.5 单元格的选取与定位

要对单元格进行编辑操作，必须先选中单元格或单元格区域，使其处于编辑状态。当启动 Excel 并创建新的工作簿时，单元格 A1 处于自动选中状态。

3.5.1 选择单元格

选中单元格后，单元格边框线会变成绿色粗线，并在名称框中显示当前单元格的地址，其内容显示在当前单元格和编辑栏中。选中一个单元格的常用方法有以下 3 种。

1. 用鼠标选中

用鼠标选中单元格是最常用的方法，只需在单元格上单击即可。具体操作步骤如下。

第 1 步 启动 Excel 2019，新建一个空白文档，此时单元格 A1 处于自动选中的状态，如下图所示。

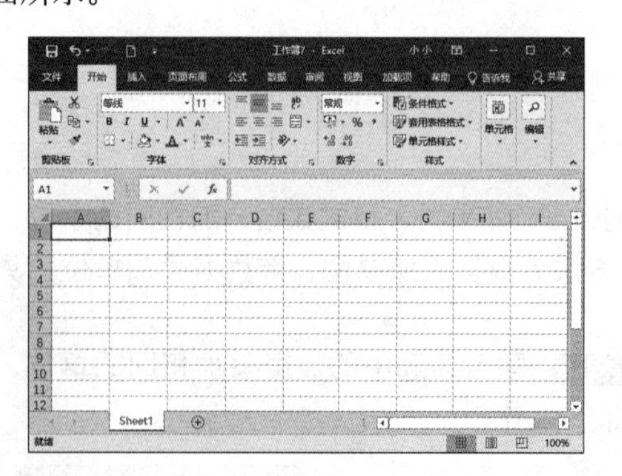

第 2 步 若需要选中其他单元格，可以移动鼠标指针至目标单元格，此时鼠标指针变成✚形状，在目标单元格上单击，即可将其选中，如下图所示。

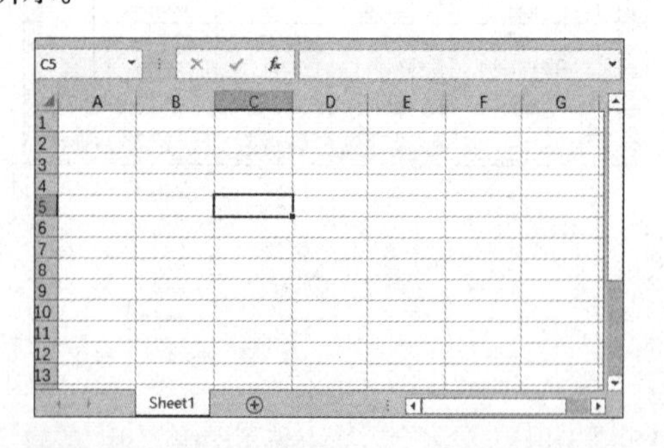

2. 用名称框选中

在名称框中输入目标单元格的地址，这里输入“B5”，按【Enter】键完成输入，即可选中输入的单元格，如下图所示。

3. 用方向键选中

使用键盘上的上、下、左、右 4 个方向键，也可以选中单元格。例如，默认选中的是单元格 A1，按【↓】键则可选中单元格 A2，再按【→】键则可选中单元格 B2，如下图所示。

3.5.2 重点：选择单元格连续区域

在 Excel 工作表中，若要对多个连续单元格进行相同的操作，可以先选择单元格区域。选择单元格连续区域的方法有以下 3 种。

1. 鼠标拖曳法

第 1 步 启动 Excel 2019，新建一个空白文档，将鼠标指针移至单元格 B3，此时鼠标指针变成下图所示的形状。

第2步 按住鼠标左键不放向右下角拖动，即可选中连续的单元格区域，如下图所示。

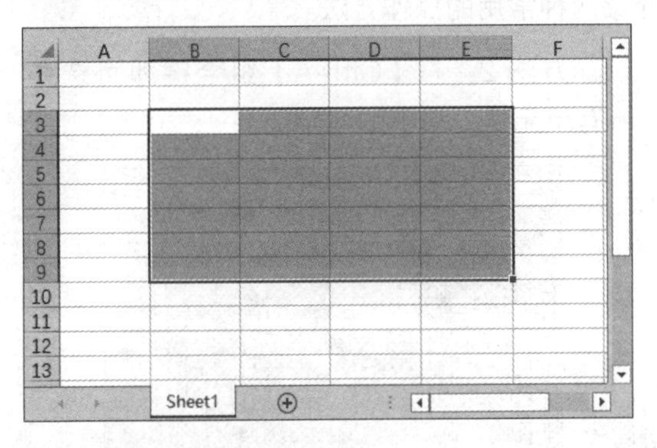

2. 使用快捷键选择

选中起始单元格A2，然后在按住【Shift】键的同时单击该区域右下角的单元格D5，即可选中单元格区域A2:D5，如下图所示。

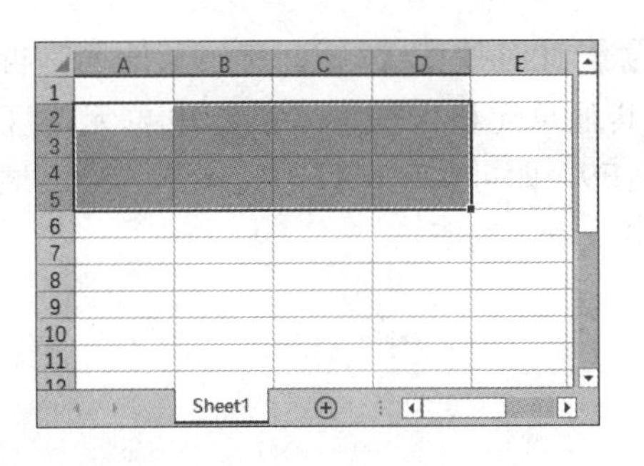

3. 使用名称框

第1步 在该工作表的名称框中输入单元格区域名称“A2:E6”，如下图所示。

第2步 按【Enter】键完成输入，即可选中连续单元格区域A2:E6，如下图所示。

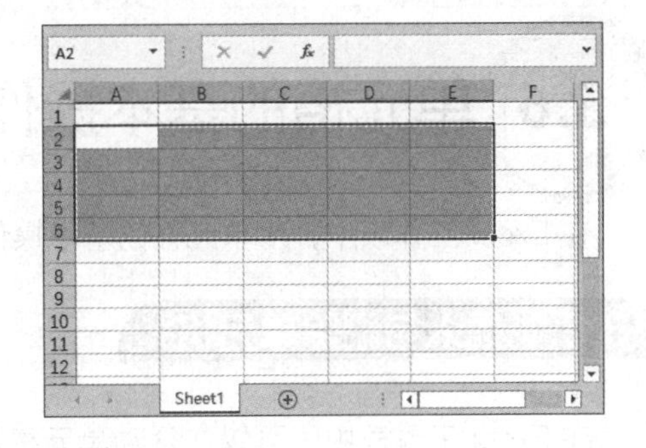

3.5.3 重点：选择单元格不连续区域

选择单元格不连续区域的具体操作步骤如下。

第1步 先选择第1个单元格区域，这里选中单元格区域A1:C5。将鼠标指针移到该区域左上角的单元格A1中，然后按住鼠标左键不放，向右下角拖动至该区域的单元格C5，即可选中单元格区域A1:C5，如下图所示。

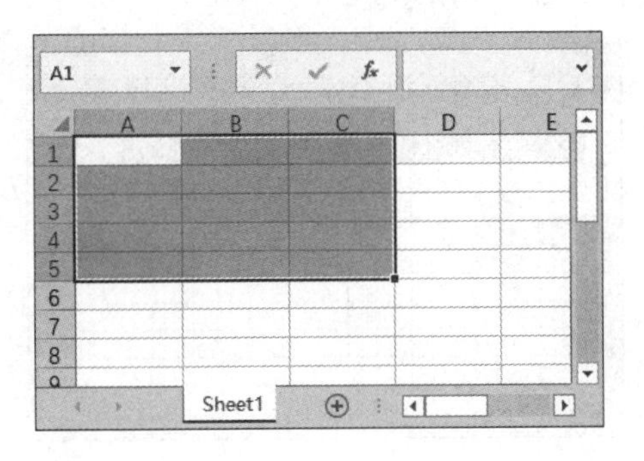

第2步 此时按住【Ctrl】键不放的同时再选中其他单元格区域，这里选中单元格区域D5:F9，即可实现选择单元格不连续区域的操作，如下图所示。

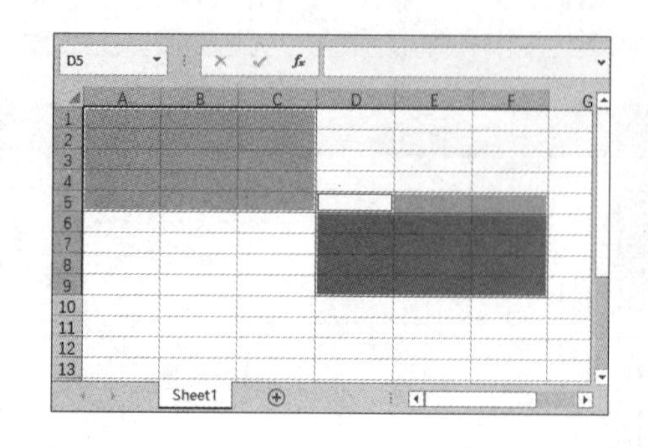

3.5.4 选择所有单元格

选择所有单元格，即选择整个工作表，下面介绍两种常用的操作方法。

方法1：单击工作表左上角行号与列标相交处的【选定全部】按钮，即可选择所有单元格，如下图所示。

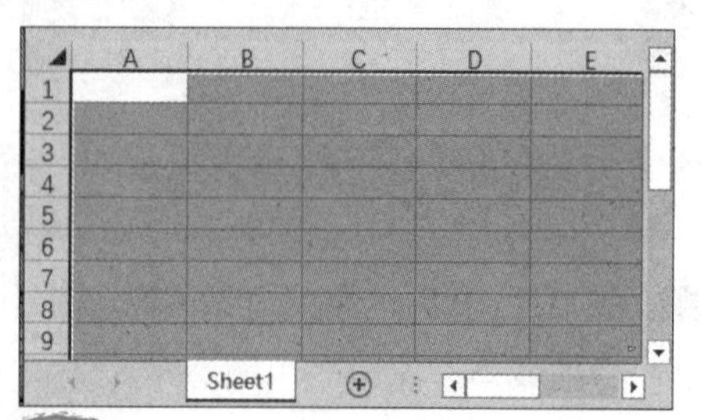

方法2：按【Ctrl+A】组合键即可选中所有单元格，如下图所示。

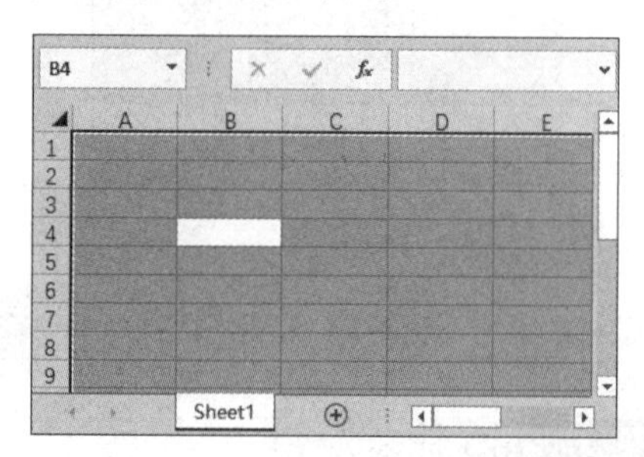

3.6 单元格的基本操作

在Excel工作表中，对单元格的基本操作包括插入、删除、合并等。

3.6.1 插入与删除单元格

在Excel工作表中，可以在活动单元格的上方或左侧插入空白单元格，与此同时，活动单元格将下移或右移。插入单元格的具体操作步骤如下。

第1步 打开"素材\ch03\员工考勤表.xlsx"文件，如下图所示。

新起点员工考勤表

序号	姓名	周一	周二	周三	周四	周五	本周出勤天数
1	张珊	√	√	√	×	√	
2	王红梅	√	△	√	√	√	
3	冯欢	√	√	√	√	×	
4	杜志辉	√	×	√	√	√	
5	陈涛	√	√	√	√	√	
6	肯扎提	√	√	△	√	√	
7	周佳	√	√	√	√	√	
8	江洲	√	×	√	√	×	

第2步 选中需要插入空白单元格的活动单元格C2，然后选择【开始】选项卡，在【单元格】组中单击【插入】按钮，从弹出的下拉菜单中选择【插入单元格】选项，如下图所示。

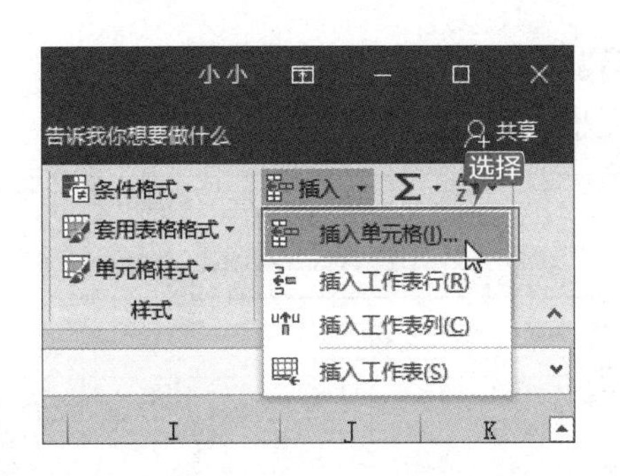

第3步 打开【插入】对话框，此时用户可根据实际需要选择向下或向右移动活动单元格，这里选中【活动单元格右移】单选按钮，如下图所示。

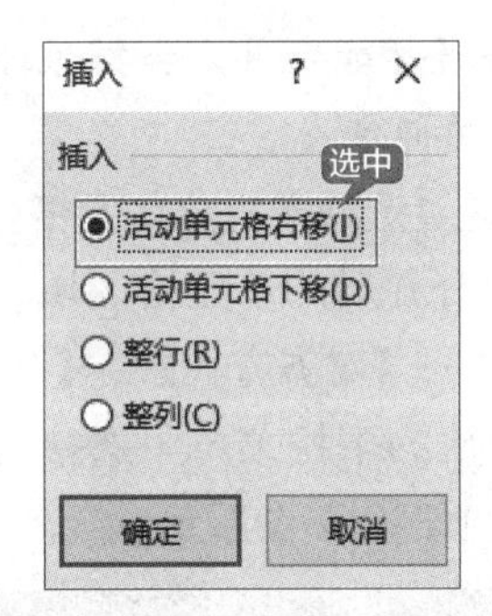

第4步 单击【确定】按钮，即可在当前位置插入空白单元格，原位置数据则依次向右移，如下图所示。

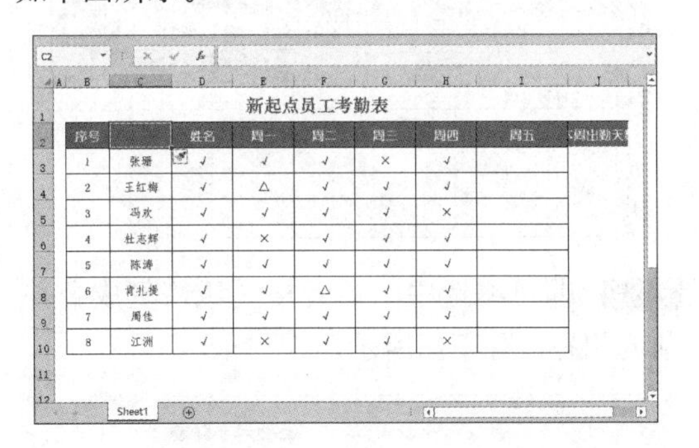

删除单元格的具体操作步骤如下。

第1步 选中插入的空白单元格 C2 并右击，在弹出的快捷菜单中选择【删除】选项，如下图所示。

第2步 打开【删除】对话框，然后在【删除】区域选中【右侧单元格左移】单选按钮，如下图所示。

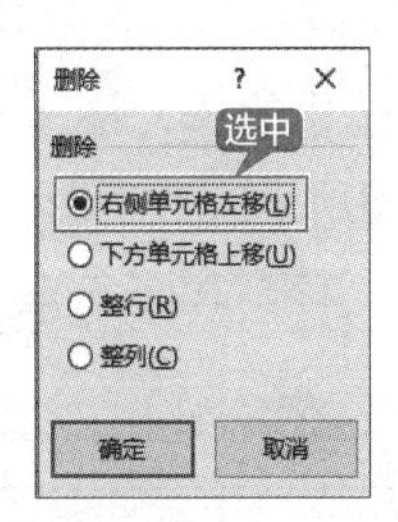

第3步 即可将选中的单元格删除，同时右侧的单元格依次向左移动一个单元格，如下图所示。

3.6.2 重点：合并与拆分单元格

合并与拆分单元格是美化表格最常用的方法。

1. 合并单元格

合并单元格是将单元格区域合并成一个单元格，主要有以下两种方式。

（1）通过选项卡合并单元格。

第1步 启动 Excel 2019，新建一个空白文档，并输入下图所示的内容。

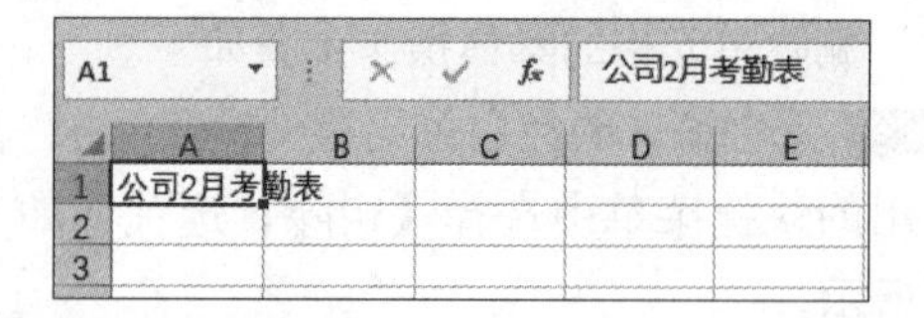

第 2 步 选中需要合并的单元格区域 A1:D1，然后依次单击【开始】→【对齐方式】→【合并后居中】下拉按钮，在弹出的下拉菜单中选择【合并单元格】选项，如下图所示。

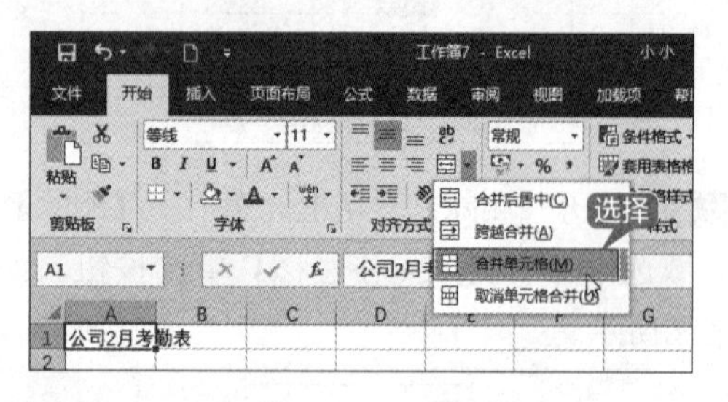

第 3 步 即可将选中的单元格区域合并成一个单元格，如下图所示。

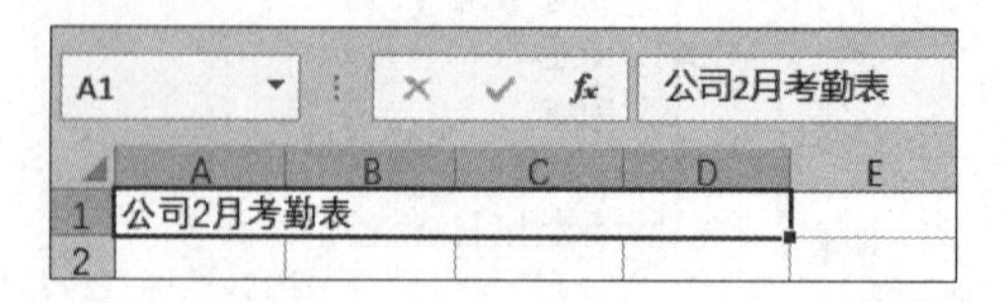

（2）在【设置单元格格式】对话框中合并单元格。

第 1 步 选中需要合并的单元格区域 A1:D1，按【Ctrl+1】组合键打开【设置单元格格式】对话框，选择【对齐】选项卡，然后在【文本控制】区域选中【合并单元格】复选框，并单击【确定】按钮，如下图所示。

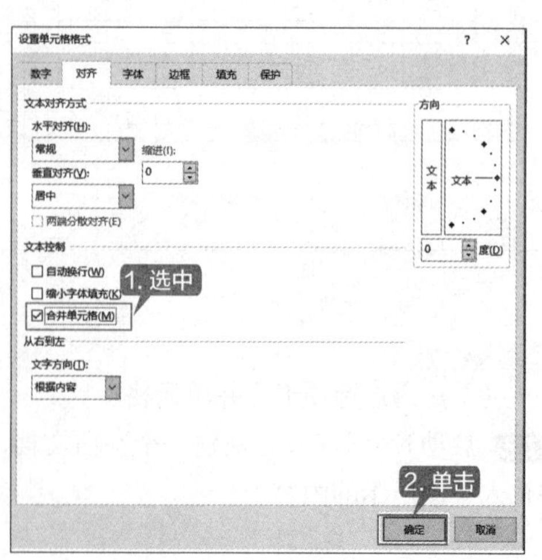

第 2 步 即可将选中的单元格区域合并成一个单元格，如下图所示。

2. 拆分单元格

单元格既然能合并，当然也能够拆分，具体有以下两种方法。

（1）通过选项卡拆分单元格。

第 1 步 选中合并后的单元格区域，然后依次单击【开始】→【对齐方式】→【合并后居中】按钮，在弹出的下拉菜单中选择【取消单元格合并】选项，如下图所示。

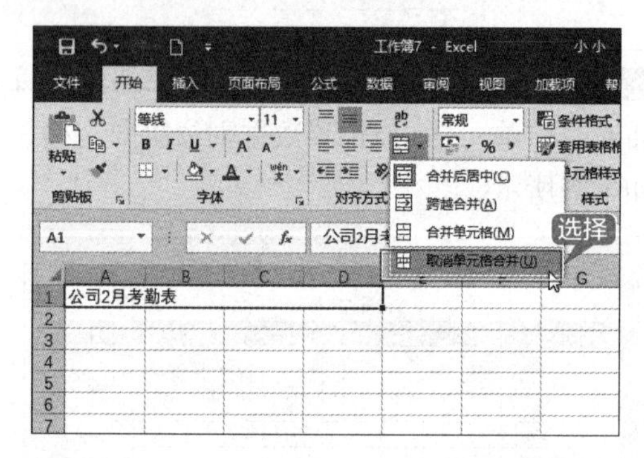

第 2 步 即可将选中的单元格区域恢复成合并前的状态，如下图所示。

（2）在【设置单元格格式】对话框中拆分单元格。

第 1 步 选中合并后的单元格区域，按【Ctrl+1】组合键打开【设置单元格格式】对话框，选择【对齐】选项卡，然后在【文本控制】区域取消选中【合并单元格】复选框，并单击【确定】按钮，如下图所示。

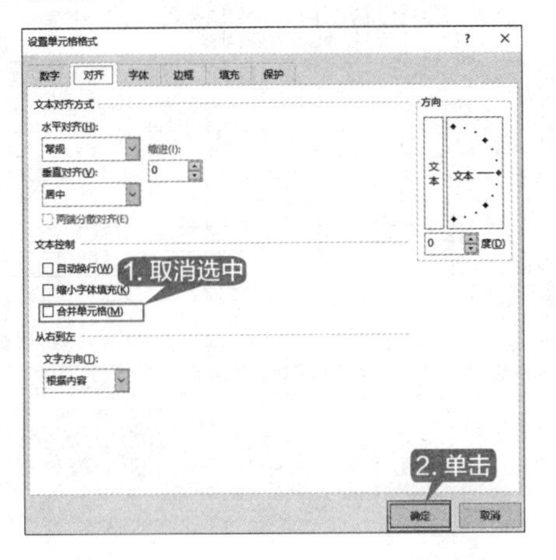

第 2 步 即可完成拆分单元格的操作，如下图所示。

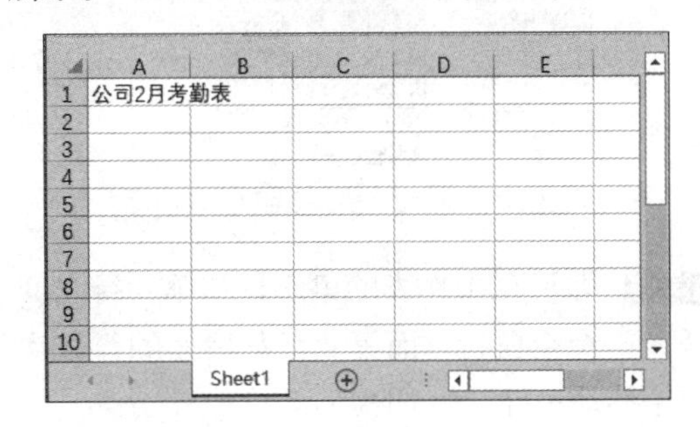

3.7 行和列的操作

行和列的基本组成单位是单元格，在对 Excel 工作表进行编辑之前，首先需要掌握行、列及单元格的操作。

3.7.1 插入行与列

有时在工作表中需要添加一行或一列单元格以增加其他内容，可以通过插入行和列的操作来实现。插入行和列的具体操作步骤如下。

第 1 步 打开“素材\ch03\员工考勤表.xlsx”文件，如下图所示。

新起点员工考勤表

序号	姓名	周一	周二	周三	周四	周五	本周出勤天数
1	张珊	√	√	√	×	√	
2	王红梅	√	△	√	√	√	
3	冯欢	√	√	√	√	×	
4	杜志辉	√	×	√	√	√	
5	陈涛	√	√	√	√	√	
6	肯扎提	√	√	△	√	√	
7	周佳	√	√	√	√	√	
8	江洲	√	×	√	√	×	

第 2 步 将鼠标指针移动到需要插入行的下面一行，这里在第 4 行的行号上单击，从而选中第 4 行，如下图所示。

新起点员工考勤表

序号	姓名	周一	周二	周三	周四	周五
1	张珊	√	√	√	×	√
2	王红梅	√	△	√	√	√
3	冯欢	√	√	√	√	×
4	杜志辉	√	×	√	√	√
5	陈涛	√	√	√	√	√
6	肯扎提	√	√	△	√	√

第 3 步 选择【开始】选项卡，在【单元格】组中单击【插入】按钮，从弹出的下拉菜单中选择【插入工作表行】选项，如下图所示。

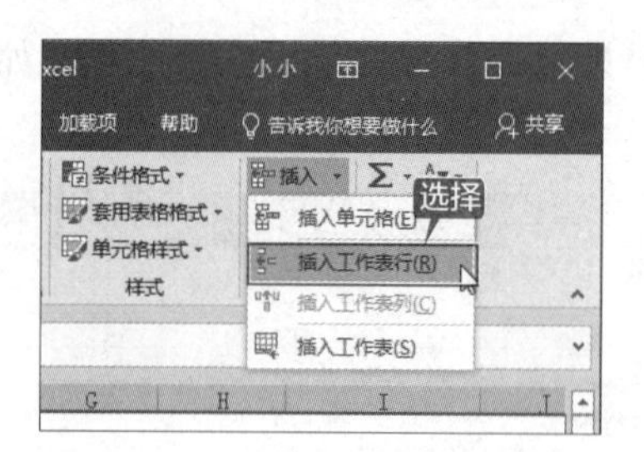

第 4 步 即可在工作表的第 3 行和第 4 行之间插入一个空白行，而第 4 行及后面的行依次向下移动一行，如下图所示。

新起点员工考勤表

序号	姓名	周一	周二	周三	周四	周五	本周出勤天数
1	张珊	√	√	√	×	√	
2	王红梅	√	△	√	√	√	
3	冯欢	√	√	√	√	×	
4	杜志辉	√	×	√	√	√	
5	陈涛	√	√	√	√	√	
6	肯扎提	√	√	△	√	√	

第 5 步 插入列的方法与插入行相同，选择需要插入列左侧的列号，然后单击【插入】按钮，从弹出的下拉菜单中选择【插入工作表列】选项，即可在表格中插入一列，如下图所示。

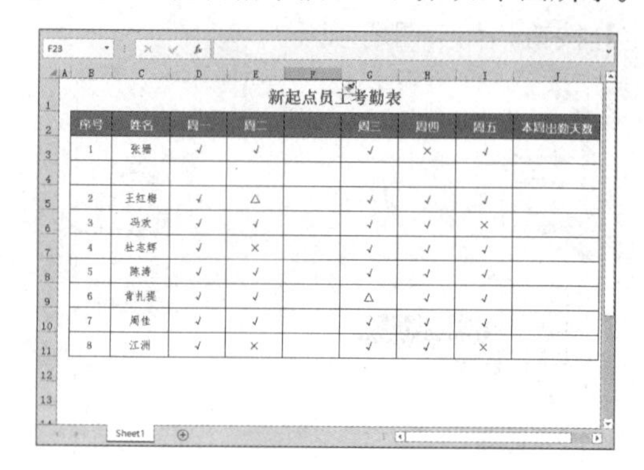
新起点员工考勤表

序号	姓名	周一	周二		周三	周四	周五	本周出勤天数
1	张珊	√	√		√	×	√	
2	王红梅	√	△		√	√	√	
3	冯欢	√	√		√	√	×	
4	杜志辉	√	×		√	√	√	
5	陈涛	√	√		√	√	√	
6	肯扎提	√	√		△	√	√	
7	周佳	√	√		√	√	√	
8	江洲	√	×		√	√	×	

3.7.2 删除行与列

如果在工作表中不需要某一行或列，可以将其删除。删除行和列的具体操作步骤如下。

第 1 步 接着 3.7.1 小节的操作，打开“员工考勤表.xlsx”文件，选中需要删除的一行，然后依次单击【开始】→【单元格】→【删除】按钮，在弹出的下拉菜单中选择【删除工作表行】选项，如下图所示。

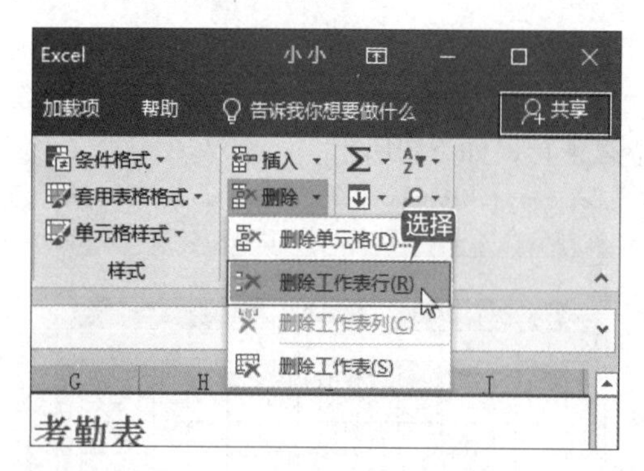

第 2 步 即可将选中的一行删除，并且下面的行依次向上移动一行，如下图所示。

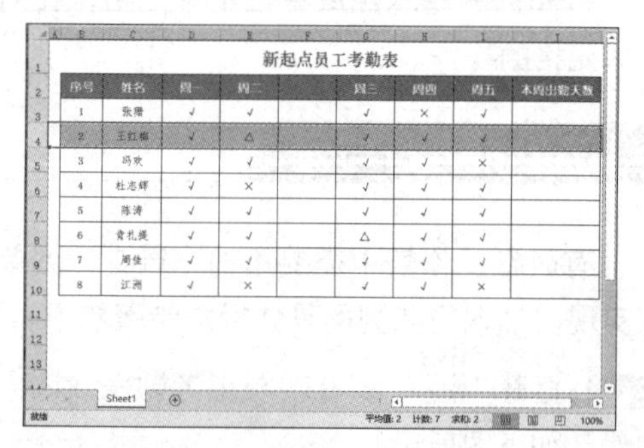
新起点员工考勤表

序号	姓名	周一	周二		周三	周四	周五	本周出勤天数
1	张珊	√	√		√	×	√	
2	王红梅	√	△		√	√	√	
3	冯欢	√	√		√	√	×	
4	杜志辉	√	×		√	√	√	
5	陈涛	√	√		√	√	√	
6	肯扎提	√	√		△	√	√	
7	周佳	√	√		√	√	√	
8	江洲	√	×		√	√	×	

第 3 步 选中需要删除的一列，然后从【删除】下拉菜单中选择【删除工作表列】选项，即可将选中的一列删除，如下图所示。

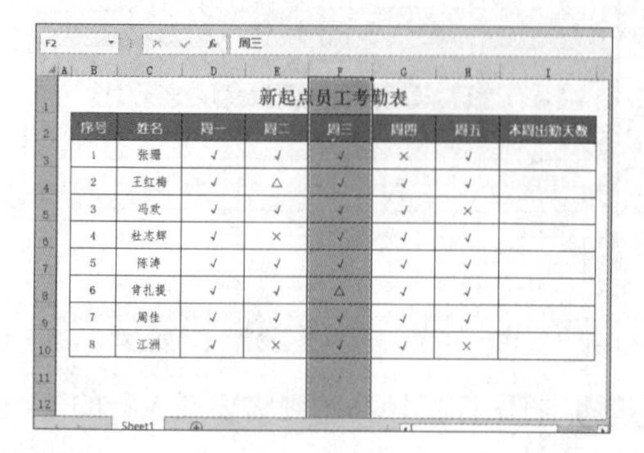
新起点员工考勤表

序号	姓名	周一	周二	周三	周四	周五	本周出勤天数
1	张珊	√	√	√	×	√	
2	王红梅	√	△	√	√	√	
3	冯欢	√	√	√	√	×	
4	杜志辉	√	×	√	√	√	
5	陈涛	√	√	√	√	√	
6	肯扎提	√	√	△	√	√	
7	周佳	√	√	√	√	√	
8	江洲	√	×	√	√	×	

提示

除了使用功能区中的【删除】按钮来删除工作表中的行与列外，还可以使用右键菜单选项来删除，具体的操作为：选中要删除的行或列并右击，在弹出的下拉菜单中选择【删除】选项即可。

3.7.3 重点：调整行高与列宽

调整行高和列宽是美化表格最常用的方法，即当单元格的宽度或高度不足时，会导致其中的数据显示不完整，这时就需要调整列宽和行高。调整行高有手动设置和自动设置两种方式，下面介绍自动设置行高（手动设置行高与手动设置列宽的方法类似，读者可参阅接下来的内容），具体操作步骤如下。

第 1 步 接着 3.7.2 小节的操作，打开“员工考勤表.xlsx”文件，然后选中需要调整高度的第 3 行、第 4 行和第 5 行（先选中第 3 行，然后按住【Ctrl】键不放的同时依次选中第 4 行和第 5 行），如下图所示。

第 2 步 选择【开始】选项卡，在【单元格】组中单击【格式】按钮，从弹出的下拉菜单中选择【行高】选项，如下图所示。

第 3 步 打开【行高】对话框，将【行高】文本框中的原有数据删除，并重新输入“28”，单击【确定】按钮，如下图所示。

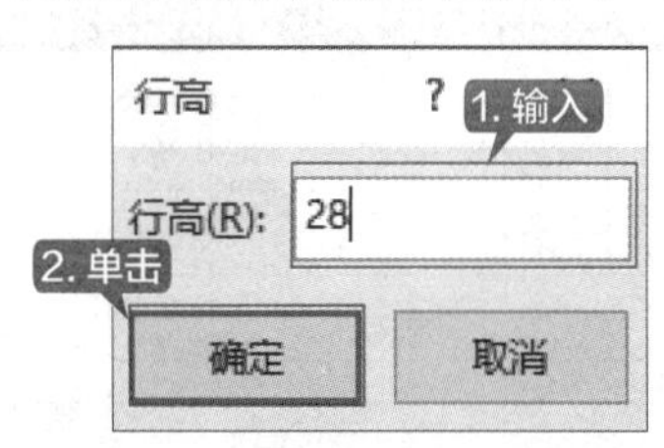

第 4 步 即可将选中行的【行高】均设置为【28】，如下图所示。

调整列宽有以下两种方式，用户可根据实际情况选择合适的方法调整列宽。

1. 手动调整

如果只需调整某一列的列宽，可采用手动调整的方式，具体操作步骤如下。

第 1 步 打开“员工考勤表.xlsx”文件，选中需要调整宽度的一列，如下图所示。

新起点员工考勤表

序号	姓名	周一	周二	周三	周四	周五	本周出勤天数
1	张珊	√	√	√	×	√	
2	王红梅	√	△	√	√	√	
3	冯欢	√	√	√	√	×	
4	杜志辉	√	×	√	√	√	
5	陈涛	√	√	√	√	√	
6	肯扎提	√	√	△	√	√	
7	周佳	√	√	√	√	√	
8	江洲	√	×	√	√	×	

第 2 步 将鼠标指针放到 B 列和 C 列之间的列线上，当指针变成╋形状时，按住鼠标左键向右拖动列线至合适的宽度，然后释放鼠标左键，即可调整 B 列的列宽，如下图所示。

新起点员工考勤表

序号	姓名	周一	周二	周三	周四	周五	本周出勤天数
1	张珊	√	√	√	×	√	
2	王红梅	√	△	√	√	√	
3	冯欢	√	√	√	√	×	
4	杜志辉	√	×	√	√	√	
5	陈涛	√	√	√	√	√	
6	肯扎提	√	√	△	√	√	
7	周佳	√	√	√	√	√	
8	江洲	√	×	√	√	×	

2. 自动调整

如果需要将多列的列宽调整为相同的宽度，可采用自动调整的方式，具体操作步骤如下。

第 1 步 选中单元格区域 D2:H10，然后依次单击【开始】→【单元格】→【格式】按钮，从弹出的下拉菜单中选择【列宽】选项，如下图所示。

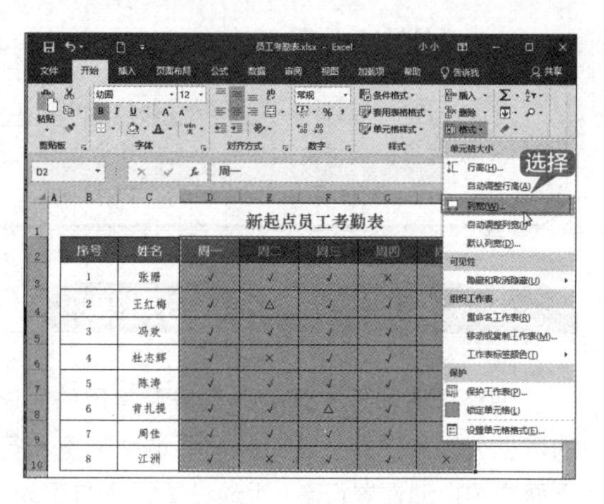

第 2 步 打开【列宽】对话框，然后在【列宽】文本框中输入“9”，并单击【确定】按钮，如下图所示。

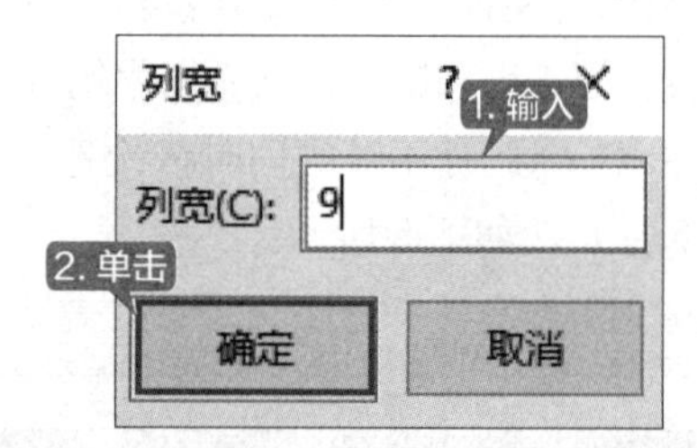

第 3 步 即可将选中的多列设置为相同的宽度，如下图所示。

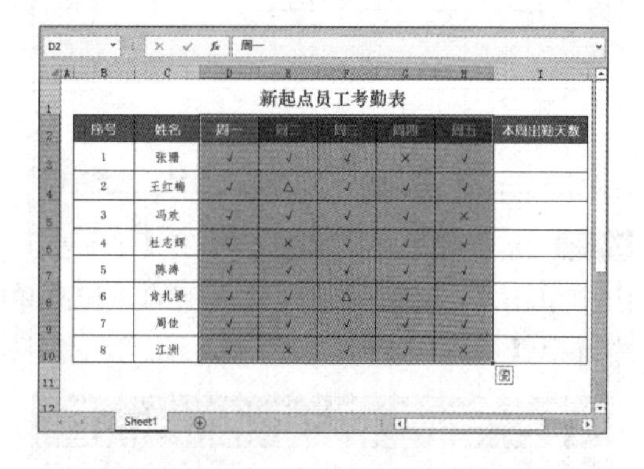

制作工作计划进度表

本实例将介绍如何制作工作计划进度表。通过本实例的练习，可以对本章介绍的知识点进行综合运用，包括输入数据、快速填充数据及合并单元格等操作。下面就根据某施工单位的施工进度计划来制作工作计划进度表。

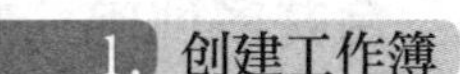

1. 创建工作簿

启动 Excel 2019，新建名称为“工作计划进度表”的工作簿，然后在单元格中分别输入相关内容，如下图所示。

	A	B	C	D	E	F
1	工作计划进度表					
2	序号	事项	开工日期	预计持续时间	预计完成日期	
3	1	施工准备	2019/1/8	5	2019/1/13	
4	2	预制梁	2019/1/14	20	2019/2/3	
5	3	运输梁	2019/1/14	2	2019/2/6	
6	4	东桥台基础	2019/1/14	10	2019/1/24	
7	5	东桥台	2019/1/25	8	2019/2/2	
8	6	东桥台填土	2019/2/3	5	2019/2/8	
9	7	西桥台基础	2019/1/13	25	2019/2/7	
10	8	西桥台	2019/2/8	8	2019/2/16	
11	9	西桥台填土	2019/2/17	5	2019/2/22	
12	10	架梁	2019/2/23	7	2019/3/1	
13	11	连接路基	2019/3/2	5	2019/3/7	

2. 设置日期显示的格式

选中单元格区域 C3:C13，按住【Ctrl】键的同时选中单元格区域 E3:E13，再按【Ctrl+1】组合键打开【设置单元格格式】对话框，默认显示为【数字】选项卡，然后在【分类】列表框中选择【自定义】选项，最后在右侧的【类型】文本框中输入“yyyy-m-d”。单击【确定】按钮，即可更改日期的显示格式，如下图所示。

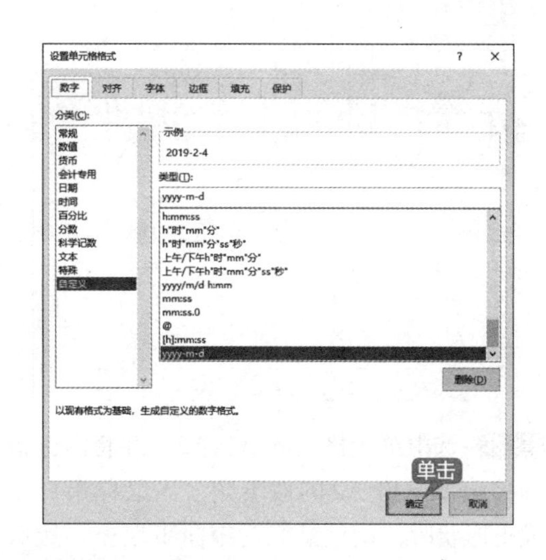

3. 美化表格

设置单元格区域 A2:E13 的边框，调整列宽，合并单元格 A1:E1，且标题居中显示。然后设置字体、字号和颜色，最后套用自带的表格样式，结果如下图所示。

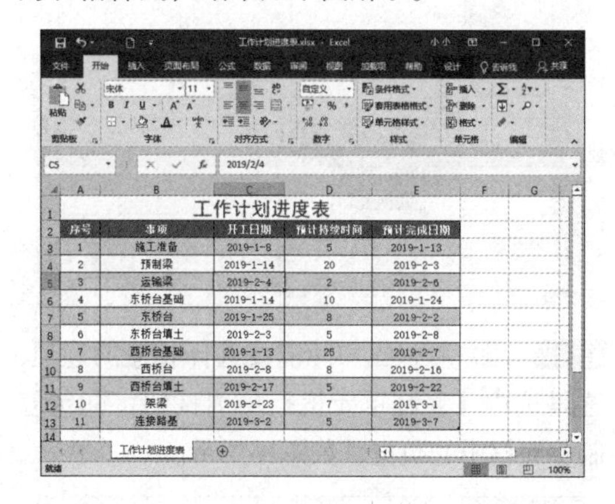

	A	B	C	D	E
1	工作计划进度表				
2	序号	事项	开工日期	预计持续时间	预计完成日期
3	1	施工准备	2019-1-8	5	2019-1-13
4	2	预制梁	2019-1-14	20	2019-2-3
5	3	运输梁	2019-2-4	2	2019-2-6
6	4	东桥台基础	2019-1-14	10	2019-1-24
7	5	东桥台	2019-1-25	8	2019-2-2
8	6	东桥台填土	2019-2-3	5	2019-2-8
9	7	西桥台基础	2019-1-13	25	2019-2-7
10	8	西桥台	2019-2-8	8	2019-2-16
11	9	西桥台填土	2019-2-17	5	2019-2-22
12	10	架梁	2019-2-23	7	2019-3-1
13	11	连接路基	2019-3-2	5	2019-3-7

◇ 使用右键填充

在自动填充数据时，可以使用鼠标右键进行填充选择，具体操作步骤如下。

第 1 步 启动 Excel 2019，新建一个空白文档，然后分别在单元格 A1 和 A2 中输入“1”“2”，如下图所示。

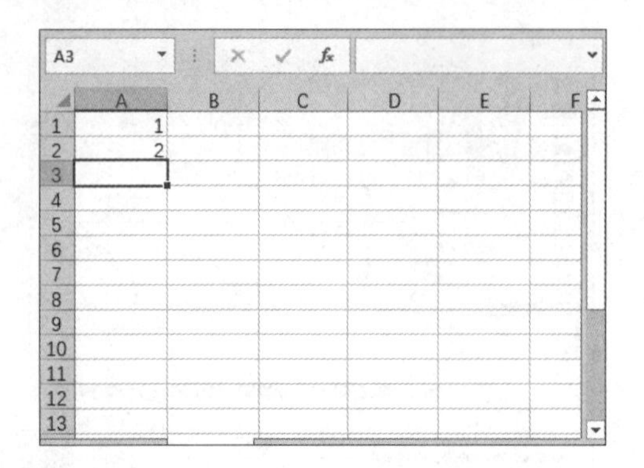

第2步 选中单元格区域 A1:A2，并将鼠标指针移至单元格 A2 的右下角，当鼠标指针变成**+**形状时，按住鼠标右键向下填充，然后释放鼠标，即可弹出【自动填充选项】菜单，如下图所示。

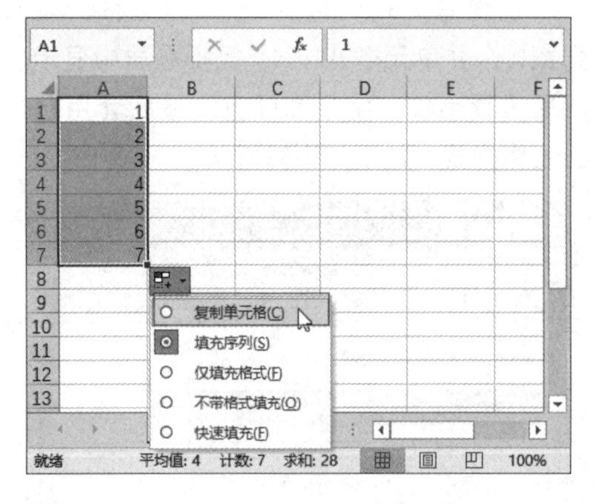

第3步 用户可根据实际需要选择相应的选项，这里选中【复制单元格】单选按钮，即可复制单元格中的数据，如下图所示。

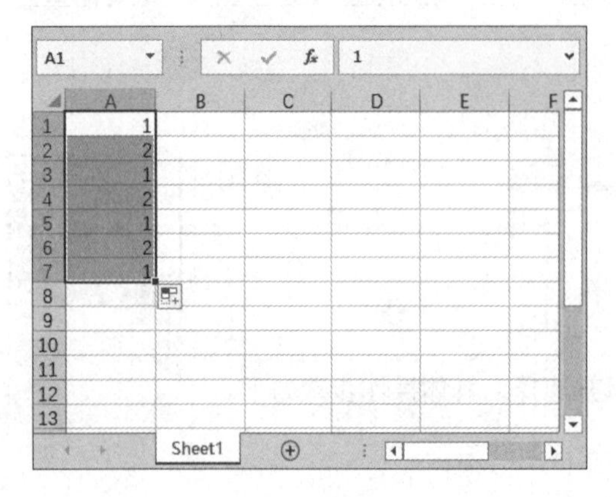

◇ 使用“快速填充”合并多列单元格

使用填充柄可以快速合并多列单元格，具体操作步骤如下。

第1步 启动Excel 2019，新建一个空白文档，然后选中需要合并的单元格区域，这里选择单元格区域 A1:D1，如下图所示。

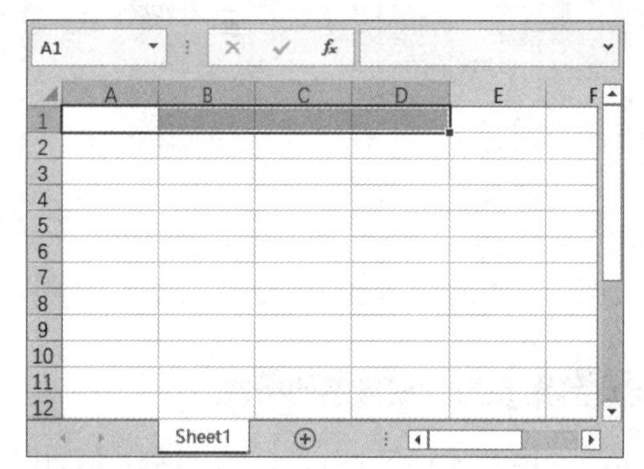

第2步 依次单击【开始】→【对齐方式】→【合并后居中】按钮，从弹出的下拉菜单中选择【合并单元格】选项，如下图所示。

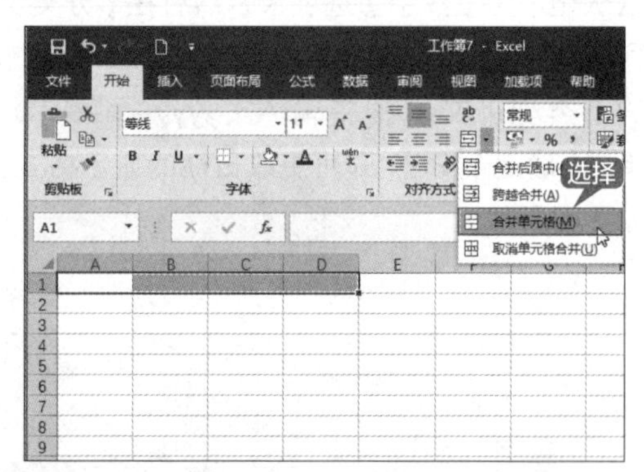

第3步 即可将选中的单元格区域合并成一个单元格，如下图所示。

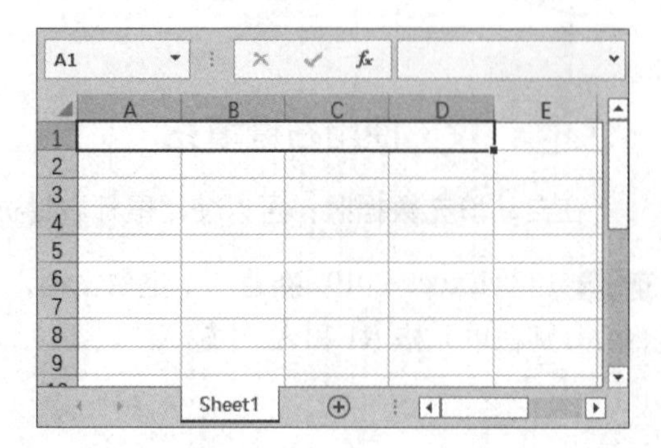

第4步 将鼠标指针移到单元格A1的右下角，当鼠标指针变成➕形状时，按住鼠标左键向下拖动至单元格区域A7:D7，即可快速将多列单元格区域合并成一个单元格，如下图所示。

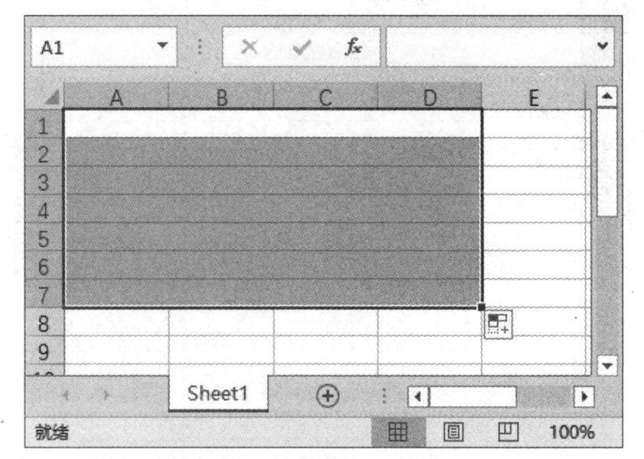

◇【F4】键的妙用

Excel中有个快捷键的作用极为突出，那就是【F4】键，称为“重复键”，【F4】键可重复上一步的操作，从而避免了手动进行许多重复性操作。按【F4】键的具体操作步骤如下。

第1步 启动Excel 2019，新建一个空白文档，然后选中需要进行操作的单元格A1，按【Ctrl+1】组合键打开【设置单元格格式】对话框，选择【填充】选项卡，在【背景色】面板中选择需要的颜色，如下图所示。

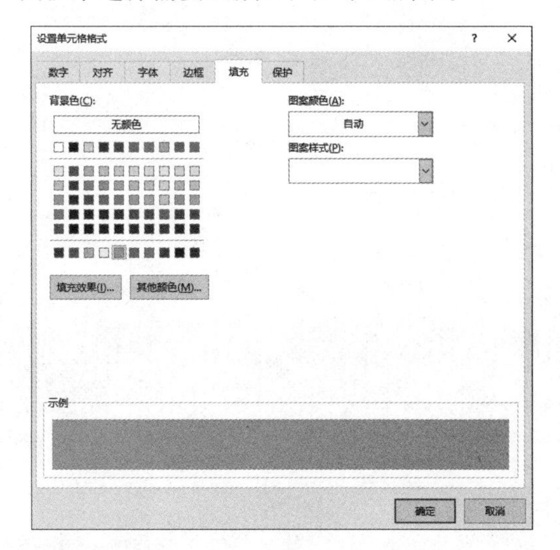

第2步 单击【确定】按钮，即可将选中的单元格底纹设置为选择的颜色，如下图所示。

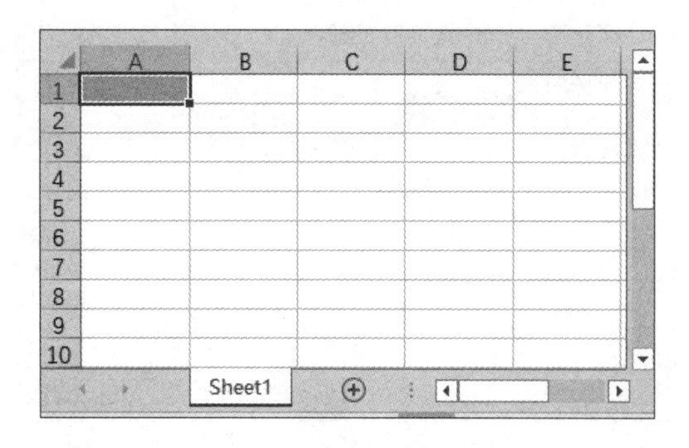

第3步 选中目标单元格B3，然后按【F4】键，即可重复上一步的操作，将选中的单元格底纹设置为相同的颜色，如下图所示。

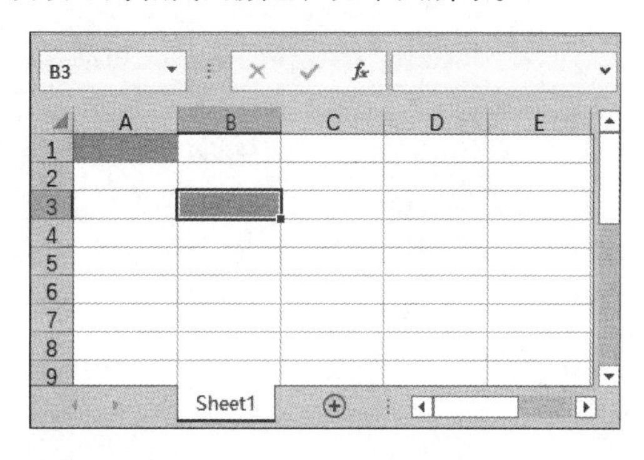

第4步 重复按【F4】键，即可设置多个相同底纹的单元格，如下图所示。

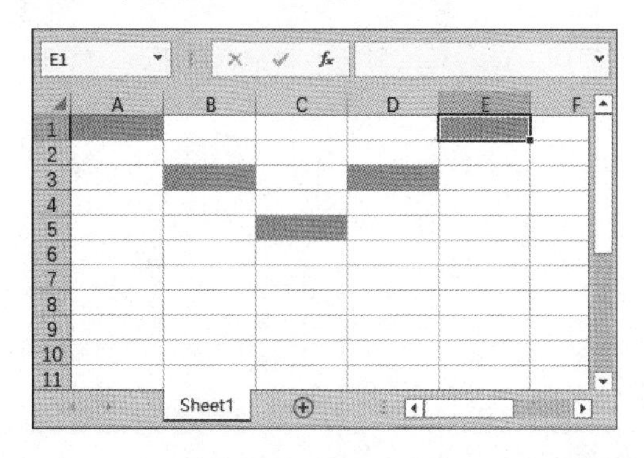

◇在不同单元格中快速输入同一内容

有时用户会根据需要在不同单元格中输入相同的内容，如果采用逐个输入的方法会很麻烦，下面介绍一种快速在多个单元格中同时输入相同数据的技巧，具体操作步骤如下。

第1步 启动Excel 2019，新建一个空白文档，然后依次选中需要输入同一内容的单元格，如下图所示。

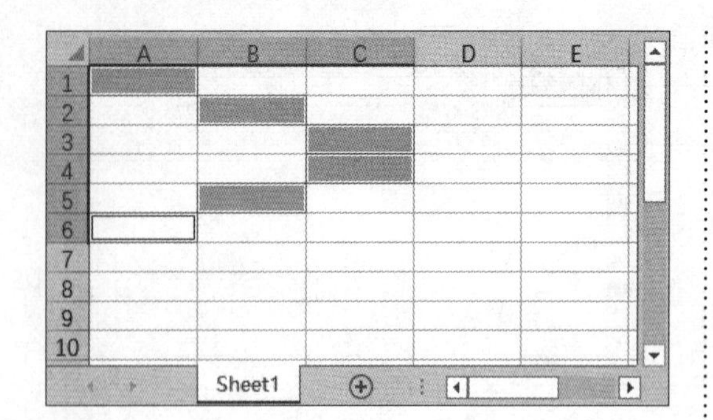

第 2 步 在编辑栏中输入文本“Excel 2019”，然后按【Ctrl+Enter】组合键确认输入，此时所选单元格中的内容均变为“Excel 2019”，如下图所示。

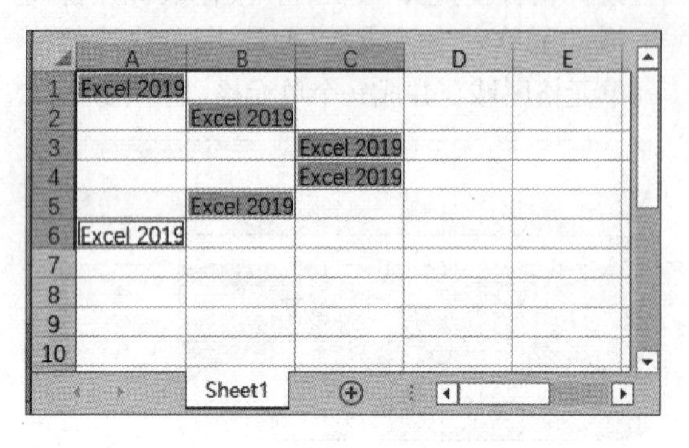

第4章 工作表的美化设计及数据的查看

本章导读

本章将通过员工资料归档管理表的制作，详细介绍表格的创建和编辑、文本段落的格式化设计、套用表格样式、设置条件格式及数据的查看方式等内容，从而帮助读者掌握制作表格和美化表格的操作。

思维导图

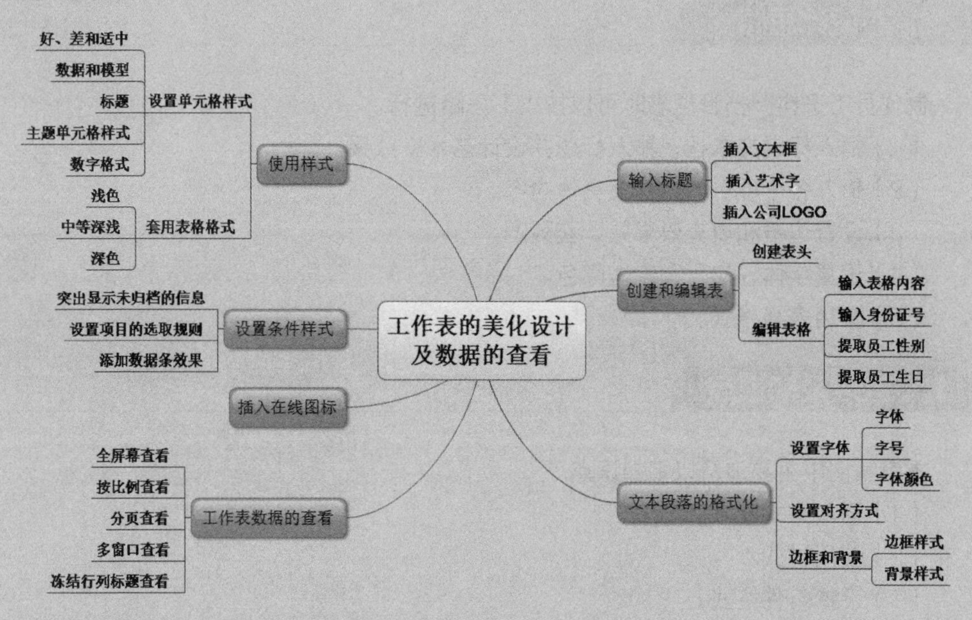

4.1 员工资料归档管理表

员工资料归档管理是企业管理过程中的重要环节，因此，企业会要求人力资源部门制作员工资料归档管理表来统一管理员工资料，以便在人员调动时查看其档案。

实例名称：员工资料归档管理

实例目的：学习美化工作表及方便查看数据

	素材	素材 \ch04\ 无
	结果	结果 \ch04\ 员工资料归档管理表 .xlxs
	视频	教学视频 \04 第 4 章

4.1.1 案例概述

制作员工资料归档管理表时，需要注意以下几点。

1. 格式统一

区分标题字体和表格内的字体，统一表格内字体的样式（包括字体、字号、颜色等），否则表格内容将显得杂乱。

2. 美化表格

在员工归档管理表制作完成后，还需要进行美化操作，使其看起来更加美观。美化表格包括设置边框、调整行高列宽、设置标题、设置对齐方式等内容。

4.1.2 设计思路

制作员工资料归档管理表时可以按以下思路进行。

（1）插入标题文本框，输入标题并设计艺术字效果。

（2）输入各个项目的名称及具体内容。

（3）设置边框和填充效果并调整列宽。

（4）设置字体、字号和字体颜色。

（5）套用表格格式。

4.1.3 涉及知识点

本章案例中主要涉及以下知识点。

（1）插入文本框。

（2）使用样式。

（3）设置条件格式。

（4）使用多种方式查看数据。

4.2 输入标题

在 Excel 工作表中创建表格时，第一步操作就是输入表格标题。标题可以直接在单元格中输入，也可以先插入一个文本框再输入标题内容。本节将介绍如何插入标题文本框及设置标题的艺术字效果。

4.2.1 插入标题文本框

在插入标题文本框之前，首先要创建一个空白工作簿，然后再进行相关的操作，具体操作步骤如下。

第 1 步 启动 Excel 2019，新建一个空白文档，将工作表“Sheet1”重命名为“员工资料归档管理表”，然后将该工作簿保存，在保存时将其重命名为“员工资料归档管理表”，如下图所示。

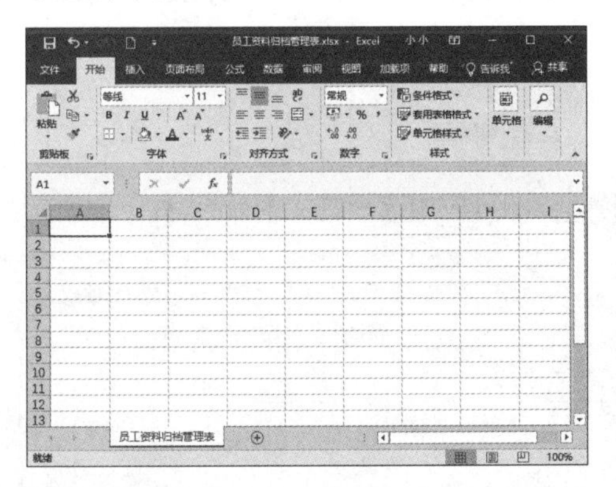

第 2 步 选择【插入】选项卡，在【文本】组中单击【文本框】按钮，从弹出的下拉菜单中选择【绘制横排文本框】选项，如下图所示。

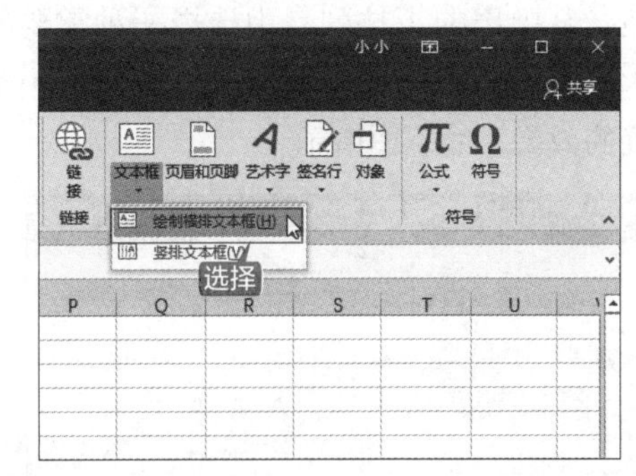

第 3 步 此时鼠标指针变成↓形状，按住鼠标左键绘制一个横排文本框，即可成功插入一个标题文本框，如下图所示。

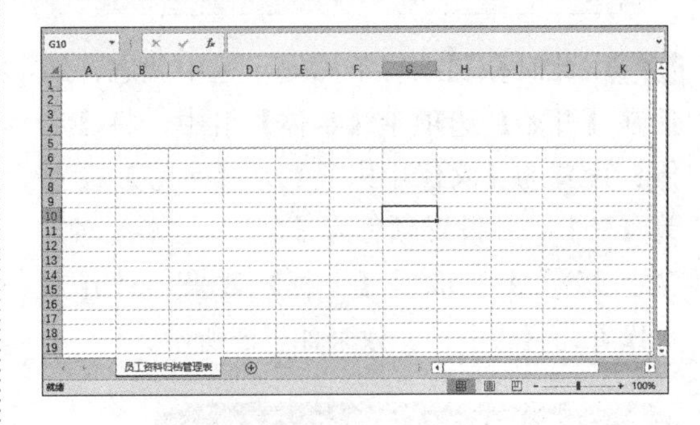

4.2.2 设计标题的艺术字效果

插入标题文本框后，就可以在该文本框中输入标题名称并设计艺术字效果了，具体操作步骤如下。

第 1 步 选中插入的文本框，此时鼠标指针移动到了文本框中，然后在其中输入标题名称“员工资料归档管理表”，如下图所示。

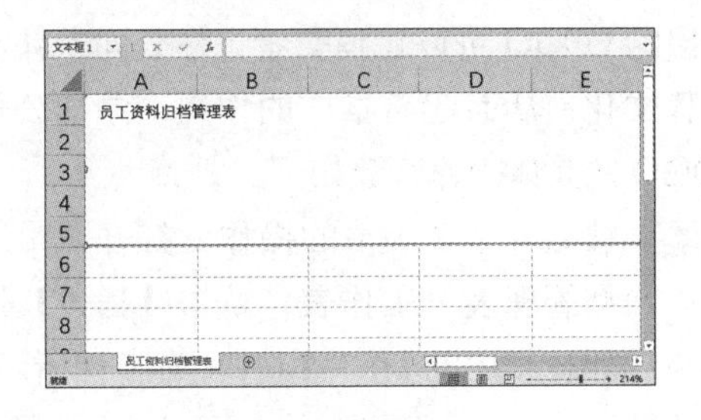

第 2 步 选中输入的标题内容，然后选择【绘图工具 – 格式】选项卡，进入格式设置界面，如下图所示。

第 3 步 单击【艺术字样式】组中的【快速样式】按钮，从弹出的下拉列表中选择一种需要的艺术字样式，此时在标题文本框中即可预览设置的效果，如下图所示。

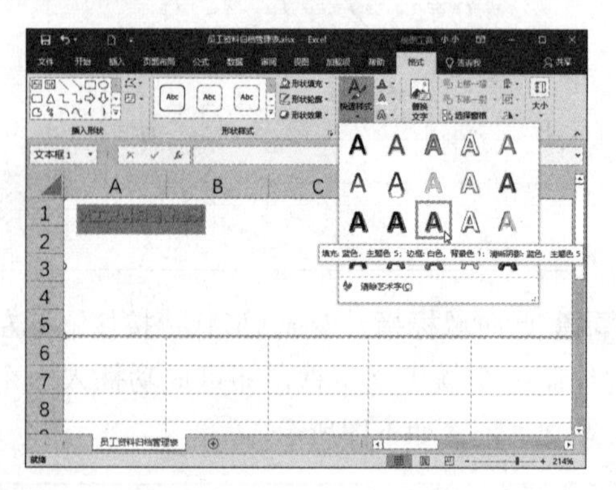

第 4 步 此时标题内容依然处于选中状态，然后在【开始】选项卡【字体】组中，将【字体】设置为【汉仪中宋简】，【字号】设置为【36】，并设置颜色为【金色，个性色 4，深色 25%”】，取消【上标】效果，对齐方式设置为【居中】，效果如下图所示。

第 5 步 单击【艺术字样式】组中的【文字效果】按钮 A -，从弹出的下拉菜单中选择【阴影】→【偏移：下】选项，如下图所示。

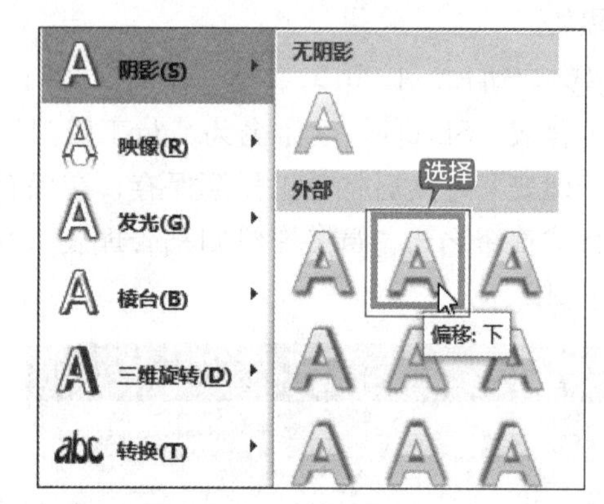

第 6 步 即可应用选择的文本效果，如下图所示。

4.2.3 添加公司 LOGO

公司 LOGO 代表着企业形象，一个生动形象的 LOGO 可以让消费者记住公司主体和品牌文化，从而起着推广的作用。添加公司 LOGO 的具体操作步骤如下。

第 1 步 接着 4.2.2 小节的操作，打开“员工资料归档管理表”工作表，单击【插入】选项卡【插图】组中的【图片】按钮，如下图所示。

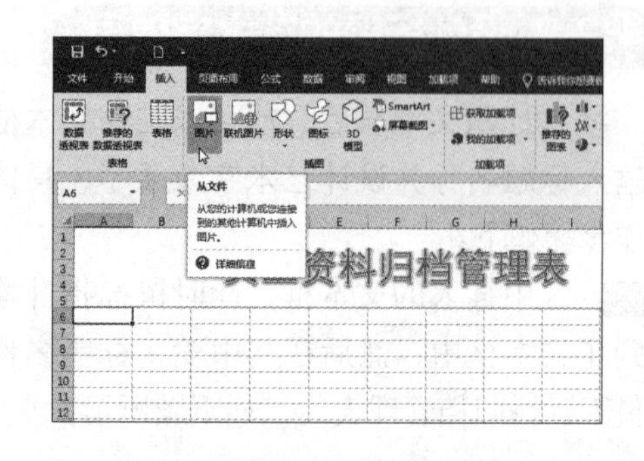

第 2 步 打开【插入图片】对话框，在其中打开“素材\ch04\logo.png”图片所在的文件夹并选中公司 LOGO，如下图所示。

第 3 步 单击【插入】按钮，即可将该图片插入 Excel 工作表中，如下图所示。

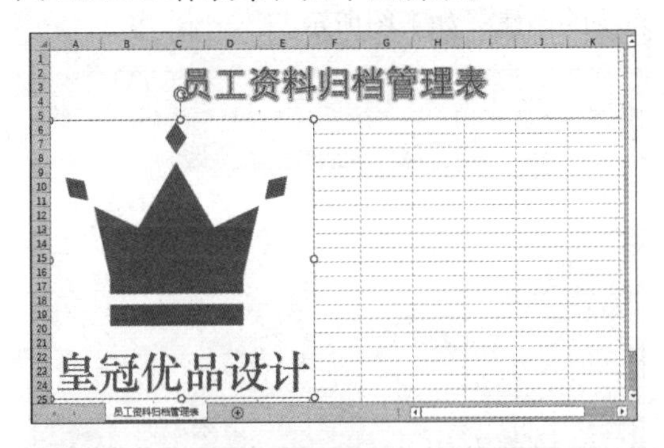

第 4 步 调整图片大小。选中插入的图片，将鼠标指针移到其右下角的控制点上，按住鼠标左键向左上角拖动至需要的大小，然后释放鼠标左键即可，如下图所示。

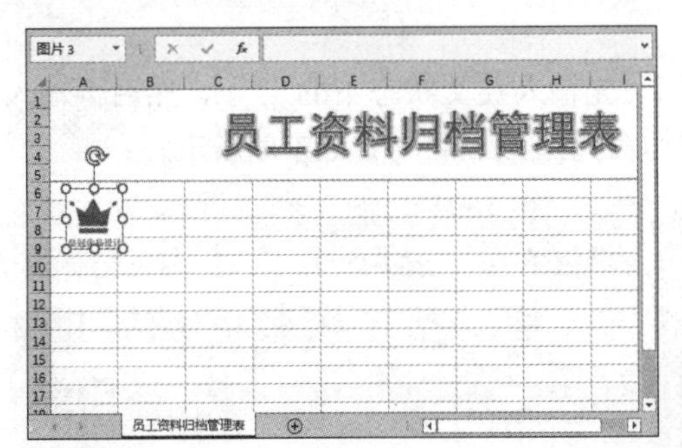

第 5 步 调整图片位置。将鼠标指针移到动该图片上，然后按住鼠标左键不放，拖动该图片至合适的位置后释放鼠标左键，即可调整图片的位置，如下图所示。

第 6 步 取消文本框的边框线。选中标题文本框并右击，从弹出的快捷菜单中选择【设置形状格式】选项，如下图所示。

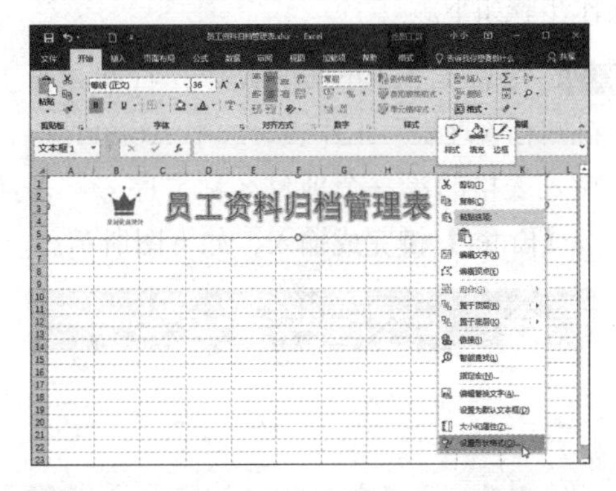

第 7 步 打开【设置形状格式】任务窗格，选择【填充】选项卡，然后选中【无线条】单选按钮，如下图所示。

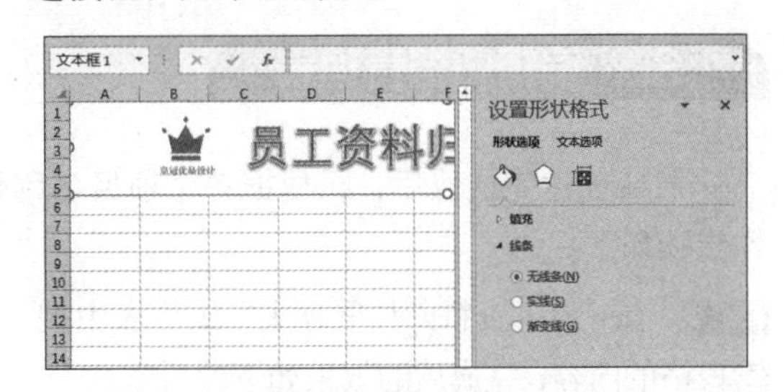

第 8 步 单击【设置形状格式】任务窗格右上角的【关闭】按钮，即可取消标题文本框的边框线，从而使标题看起来更加美观，如下图所示。

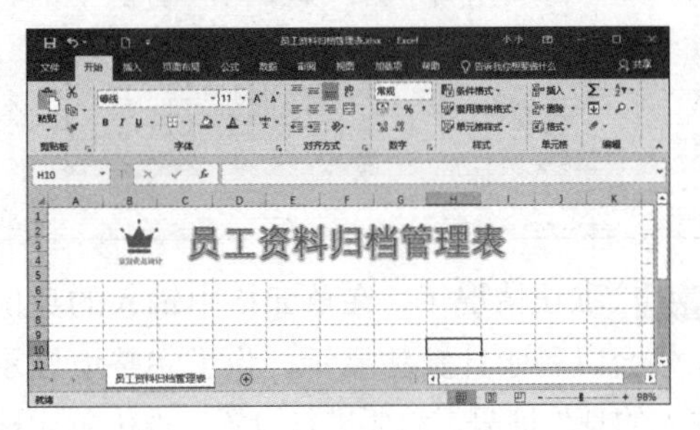

4.3 创建和编辑管理表

员工资料归档管理表的标题设置好以后，就可以根据归档管理表的具体内容来创建及编辑管理表了。

4.3.1 创建表头

在创建归档管理表时，需要先创建表格的表头，即表格的各个项目名称。创建表头的具体操作步骤如下。

第1步 接着4.2.3小节的操作，打开“员工资料归档管理表”工作表，选中A6单元格，并输入表格的第一个项目名称“序号”，然后按【Enter】键完成输入，如下图所示。

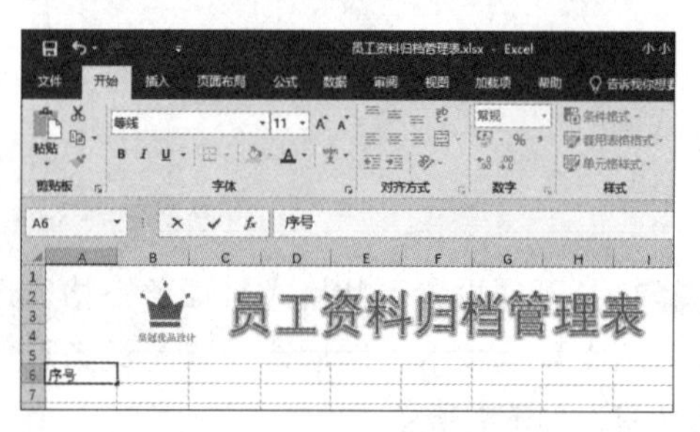

第2步 按照相同的方法在单元格区域B6:K6中分别输入表格的其他项目名称，即可完成表头的创建，如下图所示。

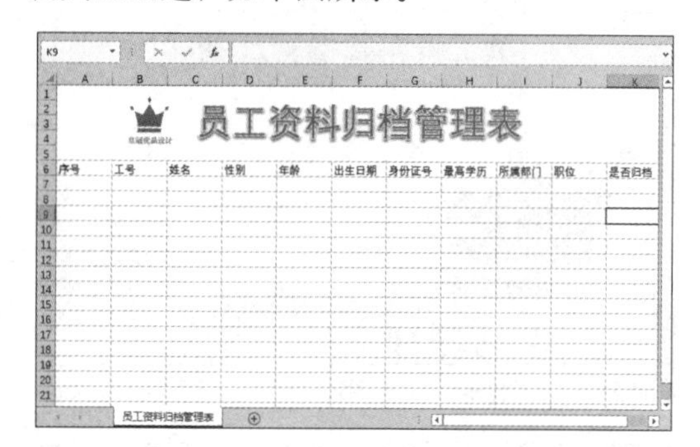

4.3.2 编辑归档管理表

表头创建完成以后，再根据各个项目名称输入各列的具体内容。编辑归档管理表的具体操作步骤如下。

第1步 在“员工资料归档管理表”工作表中编辑表格的内容，完成后的效果如下图所示。

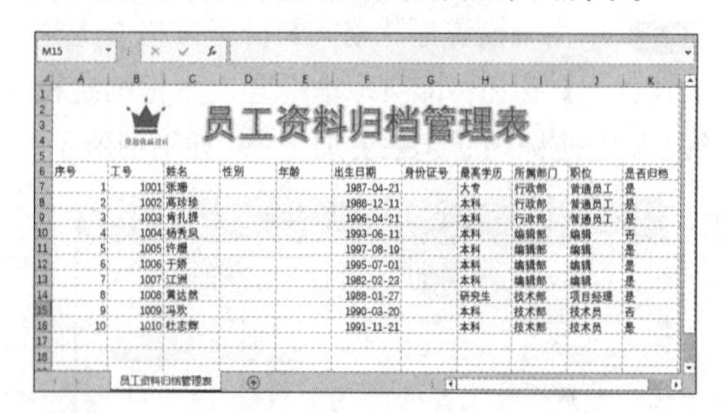

第2步 默认情况下，在单元格中输入的身份证号会以科学计数法显示，为了完整地显示输入的身份证号，需要进行设置。选中单元格G7，先输入英文状态下的“'”，然后再输入对应的员工身份证号，如下图所示。

第3步 按【Enter】键完成输入，然后调整列宽，输入的身份证号就可以完整地显示出来了，如下图所示。

第 4 步 按照相同的方法分别输入其他员工的身份证号，完成后的效果如下图所示。

第 5 步 编制公式提取员工的性别信息。选中单元格 D7，并输入公式“=IF(MOD(RIGHT(LEFT(G7,17)),2),"男","女")”，然后按【Enter】键完成输入，即可提取第一位员工的性别信息，如下图所示。

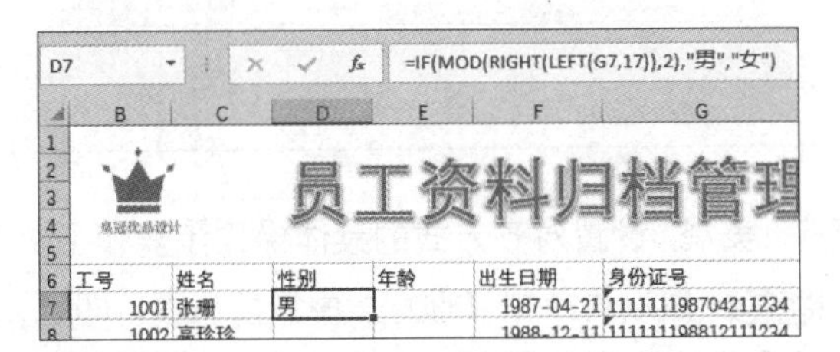

第 6 步 复制公式。使用填充柄将单元格 D7 中的公式复制到后续单元格中，完成其他员工性别信息的提取操作，效果如下图所示。

第 7 步 编写计算员工年龄的公式。选中单元格 E7，并输入公式“=DATEDIF(F7,TODAY(),"y")”，按【Enter】键完成输入，即可计算出第一位员工的年龄，如下图所示。

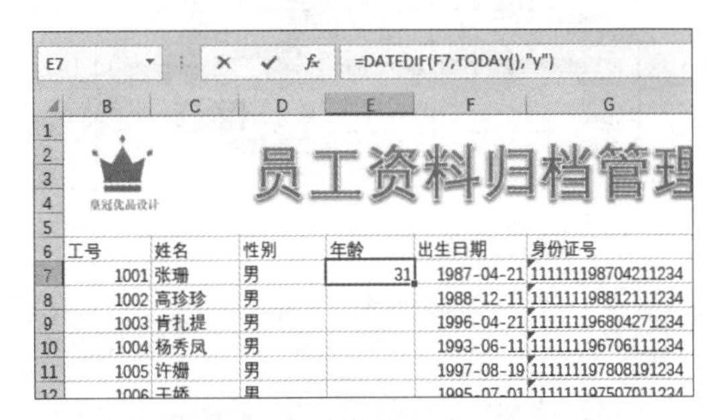

第 8 步 复制公式。使用填充柄将单元格 E7 中的公式复制到后续单元格中，从而计算出其他员工的年龄，如下图所示。至此，就完成了归档管理表的编辑操作。

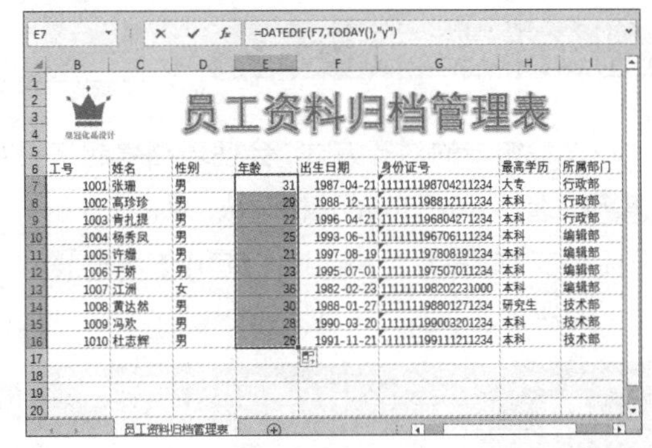

4.4 文本段落的格式化

员工归档管理表制作完成后，还需要进行相关的格式化操作以增强表格的视觉效果。文本段落的格式化操作包括设置字体、对齐方式及边框和背景等内容。

4.4.1 设置字体

设置字体的具体操作步骤如下。

第1步 设置表头字体。打开“员工资料归档管理表”工作表，选中单元格区域 A6:K6，按【Ctrl+1】组合键打开【设置单元格格式】对话框，选择【字体】选项卡，并在【字体】列表框中选择【黑体】选项，在【字形】列表框中选择【加粗】选项，最后在【字号】列表框中选择【12】选项，如下图所示。

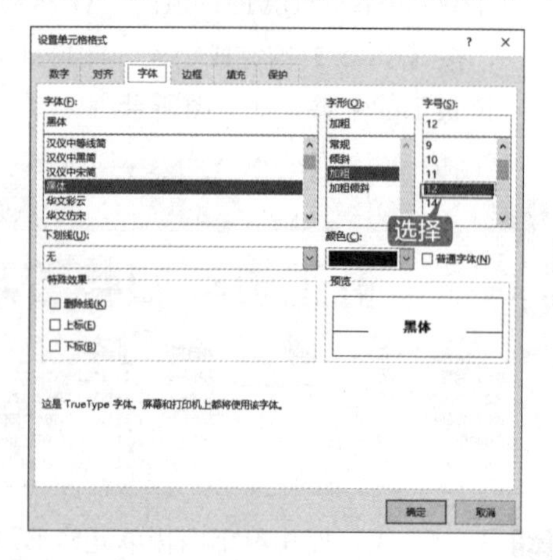

第2步 单击【确定】按钮，即可完成表头字体的设置，如下图所示。

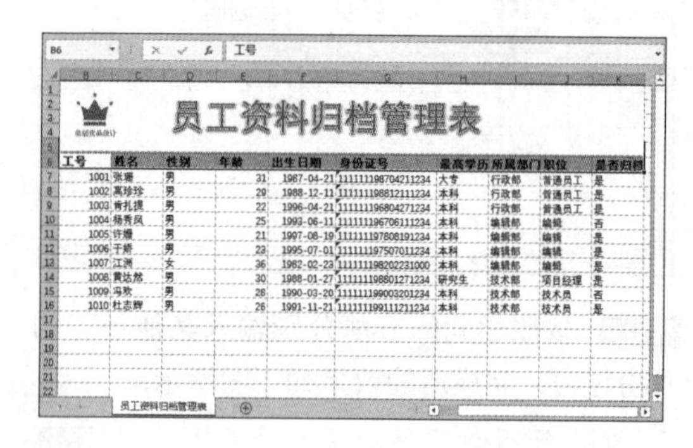

第3步 设置表格内的字体。选中单元格区域 A7:K16，然后在【开始】选项卡【字体】组中将【字体】设置为【华文仿宋】，如下图所示。至此，就完成了字体的设置。

4.4.2 设置对齐方式

设置统一的对齐方式，会使表格看起来更加整齐、美观。设置对齐方式的具体操作步骤如下。

第1步 选中 A6:K16 单元格区域，单击【开始】选项卡下【对齐方式】组中的【居中】按钮，如下图所示。

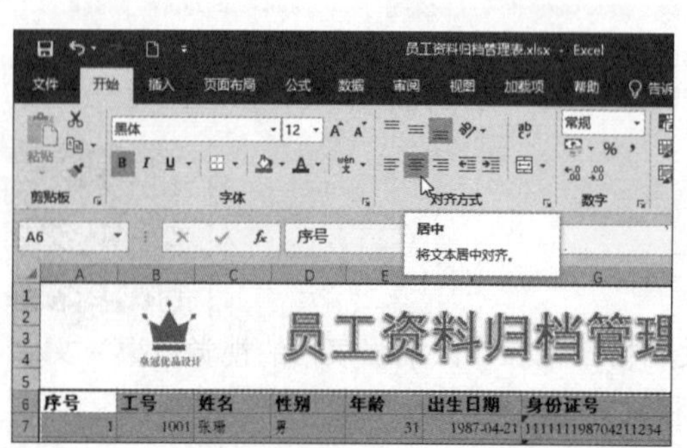

第2步 然后再单击【垂直居中】按钮，即可将所选内容区域居中对齐显示，如下图所示。

第 3 步 为了更好地显示效果，用户可以设置行高，如将第 6 行的【行高】设置为【22】，第 7~16 行的【行高】设置为【20】，并根据数据内容设置列宽，效果如下图所示。

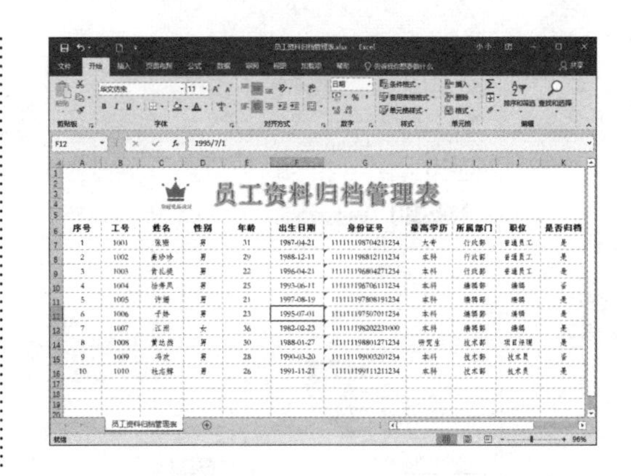

4.4.3 设置边框和背景

设置边框和背景的具体操作步骤如下。

第 1 步 打开“员工资料归档管理表”工作表，并选中单元格区域 A6:K16，按【Ctrl+1】组合键打开【设置单元格格式】对话框，选择【边框】选项卡，然后依次单击【预置】区域中的【外边框】和【内部】按钮，如下图所示。

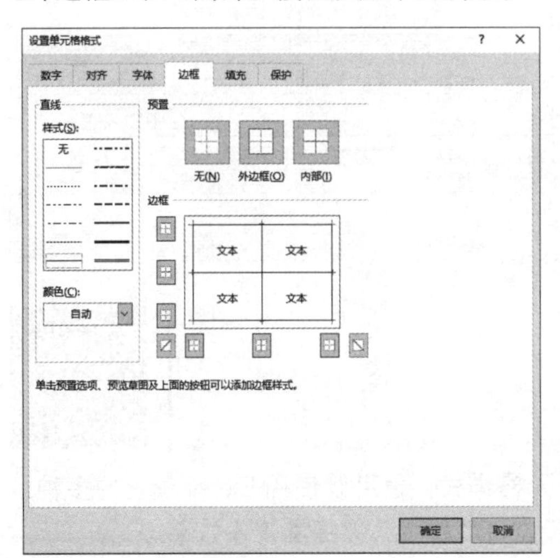

第 2 步 单击【确定】按钮，即可为表格设置边框，效果如下图所示。

第 3 步 设置填充效果。选中单元格区域 A6:K6，并打开【设置单元格格式】对话框，选择【填充】选项卡，然后单击【背景色】面板中的【填充效果】按钮，如下图所示。

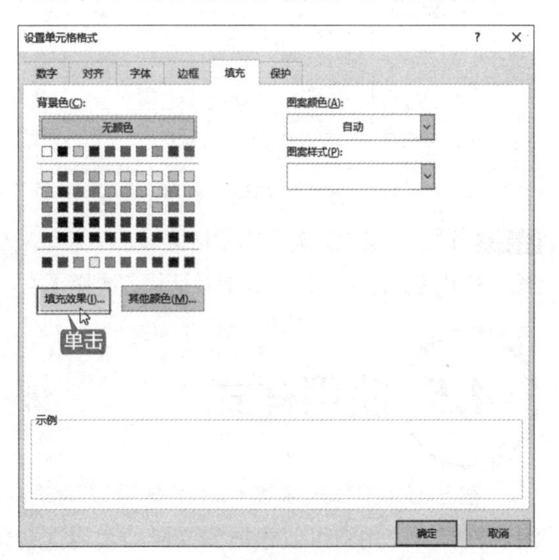

第 4 步 打开【填充效果】对话框，在【颜色】列表框中选中【双色】单选按钮，并在【颜色 1】和【颜色 2】下拉菜单中选择需要的颜色，然后选中【底纹样式】列表框中的【中心辐射】单选按钮，如下图所示。

资源下载码：46558

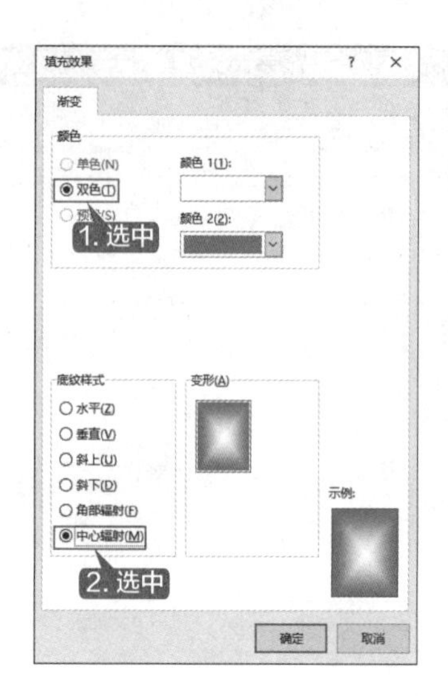

第 5 步 单击【确定】按钮，即可完成填充效果的设置，如下图所示。

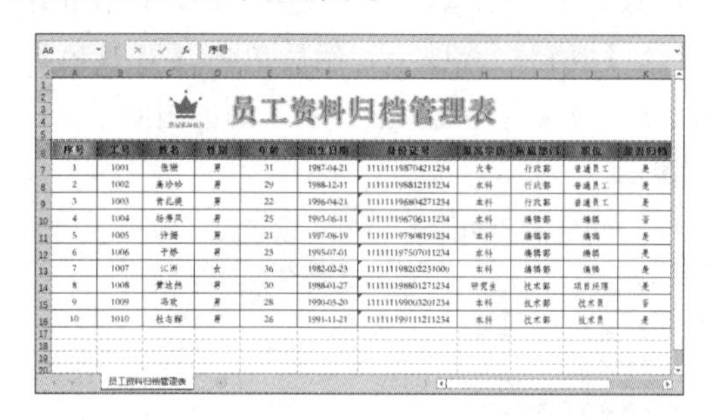

第 6 步 设置背景色。选中单元格区域 A7:K16，然后打开【设置单元格格式】对话框，选择【填充】选项卡，并在【背景色】面板中选择需要填充的颜色，如下图所示。

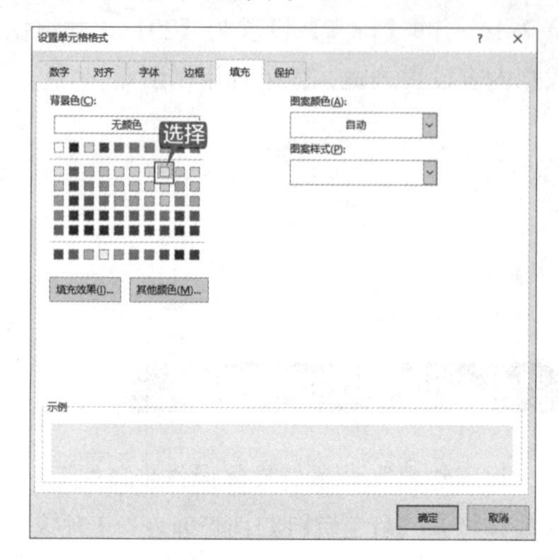

第 7 步 单击【确定】按钮，即可为选中的单元格区域设置背景色，如下图所示。

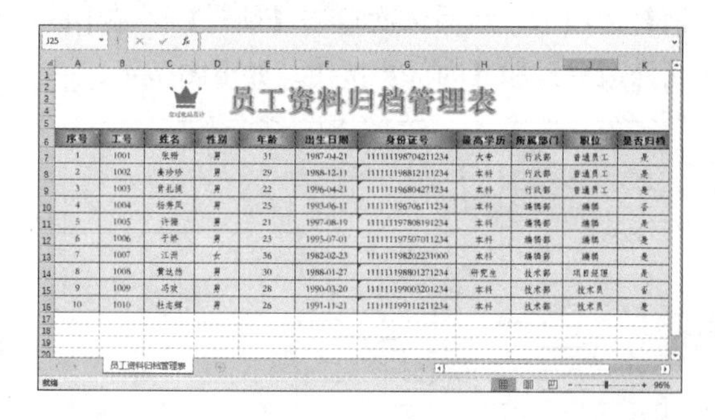

4.5 使用样式

在 Excel 工作表中美化表格既可以手动设置单元格样式，也可以使用 Excel 预置的多种常用表格样式。用户可以根据需要自动套用这些预先设定好的样式，以提高工作效率。

4.5.1 设置单元格样式

设置单元格样式包括设置标题样式、主题单元格样式及数据格式等内容，具体操作步骤如下。

第 1 步 设置主题单元格样式。选中 A7:K16 单元格区域，然后单击【开始】选项卡【样式】组中的【单元格样式】按钮，从弹出的下拉列表中选择【主题单元格样式】→浅黄【20%－着色 4】选项，如下图所示。

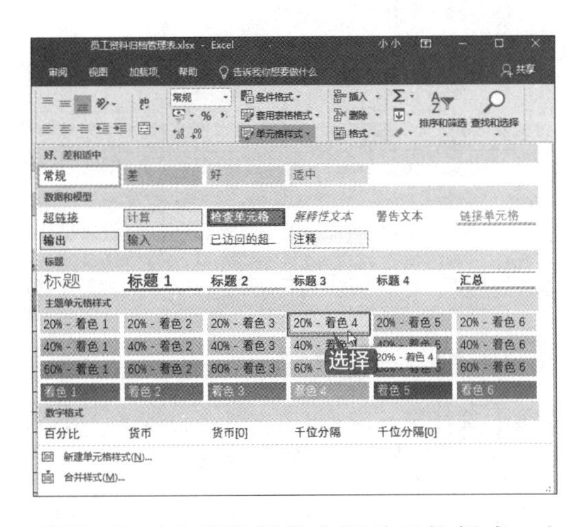

第2步 即可应用选择的主题单元格样式，如下图所示。

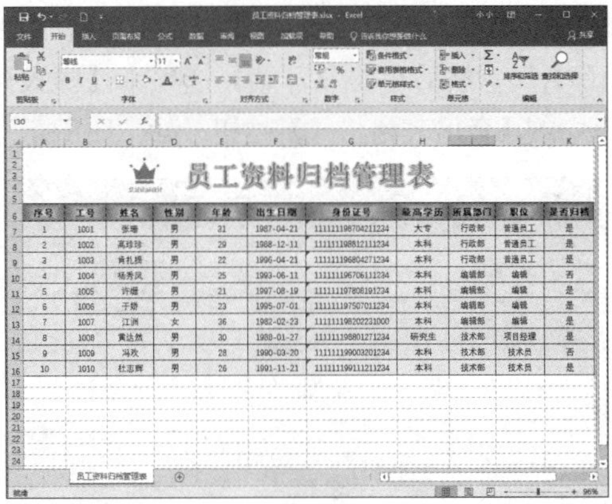

序号	工号	姓名	性别	年龄	出生日期	身份证号	最高学历	所属部门	职位	是否归档
1	1001	张珊	男	31	1987-04-21	111111198704211234	大专	行政部	普通员工	是
2	1002	高珍珍	男	29	1988-12-11	111111198812111234	本科	行政部	普通员工	是
3	1003	肯扎提	男	22	1996-04-21	111111196804271234	本科	行政部	普通员工	是
4	1004	杨秀凤	男	25	1993-06-11	111111196706111234	本科	编辑部	编辑	否
5	1005	许姗	男	21	1997-08-19	111111197808191234	本科	编辑部	编辑	是
6	1006	于娇	男	23	1995-07-01	111111197507011234	本科	编辑部	编辑	是
7	1007	江洲	女	36	1982-02-23	111111198202231000	本科	编辑部	编辑	是
8	1008	黄达然	男	30	1988-01-27	111111198801271234	研究生	技术部	项目经理	是
9	1009	冯欢	男	28	1990-03-20	111111199003201234	本科	技术部	技术员	否
10	1010	杜志辉	男	26	1991-11-21	111111199111211234	本科	技术部	技术员	是

另外，用户可以选择【新建单元格样式】选项，根据自己的需要，设置单元格样式，并将其添加到列表中。

4.5.2 套用表格格式

套用已有的表格格式不仅可以简化设置工作表格式的操作，还可以使创建的工作表更加规范。套用表格格式的具体操作步骤如下。

第1步 为了更好地显示套用表格格式的效果，这里需要先取消“员工资料归档管理表”中的表格填充颜色。打开“员工资料归档管理表”工作表，然后选中单元格区域 A6:K16，如下图所示。

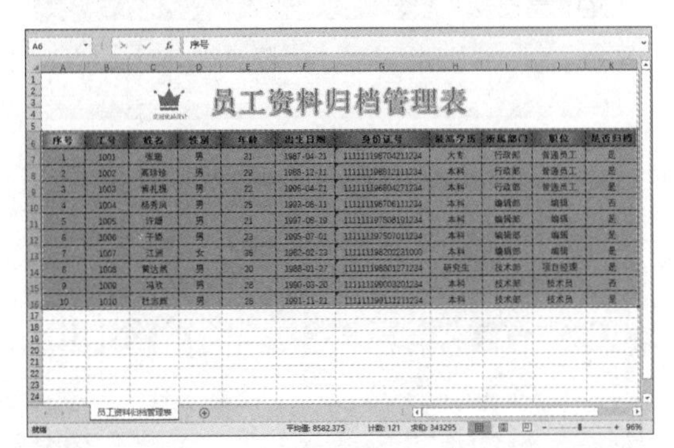

第2步 按【Ctrl+1】组合键打开【设置单元格格式】对话框，选择【填充】选项卡，单击【背景色】面板中的【无颜色】按钮，如下图所示。

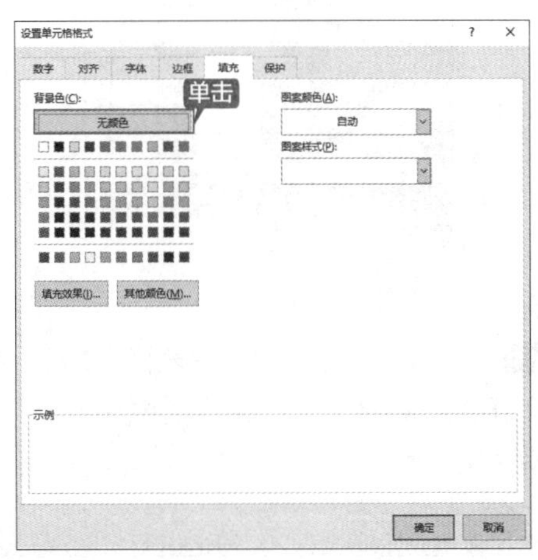

第3步 单击【确定】按钮，即可取消表格中设置的填充颜色，如下图所示。

员工资料归档管理表

序号	工号	姓名	性别	年龄	出生日期	身份证号	最高学历	所属部门	职位	是否归档
1	1001	张珊	男	31	1987-04-21	111111198704211234	大专	行政部	普通员工	是
2	1002	高珍珍	男	29	1988-12-11	111111198812111234	本科	行政部	普通员工	是
3	1003	肯扎提	男	22	1996-04-21	111111196804271234	本科	行政部	普通员工	是
4	1004	杨秀凤	男	25	1993-06-11	111111196706111234	本科	编辑部	编辑	否
5	1005	许姗	男	21	1997-08-19	111111197808191234	本科	编辑部	编辑	是
6	1006	于娇	男	23	1995-07-01	111111197507011234	本科	编辑部	编辑	是
7	1007	江洲	女	36	1982-02-23	111111198202231000	本科	编辑部	编辑	是
8	1008	黄达然	男	30	1988-01-27	111111198801271234	研究生	技术部	项目经理	是
9	1009	冯欢	男	28	1990-03-20	111111199003201234	本科	技术部	技术员	否
10	1010	杜志辉	男	26	1991-11-21	111111199111211234	本科	技术部	技术员	是

第 4 步 套用表格格式。选中单元格区域 A6:K16，然后单击【开始】选项卡【样式】组中的【套用表格格式】按钮，如下图所示。

序号	工号	姓名	性别	年龄	出生日期	身份证号	最高学历	所属部门
1	1001	张珊	男	31	1987-04-21	111111198704211234	大专	行政部
2	1002	高珍珍	男	29	1988-12-11	111111198812111234	本科	行政部
3	1003	肯扎提	男	22	1996-04-21	111111199604271234	本科	行政部
4	1004	杨秀凤	男	25	1993-06-11	111111196706111234	本科	编辑部
5	1005	许姗	男	21	1997-08-19	111111197808191234	本科	编辑部
6	1006	于娇	男	23	1995-07-01	111111197507011234	本科	编辑部
7	1007	江洲	女	36	1982-02-23	111111198202231000	本科	编辑部
8	1008	黄达然	男	30	1988-01-27	111111198801271234	研究生	技术部

第 5 步 从弹出的下拉菜单中选择【中等深浅】→【白色，表样式中等深浅 4】选项，如下图所示。

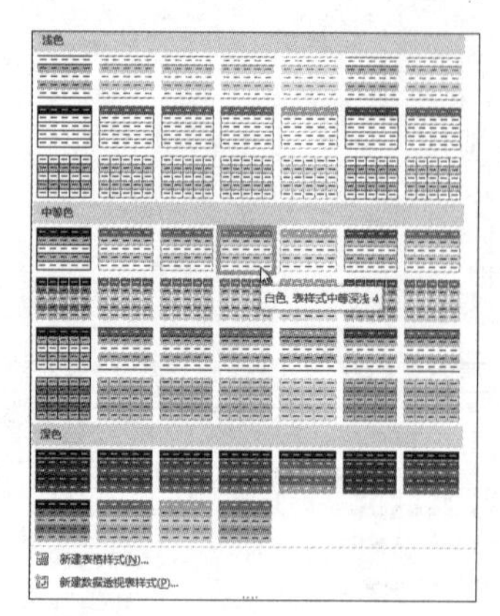

第 6 步 此时系统会弹出【套用表格式】对话框，并在【表数据的来源】文本框中显示套用的表格区域，如下图所示。

第 7 步 单击【确定】按钮，即可套用选择的表格样式，如下图所示。

序号	工号	姓名	性别	年龄	出生日期	身份证号	最高学历	所属部门	职位	是否在职
1	1001	张珊	男	31	1987-04-21	111111198704211234	大专	行政部	普通员工	是
2	1002	高珍珍	男	29	1988-12-11	111111198812111234	本科	行政部	普通员工	是
3	1003	肯扎提	男	22	1996-04-21	111111196804271234	本科	行政部	普通员工	是
4	1004	杨秀凤	男	25	1993-06-11	111111196706111234	本科	编辑部	编辑	否
5	1005	许姗	男	21	1997-08-19	111111197808191234	本科	编辑部	编辑	是
6	1006	于娇	男	23	1995-07-01	111111197507011234	本科	编辑部	编辑	是
7	1007	江洲	女	36	1982-02-23	111111198202231000	本科	编辑部	编辑	是
8	1008	黄达然	男	30	1988-01-27	111111198801271234	研究生	技术部	项目经理	是
9	1009	冯欢	男	28	1990-03-20	111111199003201234	本科	技术部	技术员	否
10	1010	杜志辉	男	26	1991-11-21	111111199111211234	本科	技术部	技术员	是

第 8 步 选择第 6 行，将填充颜色设置为“金色，个性色 4，深色 25%”，效果如下图所示。

第 9 步 然后继续选择第 6 行，按【Ctrl+Shift+L】组合键，取消表格的筛选状态，效果如下图所示。

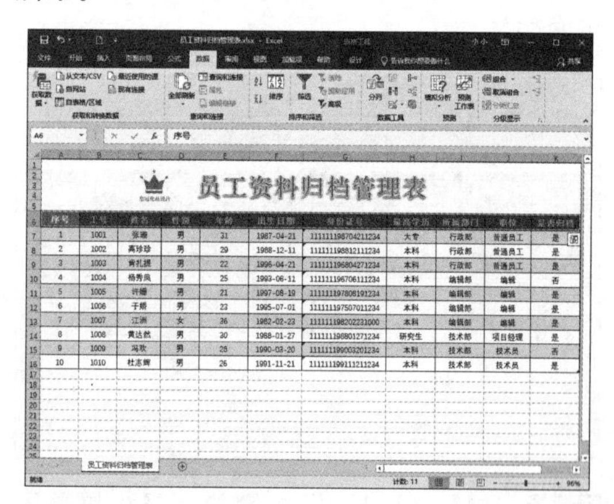

提示

另外，也可以单击【设计】→【工具】→【转换为区域】按钮，将所选区域转换为普通区域。

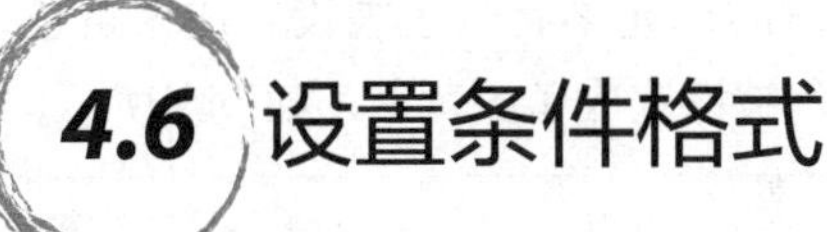

4.6 设置条件格式

在 Excel 2019 中可以使用条件格式功能，将符合条件的数据突出显示，从而更好地进行数据分析。

4.6.1 突出显示未归档的信息

对未归档的信息设置突出显示，有利于管理者及时处理未归档信息，具体操作步骤如下。

第 1 步 打开“员工资料归档管理表”工作表，并选中单元格区域 K7:K16，然后单击【开始】选项卡【样式】组中的【条件格式】按钮，从弹出的下拉菜单中选择【突出显示单元格规则】→【等于】选项，如下图所示。

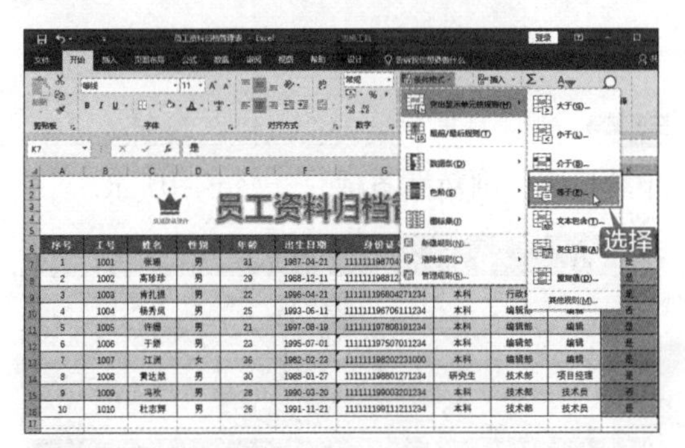

第 2 步 打开【等于】对话框，在【为等于以下值的单元格设置格式】文本框中输入“否”，然后在【设置为】下拉菜单中选择用于突出显示这些信息的颜色，这里选择【黄填充色深黄色文本】选项，如下图所示。

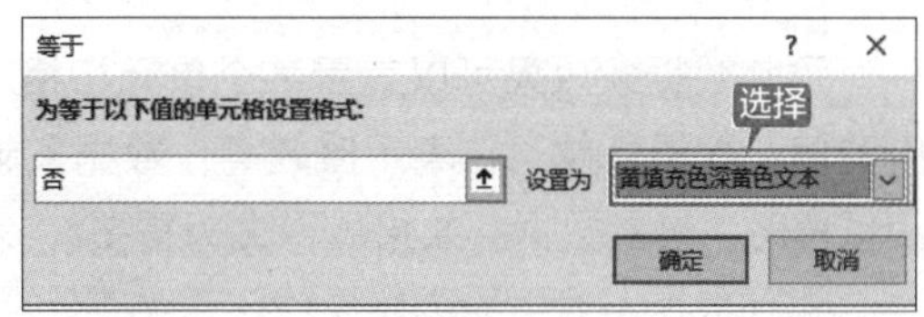

第 3 步 单击【确定】按钮，将未归档信息突出显示，效果如下图所示。

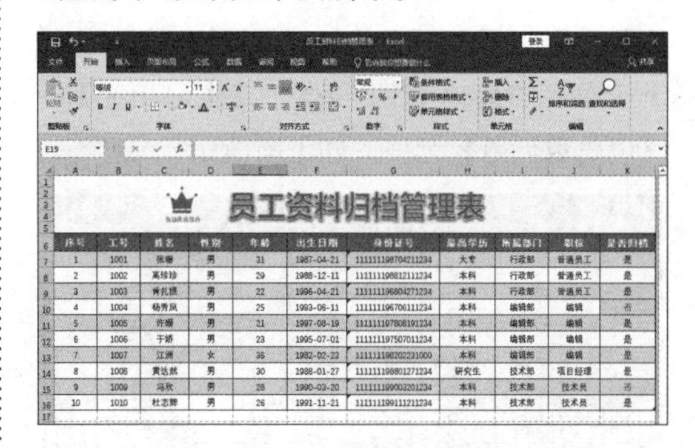

4.6.2 设置项目的选取规则

项目的选取规则不仅可以突出显示选定区域中最大或最小的百分数，或者数字所指定的数据所在单元格，还可以指定大于或小于平均值的单元格。这里介绍通过项目选取规则的设置来突出显示高于平均年龄值的数据所在单元格，具体操作步骤如下。

第 1 步 打开“员工资料归档管理表”工作表，选中单元格区域 E7:E16，然后依次单击【开始】→【样式】→【条件格式】按钮，从弹出的下拉菜单中选择【最前 / 最后规则】→【高于平均值】选项，如下图所示。

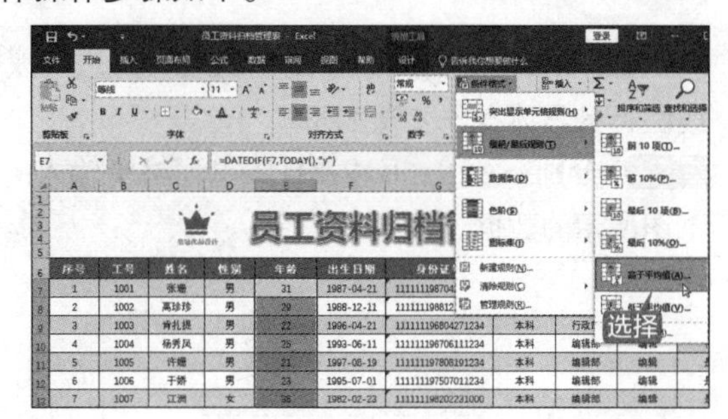

第 2 步 打开【高于平均值】对话框，然后在【针对选定区域，设置为】下拉菜单中选择【黄填充色深黄色文本】选项，如下图所示。

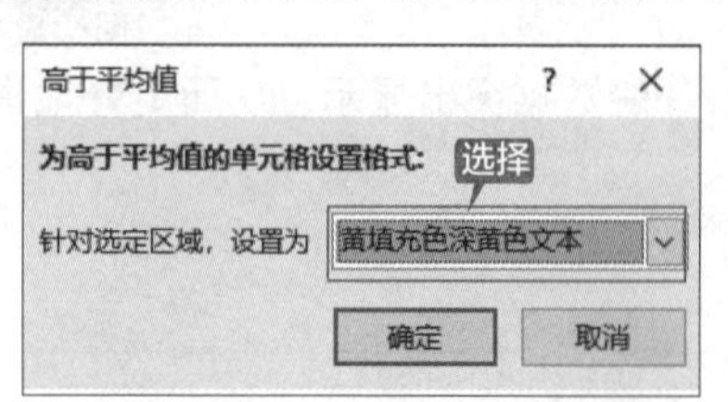

第 3 步 单击【确定】按钮，即可看到数值高于平均值的单元格背景色被设置成了黄色，字体颜色被设置成了深黄色，如下图所示。

4.6.3 添加数据条效果

添加数据条效果可以查看某个单元格相对于其他单元格的值，且数据条的长度代表单元格中的值。数据条越长，表示值越高；数据条越短，表示值越低。在观察大量数据中的较高值和较低值时，设置数据条效果显得尤为重要。

添加数据条效果的具体操作步骤如下。

第 1 步 打开“员工资料归档管理表”工作表，并选中单元格区域E7:E16，然后依次单击【开始】→【样式】→【条件格式】按钮，从弹出的下拉菜单中选择【数据条】→【实心填充】→【橙色数据条】选项，如下图所示。

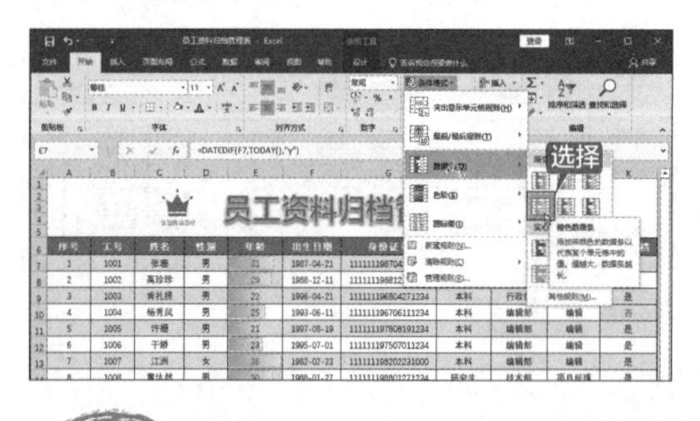

第 2 步 此时员工年龄就会以橙色数据条显示，年龄越高，则数据条越长，如下图所示。

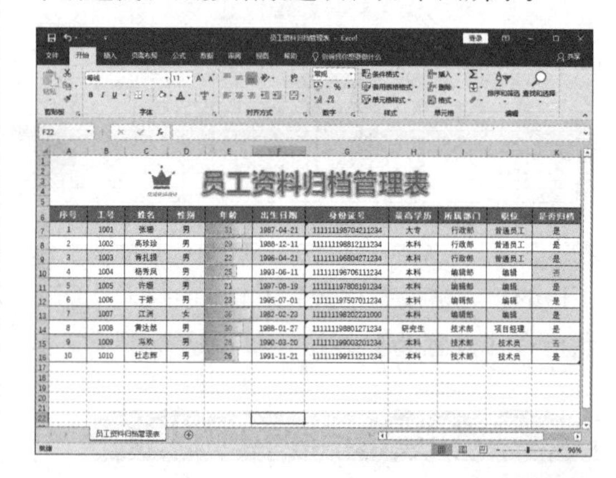

4.7 新功能：插入在线图标

Excel 2019 支持在线图标功能，用户可以根据需求插入图标，丰富工作簿的内容。插入在线图标的具体操作步骤如下。

第 1 步 分别在A19、E19及H19单元格中输入下图所示的数据。

第 2 步 分别合并 A19:D19、E19:G19 和 H19:K19 单元格区域，设置【字体】为【华文中宋】、【字号】为【14】，并调整行高，效果如下图所示。

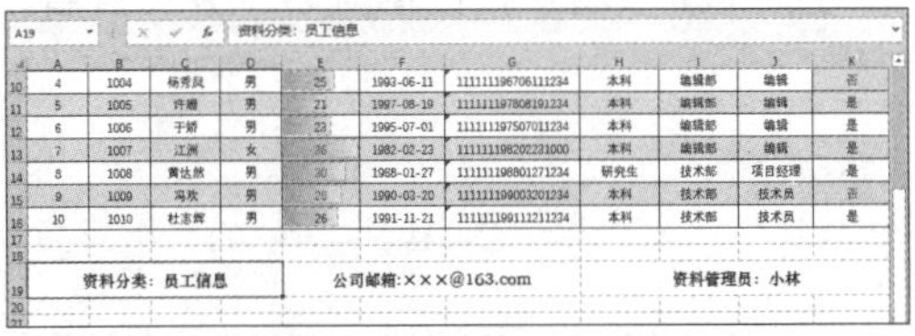

A19 资料分类：员工信息

	A	B	C	D	E	F	G	H	I	J	K
10	4	1004	杨秀凤	男	25	1993-06-11	111111196706111234	本科	编辑部	编辑	否
11	5	1005	许姗	男	21	1997-08-19	111111197808191234	本科	编辑部	编辑	是
12	6	1006	于娇	男	23	1995-07-01	111111197507011234	本科	编辑部	编辑	是
13	7	1007	江洲	女	36	1982-02-23	111111198202231000	本科	编辑部	编辑	是
14	8	1008	黄达然	男	30	1988-01-27	111111198801271234	研究生	技术部	项目经理	是
15	9	1009	冯欢	男	28	1990-03-20	111111199003201234	本科	技术部	技术员	否
16	10	1010	杜志辉	男	26	1991-11-21	111111199111211234	本科	技术部	技术员	是
19	资料分类：员工信息				公司邮箱:×××@163.com			资料管理员：小林			

第 3 步 单击【插入】→【插图】→【图标】按钮，如下图所示。

单击

A19 资料分类：员工信息

	A	B	C	D	E	F	G	H
10	4	1004	杨秀凤	男	25	1993-06-11	111111196706111234	本科
11	5	1005	许姗	男	21	1997-08-19	111111197808191234	本科
12	6	1006	于娇	男	23	1995-07-01	111111197507011234	本科
13	7	1007	江洲	女	36	1982-02-23	111111198202231000	本科
14	8	1008	黄达然	男	30	1988-01-27	111111198801271234	研究生
15	9	1009	冯欢	男	28	1990-03-20	111111199003201234	本科
16	10	1010	杜志辉	男	26	1991-11-21	111111199111211234	本科
19	资料分类：员工信息				公司邮箱:×××@163.com			

第 4 步 弹出【插入图标】对话框，可以单击左侧的分类项，并在右侧选择要插入的图标，然后单击【插入】按钮，如下图所示。

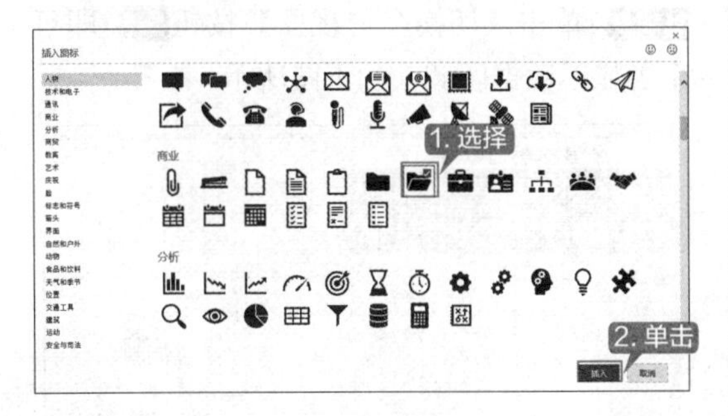

第 5 步 即可在工作表中插入图标，如下图所示。

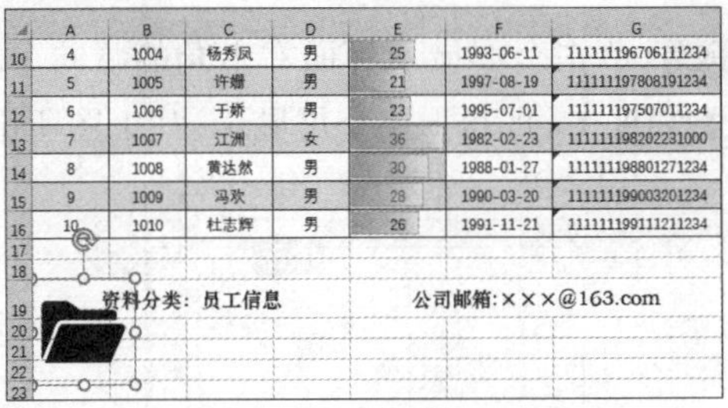

	A	B	C	D	E	F	G
10	4	1004	杨秀凤	男	25	1993-06-11	111111196706111234
11	5	1005	许姗	男	21	1997-08-19	111111197808191234
12	6	1006	于娇	男	23	1995-07-01	111111197507011234
13	7	1007	江洲	女	36	1982-02-23	111111198202231000
14	8	1008	黄达然	男	30	1988-01-27	111111198801271234
15	9	1009	冯欢	男	28	1990-03-20	111111199003201234
16	10	1010	杜志辉	男	26	1991-11-21	111111199111211234
19	资料分类：员工信息				公司邮箱:×××@163.com		

第 6 步 调整图标的大小，并拖曳鼠标调整图标的位置，效果如下图所示。

J31

	A	B	C	D	E	F	G
10	4	1004	杨秀凤	男	25	1993-06-11	111111196706111234
11	5	1005	许姗	男	21	1997-08-19	111111197808191234
12	6	1006	于娇	男	23	1995-07-01	111111197507011234
13	7	1007	江洲	女	36	1982-02-23	111111198202231000
14	8	1008	黄达然	男	30	1988-01-27	111111198801271234
15	9	1009	冯欢	男	28	1990-03-20	111111199003201234
16	10	1010	杜志辉	男	26	1991-11-21	111111199111211234
19	资料分类：员工信息				公司邮箱:×××@163.com		

第 7 步 选中插入的图标，单击【图形工具-格式】→【图形样式】→【图形填充】按钮，在弹出的颜色列表中选择要填充的颜色，如下图所示。

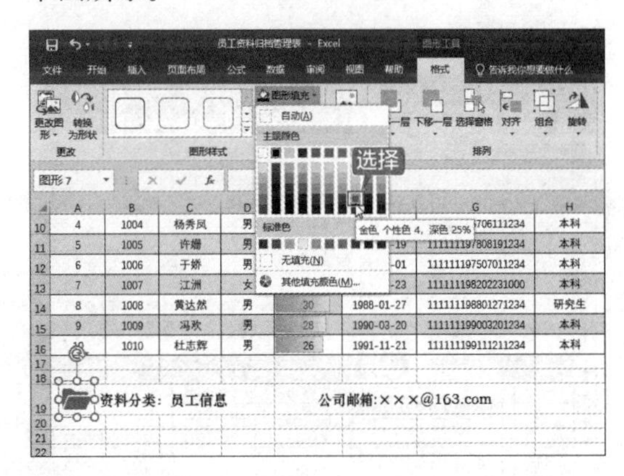

第 8 步 使用同样的方法插入其他图标，并调整图标的大小、位置及颜色，最终效果如下图所示。

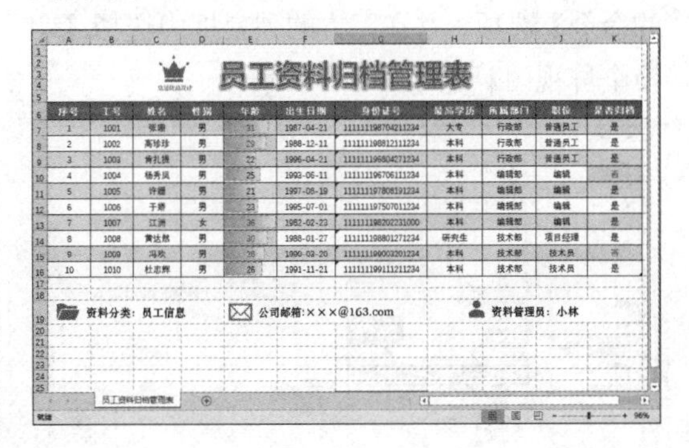

4.8 工作表数据的查看

Excel 2019 提供了多种工作表数据的查看方式，包括全屏查看、按比例查看、分页查看、多窗口查看及冻结行列标题查看。

4.8.1 全屏幕查看工作表数据

以全屏方式查看工作表数据时，可以将 Excel 窗口中的功能区、标题栏、状态栏都隐藏，最大化地显示数据区域。在进行全屏幕查看数据之前，需要先在快速访问工具栏上添加全屏视图命令，具体操作步骤如下。

第 1 步 打开“员工资料归档管理表”工作表，然后单击【自定义快速访问工具栏】按钮，从弹出的下拉菜单中选择【其他命令】选项，如下图所示。

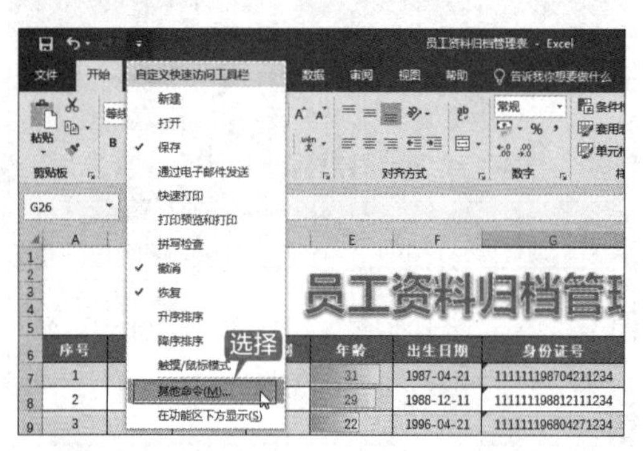

第 2 步 打开【Excel 选项】对话框，默认显示【快速访问工具栏】选项，然后在【从下列位置选择命令】下拉列表中选择【不在功能区中的命令】选项，并在下方的列表框中选择【切换全屏视图】选项，如下图所示。

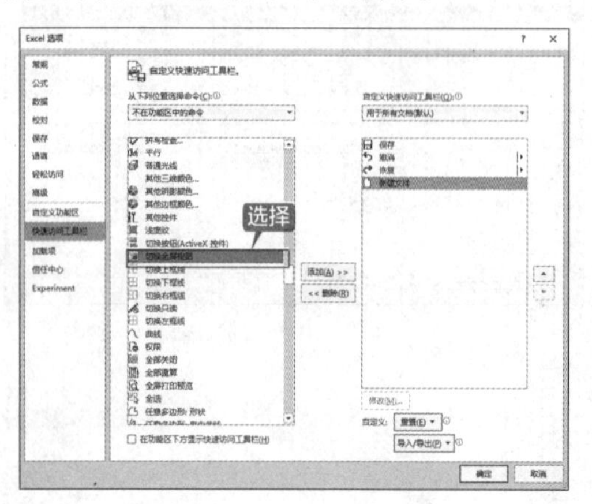

第 3 步 依次单击【添加】和【确定】按钮，即可将【切换全屏视图】命令添加到快速访问工具栏中，如下图所示。

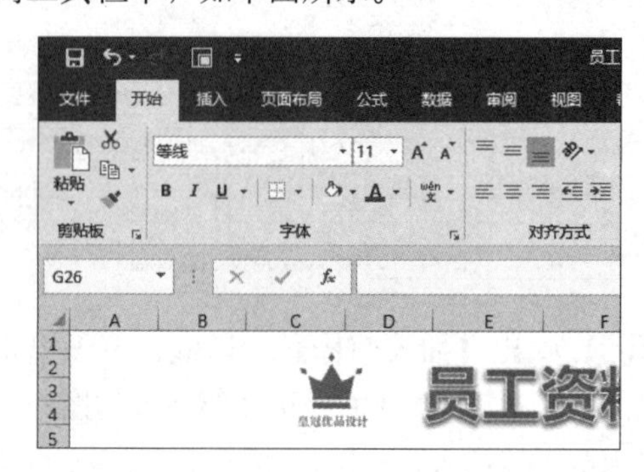

第 4 步 单击【切换全屏视图】按钮，即可全屏显示数据区域，如下图所示。

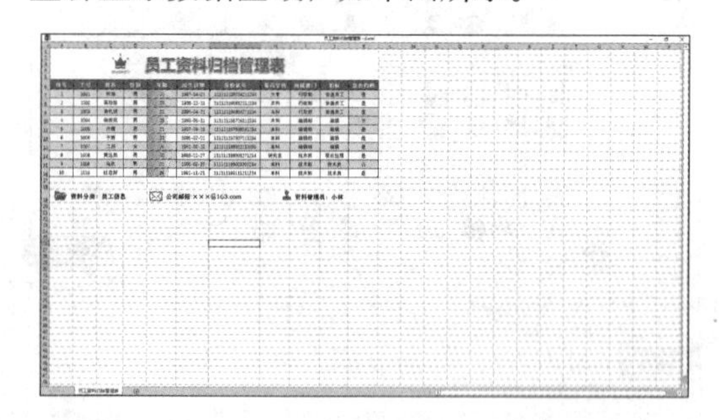

第 5 步 单击全屏显示界面右上角的【向下还原】按钮，即可退出全屏显示，如下图所示。

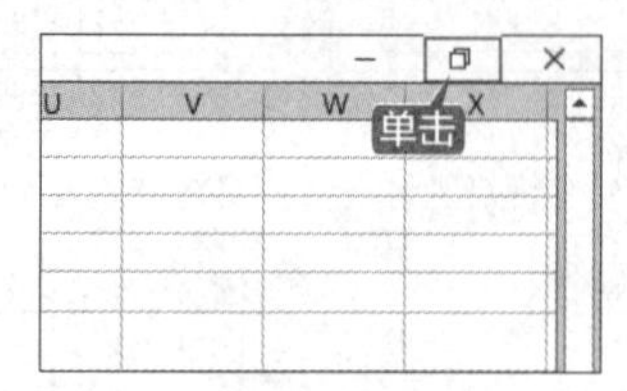

4.8.2 按比例查看工作表数据

按比例查看是指将所有区域或选定区域缩小或放大，以便显示需要的数据信息。按比例查看工作表数据的具体操作步骤如下。

第1步 打开“员工资料归档管理表”工作表，然后单击【视图】选项卡【显示比例】组中的【显示比例】按钮，如下图所示。

第2步 打开【显示比例】对话框，用户可根据实际需要选择相应的显示比例，这里选中【200%】单选按钮，如下图所示。

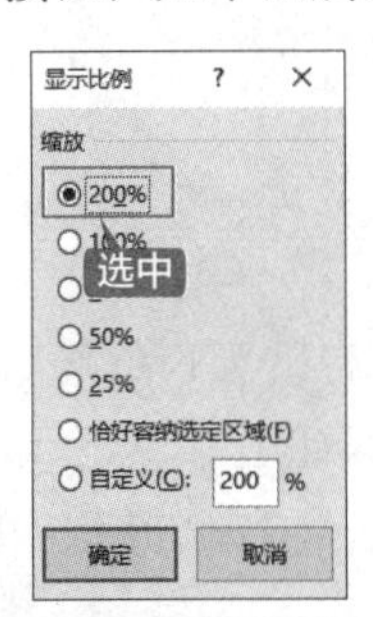

第3步 单击【确定】按钮，即可查看放大后的文档，如下图所示。

第4步 在工作表中选择一部分区域，然后在【显示比例】对话框中选中【恰好容纳选定区域】单选按钮，则选择的区域将最大化地显示在当前窗口中，如下图所示。

序号	工号	姓名	性别	年龄	出生日期
1	1001	张珊	男	31	1987-04-21
2	1002	高珍珍	男	29	1988-12-11
3	1003	肯扎提	男	22	1996-04-21
4	1004	杨秀凤	男	25	1993-06-11
5	1005	许姗	男	21	1997-08-19
6	1006	于娇	男	23	1995-07-01
7	1007	江洲	女	36	1982-02-23
8	1008	黄达然	男	30	1988-01-27
9	1009	冯欢	男	28	1990-03-20
10	1010	杜志辉	男	26	1991-11-21

第5步 若在【显示比例】对话框中选中【50%】单选按钮，则可查看缩小后的文档，如下图所示。

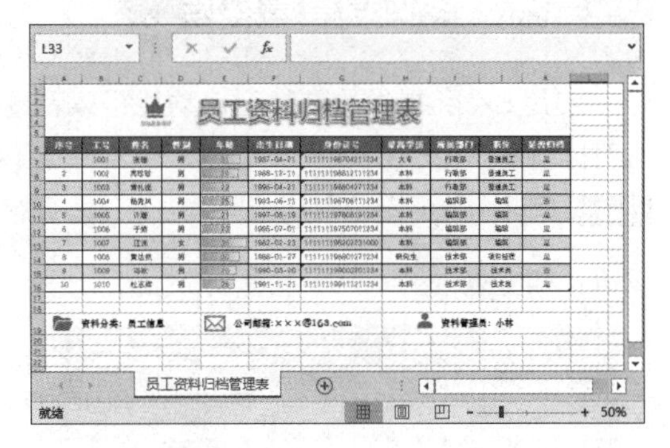

提示

除了在功能区实现按比例查看操作以外，还可以拖动 Excel 工作界面右下角的缩放条进行按比例缩放。

4.8.3 按打印页面分页查看工作表数据

使用分页预览功能可以查看打印内容的分页情况，具体操作步骤如下。

第1步 打开“员工资料归档管理表”工作表，单击【视图】选项卡【工作簿视图】组中的【分页预览】按钮，如下图所示。

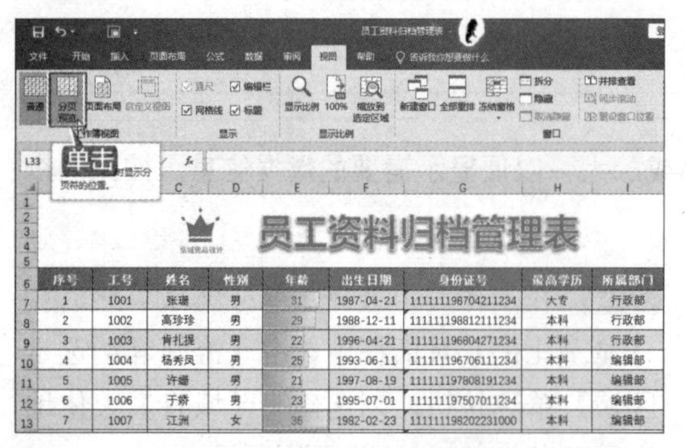

第 2 步 即可将工作表设置为分页预览的布局形式，如下图所示。

第 3 步 将鼠标指针放至蓝色的虚线处，当指针变为双箭头形状时，按住鼠标左键进行拖动，即可调整每页的范围，如下图所示。

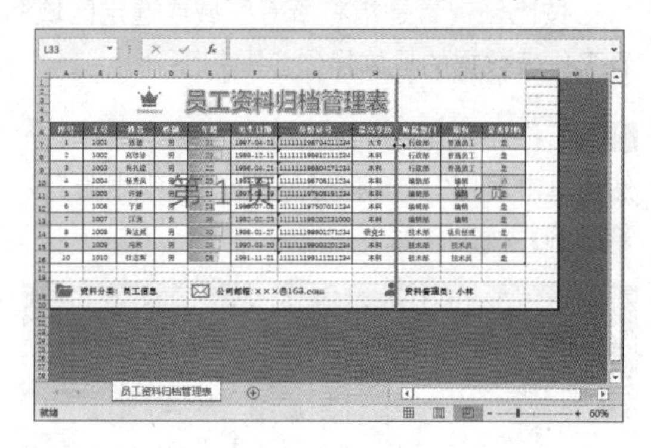

4.8.4 在多窗口查看数据

使用 Excel 提供的新建窗口功能可以新建一个与当前窗口一样的窗口，然后将两个窗口进行对比查看，便于数据分析。在多窗口中查看数据的具体操作步骤如下。

第 1 步 打开“员工资料归档管理表”工作表，然后单击【视图】选项卡【窗口】组中的【新建窗口】按钮，如下图所示。

第 2 步 即可新建一个名称为“员工资料归档管理表2”的文件，源窗口名称自动改为“员工资料归档管理表1”，如下图所示。

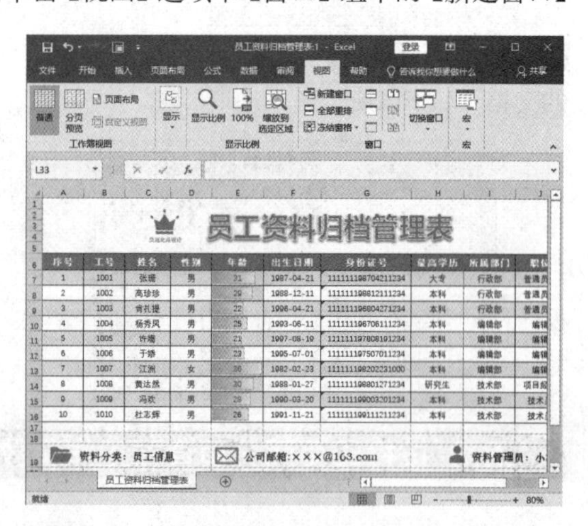

第 3 步 依次单击【视图】→【窗口】→【并排查看】按钮, 即可将两个窗口进行并排放置，如下图所示。

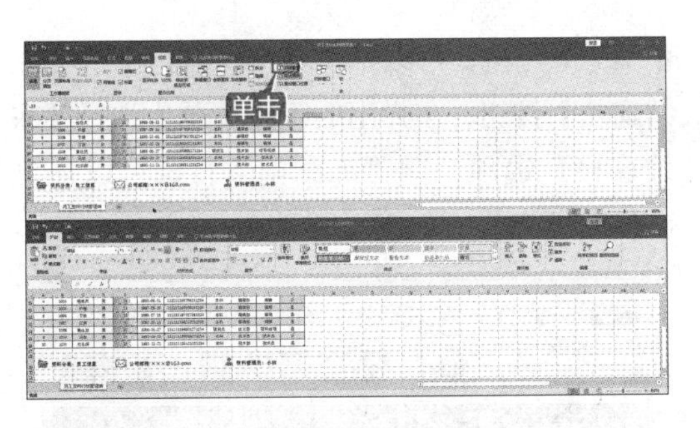

第 4 步 单击【窗口】组中的【同步滚动】按钮 同步滚动，拖动其中一个窗口的滚动条时，另一个窗口也会同步滚动，如下图所示。

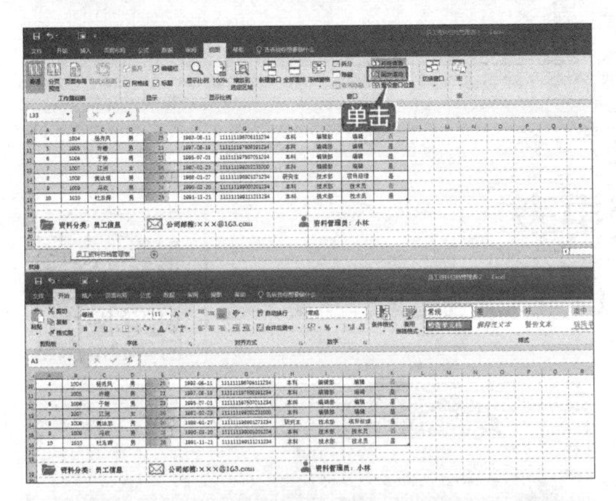

第 5 步 单击【窗口】组中的【全部重排】按钮 全部重排，即可打开【重排窗口】对话框，在【排列方式】区域中选择设置窗口的排列方式，这里选中【垂直并排】单选按钮，如下图所示。

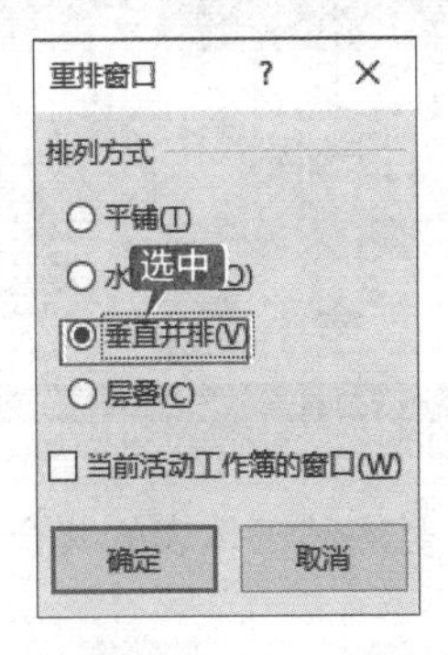

第 6 步 单击【确定】按钮，即可以垂直方式排列窗口，如下图所示。

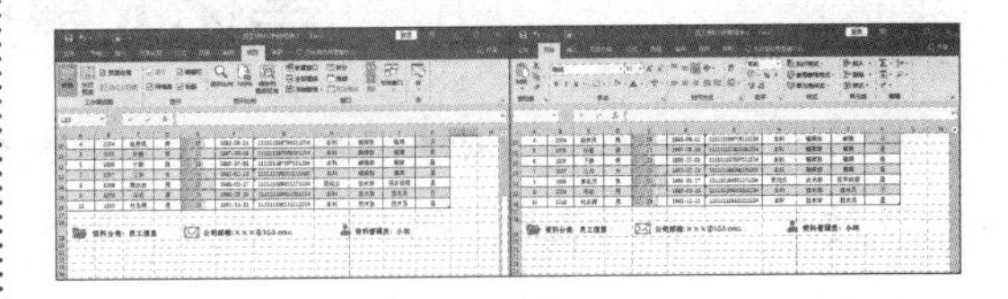

4.8.5 冻结行列标题查看数据

冻结是指将指定区域固定，滚动条只对其他区域的数据起作用。冻结行列标题查看数据的具体操作步骤如下。

第 1 步 接上节操作，关闭“员工资料归档管理表”工作表的窗口，如下图所示。

第 2 步 单击【视图】选项卡【窗口】组中的【冻结窗格】按钮，从弹出的下拉菜单中选择【冻结首列】选项，如下图所示。

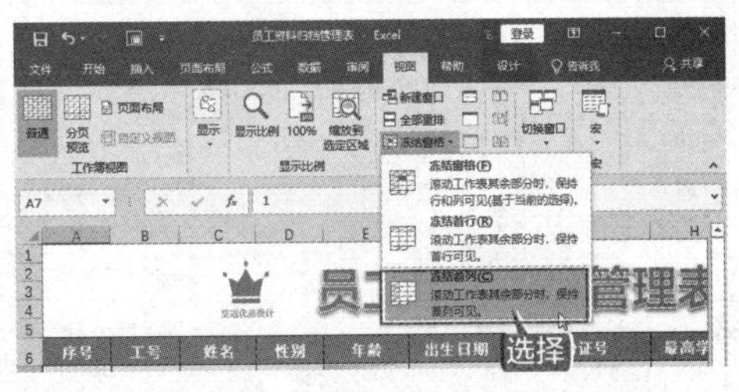

第 3 步 设置首列冻结以后，向右拖动滚动条，则序号列始终显示在当前窗口中，如下图所示。

第 4 步 单击【窗口】组中的【冻结窗格】按钮，从弹出的下拉菜单中选择【取消冻结窗格】选项，如下图所示，即可恢复到普通状态。

第 5 步 如果要冻结工作表的其余部分，如选中 A7 单元格，可以单击【窗口】组中的【冻结窗格】按钮，在弹出的下拉菜单中选择【冻结窗格】选项，即可冻结前 6 行，可以拖曳鼠标向下查看，如下图所示。

美化人事变更表

通过本章的学习，读者已经掌握了如何制作及美化人事变更表，下面来进一步对人事变更表进行美化。

1. 创建工作簿

创建“人事变更表”工作簿，输入表格标题为艺术字，设置艺术字的属性和位置，然后输入人事变更表的内容，如下图所示。

2. 美化表格

选中单元格区域 A4:F14，设置边框效果，设置表格项目名称的字体格式、对齐方式，然后调整列宽，最后套用表格格式，效果如下图所示。

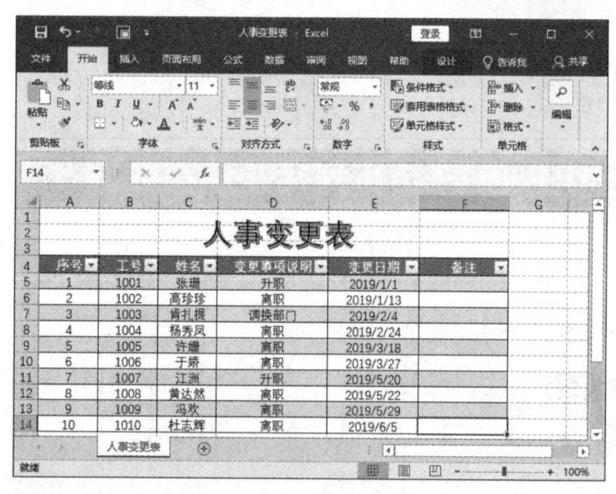

3. 取消数据的筛选状态

选中单元格区域 A4:F4，然后单击【数据】选项卡【排序和筛选】组中的【筛选】按钮，即可取消数据的筛选状态，如下图所示。至此，就完成了人事变更表的制作及美化操作。

◇ 神奇的 Excel 格式刷

Excel 中的格式刷具有很强大的功能，使用它可以很方便地将某一单元格的格式（字体、字号、行高、列宽等）应用于其他区域，从而提高工作效率。使用格式刷的具体操作步骤如下。

第 1 步 打开“素材 \ch04\ 格式刷的使用.xlsx”文件，如下图所示。

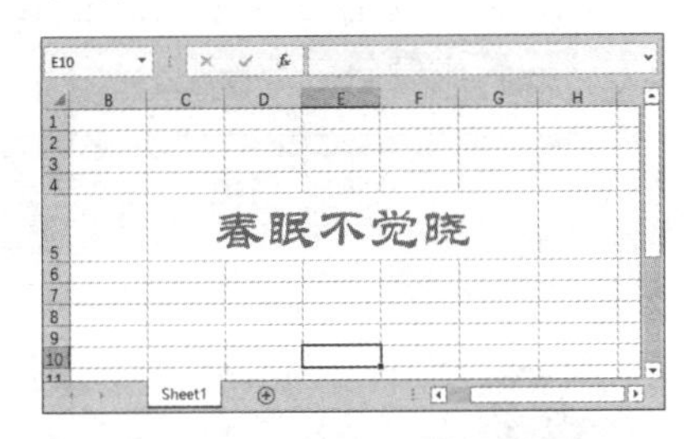

第 2 步 选中单元格 C8，并输入“处处闻啼鸟”，按【Enter】键完成输入，如下图所示。

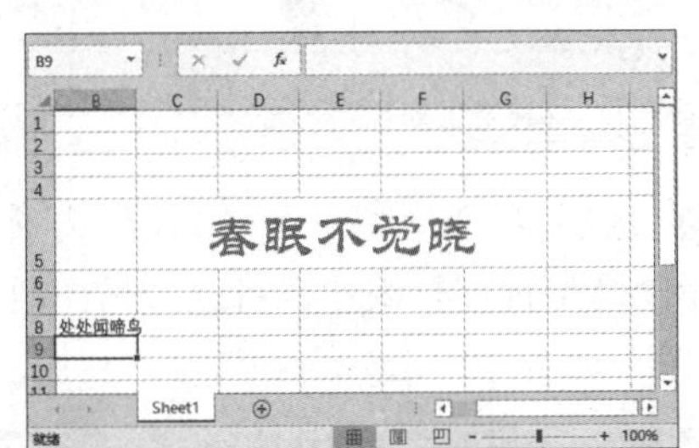

第 3 步 选中单元格 C5，单击【开始】选项卡【剪贴板】组中的【格式刷】按钮，此时单元格 C5 四周出现闪烁的边框线，并且鼠标指针变成下图所示的形状。

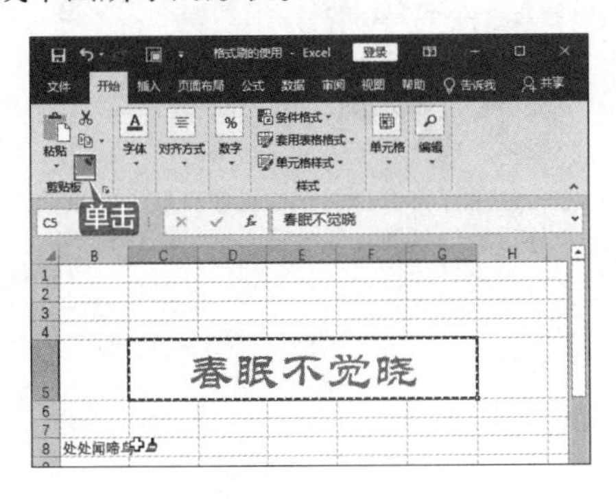

第 4 步 单击单元格 C8，即可实现文字格式的复制，如下图所示。

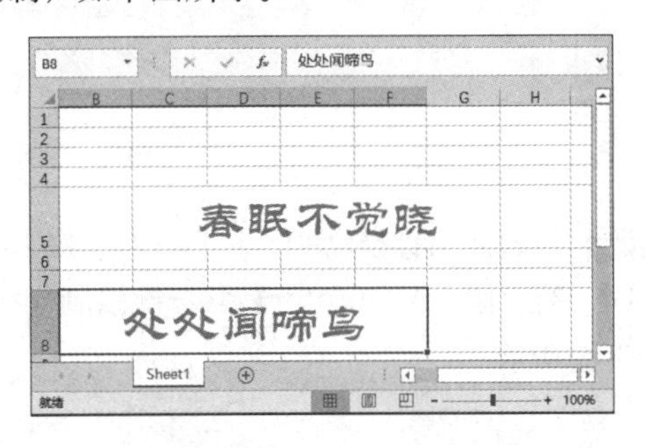

◇ 巧妙制作斜线表头

在 Excel 工作表中制作斜线表头的具体操作步骤如下。

第 1 步 启动 Excel 2019，新建一个空白文档，然后选中需要添加斜线表头的单元格，按【Ctrl+1】组合键打开【设置单元格格式】对话框，选择【边框】选项卡，单击【边框】区域内的按钮，如下图所示。

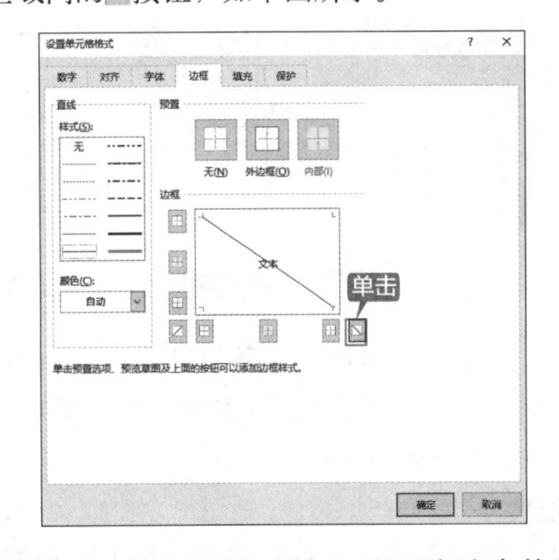

第 2 步 单击【确定】按钮，即可在选中的单元格内添加斜线头，如下图所示。

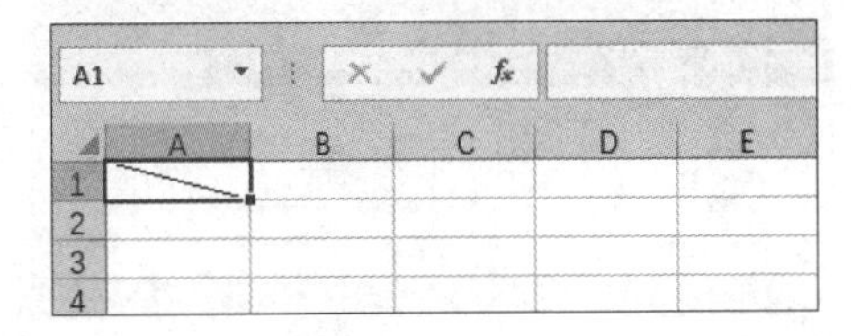

第 3 步 选中单元格 A1，并按照文本的显示顺序输入文本，这里输入“科目姓名”，如下图所示。

第 4 步 将鼠标指针移动到“科目”与“姓名”之间，然后按【Alt+Enter】组合键强制换行，如下图所示。

第 5 步 双击单元格 A1，并将鼠标指针移动到“科目”的左侧，然后按【Space】键，根据实际情况调整文本的位置，效果如下图所示。

◇ 新功能：在工作表中插入 3D 模型

在 Excel 2019 中，新增了插入 3D 模型功能，用户可以通过 3D 效果，更生动地展示自己的数据。

第 1 步 启动 Excel 2019，新建一个空白文档，单击【插入】选项卡【插图】组中的【3D 模型】按钮，如下图所示。

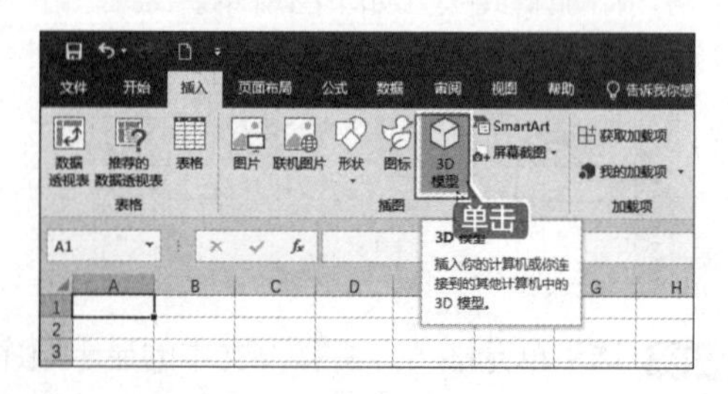

第 2 步 弹出【插入 3D 模型】对话框，选择要插入的 3D 模型，一般以“.glb”为后缀，单击【插入】按钮，如下图所示。

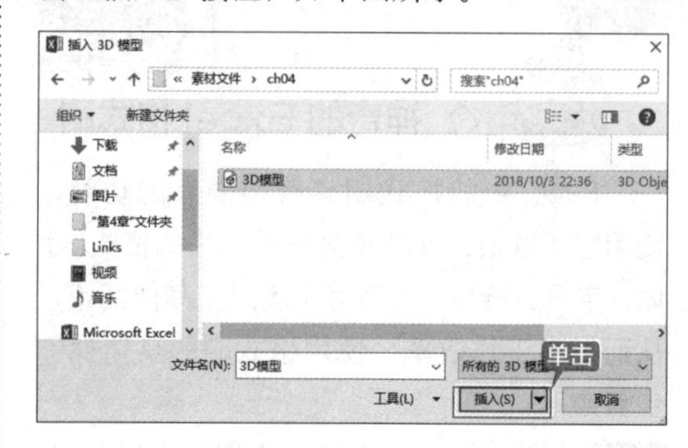

第 3 步 即可将所选的模型插入工作表，如下图所示。用户可以通过模型中间的三维控件向任何方向旋转或倾斜三维模型。

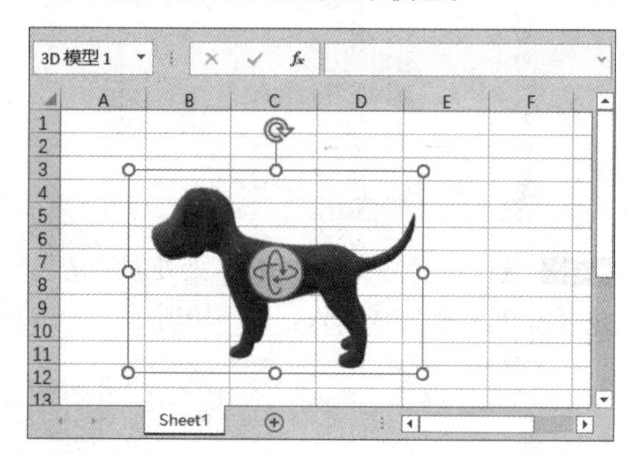

第 4 步 选择【3D 模型工具-格式】选项卡，在【3D 模型视图】组中，可以应用图像的预设视图，如下图所示。

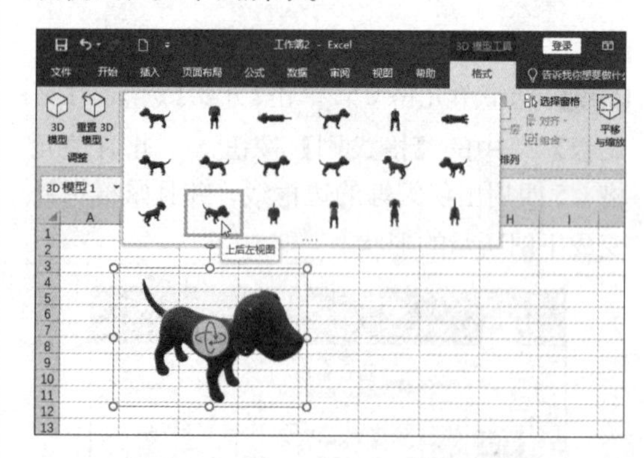

第
2
篇

公式函数篇

本篇主要介绍了 Excel 公式与函数的操作。通过对本篇的学习，读者可以掌握简单及复杂的数据计算。

第 5 章

简单数据的快速计算——公式

本章导读

本章将详细介绍公式的输入和使用、单元格的引用及审核公式是否正确等内容。通过本章的学习，读者可以了解公式的强大计算功能，从而为分析和处理工作表中的数据提供极大的方便。

思维导图

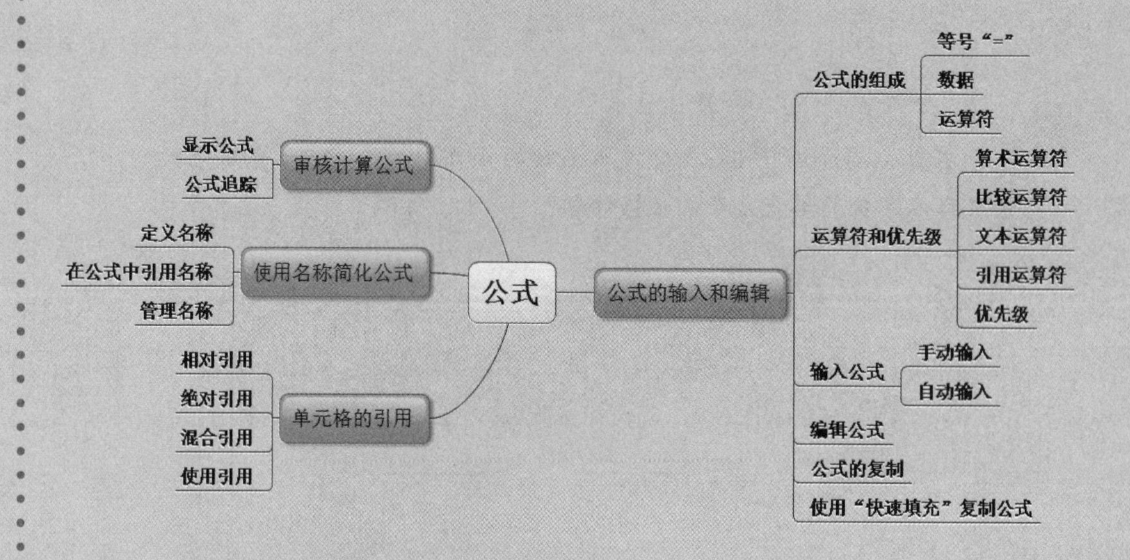

5.1 费用支出报销单

费用支出报销单是员工领取报销金额的凭证，在报销单中详细地记录了各项报销的项目名称、报销金额和报销汇总情况。经过企业的经办人及审核人批准后，员工即可去财务部领取相应的报销费用。

实例名称：费用支出报销单

实例目的：财务部领取相应报销费用的依据

素材	素材 \ch05\ 费用支出报销单.xlsx
结果	结果 \ch05\ 费用支出报销单.xlsx
视频	教学视频 \05 第 5 章

5.1.1 案例概述

制作费用支出报销单时，需要注意以下几点。

1. 格式统一

区分标题字体和表格内的字体，统一表格内字体的格式（包括字体、字号、字体颜色等），否则表格内容将显得杂乱。

2. 美化表格

在费用支出报销单制作完成后，还需要进行美化操作，使其看起来更加美观。美化表格包括设置边框、调整行高列宽、设置标题、设置对齐方式等内容。

5.1.2 设计思路

制作费用支出报销单时可以按以下思路进行。

（1）输入表格标题及具体内容。

（2）使用求和公式计算报销费用汇总情况。

（3）设置边框和填充效果、调整列宽。

（4）合并单元格并设置标题效果。

（5）设置文本对齐方式，并统一格式。

5.1.3 涉及知识点

本章案例中主要涉及以下知识点。

（1）输入公式。

（2）编辑公式。

（3）复制公式。

（4）引用单元格。

（5）定义名称并管理名称。

（6）审核公式。

5.2 公式的输入和编辑

输入公式时，以等号“=”作为开头，以提示 Excel 单元格中含有公式而不是文本，同样可以对已输入的公式进行修改、删除等操作。本节将详细介绍公式的输入和编辑操作。

5.2.1 公式的组成

公式就是一个等式，是由一组数据和运算符组成的序列。使用公式时必须以等号“=”开头，后面紧接数据和运算符。数据可以是常数、单元格或引用单元格区域、标志、名称或工作函数等，这些数据之间必须通过运算符隔开。

5.2.2 重点：公式中的运算符和优先级

运算符是公式中的主角，要想掌握 Excel 中的公式，就必须先认识这些运算符，以及运算符的优先级顺序。

1. 运算符

运算符用于指明对公式中元素所做计算的类型，在 Excel 中，运算符可以分为算术运算符、比较运算符、文本运算符和引用运算符 4 种。

（1）算术运算符。

算术运算符用于完成基本的数学运算，即加、减、乘、除、百分比、求幂等，如下表所示。

算术运算符

算术运算符	名称	用途	示例
+	加号	加	5+6
–	减号	减，也可以表示负数	9–1，–9
*	星号	乘	6*6
/	斜杠	除	9/2
%	百分号	百分比	90%
^	脱字符	求幂	4^2（相当于 4*4）

（2）比较运算符。

比较运算符用于比较两个值，结果为一个逻辑值，即 TRUE（真）或 FALSE（假）。这类运算符常用于判断，根据判断结果决定下一步进行何种操作，如下表所示。

比较运算符

比较运算符	名称	用途	示例
=	等号	等于	A5=B5
>	大于号	大于	A5>B5
<	小于号	小于	A5<B5
>=	大于等于号	大于等于	A5>=B5
<=	小于等于号	小于等于	A5<=B5
<>	不等号	不等于	A5<>B5

（3）文本运算符。

Excel 中的文本运算符只有一个文本串联符“&”，用于将两个或更多个字符连接在一起。

例如，单元格 A5 包含“名”，单元格 B5 包含“姓”，若要以格式“名，姓”显示全名可输入公式“=A5&""&B5”；若要以格式“姓，名”显示全名则输入“=B5&"，"&A5”。

（4）引用运算符。

引用运算符用于合并单元格区域，各引用运算符的名称与用途如下表所示。

引用运算符

引用运算符	名称	用途	示例
:	冒号	引用单元格区域	A5:A15
,	逗号	合并多个单元格引用	SUM（A5:A15，D5:D15）
	空格	将两个单元格区域进行相交	A1:C1 B1:B5 的结果为 B1

2. 运算符的优先级

在 Excel 中，一个公式中可以同时包含多个运算符，这时就需要按照一定的优先顺序进行计算，对于相同优先级的运算符，将从左到右进行计算。另外，把需要先计算的部分用括号括起来，可提高优先顺序，如下表所示。

运算符的优先级

运算符	名称
:（冒号）	引用运算符
（空格）	交集运算符
，（逗号）	联合运算符
%	百分号
^	乘幂
* 和 /	乘和除
+ 和 –	加和减
&	连接两串文本

5.2.3 重点：输入公式

在单元格中输入公式有手动输入和自动输入两种方法，下面分别进行介绍。

1. 手动输入

第 1 步 打开“素材\ch05\费用支出报销单.xlsx”文件，如下图所示。

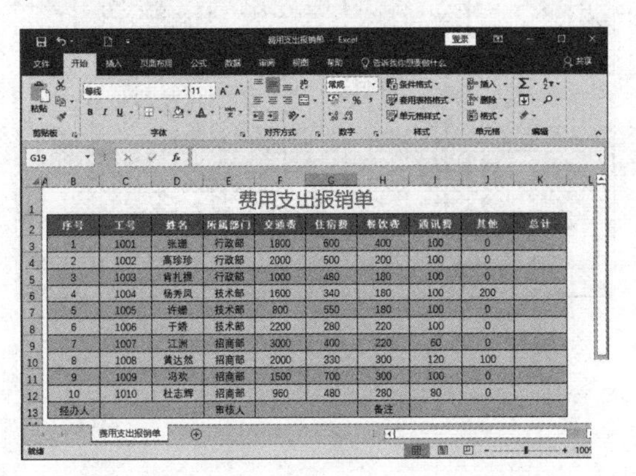

第 2 步 选中单元格 K3，并在其中输入“=F3”，此时单元格 F3 处于被引用状态，如下图所示。

第 3 步 接着输入“+”，然后选中单元格 G3，此时单元格 G3 也处于被引用状态，如下图所示。

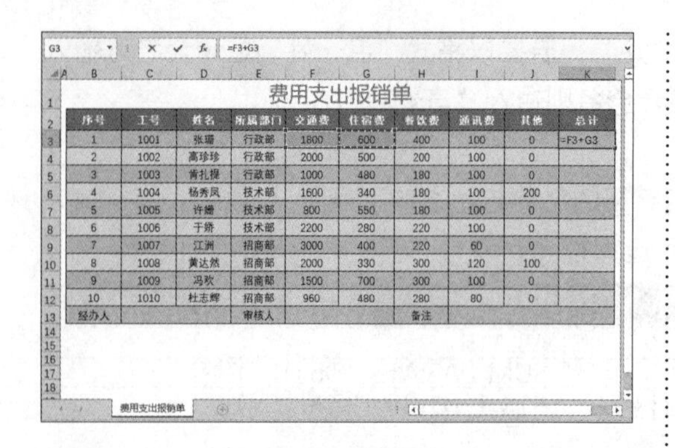

第 4 步 按照相同的方法，在单元格 K3 中输入完整公式“=F3+G3+H3+I3+J3”，如下图所示。

第 5 步 此时按【Enter】键即可完成输入，并自动计算出第一位员工的报销金额，如下图所示。

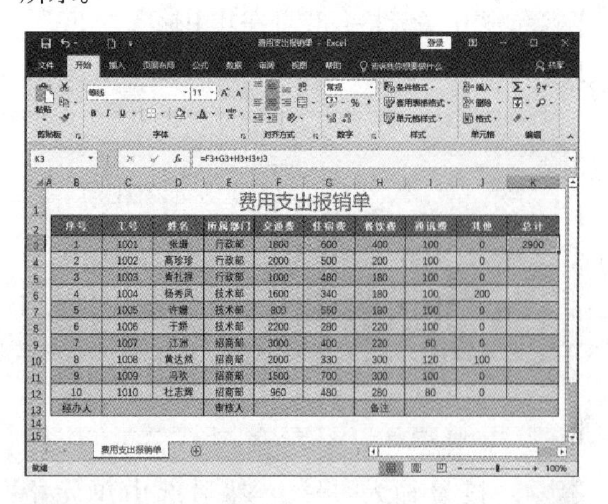

2. 自动输入

自动输入公式不仅简单快捷，还不容易出错。使用自动输入公式的具体操作步骤如下。

第 1 步 选中单元格 K3，然后单击【开始】选项卡【编辑】组中的【自动求和】按钮Σ·，如下图所示。

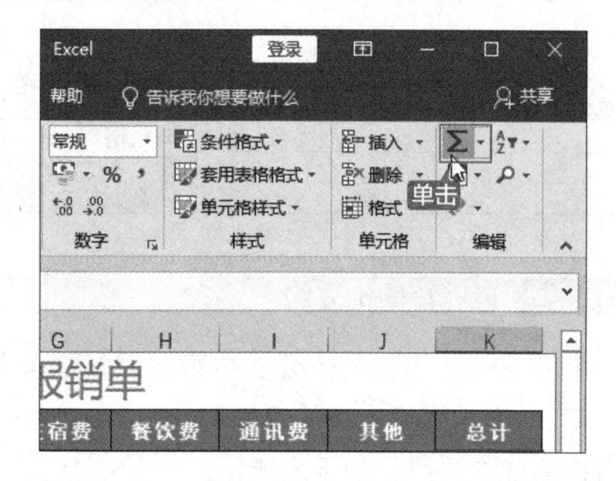

第 2 步 此时在选中的单元格中自动显示求和公式及在公式中引用的单元格地址，如下图所示。

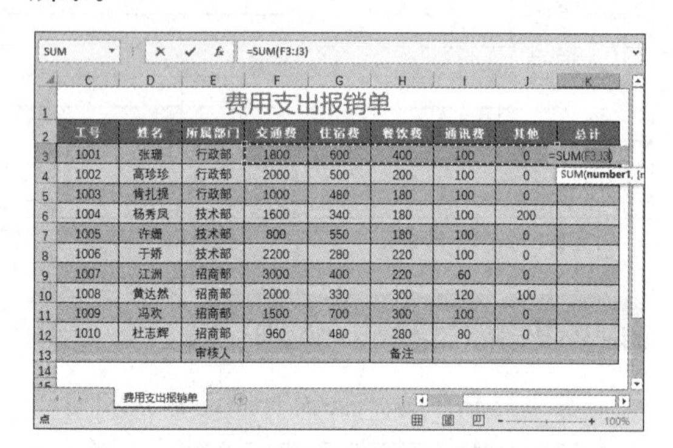

第 3 步 按【Enter】键确认公式，即可自动计算出第一位员工的报销金额，如下图所示。

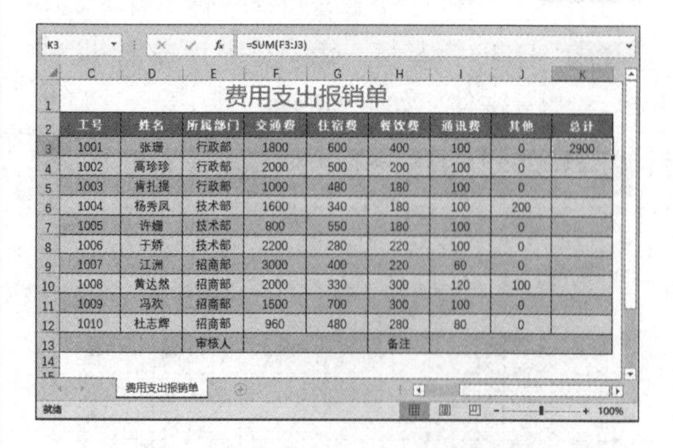

5.2.4 重点：编辑公式

在公式的运用过程中，有时需要对输入的公式进行修改，具体操作步骤如下。

第 1 步 打开“费用支出报销单.xlsx”文件，双击单元格 K3，使其处于编辑状态，如下图所示。

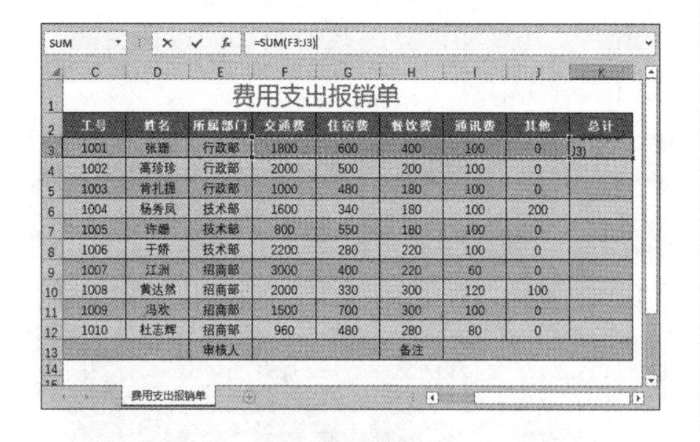

工号	姓名	所属部门	交通费	住宿费	餐饮费	通讯费	其他	总计
1001	张珊	行政部	1800	600	400	100	0	J3)
1002	高珍珍	行政部	2000	500	200	100	0	
1003	肯扎提	行政部	1000	480	180	100	0	
1004	杨秀凤	技术部	1600	340	180	100	200	
1005	许姗	技术部	800	550	180	100	0	
1006	于娇	技术部	2200	280	220	100	0	
1007	江洲	招商部	3000	400	220	60	0	
1008	黄达然	招商部	2000	330	300	120	100	
1009	冯欢	招商部	1500	700	300	100	0	
1010	杜志辉	招商部	960	480	280	80	0	
		审核人			备注			

第 2 步 此时可将其中的公式删除重新输入或对个别数据进行修改，这里重新输入引用单元格中的数值，如下图所示。

5.2.5 公式的复制

在 Excel 工作表中创建公式以后，有时还需要将该公式复制到其他单元格中，具体操作步骤如下。

第 1 步 打开“费用支出报销单.xlsx”文件，选中单元格 K3，然后单击【开始】选项卡【剪贴板】组中的【复制】按钮，此时选中的单元格边框显示为闪烁的虚线，如下图所示。

第 2 步 选中目标单元格 K4，然后单击【剪贴板】组中的【粘贴】按钮，即可将单元格 K3 的公式粘贴到目标单元格中，并且公式的值发生了变化，如下图所示。

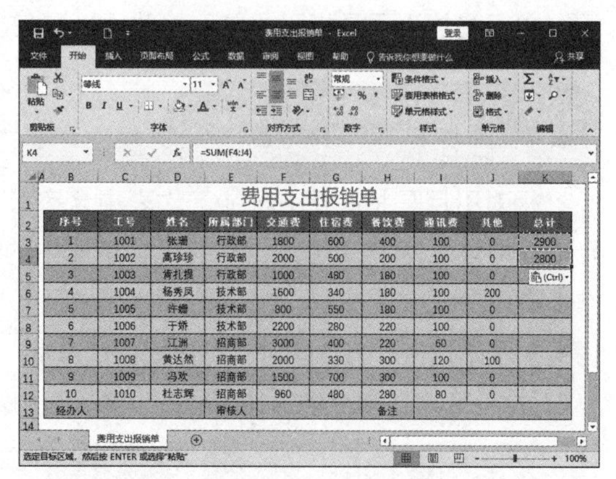

序号	工号	姓名	所属部门	交通费	住宿费	餐饮费	通讯费	其他	总计
1	1001	张珊	行政部	1800	600	400	100	0	2900
2	1002	高珍珍	行政部	2000	500	200	100	0	2800
3	1003	肯扎提	行政部	1000	480	180	100	0	
4	1004	杨秀凤	技术部	1600	340	180	100	200	
5	1005	许姗	技术部	800	550	180	100	0	
6	1006	于娇	技术部	2200	280	220	100	0	
7	1007	江洲	招商部	3000	400	220	60	0	
8	1008	黄达然	招商部	2000	330	300	120	100	
9	1009	冯欢	招商部	1500	700	300	100	0	
10	1010	杜志辉	招商部	960	480	280	80	0	
经办人			审核人			备注			

第 3 步 单元格 K3 仍处于复制状态，如果此时不需要再复制该单元格中的公式，只需按【Esc】键即可。

5.2.6 重点：使用“快速填充”进行公式复制

如果需要在多个单元格中复制公式，采用逐个复制的方法就会增加工作量，为了提高工作效率，可以使用“快速填充”的方法复制公式，具体操作步骤如下。

第1步 打开“费用支出报销单.xlsx”文件，选中单元格K3，将鼠标指针移到此单元格的右下角，此时指针变成✚形状，如下图所示。

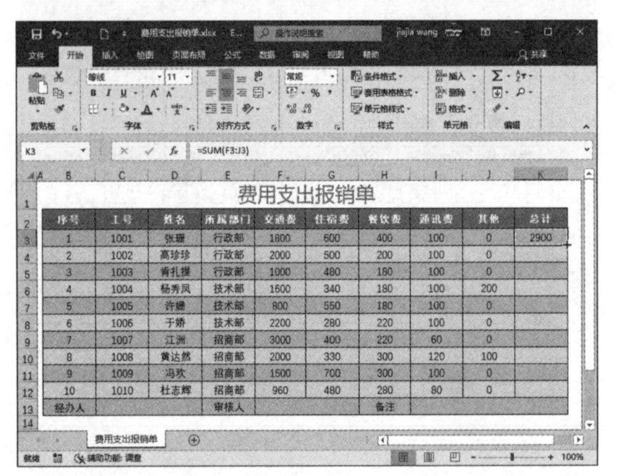

第2步 按住鼠标左键向下拖动至单元格K12，即可将单元格K3的公式复制到后续单元格中，并自动计算出其他员工的报销金额，如下图所示。

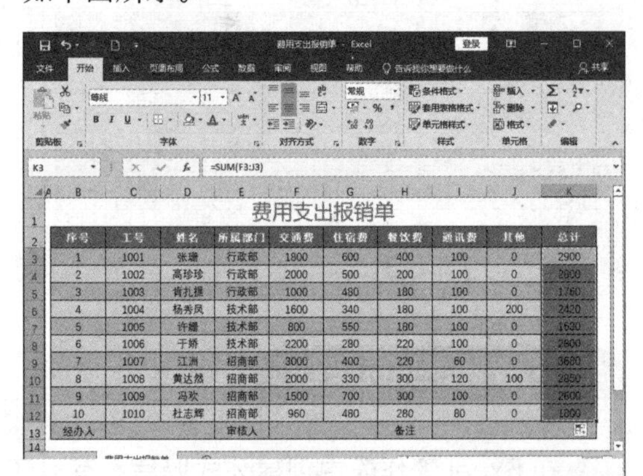

5.3 单元格的引用

单元格的引用是指引用单元格的地址，使其中的数据和公式联系起来。

5.3.1 重点：相对引用

相对引用是指在把Excel工作表中含有公式的单元格复制到其他单元格中时，由于目标单元格的地址发生了变化，公式中所含单元格的地址也会发生相对变化。使用相对引用的具体操作步骤如下。

第1步 打开“素材\ch05\费用支出报销单.xlsx”文件，如下图所示。

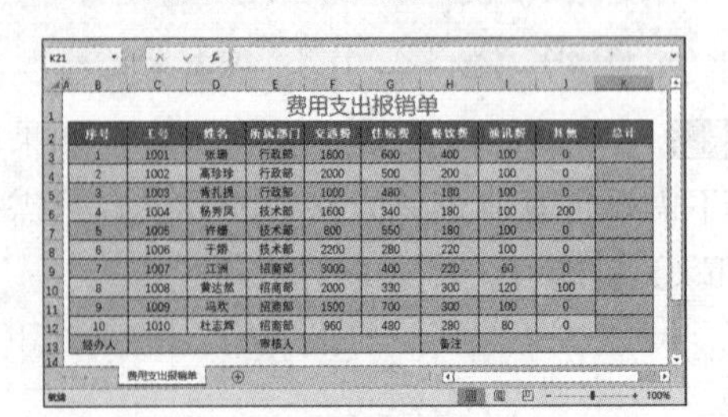

第2步 选中单元格K3，此时其中的公式是“=F3+G3+H3+I3+J3”，将鼠标指针移到其右下角，当指针变成✚形状时，按住鼠标左键向下拖动至单元格K4，则单元格K4中的公式会变为“=F4+G4+H4+I4+J4”，其计算结果也会发生变化，如下图所示。

5.3.2 重点：绝对引用

绝对引用是指在公式中单元格的行列坐标前添加“$”符号，这样，无论将这个公式复制到任何地方，这个单元格的值都绝对不变。使用绝对引用的具体操作步骤如下。

第1步 打开“费用支出报销单.xlsx”文件，双击单元格 K3，使其处于编辑状态，然后将此单元格中的公式更改为“=$F$3+$G$3+$H$3+$I$3+$J$3”，如下图所示。

第2步 选中单元格 K3，并将鼠标指针移到其右下角，当指针变成**+**形状时，按住鼠标左键向下拖动至单元格 K4，则单元格 K4 中的公式仍然为“=$F$3+$G$3+$H$3+$I$3+$J$3”，即表示这种公式为绝对引用，如下图所示。

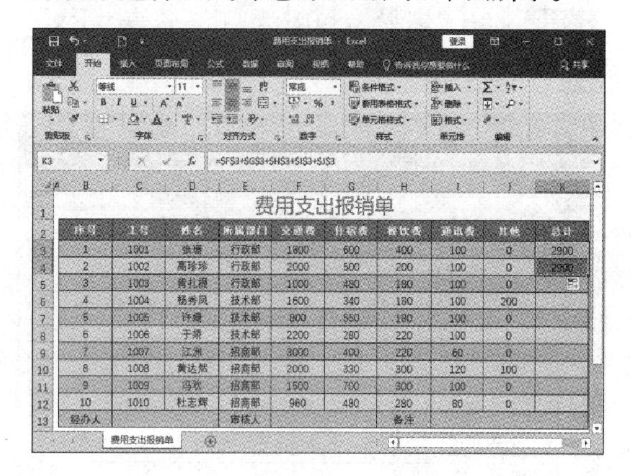

K3 =$F$3+$G$3+$H$3+$I$3+$J$3

费用支出报销单

序号	工号	姓名	所属部门	交通费	住宿费	餐饮费	通讯费	其他	总计
1	1001	张珊	行政部	1800	600	400	100	0	2900
2	1002	高珍珍	行政部	2000	500	200	100	0	2900
3	1003	肯扎提	行政部	1000	480	180	100	0	
4	1004	杨秀凤	技术部	1600	340	180	100	200	
5	1005	许姗	技术部	800	550	180	100	0	
6	1006	于娇	技术部	2200	280	220	100	0	
7	1007	江洲	招商部	3000	400	220	60	0	
8	1008	黄达然	招商部	2000	330	300	120	100	
9	1009	冯欢	招商部	1500	700	300	100	0	
10	1010	杜志辉	招商部	960	480	280	80	0	
经办人			审核人			备注			

5.3.3 混合引用

混合引用是指在一个单元格地址引用中，既有绝对地址的引用，同时也包含相对地址的引用。使用混合引用的具体操作步骤如下。

第1步 打开“费用支出报销单.xlsx”文件，双击单元格 K3，使其处于编辑状态，然后将此单元格中的公式更改为“=$F3+$G3+$H3+$I3+$J3”，如下图所示。

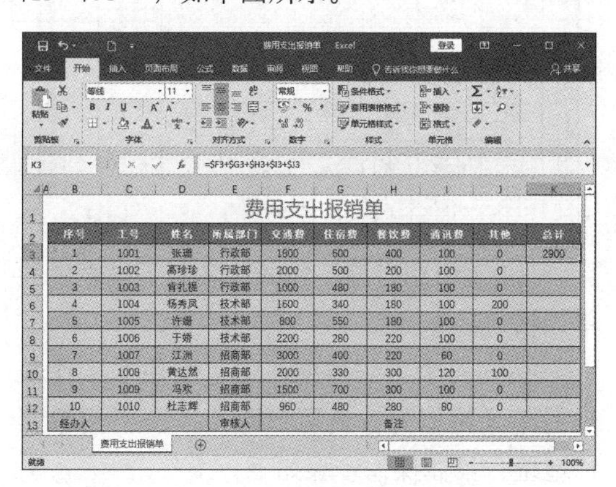

K3 =$F3+$G3+$H3+$I3+$J3

费用支出报销单

序号	工号	姓名	所属部门	交通费	住宿费	餐饮费	通讯费	其他	总计
1	1001	张珊	行政部	1800	600	400	100	0	2900
2	1002	高珍珍	行政部	2000	500	200	100	0	
3	1003	肯扎提	行政部	1000	480	180	100	0	
4	1004	杨秀凤	技术部	1600	340	180	100	200	
5	1005	许姗	技术部	800	550	180	100	0	
6	1006	于娇	技术部	2200	280	220	100	0	
7	1007	江洲	招商部	3000	400	220	60	0	
8	1008	黄达然	招商部	2000	330	300	120	100	
9	1009	冯欢	招商部	1500	700	300	100	0	
10	1010	杜志辉	招商部	960	480	280	80	0	
经办人			审核人			备注			

第2步 移动鼠标指针到单元格 K3 的右下角，当指针变成**+**形状时向下拖动至单元格 K4，则单元格 K4 的公式变为“=$F4+$G4+$H4+$I4+$J4”，如下图所示。

5.3.4 使用引用

引用的使用分为 4 种情况，即引用当前工作表中的单元格、引用当前工作簿中其他工作表中的单元格、引用其他工作簿中的单元格和引用交叉区域。本小节将详细介绍这 4 种引用方式。

（1）引用当前工作表中的单元格。

引用当前工作表中的单元格可以直接输入该单元格的引用地址，具体操作步骤如下。

第 1 步 打开“素材 \ch05\ 员工工资表.xlsx”文件，如下图所示。

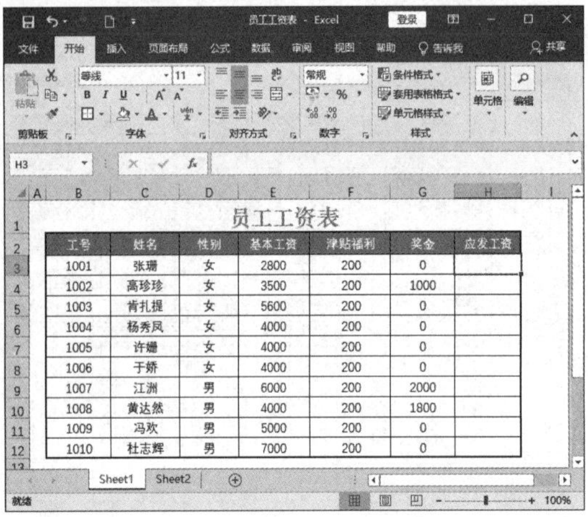

员工工资表

工号	姓名	性别	基本工资	津贴福利	奖金	应发工资
1001	张珊	女	2800	200	0	
1002	高珍珍	女	3500	200	1000	
1003	肯扎提	女	5600	200	0	
1004	杨秀凤	女	4000	200	0	
1005	许姗	女	4000	200	0	
1006	于娇	女	4000	200	0	
1007	江洲	男	6000	200	2000	
1008	黄达然	男	4000	200	1800	
1009	冯欢	男	5000	200	0	
1010	杜志辉	男	7000	200	0	

第 2 步 选中单元格 H3，并输入“=”，如下图所示。

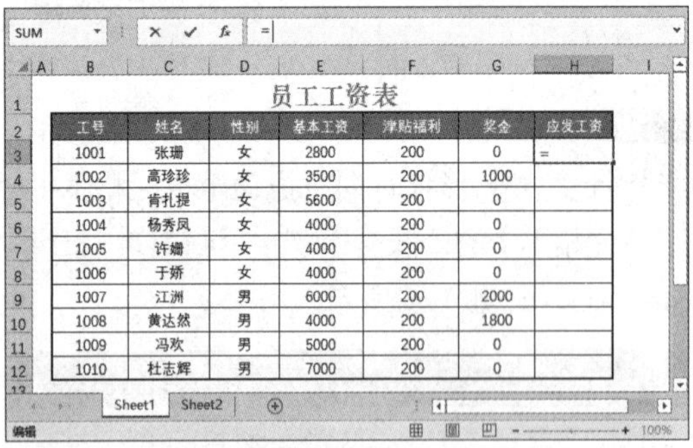

员工工资表

工号	姓名	性别	基本工资	津贴福利	奖金	应发工资
1001	张珊	女	2800	200	0	=
1002	高珍珍	女	3500	200	1000	
1003	肯扎提	女	5600	200	0	
1004	杨秀凤	女	4000	200	0	
1005	许姗	女	4000	200	0	
1006	于娇	女	4000	200	0	
1007	江洲	男	6000	200	2000	
1008	黄达然	男	4000	200	1800	
1009	冯欢	男	5000	200	0	
1010	杜志辉	男	7000	200	0	

第 3 步 接着输入“E3+”，此时单元格 E3 处于被引用状态，如下图所示。

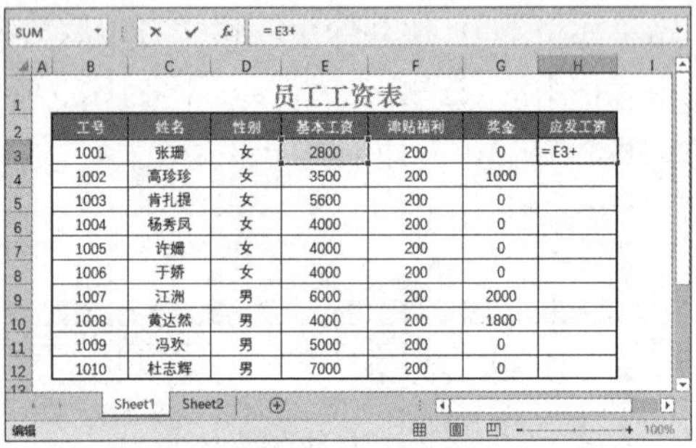

员工工资表

工号	姓名	性别	基本工资	津贴福利	奖金	应发工资
1001	张珊	女	2800	200	0	=E3+
1002	高珍珍	女	3500	200	1000	
1003	肯扎提	女	5600	200	0	
1004	杨秀凤	女	4000	200	0	
1005	许姗	女	4000	200	0	
1006	于娇	女	4000	200	0	
1007	江洲	男	6000	200	2000	
1008	黄达然	男	4000	200	1800	
1009	冯欢	男	5000	200	0	
1010	杜志辉	男	7000	200	0	

第 4 步 按照上述操作在单元格 H3 中输入完整公式“=E3+F3+G3”，如下图所示。

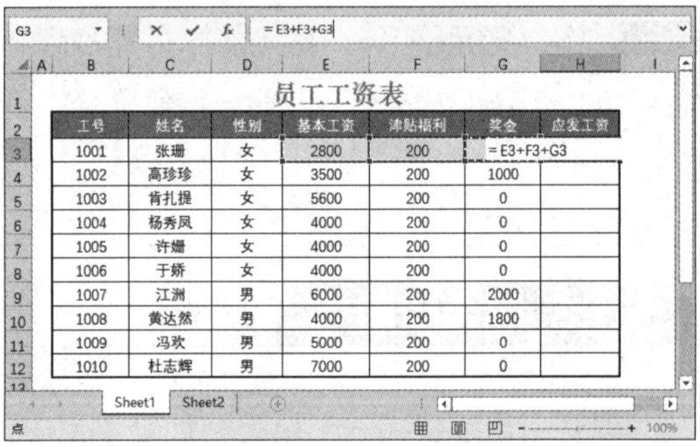

员工工资表

工号	姓名	性别	基本工资	津贴福利	奖金	应发工资
1001	张珊	女	2800	200	=E3+F3+G3	
1002	高珍珍	女	3500	200	1000	
1003	肯扎提	女	5600	200	0	
1004	杨秀凤	女	4000	200	0	
1005	许姗	女	4000	200	0	
1006	于娇	女	4000	200	0	
1007	江洲	男	6000	200	2000	
1008	黄达然	男	4000	200	1800	
1009	冯欢	男	5000	200	0	
1010	杜志辉	男	7000	200	0	

第 5 步 按【Enter】键确认输入，即可自动计算出结果，如下图所示。

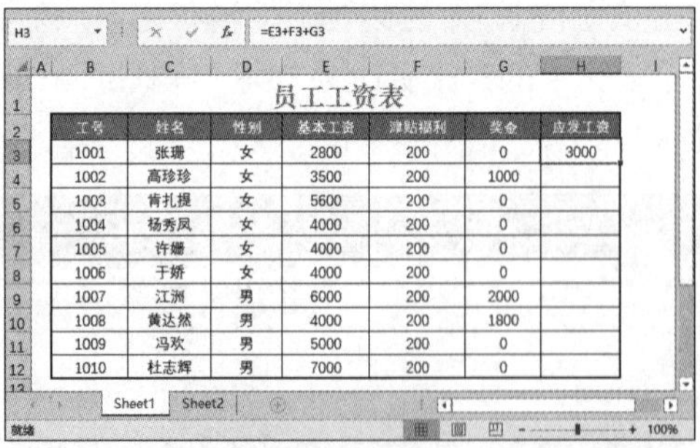

员工工资表

工号	姓名	性别	基本工资	津贴福利	奖金	应发工资
1001	张珊	女	2800	200	0	3000
1002	高珍珍	女	3500	200	1000	
1003	肯扎提	女	5600	200	0	
1004	杨秀凤	女	4000	200	0	
1005	许姗	女	4000	200	0	
1006	于娇	女	4000	200	0	
1007	江洲	男	6000	200	2000	
1008	黄达然	男	4000	200	1800	
1009	冯欢	男	5000	200	0	
1010	杜志辉	男	7000	200	0	

（2）引用当前工作簿中其他工作表中的单元格。

在同一个工作簿中，除了引用本工作表中的单元格以外，还可以跨工作表引用单元格地址，具体操作步骤如下。

第 1 步 接上面的操作步骤，单击工作表标签“Sheet2”，进入“Sheet2”工作表中，如下图所示。

员工个税代扣

工号	姓名	性别	个税代扣	实发工资
1001	张珊	女	108	
1002	高珍珍	女	320	
1003	肯扎提	女	180	
1004	杨秀凤	女	160	
1005	许姗	女	300	
1006	于娇	女	450	
1007	江洲	男	432	
1008	黄达然	男	600	
1009	冯欢	男	421	
1010	杜志辉	男	680	

第 2 步 在打开的工作表中选中单元格 F3，并输入“=”，如下图所示。

SUM =

员工个税代扣

工号	姓名	性别	个税代扣	实发工资
1001	张珊	女	108	=
1002	高珍珍	女	320	
1003	肯扎提	女	180	
1004	杨秀凤	女	160	
1005	许姗	女	300	
1006	于娇	女	450	
1007	江洲	男	432	
1008	黄达然	男	600	
1009	冯欢	男	421	
1010	杜志辉	男	680	

第 3 步 打开“Sheet1”工作表，选中单元格 H3，然后在编辑栏中输入“−”，如下图所示。

C1 =Sheet1!H3-

员工工资表

姓名	性别	基本工资	津贴福利	奖金	应发工资
张珊	女	2800	200	0	3000
高珍珍	女	3500	200	1000	
肯扎提	女	5600	200	0	
杨秀凤	女	4000	200	0	
许姗	女	4000	200	0	
于娇	女	4000	200	0	
江洲	男	6000	200	2000	
黄达然	男	4000	200	1800	
冯欢	男	5000	200	0	
杜志辉	男	7000	200	0	

第 4 步 选择“Sheet2”工作表，可以看到编辑栏中显示公式“=Sheet1!H3−Sheet2!”，直接在公式后输入“E3”，此时编辑栏中将显示计算实发工资的公式“=Sheet1!H3−Sheet2!E3”，如下图所示。

员工个税代扣

工号	姓名	性别	个税代扣	实发工资
1001	张珊	女	108	=Sheet1!H3-
1002	高珍珍	女	320	
1003	肯扎提	女	180	
1004	杨秀凤	女	160	
1005	许姗	女	300	
1006	于娇	女	450	
1007	江洲	男	432	
1008	黄达然	男	600	
1009	冯欢	男	421	
1010	杜志辉	男	680	

第 5 步 按【Enter】键完成输入，即可通过跨工作表引用单元格数据而得出计算结果，如下图所示。

F3 =Sheet1!H3-Sheet2!E3

员工个税代扣

工号	姓名	性别	个税代扣	实发工资
1001	张珊	女	108	2892
1002	高珍珍	女	320	
1003	肯扎提	女	180	
1004	杨秀凤	女	160	
1005	许姗	女	300	
1006	于娇	女	450	
1007	江洲	男	432	
1008	黄达然	男	600	
1009	冯欢	男	421	
1010	杜志辉	男	680	

（3）引用其他工作簿中的单元格。

除了引用同一工作簿中的单元格以外，还可以引用其他工作簿中的单元格。需要注意的是，在引用其他工作簿中的单元格数据时，应确保引用的工作簿是打开的。引用其他工作簿中单元格的具体操作步骤如下。

第 1 步 启动 Excel 2019，新建一个空白文档，并打开“素材\ch05\员工工资表.xlsx”文件，最后在新建的空白工作表中选择单元格 A1，并输入“=”，如下图所示。

SUM =

	A	B	C	D
1	=			
2				
3				
4				

第 2 步 切换到“员工工资表.xlsx”文件中的“Sheet1”工作表中，并选中单元格 H3，如

下图所示。

=[员工工资表.xlsx]Sheet1!$H$3

员工工资表

姓名	性别	基本工资	津贴福利	奖金	应发工资
张珊	女	2800	200	0	3000
高珍珍	女	3500	200	1000	
肯扎提	女	5600	200	0	
杨秀凤	女	4000	200	0	
许姗	女	4000	200	0	
于娇	女	4000	200	0	
江洲	男	6000	200	2000	
黄达然	男	4000	200	1800	
冯欢	男	5000	200	0	
杜志辉	男	7000	200	0	

第 3 步 按【Enter】键完成输入，即可在空白工作表中引用“员工工资表”中第一位员工应发工资的数据，如下图所示。

=[员工工资表.xlsx]Sheet1!$H$3

	A
1	3000

（4）引用交叉区域。

在工作表中定义多个单元格区域，或两个区域之间有交叉的范围时，可以使用交叉运算符来引用单元格区域的交叉部分。例如，两个单元格区域 B3:D8 和 D6:F11，它们的相交部分可以表示成“B3:D8 D6:F11”，如下图所示。

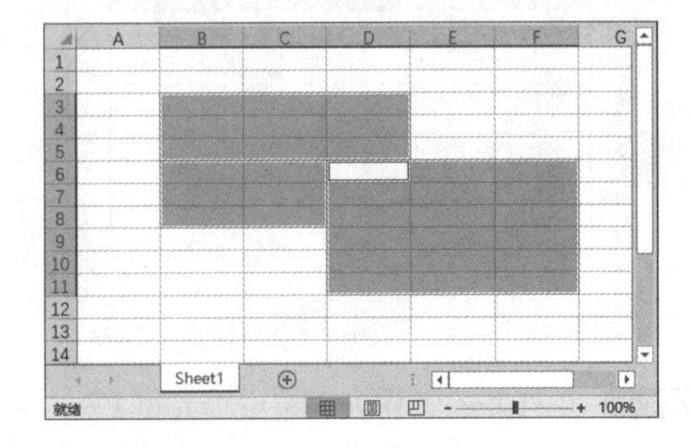

提示

交叉运算符就是空格，使用空格将两个单元格区域隔开，就可以表示两个单元格的交叉部分。

5.4 使用名称简化公式

如果在输入的公式中将引用过多的单元格，为了输入公式的正确性，可以使用定义的名称来简化公式，从而避免少引用单元格而造成错误的计算结果。

5.4.1 定义名称

在使用名称简化公式之前，需要先定义名称。定义名称的具体操作步骤如下。

第 1 步 打开“素材\ch05\费用支出报销单.xlsx”文件，如下图所示。

费用支出报销单

序号	工号	姓名	所属部门	交通费	住宿费	餐饮费	通讯费	其他	总计
1	1001	张珊	行政部	1800	600	400	100	0	
2	1002	高珍珍	行政部	2000	500	200	100	0	
3	1003	肯扎提	行政部	1000	480	180	100	0	
4	1004	杨秀凤	技术部	1600	340	180	100	200	
5	1005	许姗	技术部	800	550	180	100	0	
6	1006	于娇	技术部	2200	280	220	100	0	
7	1007	江洲	招商部	3000	400	220	60	0	
8	1008	黄达然	招商部	2000	330	300	120	100	
9	1009	冯欢	招商部	1500	700	300	100	0	
10	1010	杜志辉	招商部	960	480	280	80	0	
经办人			审核人			备注			

第2步 选中单元格区域 F3:J3，然后单击【公式】选项卡【定义的名称】组中的【定义名称】按钮，如下图所示。

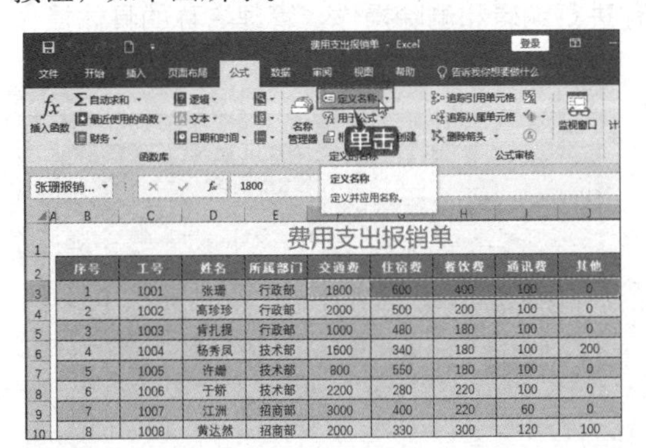

第3步 打开【新建名称】对话框，然后在【名称】文本框中输入“张珊报销总金额”，并在【引用位置】文本框中显示引用的单元格区域，单击【确定】按钮，即可完成自定义名称的操作，如下图所示。

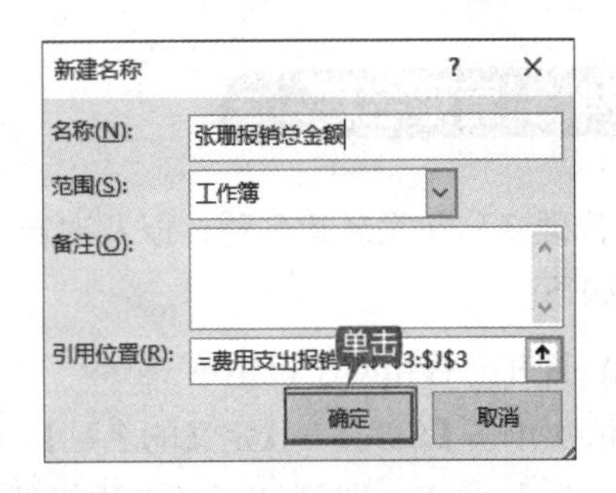

第4步 依次单击【公式】→【定义的名称】→【名称管理器】按钮，打开【名称管理器】对话框，在其中可以查看自定义的名称，如下图所示。

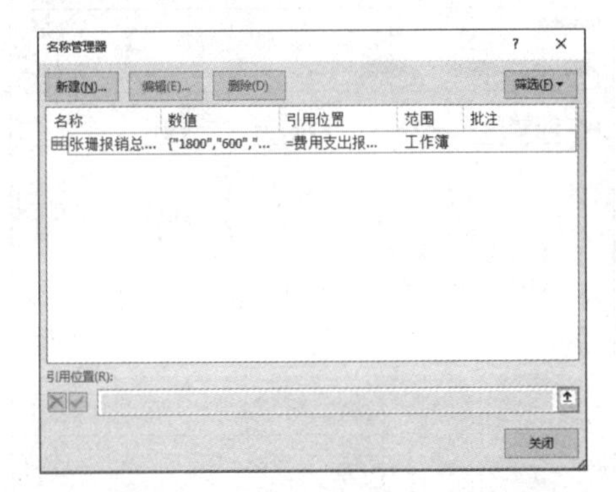

5.4.2 在公式中引用名称

完成名称的定义以后，就可以在输入公式时引用名称，从而简化公式的输入。在公式中引用名称的具体操作步骤如下。

第1步 打开“费用支出报销单.xlsx”文件，并选中单元格 K3，如下图所示。

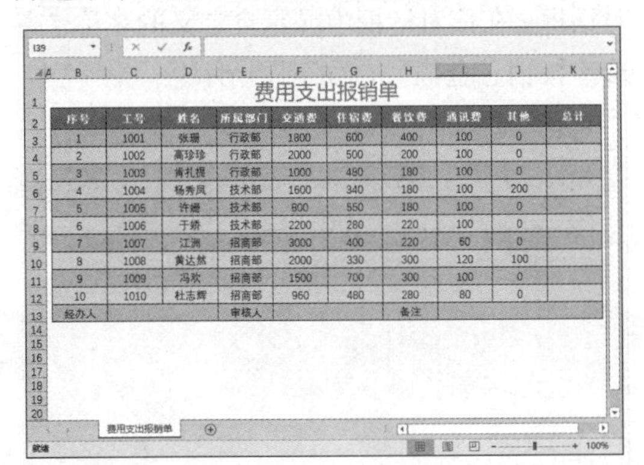

第2步 在选中的单元格中输入公式“=SUM(张珊报销总金额)”，其中“张珊报销总金额”为定义的名称，在引用该名称以后，被定义的单元格区域处于引用状态，如下图所示。

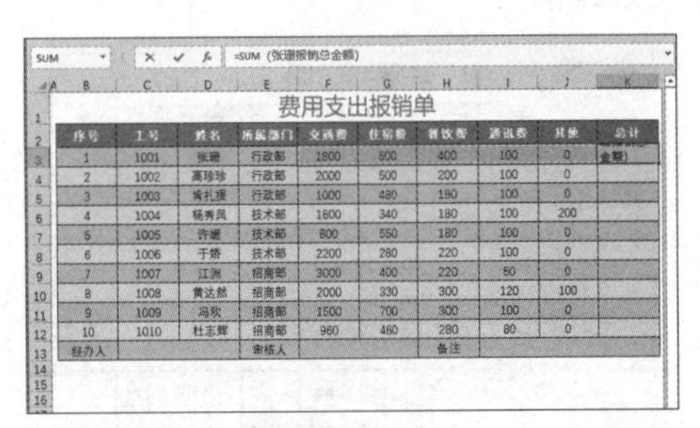

第3步 按【Enter】键完成输入，即可通过在公式中引用名称而得出计算结果，如下图所示。

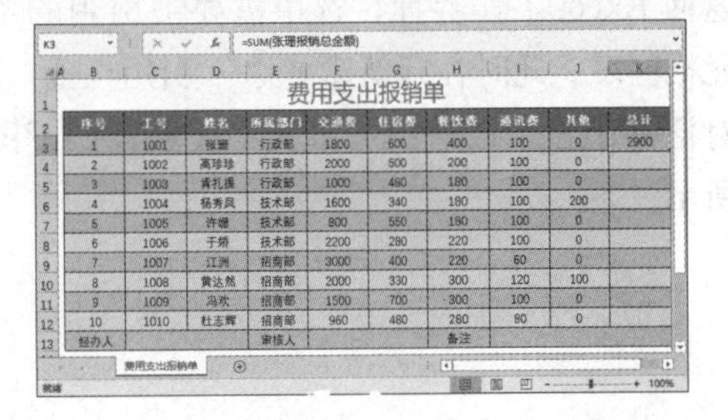

5.4.3 管理名称

管理名称包括新建名称，以及对自定义的名称进行编辑和删除操作。管理名称的具体操作步骤如下。

第 1 步 打开“费用支出报销单 .xlsx”文件，然后依次单击【公式】→【定义的名称】→【名称管理器】按钮，即可打开【名称管理器】对话框，在该对话框中可进行新建、编辑和删除操作，如下图所示。

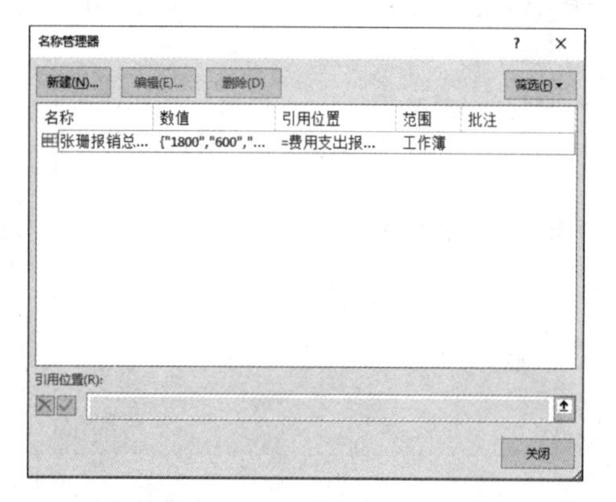

第 2 步 单击【新建】按钮，打开【新建名称】对话框，在【名称】文本框中输入“高珍珍报销总金额”，如下图所示。

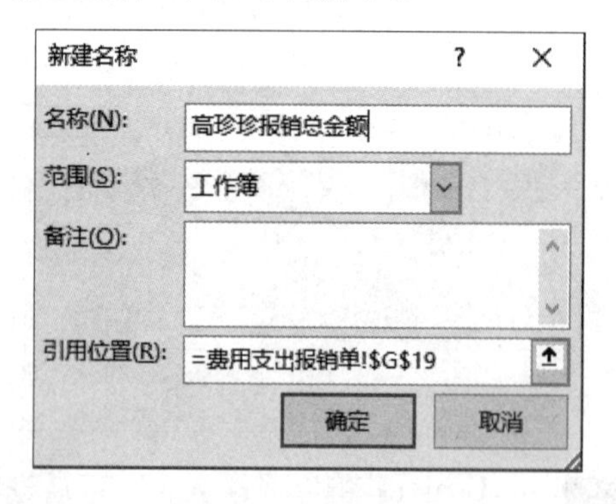

第 3 步 单击【引用位置】文本框右侧的按钮，返回 Excel 工作界面，选中需要被引用的单元格区域，此时在【新建名称－引用位置：】对话框中显示被选中的单元格区域，如下图所示。

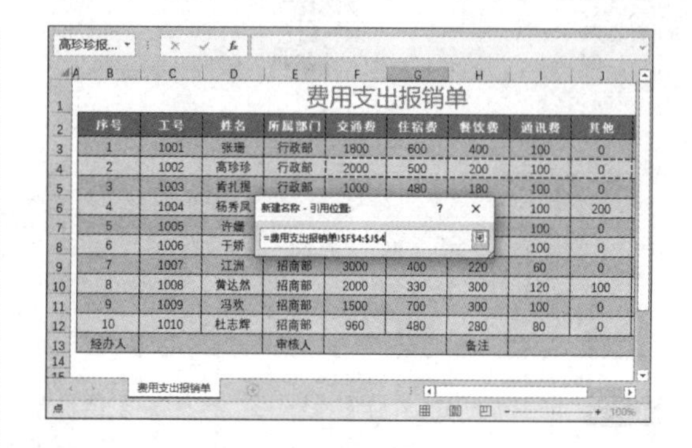

第 4 步 单击【新建名称－引用位置：】对话框中的按钮，即可返回【新建名称】对话框，此时在【引用位置】文本框中显示该名称引用的单元格区域，如下图所示。

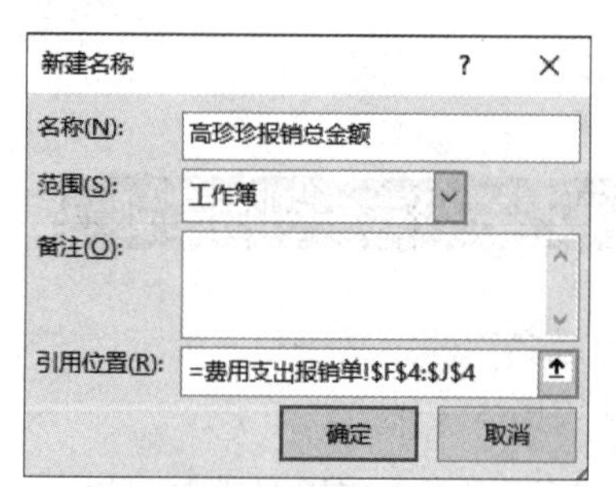

第 5 步 单击【确定】按钮，返回【名称管理器】对话框，在该对话框中显示自定义的名称“高珍珍报销总金额”，如下图所示。

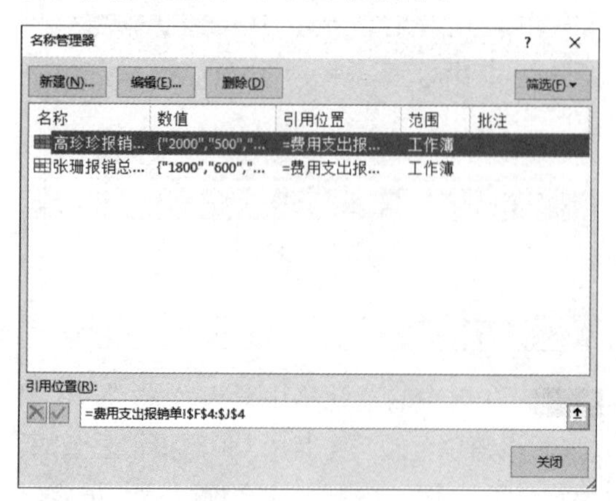

第 6 步 如果需要对自定义的名称进行修改，则先选中被修改的名称，然后单击【名称对话框】中的【编辑】按钮，即可打开【编辑名称】对话框，在其中可进行名称及引用位置的修改，若是修改引用位置，可以按照上述操作重新引用单元格，如下图所示。

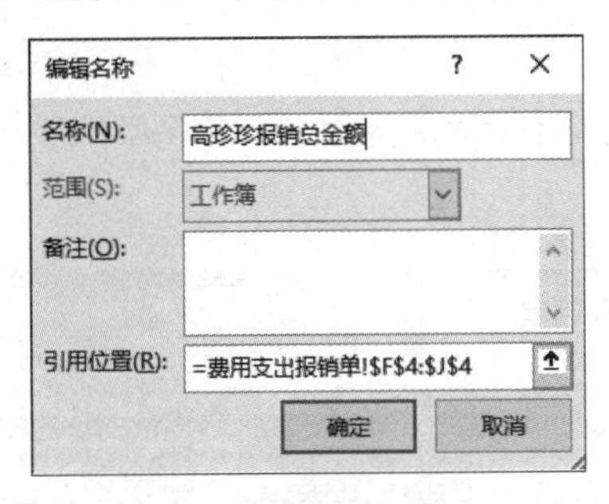

第 7 步 如果需要删除定义的名称，可以先选中该名称，然后单击【名称管理器】对话框中的【删除】按钮，如下图所示。

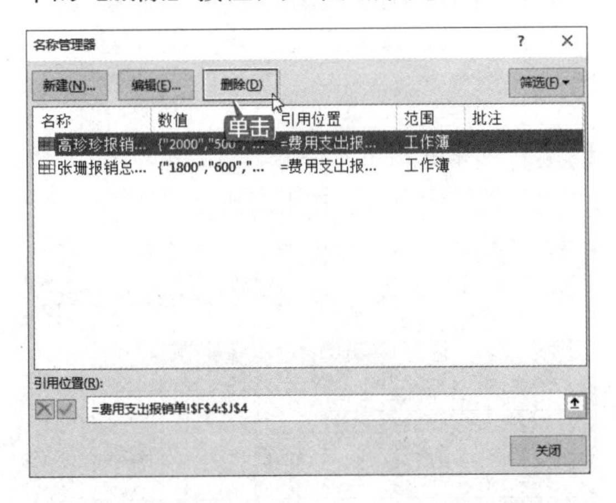

第 8 步 此时系统会弹出信息提示框，提示用户是否要删除该名称，如下图所示。

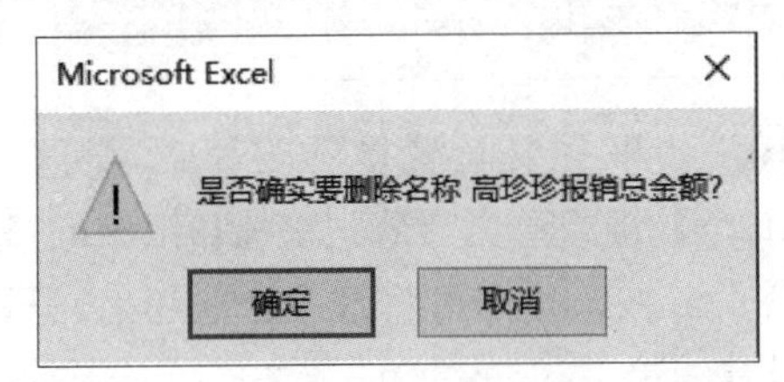

第 9 步 单击【确定】按钮，即可将选中的名称从【名称管理器】列表框中删除，如下图所示。

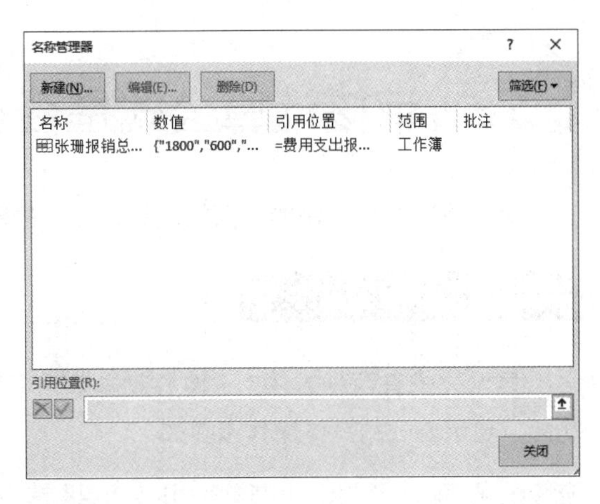

第 10 步 单击【名称管理器】中的【筛选】按钮，从弹出的下拉菜单可以选择名称的筛选条件。当满足筛选条件时，在【名称管理器】列表框中将列出符合条件的名称，否则【名称管理器】列表框中为空。这里选择【有错误的名称】选项，如下图所示。

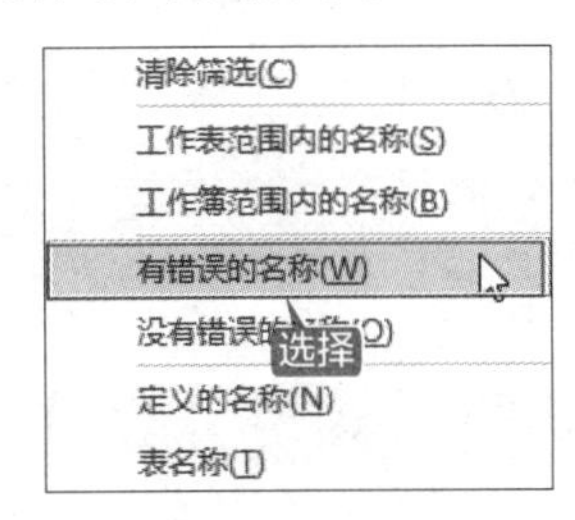

第 11 步 此时定义的名称中没有符合筛选条件的名称，则【名称管理器】列表框中为空，如下图所示。

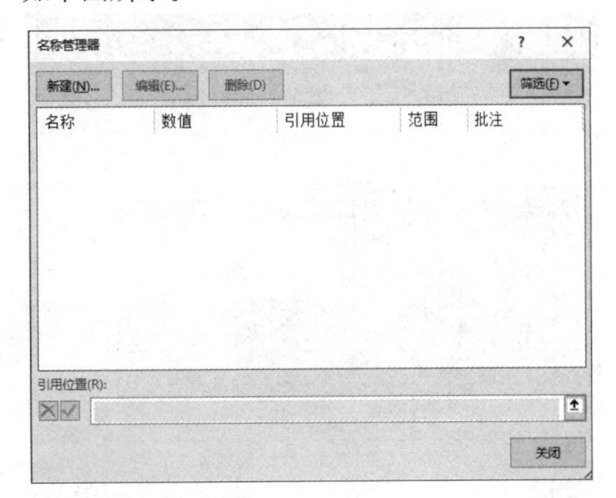

5.5 审核计算公式是否正确

为了快速找出引用的单元格或输入公式的单元格，可以使用 Excel 提供的审核功能。

5.5.1 显示公式

显示公式有两种方法：一种是双击单元格显示公式；另一种是使用 Excel 提供的显示公式功能。显示公式的具体操作步骤如下。

第 1 步 打开“素材\ch05\费用支出报销单.xlsx”文件，在 K3 单元格中计算 F3:J3 单元格区域的和，如下图所示。

费用支出报销单

工号	姓名	所属部门	交通费	住宿费	餐饮费	通讯费	其他	总计
1001	张珊	行政部	1800	600	400	100	0	2900
1002	高珍珍	行政部	2000	500	200	100	0	
1003	肯扎提	行政部	1000	480	180	100	0	
1004	杨秀凤	技术部	1600	340	180	100	200	
1005	许姗	技术部	800	550	180	100	0	
1006	于娇	技术部	2200	280	220	100	0	
1007	江洲	招商部	3000	400	220	60	0	
1008	黄达然	招商部	2000	330	300	120	100	
1009	冯欢	招商部	1500	700	300	100	0	
1010	杜志辉	招商部	960	480	280	80	0	
		审核人			备注			

第 2 步 选中单元格 K3，然后单击【公式】选项卡【公式审核】组中的【显示公式】按钮，如下图所示。

单击

费用支出报销单

工号	姓名	所属部门	交通费	住宿费	餐饮费	通讯费	其他	总计
1001	张珊	行政部	1800	600	400	100	0	2900
1002	高珍珍	行政部	2000	500	200	100	0	
1003	肯扎提	行政部	1000	480	180	100	0	
1004	杨秀凤	技术部	1600	340	180	100	200	
1005	许姗	技术部	800	550	180	100	0	
1006	于娇	技术部	2200	280	220	100	0	
1007	江洲	招商部	3000	400	220	60	0	
1008	黄达然	招商部	2000	330	300	120	100	
1009	冯欢	招商部	1500	700	300	100	0	
1010	杜志辉	招商部	960	480	280	80	0	
		审核人			备注			

第 3 步 即可将该单元格使用的公式显示出来，如下图所示。

餐饮费	通讯费	其他	总计
400	100	0	=SUM(F3:J3)
200	100	0	
180	100	0	
180	100	200	
180	100	0	
220	100	0	
220	60	0	
300	120	100	
300	100	0	
280	80	0	
备注			

第 4 步 如果双击单元格 K3，也会将该单元格中的公式显示出来，如下图所示。

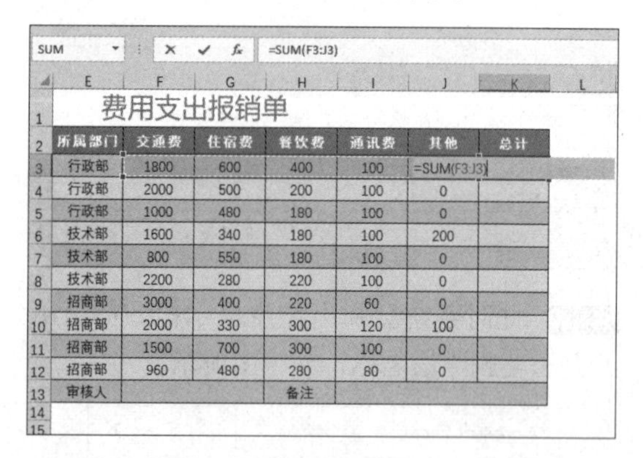

费用支出报销单

所属部门	交通费	住宿费	餐饮费	通讯费	其他	总计
行政部	1800	600	400	100	=SUM(F3:J3)	
行政部	2000	500	200	100	0	
行政部	1000	480	180	100	0	
技术部	1600	340	180	100	200	
技术部	800	550	180	100	0	
技术部	2200	280	220	100	0	
招商部	3000	400	220	60	0	
招商部	2000	330	300	120	100	
招商部	1500	700	300	100	0	
招商部	960	480	280	80	0	
审核人			备注			

第 5 步 如果需要隐藏显示的公式，可以按【Enter】键或单击【公式审核】组中的【显示公式】按钮，即可将公式隐藏起来，只显示计算结果。

5.5.2 公式追踪

在 Excel 2019 中，如果需要查找引用的单元格，可以使用追踪功能来追踪引用的单元格或从属单元格。公式追踪的具体操作步骤如下。

第 1 步 打开“费用支出报销单.xlsx”文件，选中单元格 K3，然后单击【公式审核】组中的【追踪引用单元格】按钮，如下图所示。

第 2 步 即可看到一个由单元格 F3 指向单元格 K3 的蓝色引用箭头，如下图所示。

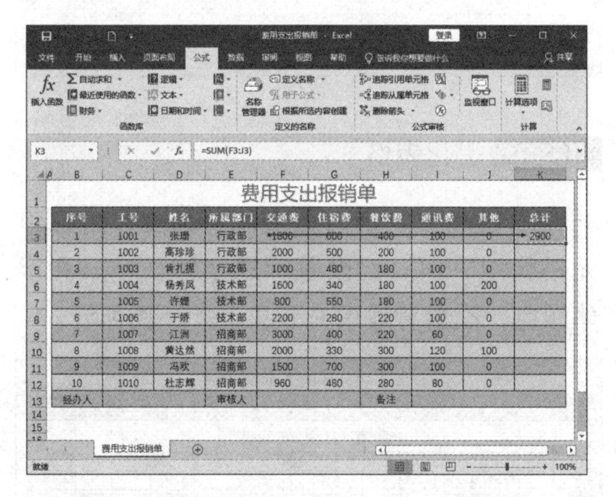

第 3 步 如果需要取消箭头，只需单击【公式审核】组中的【删除箭头】按钮即可，如下图所示。

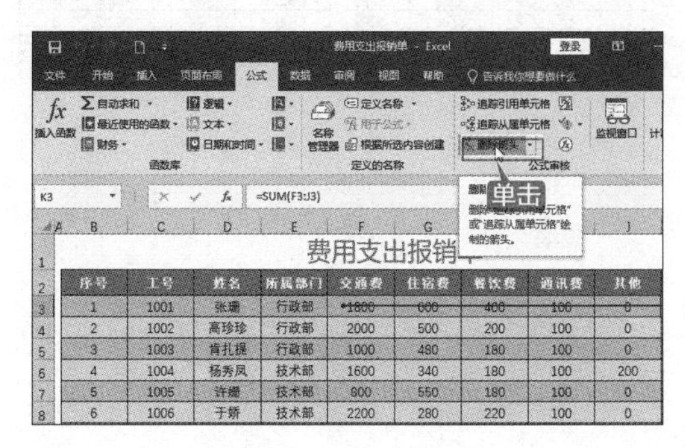

第 4 步 追踪从属单元格，即引用过该单元格数据的单元格。选中单元格 F3，然后单击【公式审核】组中的【追踪从属单元格】按钮，如下图所示。

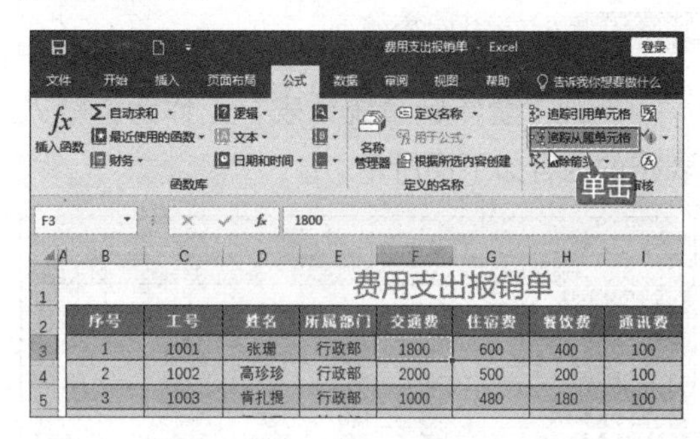

第 5 步 即可看到一个从单元格 F3 指向单元格 K3 的蓝色箭头，即单元格 F3 被单元格 K3 引用，如下图所示。

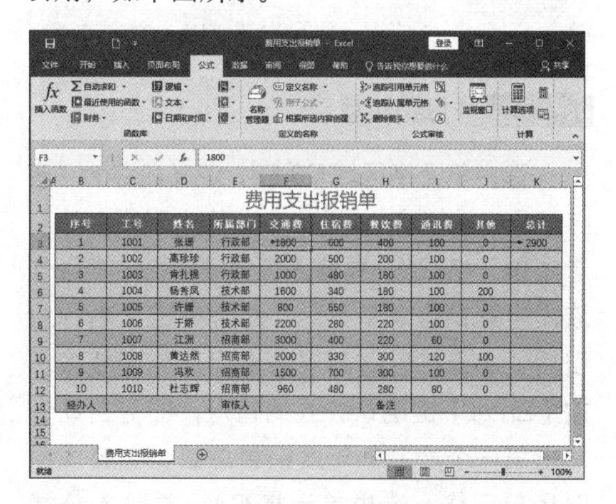

第 6 步 如果选中的单元格没有被其他单元格引用，则在单击【追踪从属单元格】按钮后，弹出信息提示框，提示未发现引用活动单元格的公式，如下图所示。

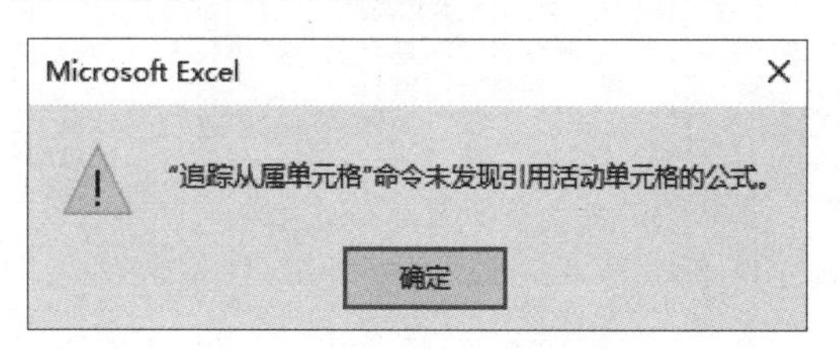

全年商品销量的计算

全年商品销量的计算对企业的工作起着十分重要的作用，它可以帮助企业有效地掌握这一年的销量情况，然后对销量数据进行分析，最后合理规划下一年的商品生产量。本案例中将运用本章所学的相关知识，包括公式的输入、公式的复制及在公式中引用定义的名称等。

1. 创建工作簿

新建“全年销量统计表”工作簿，输入表格的内容如下图所示。

	A	B	C	D	E	F	G
1	全年销量统计表						
2	序号	名称	第1季度	第2季度	第3季度	第4季度	年度总销售量
3	1	康佳液晶电视	7406	8450	10280	20070	
4	2	海信液晶电视	7100	8230	10118	20055	
5	3	LG液晶电视	6530	8020	9990	19998	
6	4	海信冰箱	6100	7690	9356	19960	
7	5	美菱冰箱	5689	7645	9002	19800	
8	6	海尔洗衣机	5460	7003	8890	18090	
9	7	惠而浦洗衣机	5001	6789	8834	17899	
10	8	LG洗衣机	4790	6489	7756	16660	
11	9	惠而浦空调	4721	6012	7420	15543	
12	10	海尔空调	3900	5439	6980	14500	
13	11	松下空调	3780	5209	6100	13200	

2. 计算销售总量

选中单元格区域 C3:F3，定义名称为“康佳液晶电视销售总量”，在公式中引用名称。选中单元格 G3，并输入公式“=SUM（康佳液晶电视销售总量）”，此时在定义名称中引用的单元格区域四周会出现蓝色粗线条。按【Enter】键确认公式的输入，即可自动计算出第一个产品的年度销售总量。在公式中引用单元格，选中单元格 G4，并输入公式“=SUM（C4+D4+E4+F4）”，此时被引用的单元格分别被选中。按【Enter】键确认公式的输入，即可自动计算出第二个产品的年度销售总量。最后复制公式，自动计算出其他产品的年度销售总量，如下图所示。

	A	B	C	D	E	F	G
1	全年销量统计表						
2	序号	名称	第1季度	第2季度	第3季度	第4季度	年度总销售量
3	1	康佳液晶电视	7406	8450	10280	20070	46206
4	2	海信液晶电视	7100	8230	10118	20055	45503
5	3	LG液晶电视	6530	8020	9990	19998	44538
6	4	海信冰箱	6100	7690	9356	19960	43106
7	5	美菱冰箱	5689	7645	9002	19800	42136
8	6	海尔洗衣机	5460	7003	8890	18090	39443
9	7	惠而浦洗衣机	5001	6789	8834	17899	38523
10	8	LG洗衣机	4790	6489	7756	16660	35695
11	9	惠而浦空调	4721	6012	7420	15543	33696
12	10	海尔空调	3900	5439	6980	14500	30819
13	11	松下空调	3780	5209	6100	13200	28289

3. 美化表格

设置边框效果，适当调整列宽，合并单元格区域 A1:G1，设置标题字体、字号和字体颜色，设置背景填充效果，如下图所示。

G3 =SUM(康佳液晶电视销售总量)

全年销量统计表						
序号	名称	第1季度	第2季度	第3季度	第4季度	年度总销售量
1	康佳液晶电视	7406	8450	10280	200	46206
2	海信液晶电视	7100	8230	10118	20055	45503
3	LG液晶电视	6530	8020	9990	19998	44538
4	海信冰箱	6100	7690	9356	19960	43106
5	美菱冰箱	5689	7645	9002	19800	42136
6	海尔洗衣机	5460	7003	8890	18090	39443
7	惠而浦洗衣机	5001	6789	8834	17899	38523
8	LG洗衣机	4790	6489	7756	16660	35695
9	惠而浦空调	4721	6012	7420	15543	33696
10	海尔空调	3900	5439	6980	14500	30819
11	松下空调	3780	5209	6100	13200	28289

◇ 按【Alt】键快速求和

除了输入公式求和以外，还可以按【Alt】键快速求和，从而提高计算效率。按【Alt】键快速求和的具体操作步骤如下。

第1步 打开“素材\ch05\费用支出报销单.xlsx”文件，如下图所示。

费用支出报销单

序号	工号	姓名	所属部门	交通费	住宿费	餐饮费	通讯费	其他	总计
1	1001	张珊	行政部	1800	600	400	100	0	
2	1002	高珍珍	行政部	2000	500	200	100	0	
3	1003	肯扎提	行政部	1000	480	180	100	0	
4	1004	杨秀凤	技术部	1600	340	180	100	200	
5	1005	许姗	技术部	800	550	180	100	0	
6	1006	于娇	技术部	2200	280	220	100	0	
7	1007	江洲	招商部	3000	400	220	60	0	
8	1008	黄达然	招商部	2000	330	300	120	100	
9	1009	冯欢	招商部	1500	700	300	100	0	
10	1010	杜志辉	招商部	960	480	280	80	0	
经办人			审核人			备注			

第2步 选中需要求和的单元格区域F3:J3，按【Alt+=】组合键，然后按【Enter】键确认，即可自动在单元格K3中得出计算结果，如下图所示。

=SUM(F3:J3)

费用支出报销单

序号	工号	姓名	所属部门	交通费	住宿费	餐饮费	通讯费	其他	总计
1	1001	张珊	行政部	1800	600	400	100	0	2900
2	1002	高珍珍	行政部	2000	500	200	100	0	
3	1003	肯扎提	行政部	1000	480	180	100	0	
4	1004	杨秀凤	技术部	1600	340	180	100	200	
5	1005	许姗	技术部	800	550	180	100	0	
6	1006	于娇	技术部	2200	280	220	100	0	
7	1007	江洲	招商部	3000	400	220	60	0	
8	1008	黄达然	招商部	2000	330	300	120	100	
9	1009	冯欢	招商部	1500	700	300	100	0	
10	1010	杜志辉	招商部	960	480	280	80	0	
经办人			审核人			备注			

◇ 隐藏计算公式的技巧

当单击一个带有公式的单元格时，在编辑栏中就会显示这个单元格中使用的公式。但有时又不想让他人知道计算方法，这时就有必要将公式隐藏起来。隐藏计算公式的具体操作步骤如下。

第1步 打开“素材\ch05\费用支出报销单.xlsx”文件，如下图所示。

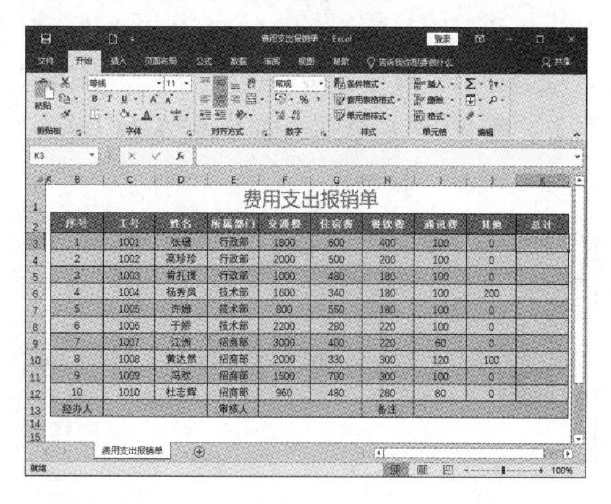

费用支出报销单

序号	工号	姓名	所属部门	交通费	住宿费	餐饮费	通讯费	其他	总计
1	1001	张珊	行政部	1800	600	400	100	0	
2	1002	高珍珍	行政部	2000	500	200	100	0	
3	1003	肯扎提	行政部	1000	480	180	100	0	
4	1004	杨秀凤	技术部	1600	340	180	100	200	
5	1005	许姗	技术部	800	550	180	100	0	
6	1006	于娇	技术部	2200	280	220	100	0	
7	1007	江洲	招商部	3000	400	220	60	0	
8	1008	黄达然	招商部	2000	330	300	120	100	
9	1009	冯欢	招商部	1500	700	300	100	0	
10	1010	杜志辉	招商部	960	480	280	80	0	
经办人			审核人			备注			

第2步 选中带有公式的单元格K3，然后按【Ctrl+A】组合键选中整个工作表，并在其上右击，从弹出的下拉菜单中选择【设置单元格格式】选项，如下图所示。

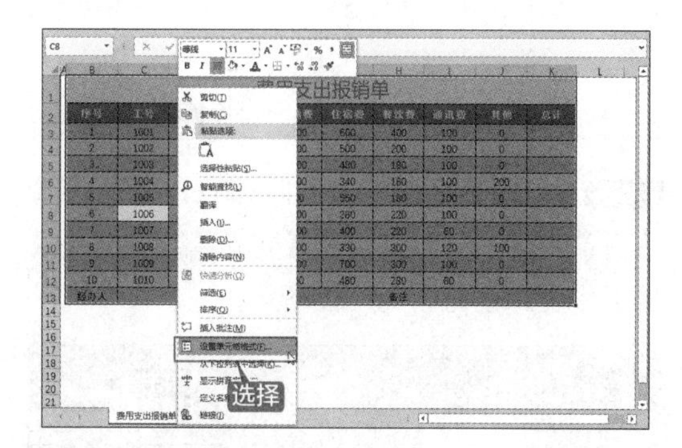

第3步 即可打开【设置单元格格式】对话框，选择【保护】选项卡，然后分别取消选中【锁定】和【隐藏】复选框，如下图所示。

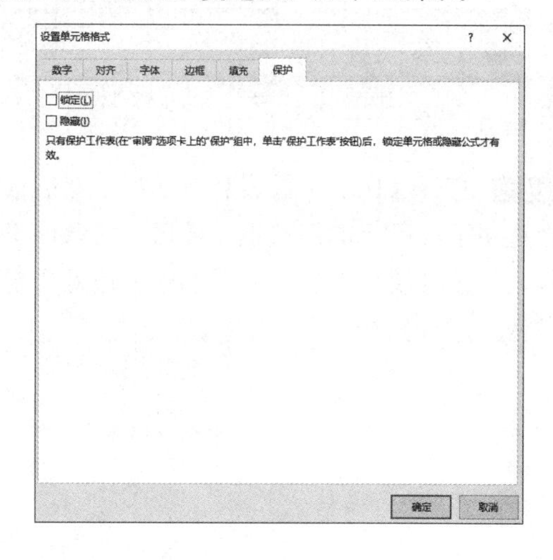

第 4 步 单击【确定】按钮，返回 Excel 工作界面，然后选定所有需要隐藏公式的单元格并右击，从弹出的下拉菜单中选择【设置单元格格式】选项，打开【设置单元格格式】对话框，选择【保护】选项卡，最后分别选中【锁定】和【隐藏】复选框，如下图所示。

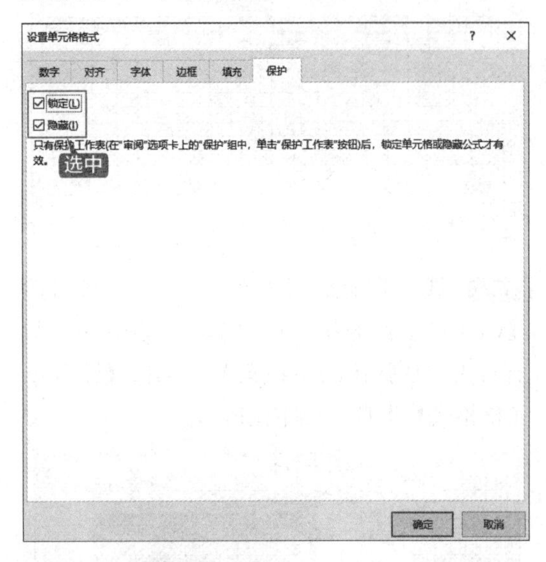

第 5 步 单击【确定】按钮，返回 Excel 工作界面，然后单击【审阅】选项卡【更改】组中的【保护工作表】按钮，如下图所示。

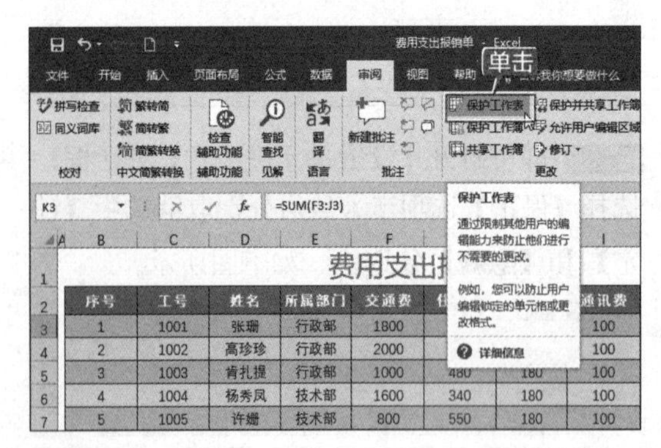

第 6 步 打开【保护工作表】对话框，然后依次选中下图所示的复选框，最后在【取消工作表保护时使用的密码】文本框中输入自定义密码，如下图所示。

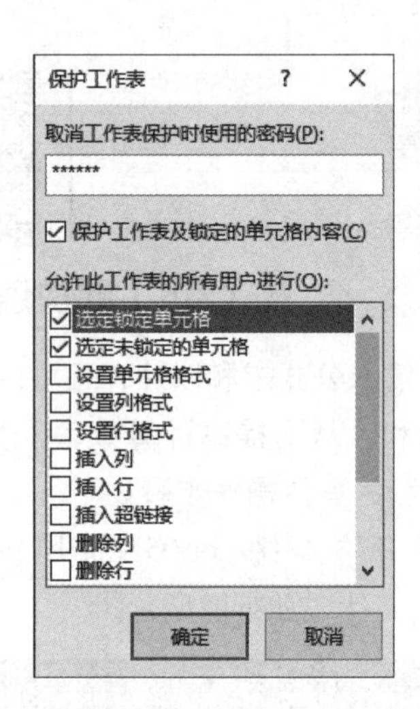

第 7 步 单击【确定】按钮，打开【确认密码】对话框，在【重新输入密码】文本框中再次输入设置的密码，如下图所示。

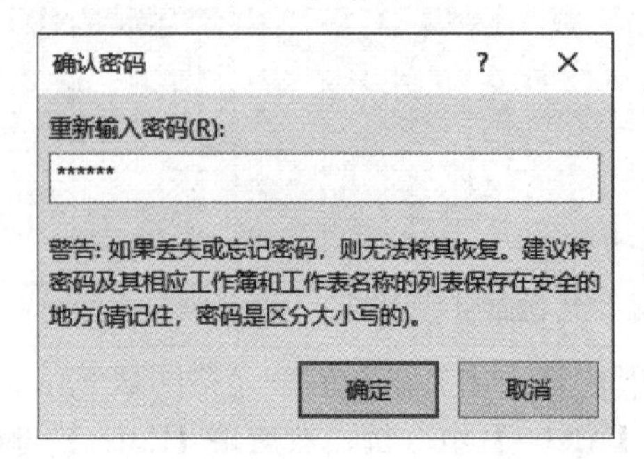

第 8 步 单击【确定】按钮，即可完成隐藏公式的设置，再次选中单元格 K3，编辑栏中将不再显示该单元格包含的公式，如下图所示。

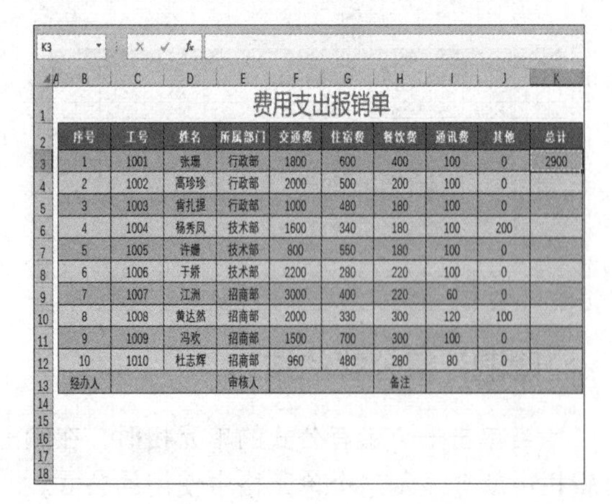

费用支出报销单

序号	工号	姓名	所属部门	交通费	住宿费	餐饮费	通讯费	其他	总计
1	1001	张珊	行政部	1800	600	400	100	0	2900
2	1002	高珍珍	行政部	2000	500	200	100	0	
3	1003	肯扎提	行政部	1000	480	180	100	0	
4	1004	杨秀凤	技术部	1600	340	180	100	200	
5	1005	许姗	技术部	800	550	180	100	0	
6	1006	于娇	技术部	2200	280	220	100	0	
7	1007	江洲	招商部	3000	400	220	60	0	
8	1008	黄达然	招商部	2000	330	300	120	100	
9	1009	冯欢	招商部	1500	700	300	100	0	
10	1010	杜志辉	招商部	960	480	280	80	0	
经办人			审核人			备注			

◇ 快速定位包含公式的单元格

一张含有众多公式的 Excel 表格，如果逐个去查找包含公式的单元格就很麻烦，这时可以使用 Excel 提供的定位功能快速定位包含公式的单元格，具体操作步骤如下。

第 1 步 打开“素材\ch05\费用支出报销单.xlsx”文件，然后单击【开始】选项卡【编辑】组中的【查找和替换】按钮，从弹出的下拉菜单中选择【定位条件】选项，如下图所示。

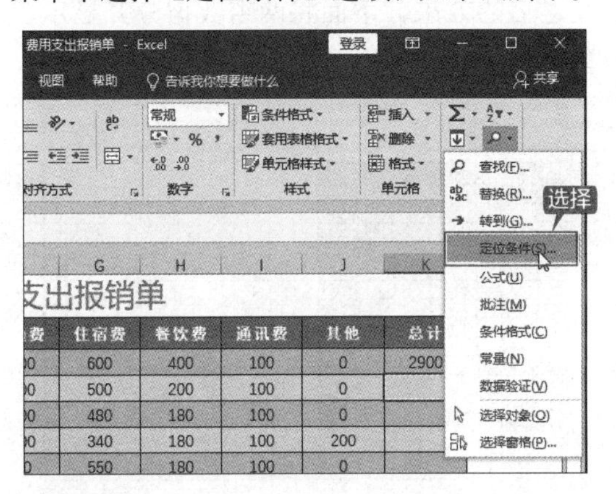

第 2 步 打开【定位条件】对话框，然后在该对话框中选中【公式】单选按钮，如下图所示。

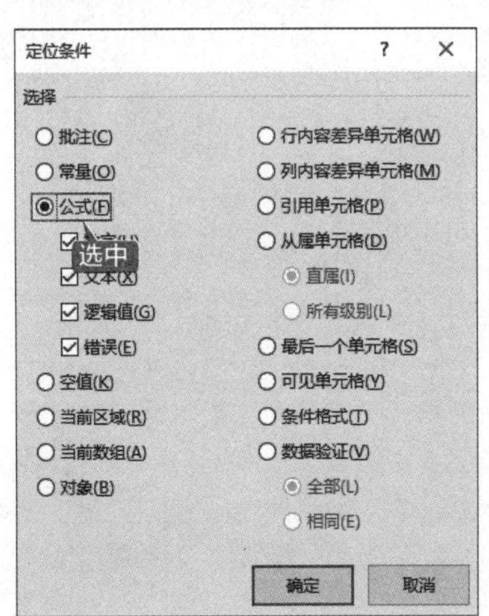

第 3 步 单击【确定】按钮，返回 Excel 工作界面，此时表格中所有含有公式的单元格都会被选中，如下图所示。

费用支出报销单

序号	工号	姓名	所属部门	交通费	住宿费	餐饮费	通讯费	其他	总计
1	1001	张珊	行政部	1800	600	400	100	0	2900
2	1002	高珍珍	行政部	2000	500	200	100	0	
3	1003	肯扎提	行政部	1000	480	180	100	0	
4	1004	杨秀凤	技术部	1600	340	180	100	200	
5	1005	许嫱	技术部	800	550	180	100	0	
6	1006	于娇	技术部	2200	280	220	100	0	
7	1007	江洲	招商部	3000	400	220	60	0	
8	1008	黄达然	招商部	2000	330	300	120	100	
9	1009	冯欢	招商部	1500	700	300	100	0	
10	1010	杜志辉	招商部	960	480	280	80	0	
经办人			审核人			备注			

◇ 将文本型数字转换为数值

将文本型数字转换为数值的具体操作步骤如下。

第 1 步 打开“素材\ch05\文本型转换为数值.xlsx”文件，如下图所示。

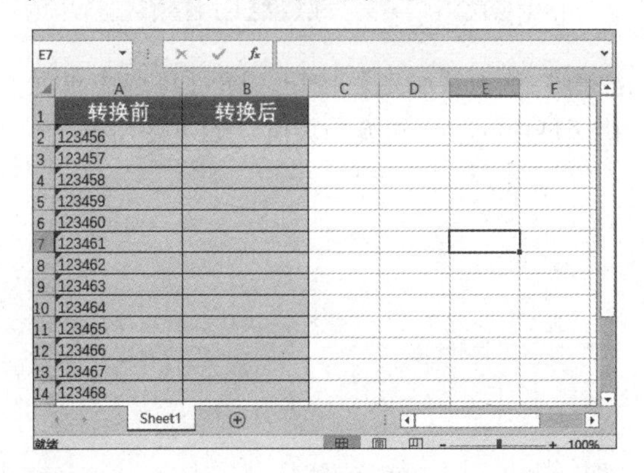

第 2 步 选中需要转换数据类型的单元格区域 A2:A14，按【Ctrl+C】组合键，执行【复制】命令，并右击 B2:B14 单元格区域，从弹出的快捷菜单中选择【选择性粘贴】选项，如下图所示。

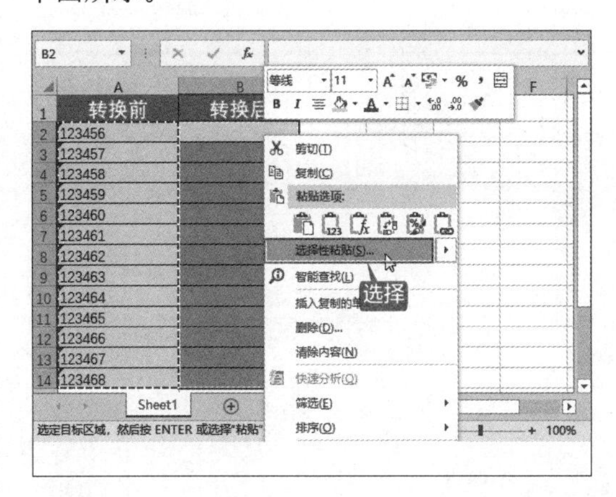

第 3 步 打开【选择性粘贴】对话框，然后选

中【运算】区域内的【加】单选按钮，如下图所示。

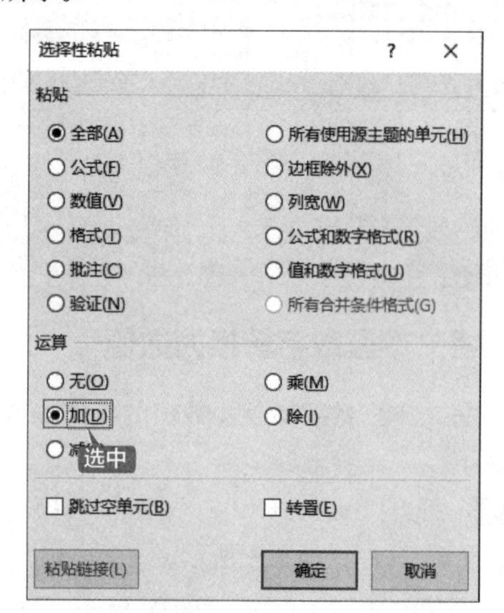

第 4 步 单击【确定】按钮，即可将选中单元格区域中的数字转换为数值，如下图所示。

第 5 步 为了更好地比较数字转换为数值之前及之后的效果，下面将两组数据分开显示，如下图所示。

第6章

复杂数据的处理技巧——函数

本章导读

通过本章的学习，读者将对函数有一个全面的了解。本章首先介绍函数的基本概念和输入方法，然后通过常见函数的使用来具体解析各个函数的功能，最后通过案例综合运用相关函数，从而为更好地使用函数奠定坚实的基础。

思维导图

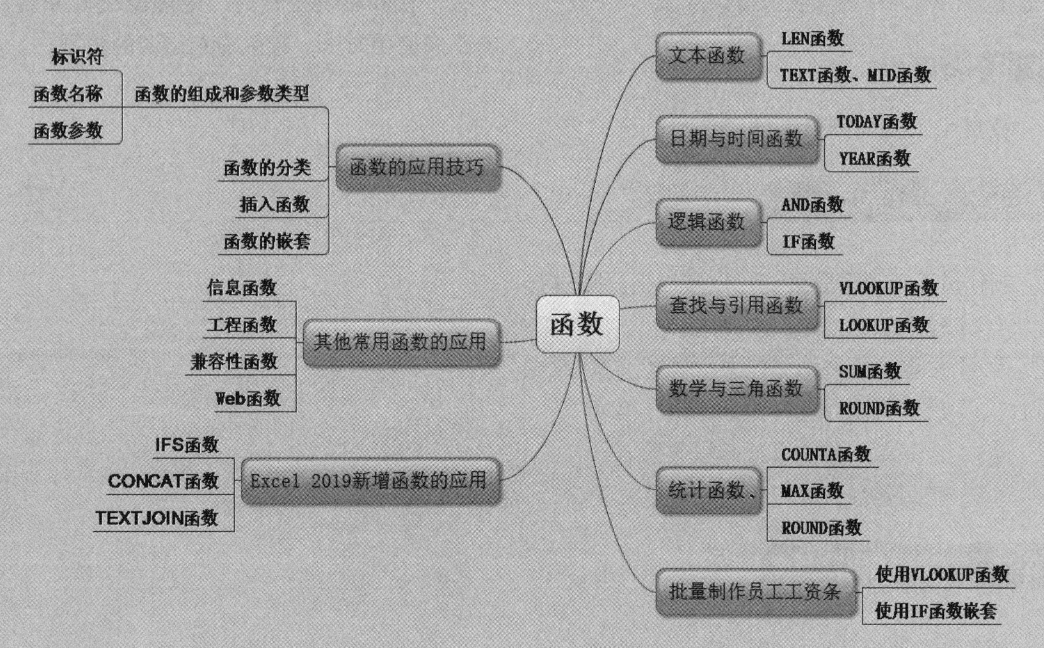

6.1 公司员工工资薪酬表

企业的发展和薪酬的管理相辅相成。一般情况下，员工工资薪酬表是由人力资源部门来制作的，该表主要包括基本工资、津贴福利、本月奖金、补贴及代扣代缴保险个税等内容。

实例名称：公司员工工资薪酬表

实例目的：作为公司员工发放工资的标准

	素材	素材 \ch06\ 员工工资薪酬表表 .xlsx
	结果	结果 \ch06\ 公司员工工资薪酬表 .xlsx
	视频	教学视频 \06 第 6 章

6.1.1 案例概述

制作员工工资薪酬表时，需要注意以下几点。

1. 格式统一

区分标题字体和表格内的字体，统一表格内字体的样式（包括字体、字号、字体颜色等），否则表格内容会显得杂乱。

2. 美化表格

在员工工资薪酬表制作完成后，还需要进行美化操作，使其看起来更加美观。美化表格包括设置边框、调整行高列宽、设置标题、设置对齐方式等内容。

3. 正确使用公式

在计算员工工资薪酬表中的应发工资、代缴个税和实发工资时，应注意公式和函数的正确使用方法，避免输入错误的数据。

6.1.2 设计思路

制作员工工资薪酬表时可以按以下思路进行。

（1）输入表格标题及具体内容。

（2）设置边框和填充效果、调整列宽和行高。

（3）设置文本对齐方式，并统一格式。

（4）合并单元格并设置标题效果。

（5）使用函数计算工作表中的应发工资、代缴个税和实发工资。

6.1.3 涉及知识点

本案例主要涉及以下知识点。

（1）插入函数。

（2）使用函数计算相关数据。

6.2 函数的应用技巧

Excel 函数实际上就是已经定义好的公式，它不仅可以将复杂的数学表达式简单化，还可以获得一些特殊的数据。灵活调用 Excel 中的函数，可以帮助用户提高分析和处理数据的效率。

6.2.1 函数的组成和参数类型

在 Excel 中，一个完整的函数式通常由标识符、函数名和函数参数 3 个部分构成。

1. 标识符

在单元格中输入计算函数时，必须先输入“=”，这个“=”称为函数的标识符。如果不输入“=”，Excel 通常会将输入的函数式作为文本处理，不返回运算结果。如果输入“+”或“－”，Excel 也可以返回函数式的结果，确认输入后，Excel 会在函数式的前面自动添加标识符“=”。

2. 函数名称

函数标识符后的英文是函数名称。大多数函数名称对应英文单词的缩写，有些函数名称是由多个英文单词（或缩写）组合而成的。例如，条件计数函数 COUNTIF 由计数 COUNT 和条件 IF 组成。

3. 函数参数

函数参数主要有以下几种类型。

（1）常量。参数主要包括数值（如 123.45）、文本（如计算机）、日期（如 2019-1-20）等。

（2）逻辑值。参数主要包括逻辑真（TRUE）、逻辑假（FALSE）及逻辑判断表达式（例如，单元格 A1 不等于空表示为“A1<>()”）的结果等。

（3）单元格引用。参数主要包括单个单元格的引用和单元格区域的引用。

（4）名称。在工作簿文档的各个工作表中自定义的名称，可以作为本工作簿内的函数参数直接引用。

（5）其他函数式。用户可以将一个函数式的返回结果作为另一个函数式的参数。对于这种形式的函数式，通常称为“函数嵌套”。

（6）数组参数。数组参数可以是一组常量（如 2，4，6），也可以是单元格区域的引用。如果一个函数涉及多个参数，则用英文状态下的逗号将每个参数隔开。

6.2.2 函数的分类

Excel 2019 提供了丰富的内置函数，按照函数的分类可分为 13 类，各类函数的功能描述如下表所示。

Excel 2019 函数的分类及功能介绍

函数类型	功能简介
财务函数	进行一般的财务计算
日期和时间函数	可以分析和处理日期及时间
数学与三角函数	可以在工作表中进行简单的计算
统计函数	对数据区域进行统计分析
查找与引用函数	在数据清单中查找特定数据或查找一个单元格引用
数据库函数	分析数据清单中的数值是否符合特定条件

续表

函数类型	功能简介
文本函数	在公式中处理字符串
逻辑函数	进行逻辑判断或复合检验
信息函数	确定存储在单元格中数据的类型
工程函数	用于工程分析
多维数据集函数	用于从多维数据库中提取数据集和数值
兼容函数	这些函数已被新函数替换，新函数可以提供更好的精确度，且名称能更好地反映其用法
Web 函数	通过网页链接直接用公式获取数据

6.2.3 插入函数

在 Excel 工作表中插入函数时可以使用函数向导，具体操作步骤如下。

第 1 步 打开“素材\ch06\销量统计表.xlsx”文件，如下图所示。

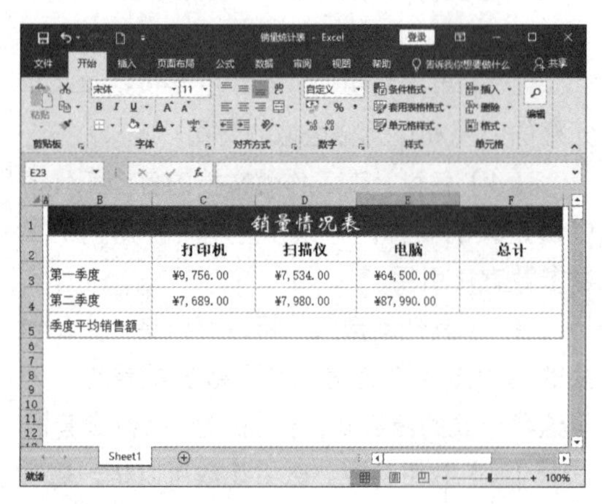

第 2 步 插入求和函数。选中单元格 F3，然后单击【公式】→【函数库】→【插入函数】按钮或按【Shift+F3】组合键，如下图所示。

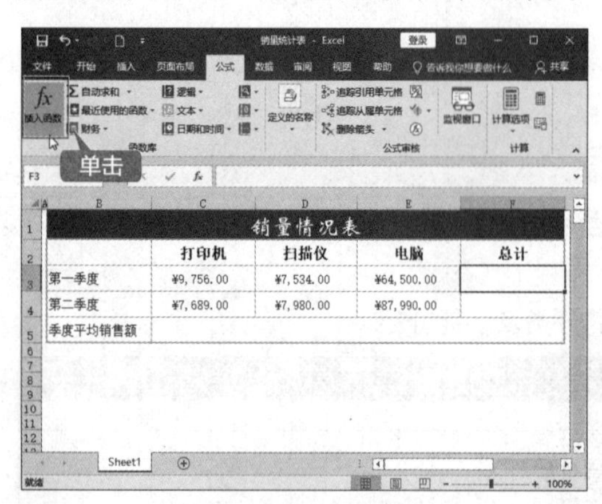

第 3 步 打开【插入函数】对话框，然后在【或选择类别】下拉列表框中选择【常用函数】选项，最后在【选择函数】列表框中选择【SUM】选项，如下图所示。

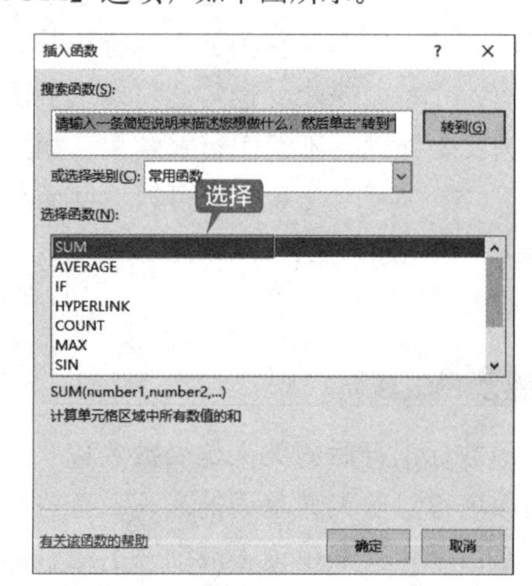

第 4 步 单击【确定】按钮，即可打开【函数参数】对话框，并且在【Number1】文本框中自动显示求和函数引用的单元格区域“C3:E3”，如下图所示。

第 5 步 单击【确定】按钮，在选中的单元格

中得出计算结果，如下图所示。

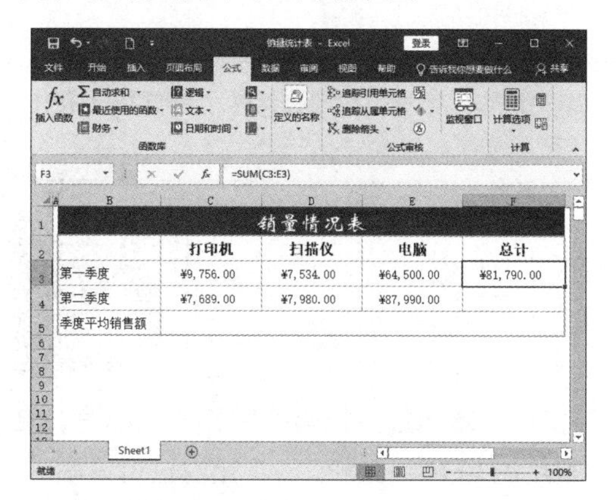

第 6 步　按照相同的方法在单元格 F4 中插入相同的函数，求出第二季度的销售总额，如下图所示。

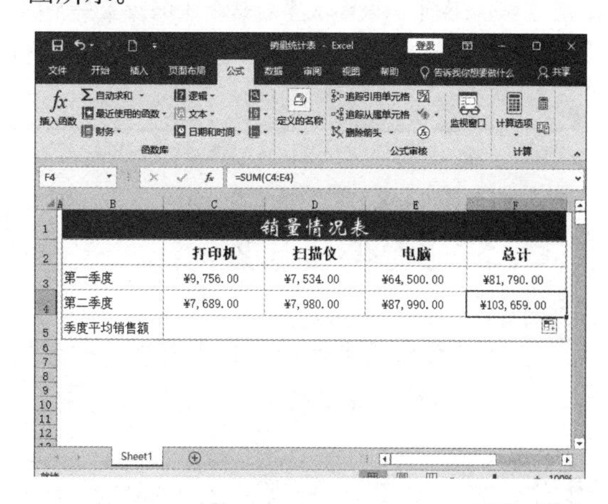

6.2.4 重点：函数的嵌套

函数的嵌套是指用一个函数式的返回结果作为另一个函数式的参数，在 Excel 中使用函数套用的具体操作步骤如下。

第 1 步　打开“销量统计表.xlsx”文件，选中单元格 C5，如下图所示。

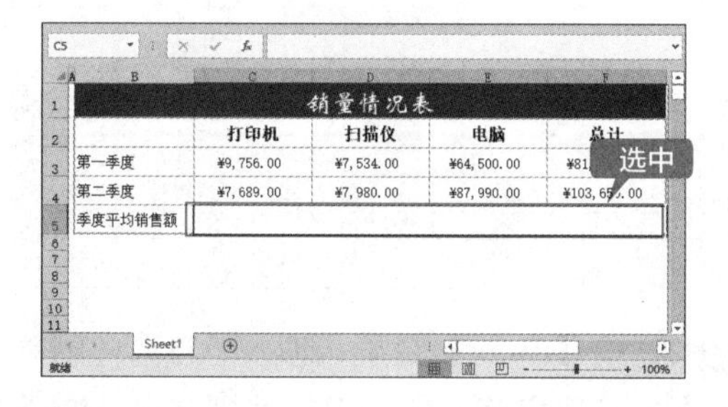

第 2 步　单击【公式】→【函数库】→【插入函数】按钮，打开【插入函数】对话框，在【或选择类别】下拉列表框中选择【统计】选项，在【选择函数】列表框中选择【AVERAGE】选项，如下图所示。

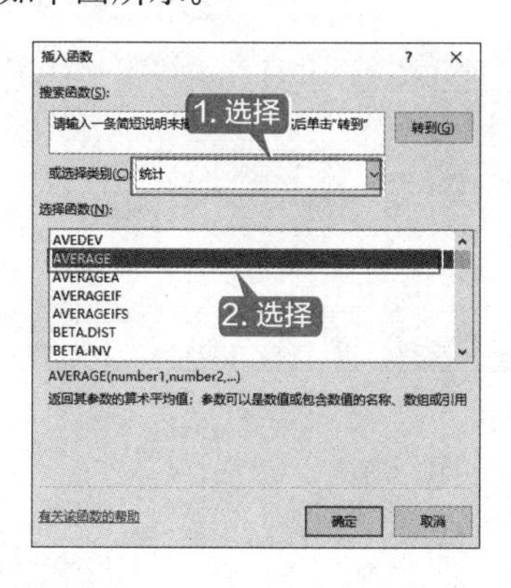

第 3 步　单击【确定】按钮，打开【函数参数】对话框，在【Number1】文本框中输入第一个参数“SUM(C3:E3)”，在【Number2】文本框中输入第二个参数“SUM(C4:E4)”，如下图所示。

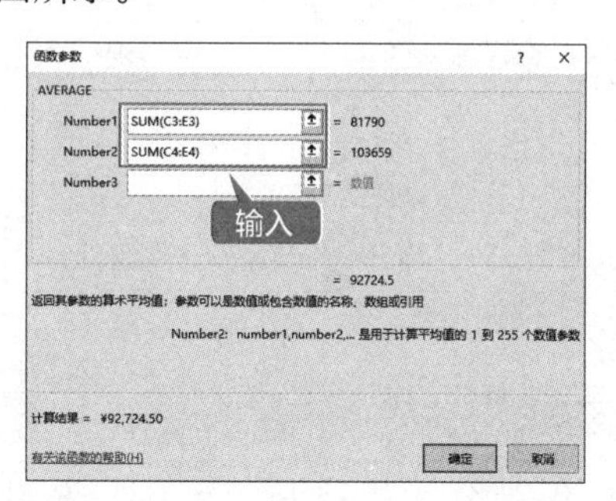

第 4 步　单击【确定】按钮，在选中的单元格中计算出季度平均销售额，如下图所示。

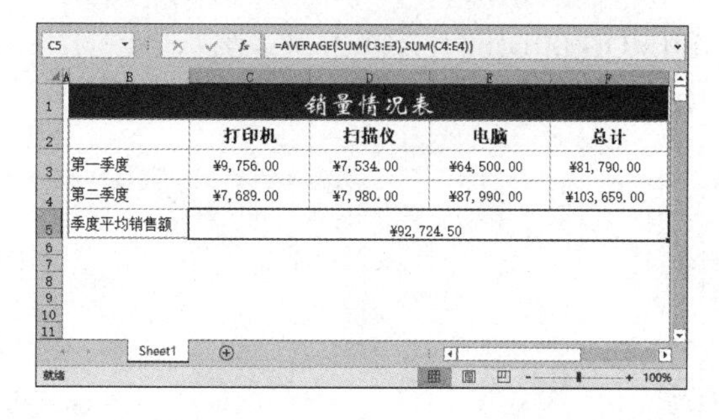

提示

如果在【函数参数】对话框中只设置一个 Number 参数，并将其设置为 SUM（C3:E3），则计算的结果会出现错误，这是因为计算平均数至少要有两个参数，如果只有一个参数，计算平均值将没有任何意义。

6.3 文本函数

文本函数是用来处理文本字符串的一系列函数，使用文本函数可以转换字符的大小写、合并字符串及返回特定的值等。文本函数较多，下面以常用的 LEN 函数和 TEXT 函数进行说明。

6.3.1 重点：LEN 函数——从身份证中提取性别信息

在员工基本信息统计表的制作过程中，可利用 LEN 函数从输入的员工身份证号中提取性别信息，具体操作步骤如下。

第 1 步 打开“素材 \ch06\ 员工基本信息统计表.xlsx”文件，如下图所示。

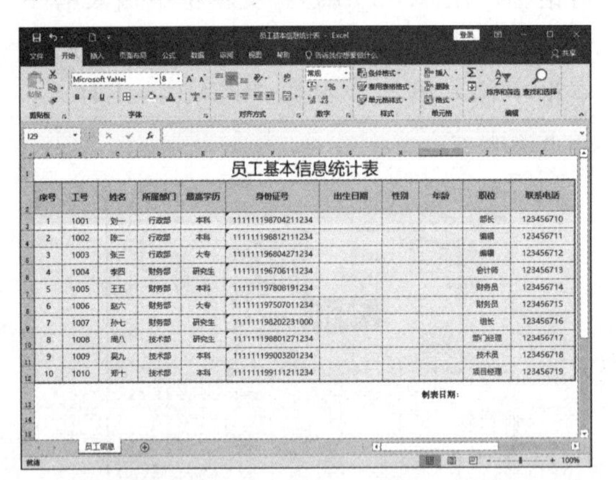

第 2 步 编制公式提取员工性别。选中单元格 H3，并输入公式“=IF(LEN(F3)=15, IF(MOD(MID(F3,15,1),2)=1,"男","女"), IF(MOD(MID(F3,17,1),2)=1,"男","女"))”，如下图所示。

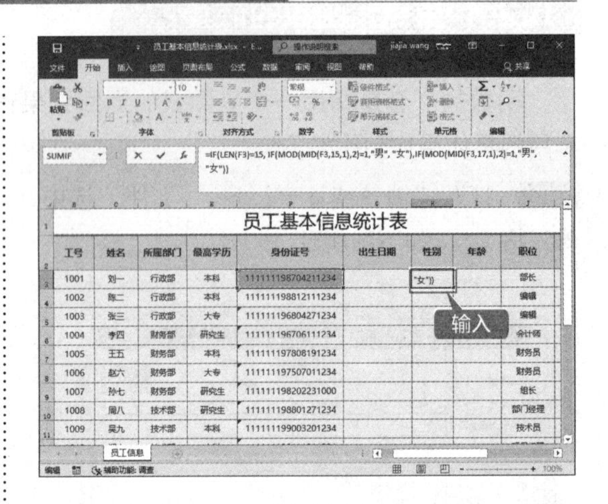

第 3 步 按【Enter】键确认输入，在选中的单元格中提取出第一位员工的性别信息，如下图所示。

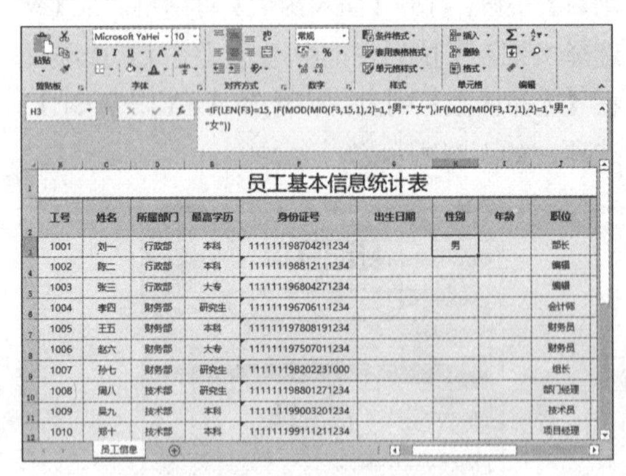

第 4 步 复制公式。选中单元格 H3，将鼠标指针移到其右下角，当指针变成✚形状时，按住鼠标左键向下拖动至单元格 H12，完成公式的复制，如下图所示。

H3 =IF(LEN(F3)=15, IF(MOD(MID(F3,15,1),2)=1,"男", "女"),IF(MOD(MID(F3,17,1),2)=1,"男",

员工基本信息统计表

工号	姓名	所属部门	最高学历	身份证号	出生日期	性别	年龄	职位
1001	刘一	行政部	本科	111111198704211234		男		部长
1002	陈二	行政部	本科	111111198812111234		男		编辑
1003	张三	行政部	大专	111111196804271234		男		编辑
1004	李四	财务部	研究生	111111196706111234		男		会计师
1005	王五	财务部	本科	111111197808191234		男		财务员
1006	赵六	财务部	大专	111111197507011234		男		财务员
1007	孙七	财务部	研究生	111111198202231000		女		组长
1008	周八	技术部	研究生	111111198801271234		男		部门经理
1009	吴九	技术部	本科	111111199003201234		男		技术员
1010	郑十	技术部	本科	111111199111211234		男		项目经理

员工信息　就绪　辅助功能: 调查　计数: 10　100%

提示

本小节主要运用的函数有 LEN，其介绍如下。

基本功能：计算目标字符中的字符数。

语法结构：LEN (text)。

参数说明：text 是目标字符串。

6.3.2 重点：TEXT 函数、MID 函数——从身份证中提取出生日期

除了从输入的员工身份证号中提取性别信息以外，还可以使用 TEXT 函数、MID 函数提取出生日期等有效信息。从身份证中提取出生日期的具体操作步骤如下。

第 1 步 打开“员工基本信息统计表”工作表，并选中单元格 G3，如下图所示。

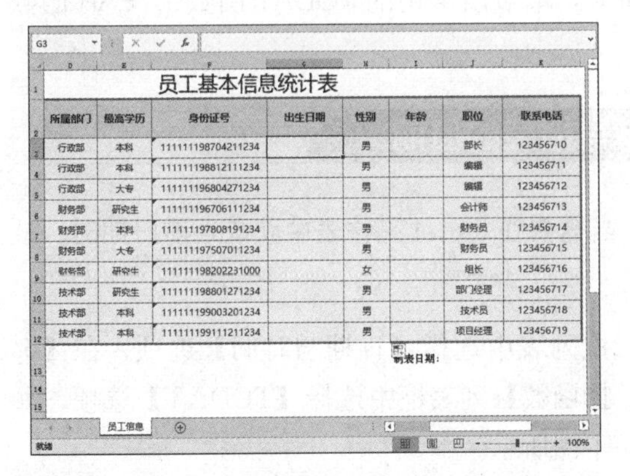

G3

员工基本信息统计表

所属部门	最高学历	身份证号	出生日期	性别	年龄	职位	联系电话
行政部	本科	111111198704211234		男		部长	123456710
行政部	本科	111111198812111234		男		编辑	123456711
行政部	大专	111111196804271234		男		编辑	123456712
财务部	研究生	111111196706111234		男		会计师	123456713
财务部	本科	111111197808191234		男		财务员	123456714
财务部	大专	111111197507011234		男		财务员	123456715
财务部	研究生	111111198202231000		女		组长	123456716
技术部	研究生	111111198801271234		男		部门经理	123456717
技术部	本科	111111199003201234		男		技术员	123456718
技术部	本科	111111199111211234		男		项目经理	123456719

制表日期：

员工信息　就绪　100%

第 2 步 编制公式提取员工出生日期。在单元格 G3 中输入公式“=TEXT(MID(F3,7,6+(LEN(F3)=18)*2),"#-00-00")”，如下图所示，按【Enter】键完成输入，即可提取出第一位员工的出生日期。

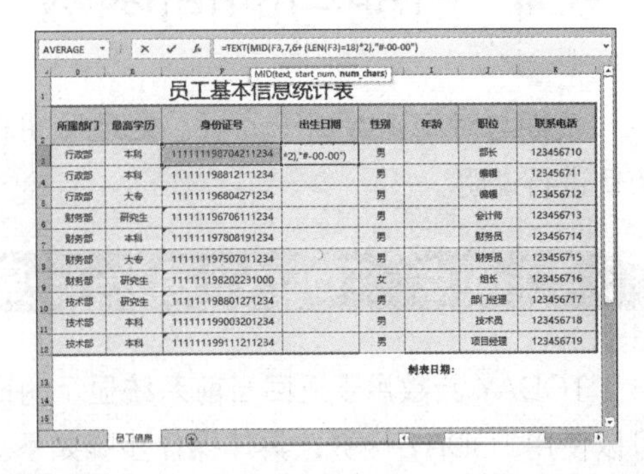

AVERAGE =TEXT(MID(F3,7,6+(LEN(F3)=18)*2),"#-00-00")

MID(text, start_num, num_chars)

员工基本信息统计表

所属部门	最高学历	身份证号	出生日期	性别	年龄	职位	联系电话
行政部	本科	111111198704211234	*2),"#-00-00")	男		部长	123456710
行政部	本科	111111198812111234		男		编辑	123456711
行政部	大专	111111196804271234		男		编辑	123456712
财务部	研究生	111111196706111234		男		会计师	123456713
财务部	本科	111111197808191234		男		财务员	123456714
财务部	大专	111111197507011234		男		财务员	123456715
财务部	研究生	111111198202231000		女		组长	123456716
技术部	研究生	111111198801271234		男		部门经理	123456717
技术部	本科	111111199003201234		男		技术员	123456718
技术部	本科	111111199111211234		男		项目经理	123456719

制表日期：

员工信息

第 3 步 复制公式。使用填充柄将单元格 G3 的公式复制到后续单元格中，从而提取出其他员工的出生日期信息，如下图所示。

G12 =TEXT(MID(F12,7,6+(LEN(F12)=18)*2),"#-00-00")

员工基本信息统计表

所属部门	最高学历	身份证号	出生日期	性别	年龄	职位	联系电话
行政部	本科	111111198704211234	1987-04-21	男		部长	123456710
行政部	本科	111111198812111234	1988-12-11	男		编辑	123456711
行政部	大专	111111196804271234	1968-04-27	男		编辑	123456712
财务部	研究生	111111196706111234	1967-06-11	男		会计师	123456713
财务部	本科	111111197808191234	1978-08-19	男		财务员	123456714
财务部	大专	111111197507011234	1975-07-01	男		财务员	123456715
财务部	研究生	111111198202231000	1982-02-23	女		组长	123456716
技术部	研究生	111111198801271234	1988-01-27	男		部门经理	123456717
技术部	本科	111111199003201234	1990-03-20	男		技术员	123456718
技术部	本科	111111199111211234	1991-11-21	男		项目经理	123456719

制表日期：

员工信息　就绪　100%

提示

本小节主要运用的函数有 TEXT、MID，其相关介绍如下。

TEXT 函数

基本功能：将数值转换为按指定格式表示的文本函数。

语法结构：TEXT(value,format_text)。

参数说明：value 可以是数值、计算结果为数值的公式或对数值单元格的引用；format_text 是所要选用的文本格式。

MID 函数

基本功能：在目标字符串中指定一个开始位置，按设定的数值返回该字符串中相应数目的字符内容。

语法结构：MID(text,start_num,num_chars)。

参数说明：text 是目标字符串；start_num 是字符串中开始的位置； num_chars 指设定的数目，MID 函数将按此数目返回相应的字符个数。

6.4 日期与时间函数

日期与时间函数用于分析、处理日期和时间值。本节以常用的 TODAY 函数、YEAR 函数为例进行说明。

6.4.1 重点：TODAY 函数——显示填写报表的日期

TODAY 函数用于返回当前系统显示的日期。当需要在 Excel 工作表中获取当前日期时，就可以使用 TODAY 函数，具体操作步骤如下。

第 1 步 打开“员工基本信息统计表”工作表，如下图所示。

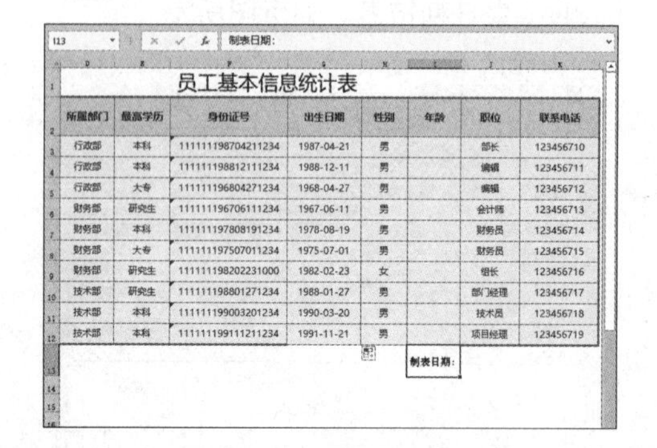

员工基本信息统计表

所属部门	最高学历	身份证号	出生日期	性别	年龄	职位	联系电话
行政部	本科	111111198704211234	1987-04-21	男		部长	123456710
行政部	本科	111111198812111234	1988-12-11	男		编辑	123456711
行政部	大专	111111196804271234	1968-04-27	男		编辑	123456712
财务部	研究生	111111196706111234	1967-06-11	男		会计师	123456713
财务部	本科	111111197808191234	1978-08-19	男		财务员	123456714
财务部	大专	111111197507011234	1975-07-01	男		财务员	123456715
财务部	研究生	111111198202231000	1982-02-23	女		组长	123456716
技术部	研究生	111111198801271234	1988-01-27	男		部门经理	123456717
技术部	本科	111111199003201234	1990-03-20	男		技术员	123456718
技术部	本科	111111199111211234	1991-11-21	男		项目经理	123456719
					制表日期:		

第 2 步 选中单元格 J13，然后依次单击【公式】→【函数库】→【插入函数】按钮，打开【插入函数】对话框，在【或选择类别】下拉列表中选择【日期与时间】选项，在【选择函数】列表框中选择【TODAY】选项，如下图所示。

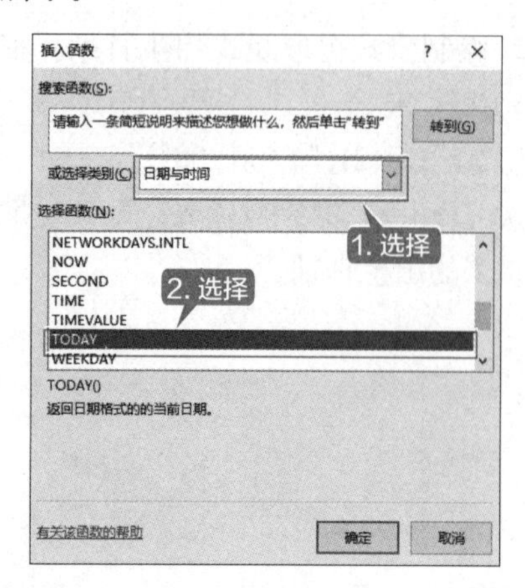

第 3 步 单击【确定】按钮，打开【函数参数】对话框，并提示用户该函数不需要参数，如下图所示。

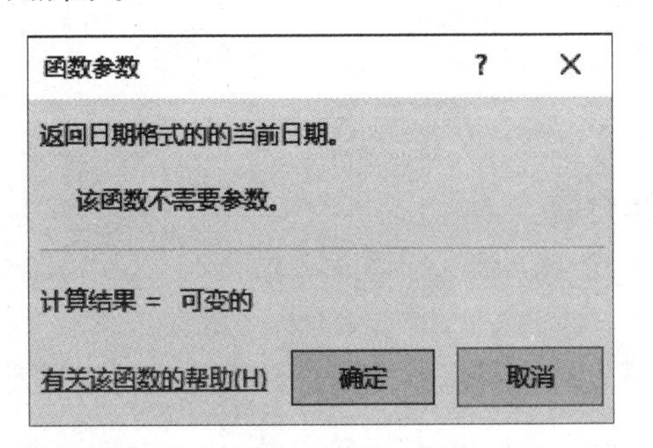

第 4 步 单击【确定】按钮，即可在工作表中获取当前系统显示的日期，如下图所示。

员工基本信息统计表

所属部门	最高学历	身份证号	出生日期	性别	年龄	职位	联系电话
行政部	本科	111111198704211234	1987-04-21	男		部长	123456710
行政部	本科	111111198812111234	1988-12-11	男		编辑	123456711
行政部	大专	111111196804271234	1968-04-27	男		编辑	123456712
财务部	研究生	111111196706111234	1967-06-11	男		会计师	123456713
财务部	本科	111111197808191234	1978-08-19	男		财务员	123456714
财务部	大专	111111197507011234	1975-07-01	男		财务员	123456715
财务部	研究生	111111198202231000	1982-02-23	女		组长	123456716
技术部	研究生	111111198801271234	1988-01-27	男		部门经理	123456717
技术部	本科	111111199003201234	1990-03-20	男		技术员	123456718
技术部	本科	111111199111211234	1991-11-21	男		项目经理	123456719
						制表日期:	2018/12/4

6.4.2 重点：YEAR 函数——计算年龄

员工年龄可由 Excel 中的 YEAR 函数计算得出，即当前系统的日期减去出生日期。使用 YEAR 函数计算员工年龄的具体操作步骤如下。

第 1 步 打开“员工基本信息统计表”工作表，并选中单元格 I3，然后单击编辑栏左侧的【插入函数】按钮 f_x，如下图所示。

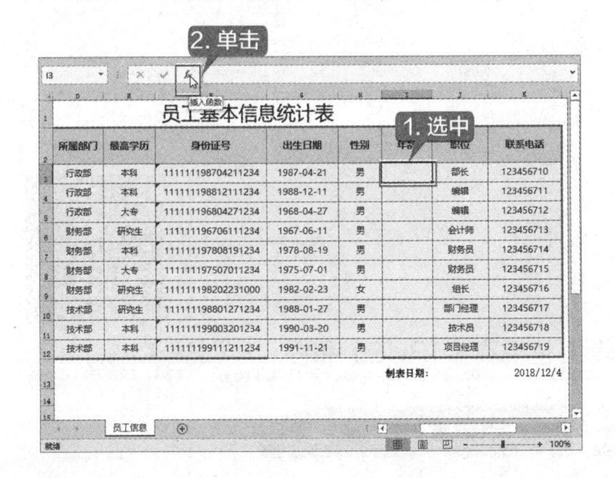

第 2 步 打开【插入函数】对话框，在【或选择类别】下拉列表框中选择【日期与时间】选项，在【选择函数】列表框中选择【YEAR】选项，如下图所示。

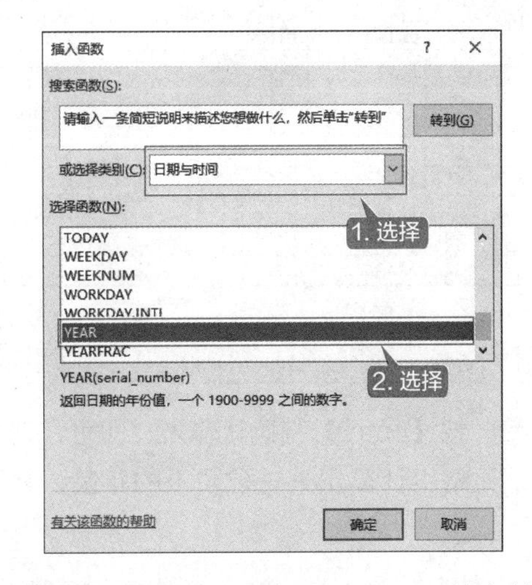

第 3 步 单击【确定】按钮，打开【函数参数】对话框，在【Serial_number】文本框中输入“Now（）”，如下图所示。

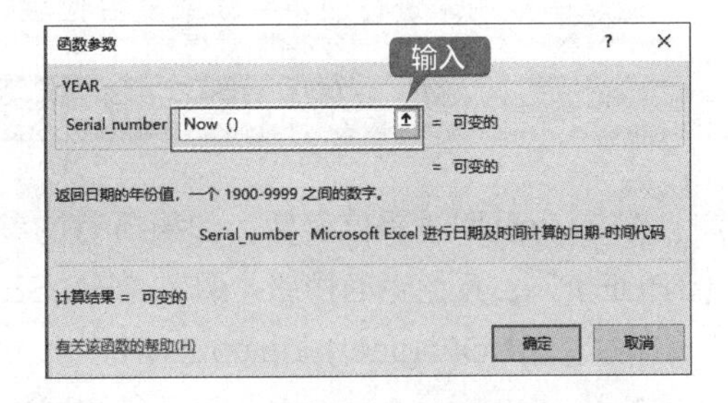

第 4 步 单击【确定】按钮，即可在选中的单元格中显示当前系统的年份为“2018”，并且在编辑栏中显示使用的公式，如下图所示。

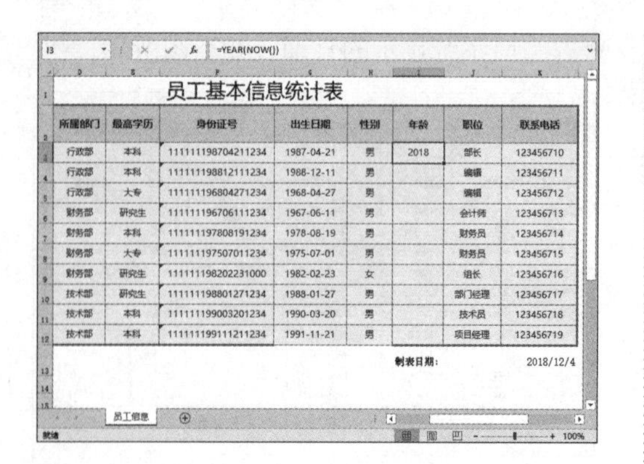

I3 =YEAR(NOW())

员工基本信息统计表

所属部门	最高学历	身份证号	出生日期	性别	年龄	职位	联系电话
行政部	本科	111111198704211234	1987-04-21	男	2018	部长	123456710
行政部	本科	111111198812111234	1988-12-11	男		编辑	123456711
行政部	大专	111111196804271234	1968-04-27	男		编辑	123456712
财务部	研究生	111111196706111234	1967-06-11	男		会计师	123456713
财务部	本科	111111197808191234	1978-08-19	男		财务员	123456714
财务部	大专	111111197507011234	1975-07-01	男		财务员	123456715
财务部	研究生	111111198202231000	1982-02-23	女		组长	123456716
技术部	研究生	111111198801271234	1988-01-27	男		部门经理	123456717
技术部	本科	111111199003201234	1990-03-20	男		技术员	123456718
技术部	本科	111111199111211234	1991-11-21	男		项目经理	123456719

制表日期： 2018/12/4

员工信息

第5步 双击单元格 I3，使其处于编辑状态，然后在该单元格中继续输入完整的公式“=YEAR(NOW())−YEAR(G3)”，如下图所示。

YEAR =YEAR(NOW())-YEAR(G3)

员工基本信息统计表

所属部门	最高学历	身份证号	出生日期	性别	年龄	职位	联系电话
行政部	本科	111111198704211234	1987-04-21	男	YEAR(G3)	部长	123456710
行政部	本科	111111198812111234	1988-12-11	男		编辑	123456711
行政部	大专	111111196804271234	1968-04-27	男		编辑	123456712
财务部	研究生	111111196706111234	1967-06-11	男		会计师	123456713
财务部	本科	111111197808191234	1978-08-19	男		财务员	123456714
财务部	大专	111111197507011234	1975-07-01	男		财务员	123456715
财务部	研究生	111111198202231000	1982-02-23	女		组长	123456716
技术部	研究生	111111198801271234	1988-01-27	男		部门经理	123456717
技术部	本科	111111199003201234	1990-03-20	男		技术员	123456718
技术部	本科	111111199111211234	1991-11-21	男		项目经理	123456719

制表日期： 2018/12/4

员工信息

第6步 按【Enter】键确认输入，即可在选中的单元格中计算出第一位员工的年龄，如下图所示。

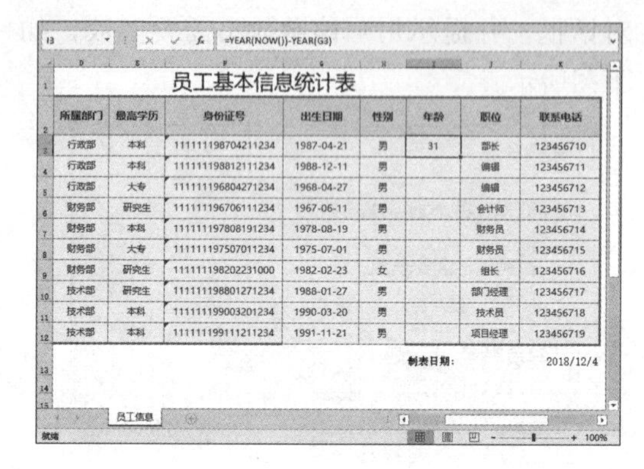

I3 =YEAR(NOW())-YEAR(G3)

员工基本信息统计表

所属部门	最高学历	身份证号	出生日期	性别	年龄	职位	联系电话
行政部	本科	111111198704211234	1987-04-21	男	31	部长	123456710
行政部	本科	111111198812111234	1988-12-11	男		编辑	123456711
行政部	大专	111111196804271234	1968-04-27	男		编辑	123456712
财务部	研究生	111111196706111234	1967-06-11	男		会计师	123456713
财务部	本科	111111197808191234	1978-08-19	男		财务员	123456714
财务部	大专	111111197507011234	1975-07-01	男		财务员	123456715
财务部	研究生	111111198202231000	1982-02-23	女		组长	123456716
技术部	研究生	111111198801271234	1988-01-27	男		部门经理	123456717
技术部	本科	111111199003201234	1990-03-20	男		技术员	123456718
技术部	本科	111111199111211234	1991-11-21	男		项目经理	123456719

制表日期： 2018/12/4

员工信息

第7步 复制公式。使用填充柄将单元格 I3 的公式复制到后续单元格中，从而计算出其他员工的年龄，如下图所示。

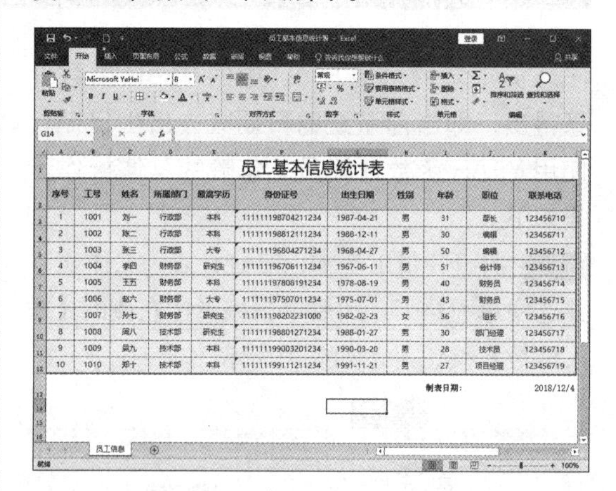

员工基本信息统计表

序号	工号	姓名	所属部门	最高学历	身份证号	出生日期	性别	年龄	职位	联系电话
1	1001	刘一	行政部	本科	111111198704211234	1987-04-21	男	31	部长	123456710
2	1002	陈二	行政部	本科	111111198812111234	1988-12-11	男	30	编辑	123456711
3	1003	张三	行政部	大专	111111196804271234	1968-04-27	男	50	编辑	123456712
4	1004	李四	财务部	研究生	111111196706111234	1967-06-11	男	51	会计师	123456713
5	1005	王五	财务部	本科	111111197808191234	1978-08-19	男	40	财务员	123456714
6	1006	赵六	财务部	大专	111111197507011234	1975-07-01	男	43	财务员	123456715
7	1007	孙七	财务部	研究生	111111198202231000	1982-02-23	女	36	组长	123456716
8	1008	周八	技术部	研究生	111111198801271234	1988-01-27	男	30	部门经理	123456717
9	1009	吴九	技术部	本科	111111199003201234	1990-03-20	男	28	技术员	123456718
10	1010	郑十	技术部	本科	111111199111211234	1991-11-21	男	27	项目经理	123456719

制表日期： 2018/12/4

员工信息

6.5 逻辑函数

逻辑函数用来进行逻辑判断或复合检验，逻辑值包括真（TRUE）和假（FALSE）。

6.5.1 重点：使用 AND 函数判断员工是否完成工作量

AND 为返回逻辑值函数，如果所有的参数值均为逻辑“真”（TRUE），则返回逻辑“真（TRUE）”，反之返回逻辑“假”（FALSE）。该函数的相关介绍如下。

格式：AND(logical1,logical2,…)。

参数：logical1,logical2,…表示待测试的条件值或表达式，最多为 255 个。

使用 AND 函数判断员工是否完成工作量的具体操作步骤如下。

第 1 步 打开“素材\ch06\员工销售业绩表.xlsx”文件，如下图所示。

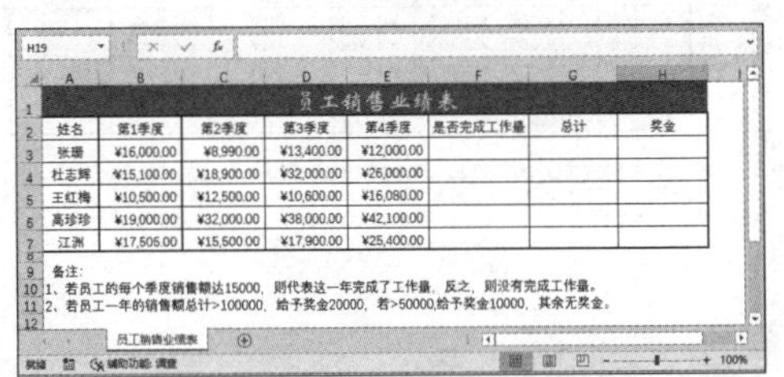

第 2 步 根据表格的备注信息，在单元格 F3 中输入公式“=AND（B3＞15000,C3＞15000,D3＞15000,E3＞15000）”，如下图所示，然后按【Enter】键确认输入，即可返回判断结果。

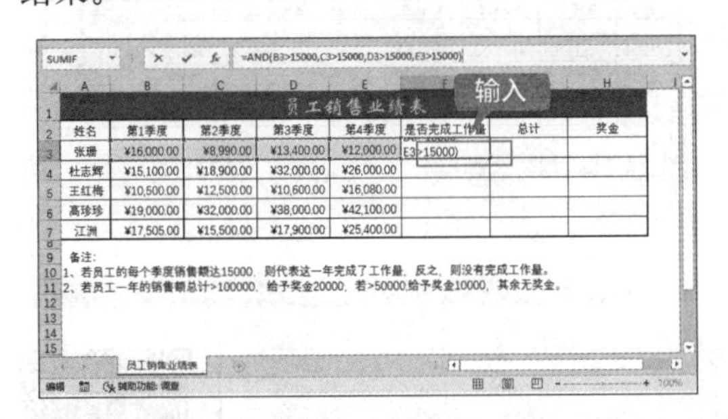

第 3 步 复制公式。利用快速填充功能，判断其他员工工作量的完成情况，如下图所示。

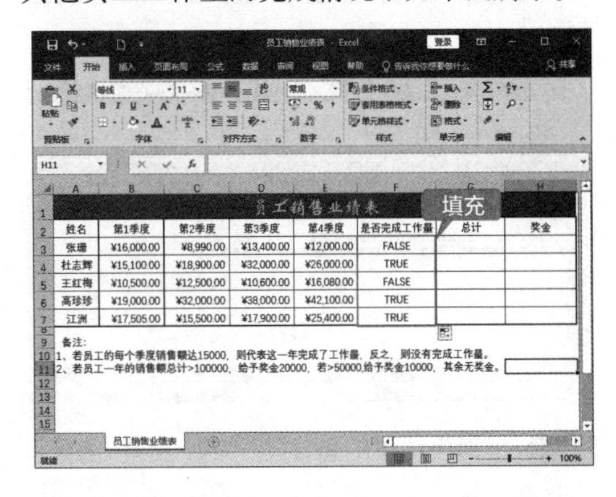

提示

在上述公式中输入的 4 个参数需要同时作为 AND 函数的判断条件，只有同时成立，才能返回 TRUE，否则返回 FALSE。

6.5.2 重点：使用 IF 函数计算业绩提成奖金

IF 函数是根据指定的条件来判断真假结果，返回相应的内容。该函数的相关介绍如下。

格式：IF(logical,value_if_true,value_if _false)。

参数：logical 代表逻辑判断表达式；value_if_true 表示当判断条件为逻辑“真”（TRUE）时的显示内容，如果忽略此参数，则返回“0”；value_if_false 表示当判断条件为逻辑“假”（FALSE）时的显示内容，如果忽略，则返回“FALSE”。

使用 IF 函数来计算员工业绩提成奖金的具体操作步骤如下。

第 1 步 打开“员工销售业绩表”工作表，然后选中单元格 G3，如下图所示。

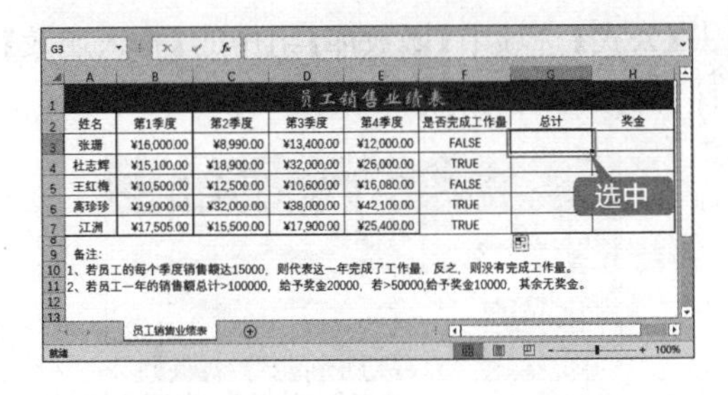

第 2 步 在单元格 G3 中输入公式“=SUM(B3+C3+D3+D3)”，如下图所示，按【Enter】键完成输入，即可计算出第一位员工的销售业绩总额。

第 3 步 复制公式。利用快速填充功能，计算出其他员工的销售业绩总额，如下图所示。

G7 =SUM(B7+C7+D7+D7)

员工销售业绩表							
姓名	第1季度	第2季度	第3季度	第4季度	是否完成工作量	总计	奖金
张珊	¥16,000.00	¥8,990.00	¥13,400.00	¥12,000.00	FALSE	¥51,790.00	
杜志辉	¥15,100.00	¥18,900.00	¥32,000.00	¥26,000.00	TRUE	¥98,000.00	
王红梅	¥10,500.00	¥12,500.00	¥10,600.00	¥16,080.00	FALSE	¥44,200.00	
高珍珍	¥19,000.00	¥32,000.00	¥38,000.00	¥42,100.00	TRUE	¥127,000.00	
江洲	¥17,505.00	¥15,500.00	¥17,900.00	¥25,400.00	TRUE	¥68,805.00	

备注:
1、若员工的每个季度销售额达15000，则代表这一年完成了工作量，反之，则没有完成工作量。
2、若员工一年的销售额总计>100000，给予奖金20000，若>50000,给予奖金10000，其余无奖金。

员工销售业绩表

第 4 步 根据表格中的备注信息，使用 IF 函数计算奖金。选中单元格 H3，并输入公式“=IF(G3>100000,20000,IF(G3>50000,10000,0))”，如下图所示，然后按【Enter】键完成输入，即可计算出第一位员工的提成奖金。

=IF(G3>100000,20000,IF(G3>50000,10000,0))

员工销售业绩表							
姓名	第1季度	第2季度	第3季度	第4季度	是否完成工作量	总计	奖金
张珊	¥16,000.00	¥8,990.00	¥13,400.00	¥12,000.00	FALSE	¥51,790.00	
杜志辉	¥15,100.00	¥18,900.00	¥32,000.00	¥26,000.00	TRUE	¥98,000.00	
王红梅	¥10,500.00	¥12,500.00	¥10,600.00	¥16,080.00	FALSE	¥44,200.00	
高珍珍	¥19,000.00	¥32,000.00	¥38,000.00	¥42,100.00	TRUE	¥127,000.00	
江洲	¥17,505.00	¥15,500.00	¥17,900.00	¥25,400.00	TRUE	¥68,805.00	

备注:
1、若员工的每个季度销售额达15000，则代表这一年完成了工作量，反之，则没有完成工作量。
2、若员工一年的销售额总计>100000，给予奖金20000，若>50000,给予奖金10000，其余无奖金。

员工销售业绩表

第 5 步 复制公式。利用快速填充功能，计算出其他员工的业绩提成奖金，如下图所示。

H7 =IF(G7>100000,20000,IF(G7>50000,10000,0))

员工销售业绩表							
姓名	第1季度	第2季度	第3季度	第4季度	是否完成工作量	总计	奖金
张珊	¥16,000.00	¥8,990.00	¥13,400.00	¥12,000.00	FALSE	¥51,790.00	¥10,000.00
杜志辉	¥15,100.00	¥18,900.00	¥32,000.00	¥26,000.00	TRUE	¥98,000.00	¥10,000.00
王红梅	¥10,500.00	¥12,500.00	¥10,600.00	¥16,080.00	FALSE	¥44,200.00	¥0.00
高珍珍	¥19,000.00	¥32,000.00	¥38,000.00	¥42,100.00	TRUE	¥127,000.00	¥20,000.00
江洲	¥17,505.00	¥15,500.00	¥17,900.00	¥25,400.00	TRUE	¥68,805.00	¥10,000.00

备注:
1、若员工的每个季度销售额达15000，则代表这一年完成了工作量，反之，则没有完成工作量。
2、若员工一年的销售额总计>100000，给予奖金20000，若>50000,给予奖金10000，其余无奖金。

员工销售业绩表

6.6 查找与引用函数

Excel 提供的查找和引用函数可以在单元格区域查找或引用满足条件的数据，特别是在数据比较多的工作表中，用户不需要指定具体的数据位置，这可以让单元格数据的操作变得更加灵活。

6.6.1 重点：使用 VLOOKUP 函数从另一个工作表中提取数据

用户如果需要在多张表格中输入相同的信息，逐个输入会很烦琐，而且可能会造成数据错误，这时可以使用 Excel 中的 VLOOKUP 函数从工作表中提取数据，从而简化输入工作。

使用 VLOOKUP 函数从工作表中提取数据的具体操作步骤如下。

第 1 步 打开“素材 \ch06\ 销售业绩表.xlsx”文件，如下图所示。

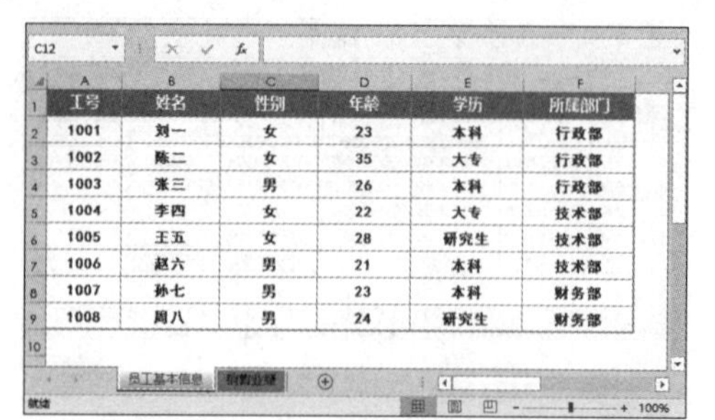

工号	姓名	性别	年龄	学历	所属部门
1001	刘一	女	23	本科	行政部
1002	陈二	女	35	大专	行政部
1003	张三	男	26	本科	行政部
1004	李四	女	22	大专	技术部
1005	王五	女	28	研究生	技术部
1006	赵六	男	21	本科	技术部
1007	孙七	男	23	本科	财务部
1008	周八	男	24	研究生	财务部

员工基本信息 销售业绩

第 2 步 单击工作表标签“销售业绩”，进入“销售业绩”工作表中，选中单元格 B2，然后单击【公式】选项卡【函数库】组中的【插入函数】按钮，如下图所示。

单击

工号	姓名	1月份	2月份	3月份
1001		¥12,080.00	¥9,650.00	¥12,040.00
1002		¥16,500.00	¥11,260.00	¥10,670.00

第 3 步 打开【插入函数】对话框，在【或选择类别】下拉列表中选择【查找与引用】选项，然后在【选择函数】列表框中选择【VLOOKUP】选项，如下图所示。

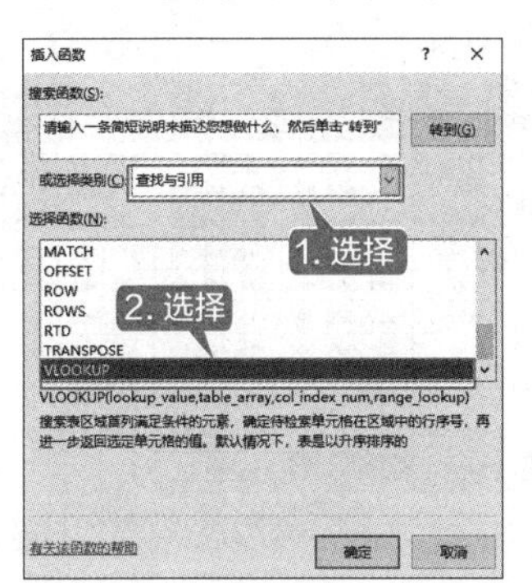

第 4 步 单击【确定】按钮，打开【函数参数】对话框，在【Lookup_value】文本框中输入“员工基本信息”工作表中的单元格“A2”，在【Table_array】文本框中输入“员工基本信息！A1:B9”，在【Col_index_num】文本框中输入“2”，如下图所示。

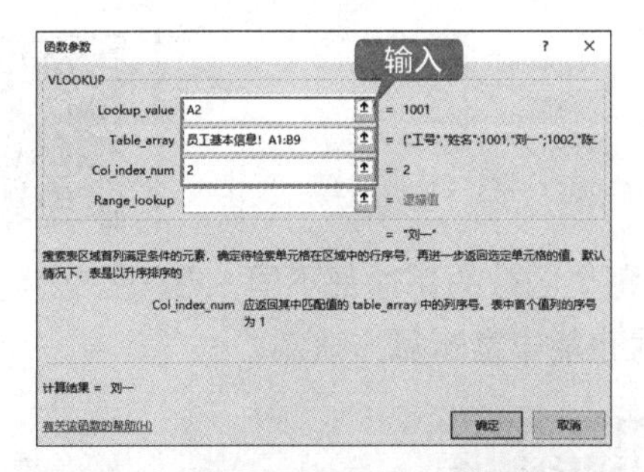

第 5 步 单击【确定】按钮，即可在单元格 B2 中显示工号为“1001”的员工姓名“刘一”，如下图所示。

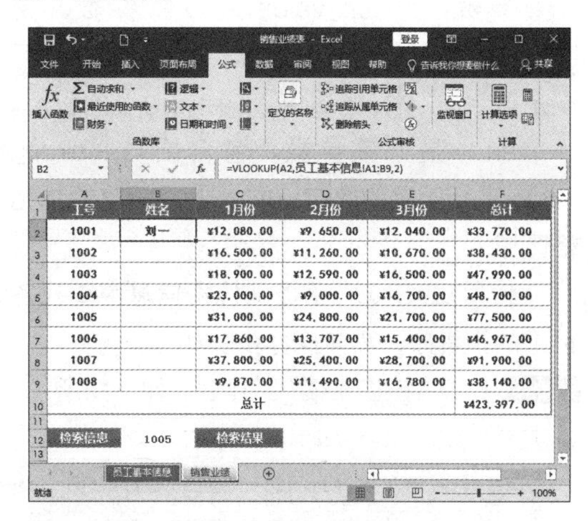

第 6 步 复制公式。利用快速填充功能，提取出其他员工工号对应的员工姓名信息，如下图所示。

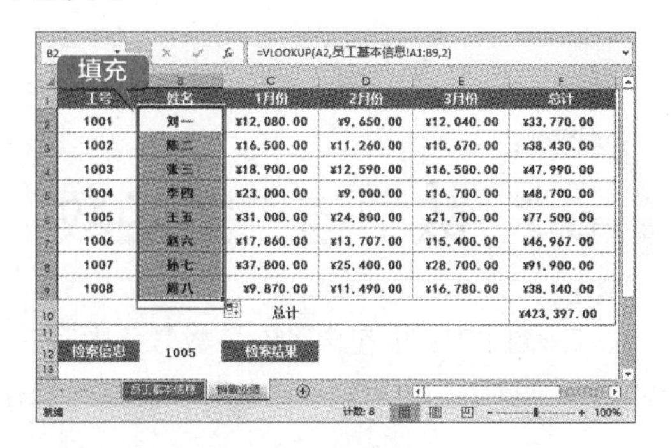

6.6.2 重点：使用 LOOKUP 函数从向量数组中查找一个值

LOOKUP 函数分为向量型查找和数组型查找。在一列或一行中查找某个值，称为向量型查找，在数列或数行中查找称为数组型查找。有关向量型查找和数组型查找的相关介绍如下。

1. 向量型查找

语法：LOOKUP(lookup_value,lookup_vector,result_vector)。

参数：lookup_value 为必需参数，是 LOOKUP 在第一个向量中搜索的值。lookup_value 可以是数字、文本、逻辑值、名称或对值的引用。

lookup_vector 为必需参数，只包含一行或一列的区域。lookup_vector 的值可以是文本、数字或逻辑值。

result_vector 为可选参数，只包含一行或一列的区域。result_vector 参数必须与 lookup_vector 大小相同。

2. 数组型查找

语法：LOOKUP(lookup_value,array)。

参数：lookup_value 为必需参数，是 LOOKUP 在数组中搜索的值。lookup_value 可以是数字、文本、逻辑值、名称或对值的引用。

array 是必需参数，包含要与 lookup_value 进行比较的数字、文本或逻辑值的单元格区域。

使用 LOOKUP 函数从检索信息中查找各员工的销售额，具体操作步骤如下。

第1步 打开“销售业绩”工作表，如下图所示。

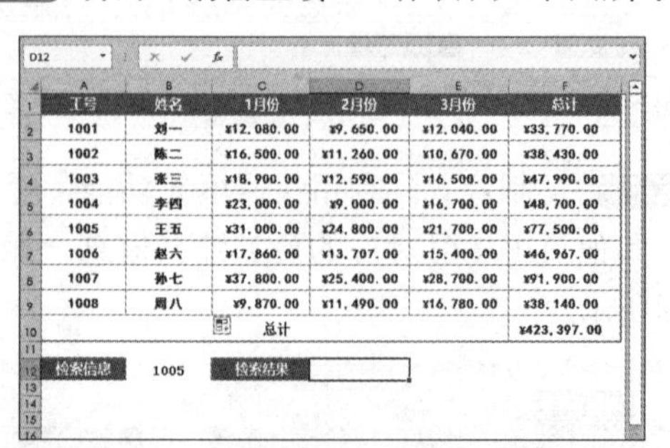

工号	姓名	1月份	2月份	3月份	总计
1001	刘一	¥12,080.00	¥9,650.00	¥12,040.00	¥33,770.00
1002	陈二	¥16,500.00	¥11,260.00	¥10,670.00	¥38,430.00
1003	张三	¥18,900.00	¥12,590.00	¥16,500.00	¥47,990.00
1004	李四	¥23,000.00	¥9,000.00	¥16,700.00	¥48,700.00
1005	王五	¥31,000.00	¥24,800.00	¥21,700.00	¥77,500.00
1006	赵六	¥17,860.00	¥13,707.00	¥15,400.00	¥46,967.00
1007	孙七	¥37,800.00	¥25,400.00	¥28,700.00	¥91,900.00
1008	周八	¥9,870.00	¥11,490.00	¥16,780.00	¥38,140.00
		总计			¥423,397.00
检索信息	1005	检索结果			

第2步 选中单元格 D12，并输入公式“=LOOKUP(B12,A2:F10)”，然后按【Enter】键确认输入，即可检索出员工号为“1005”的员工的销售总额，如下图所示。

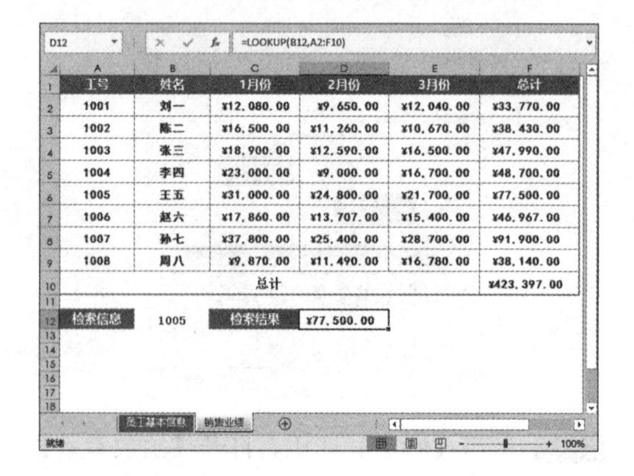

=LOOKUP(B12,A2:F10)

工号	姓名	1月份	2月份	3月份	总计
1001	刘一	¥12,080.00	¥9,650.00	¥12,040.00	¥33,770.00
1002	陈二	¥16,500.00	¥11,260.00	¥10,670.00	¥38,430.00
1003	张三	¥18,900.00	¥12,590.00	¥16,500.00	¥47,990.00
1004	李四	¥23,000.00	¥9,000.00	¥16,700.00	¥48,700.00
1005	王五	¥31,000.00	¥24,800.00	¥21,700.00	¥77,500.00
1006	赵六	¥17,860.00	¥13,707.00	¥15,400.00	¥46,967.00
1007	孙七	¥37,800.00	¥25,400.00	¥28,700.00	¥91,900.00
1008	周八	¥9,870.00	¥11,490.00	¥16,780.00	¥38,140.00
		总计			¥423,397.00
检索信息	1005	检索结果	¥77,500.00		

提示

使用向量型查找时，在单元格 D12 中输入的公式为“=LOOKUP(B12,A2:A10,F2:F10)”。

6.7 数学与三角函数

Excel 2019 中包含了许多数学函数和三角函数，每个函数的用途都不同，在一些较为复杂的数学运算中，使用这些函数可以提高运算速度，同时也能丰富运算方法。

6.7.1 重点：使用 SUM 函数对实发工资进行求和

SUM 函数主要用于求和，使用 SUM 函数对应发工资进行求和的具体操作步骤如下。

第1步 打开“素材\ch06\员工工资薪酬表.xlsx”文件，如下图所示。

员工工资薪酬表

序号	工号	姓名	所属部门	基本工资	津贴福利	本月奖金	补贴金额	应发工资	代缴保险	代缴个税	实发工资
1	1001	张珊	行政部	1800	300	1200	300		300		
2	1002	江洲	行政部	3600	430	1000	300		300		
3	1003	黄达然	行政部	4200	400	1500	300		300		
4	1004	肖扎维	财务部	4000	500	750	300		300		
5	1005	杨秀凤	财务部	4000	348	800	300		300		
6	1006	冯欢	财务部	4000	280	2000	300		300		
7	1007	王红梅	生产部	2800	380	1000	300		280		
8	1008	陈涛	生产部	2800	780	1200	300		280		
9	1009	杜志辉	生产部	3500	800	1600	300		280		
10	1010	许娜	生产部	3500	500	1800	300		280		

选定区域中非空白单元格的个数：

第2步 选中单元格 I3，并输入公式“=SUM(E3:H3)”，按【Enter】键完成输入，即可计算出第一位员工的应发工资，如下图所示。

=SUM(E3:H3)

员工工资薪酬表

序号	工号	姓名	所属部门	基本工资	津贴福利	本月奖金	补贴金额	应发工资	代缴保险	代缴个税	实发工资
1	1001	张珊	行政部	1800	300	1200	300	3600	300		
2	1002	江洲	行政部	3600	430	1000	300		300		
3	1003	黄达然	行政部	4200	400	1500	300		300		
4	1004	肖扎维	财务部	4000	500	750	300		300		
5	1005	杨秀凤	财务部	4000	348	800	300		300		
6	1006	冯欢	财务部	4000	280	2000	300		300		
7	1007	王红梅	生产部	2800	380	1000	300		280		
8	1008	陈涛	生产部	2800	780	1200	300		280		
9	1009	杜志辉	生产部	3500	800	1600	300		280		
10	1010	许娜	生产部	3500	500	1800	300		280		

选定区域中非空白单元格的个数：

第3步 复制公式。使用快速填充功能，计算出其他员工的应发工资，如下图所示。

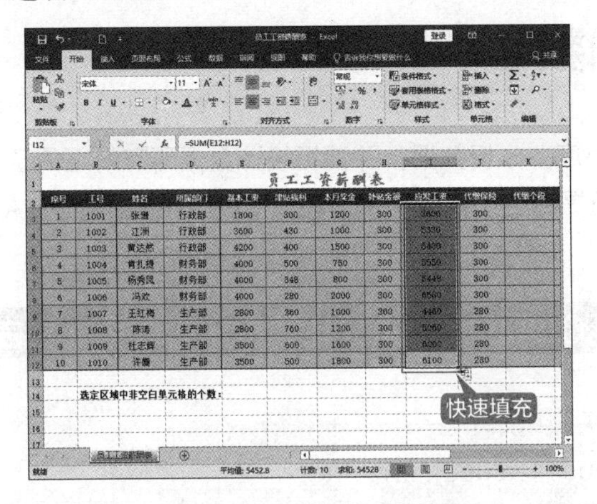

员工工资薪酬表

序号	工号	姓名	所属部门	基本工资	津贴福利	本月奖金	补贴金额	应发工资	代缴保险	代缴个税
1	1001	张珊	行政部	1800	300	1200	300	3600	300	
2	1002	江洲	行政部	3600	430	1000	300	5330	300	
3	1003	黄达然	行政部	4200	400	1500	300	6400	300	
4	1004	[illegible]	财务部	4000	500	750	300	5550	300	
5	1005	杨秀凤	财务部	4000	348	800	300	5448	300	
6	1006	冯欢	财务部	4000	280	2000	300	6580	300	
7	1007	王红梅	生产部	2800	360	1000	300	4460	280	
8	1008	陈涛	生产部	2800	760	1200	300	5060	280	
9	1009	杜志辉	生产部	3500	600	1600	300	6000	280	
10	1010	[illegible]	生产部	3500	500	1800	300	6100	280	

6.7.1 重点：使用 ROUND 函数对小数进行四舍五入

ROUND 函数用来对数值进行四舍五入，其语法格式和参数说明如下。

语法：ROUND(number, num_digits)。

参数：number 表示需要进行四舍五入的数值。

num_digits > 0 时，表示取小数点后对应位数的四舍五入数值；num_digits=0 时，表示将数字四舍五入到最接近的整数；num_digits < 0 时，表示对小数点左侧前几位进行四舍五入。

使用 ROUND 函数将表中的数值进行四舍五入的具体操作步骤如下。

第1步 启动 Excel 2019，新建一个空白文档，然后在新工作表中输入下图所示的参数。

	A	B	C
1	参数	指定位数	返回值
2	34.567891	0	
3	34.567891	1	
4	34.567891	2	
5	34.567891	3	
6	34.567891	4	
7	34.567891	5	
8	34.567891	6	

第2步 选中单元格 C2，并输入公式“=ROUND(A2,B2)”，然后按【Enter】键完成输入，即可返回该小数取整后的计算结果，如下图所示。

	A	B	C
1	参数	指定位数	返回值
2	34.567891	0	35
3	34.567891	1	
4	34.567891	2	
5	34.567891	3	
6	34.567891	4	
7	34.567891	5	
8	34.567891	6	

第3步 复制公式。使用快速填充功能，计算出该小数保留指定位数后的四舍五入结果，如下图所示。

	A	B	C
1	参数	指定位数	返回值
2	34.567891	0	35
3	34.567891	1	34.6
4	34.567891	2	34.57
5	34.567891	3	34.568
6	34.567891	4	34.5679
7	34.567891	5	34.56789
8	34.567891	6	34.567891

快速填充

6.8 统计函数

统计函数是从各个角度去分析数据，并捕捉统计数据所有特征的函数。使用统计函数能够大大缩短工作时间，从而提高工作效率。本节将以 COUNTA 函数、MAX 函数和 ROUND 函数为例进行说明。

6.8.1 重点：使用 COUNTA 函数计算指定区域中非空白单元格的个数

COUNTA 函数的相关介绍如下。

语法：COUNTA(value1,[value2], ...)。

参数：value1 为必需参数，表示要计算的值的第一个参数；value2, ... 为可选参数，表示要计算的值的其他参数，最多可包含 255 个参数。

使用 COUNTA 函数来统计“员工工资薪酬表”工作表中非空白单元格的个数，具体操作步骤如下。

第 1 步 打开“员工工资薪酬表”工作表，如下图所示。

B14 选定区域中非空白单元格的个数:

员工工资薪酬表

序号	工号	姓名	所属部门	基本工资	津贴福利	本月奖金	补贴金额	应发工资	代缴保险
1	1001	张珊	行政部	1800	300	1200	300	3600	300
2	1002	江洲	行政部	3600	430	1000	300	5330	300
3	1003	黄达然	行政部	4200	400	1500	300	6400	300
4	1004	肖扎提	财务部	4000	500	750	300	5550	300
5	1005	杨秀凤	财务部	4000	348	800	300	5448	300
6	1006	冯欢	财务部	4000	280	2000	300	6580	300
7	1007	王红梅	生产部	2800	360	1000	300	4460	280
8	1008	陈涛	生产部	2800	760	1200	300	5060	280
9	1009	杜志辉	生产部	3500	600	1600	300	6000	280
10	1010	许巍	生产部	3500	500	1800	300	6100	280

选定区域中非空白单元格的个数:

第 2 步 选中单元格 E14,并输入公式“=COUNTA(A2:L12)”，按【Enter】键完成输入，即可计算出选定区域中非空白单元格为 112 个，如下图所示。

E14 =COUNTA(A2:L12)

员工工资薪酬表

序号	工号	姓名	所属部门	基本工资	津贴福利	本月奖金	补贴金额	应发工资	代缴保险
1	1001	张珊	行政部	1800	300	1200	300	3600	300
2	1002	江洲	行政部	3600	430	1000	300	5330	300
3	1003	黄达然	行政部	4200	400	1500	300	6400	300
4	1004	肖扎提	财务部	4000	500	750	300	5550	300
5	1005	杨秀凤	财务部	4000	348	800	300	5448	300
6	1006	冯欢	财务部	4000	280	2000	300	6580	300
7	1007	王红梅	生产部	2800	360	1000	300	4460	280
8	1008	陈涛	生产部	2800	760	1200	300	5060	280
9	1009	杜志辉	生产部	3500	600	1600	300	6000	280
10	1010	许巍	生产部	3500	500	1800	300	6100	280

选定区域中非空白单元格的个数: 112

6.8.2 重点：使用 MAX 函数计算个人所得税

根据公式计算出企业员工应发工资后，即可使用 MAX 函数计算员工个人所得税代缴金额，具体操作步骤如下。

第 1 步 打开“员工工资薪酬表”工作表，选中单元格 K3，如下图所示。

员工工资薪酬表

基本工资	津贴福利	本月奖金	补贴金额	应发工资	代缴保险	代缴个税	实发工资
1800	300	1200	300	3600	300		
3600	430	1000	300	5330	300		
4200	400	1500	300	6400	300		
4000	500	750	300	5550	300		
4000	348	800	300	5448	300		
4000	280	2000	300	6580	300		
2800	360	1000	300	4460	280		
2800	760	1200	300	5060	280		
3500	600	1600	300	6000	280		
3500	500	1800	300	6100	280		

第 2 步 在选中的单元格中输入公式“=ROUND(MAX((I3-3500)* {0.03,0.1,0.2,0.25,0.3,0.35,0.45} -{0,105,555,1005,2755,5505,13505},0),2)”，如下图所示，然后按【Enter】键完成输入，即可计算出第一位员工的应纳税额。

第 3 步 复制公式。利用快速填充功能，计算出其他员工的个人所得税，如下图所示。

6.8.3 重点：使用 ROUND 函数对实发工资进行求和

一般情况下，个人的实发工资是应发工资减去代缴保险和代缴个人所得税金额后的余额。在计算出员工的应发工资和个人所得税金额后，就可以使用 ROUND 函数计算员工的实发工资，具体操作步骤如下。

第 1 步 打开“员工工资薪酬表”工作表，选中单元格 L3，如下图所示。

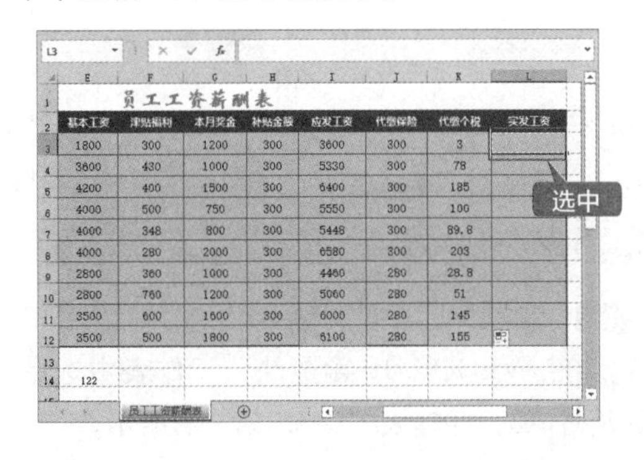

第 2 步 在 L3 中输入公式“=ROUND(I3−J3−K3,2)”，按【Enter】键完成输入，即可计算出第一位员工的实发工资，如下图所示。

第 3 步 复制公式。利用快速填充功能计算出其他员工的实发工资，如下图所示。

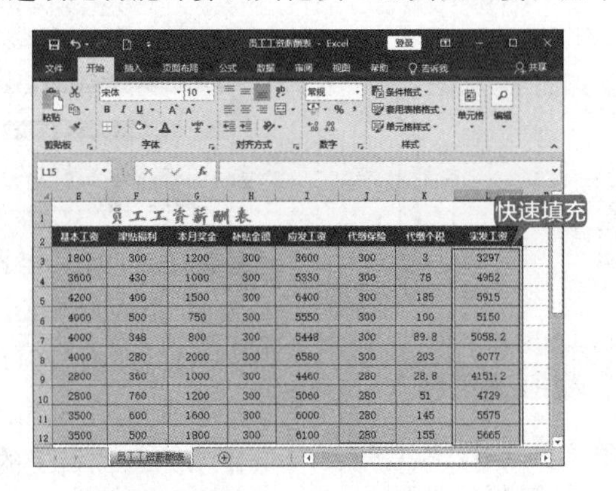

第 4 步 单击【保存】按钮，将计算结果保存。

6.9 批量制作员工工资条

在员工工资薪酬表制作完成后，人力资源部门还需要为每个员工制作一个工资条，该工资条是发给员工的发薪凭证。批量制作员工工资条的方法有多种，下面将介绍如何使用 VLOOKUP 函数和 IF 函数来制作员工工资条。

6.9.1 重点：使用 VLOOKUP 函数批量制作工资条

在使用 VLOOKUP 函数批量制作工资条时，用到了 COLUMN 函数，该函数用于返回目标单元格或单元格区域的序列号，其相关介绍如下。

语法：COLUMN (reference)。

参数：reference 为目标单元格或单元格区域。

使用 VLOOKUP 函数批量制作工资条的具体操作步骤如下。

第 1 步 打开“员工工资薪酬表 .xlsx”文件，如下图所示。

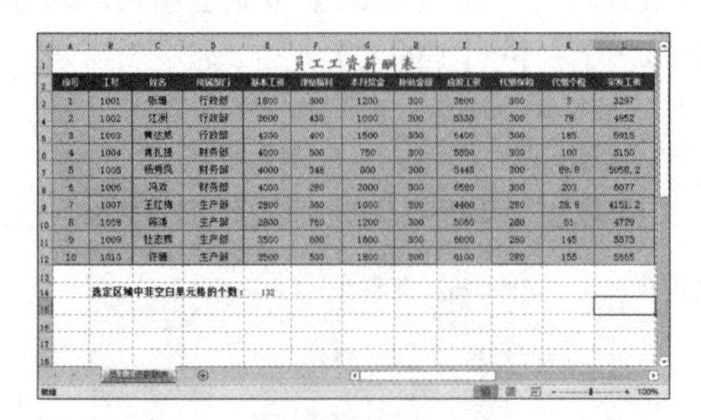

员工工资薪酬表

序号	工号	姓名	所属部门	基本工资	津贴福利	本月奖金	补贴金额	应发工资	代缴保险	代缴个税	实发工资
1	1001	张珊	行政部	1800	300	1200	300	3600	300	3	3297
2	1002	江洲	行政部	3600	430	1000	300	5330	300	78	4952
3	1003	黄达然	行政部	4200	400	1500	300	6400	300	185	5915
4	1004	肖扎提	财务部	4000	500	750	300	5550	300	100	5150
5	1005	杨秀凤	财务部	4000	348	800	300	5448	300	89.8	5058.2
6	1006	冯欢	财务部	4000	280	2000	300	6580	300	203	6077
7	1007	王红梅	生产部	2800	360	1000	300	4460	280	28.8	4151.2
8	1008	陈涛	生产部	2800	760	1200	300	5060	280	51	4729
9	1009	杜志辉	生产部	3500	600	1600	300	6000	280	145	5575
10	1010	许姗	生产部	2500	500	1800	300	6100	280	155	5665

选定区域中非空白单元格的个数： 132

第 2 步 新建工作表。单击“员工工资薪酬表”标签右侧的【新工作表】按钮⊕，插入一个新的工作表，然后将新工作表重命名为“VLOOKUP 函数法”，如下图所示。

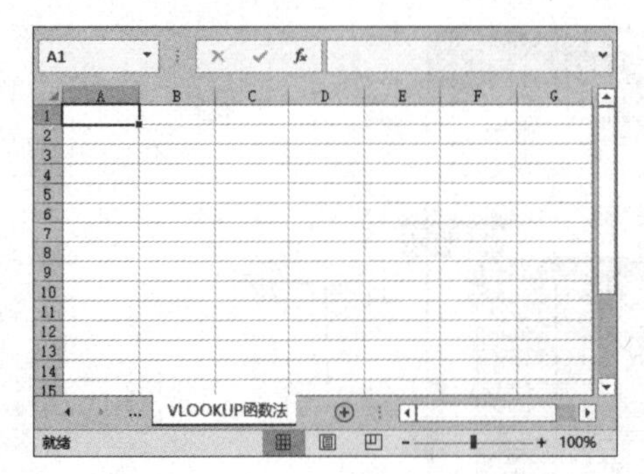

第 3 步 将“员工工资薪酬表”工作表中的单元格区域 A1:L2 中的内容复制后粘贴到“VLOOKUP 函数法”工作表中，如下图所示。

第 4 步 编制 VLOOKUP 函数公式制作工资条。在“VLOOKUP 函数法”工作表中选中单元格 A3，并输入“1”，如下图所示。

第 5 步 在当前工作表中选中单元格 B3，输入公式“=VLOOKUP($A3, 员工工资薪酬表 !$A$3:$L$12,COLUMN(),0)”，然后按【Enter】键完成输入，此时在单元格 B3 中将显示第一位员工的工号“1001”，如下图所示。

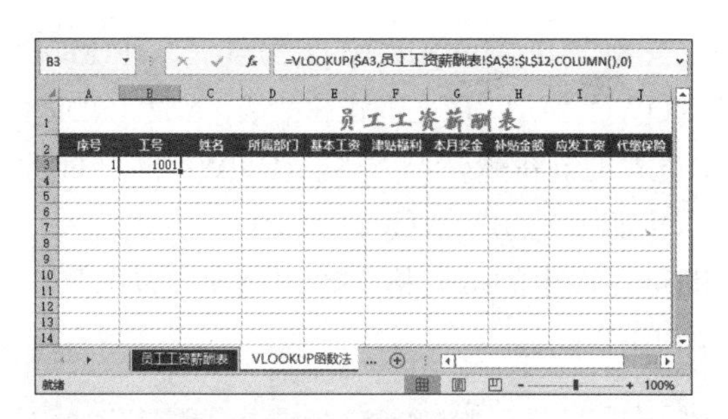

第 6 步 复制公式。选中单元格 B3，然后将鼠标指针移到其右下角，当指针变成✚形状时，按住鼠标左键不放并向右拖动至单元格 L3，然后释放鼠标左键，即可在后续单元格中自动填充该员工的其他信息，如下图所示。

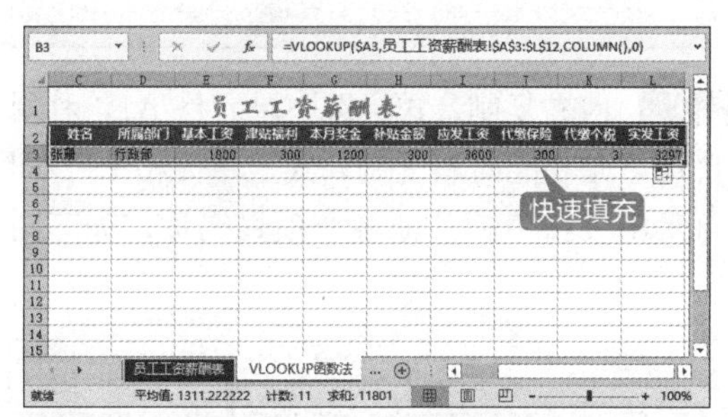

第 7 步 设置边框。选中单元格区域 A3:L3，按【Ctrl+1】组合键打开【设置单元格格式】对话框，然后依次单击【预置】区域内的【外边框】和【内部】按钮。

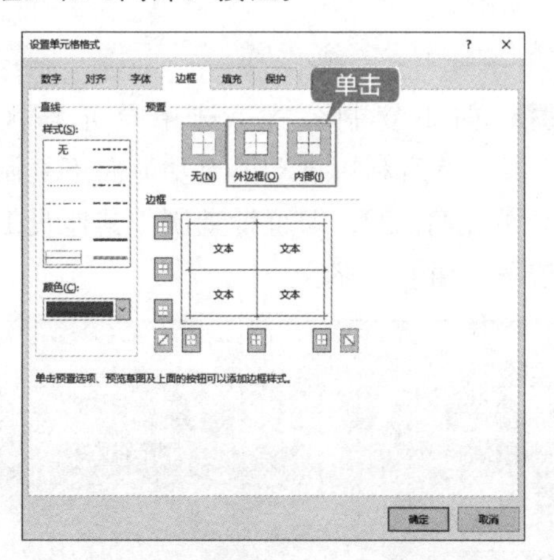

第 8 步 单击【确定】按钮，为选中的单元格区域设置边框，如下图所示。

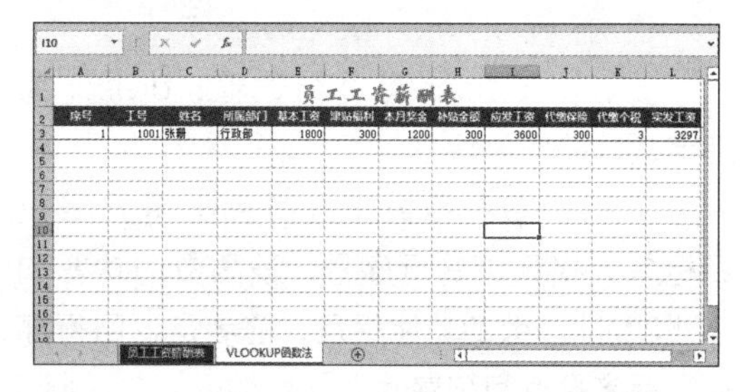

第 9 步 批量复制工资条。选中单元格区域 A2:L3，并将鼠标指针移到选中单元格区域的右下角，当指针变成✚形状时，按住鼠标左键不放，向下拖动至单元格 L21，然后释放鼠标左键，即可完成工资条的批量制作，如下图所示。

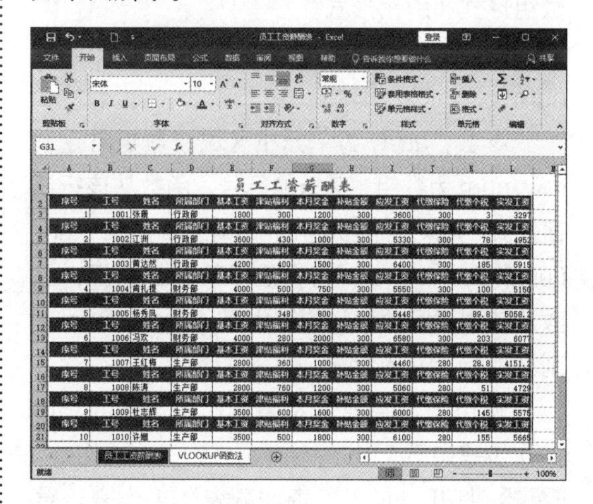

6.9.2 重点：使用 IF 函数嵌套批量制作工资条

在使用 IF 函数嵌套批量制作工资条时用到了 MOD 函数、ROW 函数和 INDEX 函数。

（1）MOD 函数。求解对目标数值除以指定数后的余数，余数的符号和除数相同。

语法：MOD (number,divisor)。

参数：number 为目标数值；divisor 为指定数，并作为除数。

（2）ROW 函数。返回目标单元格或目标单元格区域的行序号，该函数的功能和 COLUMN 函数的功能相反，前者是返回行序号，后者是返回列序号。

语法：ROW (reference)。

参数：reference 为目标单元格或单元格区域。

（3）INDEX 函数。返回表格或区域中的值或值的引用。函数 INDEX 有两种形式：数组形式和引用形式。

语法：INDEX(array,row_num,column_num)。

参数：array 为单元格区域或数组常量，row_num 为数组中某行的行号，函数从该行返回数值。如果省略 row_num，则必须有 column_num。column_num 为数组中某列的列标，函数从该列返回数值。如果省略 column_num，则必须有 row_num。

使用 IF 函数嵌套批量制作工资条的具体操作步骤如下。

第 1 步 打开“员工工资薪酬表”工作表，单击【新工作表】按钮⊕，新建一个工作表，将其重命名为“IF 函数法”，如下图所示。

第 2 步 编制 IF 嵌套公式。选中单元格 A1，输入公式“=IF(MOD(ROW(),3)=0,"",IF(MOD(ROW(),3)=1,员工工资薪酬表!A$2,INDEX(员工工资薪酬表!$A:$L,(ROW()+4)/3+1,COLUMN())))”，按【Enter】键完成输入，即可在选中的单元格中输出结果“序号”，如下图所示。

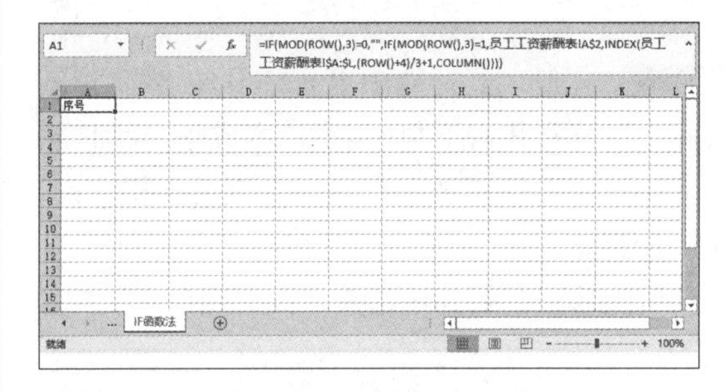

第 3 步 向右复制公式。选中单元格 A1，利用自动填充功能向右复制公式至单元格 L1，即可得出表格中的其他各个项目名称，如下图所示。

第 4 步 向下复制公式。选中单元格区域 A1:L1，然后利用自动填充功能向下复制公式至单元格 L29，即可批量制作其他员工的工资条，如下图所示。

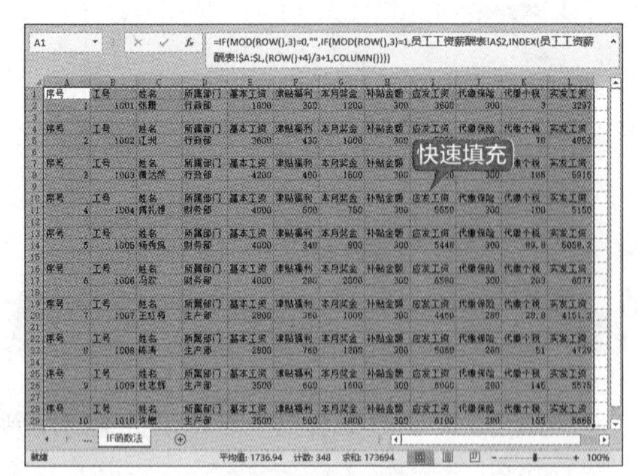

6.10 其他常用函数的应用

除了上述函数外，Excel 2019 还提供了一些其他的函数，包括信息函数、工程函数、兼容性函数和 Web 函数等，本节将介绍这几种函数的具体应用。

6.10.1 信息函数

信息函数不仅可以使单元格在满足条件时返回逻辑值，获取单元格的信息，还可以确定存储在单元格中内容的格式、位置、错误类型等信息。

本小节介绍 TYPE 函数的使用。TYPE 函数用于检测数据的类型。如果检测对象是数值，则返回 1；如果检测对象是文本，则返回 2；如果检测对象是逻辑值，则返回 4；如果检测对象是公式，则返回 8；如果检测对象是误差值，则返回 16；如果检测对象是数组，则返回 64。具体操作步骤如下。

第 1 步 启动Excel 2019，新建一个空白文档，输入下图所示的内容。

	A	B	C	D
1	数据	数据类型		
2	1234			
3	文本			
4	TRUE			
5				

第 2 步 选中单元格 B2，输入公式“=TYPE(A2)”，按【Enter】键完成输入，即可返回相应的数据类型，如下图所示。

B2 =TYPE(A2)

	A	B	C	D	E
1	数据	数据类型			
2	1234	1			
3	文本				
4	TRUE				
5					

第 3 步 复制公式。利用快速填充功能，查看不同数据的返回类型，如下图所示。

B2 =TYPE(A2)

	A	B	C	D	E
1	数据	数据类型			
2	1234	1			
3	文本	2			
4	TRUE	4			
5					

第 4 步 选中单元格 B5，输入公式“=TYPE(A2+A3)”，按【Enter】键确认输入，即可返回数据类型“16”，如下图所示。

B5 =TYPE(A2+A3)

	A	B	C	D	E
1	数据	数据类型			
2	1234	1			
3	文本	2			
4	TRUE	4			
5		16			
6					
7					

第 5 步 选中单元格 B6，输入公式“=TYPE({1,2,3,4})”，按【Enter】键确认输入，即可返回数据类型“64”，如下图所示。

B6 =TYPE({1,2,3,4})

	A	B	C	D	E
1	数据	数据类型			
2	1234	1			
3	文本	2			
4	TRUE	4			
5		16			
6		64			
7					

6.10.2 工程函数

工程函数主要分为 3 类：①对复数进行处理的函数；②在不同的数字系统间进行数值转换

的函数（如十进制系统、十六进制系统、八进制系统和二进制系统）；③在不同的度量系统中进行数值转换的函数。

本小节使用 BIN2DEC 函数将二进制数转换为十进制数。

语法：BIN2DEC (number)。

参数：number 为待转换的二进制数，number 的位数不能超过 10 位（二进制位），最高位为符号位，后 9 位为数字位。负数用二进制补码表示。

使用 BIN2DEC 函数将二进制数转换为十进制数的具体操作步骤如下。

第 1 步 启动 Excel 2019，新建一个空白文档，输入下图所示的内容。

	A	B	C	D
1	二进制数	十进制数		
2	1			
3	10			
4	11			
5	100			
6	101			
7	110			
8	111			
9	1000			
10				

第 2 步 选中单元格 B2，输入公式“=BIN2DEC(A2)”，按【Enter】键完成输入，即可将二进制数“1”转换为十进制数“1”，如下图所示。

B2 =BIN2DEC(A2)

	A	B	C	D	E
1	二进制数	十进制数			
2	1	1			
3	10				
4	11				
5	100				
6	101				
7	110				
8	111				
9	1000				
10					

第 3 步 复制公式。利用快速填充功能，将其他二进制数转换为十进制数，如下图所示。

B2 =BIN2DEC(A2)

	A	B	C	D	E
1	二进制数	十进制数			
2	1	1			
3	10	2			
4	11	3			
5	100	4			
6	101	5			
7	110	6			
8	111	7			
9	1000	8			
10					
11					

6.10.3 兼容性函数

在 Excel 2019 中，兼容性函数是替换了旧版本函数的新函数，因而可以提供更好的精确度。这些函数仍然可与早期版本的 Excel 兼容。如果不需要向下兼容，那么最好使用新函数。

本小节主要介绍兼容性函数中的 BINOMDIST 函数。

语法：BINOMDIST(number_s,trials,probability_s,cumulative)。

参数：number_s 为必需参数，表示试验的成功次数；trials 为必需参数，表示独立试验次数；probability_s 为必需参数，表示每次试验成功的概率；cumulative 为必需参数，决定函数形式的逻辑值。如果 cumulative 为 TRUE，则 BINOMDIST 返回累积分布函数，即最多存在 number_s 次成功的概率；如果 comulative 为 FALSE，则返回概率密度函数，即存在 number_s 次成功的概率。

使用 BINOMDIST 函数计算概率的具体操作步骤如下。

第 1 步 启动 Excel 2019，新建一个空白文档，输入下图所示的内容。

	A	B	C	D
1	试验成功次数	试验次数	每次实验成功概率	最终概率
2	9	15	0.6	
3	30	70	0.4	
4	10	30	0.3	
5	8	20	0.4	
6	2	8	0.25	
7				
8				

第 2 步 选中单元格 D2，输入公式“=BINOMDIST(A2,B2,C2,FALSE)”，按【Enter】键完成输入，即可计算出 15 次实验正好成功 9 次的概率，如下图所示。

D2 =BINOMDIST(A2,B2,C2,FALSE)

	A	B	C	D
1	试验成功次数	试验次数	每次实验成功概率	最终概率
2	9	15	0.6	0.206597605
3	30	70	0.4	
4	10	30	0.3	
5	8	20	0.4	
6	2	8	0.25	

第 3 步 复制公式。利用快速填充功能，完成其他单元格的计算，如下图所示。

D18

	A	B	C	D
1	试验成功次数	试验次数	每次实验成功概率	最终概率
2	9	15	0.6	0.206597605
3	30	70	0.4	0.085300121
4	10	30	0.3	0.141561701
5	8	20	0.4	0.179705788
6	2	8	0.25	0.311462402

6.10.4 Web 函数

Web 函数是 Excel 2019 版本中新增的一个函数类别，它可以通过网页链接直接用公式获取数据。常用的 Web 函数有 ENCODEURL 函数和 FILTERXML 函数，本小节主要介绍 ENCODEURL 函数，该函数的相关介绍如下。

功能：对 URL 地址（主要是中文字符）进行 UTF- 8 编码。

语法：ENCODEURL(text)。

参数：text 表示需要进行 UTF- 8 编码的字符或包含字符的引用单元格。

使用 Web 函数的具体操作步骤如下。

第 1 步 启动 Excel 2019，新建一个空白文档，输入下图所示的内容。

	A	B
1	URL网址	UTF-8编码
2	http://www.baidu.com	
3	http://www.花朵.com	
4	http://www.图书.com	
5		

第 2 步 选中单元格 B2，输入公式“=ENCODEURL(A2)”，按【Enter】键完成输入，如下图所示。

B2 =ENCODEURL(A2)

	A	B
1	URL网址	UTF-8编码
2	http://www.baidu.com	http%3A%2F%2Fwww.baidu.com
3	http://www.花朵.com	
4	http://www.图书.com	

第 3 步 复制公式。利用快速填充功能，完成其他单元格的操作，如下图所示。

B2 =ENCODEURL(A2)

	A	B
1	URL网址	UTF-8编码
2	http://www.baidu.com	http%3A%2F%2Fwww.baidu.com
3	http://www.花朵.com	http%3A%2F%2Fwww.%E8%8A%B1%E6%9C%B5.com
4	http://www.图书.com	http%3A%2F%2Fwww.%E5%9B%BE%E4%B9%A6.com

6.11 Excel 2019 新增函数的应用

Excel 2019 中新增了几款函数，如 IFS 函数、CONCAT 函数和 TEXTJOIN 函数等。下面简单介绍这些新函数的应用。

6.11.1 新功能：使用 IFS 函数判断员工培训成绩的评级

IFS 函数可以判断是否满足一个或多个条件，并返回第一个条件相对应的值。IFS 可以进行多个嵌套 IF 语句，并可以使用多个条件。

IFS 函数的语法：IFS([条件 1, 值 1,[条件 2, 值 2],…[条件 127, 值 127])，即如果 A1 等于 1，则显示 1；如果 A1 等于 2，则显示 2；如果 A1 等于 3，则显示 3。IFS 函数允许测试最多 127 个不同的条件。

下面使用 IFS 函数判断员工培训成绩的评级，如优秀、良好、中等、及格及不及格等，具体操作步骤如下。

第 1 步 打开“素材 \ch06\ 员工培训成绩 .xlsx”文件，如下图所示。

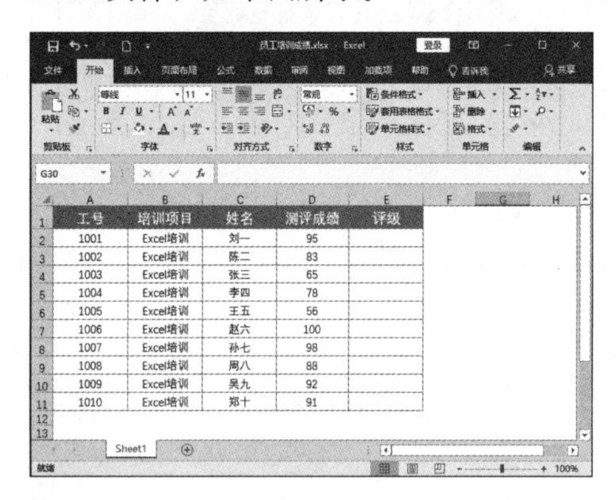

工号	培训项目	姓名	测评成绩	评级
1001	Excel培训	刘一	95	
1002	Excel培训	陈二	83	
1003	Excel培训	张三	65	
1004	Excel培训	李四	78	
1005	Excel培训	王五	56	
1006	Excel培训	赵六	100	
1007	Excel培训	孙七	98	
1008	Excel培训	周八	88	
1009	Excel培训	吴九	92	
1010	Excel培训	郑十	91	

第 2 步 选中 E2 单元格，在编辑栏中输入公式“=IFS(D2>=90,"优秀",D2>=80,"良好",D2>=70,"中等",D2>=60,"及格",D2<=59,"不及格")”，如下图所示。

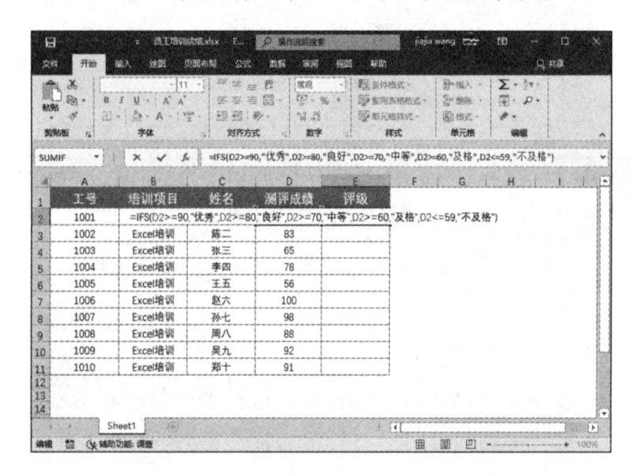

工号	培训项目	姓名	测评成绩	评级
1001	=IFS(D2>=90,"优秀",D2>=80,"良好",D2>=70,"中等",D2>=60,"及格",D2<=59,"不及格")			
1002	Excel培训	陈二	83	
1003	Excel培训	张三	65	
1004	Excel培训	李四	78	
1005	Excel培训	王五	56	
1006	Excel培训	赵六	100	
1007	Excel培训	孙七	98	
1008	Excel培训	周八	88	
1009	Excel培训	吴九	92	
1010	Excel培训	郑十	91	

第 3 步 按【Enter】键，即可得出成绩的评级结果，如下图所示。

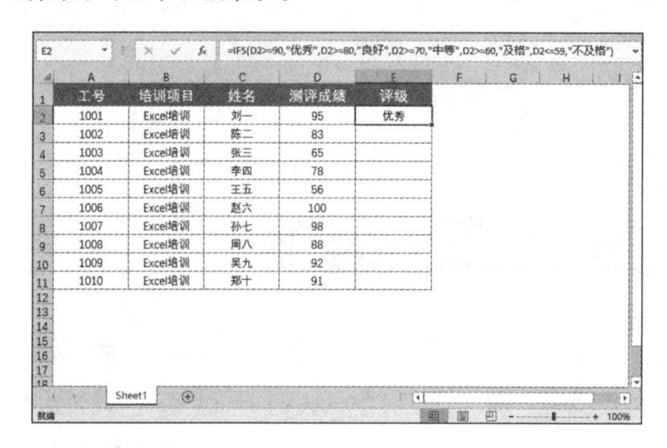

工号	培训项目	姓名	测评成绩	评级
1001	Excel培训	刘一	95	优秀
1002	Excel培训	陈二	83	
1003	Excel培训	张三	65	
1004	Excel培训	李四	78	
1005	Excel培训	王五	56	
1006	Excel培训	赵六	100	
1007	Excel培训	孙七	98	
1008	Excel培训	周八	88	
1009	Excel培训	吴九	92	
1010	Excel培训	郑十	91	

第 4 步 使用快速填充功能，计算其他员工的评级结果，如下图所示。

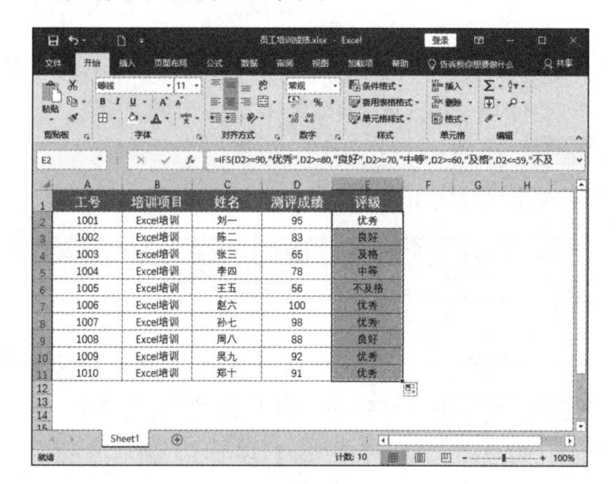

工号	培训项目	姓名	测评成绩	评级
1001	Excel培训	刘一	95	优秀
1002	Excel培训	陈二	83	良好
1003	Excel培训	张三	65	及格
1004	Excel培训	李四	78	中等
1005	Excel培训	王五	56	不及格
1006	Excel培训	赵六	100	优秀
1007	Excel培训	孙七	98	优秀
1008	Excel培训	周八	88	良好
1009	Excel培训	吴九	92	优秀
1010	Excel培训	郑十	91	优秀

6.11.2 新功能：使用 CONCAT 函数将多个区域的文本组合起来

CONCAT 函数是一个文本函数，可以将多个区域的文本组合起来，在 Excel 中可以实现多列合并。

若想要在要合并的文本之间添加分隔符（如空格或与号 (&)），并删除不希望出现在合并后文本结果中的空参数，建议使用 TEXTJOIN 函数。

CONCAT 函数的语法：CONCAT(text1, [text2],…)。

text1（必需）：要连接的文本字符串或字符串数组，如单元格区域。

[text2,…]（可选）：要连接的其他文本项。文本项最多可以有 253 个文本参数。每个参数可以是一个字符串或字符串数组，如单元格区域。

> **提示**
>
> 如果结果字符串超过 32 767 个字符（单元格限制），则 CONCAT 返回 #VALUE! 错误。

第 1 步 启动 Excel 2019，新建一个工作簿，在工作表输入下图所示的数据。然后选中 A2 单元格，在编辑栏中输入公式“=CONCAT(A1,B1,C1,D1,E1)”。

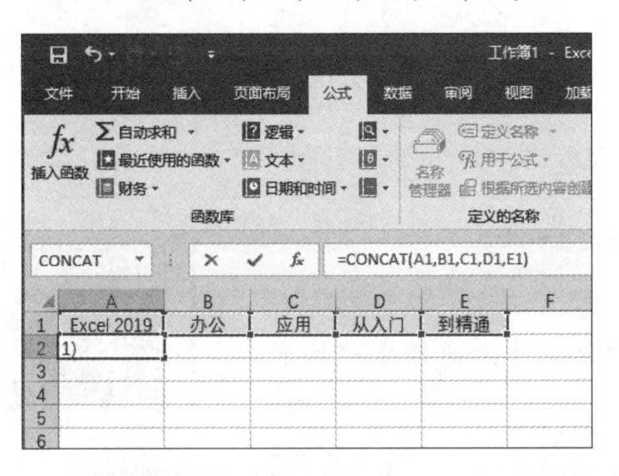

第 2 步 按【Enter】键，即可将所选区域的文本组合起来，如下图所示。

A2 =CONCAT(A1,B1,C1,D1,E1)

	A	B	C	D	E	F
1	Excel 2019	办公	应用	从入门	到精通	
2	Excel 2019办公应用从入门到精通					

6.11.3 新功能：使用 TEXTJOIN 函数将多个区域的文本组合起来

TEXTJOIN 函数将多个区域和（或）字符串的文本组合起来，并包括在要组合的各文本值之间指定的分隔符。如果分隔符是空的文本字符串，则此函数将有效连接这些区域。

TEXTJOIN 函数的语法：TEXTJOIN(分隔符 , ignore_empty, text1, [text2], …)。

分隔符：文本字符串，可以为空，也可以是通过双引号引起来的一个或多个字符，或者是对有效字符串的引用，如果是一个数字，则会被视为文本。

ignore_empty（必需）：如果为 TRUE，则忽略空白单元格。

text1（必需）：要连接的文本字符串或字符串数组，如单元格区域中。

[text2…]（可选）：要连接的其他文本项。文本项最多可以有 253 个文本参数，每个参数可以是一个字符串或字符串数组，如单元格区域。

第 1 步 打开“素材\ch06\TEXTJOIN 函数 .xlsx”文件，选中 C2 单元格，在编辑栏中输入公式“=TEXTJOIN("；",FALSE,A2:A7)”，如下图所示。

MAX =TEXTJOIN("；",FALSE,A2:A7)

	A	B	C
1	省份		
2	广东	包含空单元格	=TEXTJOIN("；",FALSE,A2:A7)
3	湖南	不包含空单元格	
4	湖北		
5			
6	吉林		
7	山东		

第 2 步 按【Enter】键，即可得出选择的数据区域中包含空白单元格的结果，如下图所示。

C2 =TEXTJOIN("；",FALSE,A2:A7)

	A	B	C
1	省份		
2	广东	包含空单元格	广东；湖南；湖北；；吉林；山东
3	湖南	不包含空单元格	
4	湖北		
5			
6	吉林		
7	山东		

第 3 步 选中 C3 单元格，在编辑栏中输入公式“=TEXTJOIN("；",TRUE,A2:A7)”，如下图所示。

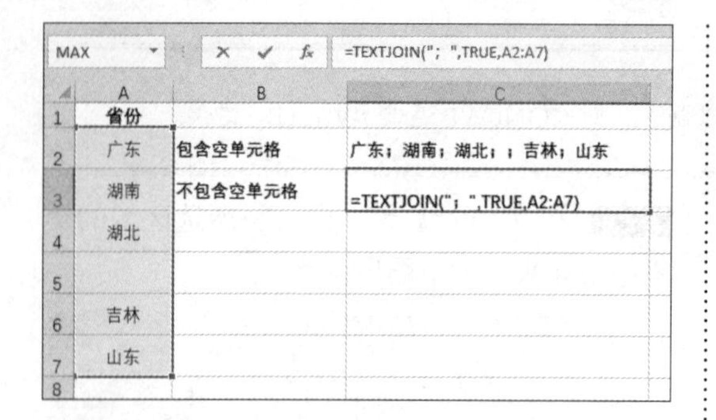

	A	B	C
1	省份		
2	广东	包含空单元格	广东；湖南；湖北；；吉林；山东
3	湖南	不包含空单元格	=TEXTJOIN("；",TRUE,A2:A7)
4	湖北		
5			
6	吉林		
7	山东		
8			

第 4 步 按【Enter】键，即可得出选择的数据区域中不包含空白单元格的结果，如下图所示。

	A	B	C
1	省份		
2	广东	包含空单元格	广东；湖南；湖北；；吉林；山东
3	湖南	不包含空单元格	广东；湖南；湖北；吉林；山东
4	湖北		
5			
6	吉林		
7	山东		

制作凭证明细查询表

下面将综合运用本章所学知识制作凭证明细查询表，具体操作步骤如下。

1. 创建工作簿

新建一个空白文档，将工作表“Sheet1”重命名为“明细查询表”，保存该工作簿，并在保存过程中将其重命名为“财务明细查询表”。选中单元格 A1，输入“财务明细查询表”，按【Enter】键完成输入，按照相同的方法在其他单元格中分别输入表格的具体内容，如下图所示。

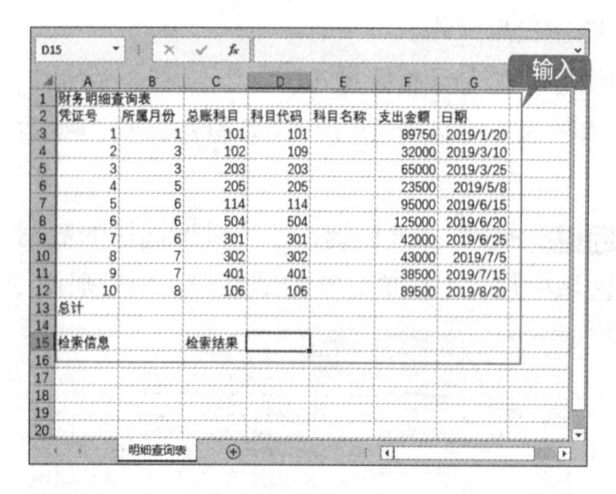

	A	B	C	D	E	F	G
1	财务明细查询表						
2	凭证号	所属月份	总账科目	科目代码	科目名称	支出金额	日期
3	1	1	101	101		89750	2019/1/20
4	2	3	102	109		32000	2019/3/10
5	3	3	203	203		65000	2019/3/25
6	4	5	205	205		23500	2019/5/8
7	5	6	114	114		95000	2019/6/15
8	6	6	504	504		125000	2019/6/20
9	7	6	301	301		42000	2019/6/25
10	8	7	302	302		43000	2019/7/5
11	9	7	401	401		38500	2019/7/15
12	10	8	106	106		89500	2019/8/20
13	总计						
14							
15	检索信息		检索结果				

2. 创建工作表“数据源”

插入一个新的工作表，将该工作表重命名为“数据源”，在工作表中输入下图所示的内容。

	A	B
1	科目代码	科目名称
2	101	应付账款
3	102	应交税金
4	203	营业费用
5	205	管理费用
6	114	短期借款
7	504	购置材料
8	301	广告费
9	302	法律顾问
10	401	保险费
11	106	员工工资

3. 使用函数

打开“明细查询表”工作表，在单元格 E3 中插入 VLOOKUP 函数，即可在单元格 E3 中返回科目代码对应的科目名称“应付账款”。然后利用自动填充功能，完成其他单元格的操作，如下图所示。

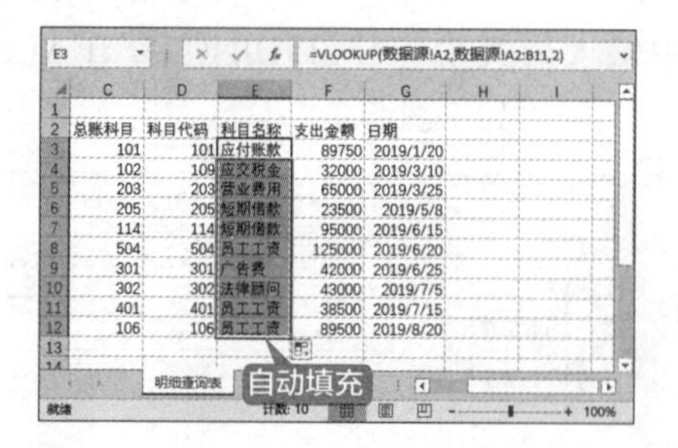

	C	D	E	F	G
1					
2	总账科目	科目代码	科目名称	支出金额	日期
3	101	101	应付账款	89750	2019/1/20
4	102	109	应交税金	32000	2019/3/10
5	203	203	营业费用	65000	2019/3/25
6	205	205	短期借款	23500	2019/5/8
7	114	114	短期借款	95000	2019/6/15
8	504	504	员工工资	125000	2019/6/20
9	301	301	广告费	42000	2019/6/25
10	302	302	法律顾问	43000	2019/7/5
11	401	401	员工工资	38500	2019/7/15
12	106	106	员工工资	89500	2019/8/20

4. 计算支出总额

选中单元格区域 F3:F12，设置【数字格式】为货币格式。选中单元格 F13，输入公式“=SUM(F3:F12)”，按【Enter】键确认输入，即可计算出支出金额总计，如下图所示。

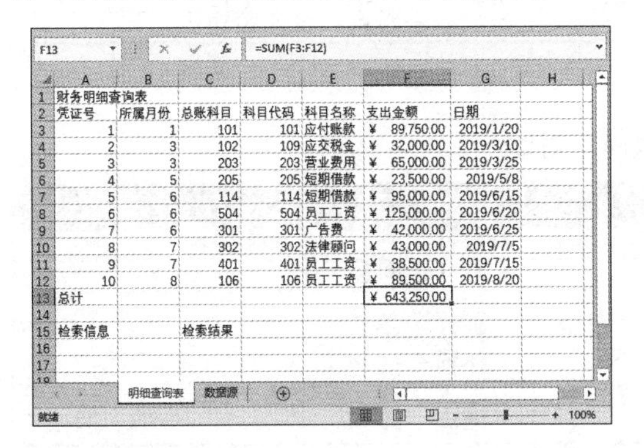

F13 =SUM(F3:F12)

	A	B	C	D	E	F	G
1	财务明细查询表						
2	凭证号	所属月份	总账科目	科目代码	科目名称	支出金额	日期
3	1	1	101	101	应付账款	¥ 89,750.00	2019/1/20
4	2	3	102	109	应交税金	¥ 32,000.00	2019/3/10
5	3	3	203	203	营业费用	¥ 65,000.00	2019/3/25
6	4	5	205	205	短期借款	¥ 23,500.00	2019/5/8
7	5	6	114	114	短期借款	¥ 95,000.00	2019/6/15
8	6	6	504	504	员工工资	¥ 125,000.00	2019/6/20
9	7	6	301	301	广告费	¥ 42,000.00	2019/6/25
10	8	7	302	302	法律顾问	¥ 43,000.00	2019/7/5
11	9	7	401	401	员工工资	¥ 38,500.00	2019/7/15
12	10	8	106	106	员工工资	¥ 89,500.00	2019/8/20
13	总计					¥ 643,250.00	
14							
15	检索信息		检索结果				

明细查询表 数据源

5. 查询财务明细

选中单元格 B15，并输入需要查询的凭证号，这里输入“6”，然后在单元格 D15 中输入公式“=LOOKUP(B15,A3:F12)”，按【Enter】键确认输入，即可检索出凭证号为“6”的支出金额，如下图所示。

6. 美化报表

设置单元格区域 A2:G13 的边框，适当调整列宽，合并单元格 A1:G1，设置对齐 方式，设置标题属性，填充背景色，设置单元格样式，完成财务明细查询表的美化操作，效果如下图所示。

◇ 函数参数的省略与简写

在使用函数时，将函数的某一参数连同其前面的逗号一并删除，称为“省略”该参数的标识。在参数提示框中，用 [] 括起来的参数表示可以省略；在使用函数时，将函数的某一参数仅仅使用逗号占据其位置而不输入具体参数值，称为“简写”。

函数参数省略对照如下表所示。

函数参数省略对照

函数名称	参数位置	参数说明	参数省略默认情况
IF	第三参数	判断错误返回值	返回 FALSE
LOOKUP	第三参数	返回值区域	返回第二个参数对应数字
MATCH	第三参数	查找方式	模糊查找
VLOOKUP	第四参数	查找方式	模糊查找
HLOOKUP	第四参数	查找方式	模糊查找
INDIRECT	第二参数	引用样式	A1 引用样式
OFFSET	第四五参数	返回值区域行高列宽	返回值区域大小与第一参数保持一致
FIND	第三参数	查找位置	从数据源第一个位置开始查找
FINDB	第三参数	查找位置	从数据源第一个位置开始查找
SEARCH	第三参数	查找位置	从数据源第一个位置开始查找
SEARCHB	第三参数	查找位置	从数据源第一个位置开始查找
LEFT	第二参数	提取个数	从数据源左侧提取一个字符
LEFTB	第二参数	提取个数	从数据源左侧提取一个字符
RIGHT	第二参数	提取个数	从数据源左侧提取一个字符

续表

函数名称	参数位置	参数说明	参数省略默认情况
RIGHTB	第二参数	提取个数	从数据源左侧提取一个字符
SUBSTITUTE	第四参数	替换第几个区域	用新字符替换全部旧字符
SUMIF	第三参数	求和区域	对第一参数进行条件求和

函数参数简写对照如下表所示。

函数参数简写对照

函数名称	参数位置	参数说明	参数简写默认情况
VLOOKUP	第四参数	查找方式	默认为 0，标准准确查找
MAX	第二参数	第二参数	默认返回最大值
IF	第二三参数	返回值	返回 0
OFFSET	第二三参数	偏移行高、列宽	默认为 1
SUBSTITUTE	第三参数	替换第几个	替换全部
REPLACE	第三参数	替换几个字符	插入字符（不替换）
MATCH	第三参数	查找方式	准确查找

◇ 巧用函数提示功能输入函数

从 Excel 2007 开始，新增加了输入函数提示。当在 Excel 工作表中输入函数时，会自动显示函数提示框。在提示列表框中，可以通过上下键选择函数，选中之后按【Tab】键即可。例如，在单元格 B4 中输入求和函数 SUM，当输入“=SU”时，从弹出的函数提示框中使用【↓】键找到 SUM 函数，然后按【Tab】键即可选中该函数，如下图所示。

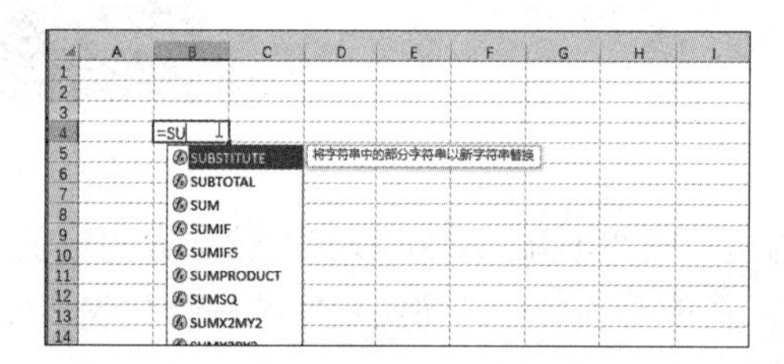

◇ 提取指定条件的不重复值

下面以提取销售助理人员名单为例，介绍如何提取指定条件的不重复值的操作技巧。

第 1 步 打开“素材 \ch06\ 职务表 .xlsx”文件，在 F1 单元格内输入“姓名”文本，在 G1 和 G2 单元格内分别输入“职务”和“销售助理”文本，如下图所示。

G2 销售助理

	A	B	C	D	E	F	G
1	编号	姓名	职务	基本工资		姓名	职务
2	10211	石向远	销售代表	¥4,500			销售助理
3	10212	刘亮	销售代表	¥4,200			
4	10213	贺双双	销售助理	¥4,800			
5	10214	李洪亮	销售代表	¥4,300			
6	10215	刘晓坡	销售助理	¥4,200			
7	10216	郝东升	销售经理	¥5,800			
8	10217	张可洪	销售助理	¥4,200			

第 2 步 选中数据区域的任意单元格，单击【数据】选项卡下【排序和筛选】组中的【高级】按钮 高级，如下图所示。

第 3 步 弹出【高级筛选】对话框，选中【将筛选结果复制到其他位置】单选按钮，设置【列表区域】为 $A$1:$D$13 单元格区域、【条件区域】为 Sheet1!$G$1:$G$2 单元格区域、【复制到】为 Sheet1!$F$1 单元格，然后选中【选择不重复的记录】复选框，单击【确定】按钮，如下图所示。

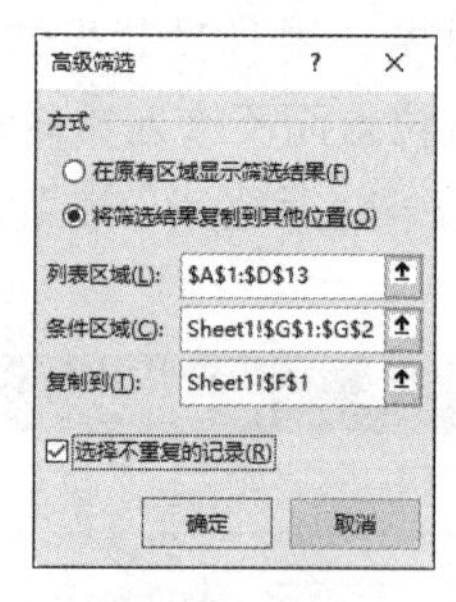

第 4 步 即可将职务为“销售助理”的人员姓名全部提取出来，效果如下图所示。

E	F	G
	姓名	职务
	贺双双	销售助理
	刘晓坡	
	张可洪	
	范娟娟	

第
3
篇

数据分析篇

第 7 章　初级数据处理与分析——数据列表的管理

第 8 章　中级数据处理与分析——图表的应用

第 9 章　专业数据的分析——数据透视表和透视图

本篇主要介绍 Excel 数据分析，通过本篇的学习，读者可以掌握数据列表的管理、图表的应用，以及数据透视表和透视图的操作。

第7章

初级数据处理与分析——数据列表的管理

本章导读

本章主要介绍 Excel 2019 中的数据验证功能、数据排序和筛选功能及数据分类汇总功能。通过本章的学习，读者可以掌握数据的处理和分析技巧，并通过所学知识轻松快捷地管理数据列表。

思维导图

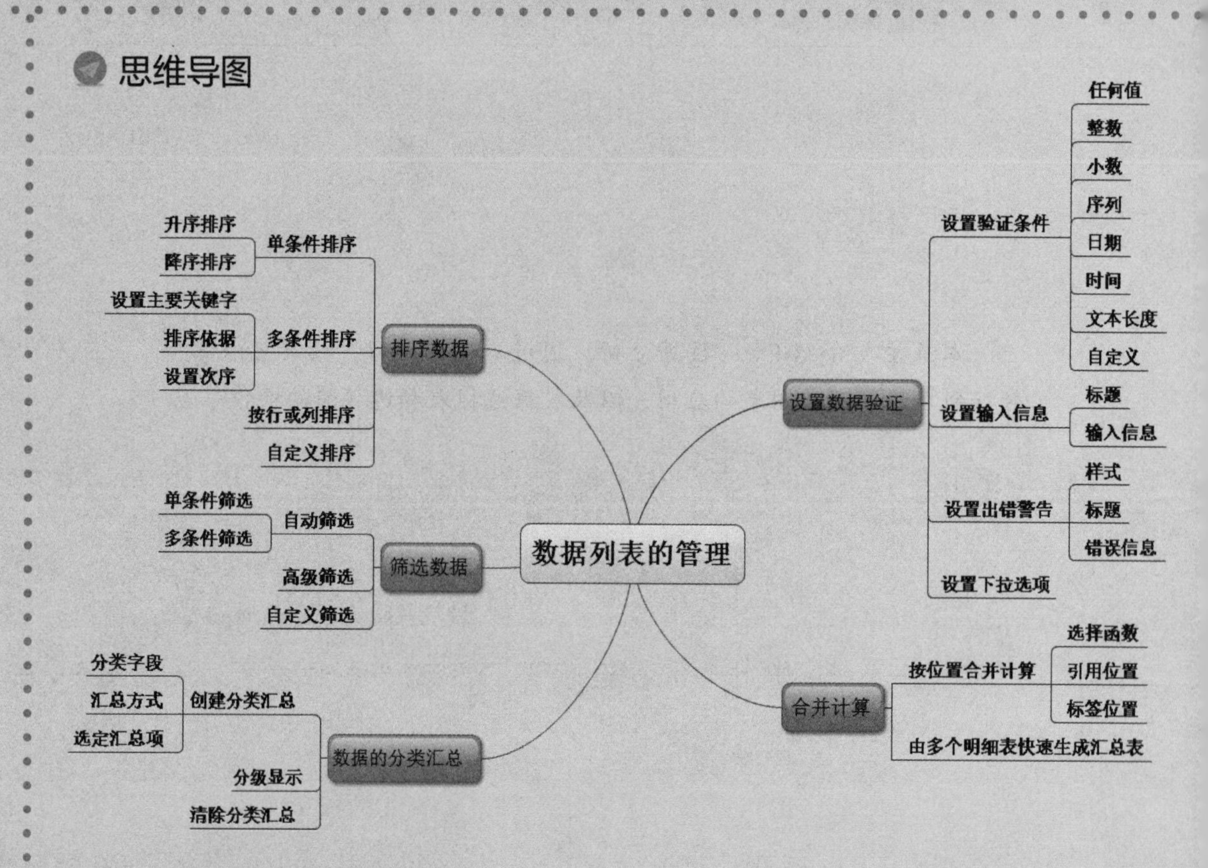

7.1 基本销售报表

员工销售报表是企业中最常见的表格，该表格详细记录了员工销售情况，为企业及时了解员工的销售能力提供了依据。员工销售报表一般包括员工基本信息、销售类别、销售产品、销售金额及销售时间等内容。

实例名称：员工销售报表

实例目的：为及时了解员工的销售能力提供了依据

	素材	素材 \ch07\ 员工销售报表.xlsx
	结果	结果 \ch07\ 员工销售报表.xlsx
	视频	教学视频 \07 第 7 章

7.1.1 案例概述

制作基本销售报表时，需要注意以下几点。

1. 格式统一

区分标题字体和表格内的字体，统一表格内字体的样式（包括字体、字号、字体颜色等），否则表格内容将显得杂乱。

2. 美化表格

在员工销售报表制作完成后，还需要进行美化操作，使其看起来更加美观。美化表格包括设置边框、调整行高列宽、设置标题、设置对齐方式等内容。

7.1.2 设计思路

制作员工销售报表时可以按以下思路进行。

（1）输入表格标题及具体内容。

（2）使用求和公式计算销售金额。

（3）设置边框和填充效果、调整列宽。

（4）合并单元格并设置标题效果。

（5）设置文本对齐方式，并统一格式。

7.1.3 涉及知识点

本案例主要涉及以下知识点。

（1）设置数据验证。

（2）数据排序。

（3）数据筛选。

（4）分类汇总。

7.2 设置数据验证

在向工作表中输入数据时，为了防止输入错误，可以为单元格设置数据验证。只有符合条件的数据才允许输入，而不符合条件的数据在输入时会弹出警告对话框，提醒用户只能输入设定范围内的数据，从而提高处理数据的效率。

7.2.1 设置销售人员工号长度验证

员工的工号通常由固定位数的数字组成，可以通过设置验证工号的有效性来过滤无效工号，从而避免错误。设置销售人员工号长度验证的具体操作步骤如下。

第 1 步 打开“素材 \ch07\ 员工销售报表.xlsx”文件，如下图所示。

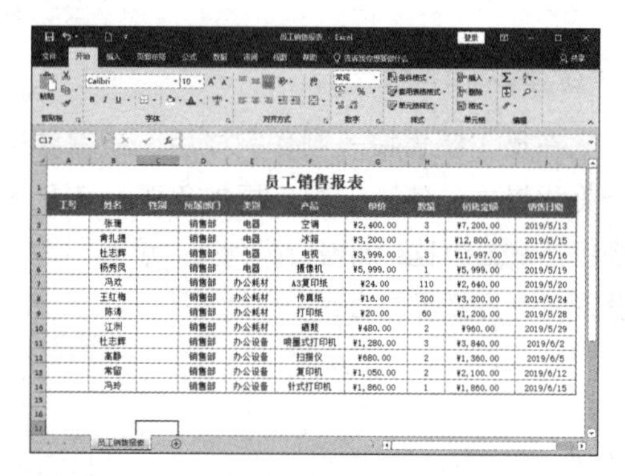

第 2 步 选中单元格区域 A3:A14，然后单击【数据】选项卡【数据工具】组中的【数据验证】按钮，从弹出的下拉菜单中选择【数据验证】选项，如下图所示。

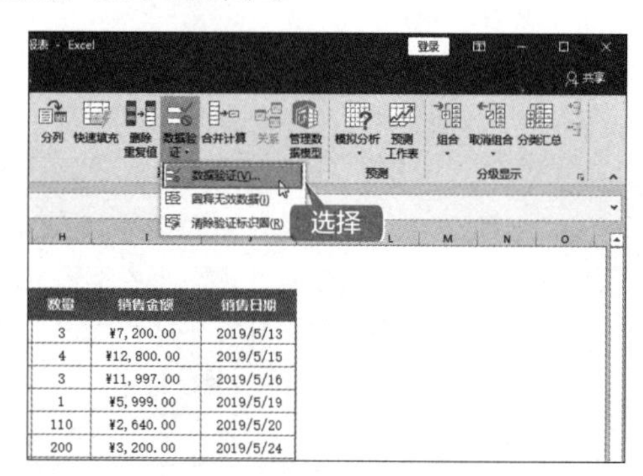

第 3 步 打开【数据验证】对话框，默认显示为【设置】选项卡，在【允许】下拉列表中选择【文本长度】选项；在【数据】下拉列表中选择【等于】选项；在【长度】文本框中输入“4”，如下图所示。

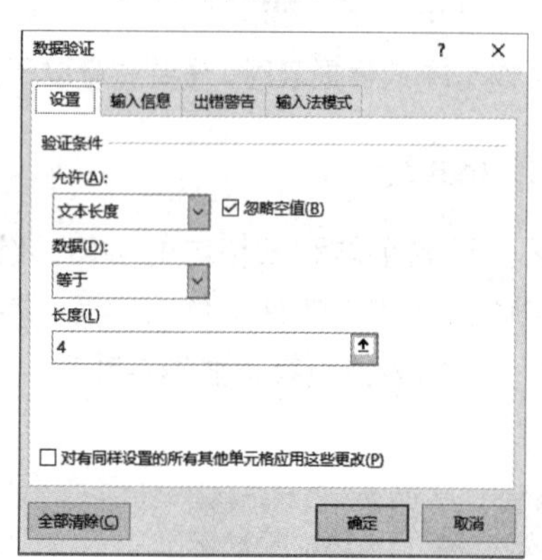

第 4 步 单击【确定】按钮，返回 Excel 工作表中，在单元格区域 A3:A14 中输入工号，当输入小于 4 位或大于 4 位的工号时，就会弹出出错提示框，如下图所示。

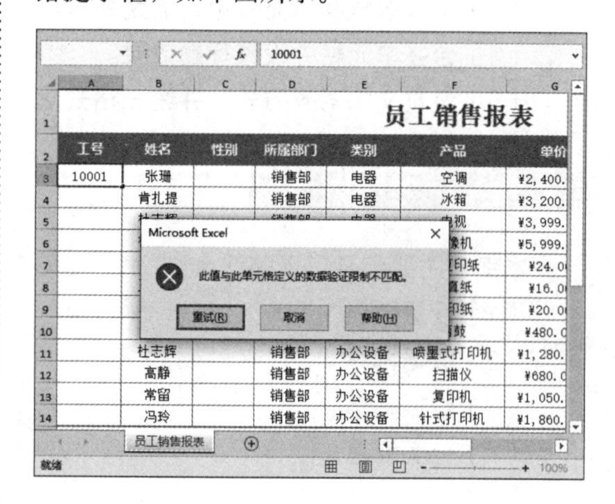

7.2.2 设置输入信息时的提示

在设置员工工号长度验证后，还可以设置在输入工号时的提示信息，具体操作步骤如下。

第 1 步 打开“员工销售报表”工作表，然后选中单元格区域 A3:A14，如下图所示。

第 2 步 依次单击【数据】→【数据工具】→【数据验证】按钮，打开【数据验证】对话框，选择【输入信息】选项卡，在【标题】文本框中输入“请输入工号”，在【输入信息】列表框中输入“请输入 4 位数字的工号！”，如下图所示。

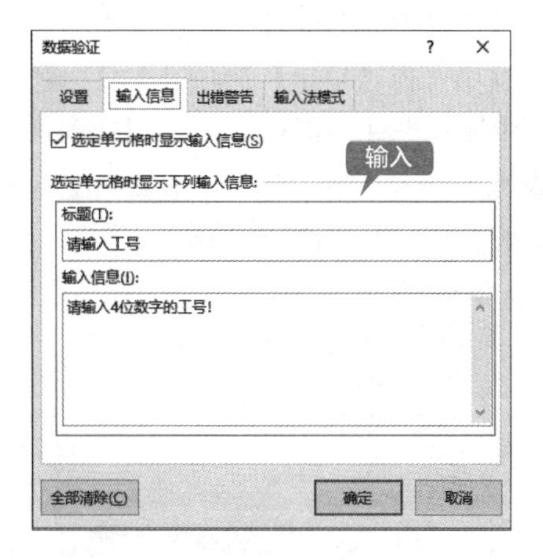

第 3 步 单击【确定】按钮，完成输入提示信息的操作。当单击 A3:A14 区域中的任意单元格时，都会显示相应的提示信息，如下图所示。

7.2.3 设置输入错误时的警告信息

当在设置了数据验证的单元格中输入不符合条件的数据时，就会弹出警告对话框，该对话框中的警告信息可由用户自行设置，具体操作步骤如下。

第 1 步 打开“员工销售报表”工作表，并选中单元格区域 A3:A14，如下图所示。

第 2 步 依次单击【数据】→【数据工具】→【数据验证】按钮，即可打开【数据验证】对话框，选择【出错警告】选项卡，在【样式】下拉列表框中选择【停止】选项；在【标题】文本框中输入“输入错误！”；在【错误信息】列表框中输入“输入错误，请重新输入 4 位数字的工号！”，如下图所示。

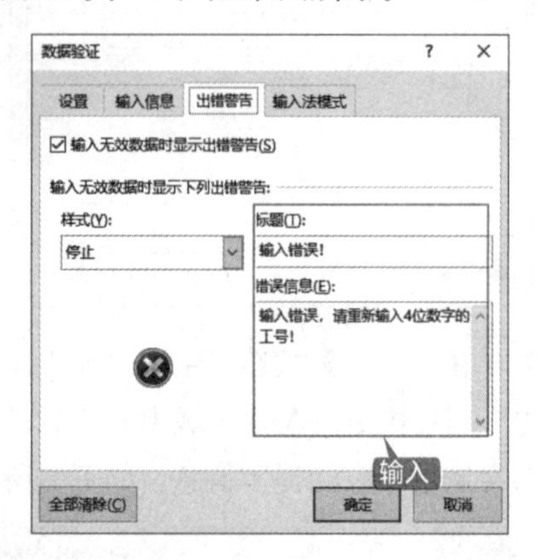

第 3 步 单击【确定】按钮，此时在 A3:A14 单元格区域的任意单元格中输入不符合条件的数据时，系统都会弹出【输入错误！】提示框，如下图所示。

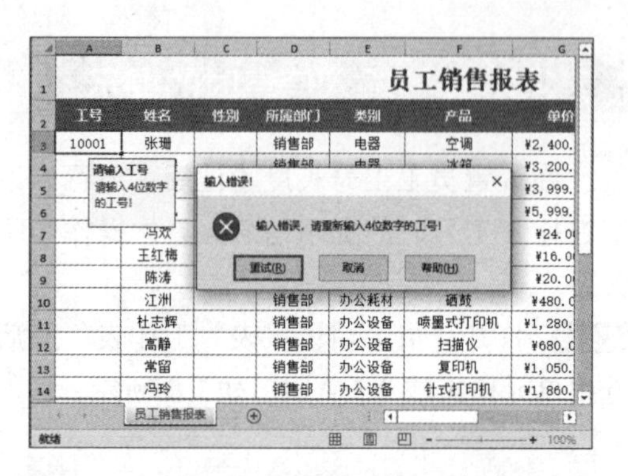

第 4 步 单击【重试】按钮，即可在单元格中重新输入工号，并按照设置的数据验证完成工号的输入操作，如下图所示。

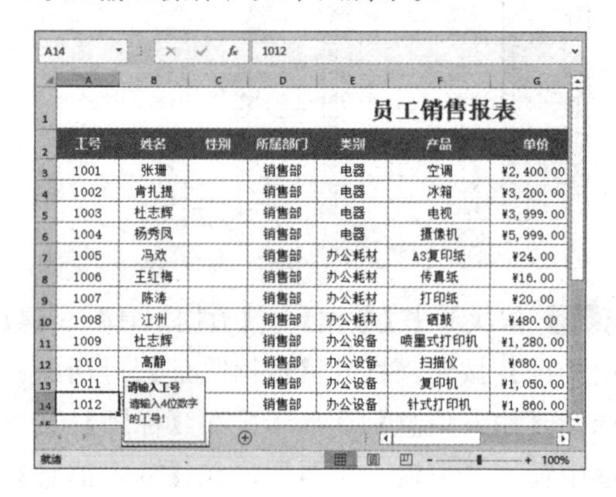

员工销售报表

工号	姓名	性别	所属部门	类别	产品	单价
1001	张珊		销售部	电器	空调	¥2,400.00
1002	肯扎提		销售部	电器	冰箱	¥3,200.00
1003	杜志辉		销售部	电器	电视	¥3,999.00
1004	杨秀凤		销售部	电器	摄像机	¥5,999.00
1005	冯欢		销售部	办公耗材	A3复印纸	¥24.00
1006	王红梅		销售部	办公耗材	传真纸	¥16.00
1007	陈涛		销售部	办公耗材	打印纸	¥20.00
1008	江洲		销售部	办公耗材	硒鼓	¥480.00
1009	杜志辉		销售部	办公设备	喷墨式打印机	¥1,280.00
1010	高静		销售部	办公设备	扫描仪	¥680.00
1011			销售部	办公设备	复印机	¥1,050.00
1012			销售部	办公设备	针式打印机	¥1,860.00

7.2.4 设置单元格的下拉选项

由于性别的数据特殊性，用户可以在单元格中设置下拉选项来实现数据的快速输入，具体操作步骤如下。

第 1 步 打开“员工销售报表”工作表，并选中单元格区域 C3:C14，如下图所示。

员工销售报表

工号	姓名	性别	所属部门	类别	产品	单价
1001	张珊		销售部	电器	空调	¥2,400.00
1002	肯扎提		销售部	电器	冰箱	¥3,200.00
1003	杜志辉		销售部	电器	电视	¥3,999.00
1004	杨秀凤		销售部	电器	摄像机	¥5,999.00
1005	冯欢		销售部	办公耗材	A3复印纸	¥24.00
1006	王红梅		销售部	办公耗材	传真纸	¥16.00
1007	陈涛		销售部	办公耗材	打印纸	¥20.00
1008	江洲		销售部	办公耗材	硒鼓	¥480.00
1009	杜志辉		销售部	办公设备	喷墨式打印机	¥1,280.00
1010	高静		销售部	办公设备	扫描仪	¥680.00
1011	常留		销售部	办公设备	复印机	¥1,050.00
1012	冯玲		销售部	办公设备	针式打印机	¥1,860.00

选中

第 2 步 依次单击【数据】→【数据工具】→【数据验证】按钮，即可打开【数据验证】对话框，选择【设置】选项卡，然后在【允许】下拉列表框中选择【序列】选项，在【来源】文本框中输入“男,女”。注意，在其中输入的内容需要用英文状态下的逗号隔开，如下图所示。

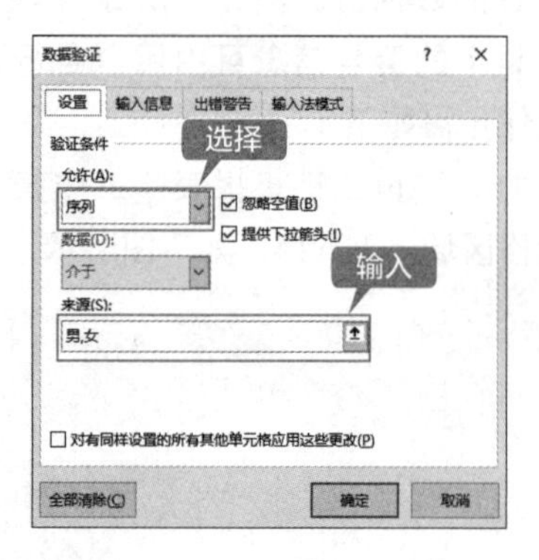

第 3 步 单击【确定】按钮，返回 Excel 工作表中，

此时在单元格区域 C3:C14 中的任意单元格右侧都会显示下拉按钮，如下图所示。

员工销售报表

工号	姓名	性别	所属部门	类别	产品	单价
1001	张珊		销售部	电器	空调	¥2,400.00
1002	肯扎提	男 女	销售部	电器	冰箱	¥3,200.00
1003	杜志辉		销售部	电器	电视	¥3,999.00
1004	杨秀凤		销售部	电器	摄像机	¥5,999.00
1005	冯欢		销售部	办公耗材	A3复印纸	¥24.00
1006	王红梅		销售部	办公耗材	传真纸	¥16.00
1007	陈涛		销售部	办公耗材	打印纸	¥20.00
1008	江洲		销售部	办公耗材	硒鼓	¥480.00
1009	杜志辉		销售部	办公设备	喷墨式打印机	¥1,280.00
1010	高静		销售部	办公设备	扫描仪	¥680.00
1011	常留		销售部	办公设备	复印机	¥1,050.00
1012	冯玲		销售部	办公设备	针式打印机	¥1,860.00

第 4 步 选中单元格 C3，并单击其右侧的下拉按钮，从弹出的下拉菜单中选择【女】选项，然后按照相同的操作分别输入其他员工的性别信息，如下图所示。

员工销售报表

工号	姓名	性别	所属部门	类别	产品	单价	数量	销售金额	销售日期
1001	张珊	女	销售部	电器	空调	¥2,400.00	3	¥7,200.00	2019/5/13
1002	肯扎提	女	销售部	电器	冰箱	¥3,200.00	4	¥12,800.00	2019/5/15
1003	杜志辉	男	销售部	电器	电视	¥3,999.00	3	¥11,997.00	2019/5/16
1004	杨秀凤	女	销售部	电器	摄像机	¥5,999.00	1	¥5,999.00	2019/5/19
1005	冯欢	男	销售部	办公耗材	A3复印纸	¥24.00	110	¥2,640.00	2019/5/20
1006	王红梅	女	销售部	办公耗材	传真纸	¥16.00	200	¥3,200.00	2019/5/24
1007	陈涛	男	销售部	办公耗材	打印纸	¥20.00	60	¥1,200.00	2019/5/28
1008	江洲	男	销售部	办公耗材	硒鼓	¥480.00	2	¥960.00	2019/5/29
1009	杜志辉	男	销售部	办公设备	喷墨式打印机	¥1,280.00	3	¥3,840.00	2019/6/2
1010	高静	女	销售部	办公设备	扫描仪	¥680.00	2	¥1,360.00	2019/6/5
1011	常留	女	销售部	办公设备	复印机	¥1,050.00	2	¥2,100.00	2019/6/12
1012	冯玲	女	销售部	办公设备	针式打印机	¥1,860.00	1	¥1,860.00	2019/6/15

第 5 步 单击【保存】按钮，将输入的信息保存到该文件中。

7.3 数据排序

Excel 2019 提供了多种排序方法，包括单条件排序、多条件排序和按行或按列排序。用户除了使用这几种方法对数据进行排序以外，还可以根据需要自定义排序规则。

7.3.1 单条件排序

单条件排序是指依据某列的数据规则对数据进行排序，如升序或降序就是最常用的单条件排序方式。使用单条件排序的具体操作步骤如下。

第 1 步 打开“员工销售报表.xlsx”文件，如下图所示。

员工销售报表

工号	姓名	性别	所属部门	类别	产品	单价
1001	张珊	女	销售部	电器	空调	¥2,400.00
1002	肯扎提	女	销售部	电器	冰箱	¥3,200.00
1003	杜志辉	男	销售部	电器	电视	¥3,999.00
1004	杨秀凤	女	销售部	电器	摄像机	¥5,999.00
1005	冯欢	男	销售部	办公耗材	A3复印纸	¥24.00
1006	王红梅	女	销售部	办公耗材	传真纸	¥16.00
1007	陈涛	男	销售部	办公耗材	打印纸	¥20.00
1008	江洲	男	销售部	办公耗材	硒鼓	¥480.00
1009	杜志辉	男	销售部	办公设备	喷墨式打印机	¥1,280.00
1010	高静	女	销售部	办公设备	扫描仪	¥680.00
1011	常留	女	销售部	办公设备	复印机	¥1,050.00
1012	冯玲	女	销售部	办公设备	针式打印机	¥1,860.00

第 2 步 这里对销售金额进行降序排序。选中单元格 I3，然后单击【数据】选项卡【排序和筛选】组中的【降序】按钮 Z↓A，如下图所示。

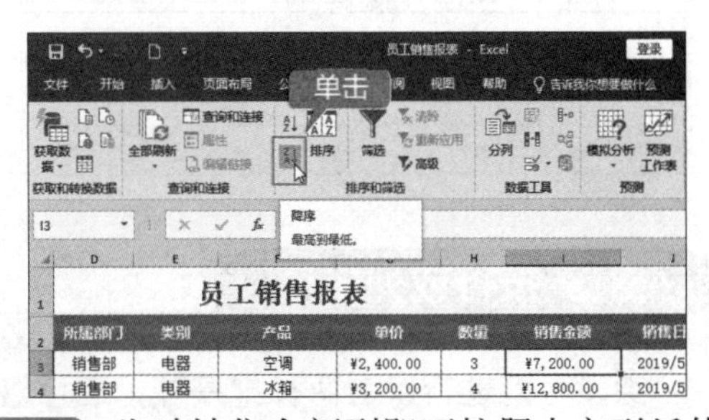

第 3 步 此时销售金额列即可按照由高到低的顺序显示数据，如下图所示。

员工销售报表

所属部门	类别	产品	单价	数量	销售金额	销售日期
销售部	电器	冰箱	¥3,200.00	4	¥12,800.00	2019/5/15
销售部	电器	电视	¥3,999.00	3	¥11,997.00	2019/5/16
销售部	电器	空调	¥2,400.00	3	¥7,200.00	2019/5/13
销售部	电器	摄像机	¥5,999.00	1	¥5,999.00	2019/5/19
销售部	办公设备	喷墨式打印机	¥1,280.00	3	¥3,840.00	2019/6/2
销售部	办公耗材	传真纸	¥16.00	200	¥3,200.00	2019/5/24
销售部	办公耗材	A3复印纸	¥24.00	110	¥2,640.00	2019/5/20
销售部	办公设备	复印机	¥1,050.00	2	¥2,100.00	2019/6/12
销售部	办公设备	针式打印机	¥1,860.00	1	¥1,860.00	2019/6/15
销售部	办公设备	扫描仪	¥680.00	2	¥1,360.00	2019/6/5
销售部	办公耗材	打印纸	¥20.00	60	¥1,200.00	2019/5/28
销售部	办公耗材	硒鼓	¥480.00	2	¥960.00	2019/5/29

7.3.2 多条件排序

多条件排序是指依据多列的数据规则对数据表进行排序操作。本小节将“员工销售报表”工作表中的“单价”和“销售金额”按由低到高的顺序进行排序，具体操作步骤如下。

第1步 打开“员工销售报表.xlsx”文件，单击【数据】选项卡【排序和筛选】组中的【排序】按钮，如下图所示。

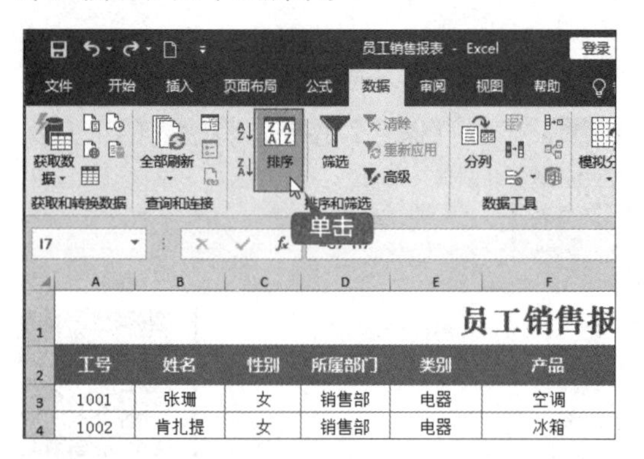

第2步 打开【排序】对话框，在【主要关键字】下拉列表框中选择【单价】选项；在【排序依据】下拉列表框中选择【单元格值】选项；在【次序】下拉列表框中选择【升序】选项，如下图所示。

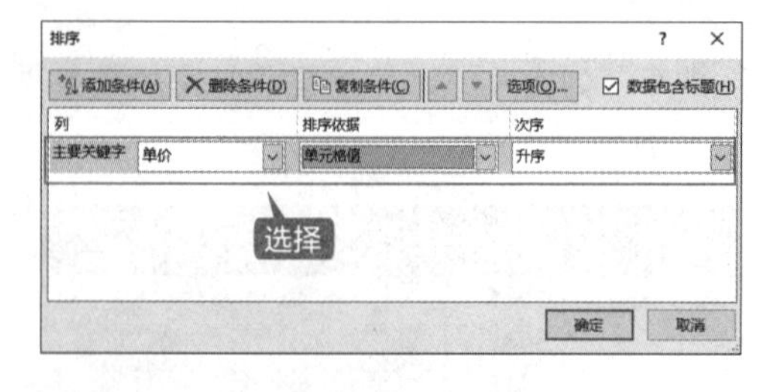

第3步 单击【添加条件】按钮，新增排序条件，然后根据需要设置“次要关键字”的相关参数，如下图所示。

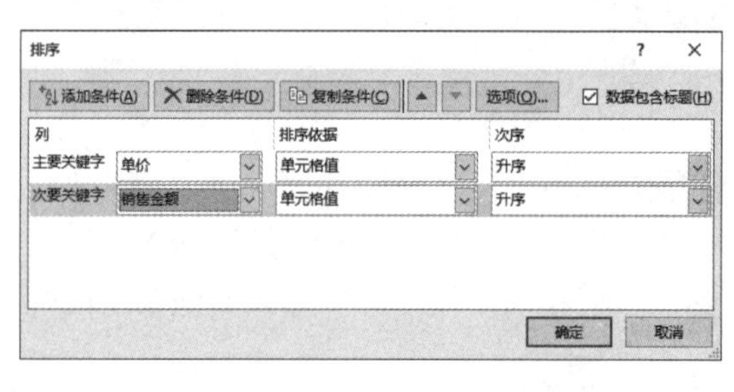

第4步 单击【确定】按钮，即可返回 Excel 工作表中查看设置的效果，如下图所示。

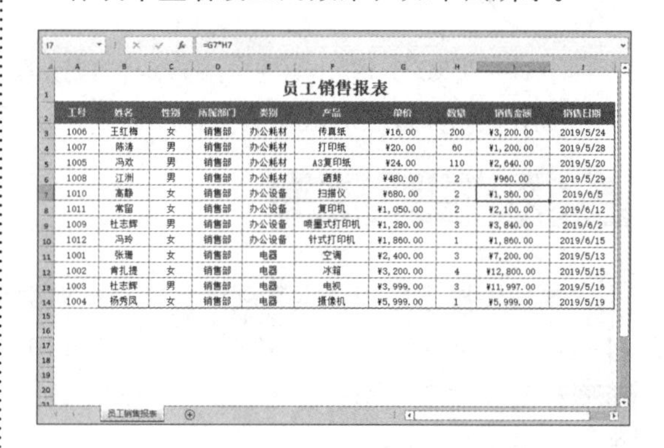

员工销售报表

工号	姓名	性别	所属部门	类别	产品	单价	数量	销售金额	销售日期
1006	王红梅	女	销售部	办公耗材	传真纸	¥16.00	200	¥3,200.00	2019/5/24
1007	陈涛	男	销售部	办公耗材	打印纸	¥20.00	60	¥1,200.00	2019/5/28
1005	冯欢	男	销售部	办公耗材	A3复印纸	¥24.00	110	¥2,640.00	2019/5/20
1008	江洲	男	销售部	办公耗材	硒鼓	¥480.00	2	¥960.00	2019/5/29
1010	高静	女	销售部	办公设备	扫描仪	¥680.00	2	¥1,360.00	2019/6/5
1011	常留	女	销售部	办公设备	复印机	¥1,050.00	2	¥2,100.00	2019/6/12
1009	杜志辉	男	销售部	办公设备	喷墨式打印机	¥1,280.00	3	¥3,840.00	2019/6/2
1012	冯玲	女	销售部	办公设备	针式打印机	¥1,860.00	1	¥1,860.00	2019/6/15
1001	张珊	女	销售部	电器	空调	¥2,400.00	3	¥7,200.00	2019/5/13
1002	肯扎提	女	销售部	电器	冰箱	¥3,200.00	4	¥12,800.00	2019/5/15
1003	杜志辉	男	销售部	电器	电视	¥3,999.00	3	¥11,997.00	2019/5/16
1004	杨秀凤	女	销售部	电器	摄像机	¥5,999.00	1	¥5,999.00	2019/5/19

7.3.3 按行或列排序

除了可以进行以上两种排序外，还可以对数据进行按行或列排序，具体操作步骤如下。

第1步 打开“素材\ch07\学生成绩表.xlsx”文件，并选中数据区域内的任一单元格，如下图所示。

姓名	语文	数学	英语
张三	89	78	90
李四	78	87	78
王五	96	90	79
赵六	85	93	85

第2步 依次单击【数据】→【排序和筛选】→【排

序】按钮，打开【排序】对话框，在该对话框中单击【选项】按钮，即可打开【排序选项】对话框，然后选中【方向】区域的【按行排序】单选按钮，如下图所示。

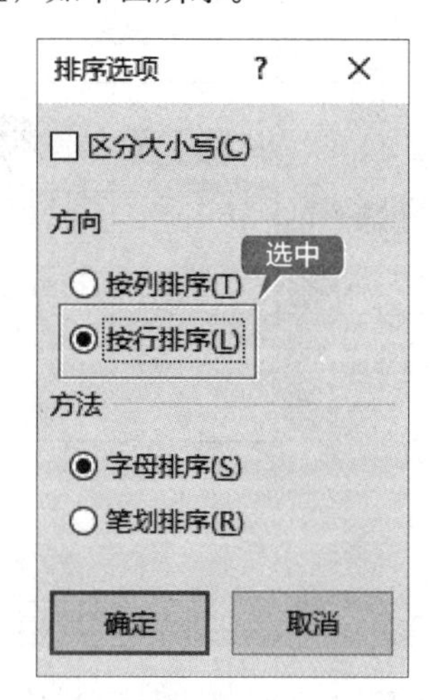

第 3 步 单击【确定】按钮，返回【排序】对话框，在【主要关键字】下拉列表框中选择要排序的行，这里选择【行 3】选项，如下图所示。

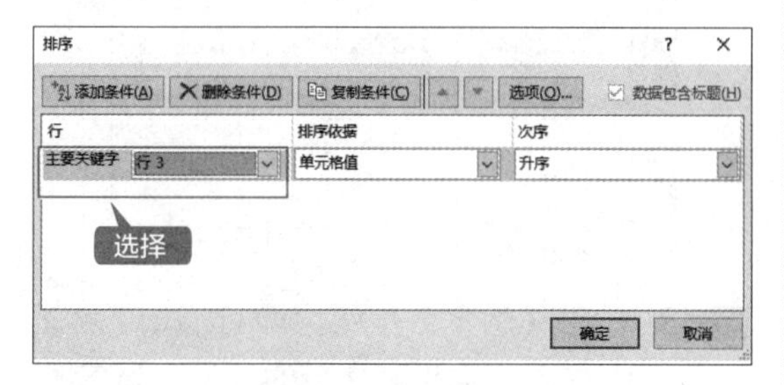

第 4 步 单击【确定】按钮，即可返回 Excel 工作表中查看设置的效果，如下图所示。

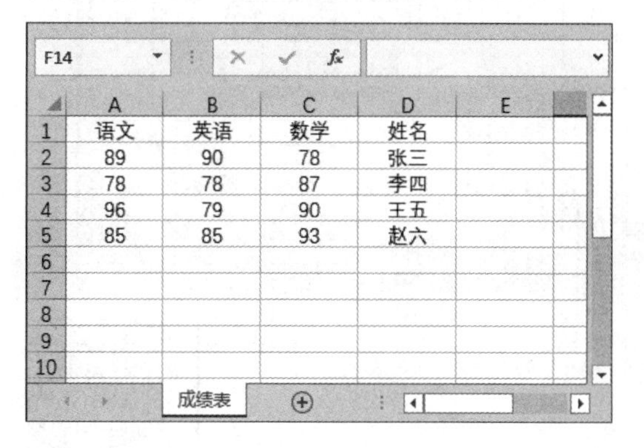

	A	B	C	D	E
1	语文	英语	数学	姓名	
2	89	90	78	张三	
3	78	78	87	李四	
4	96	79	90	王五	
5	85	85	93	赵六	
6					
7					
8					
9					
10					

第 5 步 按列排序和按行排序类似，选中数据区域内的任意单元格，然后按照上述操作打开【排序选项】对话框，在该对话框中选中【按列排序】单选按钮，如下图所示。

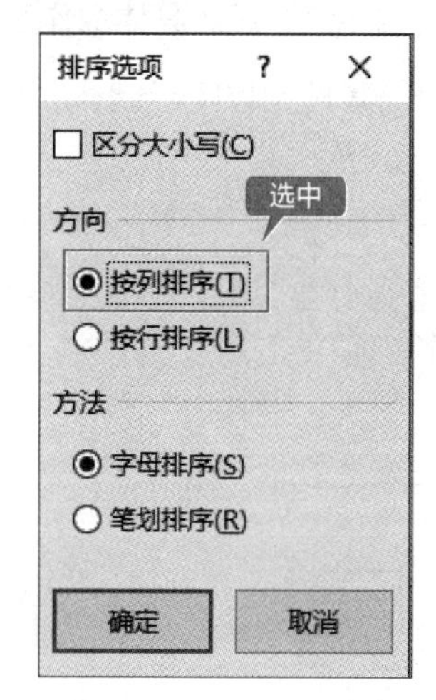

第 6 步 单击【确定】按钮，返回【排序】对话框，然后在【主要关键字】下拉列表框中选择【语文】选项，如下图所示。

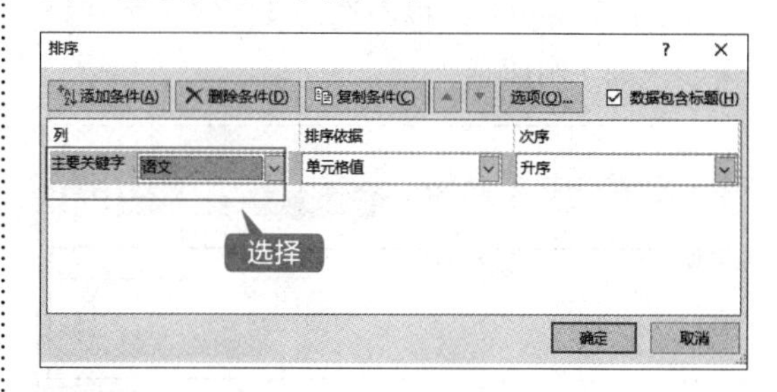

第 7 步 单击【确定】按钮，即可返回 Excel 工作表中查看按列排序的效果，如下图所示。

	A	B	C	D	E
1	语文	英语	数学	姓名	
2	78	78	87	李四	
3	85	85	93	赵六	
4	89	90	78	张三	
5	96	79	90	王五	
6					
7					
8					
9					
10					

7.3.4 自定义排序

Excel 提供了自定义排序的功能，用户可以根据需要设置自定义排序序列。本小节将对学生姓名进行自定义排序，具体操作步骤如下。

第 1 步 打开“素材 \ch07\ 学生成绩表 .xlsx”文件，如下图所示。

B10

	A	B	C	D	E
1	姓名	语文	数学	英语	
2	张三	89	78	90	
3	李四	78	87	78	
4	王五	96	90	79	
5	赵六	85	93	85	
6					
7					
8					
9					
10					

成绩表

第 2 步 依次单击【数据】→【排序和筛选】→【排序】按钮，打开【排序】对话框，在【主要关键字】下拉列表框中选择【姓名】选项，在【次序】下拉列表框中选择【自定义序列】选项，如下图所示。

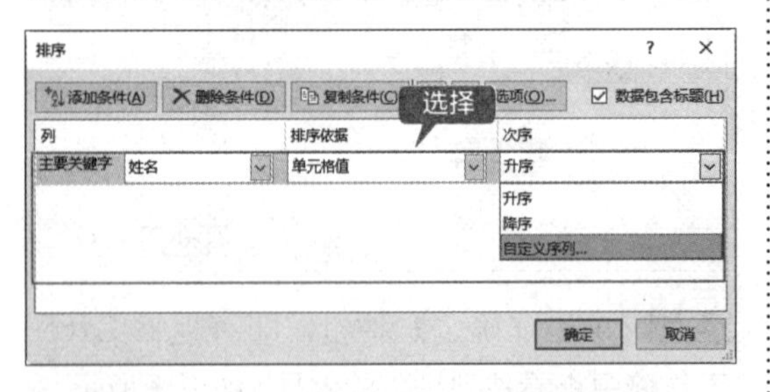

第 3 步 打开【自定义序列】对话框后，在【输入序列】列表框中输入自定义序列“王五，赵六，张三，李四”，然后单击【添加】按钮，将自定义序列添加到【自定义序列】列表框中，如下图所示。

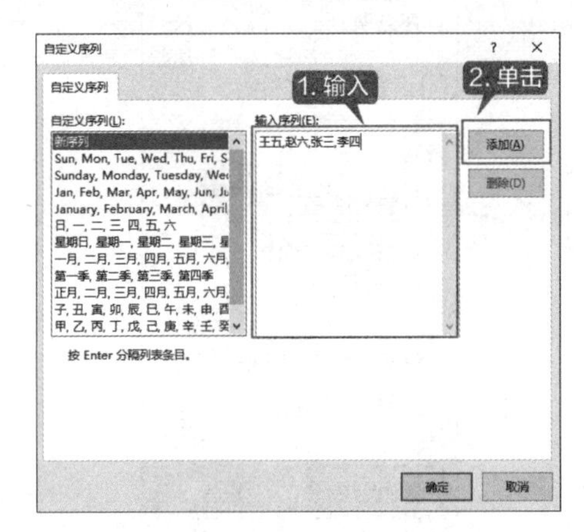

第 4 步 单击【确定】按钮，返回【排序】对话框，此时在【次序】文本框中显示自定义的序列，如下图所示。

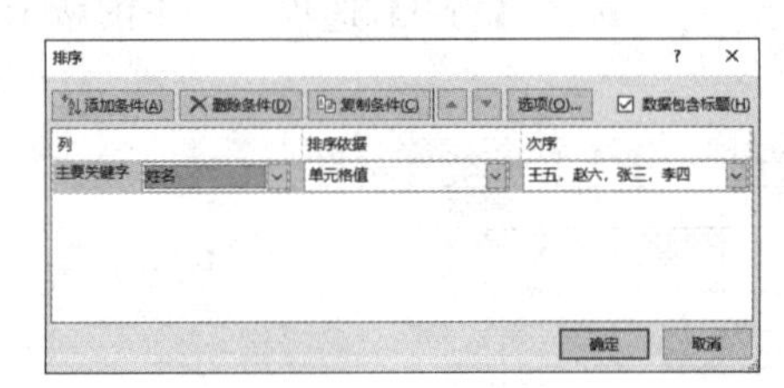

第 5 步 单击【确定】按钮，即可返回 Excel 工作表中查看自定义排序后的效果，如下图所示。

C3 93

	A	B	C	D	E
1	姓名	语文	数学	英语	
2	王五	96	90	79	
3	赵六	85	93	85	
4	张三	89	78	90	
5	李四	78	87	78	
6					
7					
8					

成绩表

7.4 筛选数据

在数据清单中，如果需要查看一些特定数据，就需要对数据清单进行筛选，即从数据清单中筛选出符合条件的数据，并将其显示在工作表中，而将那些不符合条件的数据隐藏起来。

7.4.1 自动筛选

自动筛选器提供了快速访问数据列表的管理功能，用户可以选择符合条件的一项，然后将符合条件的数据筛选出来。使用自动筛选功能筛选数据的具体操作步骤如下。

第 1 步 打开“员工销售报表 .xlsx”文件，如下图所示。

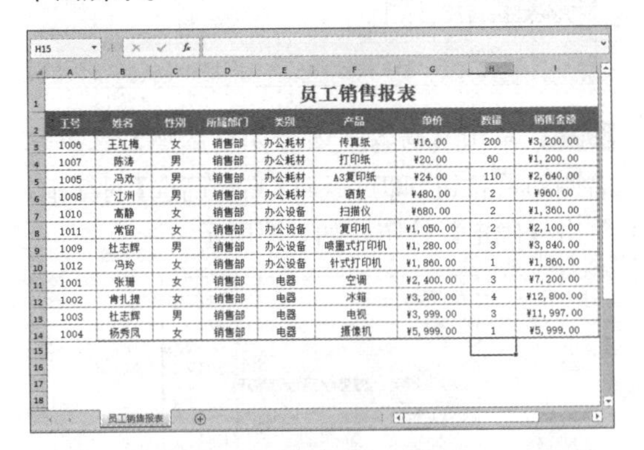

员工销售报表

工号	姓名	性别	所属部门	类别	产品	单价	数量	销售金额
1006	王红梅	女	销售部	办公耗材	传真纸	¥16.00	200	¥3,200.00
1007	陈涛	男	销售部	办公耗材	打印纸	¥20.00	60	¥1,200.00
1005	冯欢	男	销售部	办公耗材	A3复印纸	¥24.00	110	¥2,640.00
1008	江洲	男	销售部	办公耗材	硒鼓	¥480.00	2	¥960.00
1010	高静	女	销售部	办公设备	扫描仪	¥680.00	2	¥1,360.00
1011	常留	女	销售部	办公设备	复印机	¥1,050.00	2	¥2,100.00
1009	杜志辉	男	销售部	办公设备	喷墨式打印机	¥1,280.00	3	¥3,840.00
1012	冯玲	女	销售部	办公设备	针式打印机	¥1,860.00	1	¥1,860.00
1001	张珊	女	销售部	电器	空调	¥2,400.00	3	¥7,200.00
1002	肯扎提	女	销售部	电器	冰箱	¥3,200.00	4	¥12,800.00
1003	杜志辉	男	销售部	电器	电视	¥3,999.00	3	¥11,997.00
1004	杨秀凤	女	销售部	电器	摄像机	¥5,999.00	1	¥5,999.00

第 2 步 单击【数据】选项卡【排序和筛选】组中的【筛选】按钮，进入数据筛选状态，此时在每个字段名的右侧都会出现一个下拉按钮，如下图所示。

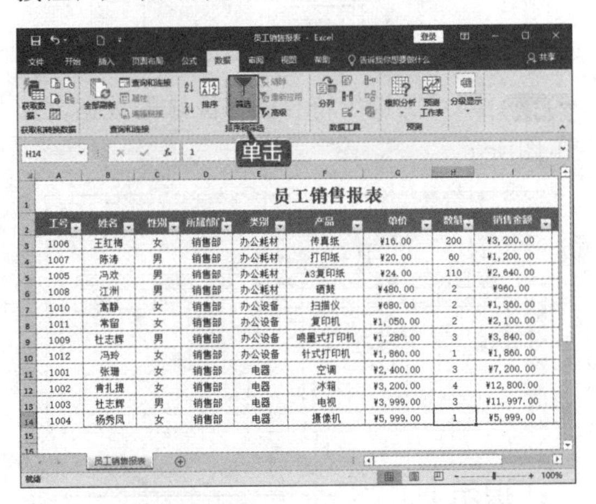

第 3 步 单击【类别】右侧的下拉按钮，从弹出的下拉列表中取消选中【全选】复选框，然后选中【办公耗材】复选框，单击【确定】按钮，如下图所示。

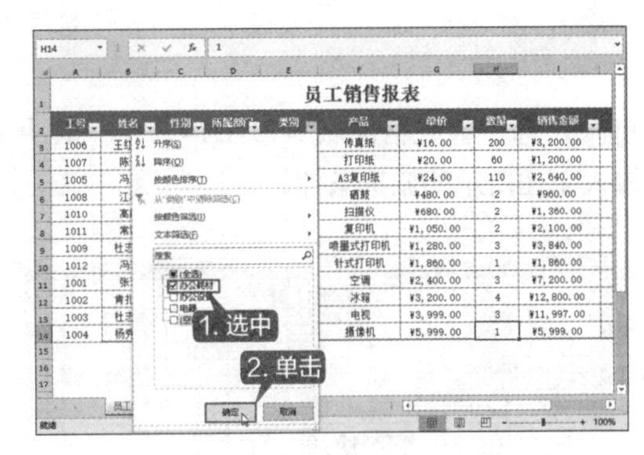

第 4 步 即可只显示办公耗材的数据信息，其他的数据将被隐藏，如下图所示。

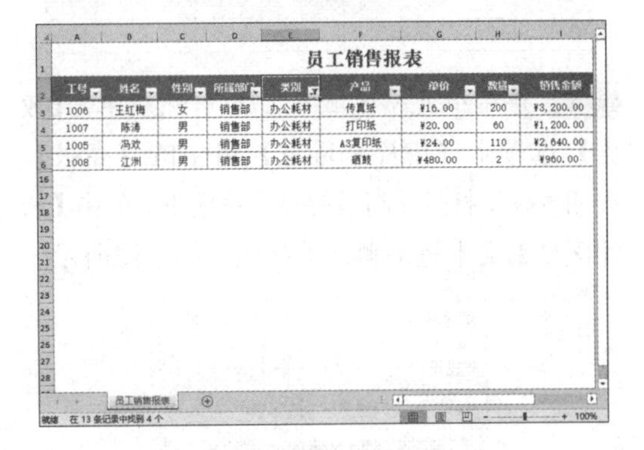

员工销售报表

工号	姓名	性别	所属部门	类别	产品	单价	数量	销售金额
1006	王红梅	女	销售部	办公耗材	传真纸	¥16.00	200	¥3,200.00
1007	陈涛	男	销售部	办公耗材	打印纸	¥20.00	60	¥1,200.00
1005	冯欢	男	销售部	办公耗材	A3复印纸	¥24.00	110	¥2,640.00
1008	江洲	男	销售部	办公耗材	硒鼓	¥480.00	2	¥960.00

7.4.2 高级筛选

Excel 提供了高级筛选功能，即对字段设置多个复杂的筛选条件。使用高级筛选功能设置筛选条件的具体操作步骤如下。

第 1 步 打开“素材 \ch07\ 员工工资统计表 .xlsx”文件，如下图所示。

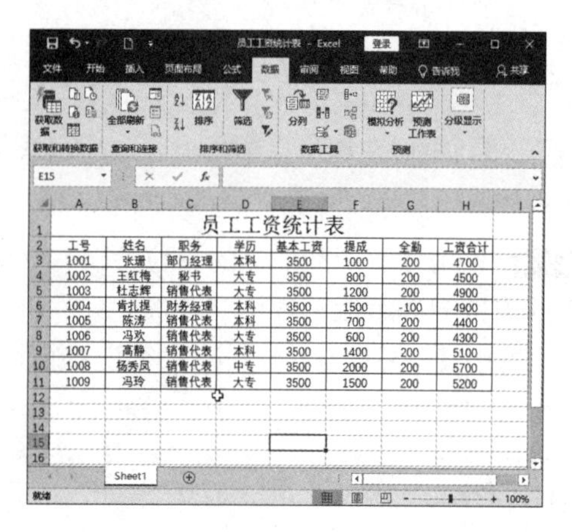

第 2 步 选中单元格区域 A13:C14，并在其中输入下图所示的筛选条件。

员工工资统计表

工号	姓名	职务	学历	基本工资	提成	全勤	工资合计
1001	张珊	部门经理	本科	3500	1000	200	4700
1002	王红梅	秘书	大专	3500	800	200	4500
1003	杜志辉	销售代表	大专	3500	1200	200	4900
1004	肯扎提	财务经理	本科	3500	1500	-100	4900
1005	陈涛	销售代表	本科	3500	700	200	4400
1006	冯欢	销售代表	大专	3500	600	200	4300
1007	高静	销售代表	本科	3500	1400	200	5100
1008	杨秀凤	销售代表	中专	3500	2000	200	5700
1009	冯玲	销售代表	大专	3500	1500	200	5200

职务	学历	工资合计
销售代表	大专	>5000

输入

第 3 步 选中单元格区域 A2:H11，然后单击【数据】选项卡【排序和筛选】组中的【高级】按钮 高级，打开【高级筛选】对话框，单击【条件区域】文本框右侧的按钮，如下图所示。

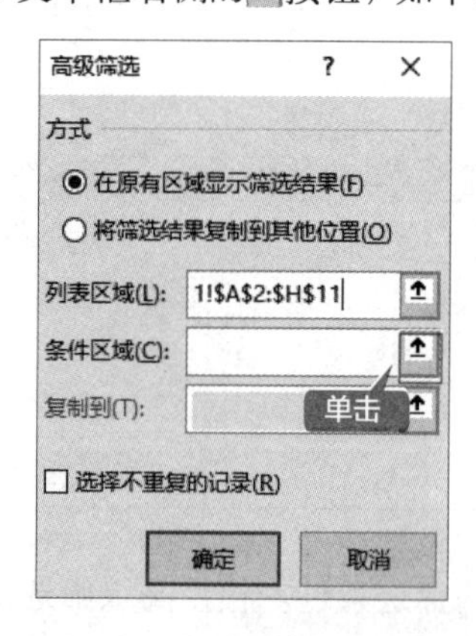

第 4 步 返回 Excel 工作表中，然后拖动鼠标选中要筛选的区域 A13:C14，此时选择的区域会显示在【高级筛选－条件区域】文本框中，如下图所示。

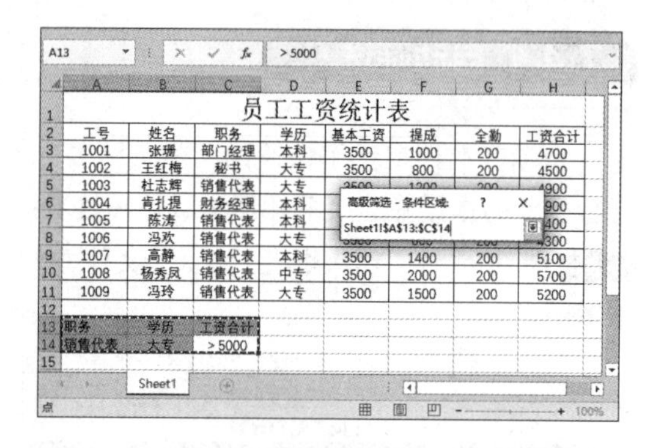

第 5 步 单击【高级筛选－条件区域】文本框右侧的按钮，即可返回【高级筛选】对话框，单击【确定】按钮，如下图所示。

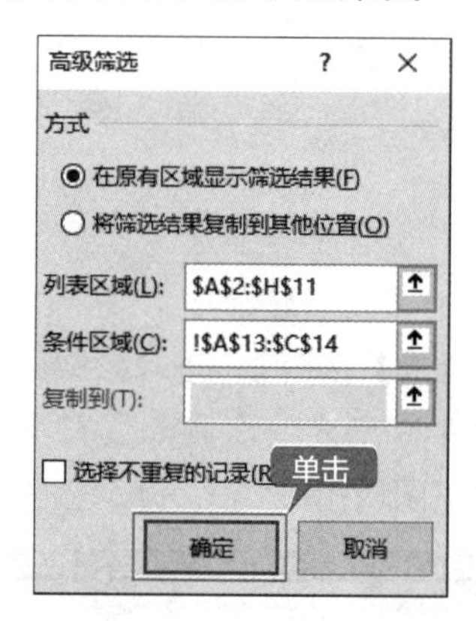

第 6 步 即可筛选出符合条件区域的数据，如下图所示。

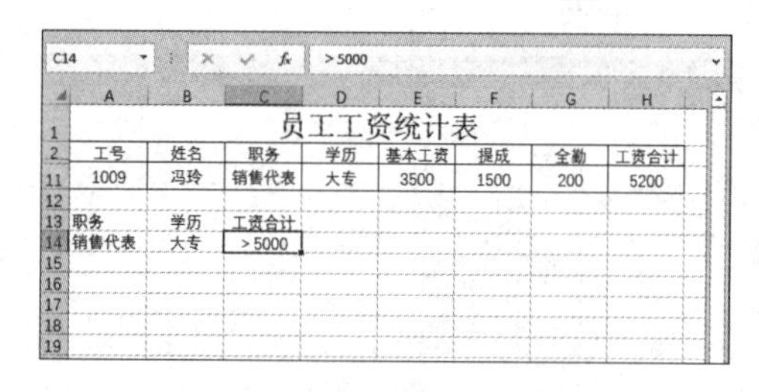

提示

使用高级筛选功能之前应先建立一个条件区域，如在上述操作中单元格区域 A13:C14 即为条件区域，其中第一行中包含的字段名必须拼写正确，只要包含作为筛选条件的字段名即可。条件区域的字段名下面一行用来输入筛选条件。

7.4.3 自定义筛选

自定义筛选可根据用户的需要来设置条件，从而筛选出符合条件的数据。自定义筛选包括以下 3 种方式。

1. 模糊筛选

将"员工工资统计表"工作表中姓名为"高静"的员工信息筛选出来，具体操作步骤如下。

第 1 步 打开"素材 \ch07\ 员工工资统计表 .xlsx"文件，如下图所示。

员工工资统计表

工号	姓名	职务	学历	基本工资	提成	全勤	工资合计
1001	张珊	部门经理	本科	3500	1000	200	4700
1002	王红梅	秘书	大专	3500	800	200	4500
1003	杜志辉	销售代表	大专	3500	1200	200	4900
1004	肯扎提	财务经理	本科	3500	1500	-100	4900
1005	陈涛	销售代表	本科	3500	700	200	4400
1006	冯欢	销售代表	大专	3500	600	200	4300
1007	高静	销售代表	本科	3500	1400	200	5100
1008	杨秀凤	销售代表	中专	3500	2000	200	5700
1009	冯玲	销售代表	大专	3500	1500	200	5200

第 2 步 依次单击【数据】→【排序和筛选】→【筛选】按钮，如下图所示。

单击

员工工资统计表

工号	姓名	职务	学历	基本工资	提成	全勤	工资合计
1001	张珊	部门经理	本科	3500	1000	200	4700
1002	王红梅	秘书	大专	3500	800	200	4500
1003	杜志辉	销售代表	大专	3500	1200	200	4900
1004	肯扎提	财务经理	本科	3500	1500	-100	4900
1005	陈涛	销售代表	本科	3500	700	200	4400
1006	冯欢	销售代表	大专	3500	600	200	4300
1007	高静	销售代表	本科	3500	1400	200	5100
1008	杨秀凤	销售代表	中专	3500	2000	200	5700
1009	冯玲	销售代表	大专	3500	1500	200	5200

第 3 步 数据进入筛选状态，单击 B2 单元格右侧的下拉按钮，在弹出的下拉列表中选择【文本筛选】→【自定义筛选】选项，如下图所示。

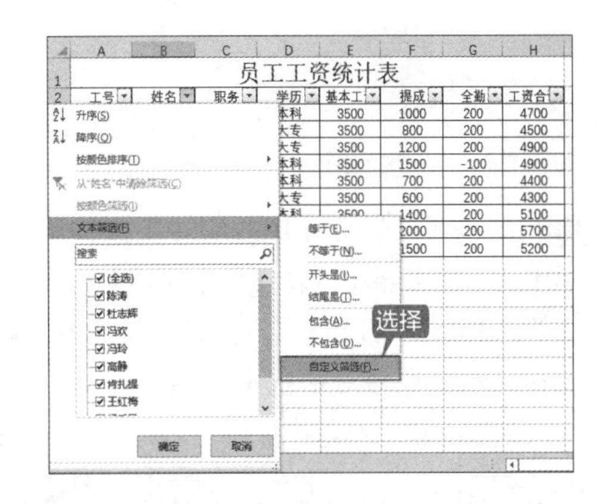

第 4 步 打开【自定义自动筛选方式】对话框，然后按照下图所示设置相关参数并单击【确定】按钮。

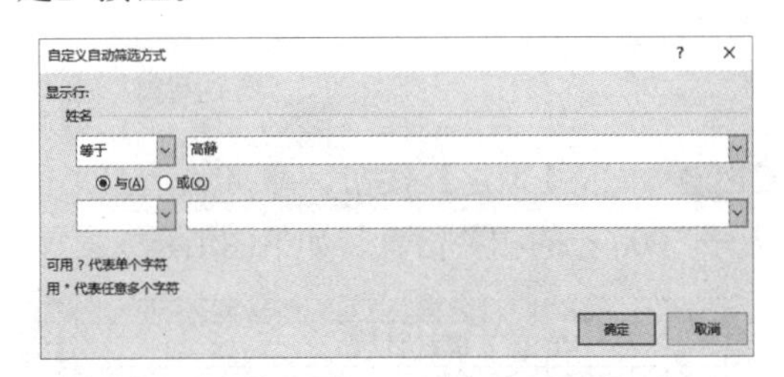

第 5 步 即可查看筛选后的效果，如下图所示。

员工工资统计表

工号	姓名	职务	学历	基本工资	提成	全勤	工资合计
1007	高静	销售代表	本科	3500	1400	200	5100

2. 范围筛选

使用范围筛选方式筛选出工资大于等于 5000 元的相关数据，具体操作步骤如下。

第 1 步 打开"素材 \ch07\ 员工工资统计表 .xlsx"文件，依次单击【数据】→【排序和筛选】→【筛选】按钮，进入数据筛选状态，如下图所示。

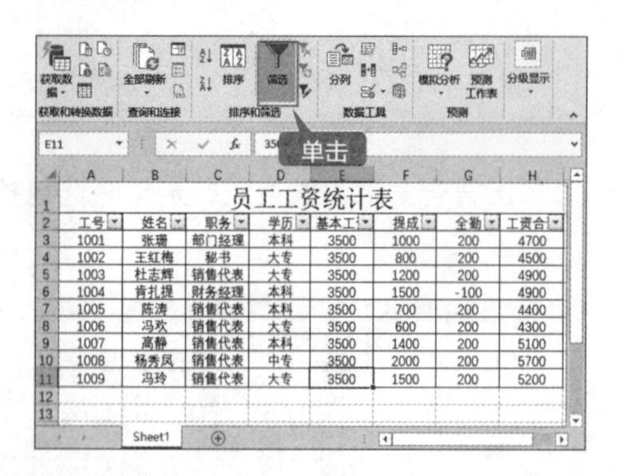

员工工资统计表

工号	姓名	职务	学历	基本工	提成	全勤	工资合
1001	张珊	部门经理	本科	3500	1000	200	4700
1002	王红梅	秘书	大专	3500	800	200	4500
1003	杜志辉	销售代表	大专	3500	1200	200	4900
1004	肯扎提	财务经理	本科	3500	1500	-100	4900
1005	陈涛	销售代表	本科	3500	700	200	4400
1006	冯欢	销售代表	大专	3500	600	200	4300
1007	高静	销售代表	本科	3500	1400	200	5100
1008	杨秀凤	销售代表	中专	3500	2000	200	5700
1009	冯玲	销售代表	大专	3500	1500	200	5200

第 2 步 单击【工资合计】右侧的下拉按钮，从弹出的下拉菜单中选择【数字筛选】→【自定义筛选】选项，打开【自定义自动筛选方式】对话框，然后在该对话框中按照下图所示设置相关参数。

第 3 步 单击【确定】按钮，即可筛选出工资大于 5000 元的相关信息，如下图所示。

员工工资统计表

姓名	职务	学历	基本工	提成	全勤	工资合
高静	销售代表	本科	3500	1400	200	5100
杨秀凤	销售代表	中专	3500	2000	200	5700
冯玲	销售代表	大专	3500	1500	200	5200

就绪 在 9 条记录中找到 3 个

3. 通配符筛选

将“员工工资统计表”中姓名为两个字且姓“冯”的员工筛选出来，具体操作步骤如下。

第 1 步 打开“素材 \ch07\ 员工工资统计表.xlsx”文件，依次单击【数据】→【排序和筛选】→【筛选】按钮，进入数据筛选状态，如下图所示。

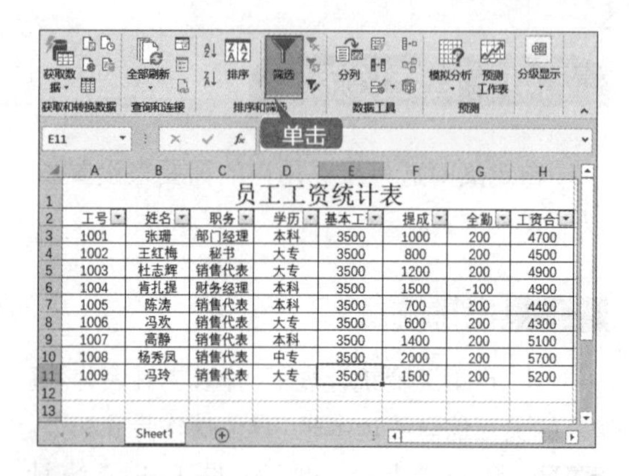

员工工资统计表

工号	姓名	职务	学历	基本工	提成	全勤	工资合
1001	张珊	部门经理	本科	3500	1000	200	4700
1002	王红梅	秘书	大专	3500	800	200	4500
1003	杜志辉	销售代表	大专	3500	1200	200	4900
1004	肯扎提	财务经理	本科	3500	1500	-100	4900
1005	陈涛	销售代表	本科	3500	700	200	4400
1006	冯欢	销售代表	大专	3500	600	200	4300
1007	高静	销售代表	本科	3500	1400	200	5100
1008	杨秀凤	销售代表	中专	3500	2000	200	5700
1009	冯玲	销售代表	大专	3500	1500	200	5200

第 2 步 单击【姓名】列右侧的下拉按钮，从弹出的下拉菜单中选择【文本筛选】→【自定义筛选】选项，打开【自定义自动筛选方式】对话框，然后在该对话框中按照下图所示设置相关参数。

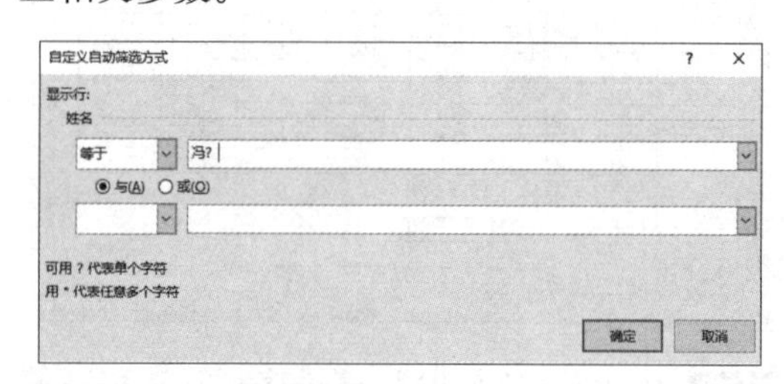

第 3 步 单击【确定】按钮，即可查看筛选后的结果，如下图所示。

员工工资统计表

工号	姓名	职务	学历	基本工	提成	全勤	工资合
1006	冯欢	销售代表	大专	3500	600	200	4300
1009	冯玲	销售代表	大专	3500	1500	200	5200

就绪 在 9 条记录中找到 2 个

提示

通常情况下，通配符“?”表示任意一个字符，“*”表示任意多个字符。“?”和“*”需要在英文状态下输入。

7.5 数据的分类汇总

分类汇总包括两部分：先对一个复杂的数据库进行数据分类，再对不同类型的数据进行汇总。使用数据分类汇总功能，可以将数据更加直观地展示出来。

7.5.1 创建分类汇总

分类汇总是指先根据字段名来创建数据组，然后进行汇总。创建分类汇总的具体操作步骤如下。

第 1 步 打开“素材 \ch07\ 员工销售报表 .xlsx”文件，如下图所示。

员工销售报表

工号	姓名	性别	所属部门	类别	产品	单价	数量	销售金额
1006	王红梅	女	销售部	办公耗材	传真纸	¥16.00	200	¥3,200.00
1007	陈涛	男	销售部	办公耗材	打印纸	¥20.00	60	¥1,200.00
1005	冯欢	男	销售部	办公耗材	A3复印纸	¥24.00	110	¥2,640.00
1008	江洲	男	销售部	办公耗材	硒鼓	¥480.00	2	¥960.00
1010	高静	女	销售部	办公设备	扫描仪	¥680.00	2	¥1,360.00
1011	常留	女	销售部	办公设备	复印机	¥1,050.00	2	¥2,100.00
1009	杜志辉	男	销售部	办公设备	喷墨式打印机	¥1,280.00	3	¥3,840.00
1012	冯玲	女	销售部	办公设备	针式打印机	¥1,860.00	1	¥1,860.00
1001	张珊	女	销售部	电器	空调	¥2,400.00	3	¥7,200.00
1002	肯扎提	女	销售部	电器	冰箱	¥3,200.00	4	¥12,800.00
1003	杜志辉	男	销售部	电器	电视	¥3,999.00	3	¥11,997.00
1004	杨秀凤	女	销售部	电器	摄像机	¥5,999.00	1	¥5,999.00

第 2 步 单击【数据】选项卡【分级显示】组中的【分类汇总】按钮，打开【分类汇总】对话框，然后在【分类字段】下拉列表框中选择【类别】选项，表示以“类别”字段进行分类汇总，在【汇总方式】下拉列表框中选择【求和】选项，在【选定汇总项】列表框中选中【销售金额】复选框，最后选中【汇总结果显示在数据下方】复选框，如下图所示。

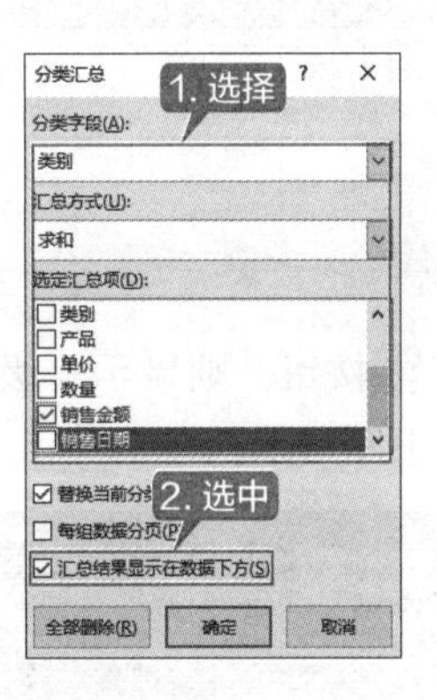

第 3 步 单击【确定】按钮，即可查看对类别进行分类汇总后的效果，如下图所示。

员工销售报表

工号	姓名	性别	所属部门	类别	产品	单价	数量	销售金额	销售日期
1006	王红梅	女	销售部	办公耗材	传真纸	¥16.00	200	¥3,200.00	2019/5/24
1007	陈涛	男	销售部	办公耗材	打印纸	¥20.00	60	¥1,200.00	2019/5/28
1005	冯欢	男	销售部	办公耗材	A3复印纸	¥24.00	110	¥2,640.00	2019/5/20
1008	江洲	男	销售部	办公耗材	硒鼓	¥480.00	2	¥960.00	2019/5/29
				办公耗材 汇总				¥8,000.00	
1010	高静	女	销售部	办公设备	扫描仪	¥680.00	2	¥1,360.00	2019/6/5
1011	常留	女	销售部	办公设备	复印机	¥1,050.00	2	¥2,100.00	2019/6/12
1009	杜志辉	男	销售部	办公设备	喷墨式打印机	¥1,280.00	3	¥3,840.00	2019/6/2
1012	冯玲	女	销售部	办公设备	针式打印机	¥1,860.00	1	¥1,860.00	2019/6/15
				办公设备 汇总				¥9,160.00	
1001	张珊	女	销售部	电器	空调	¥2,400.00	3	¥7,200.00	2019/5/13
1002	肯扎提	女	销售部	电器	冰箱	¥3,200.00	4	¥12,800.00	2019/5/15
1003	杜志辉	男	销售部	电器	电视	¥3,999.00	3	¥11,997.00	2019/5/16
1004	杨秀凤	女	销售部	电器	摄像机	¥5,999.00	1	¥5,999.00	2019/5/19
				电器 汇总				¥37,996.00	
				总计				55156	

7.5.2 分级显示

对数据库进行分类汇总之后，可以将数据分级显示。分级显示中的第一级数据代表汇总项的总和，第二级数据代表分类汇总数据各汇总项的总和，而第三级数据则代表数据清单的原始数据。分级显示数据的具体操作步骤如下。

第 1 步 打开“员工销售报表”工作表，单击工作表左侧的 1 按钮，即可显示一级数据，如下图所示。

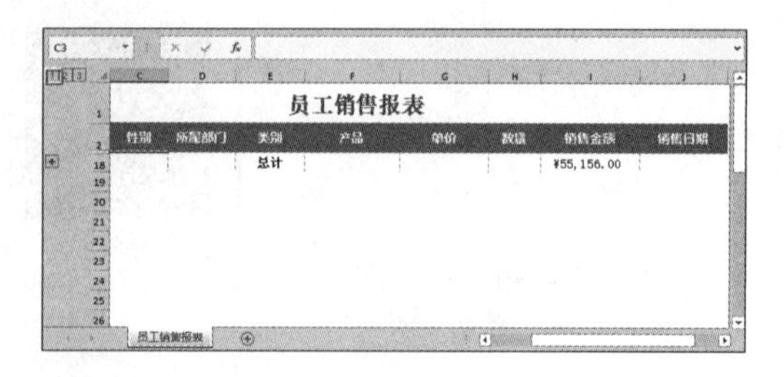

第 2 步　单击2按钮，则显示一级和二级数据，即总计和类别汇总，如下图所示。

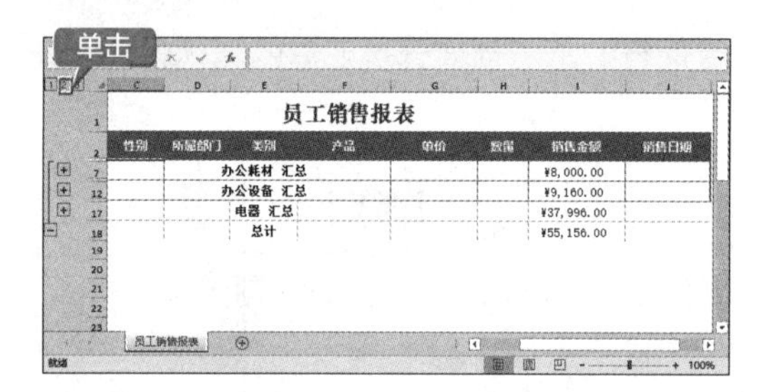

第 3 步　单击3按钮，则显示一级、二级和三级数据，如下图所示。

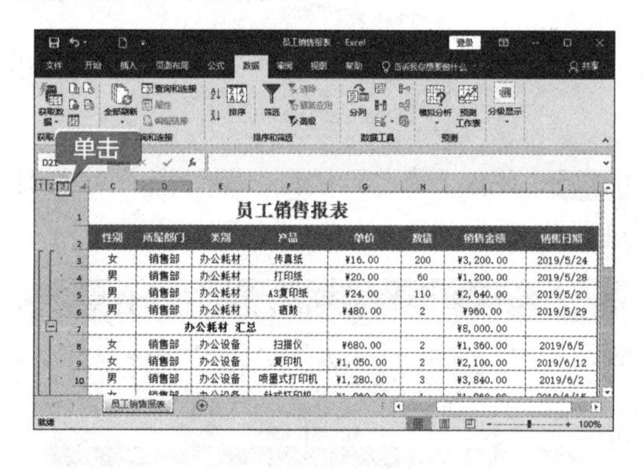

第 4 步　单击工作表左侧的-按钮，即可隐藏明细数据，隐藏后的效果如下图所示。

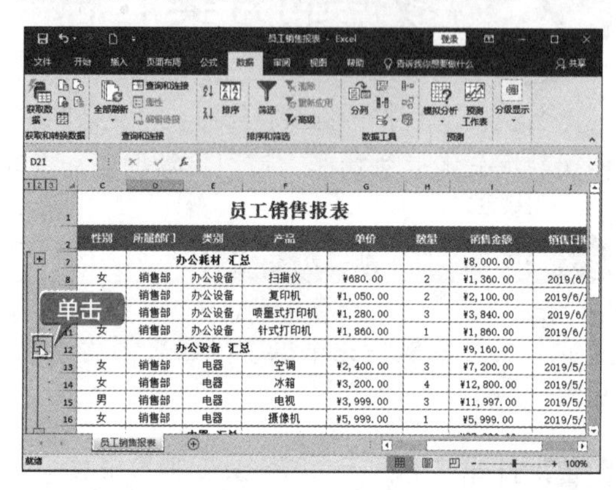

第 5 步　单击工作表左侧的+按钮，即可显示明细数据，显示后的效果如下图所示。

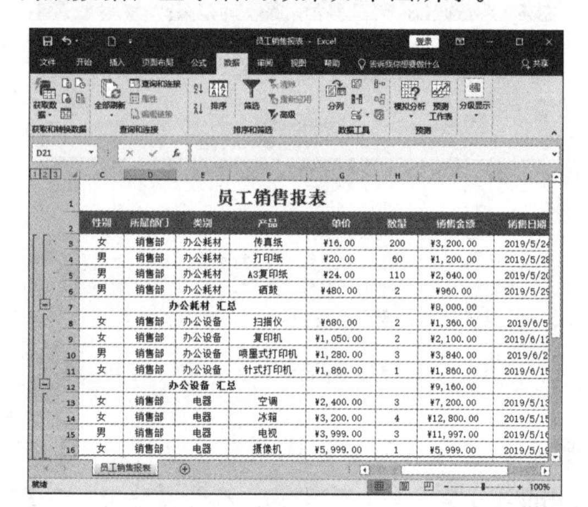

7.5.3 清除分类汇总

如果不再需要分类汇总，可以将其清除。清除分类汇总的具体操作步骤如下。

第 1 步　打开“员工销售报表”工作表，选中分类汇总后的工作表数据区域内的任意单元格，如下图所示。

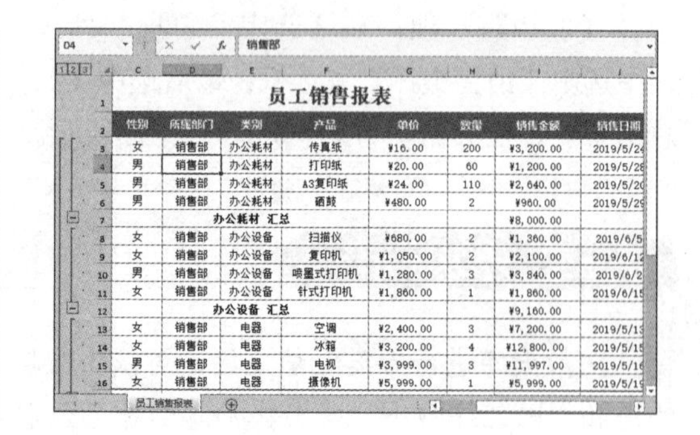

第 2 步 依次单击【数据】→【分级显示】→【分类汇总】按钮，打开【分类汇总】对话框，然后在该对话框中单击【全部删除】按钮，如下图所示。

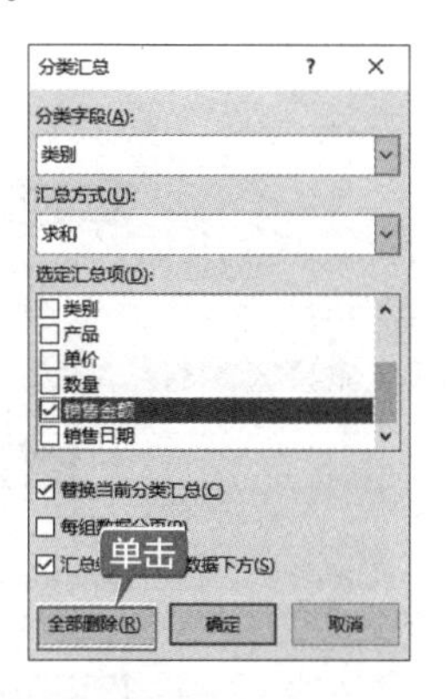

第 3 步 即可清除分类汇总效果，如下图所示。

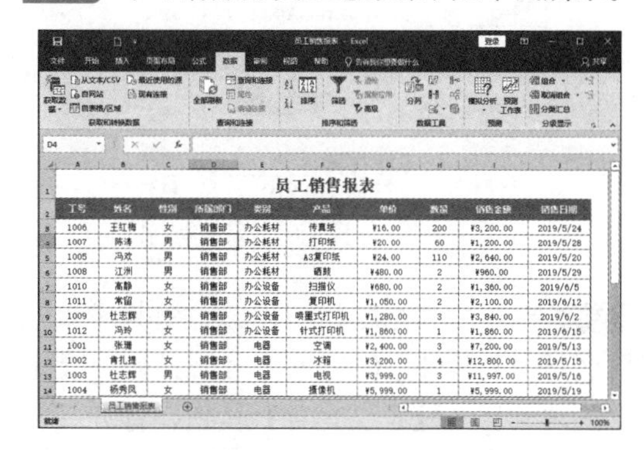

7.6 合并计算

在 Excel 2019 中，若要汇总多个工作表的结果，可以将数据合并到一个主工作表中，以便对数据进行更新和汇总。

7.6.1 按位置合并计算

按位置进行合并计算是指按同样的顺序排列所有工作表中的数据，将它们放在同一位置中，具体操作步骤如下。

第 1 步 打开“素材 \ch07\ 员工工资表 .xlsx”文件，如下图所示。

员工工资统计表

序号	工号	姓名	职务	学历	基本工资	提成	全勤	工资合计
1	1001	张珊	部门经理	本科	3500	1000	200	4700
2	1002	王红梅	秘书	大专	3500	800	200	4500
3	1003	杜志辉	销售代表	大专	3500	1200	200	4900
4	1004	肯扎提	财务经理	本科	3500	1500	-100	4900
5	1005	陈涛	销售代表	本科	3500	700	200	4400
6	1006	冯欢	销售代表	大专	3500	600	200	4300
7	1007	高静	销售代表	本科	3500	1400	200	5100
8	1008	杨秀凤	销售代表	中专	3500	2000	200	5700
9	1009	冯玲	销售代表	大专	3500	1500	200	5200

第 2 步 打开“工资表 1”工作表，选中单元格区域 A1:H11，单击【公式】选项卡【定义的名称】组中的【定义名称】按钮，如下图所示。

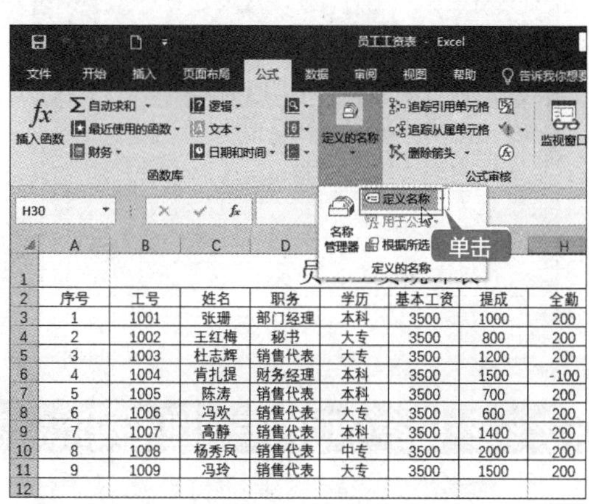

第 3 步 打开【新建名称】对话框，然后在【名称】文本框中输入“工资表 1”，单击【确定】按钮，即可完成名称的定义，如下图所示。

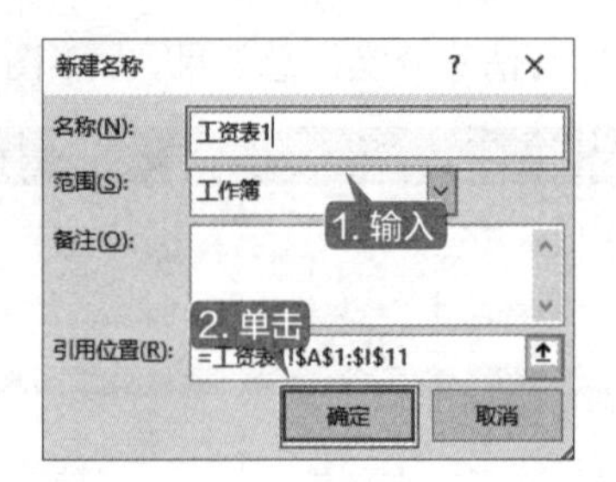

第4步 打开“工资表2”工作表，并选中单元格区域 A1:H11，依次单击【公式】→【定义的名称】→【定义名称】按钮，打开【新建名称】对话框，在【名称】文本框中输入“工资表2”，单击【确定】按钮完成操作，如下图所示。

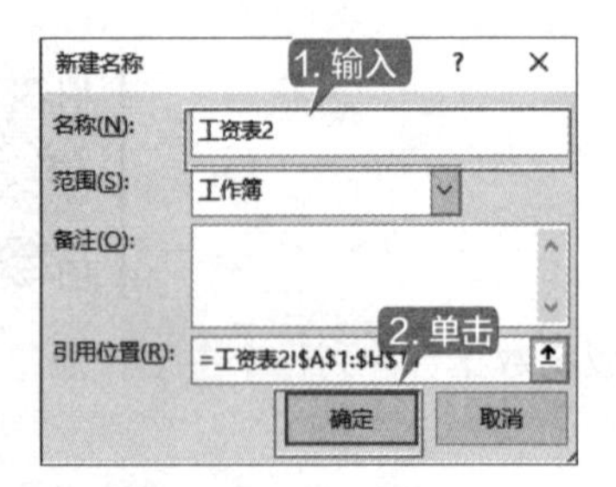

第5步 打开“工资表1”工作表，选中单元格 J1，单击【数据】选项卡【数据工具】组中的【合并计算】按钮，如下图所示。

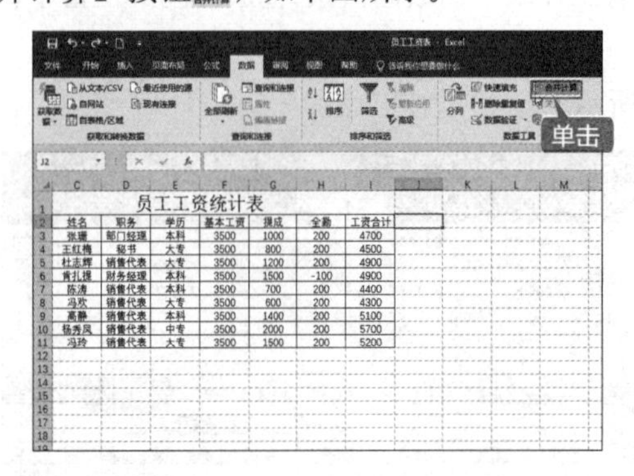

姓名	职务	学历	基本工资	提成	全勤	工资合计
张[illegible]	部门经理	本科	3500	1000	200	4700
王红梅	秘书	大专	3500	800	200	4500
杜志辉	销售代表	大专	3500	1200	200	4900
肯扎提	财务经理	本科	3500	1500	-100	4900
陈涛	销售代表	本科	3500	700	200	4400
冯欢	销售代表	大专	3500	600	200	4300
高静	销售代表	本科	3500	1400	200	5100
杨秀凤	销售代表	中专	3500	2000	200	5700
冯玲	销售代表	大专	3500	1500	200	5200

第6步 打开【合并计算】对话框，然后在【引用位置】文本框中输入“工资表2”，单击【添加】按钮，即可把“工资表2”添加到【所有引用位置】列表框中，如下图所示。

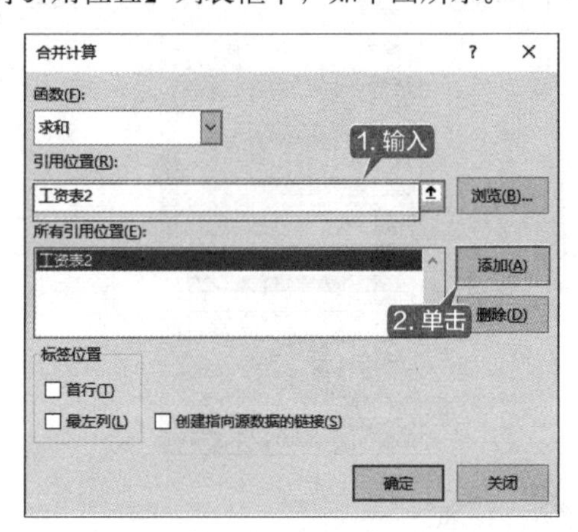

第7步 单击【确定】按钮，即可将名称为“工资表2”的数据合并到“工资表1”区域中，如下图所示。

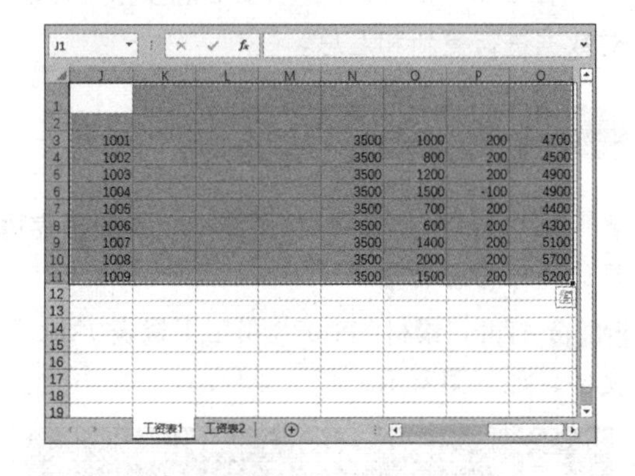

	J	K	L	M	N	O	P	Q
3	1001				3500	1000	200	4700
4	1002				3500	800	200	4500
5	1003				3500	1200	200	4900
6	1004				3500	1500	-100	4900
7	1005				3500	700	200	4400
8	1006				3500	600	200	4300
9	1007				3500	1400	200	5100
10	1008				3500	2000	200	5700
11	1009				3500	1500	200	5200

7.6.2 由多个明细表快速生成汇总表

如果数据分散在各个明细表中，需要将这些数据汇总到一个总表中，也可以使用合并计算。由多个明细表快速生成汇总表的具体操作步骤如下。

第1步 打开“素材\ch07\销售汇总表.xlsx”文件，这里包含3个地区的销售数据，如下图所示。需要将这3个地区的数据合并到“总表”中，即同类产品的销售数量和销售金额相加。

	A	B	C	D	E
1		销售数量	销售金额		
2	空调	689	¥964,600.00		
3	冰箱	349	¥697,651.00		
4	电磁炉	360	¥162,000.00		
5	微波炉	420	¥159,600.00		
6	洗衣机	320	¥319,680.00		

第 2 步 打开“销售汇总表”工作表，并选中单元格 A1，如下图所示。

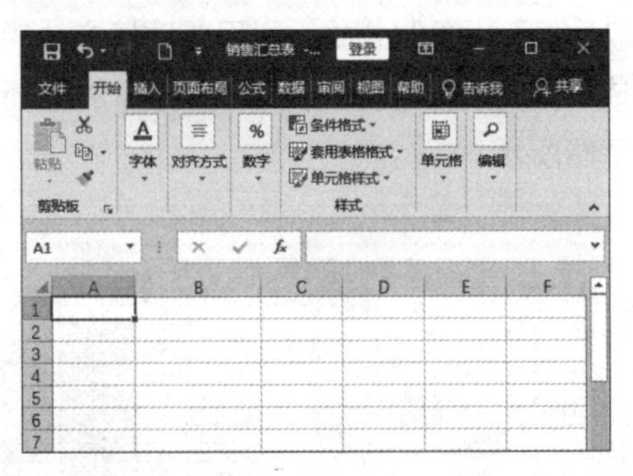

第 3 步 单击【数据】选项卡【数据工具】组中的【合并计算】按钮，打开【合并计算】对话框，然后单击【引用位置】文本框右侧的按钮，如下图所示。

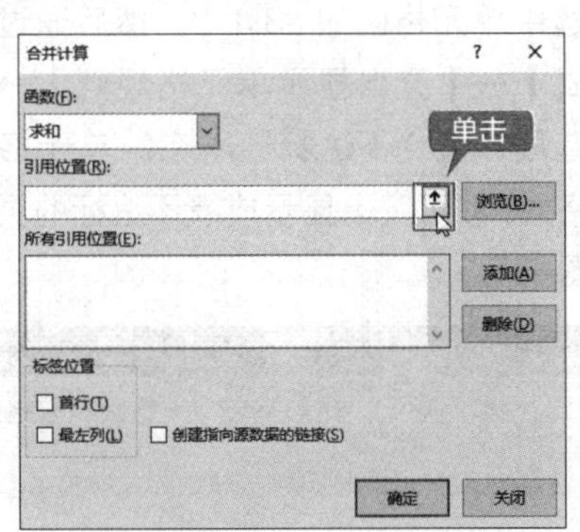

第 4 步 打开【合并计算 – 引用位置】引用框，拖动鼠标选中“上海”工作表中的单元格区域 A1:C6，如下图所示。

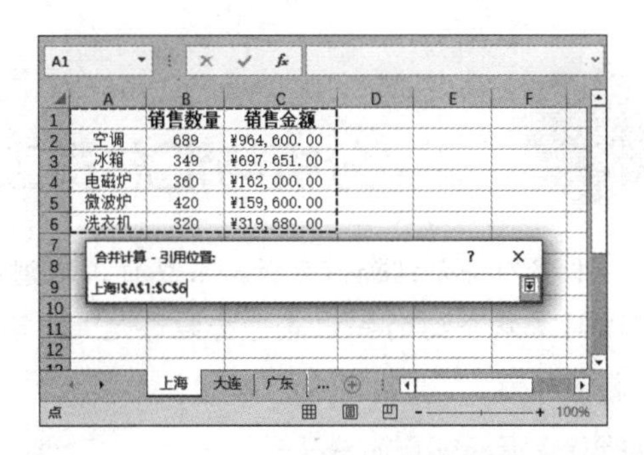

第 5 步 单击【合并计算 – 引用位置】引用框右侧的按钮，返回【合并计算】对话框，然后单击【添加】按钮，将引用的位置添加到【所有引用位置】列表框中，如下图所示。

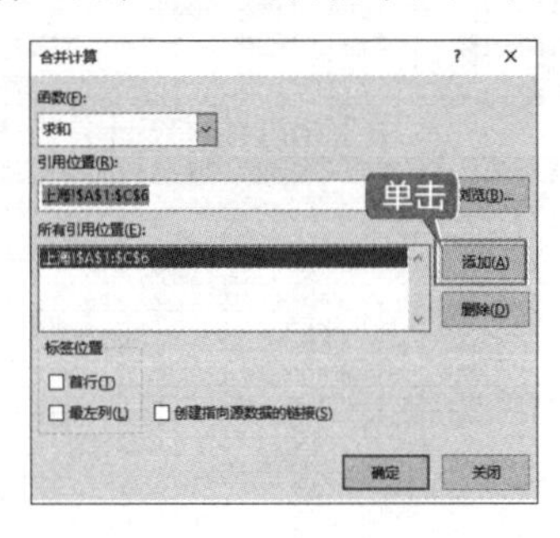

第 6 步 重复此操作，依次添加大连和广东工作表中的数据区域，如下图所示。

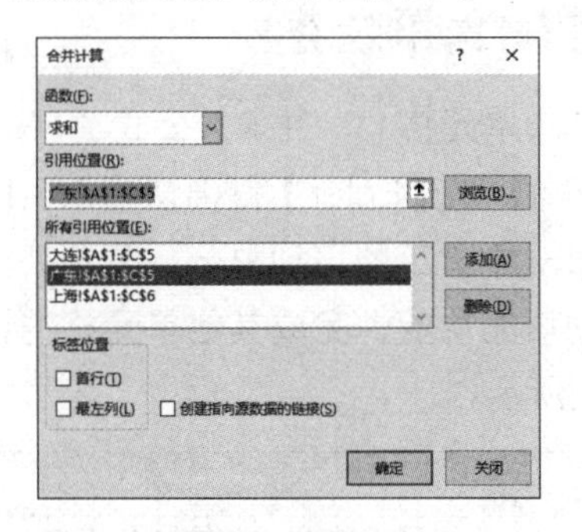

第 7 步 单击【确定】按钮，即可查看合并计算后的数据，如下图所示。

	A	B	C	D	E
1					
2		909	¥1,774,480.00		
3		1269	¥1,709,191.00		
4		1160	¥945,320.00		
5		1370	¥3,358,650.00		
6		320	¥319,680.00		

分析与汇总员工培训成绩统计表

本实例将介绍如何分析与汇总员工培训成绩统计表。通过对本实例的学习，可以对本章介绍的知识点进行综合运用，包括设置数据验证、条件格式及分类汇总等操作。

1. 设置数据验证

打开“素材\ch07\员工培训成绩统计分析表.xlsx”文件，在B3:B12单元格区域中数据设置验证，如下图所示。

员工培训成绩统计分析表

工号	姓名	所属部门	培训项目	培训课时	笔试成绩	实际操作成绩	总分
	张珊	编辑部	Word办公软件应用	8	95	87	
	[illegible]	编辑部	Word办公软件应用	8	85	76	
	[illegible]	编辑部	Word办公软件应用	8	77	73	
	[illegible]	行政部	Word办公软件应用	8	96	86	
	陈涛	行政部	Word办公软件应用	8	89	90	
	王红梅	行政部	Word办公软件应用	8	100	88	
	冯欢	销售部	Word办公软件应用	8	99	96	
	冯玲	销售部	Word办公软件应用	8	89	94	
	高珍珍	销售部	Word办公软件应用	8	94	100	
	黄达然	财务部	Word办公软件应用	8	92	86	

输入工号
请输入员工工号!

表格注释：
1. 此次培训的总分成绩中笔试成绩占40%，实际操作成绩占60%
2. 总分成绩在75分以上为达标，75分以下为不合格

2. 计算培训总分

选中单元格I3，并输入公式“=G3*0.4+H3*0.6”，按【Enter】键确认输入，即可计算出第一位员工的培训总分。复制公式，利用自动填充功能，完成其他单元格的计算，如下图所示。

=G3*0.4+H3*0.6

员工培训成绩统计分析表

工号	姓名	所属部门	培训项目	培训课时	笔试成绩	实际操作成绩	总分
1001	张珊	编辑部	Word办公软件应用	8	95	87	90.2
1002	肯扎提	编辑部	Word办公软件应用	8	85	76	79.6
1003	杜志辉	编辑部	Word办公软件应用	8	77	73	74.6
1004	江洲	行政部	Word办公软件应用	8	96	86	90
1005	陈涛	行政部	Word办公软件应用	8	89	90	89.6
1006	王红梅	行政部	Word办公软件应用	8	100	88	92.8
1007	冯欢	销售部	Word办公软件应用	8	99	96	97.2
1008	冯玲	销售部	Word办公软件应用	8	89	94	92
1009	高珍珍	销售部	Word办公软件应用	8	94	100	97.6
1010	黄达然	财务部	Word办公软件应用	8	92	86	88.4

表格注释：
1. 此次培训的总分成绩中笔试成绩占40%，实际操作成绩占60%
2. 总分成绩在75分以上为达标，75分以下为不合格

自动填充

员工培训成绩表

平均值: 89.2 计数: 10 求和: 892

3. 分析员工是否达标

根据表格注释内容，分析员工培训成绩是否达标。选中单元格J3，输入公式“=IF(I3>=75,"达标","不达标")”，按【Enter】键确认输入，即可判断出第一位员工的成绩为“达标”。复制公式，利用自动填充功能，完成对其他员工培训成绩是否达标的判断，如下图所示。

=IF(I3>=75,"达标","不达标")

员工培训成绩统计分析表

工号	姓名	所属部门	培训项目	培训课时	笔试成绩	实际操作成绩	总分	成绩是否达标	排名
1001	张珊	编辑部	Word办公软件应用	8	95	87	90.2	达标	
1002	肯扎提	编辑部	Word办公软件应用	8	85	76	79.6	达标	
1003	杜志辉	编辑部	Word办公软件应用	8	77	73	74.6	不达标	
1004	江洲	行政部	Word办公软件应用	8	96	86	90	达标	
1005	陈涛	行政部	Word办公软件应用	8	89	90	89.6	达标	
1006	王红梅	行政部	Word办公软件应用	8	100	88	92.8	达标	
1007	冯欢	销售部	Word办公软件应用	8	99	96	97.2	达标	
1008	冯玲	销售部	Word办公软件应用	8	89	94	92	达标	
1009	高珍珍	销售部	Word办公软件应用	8	94	100	97.6	达标	
1010	黄达然	财务部	Word办公软件应用	8	92	86	88.4	达标	

表格注释：
1. 此次培训的总分成绩中笔试成绩占40%，实际操作成绩占60%
2. 总分成绩在75分以上为达标，75分以下为不合格

4. 突出显示成绩不达标的员工

选中单元格区域J3:J12，然后通过【条件格式】→【突出显示单元格规则】→【等于】选项，为“不达标”所在的单元格设置条件格式，即可突出显示成绩不达标的员工，如下图所示。

员工培训成绩统计分析表

工号	姓名	所属部门	培训项目	培训课时	笔试成绩	实际操作成绩	总分	成绩是否达标	排名
1001	张珊	编辑部	Word办公软件应用	8	95	87	90.2	达标	
1002	肯扎提	编辑部	Word办公软件应用	8	85	76	79.6	达标	
1003	杜志辉	编辑部	Word办公软件应用	8	77	73	74.6	不达标	
1004	江洲	行政部	Word办公软件应用	8	96	86	90	达标	
1005	陈涛	行政部	Word办公软件应用	8	89	90	89.6	达标	
1006	王红梅	行政部	Word办公软件应用	8	100	88	92.8	达标	
1007	冯欢	销售部	Word办公软件应用	8	99	96	97.2	达标	
1008	冯玲	销售部	Word办公软件应用	8	89	94	92	达标	
1009	高珍珍	销售部	Word办公软件应用	8	94	100	97.6	达标	
1010	黄达然	财务部	Word办公软件应用	8	92	86	88.4	达标	

表格注释：
1. 此次培训的总分成绩中笔试成绩占40%，实际操作成绩占60%
2. 总分成绩在75分以上为达标，75分以下为不合格

员工培训成绩表

5. 计算排名

选中单元格 K3，并输入公式“=RANK(I3,$I$3:$I$12)”，按【Enter】键确认输入，即可计算出第一位员工的成绩排名。复制公式，利用自动填充功能，计算其他员工的成绩排名，效果如下图所示。

K3 =RANK(I3,$I$3:$I$12)

员工培训成绩统计分析表

工号	姓名	所属部门	培训项目	培训课时	笔试成绩	实际操作成绩	总分	成绩是否达标	排名
1001	张珊	编辑部	Word办公软件应用	8	95	87	90.2	达标	5
1002	肯扎提	编辑部	Word办公软件应用	8	85	76	79.6	达标	9
1003	杜志辉	编辑部	Word办公软件应用	8	77	73	74.6	不达标	10
1004	江洲	行政部	Word办公软件应用	8	96	86	90	达标	6
1005	陈涛	行政部	Word办公软件应用	8	89	90	89.6	达标	7
1006	王红梅	行政部	Word办公软件应用	8	100	88	92.8	达标	3
1007	冯欢	销售部	Word办公软件应用	8	99	96	97.2	达标	2
1008	冯玲	销售部	Word办公软件应用	8	89	94	92	达标	4
1009	高珍珍	销售部	Word办公软件应用	8	94	100	97.6	达标	1
1010	黄达然	财务部	Word办公软件应用	8	92	86	88.4	达标	8

表格注释：
1. 此次培训的总分成绩中笔试成绩占40%，实际操作成绩占60%
2. 总分成绩在75分以上为达标，75分以下为不合格

6. 对成绩进行分类汇总

按部门对员工成绩进行分类汇总，显示三级汇总结果，如下图所示。

员工培训成绩统计分析表

姓名	所属部门	培训项目	培训课时	笔试成绩	实际操作成绩	总分	成绩是否达标	排名
张珊	编辑部	Word办公软件应用	8	95	87	90.2	达标	8
肯扎提	编辑部	Word办公软件应用	8	85	76	79.6	达标	12
杜志辉	编辑部	Word办公软件应用	8	77	73	74.6	不达标	13
	编辑部 汇总					244.4		
江洲	行政部	Word办公软件应用	8	96	86	90	达标	9
陈涛	行政部	Word办公软件应用	8	89	90	89.6	达标	10
王红梅	行政部	Word办公软件应用	8	100	88	92.8	达标	6
	行政部 汇总					272.4		
冯欢	销售部	Word办公软件应用	8	99	96	97.2	达标	5
冯玲	销售部	Word办公软件应用	8	89	94	92	达标	7
高珍珍	销售部	Word办公软件应用	8	94	100	97.6	达标	4
	销售部 汇总					286.8		
黄达然	财务部	Word办公软件应用	8	92	86	88.4	达标	11
	财务部 汇总					88.4		

◇ 让表中序号不参与排序

在对表中的数据进行排序时，不希望表中的序号也参与排序，可以采用以下方式。

第 1 步 打开“素材\ch07\员工工资统计表.xlsx”文件，选择“工资表 1”工作表，如下图所示。

员工工资统计表

序号	工号	姓名	职务	学历	基本工资	提成	全勤	工资合计
1	1001	张珊	部门经理	本科	3500	1000	200	4700
2	1002	王红梅	秘书	大专	3500	800	200	4500
3	1003	杜志辉	销售代表	大专	3500	1200	200	4900
4	1004	肯扎提	财务经理	本科	3500	1500	-100	4900
5	1005	陈涛	销售代表	本科	3500	700	200	4400
6	1006	冯欢	销售代表	大专	3500	600	200	4300
7	1007	高静	销售代表	本科	3500	1400	200	5100
8	1008	杨秀凤	销售代表	中专	3500	2000	200	5700
9	1009	冯玲	销售代表	大专	3500	1500	200	5200

第 2 步 插入空白列。选中单元格 B2 并右击，从弹出的下拉菜单中选择【插入】选项，打开【插入】对话框，选中【整列】单选按钮，然后单击【确定】按钮，如下图所示。

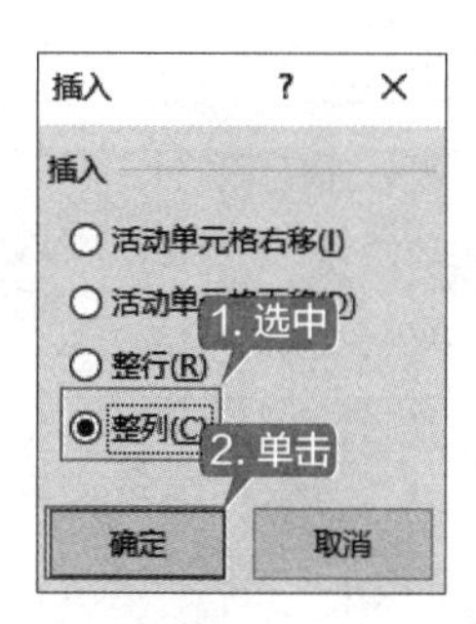

第 3 步 即可在 A 列和 B 列之间插入一列，如下图所示。

员工工资统计表

序号		工号	姓名	职务	学历	基本工资	提成	全勤
1		1001	张珊	部门经理	本科	3500	1000	200
2		1002	王红梅	秘书	大专	3500	800	200
3		1003	杜志辉	销售代表	大专	3500	1200	200
4		1004	肯扎提	财务经理	本科	3500	1500	-100
5		1005	陈涛	销售代表	本科	3500	700	200
6		1006	冯欢	销售代表	大专	3500	600	200
7		1007	高静	销售代表	本科	3500	1400	200
8		1008	杨秀凤	销售代表	中专	3500	2000	200
9		1009	冯玲	销售代表	大专	3500	1500	200

第4步 选中数据区域内的任意单元格，单击【数据】选项卡【排序和筛选】组中的【降序】按钮，即可对表中的数据按从高到低的顺序进行排序，此时可发现“序号”一列并未参与排序，如下图所示。

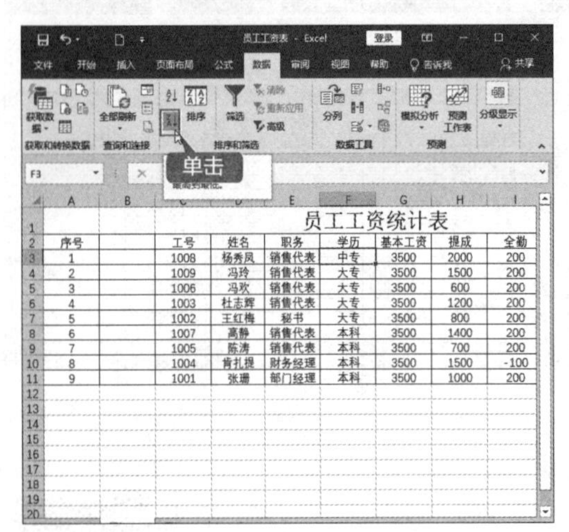

第5步 排序之后，为了使表格看起来更加美观，可以将插入的空白列删除，最终的效果如下图所示。

◇ 通过筛选删除空白行

使用筛选删除功能可以快速删除大量空白行，具体操作步骤如下。

第1步 打开“素材\ch07\员工加班时间统计表.xlsx”文件，如下图所示。

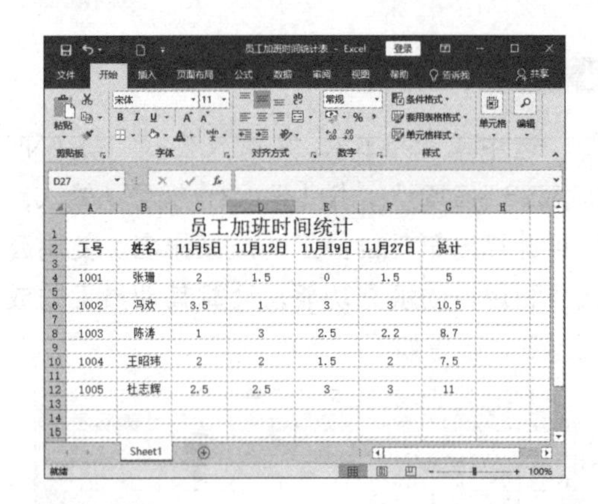

第2步 选中单元格区域 A2:A12，单击【数据】选项卡【排序和筛选】组中的【筛选】按钮，即可将选中的数据设置为筛选状态，如下图所示。

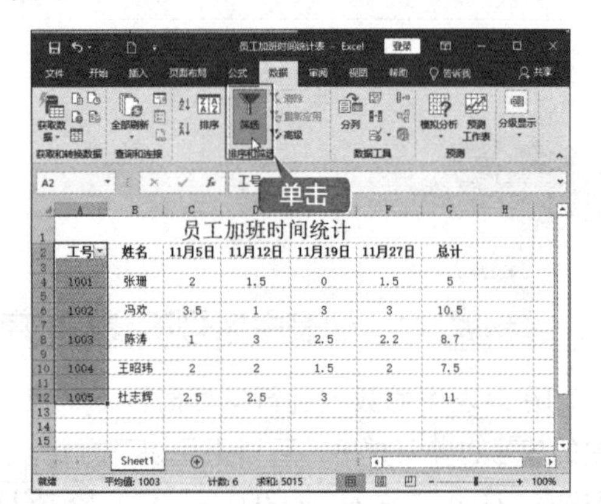

第3步 单击【工号】右侧的下拉按钮，从弹出的下拉菜单中取消选中【全选】复制框，然后选中【空白】复选框，单击【确定】按钮，如下图所示。

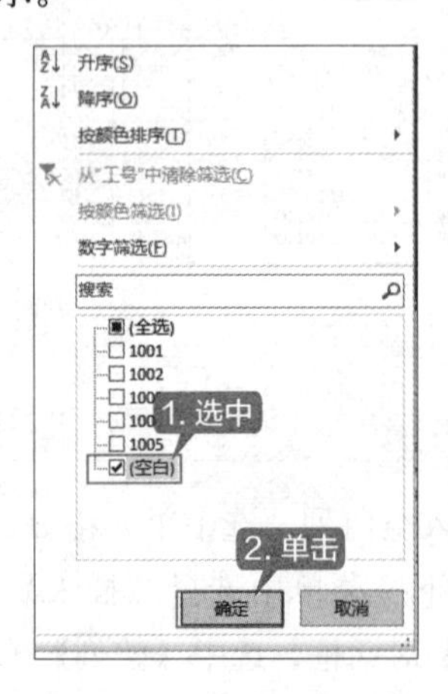

第4步 即可筛选出所有的空白行，并且空白

行的行标显示为蓝色字体，如下图所示。

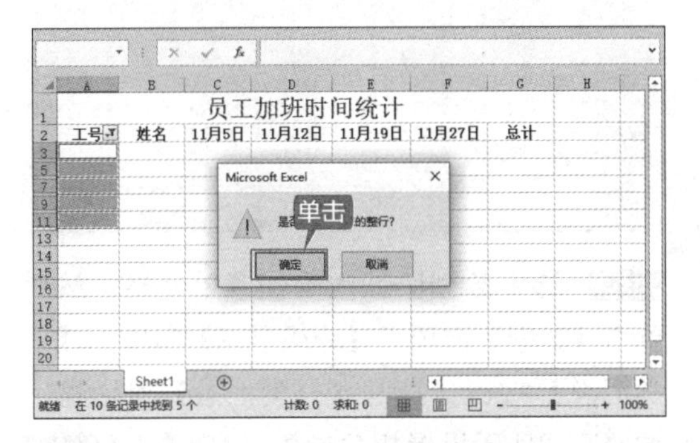

第 5 步 选中所有空白行并右击，从弹出的快捷菜单中选择【删除行】选项，此时系统会弹出下图所示的提示框，单击【确定】按钮。

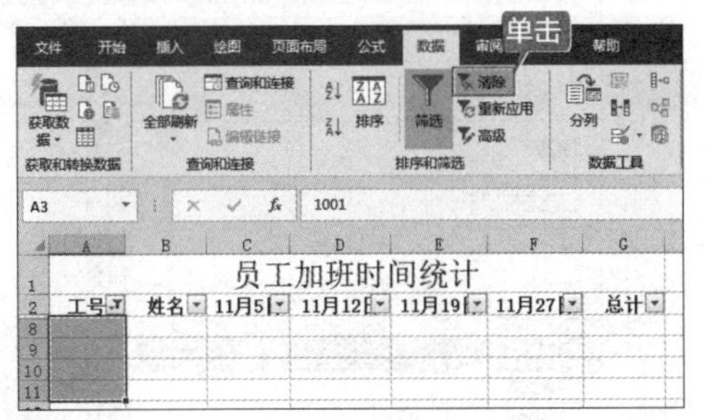

第 6 步 返回 Excel 工作表，单击【排序和筛选】组中的【清除】按钮，如下图所示。

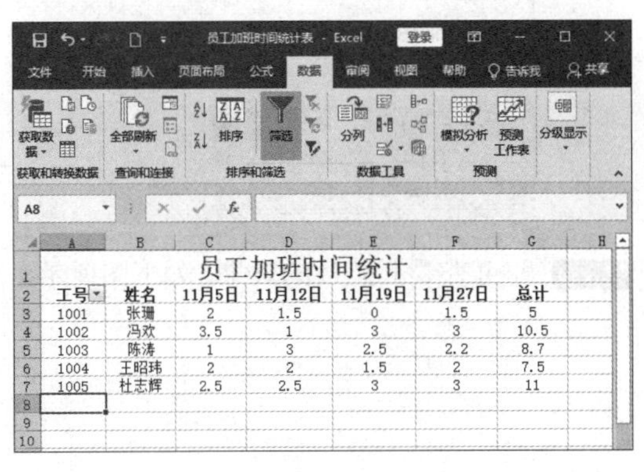

第 7 步 即可完成空白行的删除操作，如下图所示。

◇ 筛选多个表格的重复值

如果多个表格中有重复值，并且需要将这些重复值筛选出来，可以对它们进行筛选操作。下面介绍如何从所有部门的员工名单中筛选出编辑部的员工。

第 1 步 打开“素材 \ch07\ 筛选多个表格中的重复值 .xlsx”文件，如下图所示。

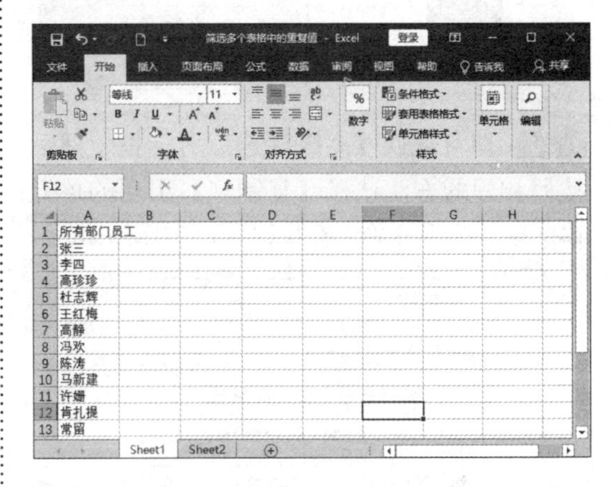

第 2 步 选中单元格区域 A2:A13，单击【数据】选项卡【排序和筛选】组中的【高级】按钮，打开【高级筛选】对话框，选中【方式】区域内的【将筛选结果复制到其他位置】单选按钮，单击【条件区域】文本框右侧的按钮，如下图所示。

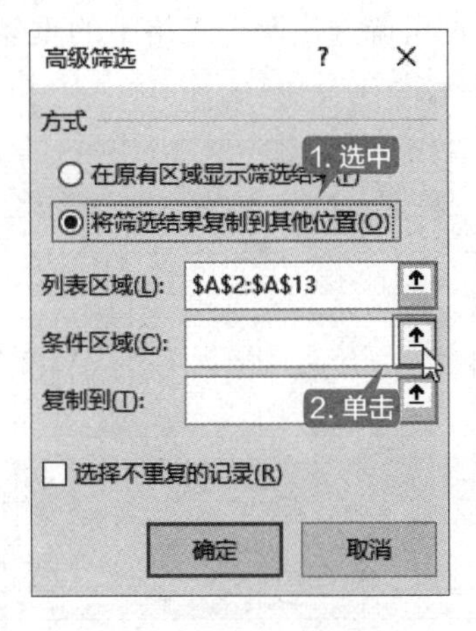

第 3 步 打开【高级筛选 - 条件区域】引用框，拖动鼠标选中“Sheet2”工作表中的单元格区域 A2:A8，单击按钮，如下图所示。

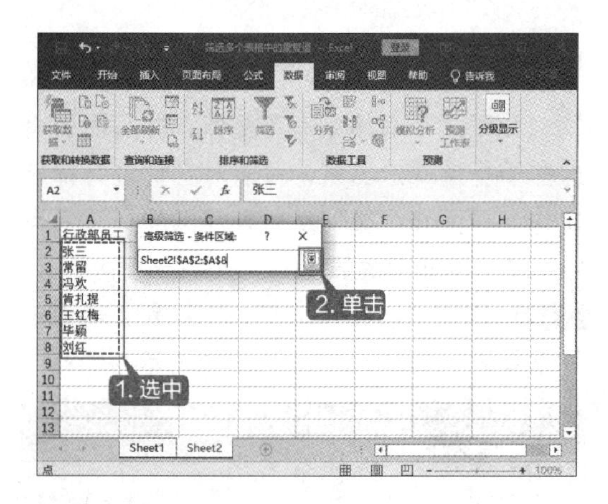

第 4 步 即可返回【高级筛选】对话框，然后按照相同的方法选择【复制到】引用的单元格区域，单击【确定】按钮，如下图所示。

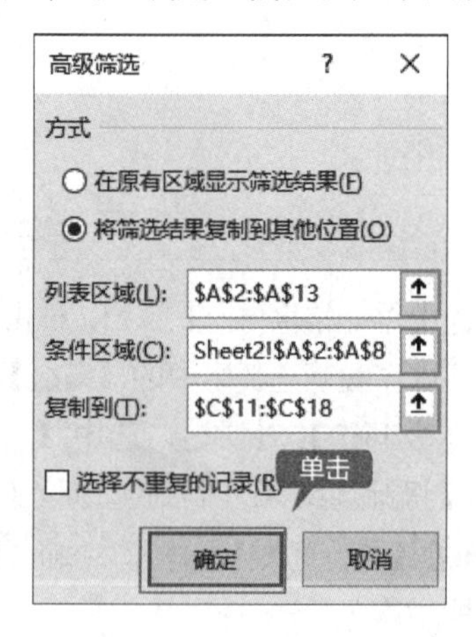

第 5 步 即可筛选出两个表格中的重复值，如下图所示。

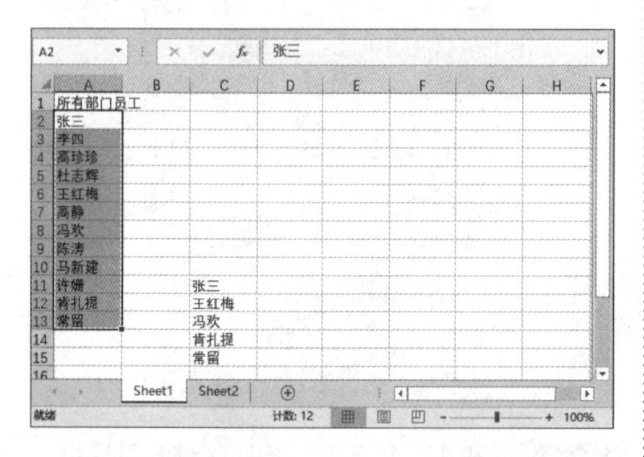

◇ 合并相同项

如果在一个表格中有多个相同内容的单元格，可以将其合并为一个单元格，并且只显示一个值，从而使表格看起来更加美观，具体操作步骤如下。

第 1 步 打开“素材\ch07\员工联系方式.xlsx”文件，如下图所示。

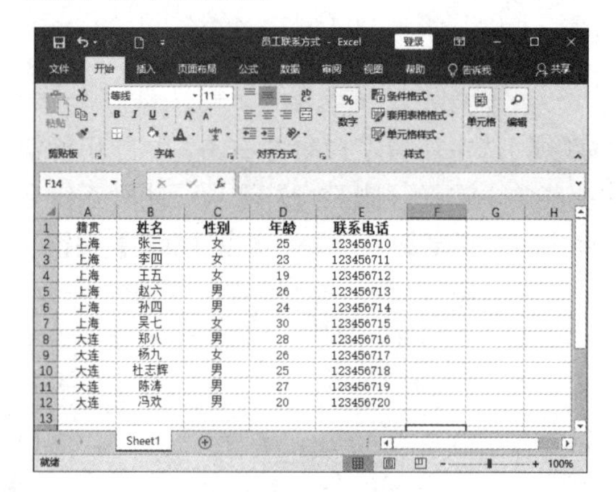

籍贯	姓名	性别	年龄	联系电话
上海	张三	女	25	123456710
上海	李四	女	23	123456711
上海	王五	女	19	123456712
上海	赵六	男	26	123456713
上海	孙四	男	24	123456714
上海	吴七	女	30	123456715
大连	郑八	男	28	123456716
大连	杨九	女	26	123456717
大连	杜志辉	男	25	123456718
大连	陈涛	男	27	123456719
大连	冯欢	男	20	123456720

第 2 步 选中数据区域内的任意单元格，然后单击【数据】选项卡【分级显示】组中的【分类汇总】按钮，打开【分类汇总】对话框，按照下图所示设置相关参数，然后单击【确定】按钮。

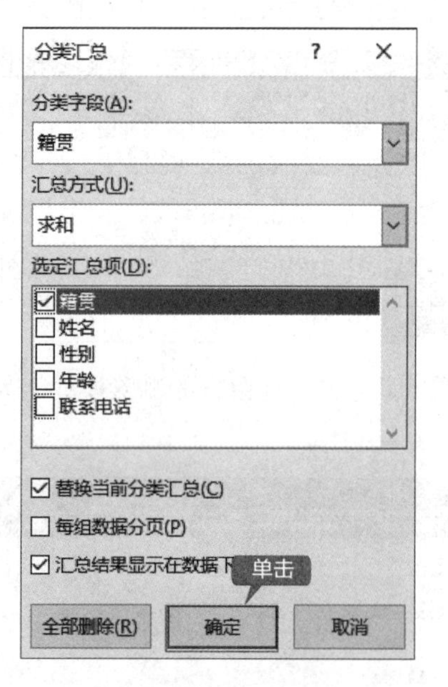

第 3 步 即可查看汇总后的效果，如下图所示。

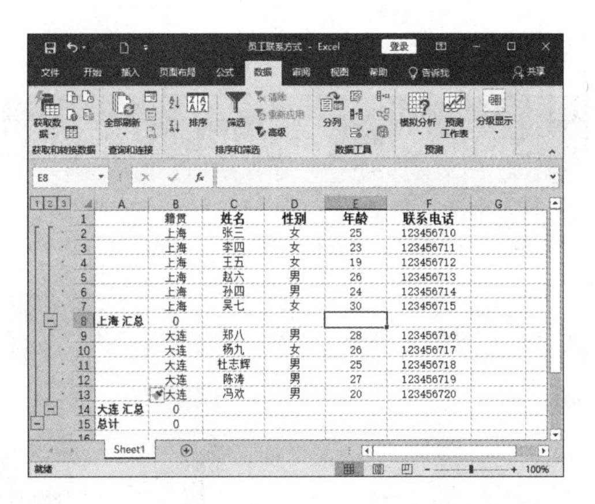

第 4 步 选中单元格区域 A2:A13，单击【开始】选项卡【编辑】组中的【查找和选择】按钮，从弹出的下拉菜单中选择【定位条件】选项，如下图所示。

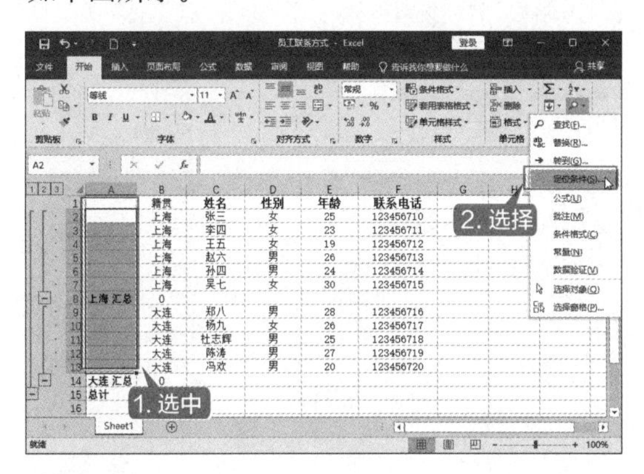

第 5 步 打开【定位条件】对话框，选中【选择】区域的【空值】单选按钮，单击【确定】按钮。

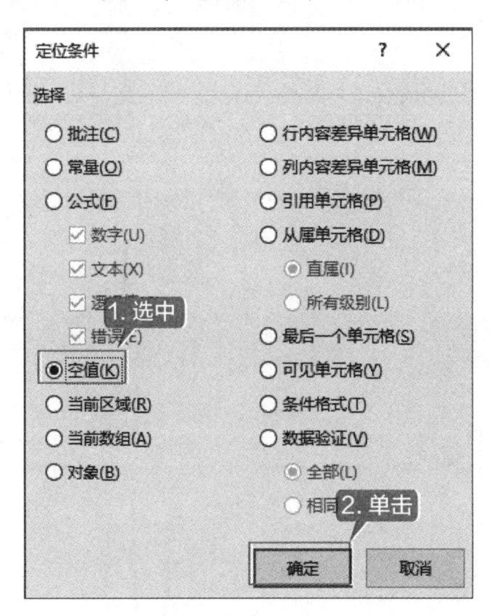

第 6 步 单击【开始】选项卡【对齐方式】组中的【合并后居中】按钮，将选中的单元格区域合并成一个单元格，如下图所示 。

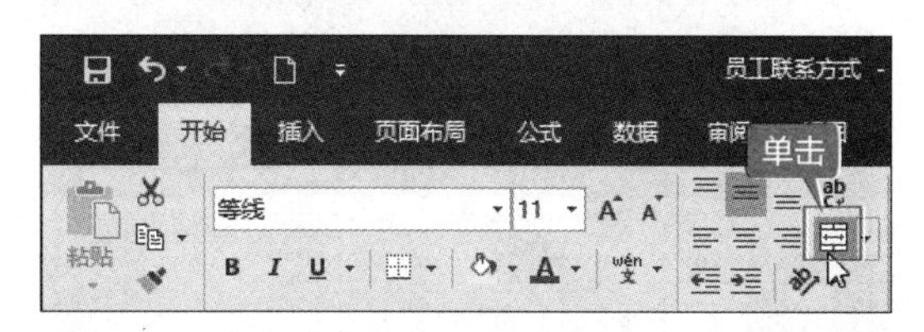

第 7 步 选中 A 列，然后单击【开始】选项卡【剪贴板】组中的【格式刷】按钮，再单击 B 列，即可将 A 列的格式应用到 B 列中，如下图所示。

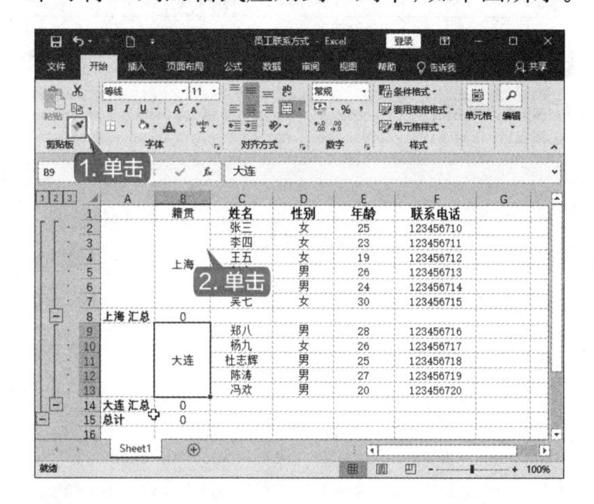

第 8 步 取消分类汇总。依次单击【数据】→【分级显示】→【分类汇总】按钮，即可打开【分类汇总】对话框，然后单击【全部删除】按钮，如下图所示。

第 9 步 即可清除分类汇总效果，如下图所示。

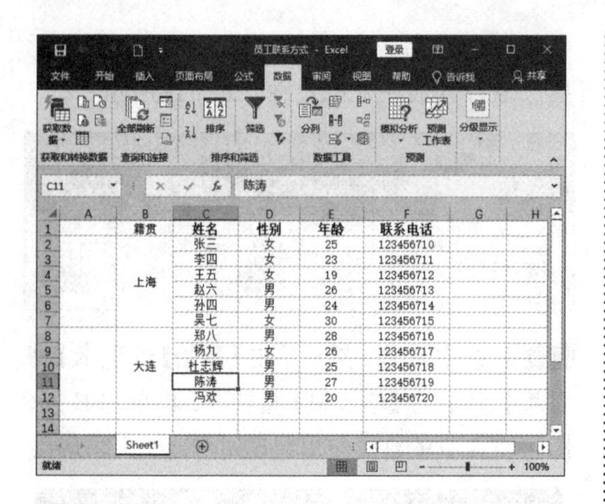

	A	B	C	D	E	F
1		籍贯	姓名	性别	年龄	联系电话
2		上海	张三	女	25	123456710
3			李四	女	23	123456711
4			王五	女	19	123456712
5			赵六	男	26	123456713
6			孙四	男	24	123456714
7			吴七	女	30	123456715
8		大连	郑八	男	28	123456716
9			杨九	女	26	123456717
10			杜志辉	男	25	123456718
11			陈涛	男	27	123456719
12			冯欢	男	20	123456720

第 10 步 选中 A 列并右击，从弹出的快捷菜单中选择【删除】选项，即可将多余的列删除，最终的显示效果如下图所示。

	A	B	C	D	E
1	籍贯	姓名	性别	年龄	联系电话
2	上海	张三	女	25	123456710
3		李四	女	23	123456711
4		王五	女	19	123456712
5		赵六	男	26	123456713
6		孙四	男	24	123456714
7		吴七	女	30	123456715
8	大连	郑八	男	28	123456716
9		杨九	女	26	123456717
10		杜志辉	男	25	123456718
11		陈涛	男	27	123456719
12		冯欢	男	20	123456720

第 8 章

中级数据处理与分析——图表的应用

本章导读

图表作为一种比较形象、直观的表达形式，不仅可以直观地展示各种数据的多少，还可以展示数据增减变化的情况，以及部分数据与总数据之间的关系等信息。本章主要介绍图表的创建及应用。

思维导图

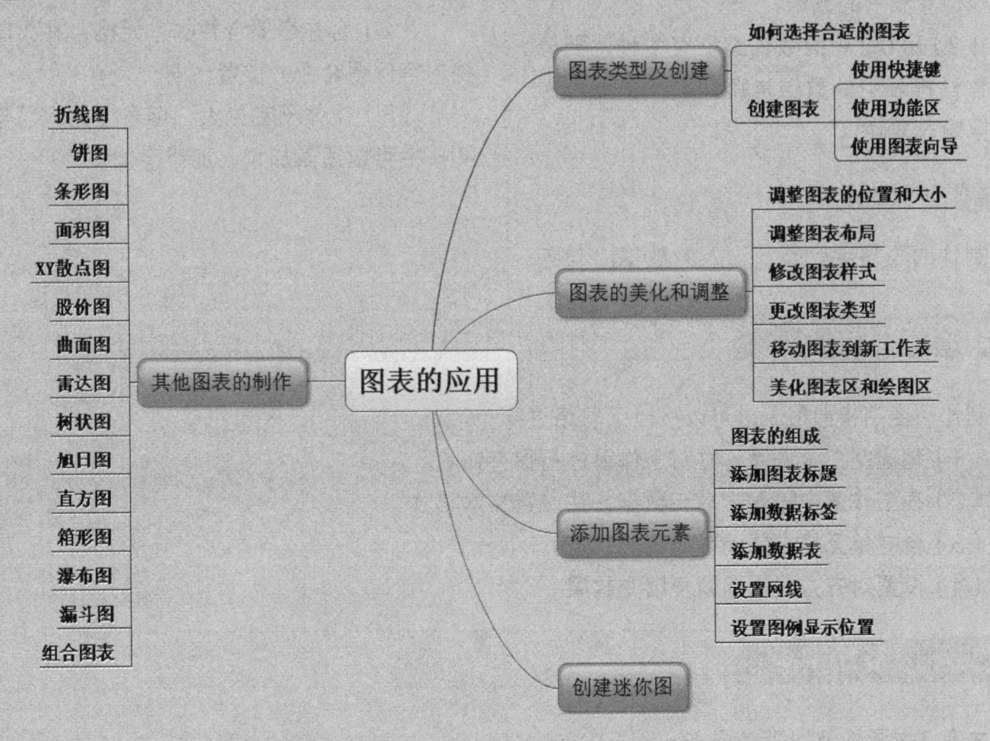

8.1 季度销售额报表

制作季度销售额报表要做到准确直观。

实例名称：制作季度销售额报表

实例目的：学习图表的应用

素材	素材 \ch08\ 第一季度销售额报表 .xlsx
结果	结果 \ch08\ 第一季度销售额报表 .xlsx
视频	教学视频 \08 第 8 章

8.1.1 案例概述

制作季度销售额报表是一个企业工作中的重要环节，企业可以通过销售额报表分析销售情况，并根据其中的数据制订详细的销售规划。制作季度销售额报表时，需要注意以下几点。

1. 数据准确

（1）制作季度销售额报表时，选取单元格要准确，合并单元格时要合理安排合并的位置，插入的行和列要定位准确，以确保能准确地计算表中的数据。

（2）Excel 中的数据类型有多种，要分清销售额报表中的数据是哪种数据类型，做到数据输入准确。

2. 便于统计

制作的表格要完整，输入的数据应与各分公司实际销售情况一一对应。

3. 界面简洁

（1）销售额报表的布局要合理，避免出现多余数据。

（2）合并需要合并的单元格，并为单元格内容保留合适的位置。

（3）字体不宜过大，但表格的标题与表头一栏可以适当加大、加粗字体。

8.1.2 设计思路

制作季度销售额报表时可以按以下思路进行。

（1）创建空白工作簿，并对工作簿进行保存命名。

（2）在工作簿中输入文本与数据，并设置文本格式。

（3）合并单元格，并调整行高与列宽。

（4）设置对齐方式、标题及填充效果。

8.1.3 涉及知识点

本案例主要涉及以下知识点。

（1）创建空白工作簿。
（2）合并单元格。
（3）插入斜线表头。
（4）设置数据类型。
（5）设置对齐方式。
（6）设置填充效果。

8.2 图表类型及创建

图表在一定程度上可以使表格中的数据一目了然，通过插入图表，用户可以更加容易地分析数据的走向和差异，以便预测趋势。本节将着重介绍图表的类型及创建方法。

8.2.1 重点：如何选择合适的图表

Excel 2019 提供了多种类型的图表，每种图表都有与之匹配的应用范围，那么如何选择合适的图表呢？下面着重介绍几种比较常用的图表。

（1）柱形图。柱形图是最普通的图表类型之一，它的数据显示为垂直柱体，高度与数值相对应，数值的刻度显示在纵轴线的左侧，如下图所示。创建柱形图时可以设定多个数据系列，每个数据系列以不同的颜色表示。

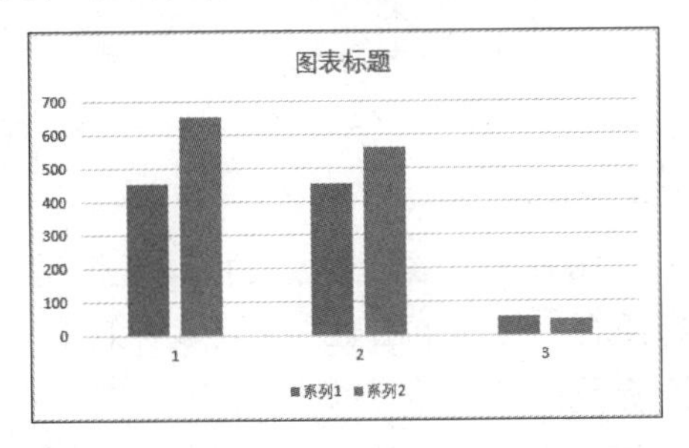

（2）折线图。折线图通常用来描绘连续的数据，对于显示数据趋势很有用，其分类轴的间隔相等，如下图所示。

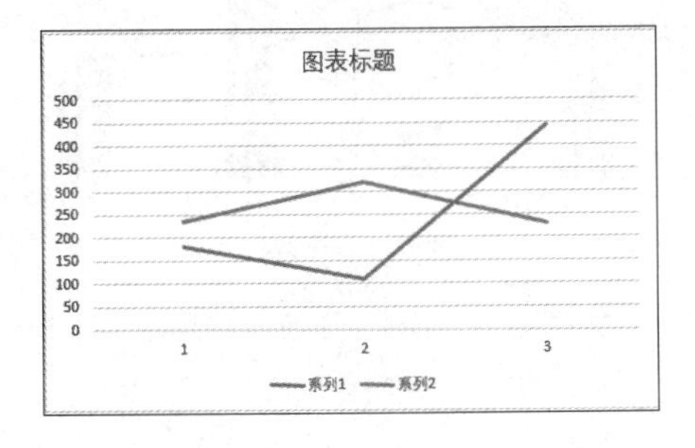

（3）饼图。饼图把一个圆面划分为若干个扇形面，每个扇形面代表一项数据类型，如下图所示。饼图一般适合表示数据系列中每一项占该系列总值的百分比。

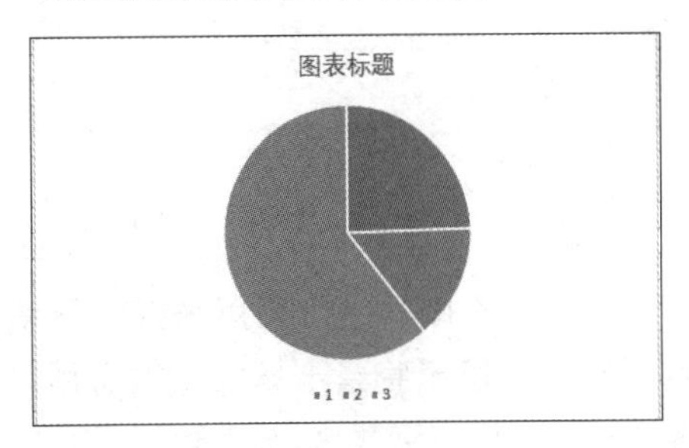

（4） 条形图。条形图类似于柱形图，实际上是顺时针旋转 90° 的柱形图，主要强调各个数据项之间的差别，如下图所示。条形图的优点是分类标签更便于阅读。

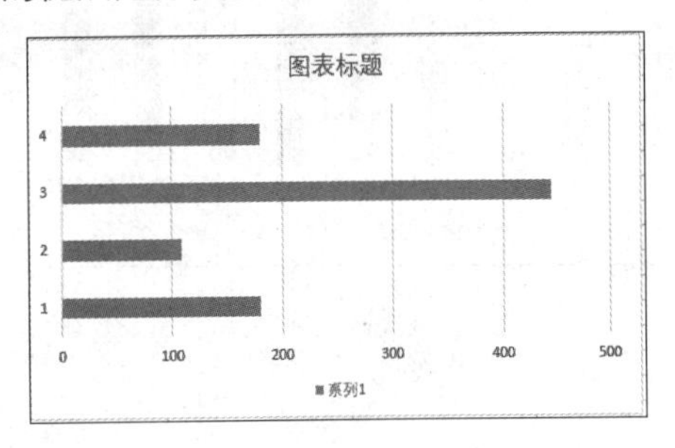

（5）面积图。面积图是将一系列数据用线段连接起来，每条线以下的区域用不同的颜色填充，如下图所示。面积图强调幅度随时间而发生的变化，通过显示所绘数据的总和，说明部分和整体的关系。

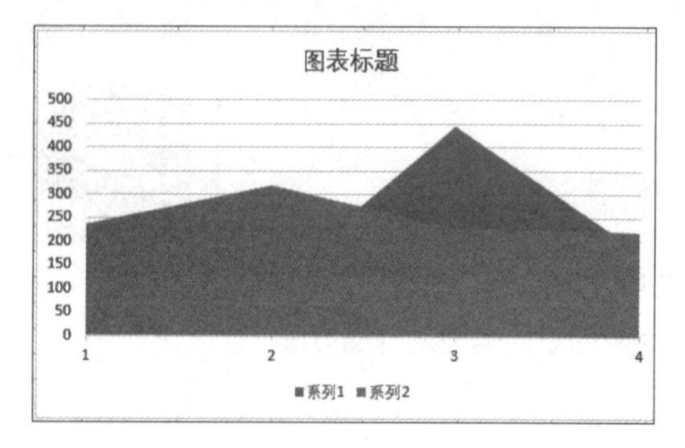

（6）XY 散点图。XY 散点图用于比较几个数据系列中的数值，如下图所示。XY 散点图通常用来显示两个变量之间的关系。

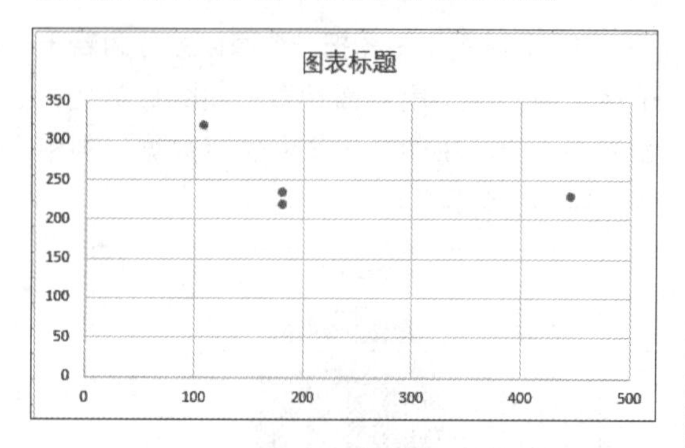

（7）股价图。股价图用来描绘股票的价格走势，对显示股票市场信息很有用，如下图所示。股价图需要 3~5 个数据系列。

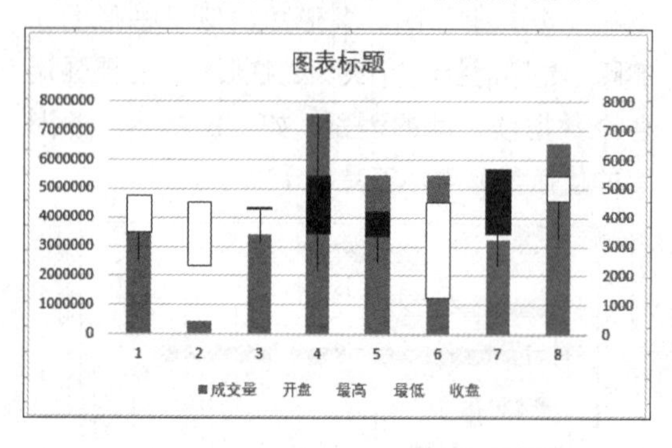

（8）曲面图。曲面图是在曲面上显示两个或更多的数据系列，曲面中的颜色和图案用来指示在同一取值范围内的区域，如下图所示。数轴的单位刻度决定使用的颜色数，每个颜色对应一个单位刻度。

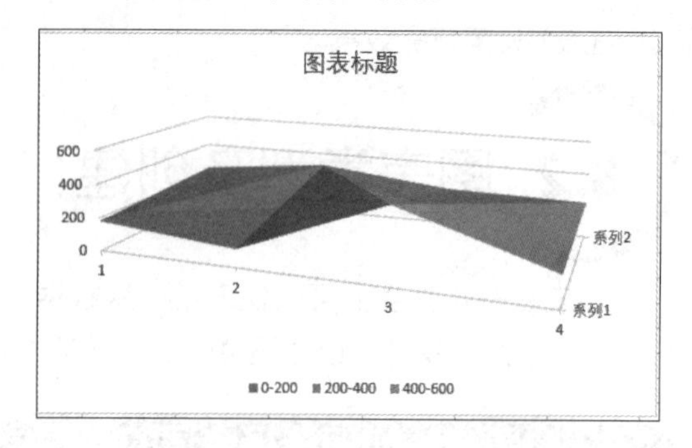

（9）雷达图。雷达图对于每个分类都有一个单独的轴线，轴线从图表的中心向外延伸，并且每个数据点的值均被绘制在相应的轴线上，如下图所示。

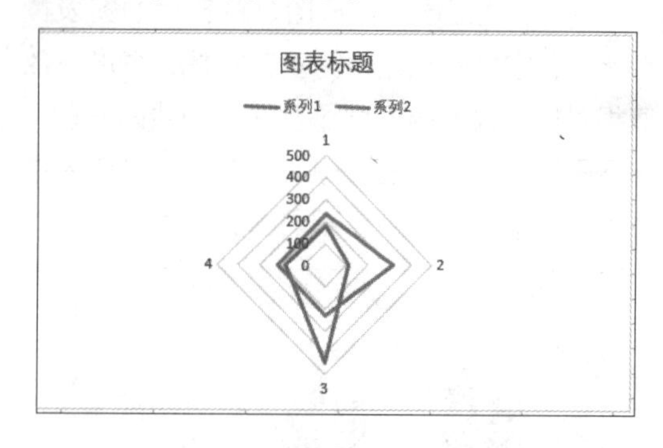

（10）组合图。组合图可以将多个图表进行组合，在一个图表中实现多种效果，如下图所示。

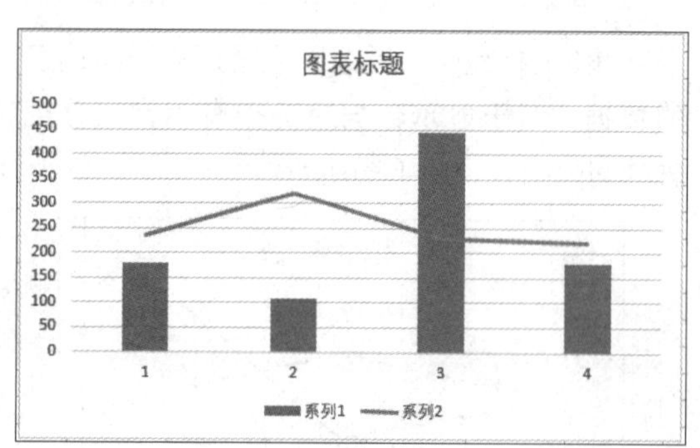

8.2.2 创建图表

创建图表的方法有 3 种，即使用快捷键创建图表、使用功能区创建图表和使用图表向导创建图表。

1. 使用快捷键创建图表

按【Alt+F1】组合键或按【F11】键可以快速创建图表。按【Alt+F1】组合键可以创建嵌入式图表；按【F11】键可以创建工作表图表。使用快捷键创建工作表图表的具体操作步骤如下。

第 1 步 打开“素材 \ch08\ 各部门第一季度费用表.xlsx”文件，如下图所示。

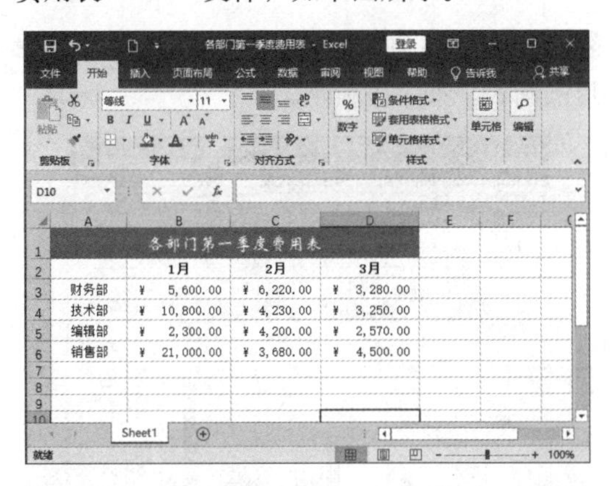

第 2 步 选中单元格区域 A1:D6，按【F11】键，即可插入一个名称为“Chart1”的工作表图表，并根据所选区域的数据创建图表，如下图所示。

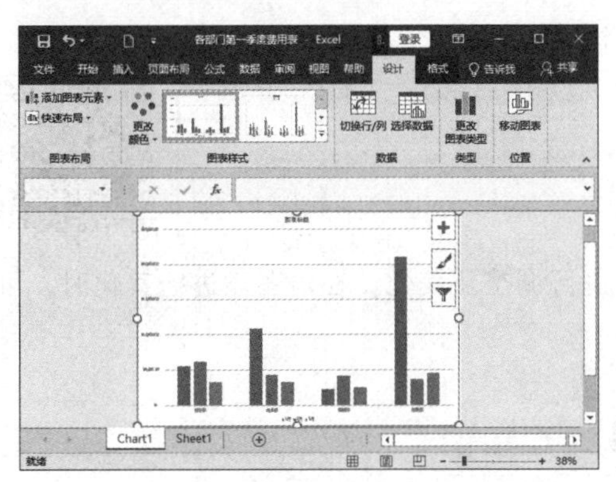

2. 使用功能区创建图表

使用功能区创建图表的具体操作步骤如下。

第 1 步 打开“素材 \ch08\ 各部门第一季度费用表.xlsx”文件，如下图所示。

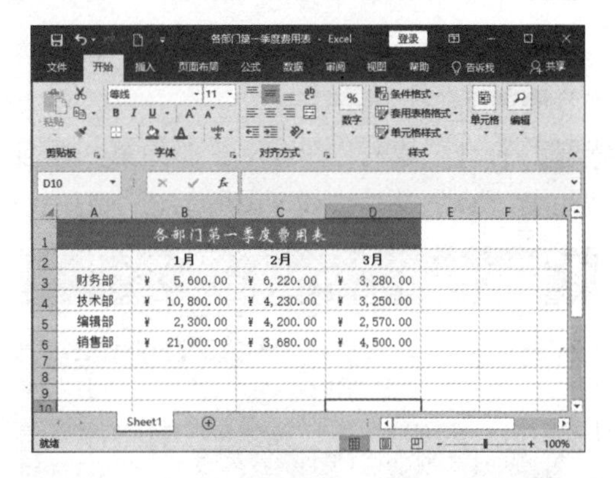

第 2 步 选中单元格区域 A1:D6，单击【插入】选项卡【图表】组中的【插入柱形图或条形图】按钮，从弹出的下拉菜单中选择【二维柱形图】→【簇状柱形图】选项，如下图所示。

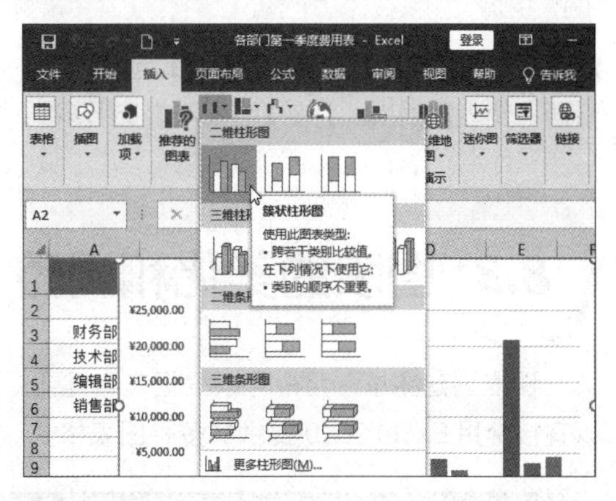

第 3 步 即可在该工作表中生成一个柱形图表，如下图所示。

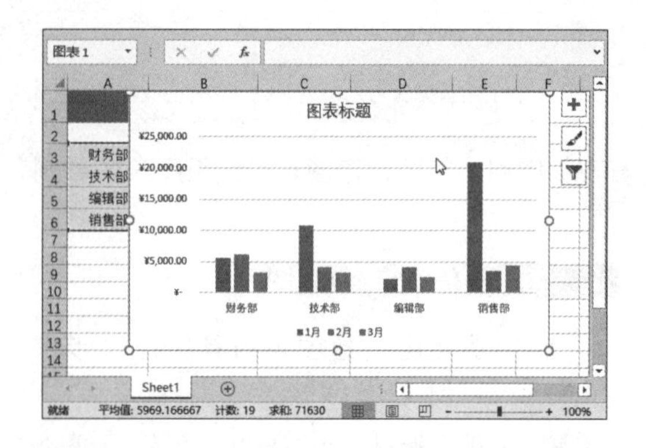

3. 使用图表向导创建图表

使用图表向导也可以创建图表，具体操作步骤如下。

第1步 打开“素材\ch08\各部门第一季度费用表.xlsx”文件，如下图所示。

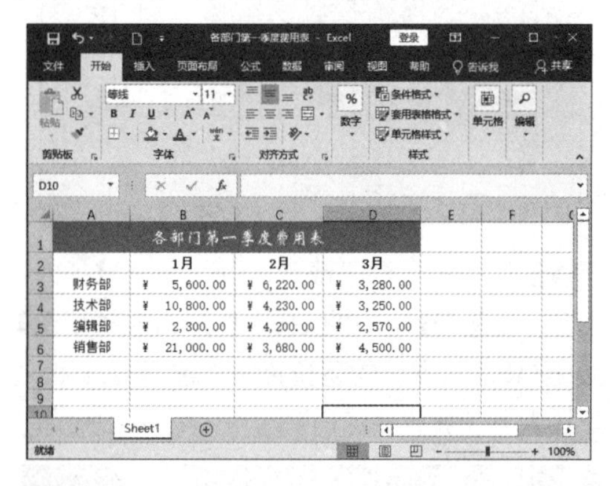

	1月	2月	3月
财务部	¥ 5,600.00	¥ 6,220.00	¥ 3,280.00
技术部	¥ 10,800.00	¥ 4,230.00	¥ 3,250.00
编辑部	¥ 2,300.00	¥ 4,200.00	¥ 2,570.00
销售部	¥ 21,000.00	¥ 3,680.00	¥ 4,500.00

第2步 单击【插入】选项卡【图表】组中的【查看所有图表】按钮，打开【插入图表】对话框，默认显示为【推荐的图表】选项卡，选择【簇状柱形图】选项，如下图所示。

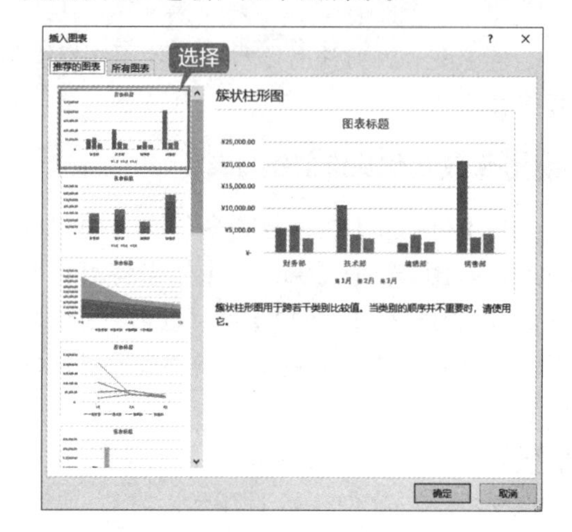

第3步 单击【确定】按钮，即可创建一个柱形图图表，如下图所示。

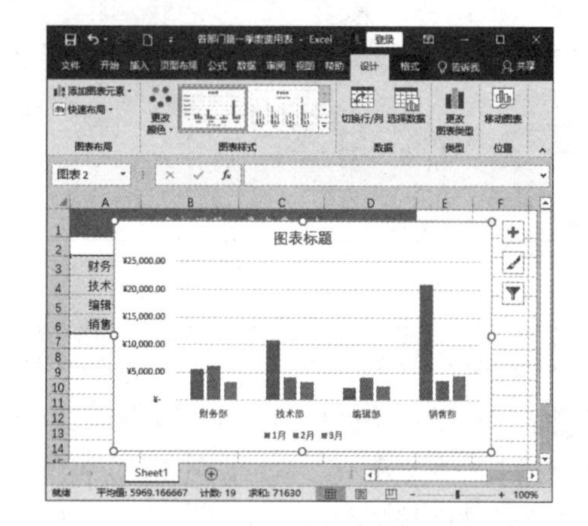

8.3 图表的美化和调整

图表创建完毕，用户可以根据实际需要对图表进行调整及美化。在对图表进行美化时，可以直接套用 Excel 2019 提供的多种图表格式。

8.3.1 重点：调整图表的位置和大小

调整图表位置和大小的具体操作步骤如下。

第1步 打开“素材\ch08\图表.xlsx”文件，如下图所示。

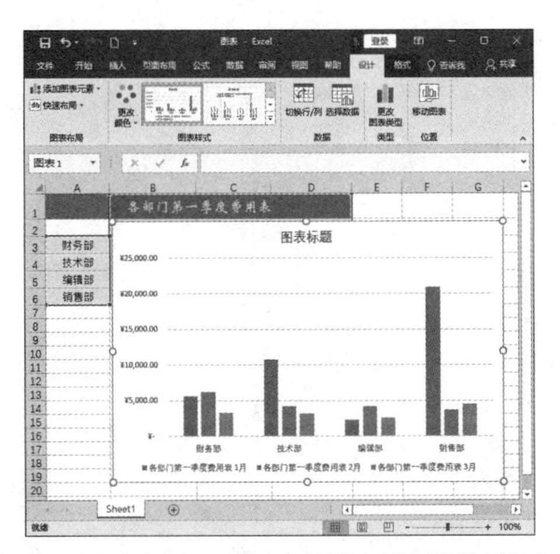

第 2 步 选中图表，然后将鼠标指针移到图表内，此时鼠标指针变成 ✥ 形状，按住鼠标左键不放，拖动图表至合适的位置后释放鼠标左键即可，如下图所示。

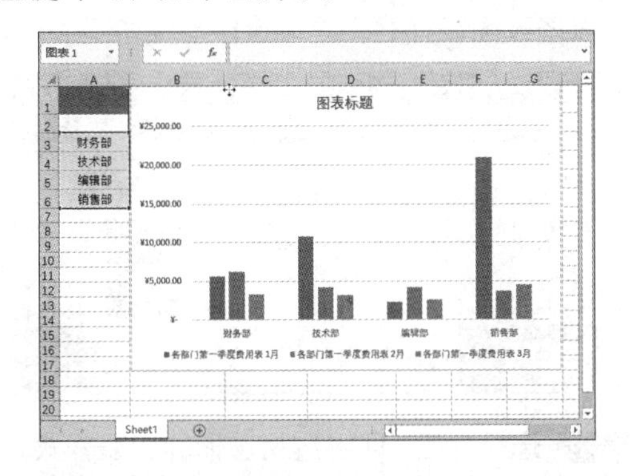

第 3 步 将鼠标指针移到图表右下角的控制点上，此时指针变成下图所示的形状。

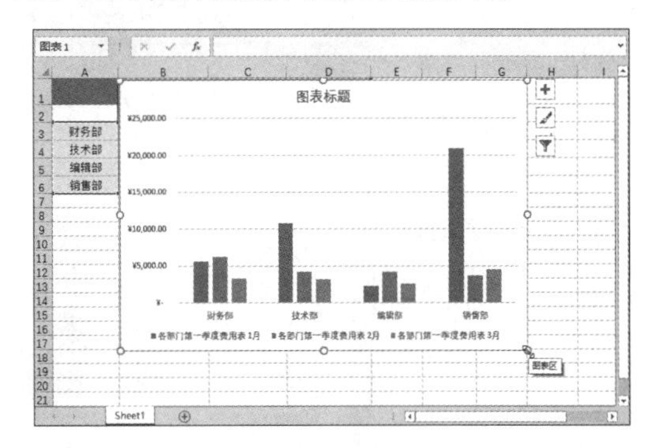

第 4 步 按住鼠标左键不放，向左上拖动图表至合适的大小，释放鼠标左键，即可调整图表的大小，如下图所示。

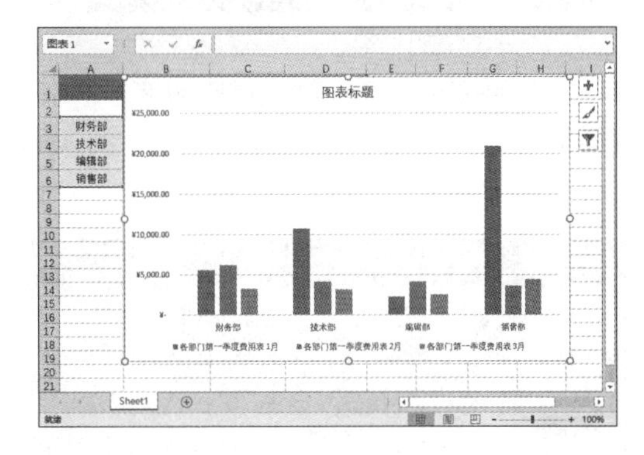

8.3.2 重点：调整图表布局

调整图表布局可以借助 Excel 2019 提供的布局功能来设置，具体操作步骤如下。

第 1 步 打开“素材 \ch08\ 图表.xlsx”文件，如下图所示。

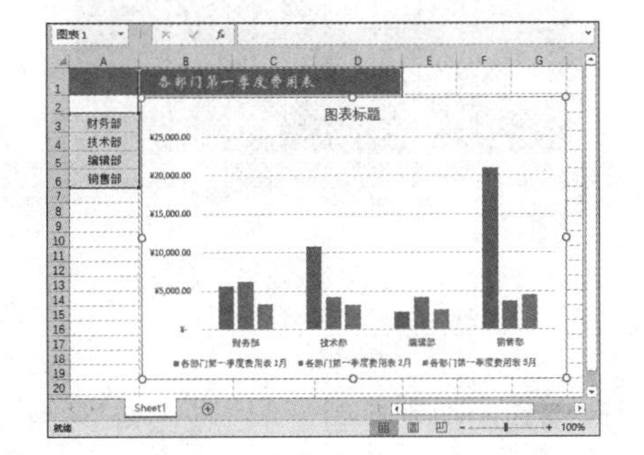

第 2 步 选中插入的图表，单击【图表工具 - 设计】选项卡【图表布局】组中的【快速布局】按钮，从弹出的下拉列表中选择【布局1】选项，如下图所示。

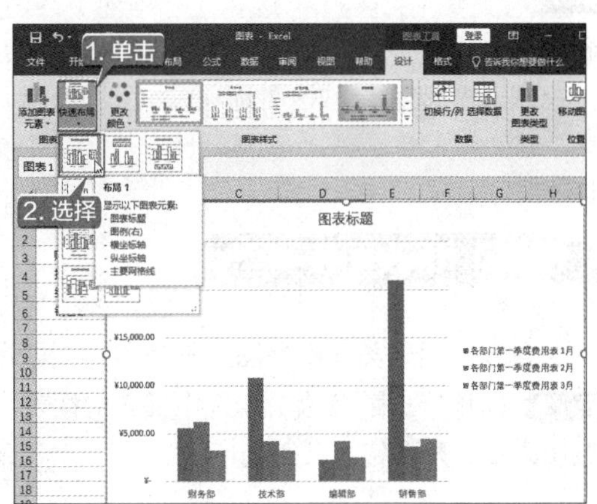

第3步 即可应用选择的布局样式，如下图所示。

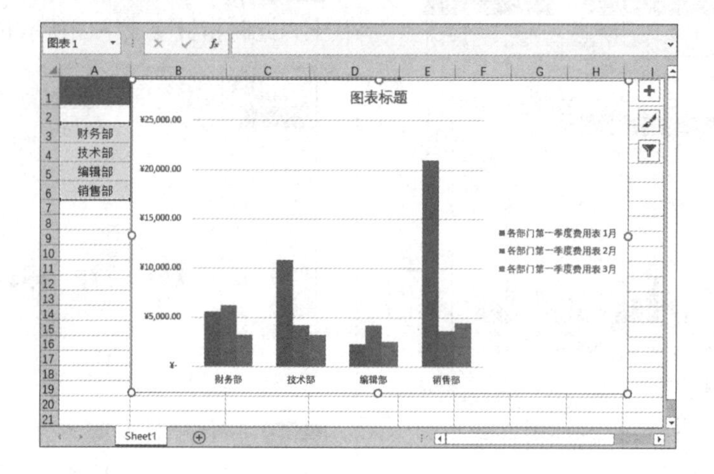

8.3.3 重点：修改图表样式

对于创建的图表，除了修改图表布局以外，还可以修改图表样式，具体操作步骤如下。

第1步 打开“图表”工作簿，并选中插入的图表，如下图所示。

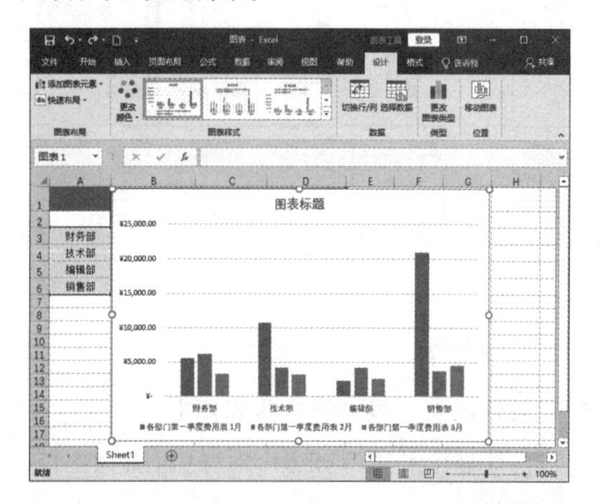

第2步 单击【图表工具－设计】选项卡【图表样式】组中的【其他】按钮，从弹出的下拉列表中选择【样式8】选项，如下图所示。

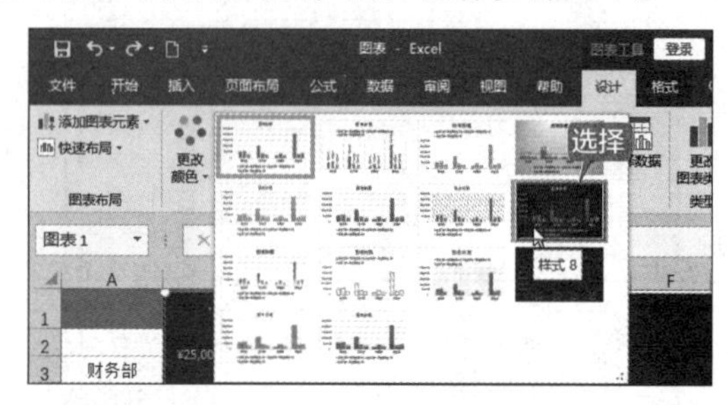

第3步 选择之后，即可应用选择的图表样式，如下图所示。

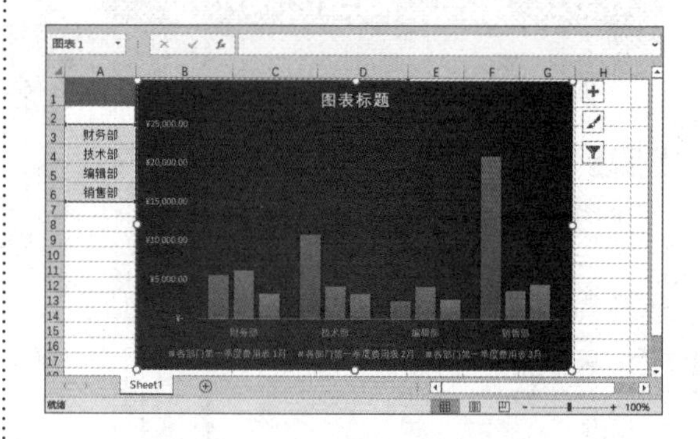

8.3.4 更改图表类型

创建的图表类型不是固定不变的，如果用户希望更改创建的图表类型，可以进行如下操作。

第1步 打开“图表”工作簿，选中插入的图表，单击【图表工具－设计】选项卡【类型】组中的【更改图表类型】按钮，如下图所示。

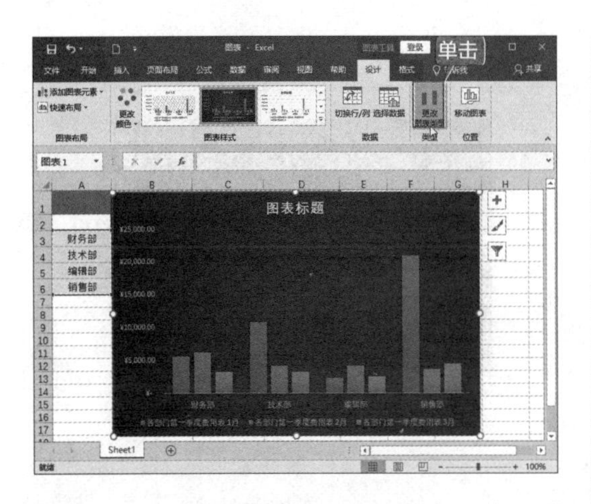

第 2 步 打开【更改图表类型】对话框，在【所有图表】选项卡下选择【柱形图】中的一种图表类型，并单击【确定】按钮，如下图所示。

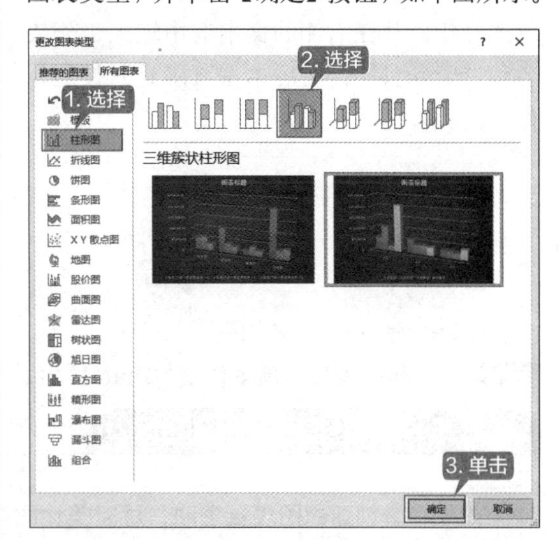

第 3 步 即可更改创建的图表类型，如下图所示。

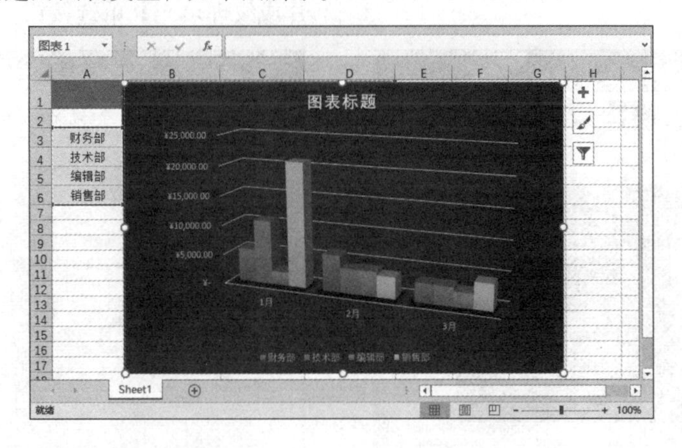

8.3.5 移动图表到新工作表

在工作表中创建图表后，可以根据需要将图表移到另一个新的工作表中，具体操作步骤如下。

第 1 步 打开“图表”工作簿，选中要移动的图表并右击，从弹出的快捷菜单中选择【移动图表】选项，如下图所示。

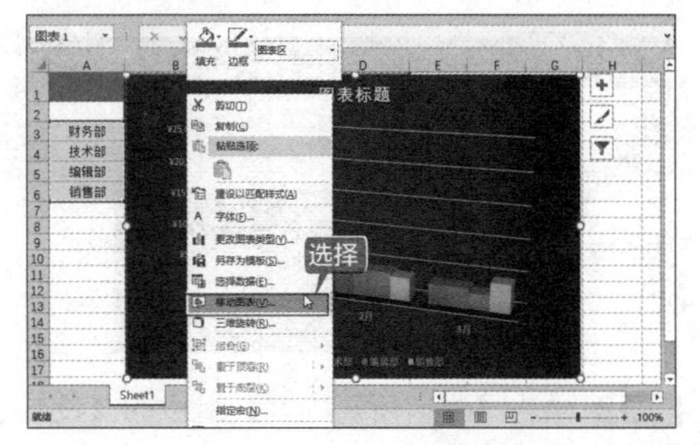

第 2 步 打开【移动图表】对话框，选中【选

择放置图表的位置】区域内的【新工作表】单选按钮，并在右侧的文本框中输入工作表名称“Chart1”，然后单击【确定】按钮，如下图所示。

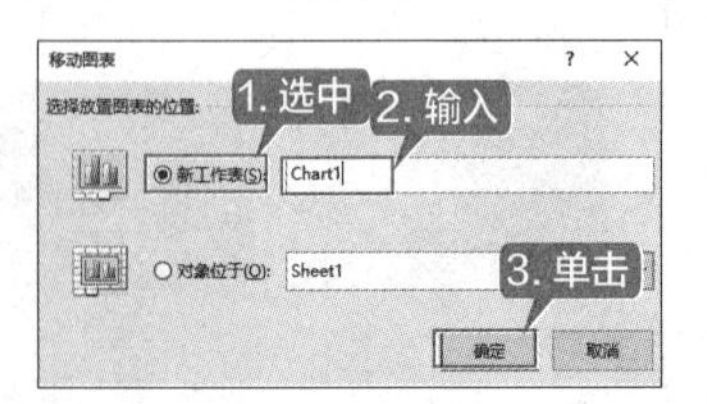

第 3 步 即可将图表移到新工作表“Chart1”中，如下图所示。

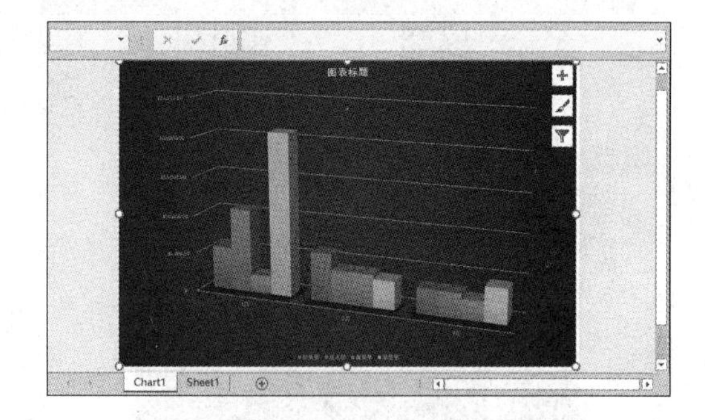

8.3.6 美化图表区和绘图区

如果希望创建的图表更生动，可以美化图表区和绘图区，具体操作步骤如下。

第 1 步 打开“图表”工作簿，选中图表，如下图所示。

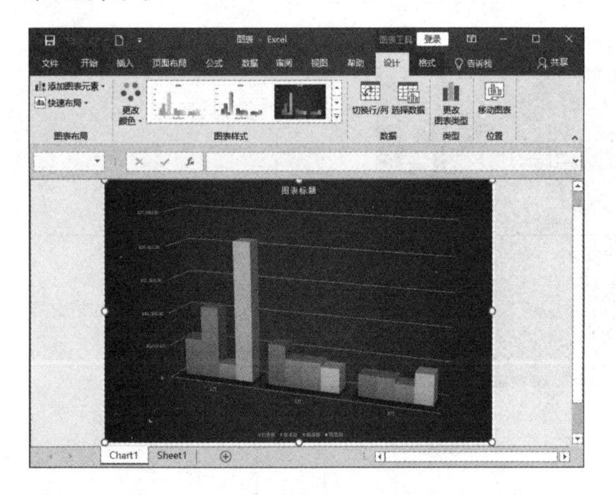

第 2 步 单击【图表工具－格式】选项卡【当前所选内容】组中的【图表元素】下拉按钮，从弹出的下拉菜单中选择【图表区】选项，如下图所示。

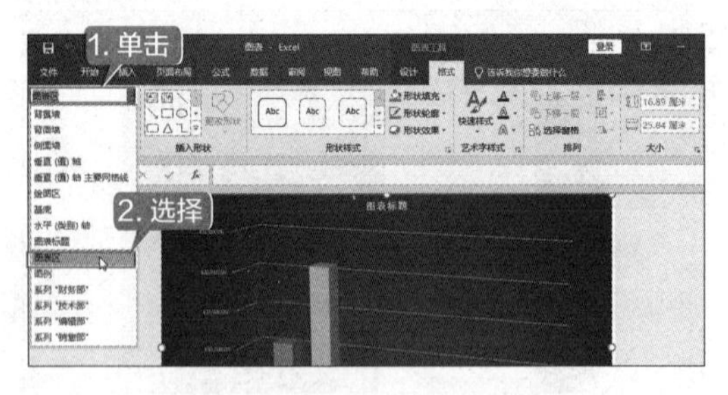

第 3 步 单击【当前所选内容】组中的【设置所选内容格式】按钮，打开【设置图表区格式】任务窗格，然后选中【填充】区域内的【图片或纹理填充】单选按钮，如下图所示。

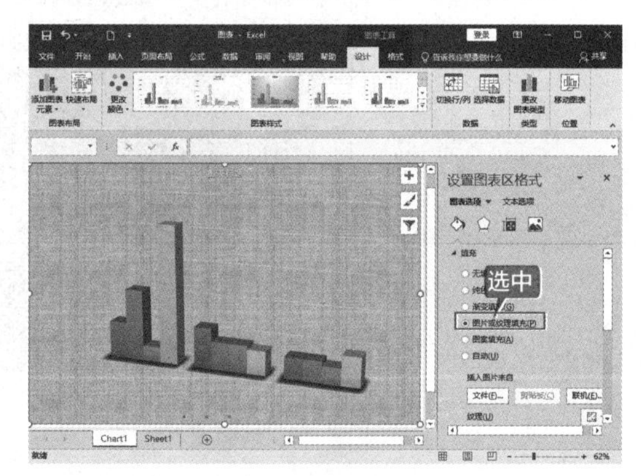

第 4 步 单击【插入图片来自】区域内的【文件】按钮，打开【插入图片】对话框，在其中选择需要插入的图片，如下图所示。

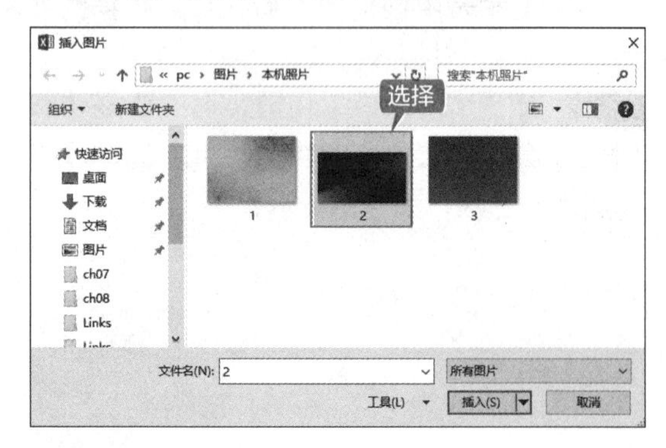

第 5 步 单击【插入】按钮，返回【设置图表区格式】任务窗格，单击【关闭】按钮，即

可将该图片插入图表中，完成图表区的美化操作，如下图所示。

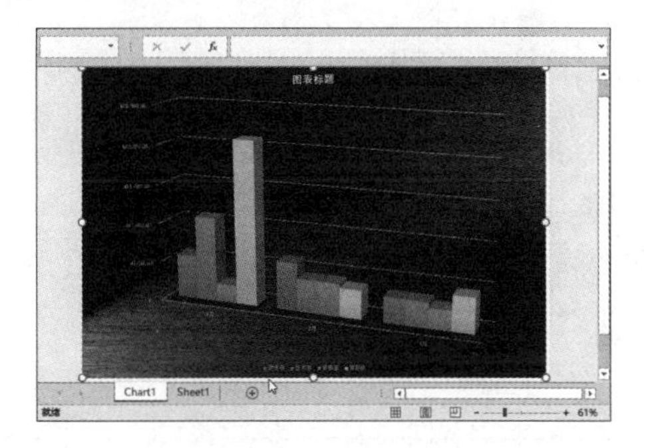

第 6 步 美化绘图区。右击图表中的绘图区，从弹出的快捷菜单中选择【设置背景墙格式】选项，如下图所示。

第 7 步 打开【设置背景墙格式】任务窗格，选择【填充】选项卡，选中【渐变填充】单选按钮，单击【渐变光圈】区域的【颜色】下拉按钮，从弹出的下拉菜单中选择所需的颜色，如下图所示。

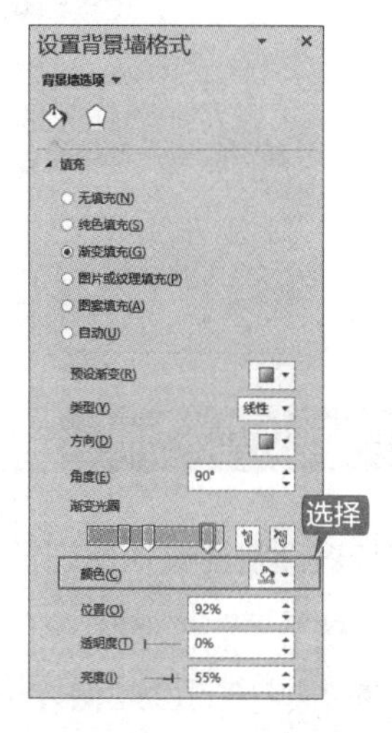

第 8 步 单击【关闭】按钮，即可显示出设置后的效果，如下图所示。

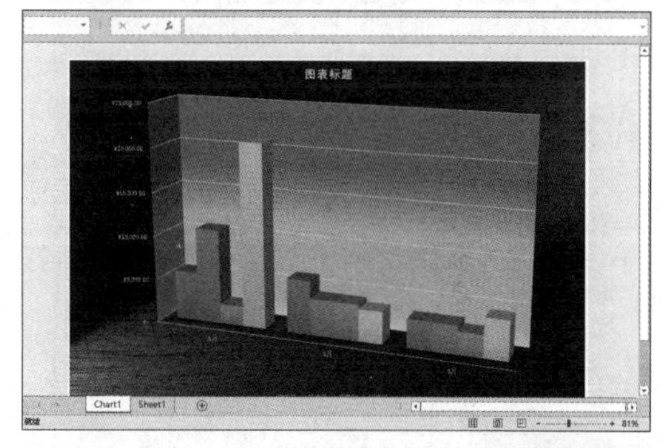

8.4 添加图表元素

添加图表元素不仅可以对图表区域进行编辑和美化，还可以对图表中的不同图表对象进行修饰，如添加坐标轴、网格线、图例、图表标题等元素，从而使图表表现数据的能力更直观、更强大。

8.4.1 图表的组成

图表主要由绘图区、图表区、数据系列、网格线、图例区、垂直轴和水平轴等组成，如下图所示。其中，图表区和绘图区是最基本的，通过单击图表区可选中整个图表。当鼠标指针移至图表的不同部位时，系统就会自动显出该部位的名称。

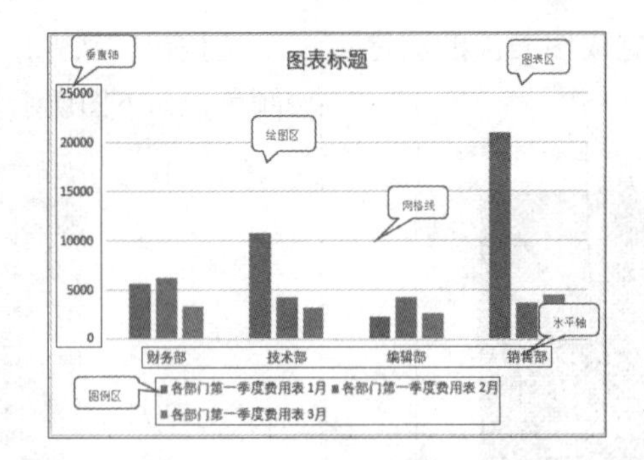

8.4.2 添加图表标题

图表标题即简要概括图表要表达的含义或主题，用户创建完图表后，可以自行更改或添加图表标题，具体操作步骤如下。

第1步 打开“素材\ch08\图表.xlsx”文件，如下图所示。

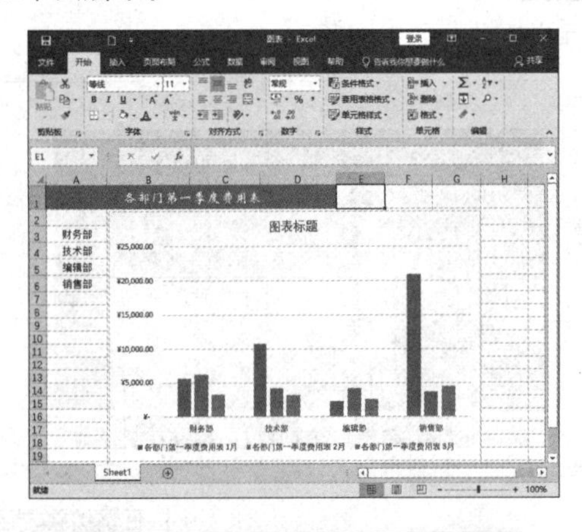

第2步 选中【图表标题】文本框，将其中的内容删除，重新输入标题名称“第一季度费用图表”，如下图所示。

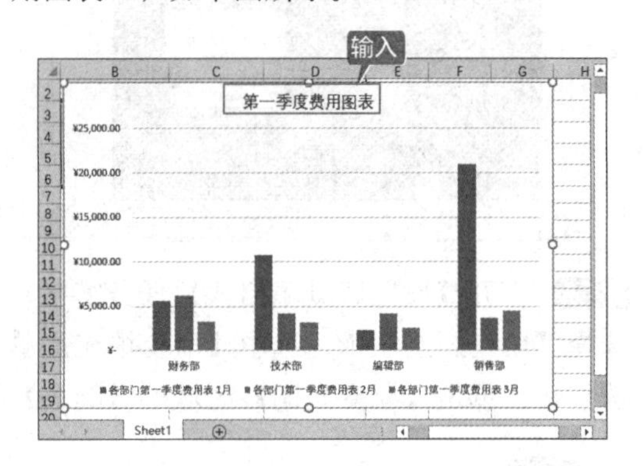

8.4.3 重点：添加数据标签

添加数据标签可以使图表中的数据更加直观、清晰。添加数据标签的具体操作步骤如下。

第1步 接着8.4.2小节的操作，选择【图表工具－设计】选项卡，进入设计界面，如下图所示。

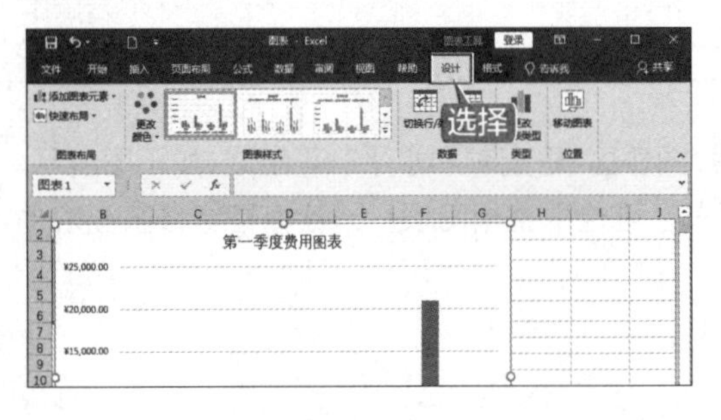

第2步 单击【图表布局】组中的【添加图表元素】按钮，从弹出的下拉菜单中选择【数据标签】→【数据标签外】选项，如下图所示。

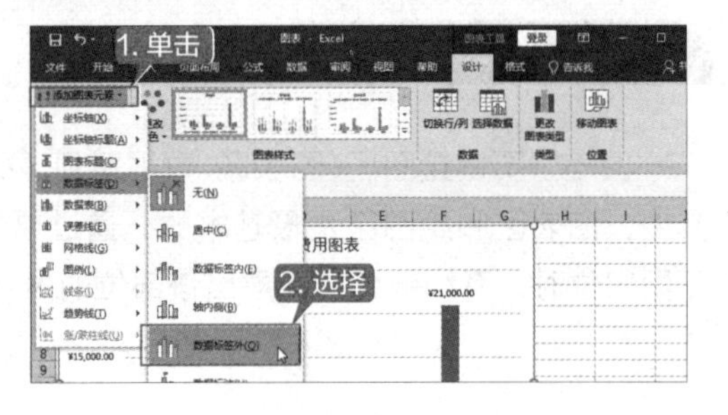

第 3 步 即可在图表中添加数据标签，如下图所示。

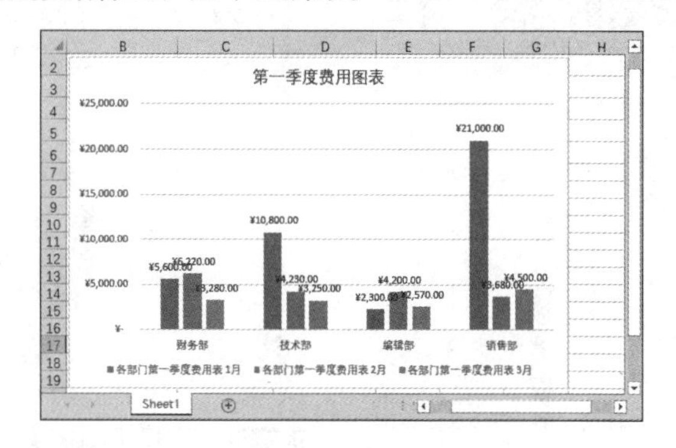

8.4.4 重点：添加数据表

在插入的图表中添加数据表的具体操作步骤如下。

第 1 步 打开“图表”工作簿，然后单击【图表布局】组中的【添加图表元素】按钮，从弹出的下拉菜单中选择【图例】→【无】选项，如下图所示。

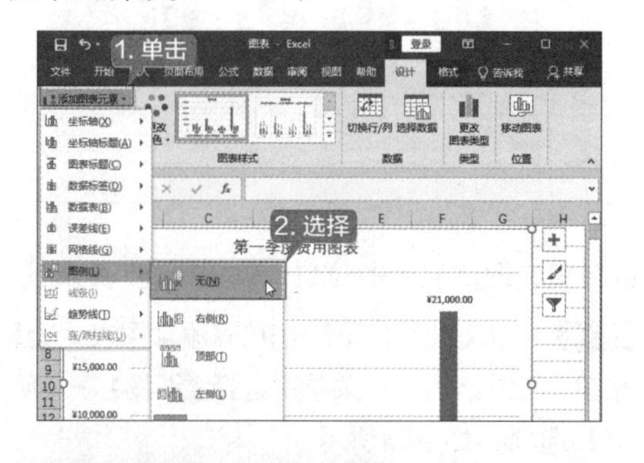

第 2 步 即可在图表中添加无图例项标示的数据表，如下图所示。

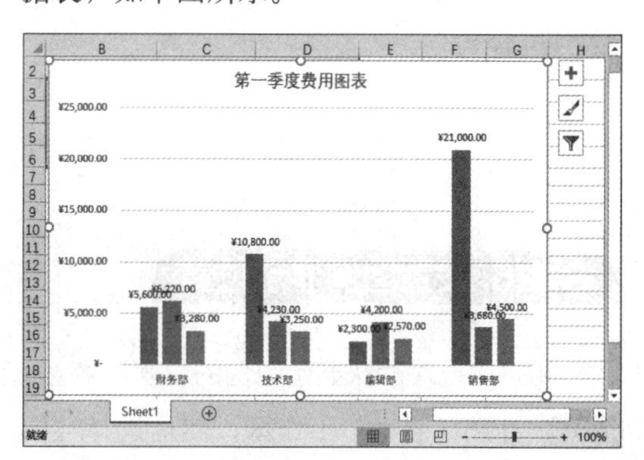

8.4.5 设置网格线

如果对默认的网格线不满意，用户可以自定义网格线。设置网格线的具体操作步骤如下。

第 1 步 接上节操作，打开“图表”工作簿，如下图所示。

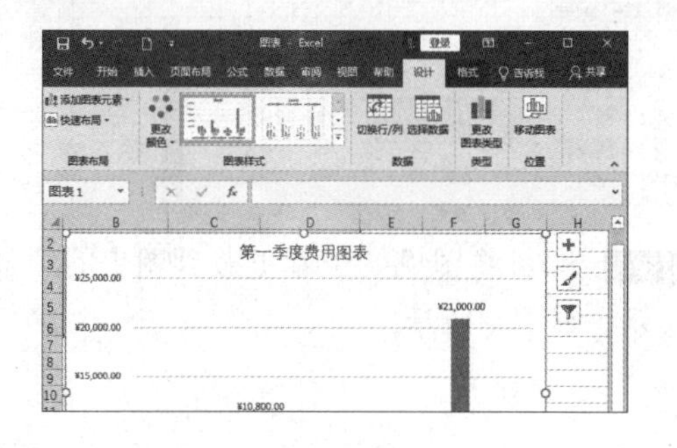

第 2 步 选中图表，依次单击【图表工具 - 格式】→【当前所选内容】→【图表区】下拉按钮，从弹出的下拉菜单中选择【垂直（值）轴主要网格线】选项，如下图所示。

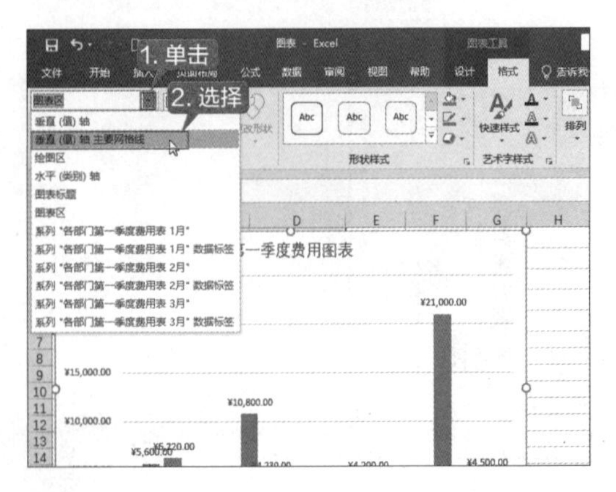

第 3 步 单击【当前所选内容】组中的【设置所选内容格式】按钮，打开【设置主要网格线格式】任务窗格，选择【填充】选项卡，并选中【线条】区域的【实线】单选按钮，然后在【颜色】下拉菜单中选择【浅蓝】选项，最后在【宽度】微调框中设置宽度为“1 磅”，如下图所示。

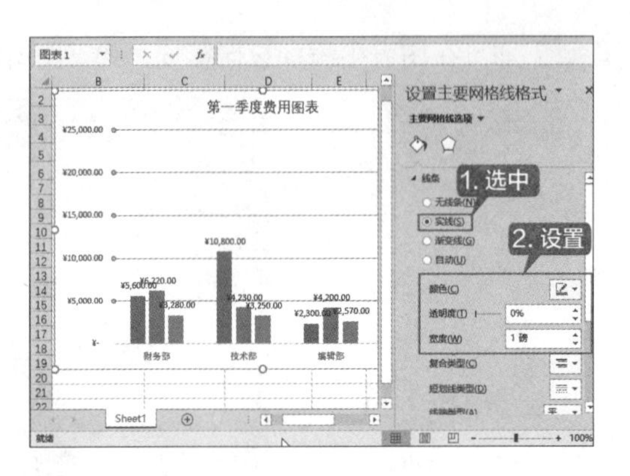

第 4 步 单击【关闭】按钮，即可完成网格线的设置，其效果如下图所示。

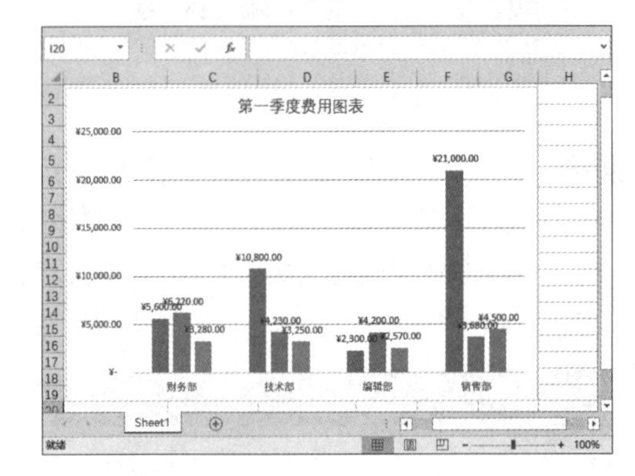

8.4.6 设置图例显示位置

用户如果对默认显示图例的位置不满意，还可以自定义图例显示的位置，具体操作步骤如下。

第 1 步 打开“图表”工作簿，然后选择【图表工具 – 设计】选项卡，进入设计界面，如下图所示。

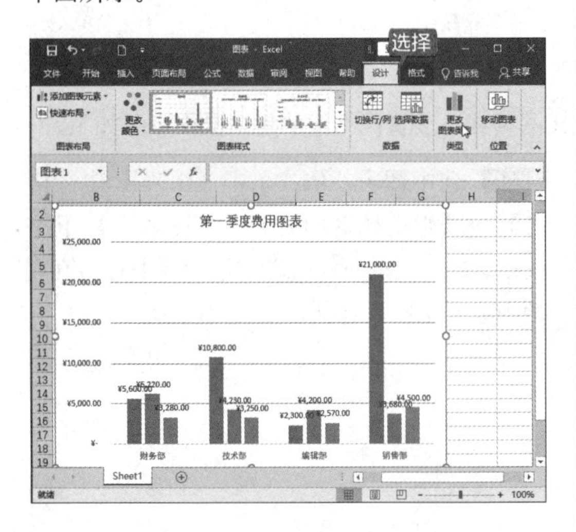

第 2 步 单击【图表布局】组中的【添加图表元素】按钮，从弹出的下拉菜单中选择【图例】→【顶部】选项，如下图所示。

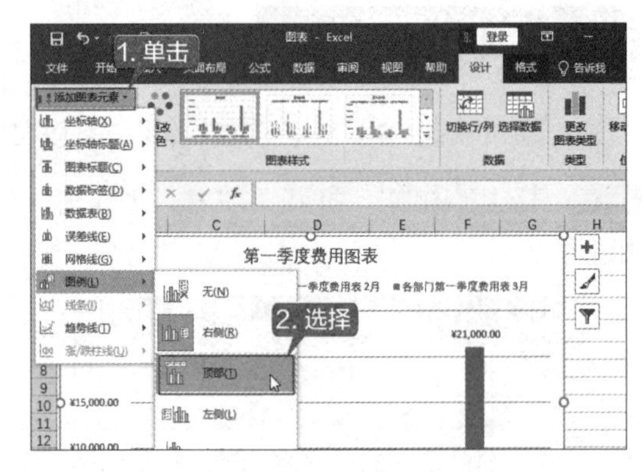

第 3 步 即可将图例的位置更改到图表的顶部显示，如下图所示。

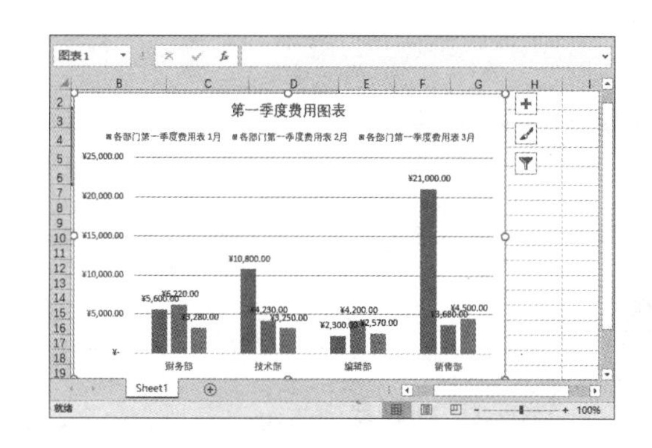

8.5 为各月销售情况创建迷你图

分析数据时常常用图表的形式来直观展示，有时线条过多，容易出现重叠，这时可以在单元格中插入迷你图来代替图表，从而更清楚地展示数据。为各月销售情况创建迷你图的具体操作步骤如下。

第 1 步 打开“素材\ch08\第一季度销售额报表.xlsx”文件，如下图所示。

第 2 步 单击【插入】选项卡【迷你图】组中的【折线图】按钮，打开【创建迷你图】对话框，然后在【数据范围】文本框中选择引用的数据区域，在【位置范围】文本框中选择插入折线迷你图的目标单元格，如下图所示。

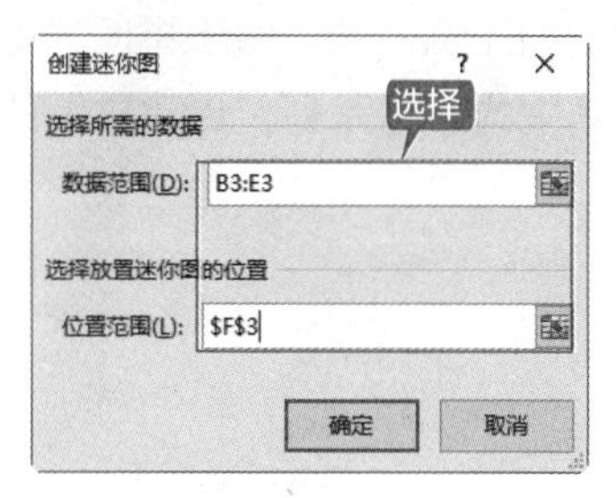

第 3 步 单击【确定】按钮，即可创建迷你折线图，如下图所示。

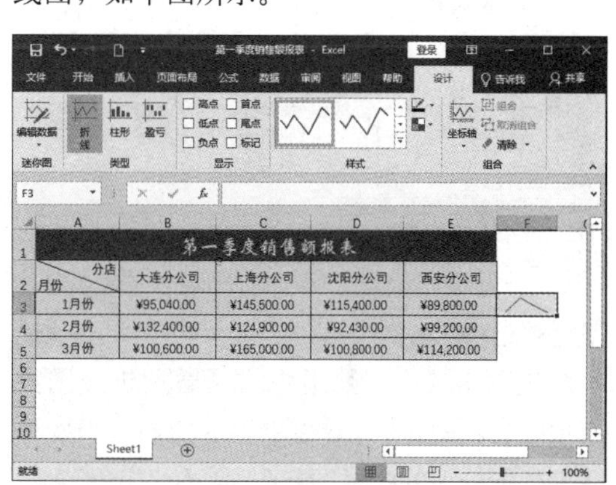

第 4 步 按照相同的方法，即可创建其他月份的折线迷你图，如下图所示。另外，也可以利用自动填充功能，完成其他单元格的操作。

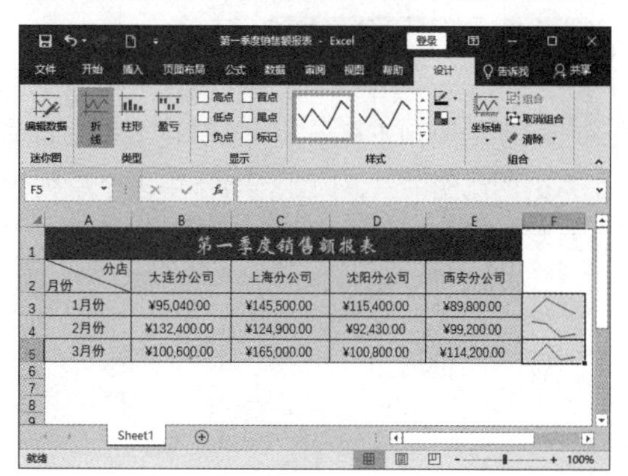

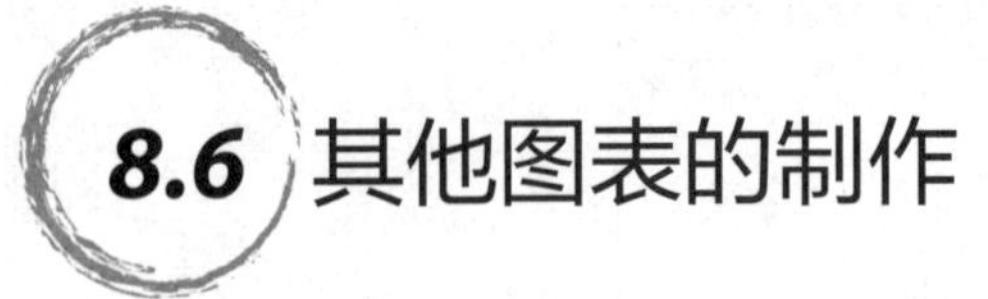

8.6 其他图表的制作

Excel 2019 提供了多种内部的图表类型，本节将介绍如何创建各种类型的图表。

8.6.1 折线图

折线图通常用来描绘连续的数据，这对展现趋势很有用。通常，折线图的分类轴显示相等的间隔，是一种最适合反映数据之间量的变化的图表类型。本节以折线图描绘各月份销售额波动情况为例，介绍创建折线图具体操作步骤。

第 1 步 打开“素材 \ch08\ 第一季度销售额报表.xlsx”文件，如下图所示。

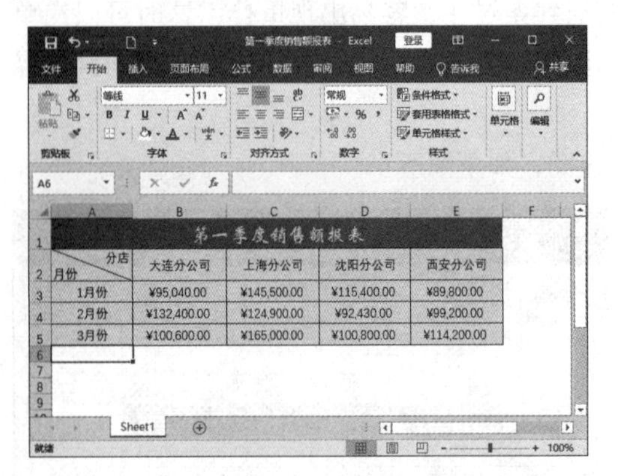

第一季度销售额报表				
分店 月份	大连分公司	上海分公司	沈阳分公司	西安分公司
1月份	¥95,040.00	¥145,500.00	¥115,400.00	¥89,800.00
2月份	¥132,400.00	¥124,900.00	¥92,430.00	¥99,200.00
3月份	¥100,600.00	¥165,000.00	¥100,800.00	¥114,200.00

第 2 步 选中单元格区域 A2:E5，然后单击【插入】选项卡【图表】组中的【插入折线图或面积图】按钮，从弹出的下拉列表中选择【带数据标记的折线图】选项，如下图所示。

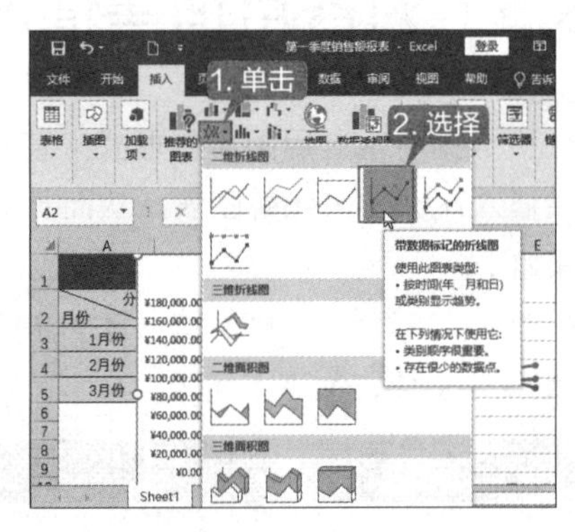

第 3 步 即可在当前工作表中创建一个折线图，如下图所示。

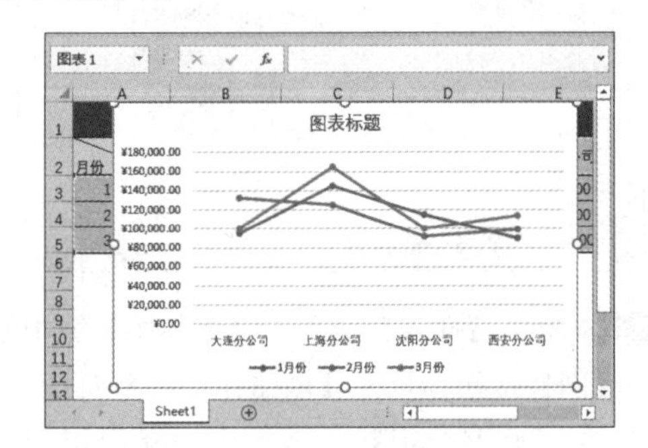

8.6.2 饼图

饼图主要用于显示数据系列中各个项目与项目总和之间的比例关系。由于饼图只能显示一个系列的比例关系，因此，当选中多个系列时也只能显示其中的一个系列。创建饼图的具体操作步骤如下。

第 1 步 打开“素材\ch08\人数统计表.xlsx”文件，如下图所示。

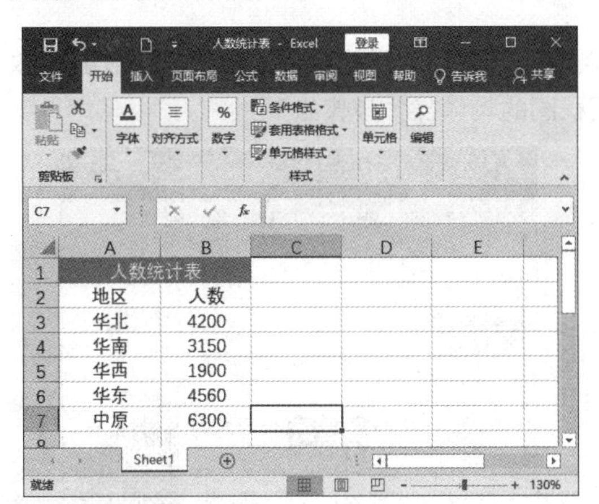

人数统计表	
地区	人数
华北	4200
华南	3150
华西	1900
华东	4560
中原	6300

第 2 步 选中单元格区域 A2:B7，然后依次单击【插入】→【图表】→【插入饼图或圆环图】按钮，从弹出的下拉列表中选择【三维饼图】选项，如下图所示。

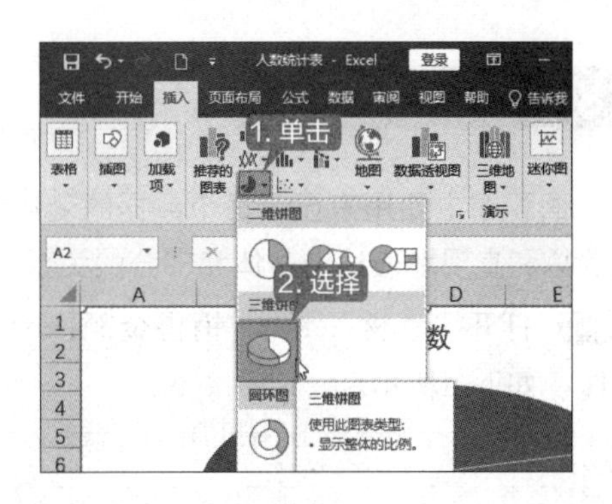

第 3 步 即可在当前工作表中创建一个三维饼图图表，如下图所示。

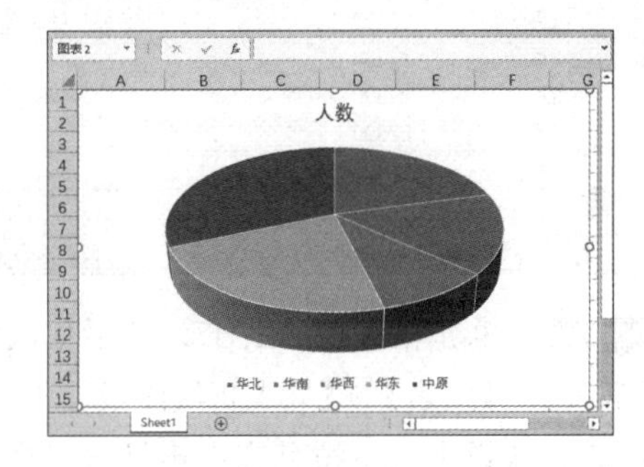

8.6.3 条形图

条形图可以显示各个项目之间的比较情况，与柱形图相似，但又有所不同，条形图显示为水平方向，柱形图显示为垂直方向。下面以销售额报表为例，介绍创建条形图的具体操作步骤。

第 1 步 打开“素材\ch08\第一季度销售额报表.xlsx”文件，如下图所示。

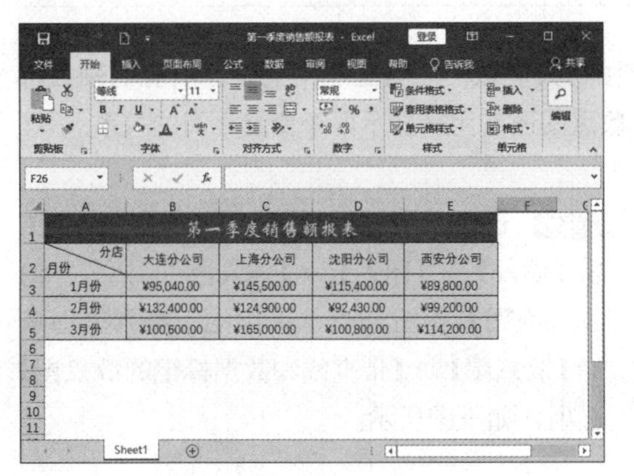

第一季度销售额报表				
分店 / 月份	大连分公司	上海分公司	沈阳分公司	西安分公司
1月份	¥95,040.00	¥145,500.00	¥115,400.00	¥89,800.00
2月份	¥132,400.00	¥124,900.00	¥92,430.00	¥99,200.00
3月份	¥100,600.00	¥165,000.00	¥100,800.00	¥114,200.00

第 2 步 选中单元格区域 A2:E5，然后依次单击【插入】→【图表】→【插入柱形图或条形图】按钮，从弹出的下拉列表中选择【二维条形图】→【簇状条形图】选项，如下图所示。

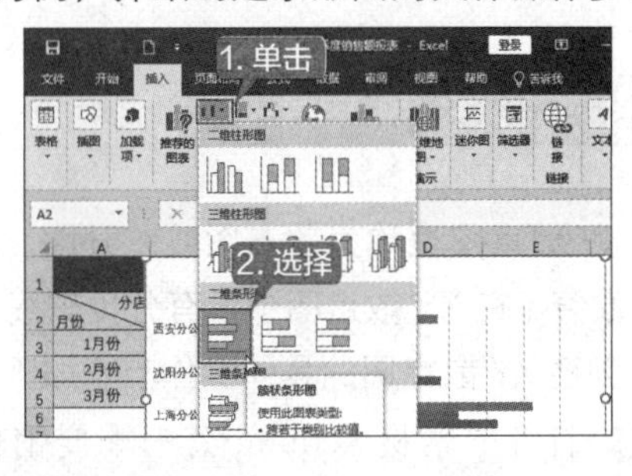

第 3 步 即可在当前工作表中创建一个条形图图表，调整其大小，效果如下图所示。

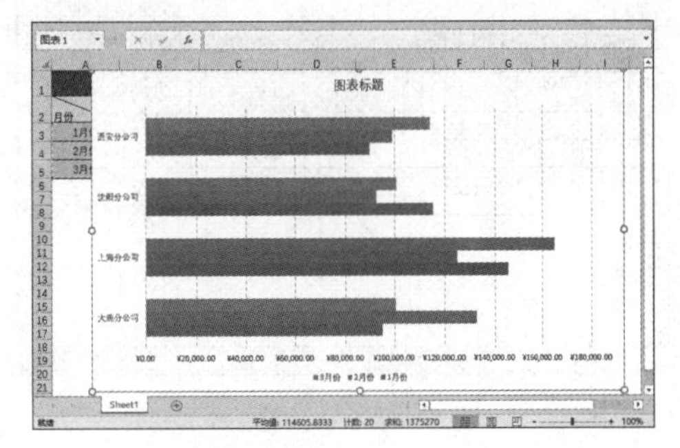

8.6.4 面积图

面积图主要用来显示每个数据的变化量，它强调的是数据随时间变化的幅度，通过显示数据的总和直观地表达出整体和部分的关系。创建面积图的具体操作步骤如下。

第1步 打开“素材\ch08\销售金额.xlsx”文件，如下图所示。

销售金额	
月份	销售总额
1月	35000
2月	45200
3月	29800
4月	52000
5月	29000

第2步 选中单元格区域 A2:B7，然后依次单击【插入】→【图表】→【插入折线图或面积图】按钮，从弹出的下拉列表中选择【二维面积图】→【面积图】选项，如下图所示。

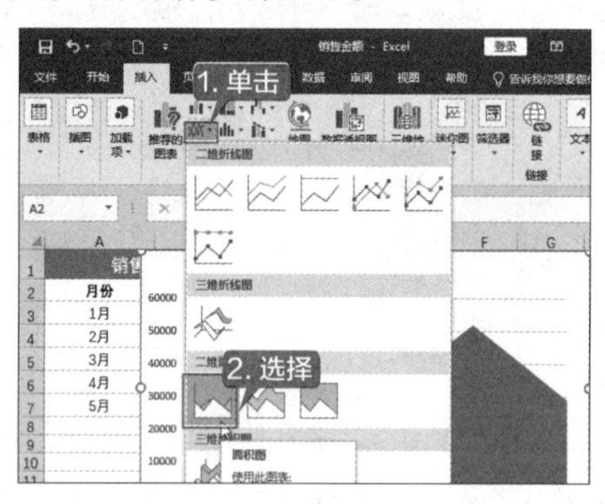

第3步 即可在当前工作表中创建一个面积图图表，如下图所示。

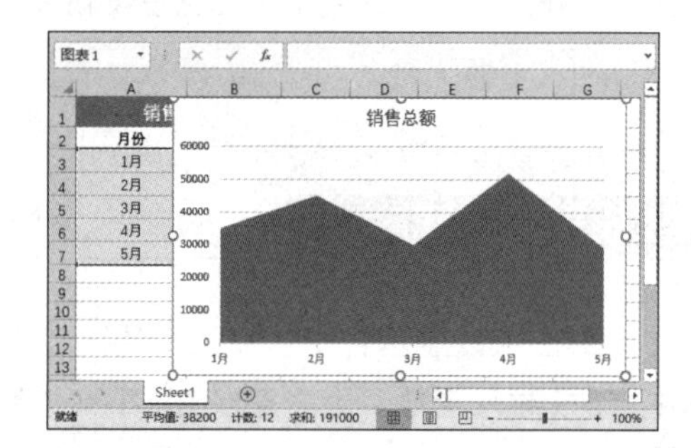

8.6.5 XY 散点图

XY 散点图也称为散布图或散开图。XY 散点图与大多数图表类型不同的是，所有的轴线都显示数值（在 XY 散点图中没有分类轴线）。XY 散点图通常用来显示两个变量之间的关系。

创建 XY 散点图的具体操作步骤如下。

第1步 打开“素材\ch08\第一季度销售额报表.xlsx”文件，如下图所示。

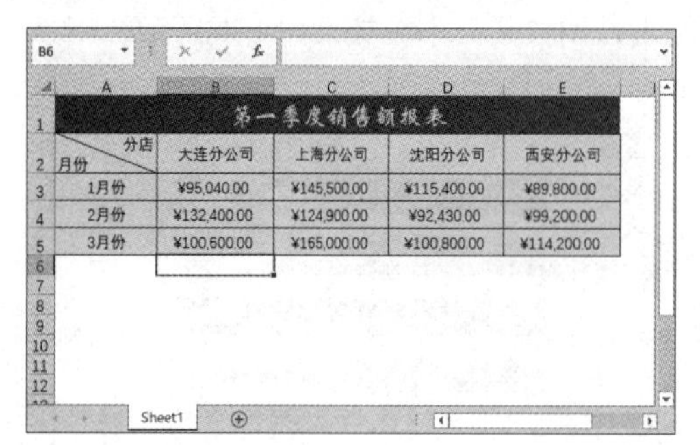

第一季度销售额报表				
分店 / 月份	大连分公司	上海分公司	沈阳分公司	西安分公司
1月份	¥95,040.00	¥145,500.00	¥115,400.00	¥89,800.00
2月份	¥132,400.00	¥124,900.00	¥92,430.00	¥99,200.00
3月份	¥100,600.00	¥165,000.00	¥100,800.00	¥114,200.00

第2步 选中单元格区域 A2:E5，然后依次单击【插入】→【图表】→【插入散点图（X、Y）或气泡图】按钮，从弹出的下拉列表中选择【散点图】→【带直线和数据标记的散点图】选项，如下图所示。

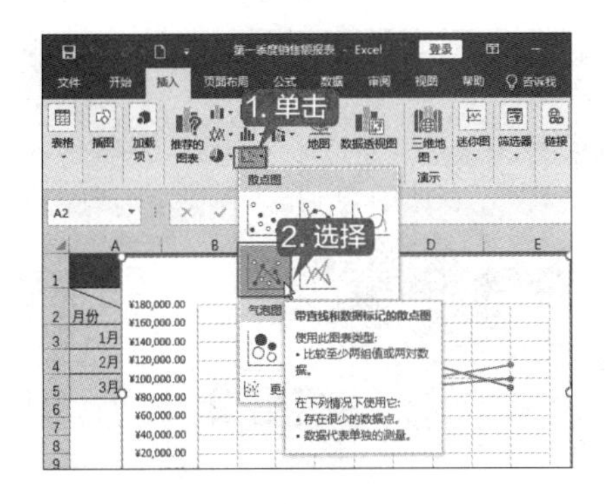

第 3 步 即可在当前工作表中创建一个散点图图表，如下图所示。

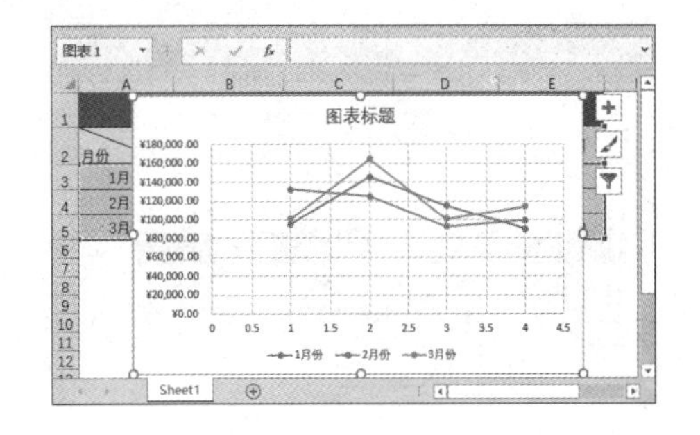

8.6.6 股价图

股价图主要用来显示股价的波动情况。使用股价图显示股价涨跌的具体操作步骤如下。

第 1 步 打开“素材 \ch08\ 股价表.xlsx”文件，如下图所示。

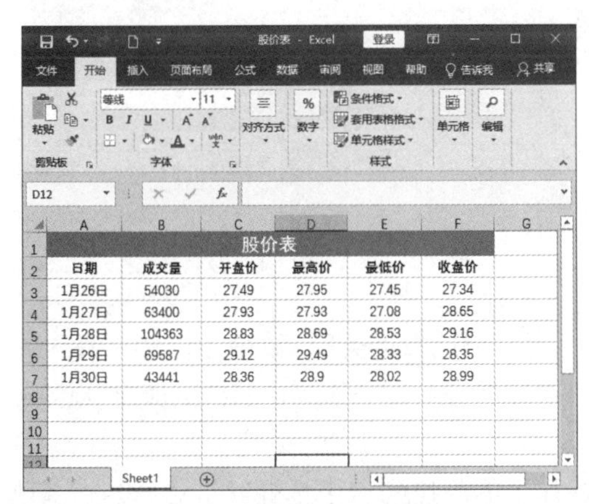

股价表					
日期	成交量	开盘价	最高价	最低价	收盘价
1月26日	54030	27.49	27.95	27.45	27.34
1月27日	63400	27.93	27.93	27.08	28.65
1月28日	104363	28.83	28.69	28.53	29.16
1月29日	69587	29.12	29.49	28.33	28.35
1月30日	43441	28.36	28.9	28.02	28.99

第 2 步 选中数据区域的任意单元格，然后依次单击【插入】→【图表】→【插入瀑布图、漏斗图、股价图、曲面图或雷达图】按钮，从弹出的下拉列表中选择【股价图】→【成交量 - 开盘 - 盘高 - 盘低 - 收盘图】选项，如下图所示。

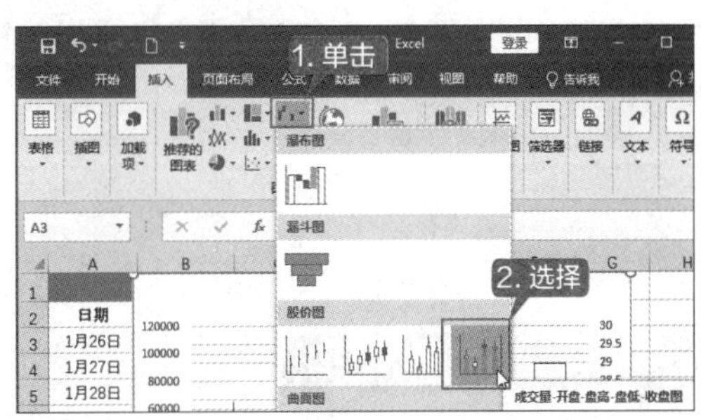

第 3 步 即可在当前工作表中创建一个股价图图表，如下图所示。

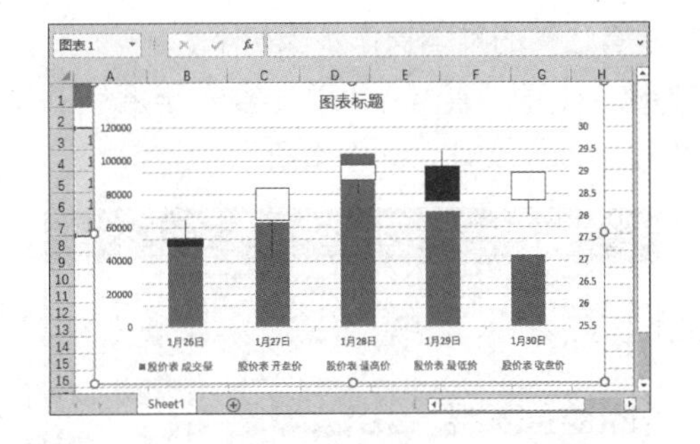

8.6.7 曲面图

曲面图实际上是折线图和面积图的另一种形式，共有 3 个轴，分别代表分类、系列和数值，可以使用曲面图找到两组数据之间的最佳组合。创建销售额报表曲面图的具体操作步骤如下。

第 1 步 打开“素材\ch08\第一季度销售额报表.xlsx”文件，如下图所示。

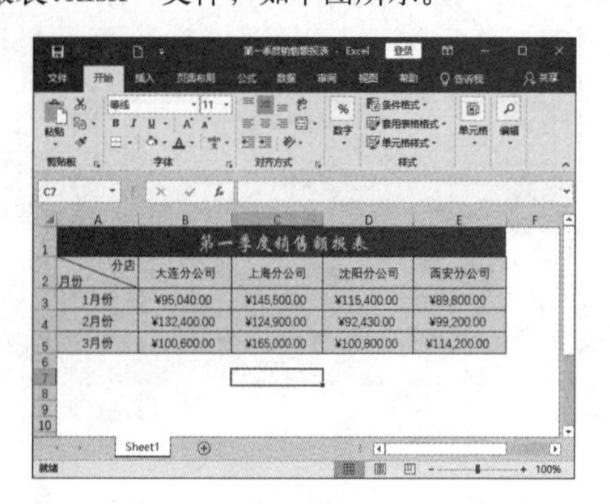

第 2 步 选中单元格区域 A2:E5，依次单击【插入】→【图表】→【插入瀑布图、漏斗图、股价图、曲面图或雷达图】按钮，从弹出的下拉列表中选择【曲面图】→【三维曲面图】选项，如下图所示。

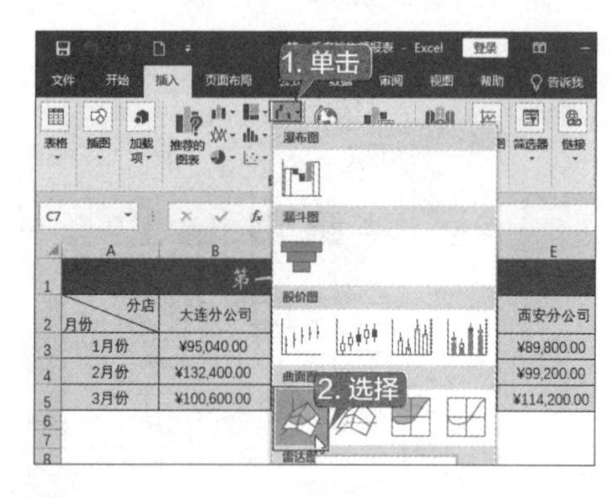

第 3 步 即可在当前工作表中创建一个曲面图图表，如下图所示。

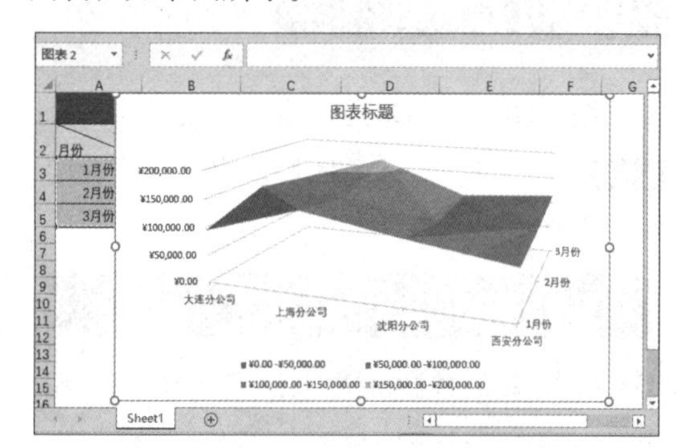

8.6.8 雷达图

雷达图主要用于显示数据系列相对于中心点及相对于彼此数据类别间的变化，其中每一个分类都有自己的坐标轴，这些坐标轴由中心向外辐射，并用折线将同一系列中的数据值连接起来。创建雷达图的具体操作步骤如下。

第 1 步 打开“素材\ch08\第一季度销售额报表.xlsx”文件，如下图所示。

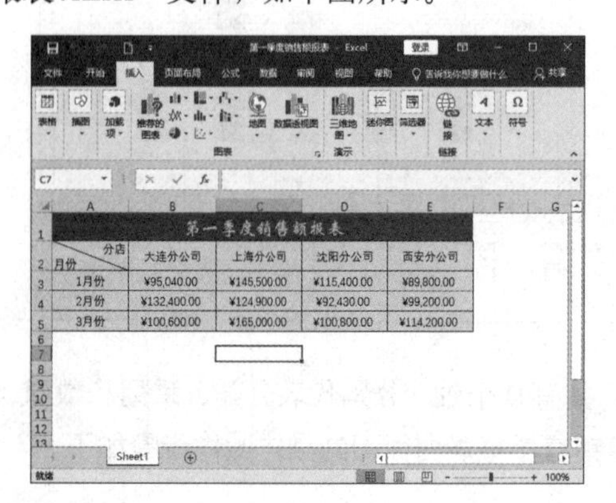

第 2 步 选中数据区域的任意单元格，依次单击【插入】→【图表】→【插入瀑布图、漏斗图、股价图、曲面图或雷达图】按钮。在弹出的下拉列表中选择【雷达图】→【填充雷达图】选项，如下图所示。

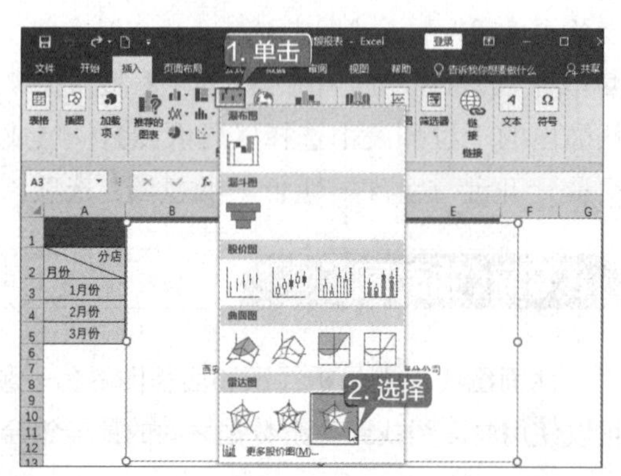

第 3 步 即可在当前工作表中创建一个雷达图图表，如下图所示。

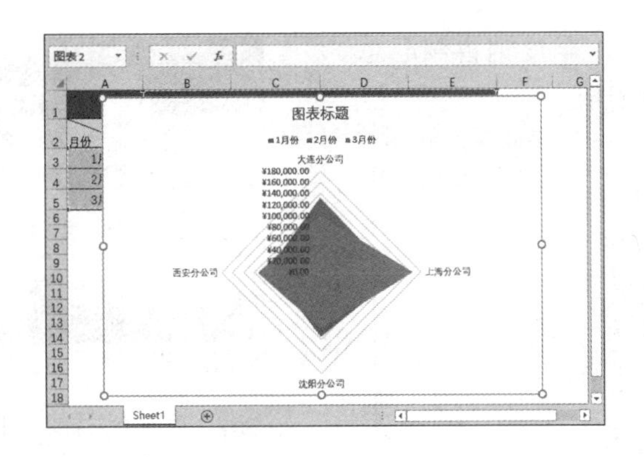

8.6.9 树状图

树状图是 Excel 2019 中新增的一种图表，非常适合展示数据的比例和数据的层次关系，它的直观和易读是其他类型的图表所无法比拟的。下面用树状图分析一家快餐店一天的商品销售情况，具体操作步骤如下。

第 1 步 打开“素材 \ch08\ 快餐店一日消费情况表.xlsx”文件，如下图所示。

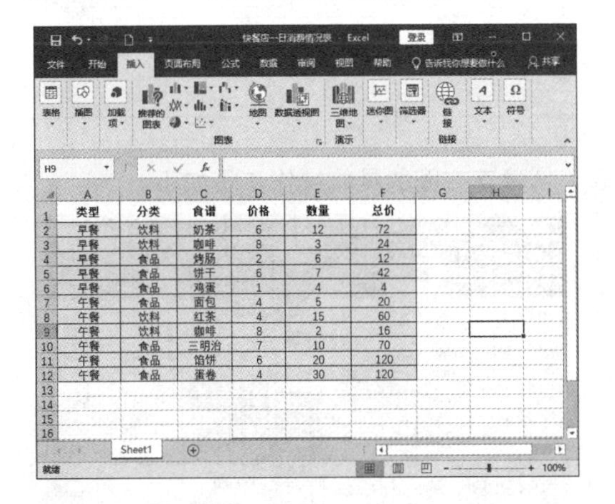

类型	分类	食谱	价格	数量	总价
早餐	饮料	奶茶	6	12	72
早餐	饮料	咖啡	8	3	24
早餐	食品	烤肠	2	6	12
早餐	食品	饼干	6	7	42
早餐	食品	鸡蛋	1	4	4
午餐	食品	面包	4	5	20
午餐	饮料	红茶	4	15	60
午餐	饮料	咖啡	8	2	16
午餐	食品	三明治	7	10	70
午餐	食品	馅饼	6	20	120
午餐	食品	蛋卷	4	30	120

第 2 步 选中数据区域内的任意单元格，依次单击【插入】→【图表】→【插入层次结构图表】按钮，在弹出的下拉列表中选择【树状图】选项，如下图所示。

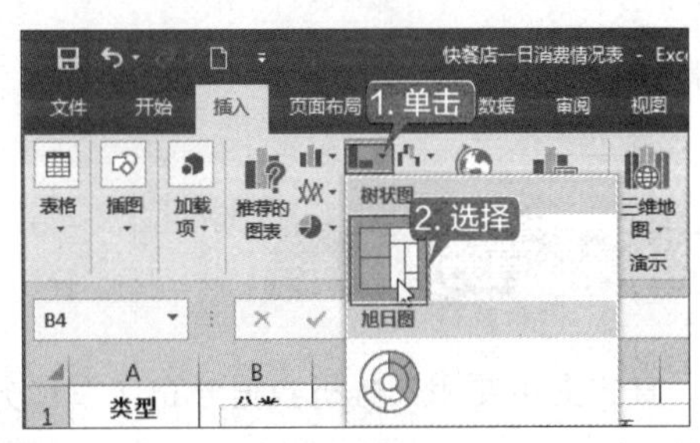

第 3 步 即可在当前工作表中创建一个树状图图表，如下图所示。

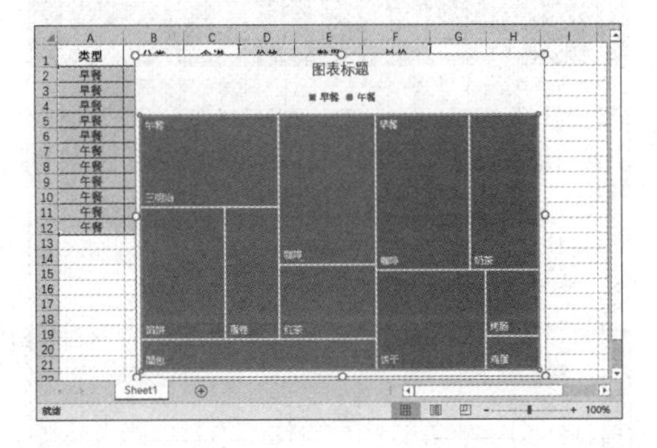

8.6.10 旭日图

旭日图主要用来分析数据的层次及所占比例。旭日图可以直观地查看不同时间段的分段销售额及占比情况，具体操作步骤如下。

第 1 步 打开“素材 \ch08\ 年度销售额汇总表.xlsx”文件，如下图所示。

年度销售额汇总表			
季	月	周	销售额
第一季度	一月		¥20,800.00
	二月	第一周	¥4,200.00
		第二周	¥3,400.00
		第三周	¥6,200.00
		第四周	¥5,000.00
	三月		¥34,500.00
第二季度	四月		¥44,000.00
	五月		¥38,600.00
	六月		¥56,200.00
第三季度	七月		¥43,200.00
	八月		¥40,000.00
	九月		¥65,000.00
第四季度			¥76,500.00

第 2 步 选中数据区域内的任意单元格，依次单击【插入】→【图表】→【插入层次结构图表】按钮，在弹出的下拉列表中选择【旭日图】选项，如下图所示。

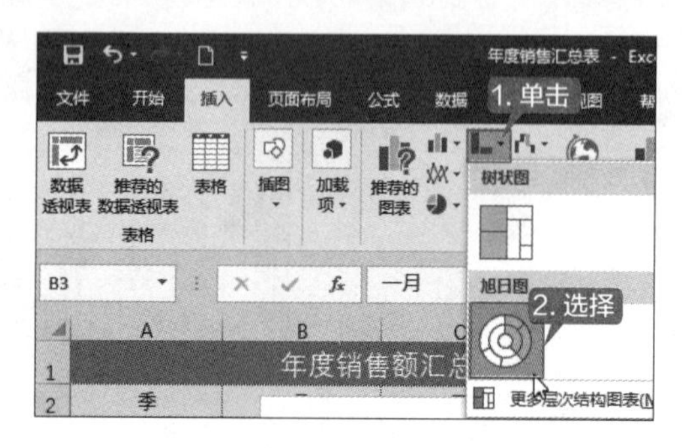

第 3 步 即可在当前工作表中创建一个旭日图图表，如下图所示。

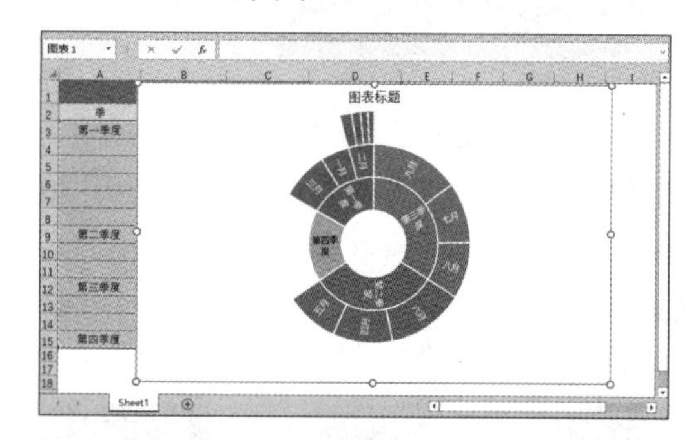

8.6.11 直方图

直方图主要用来分析数据分布比重和分布频率。创建直方图的具体操作步骤如下。

第 1 步 打开“素材 \ch08\ 学生身高统计表.xlsx”文件，如下图所示。

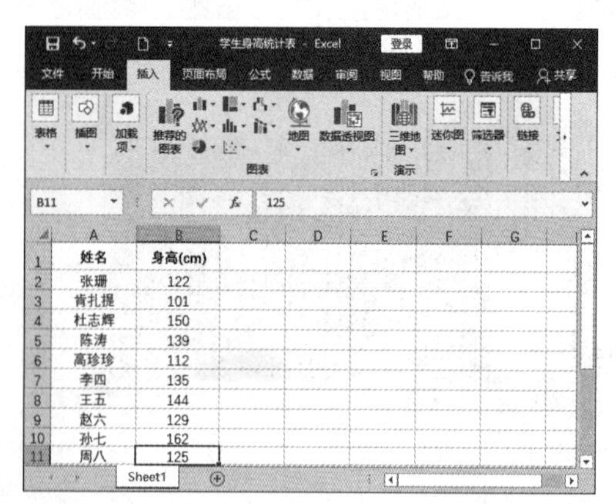

姓名	身高(cm)
张珊	122
肯扎提	101
杜志辉	150
陈涛	139
高珍珍	112
李四	135
王五	144
赵六	129
孙七	162
周八	125

第 2 步 选中数据区域内的任意单元格，依次单击【插入】→【图表】→【插入统计图表】按钮，在弹出的下拉列表中选择【直方图】选项，如下图所示。

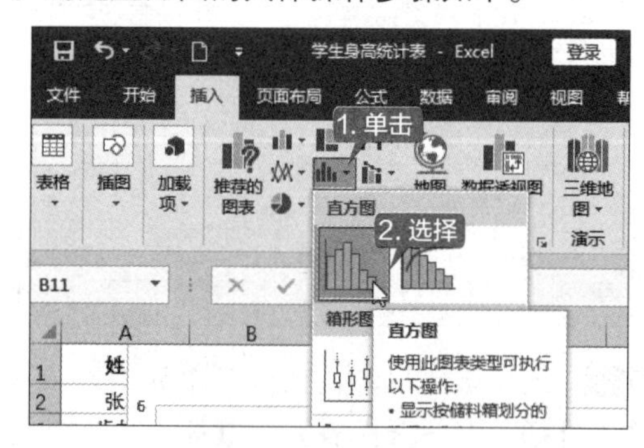

第 3 步 即可在当前工作表中创建一个直方图图表，如下图所示。

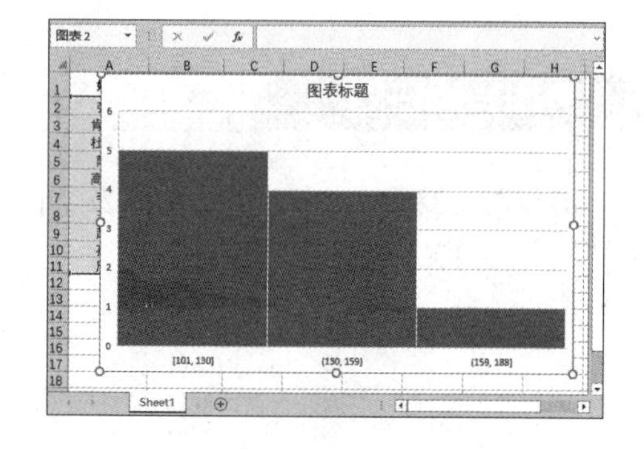

8.6.12 箱形图

在工作中，经常遇到需要查看数据分布的情况。例如，有许多种类的商品，每种商品都有多家厂商供货，想查看进货价主要分布在哪个区间；又如，学校想查看学生在某些科目的成绩分布情况。使用箱形图，就可以很方便地一次看到一批数据的“四分值”、平均值及离散值。创建箱形图的具体操作步骤如下。

第 1 步 打开“素材\ch08\销售价格表.xlsx”文件，如下图所示。

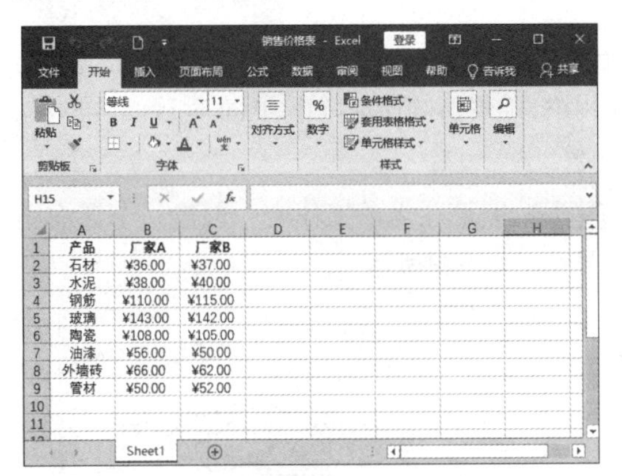

第 2 步 选中数据区域内的任意单元格，依次单击【插入】→【图表】→【插入统计图表】按钮，在弹出的下拉列表中选择【箱形图】选项，如下图所示。

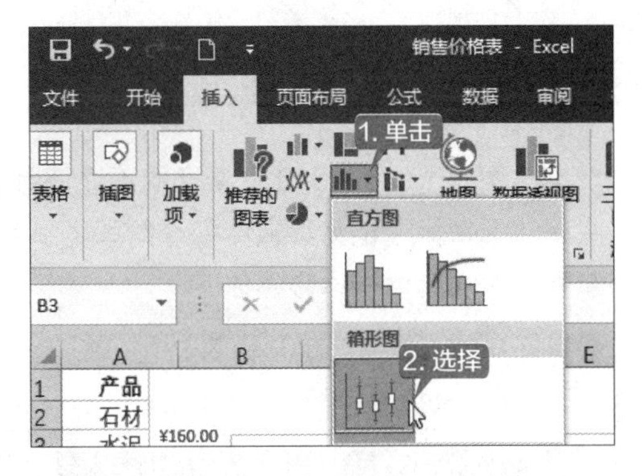

第 3 步 单击【确定】按钮，即可在当前工作表中创建一个箱形图图表，如下图所示。

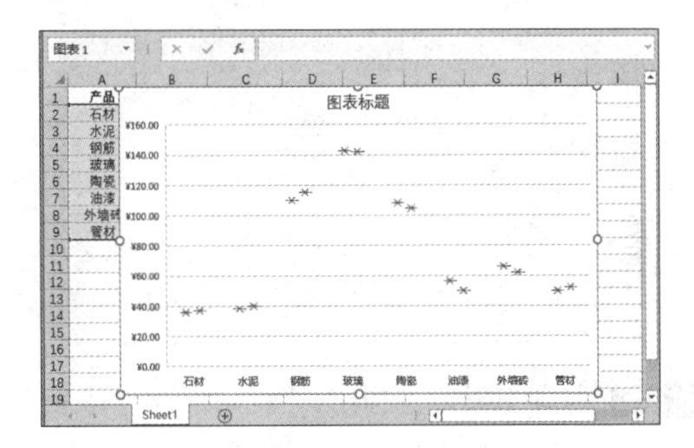

8.6.13 瀑布图

瀑布图采用绝对值与相对值结合的方式，适用于表达多个特定数值之间的数量变化关系。创建瀑布图的具体操作步骤如下。

第 1 步 打开“素材\ch08\日常消费统计表.xlsx”文件，如下图所示。

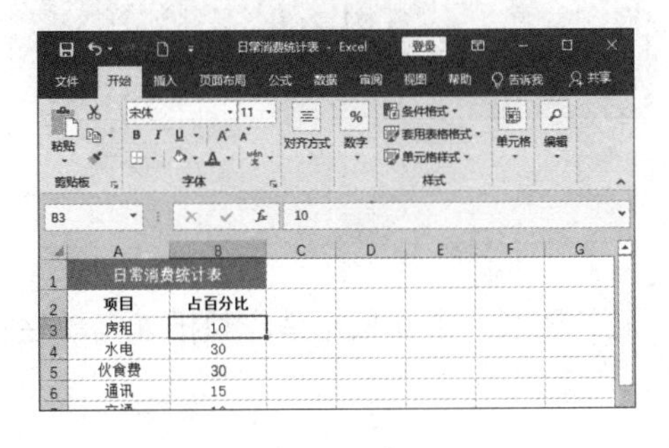

第 2 步 选中数据区域内的任意单元格，依次单击【插入】→【图表】→【插入瀑布图、漏斗图、股价图、曲面图或雷达图】按钮，在弹出的下拉列表中选择【瀑布图】选项，如下图所示。

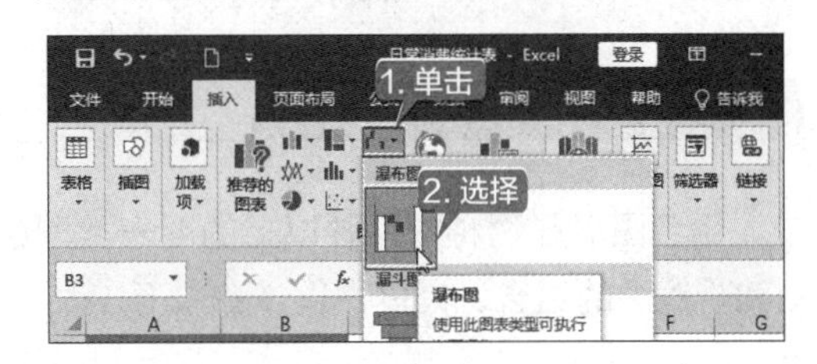

第 3 步 即可在当前工作表中创建一个瀑布图图表，如下图所示。

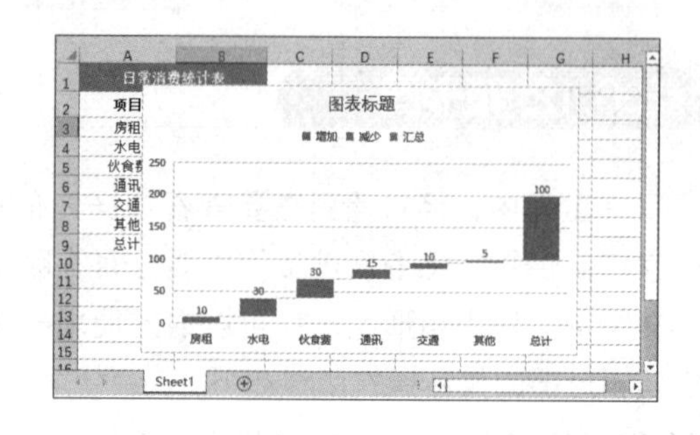

8.6.14 新功能：漏斗图

漏斗图是 Excel 2019 中新增的图表，用于显示某个项目流程中各环节的转化分析值。例如，使用漏斗图来显示销售渠道中每个阶段的销售潜在用户，随着值的逐渐减小，图表呈现漏斗形状。创建漏斗图的具体操作步骤如下。

第 1 步 打开“素材 \ch08\ 销售转化分析表 .xlsx”文件，如下图所示。

第 2 步 选中数据区域内的任意单元格，依次单击【插入】→【图表】→【插入瀑布图、漏斗图、股价图、曲面图或雷达图】按钮，在弹出的下拉列表中选择【漏斗图】选项，如下图所示。

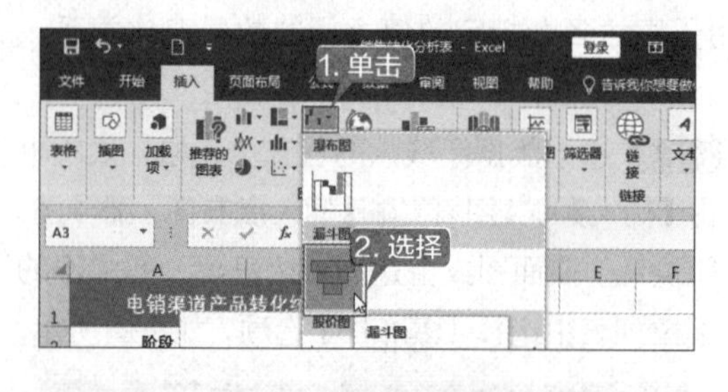

第 3 步 即可在当前工作表中创建一个瀑布图图表，如下图所示。

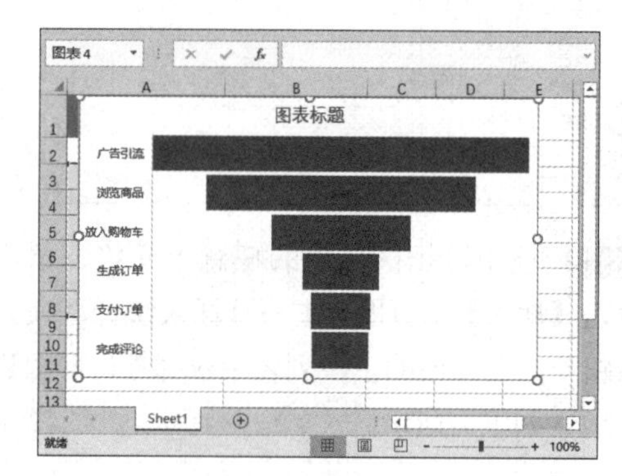

第 4 步 调整图表的颜色及样式，最终效果如下图所示。

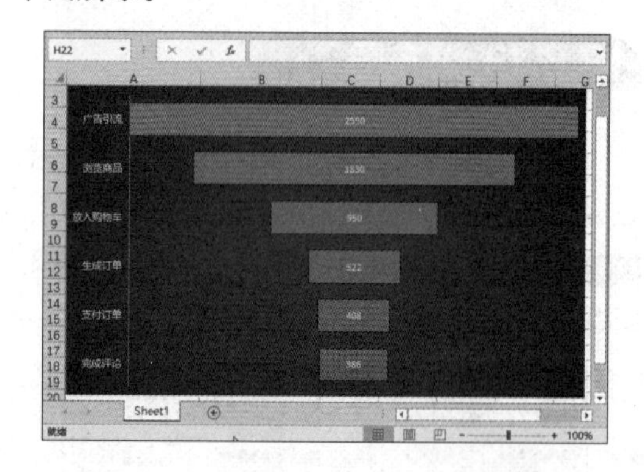

8.6.15 使用组合图表

组合图表是两种或两种以上的图表类型组合在一起的图表。下面根据销售额报表实现柱状图和折线图的组合，具体操作步骤如下。

第 1 步 打开“素材 \ch08\ 第一季度销售额报表.xlsx”文件，选中单元格区域 A2:E5，依次单击【插入】→【图表】→【查看所有图表】按钮，如下图所示。

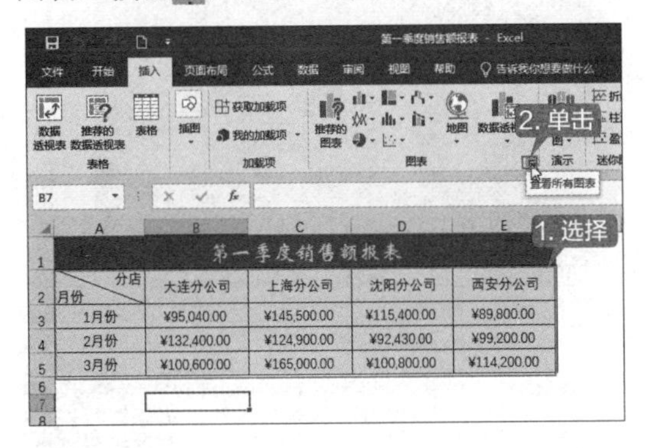

第一季度销售额报表

分店 / 月份	大连分公司	上海分公司	沈阳分公司	西安分公司
1月份	¥95,040.00	¥145,500.00	¥115,400.00	¥89,800.00
2月份	¥132,400.00	¥124,900.00	¥92,430.00	¥99,200.00
3月份	¥100,600.00	¥165,000.00	¥100,800.00	¥114,200.00

第 2 步 即可打开【插入图表】对话框，选择【所有图表】选项卡，并在左侧列表框中选择【组合】选项，在右侧设置界面中设置图表类型和轴，然后单击【确定】按钮，如下图所示。

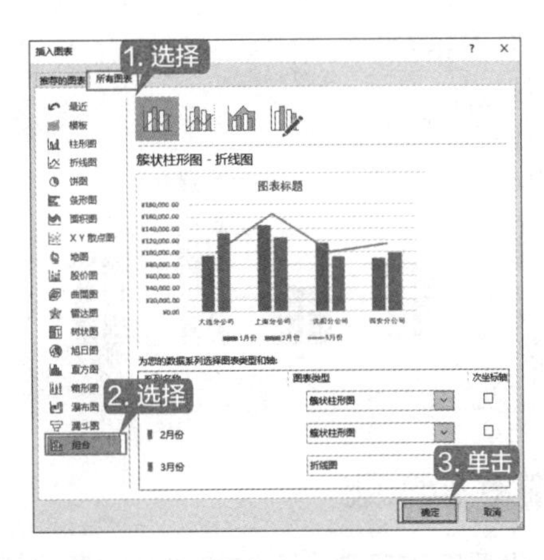

第 3 步 即可在当前工作表中创建一个组合图图表，如下图所示。

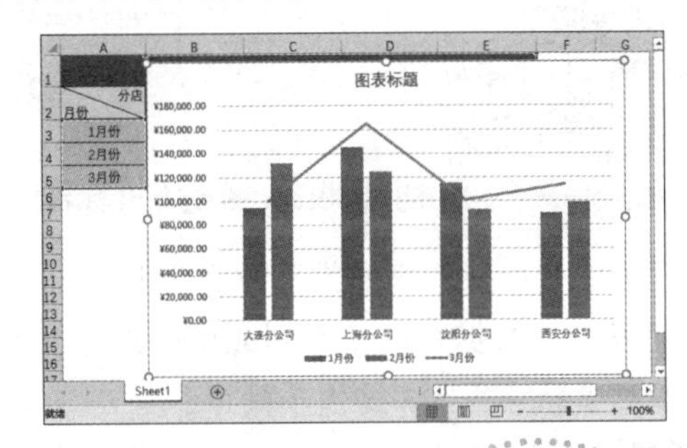

项目预算分析图表

制作项目预算分析图表时，要做到数据准确、重点突出，使读者快速了解图表信息，同时可以方便地对图表进行编辑。下面以制作项目预算分析图表为例进行介绍，具体操作步骤如下。

1. 打开素材文件

打开“素材\ch08\项目预算分析表.xlsx”文件，如下图所示。

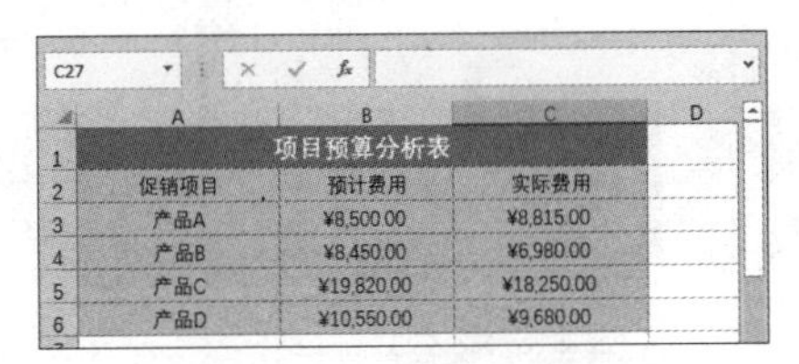

项目预算分析表

促销项目	预计费用	实际费用
产品A	¥8,500.00	¥8,815.00
产品B	¥8,450.00	¥6,980.00
产品C	¥19,820.00	¥18,250.00
产品D	¥10,550.00	¥9,680.00

2. 创建图表

根据表格中的数据创建柱形图，如下图所示。

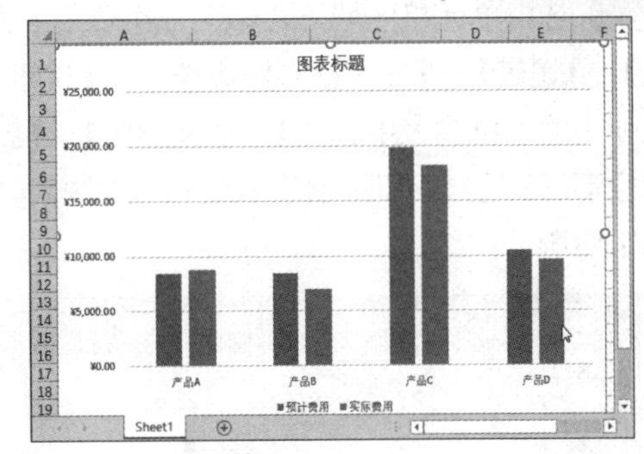

3. 添加图表元素

添加图表元素包括添加图表标题、数据标签，如下图所示。

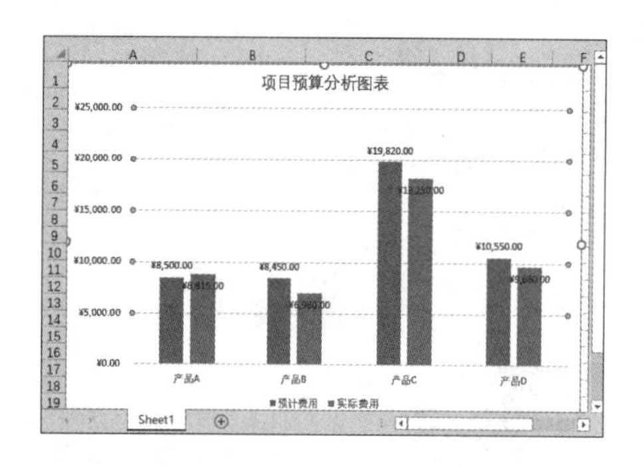

4. 美化图表

设置图表颜色、图表样式等，最终效果如下图所示。

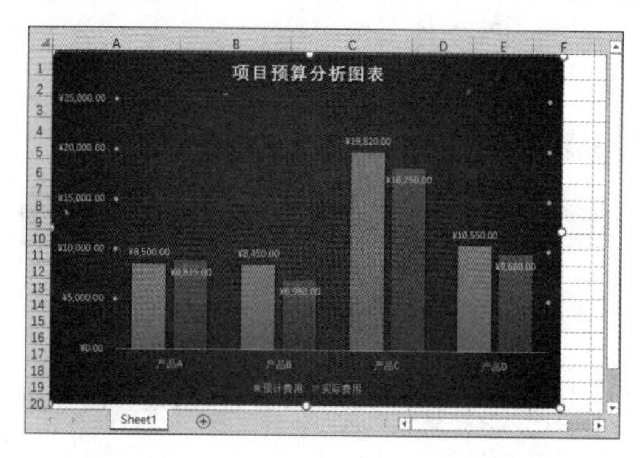

◇ 制作双纵坐标轴图表

双纵坐标轴图表通常是指两个纵坐标轴，且要表现的数据有两个系列或两个以上。制作双纵坐标轴的具体操作步骤如下。

第1步 打开“素材\ch08\各城市销售量及达成率表.xlsx”文件，如下图所示。

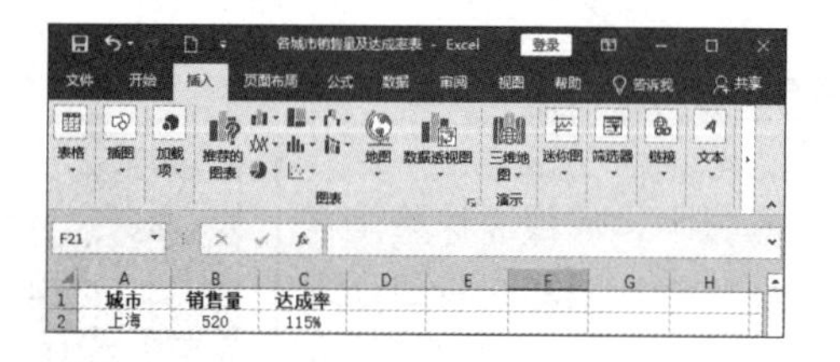

第2步 选中单元格区域 A1:C8，依次单击【插入】→【图表】→【插入柱形图或条形图】按钮，从弹出的下拉列表中选择【二维柱形图】→【簇状柱形图】选项，即可创建一个柱形图图表，如下图所示。

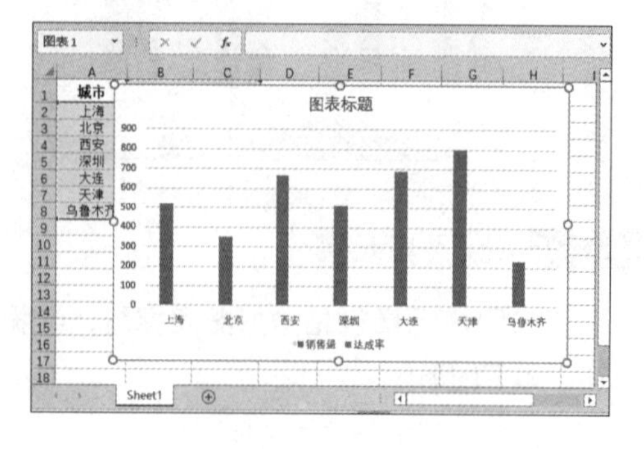

第3步 单击【图表工具－格式】选项卡【当前所选内容】组中的【图表区】下拉按钮，从弹出的下拉菜单中选择【系列“达成率”】选项，如下图所示。

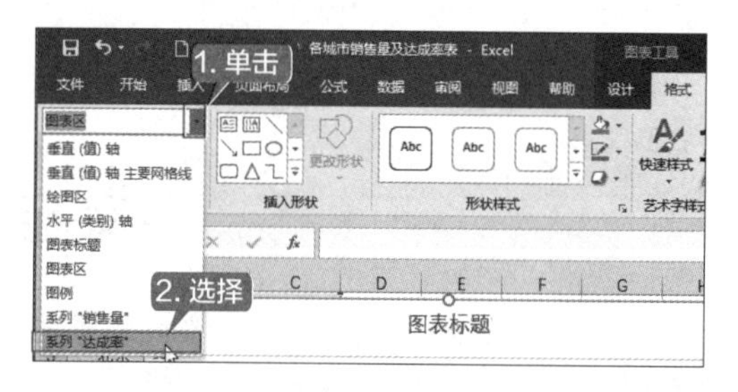

第4步 此时达成率系列数据被选中，在其上右击，从弹出的下拉菜单中选择【更改系列图表类型】选项，如下图所示。

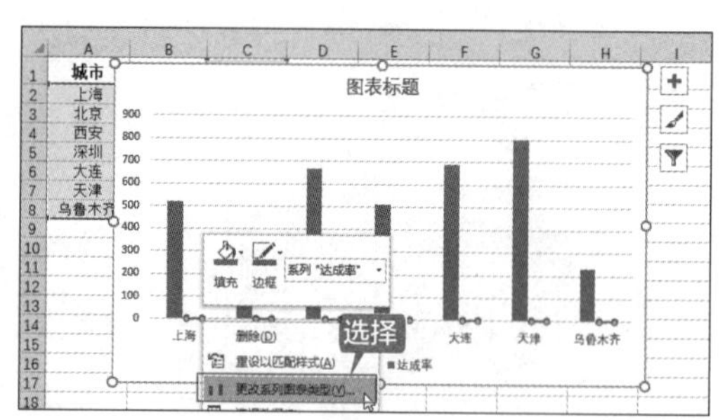

第5步 打开【更改图表类型】对话框，然后在【为您的数据系列选择图表类型和轴】区域内单击【达成率】下拉按钮，从弹出的下

拉菜单中选择【带数据标记的折线图】选项，如下图所示。

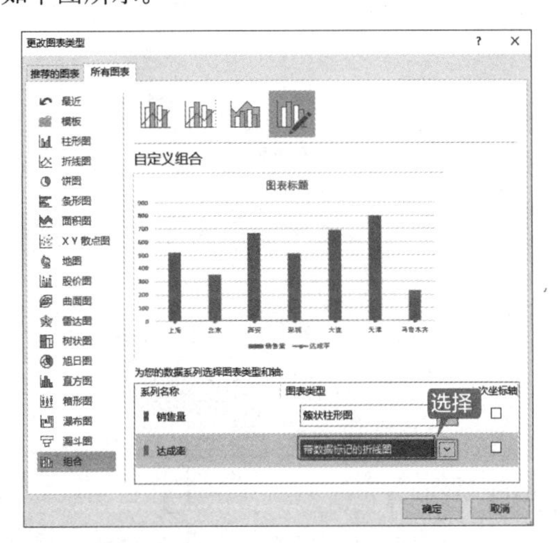

第 6 步 单击【确定】按钮，即可将达成率数据系列更改为折线图，如下图所示。

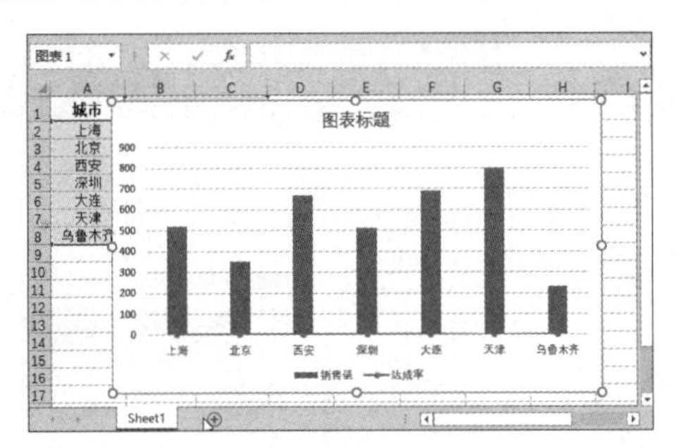

第 7 步 选中图表中的折线图并右击，从弹出的下拉菜单中选择【设置数据系列格式】选项，打开【设置数据系列格式】任务窗格，选择【系列选项】选项卡，并选中【次坐标轴】单选按钮，如下图所示。

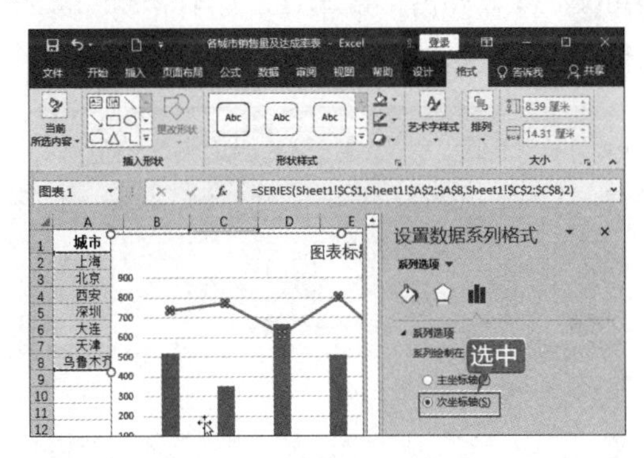

第 8 步 单击【关闭】按钮 ×，即可完成双纵坐标轴图表的制作，如下图所示。

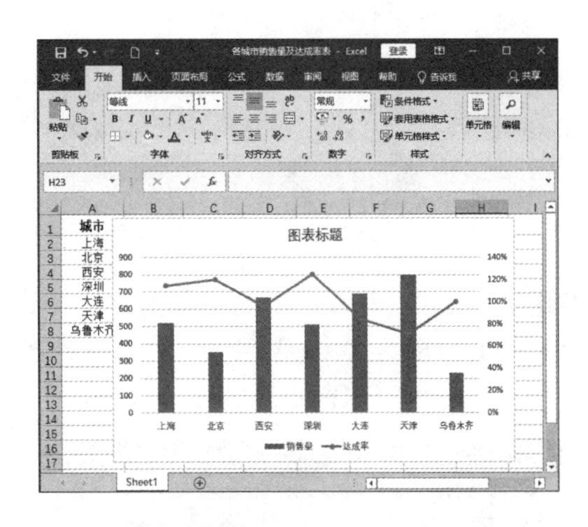

◇ 分离饼图制作技巧

创建的饼状图还可以转换为分离饼图，具体操作步骤如下。

第 1 步 打开“素材\ch08\人数统计表.xlsx”文件，并创建一个饼状图图表，如下图所示。

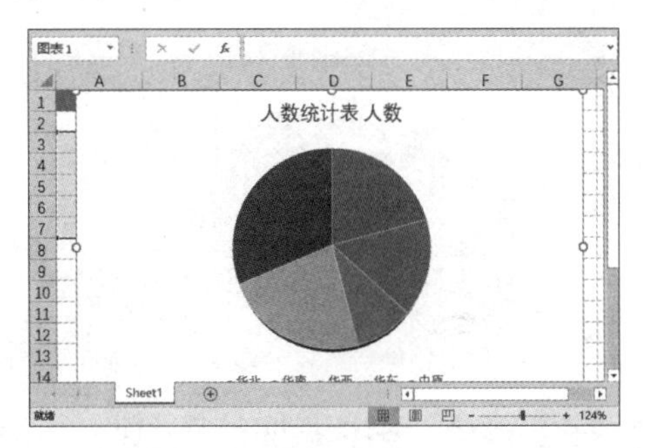

第 2 步 选中任意数据系列并右击，从弹出的下拉菜单中选择【设置数据系列格式】选项，如下图所示。

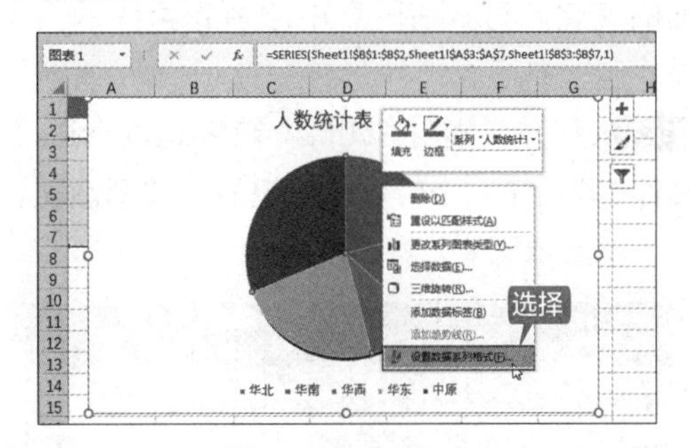

第 3 步 打开【设置数据系列格式】任务窗格，选择【系列选项】选项卡，然后在【第一扇区起始角度】文本框中输入“19”，在【饼图分离】文本框中输入“10%”，如下图所示。

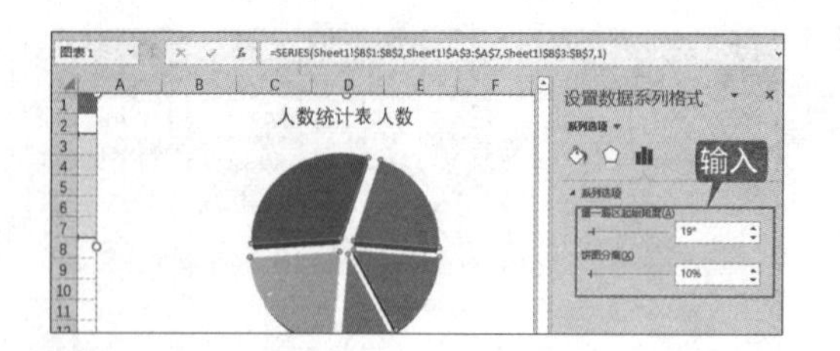

第 4 步 单击【图表工具 – 设计】选项卡下【图表样式】组中的【其他】按钮，在弹出的图表样式列表中选择【样式 3】选项，如下图所示。

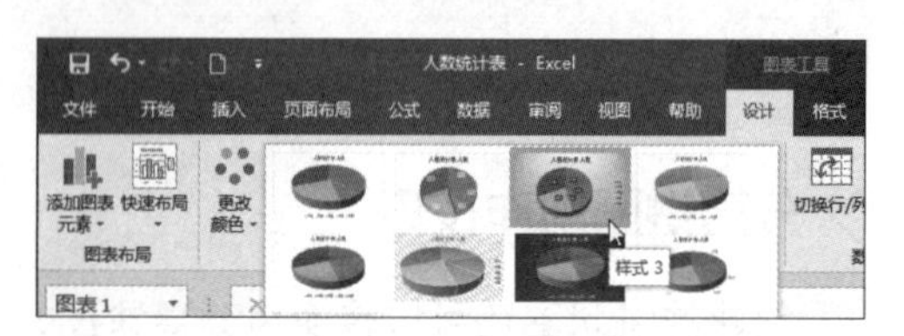

第 5 步 即可为图表应用样式 3 图表样式，并完成分离饼图的制作，最终效果如下图所示。

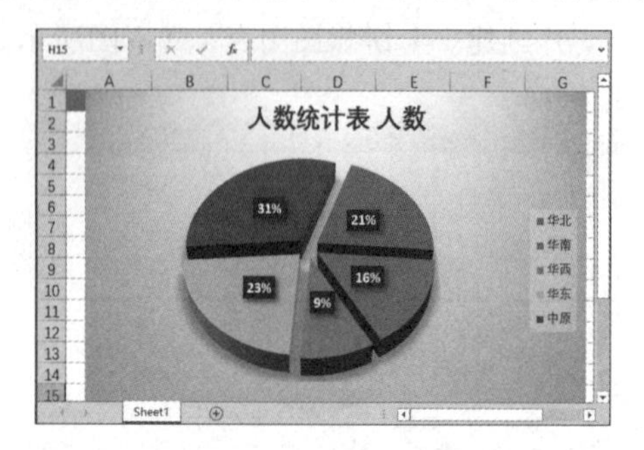

◇ 在 Excel 表中添加趋势线

趋势线是描述数据变化趋势的曲线。在实际工作中，用户可以使用趋势线来预测数据的变化趋势。在图表中添加趋势线的具体操作步骤如下。

第 1 步 打开“素材 \ch08\ 销售总额.xlsx”文件，并创建一个带数据标记的折线图图表，如下图所示。

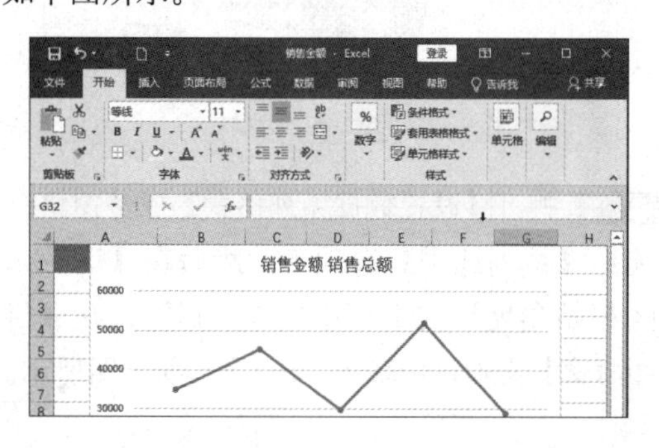

第 2 步 选中图表中的折线并右击，从弹出的下拉菜单中选择【添加趋势线】选项，如下图所示。

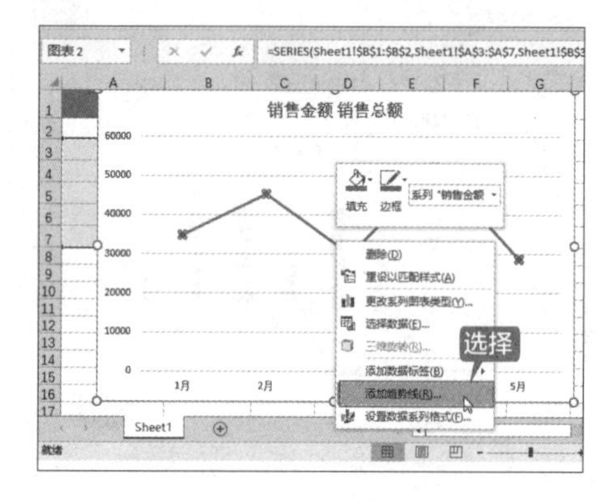

第 3 步 打开【设置趋势线格式】任务窗格，在其中用户可根据需要设置相关参数，包括线性类型、趋势线名称及趋势预测等内容，如下图所示。

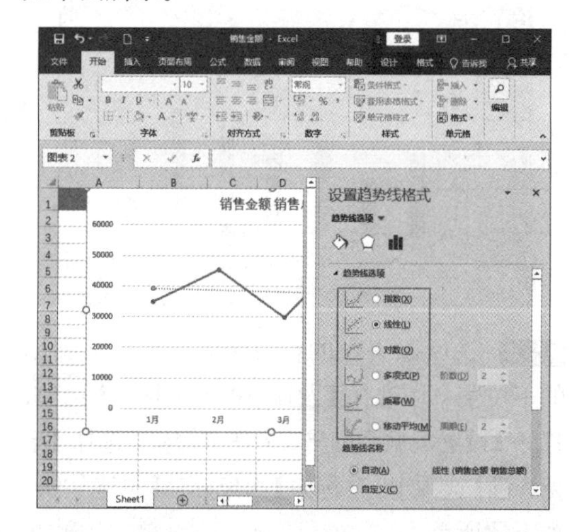

第 4 步 设置好后，单击【关闭】按钮，即可添加一条趋势线，如下图所示。

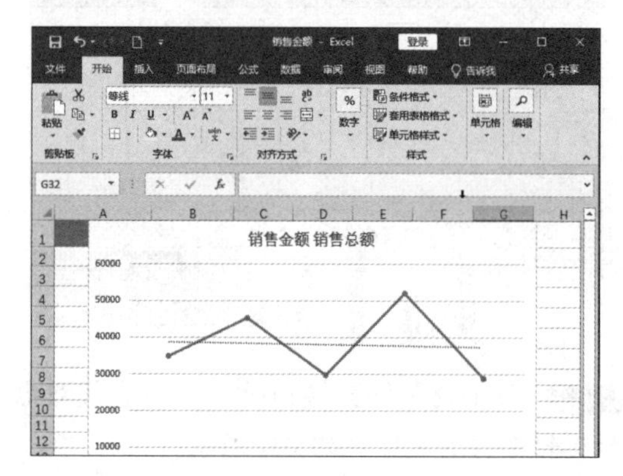

第 9 章

专业数据的分析——数据透视表和透视图

本章导读

作为专业的数据分析工具，数据透视表不仅可以清晰地展示出数据的汇总情况，而且对数据的分析和决策起着至关重要的作用。本章主要介绍创建、编辑和设置数据透视表，以及创建透视图和切片器的应用等内容。

思维导图

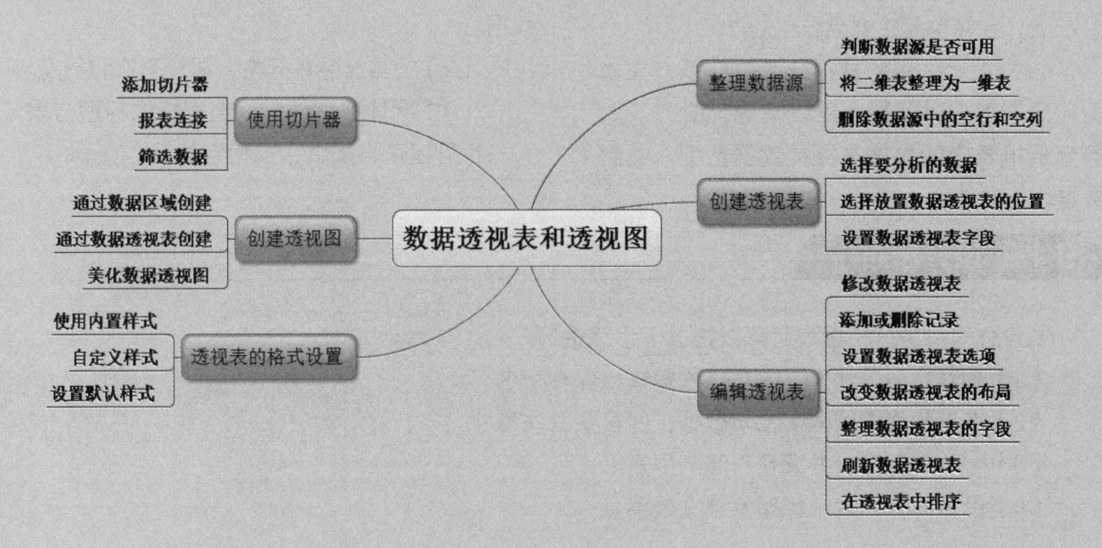

9.1 公司财务分析报表

公司财务分析报表主要包括项目名称、销售额及增长率等内容。在制作财务分析报表时要做到准确记录公司财务销售数据。

实例名称：公司财务分析报表

实例目的：确保能准确记录公司财务销售数据

素材	素材 \ch09\ 财务分析报表 .xlsx
结果	结果 \ch09\ 财务分析报表 .xlsx
视频	教学视频 \09 第 9 章

9.1.1 案例概述

财务分析报表是财务报告的主要组成部分，该表详细地记录了财务情况，通过对表中的数据进行分析，可以帮助经营管理人员及时发现问题、调整经营方向、制定措施改善经营管理水平，从而提高经济效益，为经济预测和决策提供依据。制作公司财务分析报表时，需要注意以下几点。

1. 数据准确

（1）制作公司财务报表时，选取单元格要准确，合并单元格要到位。

（2）Excel 中的数据分为数字型、文本型、日期型、时间型、逻辑型等，要分清财务分析报表中的数据是哪种数据类型，做到数据输入准确。

2. 便于统计

（1）制作的表格要完整，应精确对应各财务项目输入销售额的数据及增长率。

（2）根据各财务项目的销售额分布情况，可以划分为第一季度、第二季度、第三季度和第四季度。

3. 界面简洁

（1）合理布局财务分析报表，避免多余数据。

（2）适当合并单元格，调整列宽和行高。

（3）字体不宜过大，但表格的标题与表头一栏可以适当加大、加粗字体。

9.1.2 设计思路

制作公司财务分析报表时可以按以下思路进行。

（1）创建空白工作簿，并对工作簿进行保存命名。

（2）在工作簿中输入文本与数据，并设置文本格式。

（3）合并单元格，并调整行高与列宽。

（4）设置对齐方式、标题及填充效果。

9.1.3 涉及知识点

本案例主要涉及以下知识点。

（1）创建空白工作簿。

（2）合并单元格。

（3）调整行高和列宽。

（4）设置数据类型。

（5）设置对齐方式。

（6）设置填充效果。

9.2 整理数据源

用户可以根据有效的数据源创建数据透视表或透视图。数据源包括4种类型，即Excel列表、外部数据源、多个独立的Excel列表和其他数据透视表。

9.2.1 判断数据源是否可用

在制作数据透视表和透视图之前，首先需要判断数据源是否可用，常见的判断方法如下。

（1）数据源必须要有规范的字段名，不能为空，如果选择的数据源没有字段名，将会提示下图所示的错误信息。

（2）引用外部数据时，数据源的文件名称中不能包含“[]”。例如，在OA系统中下载的数据文件往往带了“[1]”“*****[1].xlsx”，此时会弹出下图所示的错误信息。解决的方法是修改文件夹名称，把“[]”去掉即可。

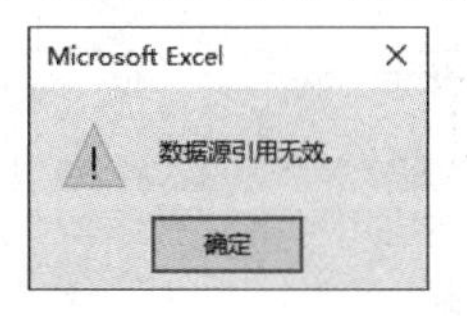

9.2.2 将二维表整理为一维表

在实际工作中，用户的数据往往是以二维表的形式存在的，这样的数据表无法作为数据源创建理想的数据透视表。只能把二维的数据表格转换为一维表格，才能作为数据透视表的理想数据源。

将二维表转换为一维表的具体操作步骤如下。

第1步 打开“素材\ch09\各季度产品销售情况表.xlsx”文件，如下图所示。

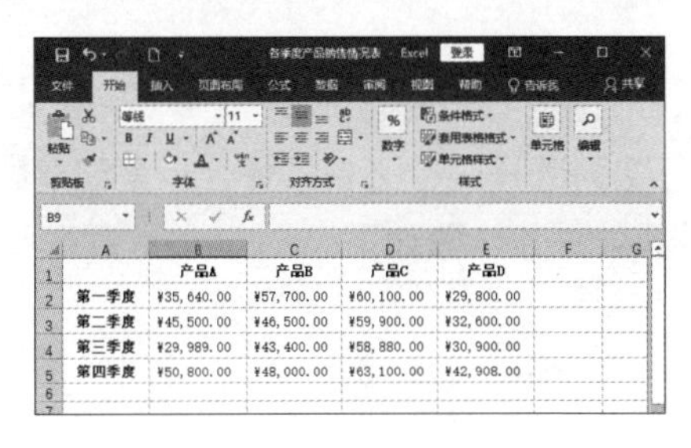

	产品A	产品B	产品C	产品D
第一季度	¥35,640.00	¥57,700.00	¥60,100.00	¥29,800.00
第二季度	¥45,500.00	¥46,500.00	¥59,900.00	¥32,600.00
第三季度	¥29,989.00	¥43,400.00	¥58,880.00	¥30,900.00
第四季度	¥50,800.00	¥48,000.00	¥63,100.00	¥42,908.00

第2步 按【Alt+D】组合键调出“OFFICE旧版本菜单键序列”，然后按【P】键，即可打开【数据透视表和数据透视图向导】对话框，按照步骤一步一步设置。在“步骤1”该对话框中选中【多重合并计算数据区域】单选按钮，单击【下一步】按钮，如下图所示。

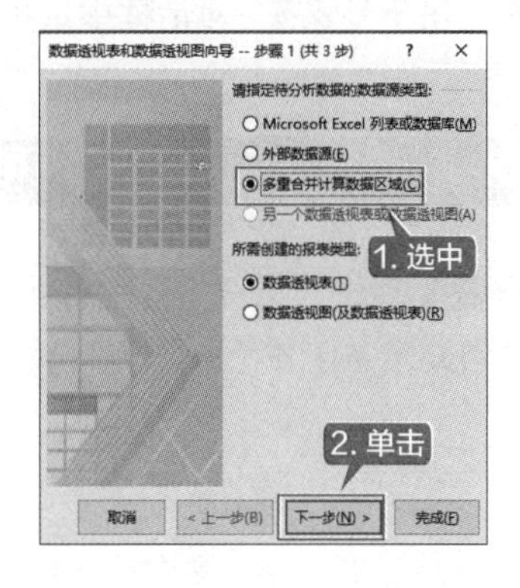

第 3 步 在“步骤 2a”对话框中选中【创建单页字段】单选按钮，单击【下一步】按钮，如下图所示。

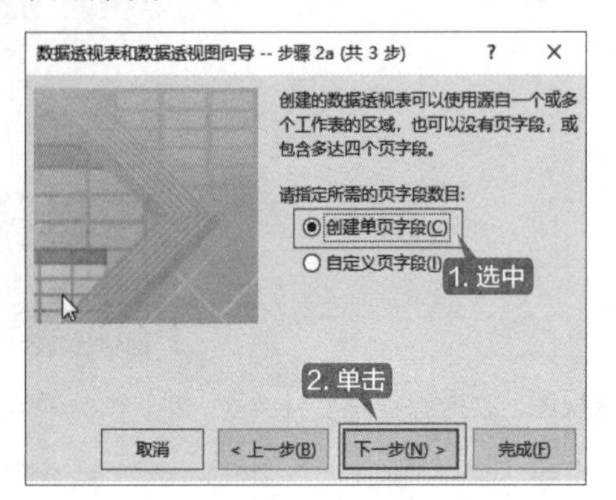

第 4 步 在“第 2b 步”对话框中，将鼠标指针放在【选定区域】文本框内，此时按住鼠标左键选中单元格区域 A1:E5，最后单击【添加】按钮，即可将选择的数据区域添加到【所有区域】列表框中，单击【下一步】按钮，如下图所示。

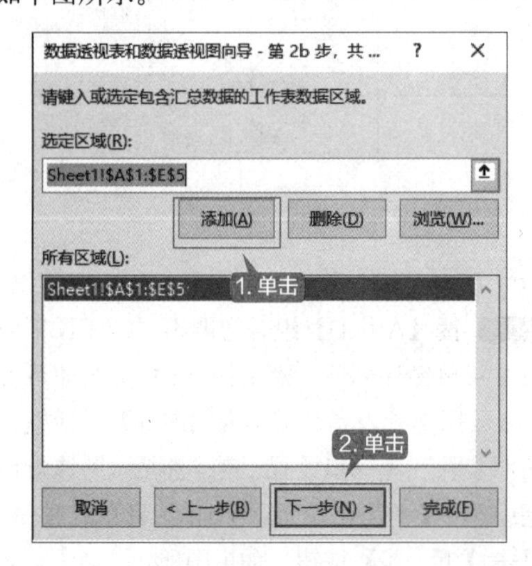

第 5 步 然后在“步骤 3”对话框中选中【现有工作表】单选按钮，并在文本框中输入引用的单元格地址，单击【完成】按钮，如下图所示。

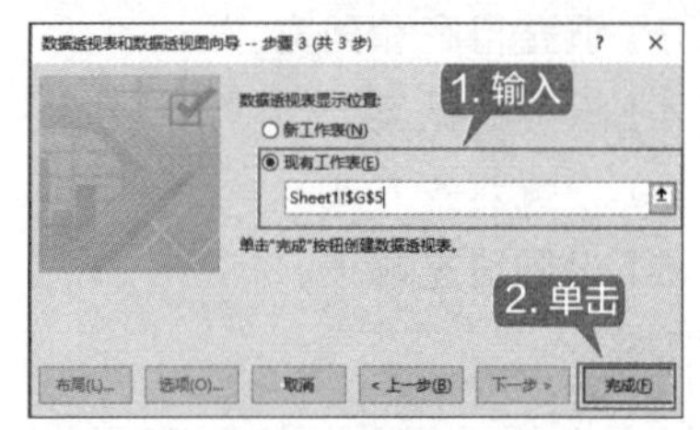

第 6 步 即可打开【数据透视表字段】任务窗格，然后在该任务窗格中选中【值】复选框，双击【求和项：值】下方单元格中的数值“735717”，如下图所示。

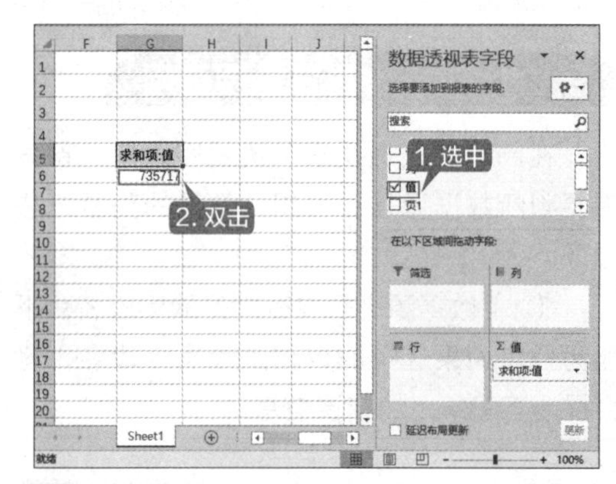

第 7 步 即可将二维表转换为一维表，如下图所示。

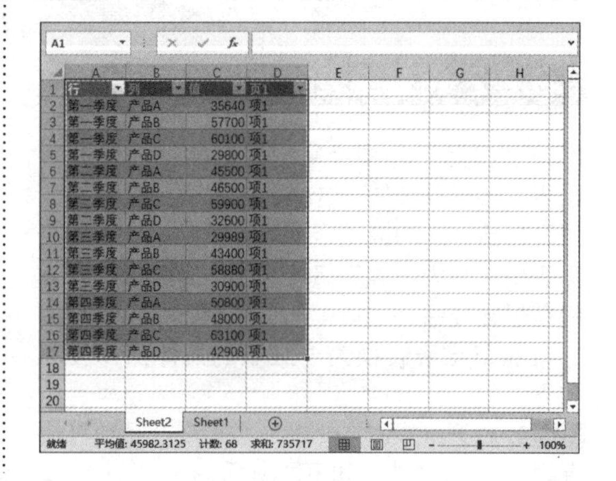

行	列	值	页1
第一季度	产品A	35640	项1
第一季度	产品B	57700	项1
第一季度	产品C	60100	项1
第一季度	产品D	29800	项1
第二季度	产品A	45500	项1
第二季度	产品B	46500	项1
第二季度	产品C	59900	项1
第二季度	产品D	32600	项1
第三季度	产品A	29989	项1
第三季度	产品B	43400	项1
第三季度	产品C	58880	项1
第三季度	产品D	30900	项1
第四季度	产品A	50800	项1
第四季度	产品B	48000	项1
第四季度	产品C	63100	项1
第四季度	产品D	42908	项1

9.2.3 删除数据源中的空行和空列

对于需要制作数据透视表的数据表来说，没有空行空列既是一个必备条件，也是创建数据透视表的前期准备工作之一。删除数据源中空行空列的具体操作步骤如下。

第 1 步 打开“素材 \ch09\ 员工工资统计表.xlsx”文件，如下图所示。

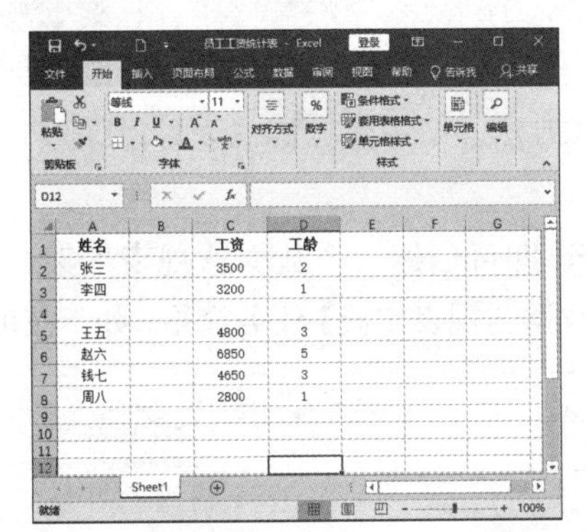

第 2 步 选中单元格区域 A1:D8，单击【开始】选项卡【编辑】组中的【查找和选择】按钮，从弹出的下拉菜单中选择【定位条件】选项，打开【定位条件】对话框。在该对话框中选中【空值】单选按钮，单击【确定】按钮，如下图所示。

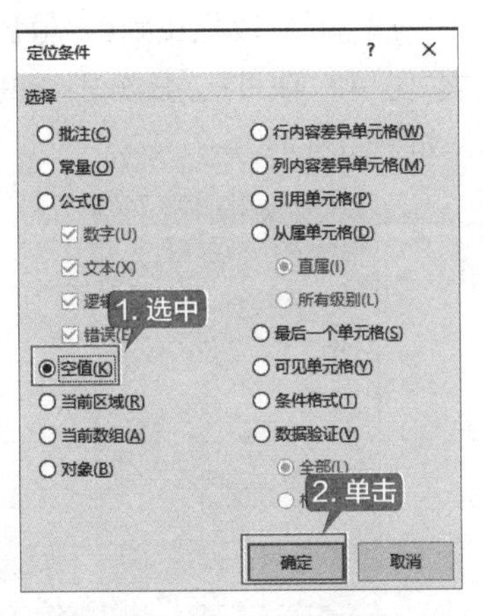

第 3 步 即可将数据源中的空值单元格选中，如下图所示。

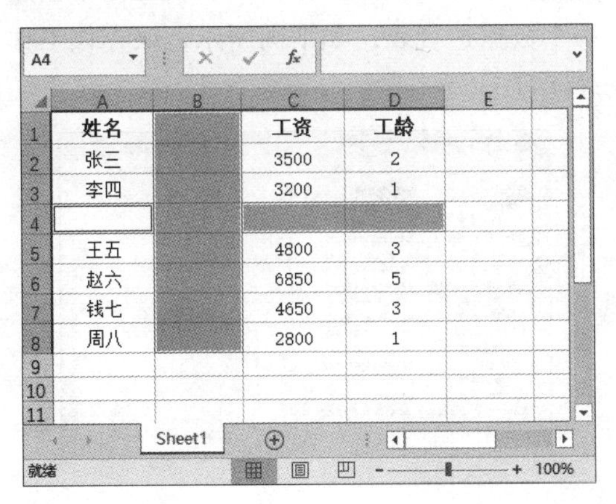

第 4 步 在空值单元格上右击，从弹出的快捷菜单中选择【删除】选项，打开【删除】对话框，然后在该对话框中选中【下方单元格上移】单选按钮，单击【确定】按钮，如下图所示。

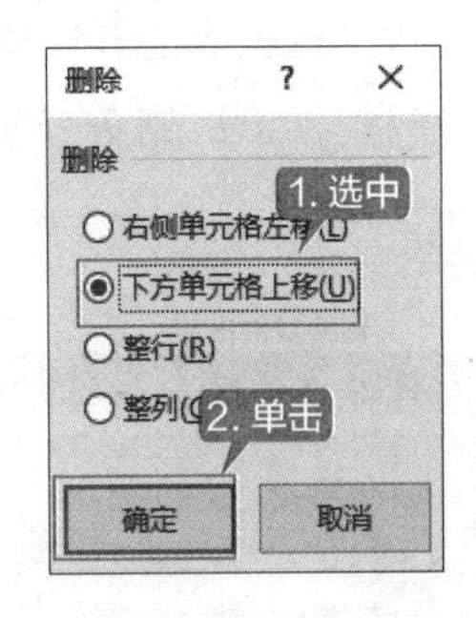

第 5 步 即可将空行删除，如下图所示。

第 6 步 将鼠标指针放到 B 列上右击，从弹出的快捷菜单中选择【删除】选项，即可将空列删除，如下图所示。

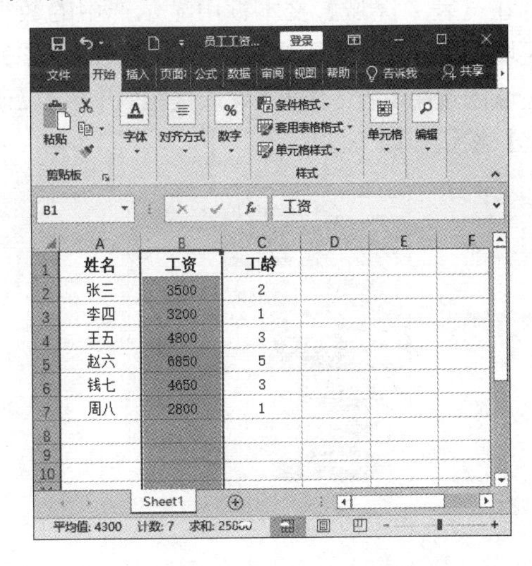

9.3 重点：创建透视表

数据透视表是一种可以快速汇总大量数据的交互式方法，使用数据透视表可以深入分析数值数据。创建数据透视表的具体操作步骤如下。

第 1 步 打开“素材 \ch09\ 财务分析报表.xlsx”文件，如下图所示。

财务分析报表

项目	季度	销售额	增长率
资产总额	第一季度	804,851,678,737	53.62%
年末股东权益总额	第一季度	431,891,763,198	59.27%
年末负债总额	第二季度	467,902,353,438	49.00%
资产总额	第二季度	640,203,505,887	68.00%
主营业务收入	第三季度	250,982,394,082	71.00%
年末负债总额	第三季度	374,789,956,658	47.66%
主营业务收入	第三季度	745,076,435,764	63.32%
年末股东权益总额	第三季度	163,589,755,975	128.80%
净利润	第四季度	96,867,920,533	189.10%

第 2 步 选中单元格区域 B2:E11，单击【插入】选项卡【表格】组中的【数据透视表】按钮，如下图所示。

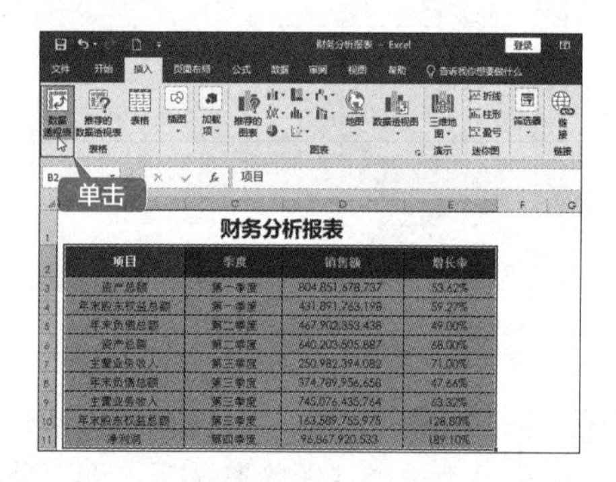

第 3 步 打开【创建数据透视表】对话框，此时在【表 / 区域】文本框中显示选中的数据区域，然后在【选择放置数据透视表的位置】区域内选中【新工作表】单选按钮，并单击【确定】按钮，如下图所示。

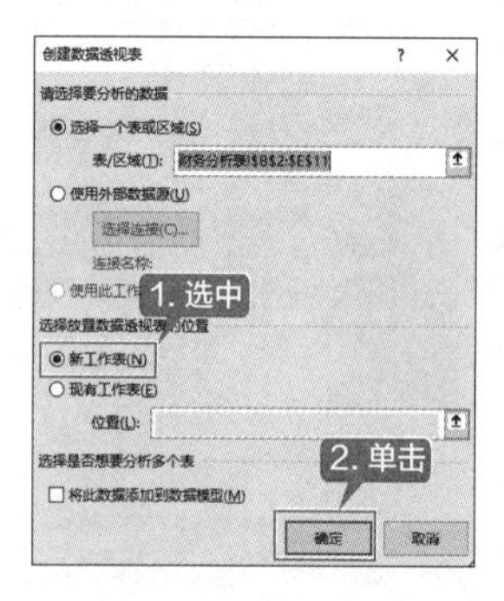

第 4 步 即可创建一个数据透视表框架，并打开【数据透视表字段】任务窗格，如下图所示。

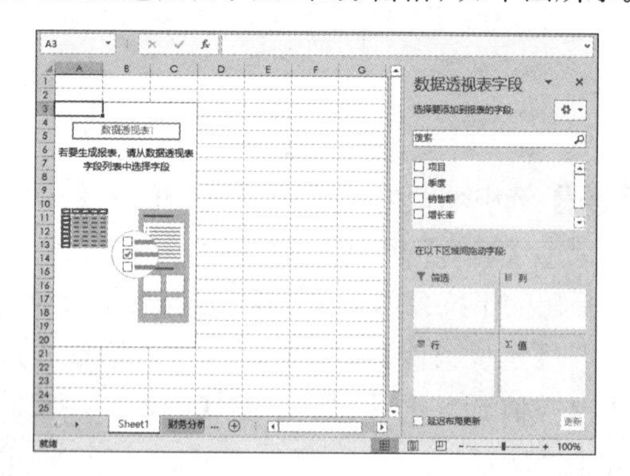

第 5 步 将“销售额”字段拖曳到【Σ 值】区域中，然后将“季度”和“项目”字段分别拖曳至【行】区域中，如下图所示。

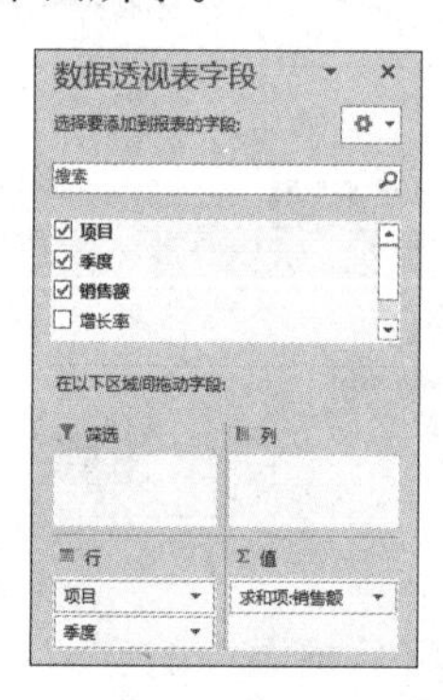

第 6 步 单击【关闭】按钮，在新工作中创建一个数据透视表，如下图所示，保存该工作表即可。

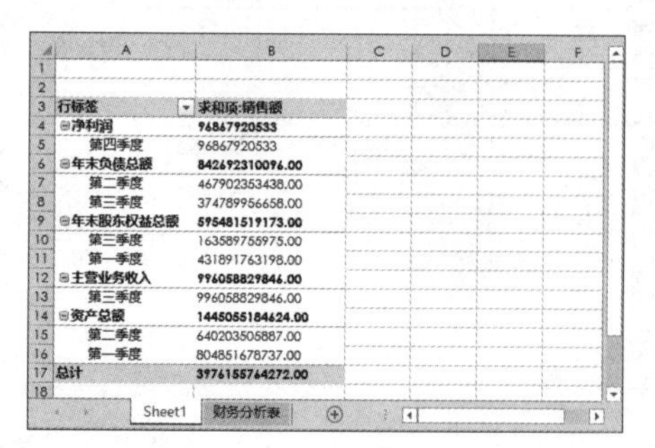

行标签	求和项:销售额
净利润	96867920533
第四季度	96867920533
年末负债总额	842692310096.00
第二季度	467902353438.00
第三季度	374789956658.00
年末股东权益总额	595481519173.00
第三季度	163589755975.00
第一季度	431891763198.00
主营业务收入	996058829846.00
第三季度	996058829846.00
资产总额	1445055184624.00
第二季度	640203505887.00
第一季度	804851678737.00
总计	3976155764272.00

9.4 编辑透视表

创建数据透视表后，其数据透视表中的数据不是一成不变的，用户可以根据自己的需要对数据透视表进行编辑，包括修改其布局、添加或删除字段、格式化表中的数据，以及对透视表进行复制和删除等操作。

9.4.1 重点：修改数据透视表

数据透视表是显示数据信息的视图，不能直接修改透视表所显示的数据项。但表中的字段名称是可以修改的，还可以修改数据透视表的布局，从而重组数据透视表。修改数据透视表的具体操作步骤如下。

第 1 步 打开“财务分析报表.xlsx”文件，并单击工作表标签“Sheet1”，进入该工作表，如下图所示。

第 2 步 选中数据区域内的任意单元格并右击，从弹出的快捷菜单中选择【显示字段列表】选项，如下图所示。

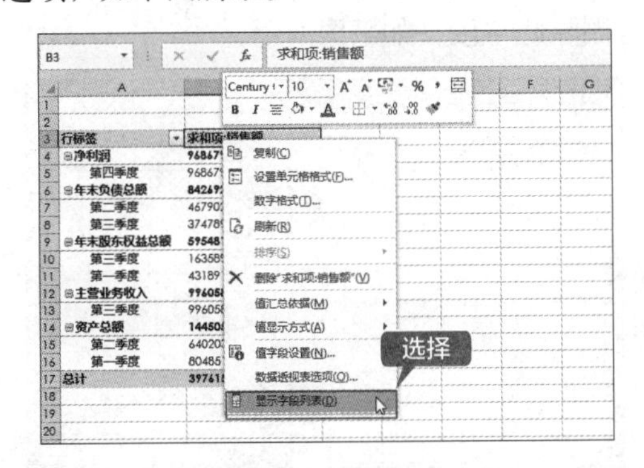

第 3 步 打开【数据透视表字段】任务窗格，将“季度”字段拖曳到【列】区域中，如下图所示。

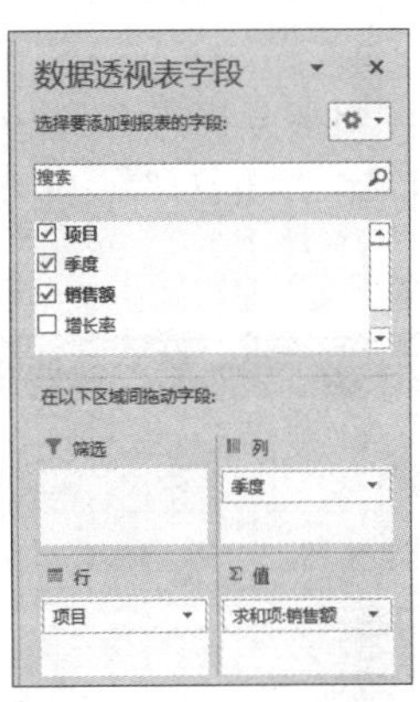

第 4 步 此时工作表中的数据透视表重组为如下图所示的透视表。

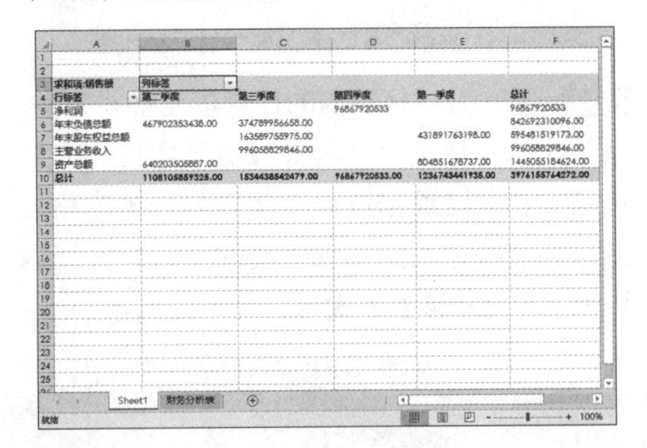

第 5 步 将“项目”拖曳到【列】区域中，并放置在“季度”字段上方，此时工作表中的透视表如下图所示。

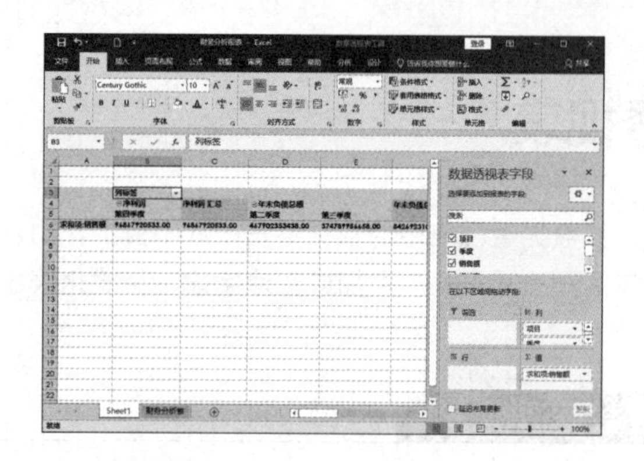

9.4.2 重点：添加或删除记录

用户可以根据需要随时在数据透视表中添加或删除字段。添加和删除字段的具体操作步骤如下。

第 1 步 打开“财务分析报表.xlsx”文件，并单击工作表标签“Sheet1”，进入该工作表，如下图所示。

第 2 步 选中数据区域内的任意单元格并右击，从弹出的快捷菜单中选择【显示字段列表】选项，打开【数据透视表字段】任务窗格，然后在【选择要添加到报表的字段】区域内取消选中【季度】复选框，如下图所示。

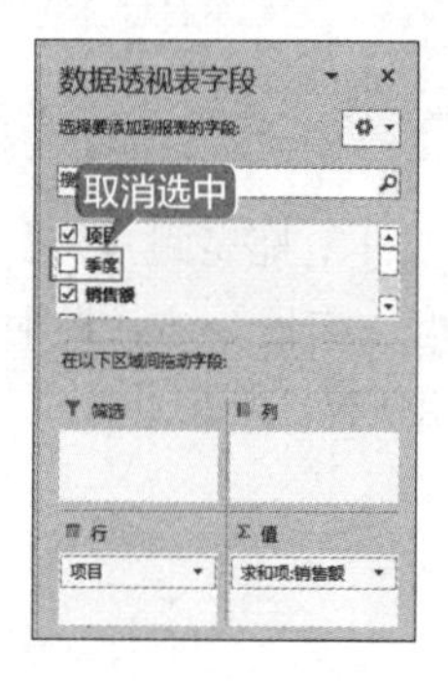

第 3 步 即可将该字段从数据透视表中删除，如下图所示。

第 4 步 将【行】列表框中的“项目”字段拖曳到【数据透视表字段】任务窗格外面，也可删除此字段，如下图所示。

第 5 步 添加字段。在【选择要添加到报表的字段】区域中，右击需要添加的字段，从弹

出的快捷菜单中选择【添加到行标签】选项，即可将其添加到数据透视表中，如下图所示。

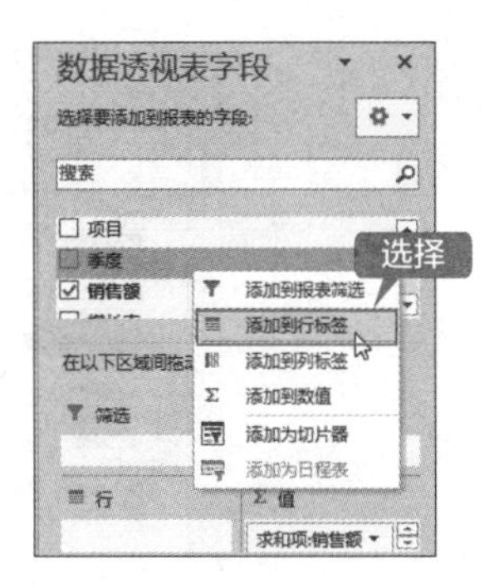

9.4.3 设置数据透视表选项

设置数据透视表选项的具体操作步骤如下。

第 1 步 打开“财务分析报表.xlsx”文件，并单击工作表标签“Sheet1”，进入该工作表，如下图所示。

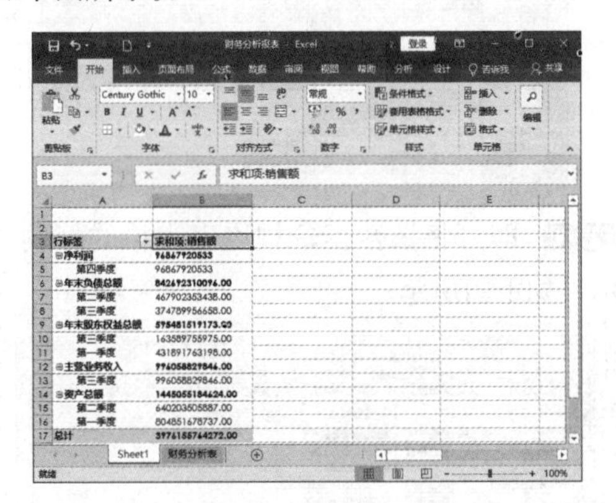

第 2 步 单击【数据透视表工具 – 分析】选项卡【数据透视表】组中的【选项】按钮，从弹出的下拉菜单中选择【选项】选项，如下图所示。

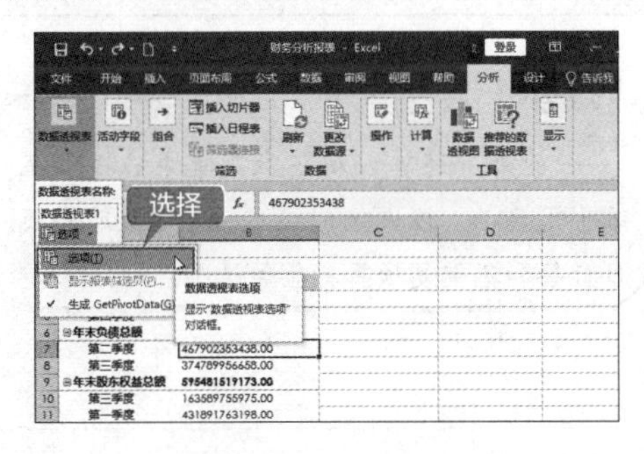

第 3 步 打开【数据透视表选项】对话框，在其中可以设置数据透视表的布局和格式、汇总和筛选、显示等，如下图所示。

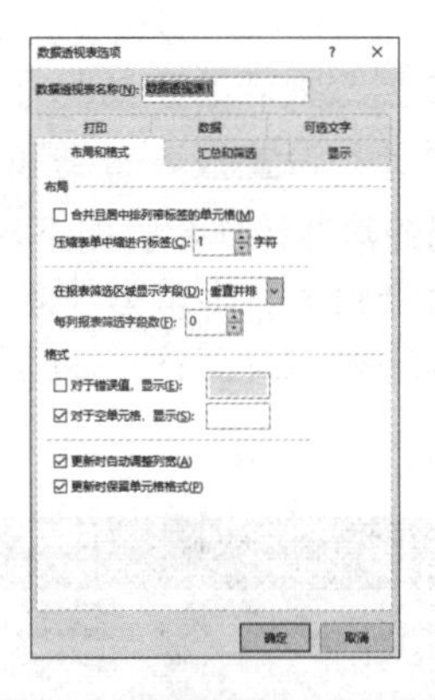

第 4 步 选择【汇总和筛选】选项卡，然后在【总计】区域内取消选中【显示列总计】复选框，如下图所示。

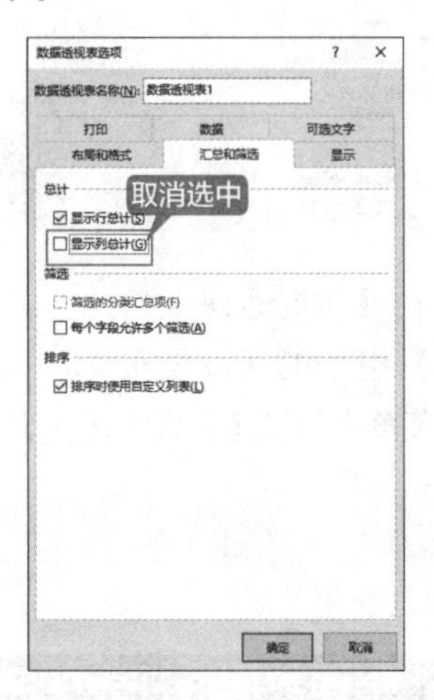

第 5 步 单击【确定】按钮，即可查看设置后的数据透视表效果，如下图所示。

9.4.4 改变数据透视表的布局

改变数据透视表的布局包括设置分类汇总、设置总计、设置报表布局和空行等。设置报表布局的具体操作步骤如下。

第 1 步 打开“财务分析报表.xlsx”文件，并单击工作表标签“Sheet1”，进入该工作表，如下图所示。

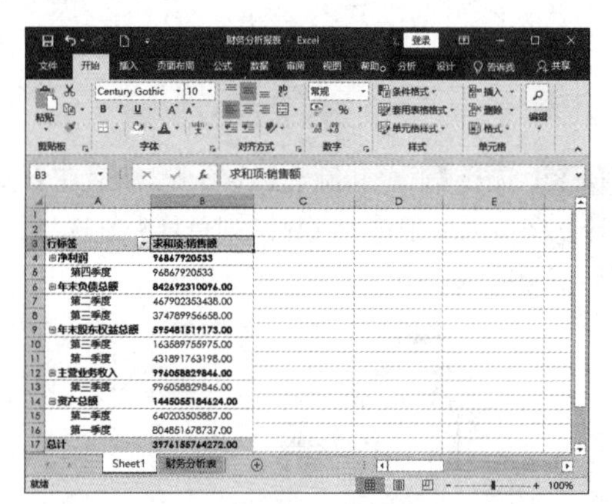

第 2 步 单击【数据透视表工具 – 设计】选项卡【布局】组中的【报表布局】按钮，从弹出的下拉菜单中选择【以表格形式显示】选项，如下图所示。

第 3 步 即可将该数据透视表以表格的形式显示，如下图所示。

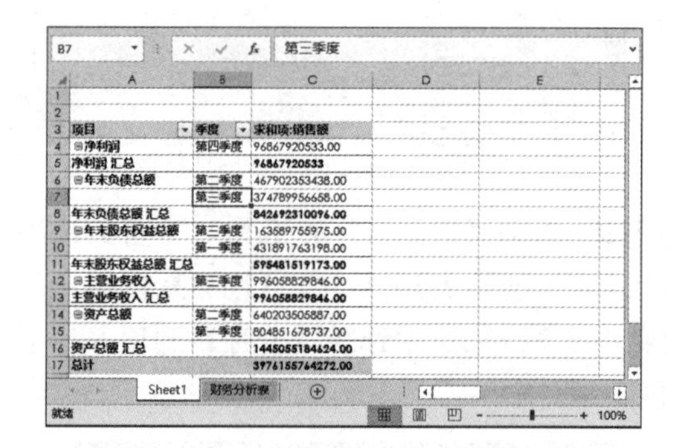

提示

此外，还可以从下拉菜单中选择以压缩形式显示、以大纲形式显示、重复所有项目标签和不重复项目标签等选项。

9.4.5 整理数据透视表的字段

创建数据透视表后，用户还可以根据需要对数据透视表中的字段进行整理，包括重命名字段、水平展开复合字段，以及隐藏和显示字段标题。

1. 重命名字段

用户可以对数据透视表中的字段进行重命名，如将字段“总计”重命名为“销售额总计”，具体操作步骤如下。

第 1 步 打开“财务分析报表.xlsx”文件，并单击工作表标签“Sheet1”，进入到工作表，如下图所示。

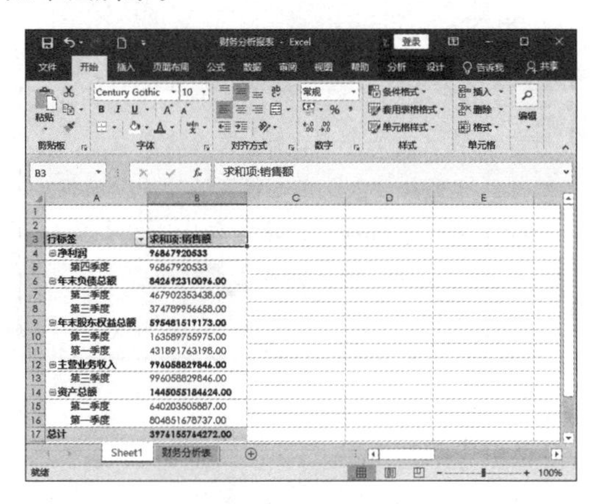

第 2 步 按【Ctrl+H】组合键打开【查找和替换】对话框，然后在【查找内容】文本框中输入“总计”，在【替换为】文本框中输入“销售额总计”，单击【替换】按钮，再单击【关闭】按钮，如下图所示。

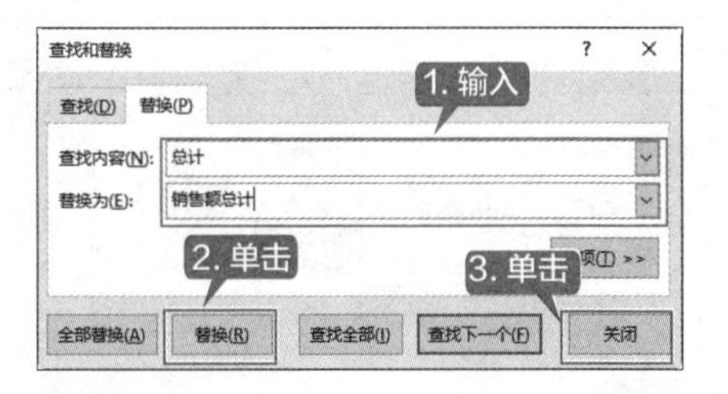

第 3 步 返回 Excel 工作表，此时可查看重命名字段后的效果，如下图所示。

2. 水平展开复合字段

如果数据透视表中的行标签中含有复合字段，可以将其水平展开，具体操作步骤如下。

第 1 步 在复合字段“第二季度”上右击，从弹出的快捷菜单中选择【移动】→【将“季度”移至列】选项，如下图所示。

第 2 步 即可水平展开复合字段，如下图所示。

3. 隐藏和显示字段标题

隐藏和显示字段标题的具体操作步骤如下。

第 1 步 选中数据区域内的任意单元格，然后单击【数据透视表工具 - 分析】选项卡【显示】组中的【字段标题】按钮，如下图所示。

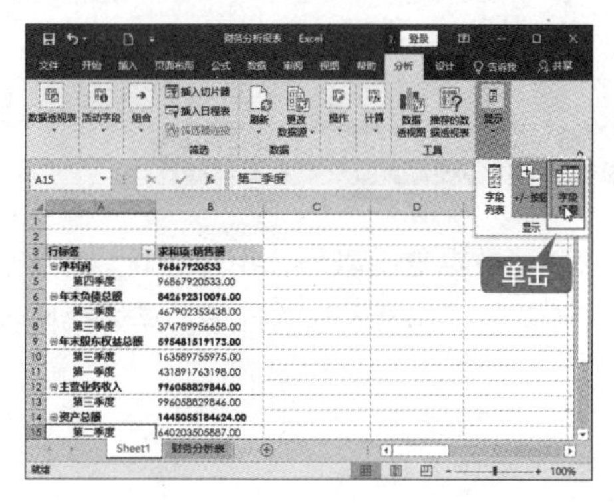

第 2 步 即可隐藏字段标题，如下图所示。

第 3 步 再次单击【显示】组中的【字段标题】按钮，即可显示字段标题，如下图所示。

提示

选中数据区域内的任意单元格并右击，从弹出的快捷菜单中选择【数据透视表选项】选项，即可打开【数据透视表选项】对话框。选择【显示】选项卡，然后取消选中【显示字段标题和筛选下拉列表】复选框，也可以隐藏字段标题。

9.4.6 刷新数据透视表

当修改了数据源中的数据后，数据透视表并不会自动更新修改后的数据，用户必须执行更新数据操作才能刷新数据透视表。修改数据后，刷新数据透视表的方法如下。

方法 1：单击【数据透视表工具－分析】选项卡【数据】组中的【刷新】按钮，从弹出的下拉菜单中选择【刷新】或【全部刷新】选项，如下图所示。

方法 2：选中数据透视表数据区域中的任意单元格并右击，从弹出的快捷菜单中选择【刷新】选项，如下图所示。

9.4.7 在透视表中排序

创建数据透视表后，用户还可以根据需要对透视表中的数据进行排序。数据透视表的排序不同于普通工作表表格的排序，具体操作步骤如下。

第1步 打开“财务分析报表.xlsx”文件，并单击工作表标签“Sheet1”，进入该工作表，如下图所示。

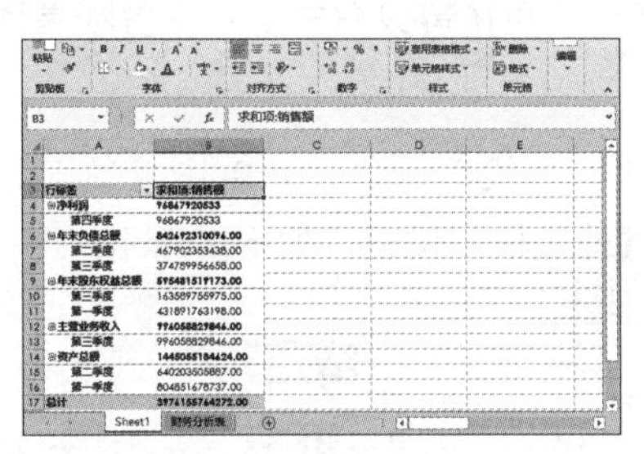

第2步 选中 B 列中的任意单元格，然后单击【数据】选项卡【排序和筛选】组中的【降序】按钮，如下图所示。

第3步 即可对数据进行降序排列，如下图所示。

9.5 数据透视表的格式设置

在工作表中创建数据透视表后，还可以对数据表的格式进行设置，包括套用内置的数据透视表样式和自定义数据透视表样式，从而使数据透视表看起来更加美观。

9.5.1 重点：使用内置的数据透视表样式

用户可以使用系统自带的样式来设置数据透视表的格式，具体操作步骤如下。

第1步 打开“财务分析报表.xlsx”文件，并单击工作表标签“Sheet1”，进入该工作表，如下图所示。

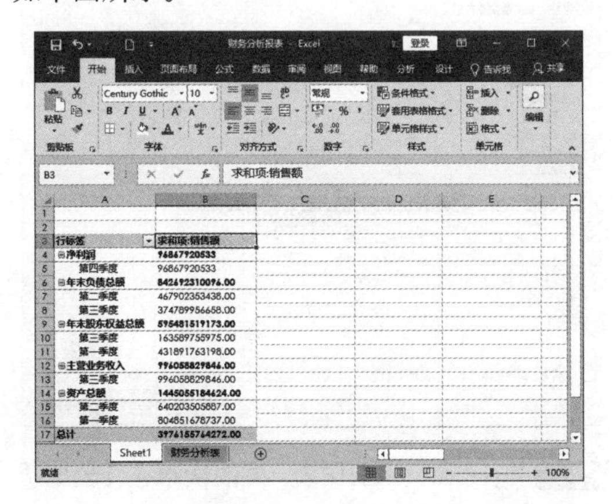

第2步 单击【数据透视表工具－设计】选项卡【数据透视表样式】组中的【其他】按钮，从弹出的下拉列表中选择一种样式，如下图所示。

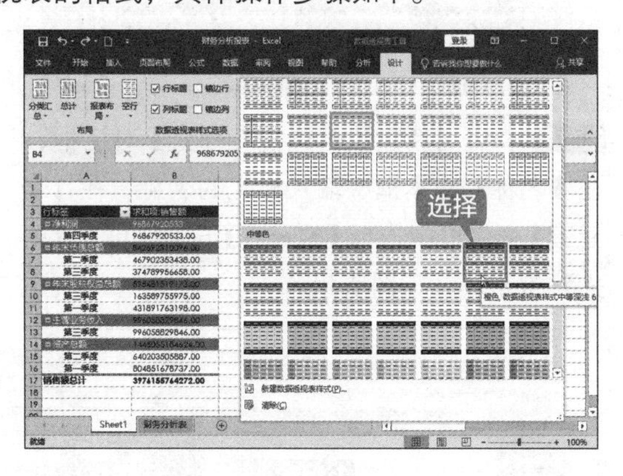

第3步 即可更改数据透视表的样式，如下图所示。

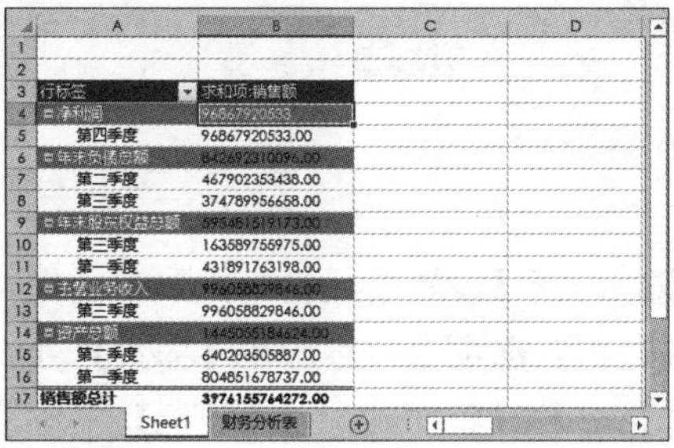

9.5.2 为数据透视表自定义样式

如果系统内置的数据透视表样式不能满足用户的需要，用户还可以自定义数据透视表样式，具体操作步骤如下。

第1步 打开“财务分析报表.xlsx”文件，依次单击【数据透视表工具 - 设计】→【数据透视表样式】→【其他】按钮，从弹出的下拉列表中选择【新建数据透视表样式】选项，如下图所示。

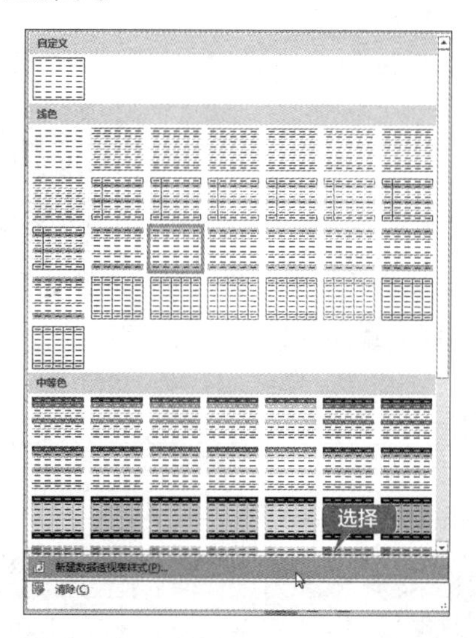

第2步 打开【新建数据透视表样式】对话框，在【名称】文本框中输入样式的名称，在【表元素】列表框中选择【整个表】选项，单击【格式】按钮，如下图所示。

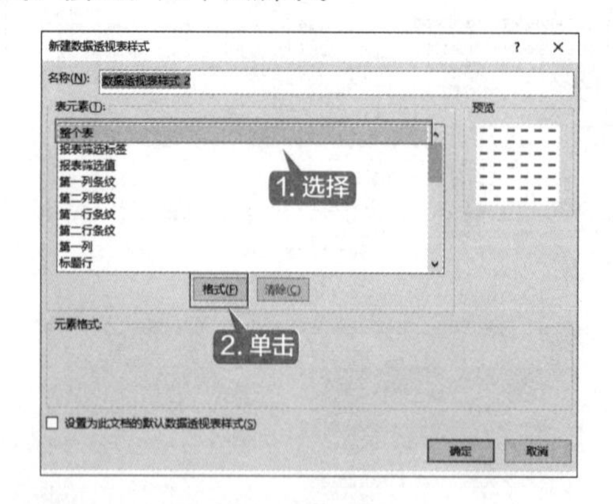

第3步 打开【设置单元格格式】对话框，选择【边框】选项卡，然后在【样式】列表框中选择一种线条样式，在【颜色】下拉菜单中选择一种线条颜色，并单击【预置】区域内的【外边框】按钮，如下图所示。

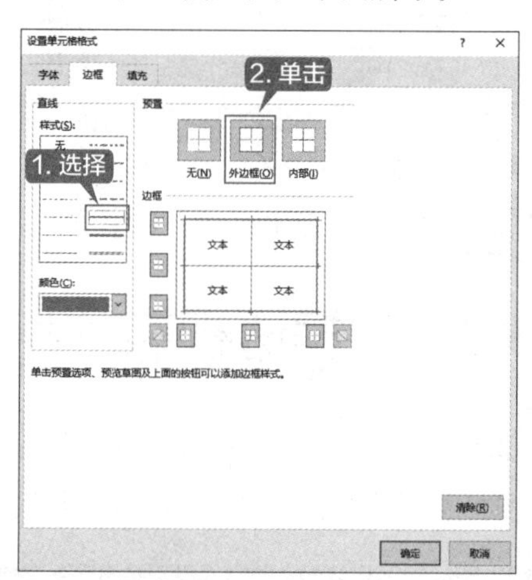

第4步 单击【确定】按钮，返回【新建数据透视表样式】对话框，然后按照相同的方法，设置数据透视表其他元素的样式，设置完成后单击【确定】按钮，如下图所示。

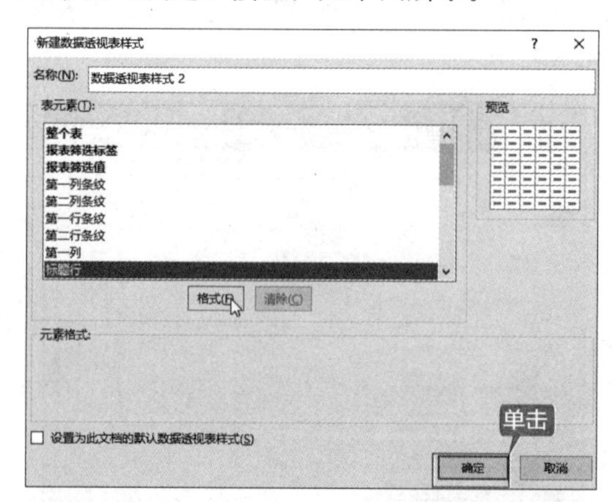

第5步 返回 Excel 工作表，再依次单击【数据透视表工具 - 设计】→【数据透视表样式】→【其他】按钮，从弹出的下拉列表中选择【自定义】→【数据透视表样式 1】选项，如下图所示。

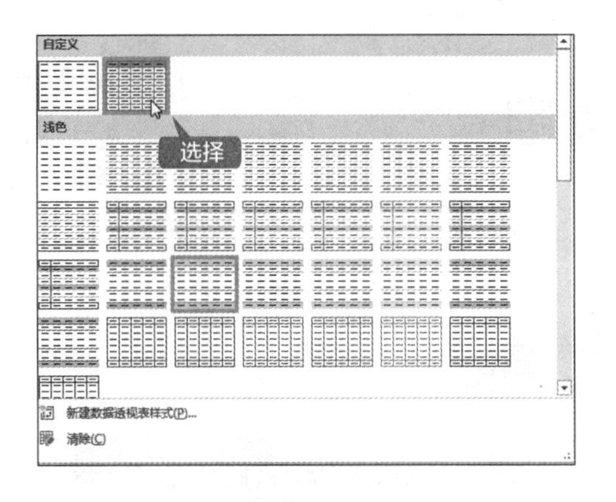

第 6 步 即可应用自定义数据透视表样式，如下图所示。

	A	B
3	行标签	求和项:销售额
4	⊟净利润	96867920533
5	第四季度	96867920533.00
6	⊟年末负债总额	842692310096.00
7	第二季度	467902353438.00
8	第三季度	374789956658.00
9	⊟年末股东权益总额	595481519173.00
10	第三季度	163589755975.00
11	第一季度	431891763198.00
12	⊟主营业务收入	996058829846.00
13	第三季度	996058829846.00
14	⊟资产总额	1445055184624.00
15	第二季度	640203505887.00
16	第一季度	804851678737.00
17	销售额总计	3976155764272.00

9.5.3 设置默认样式

数据透视表的默认样式是指在新建数据透视表时就自动套用的样式。设置默认样式的具体操作步骤如下。

第 1 步 打开“财务分析报表.xlsx”文件，并选中数据区域内的任意单元格，如下图所示。

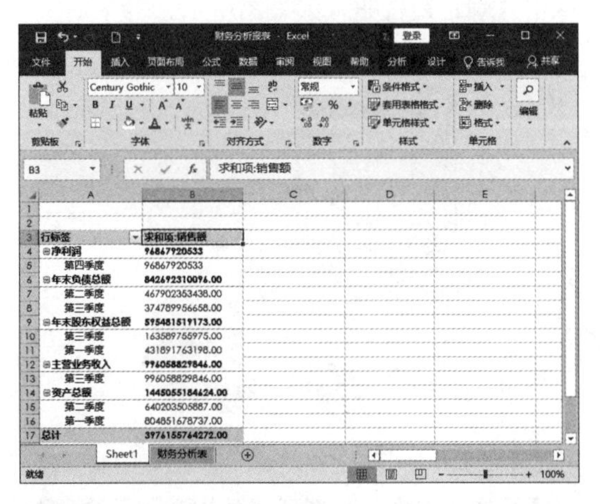

第 2 步 依次单击【数据透视表工具 - 设计】→【数据透视表样式】→【其他】按钮，从弹出的下拉菜单中选择一种样式，在样式上右击，从弹出的快捷菜单中选择【设为默认值】选项，如下图所示。

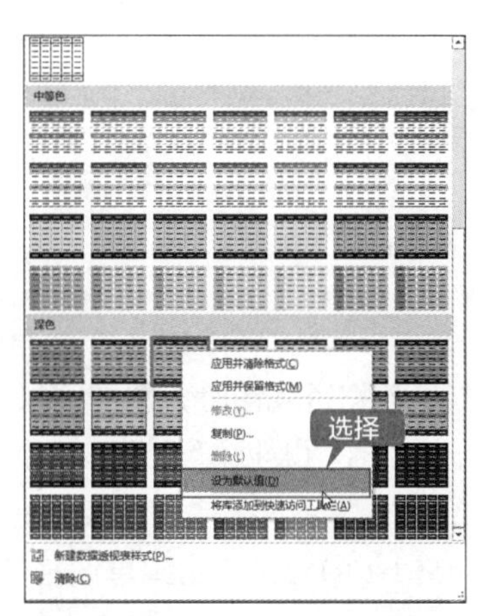

第 3 步 设置完成后，当新建数据透视表时就会自动使用此样式，如下图所示。

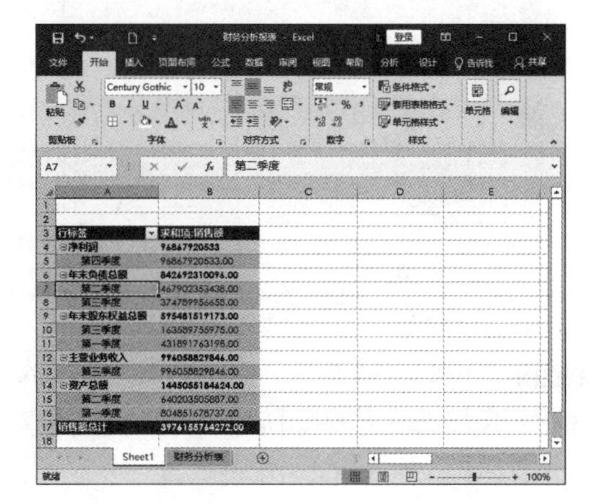

9.6 创建销售数据清单透视图

创建销售数据清单透视图有两种方法：一种是直接通过数据表中的数据创建数据透视图，另一种是通过已有的数据透视表创建数据透视图。

9.6.1 重点：通过数据区域创建数据透视图

通过数据区域创建数据透视图的具体操作步骤如下。

第 1 步 打开“素材 \ch09\ 各季度产品销售情况表.xlsx”文件，如下图所示。

	产品A	产品B	产品C	产品D
第一季度	¥35, 640. 00	¥57, 700. 00	¥60, 100. 00	¥29, 800. 00
第二季度	¥45, 500. 00	¥46, 500. 00	¥59, 900. 00	¥32, 600. 00
第三季度	¥29, 989. 00	¥43, 400. 00	¥58, 880. 00	¥30, 900. 00
第四季度	¥50, 800. 00	¥48, 000. 00	¥63, 100. 00	¥42, 908. 00

第 2 步 创建数据透视图时，数据区域不能有空白单元格，否则数据源无效。因此，选中单元格 A1，并输入“季度”，然后使用格式刷将单元格 B1 的格式应用到单元格 A1，如下图所示。

季度	产品A	产品B	产品C	产品D
第一季度	¥35, 640. 00	¥57, 700. 00	¥60, 100. 00	¥29, 800. 00
第二季度	¥45, 500. 00	¥46, 500. 00	¥59, 900. 00	¥32, 600. 00
第三季度	¥29, 989. 00	¥43, 400. 00	¥58, 880. 00	¥30, 900. 00
第四季度	¥50, 800. 00	¥48, 000. 00	¥63, 100. 00	¥42, 908. 00

第 3 步 单击【插入】选项卡【图表】组中的【数据透视图】按钮，从弹出的下拉菜单中选择【数据透视图】选项，如下图所示。

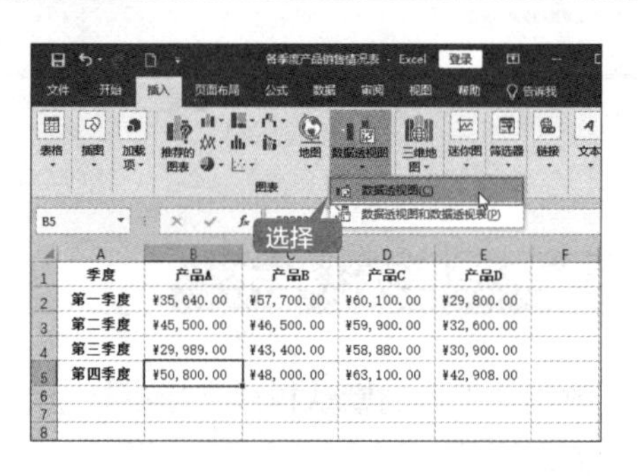

第 4 步 打开【创建数据透视图】对话框，然后选择创建透视图的数据区域及放置位置，单击【确定】按钮，如下图所示。

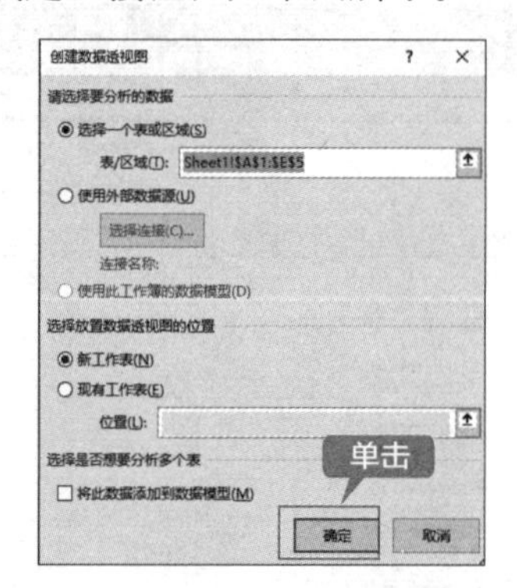

第 5 步 即可在新工作表“Sheet2”中创建数据透视表 1，并自动打开【数据透视图字段】任务窗格，如下图所示。

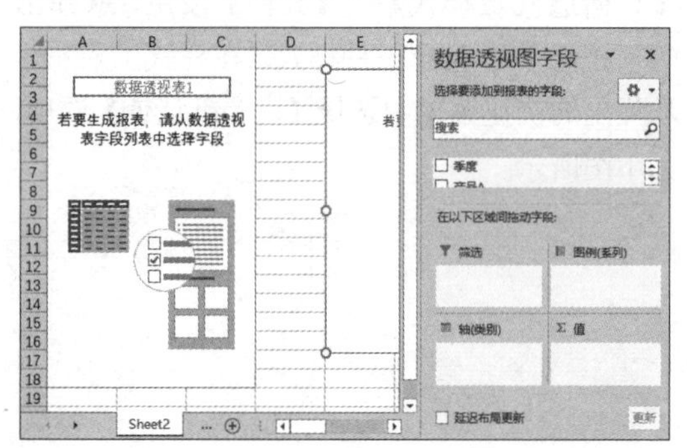

第 6 步 在【数据透视图字段】窗格中选择要添加到视图的字段，这里将“季度”字段拖曳到【轴（类别）】区域中，然后分别将“产品 A”“产品 B”“产品 C”和“产品 D”字段拖曳到【Σ值】区域中，如下图所示。

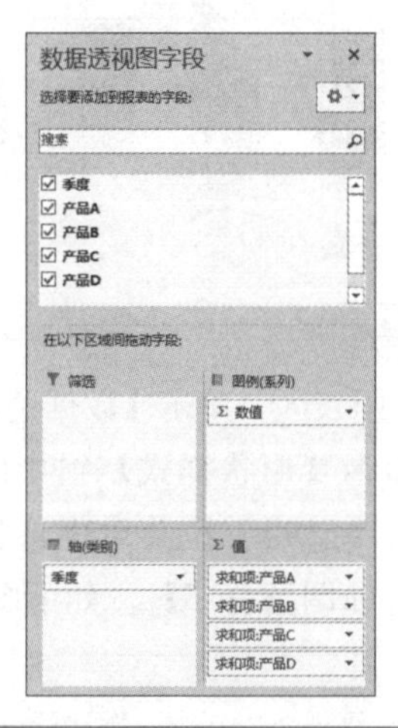

第 7 步 单击【关闭】按钮，即可在该工作表中创建销售数据透视图，调整图表大小，效果如下图所示。

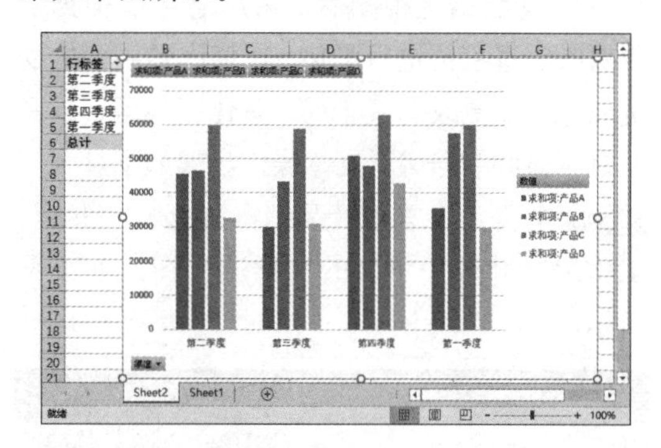

第 8 步 单击【保存】按钮，将创建的数据透视表和数据透视图保存到结果文件“各季度产品销售情况表”工作簿中。

9.6.2 通过数据透视表创建数据透视图

通过数据透视表创建数据透视图的具体操作步骤如下。

第 1 步 打开“各季度产品销售情况表”工作簿，创建一个透视表，并选中数据区域内的任意单元格，如下图所示。

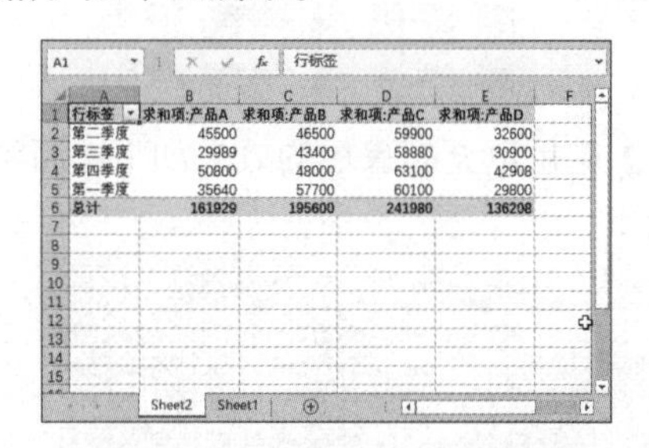

行标签	求和项:产品A	求和项:产品B	求和项:产品C	求和项:产品D
第二季度	45500	46500	59900	32600
第三季度	29989	43400	58880	30900
第四季度	50800	48000	63100	42908
第一季度	35640	57700	60100	29800
总计	161929	195600	241980	136208

第 2 步 单击【数据透视表工具 - 分析】选项卡【工具】组中的【数据透视图】按钮，如下图所示。

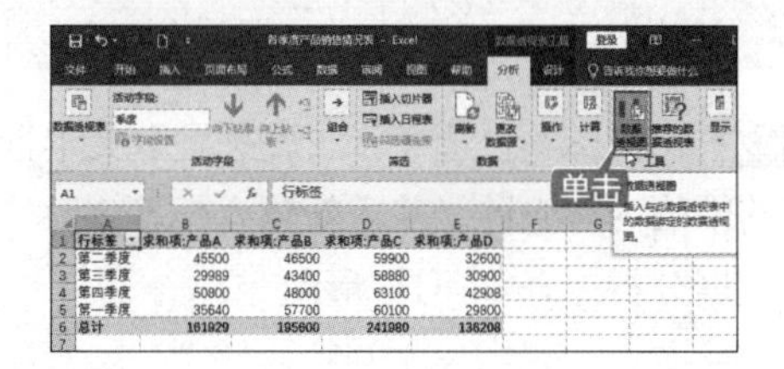

第 3 步 打开【插入图表】对话框，然后在左侧列表框中选择【柱形图】选项，并在右侧界面中选择【簇状柱形图】选项，如下图所示。

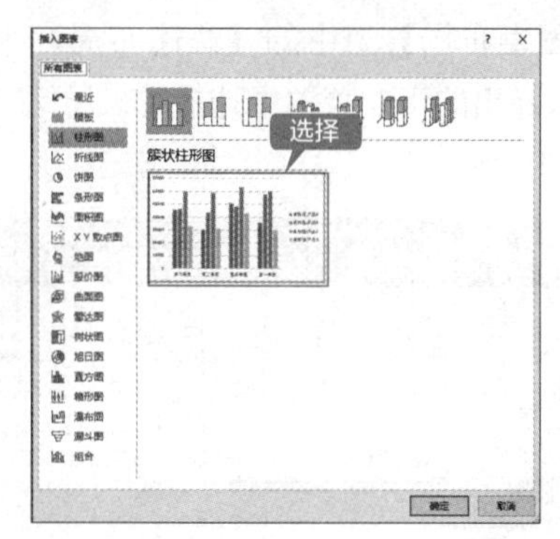

第 4 步 单击【确定】按钮，即可创建一个数据透视图，如下图所示。

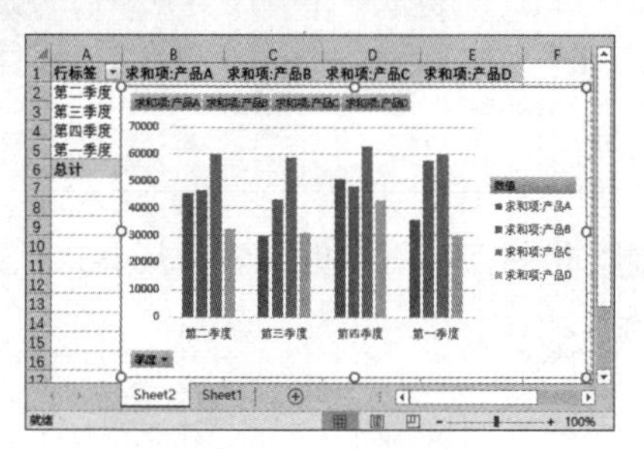

9.6.3 美化数据透视图

创建数据透视图后，用户还可以根据需要对数据透视图进行美化，以增强透视图的视觉效果，如更改图表布局、美化图表区，以及设置字体和字号等，具体操作步骤如下。

第 1 步 打开“各季度产品销售情况表 .xlsx”工作表，并选中创建的数据透视图，如下图所示。

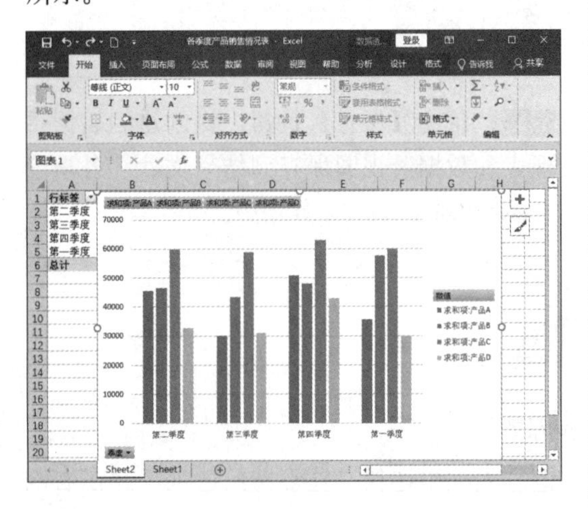

第 2 步 单击【数据透视图工具 – 设计】选项卡【图表布局】组中的【快速布局】下拉按钮，从弹出的下拉菜单中选择【布局 5】选项，如下图所示。

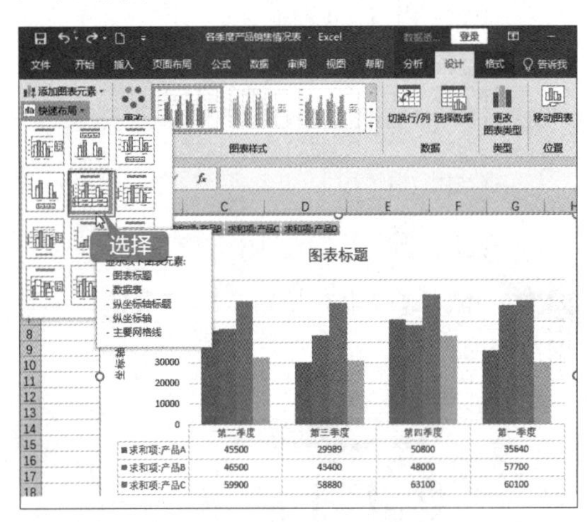

第 3 步 即可应用选择的图表布局样式，如下图所示。

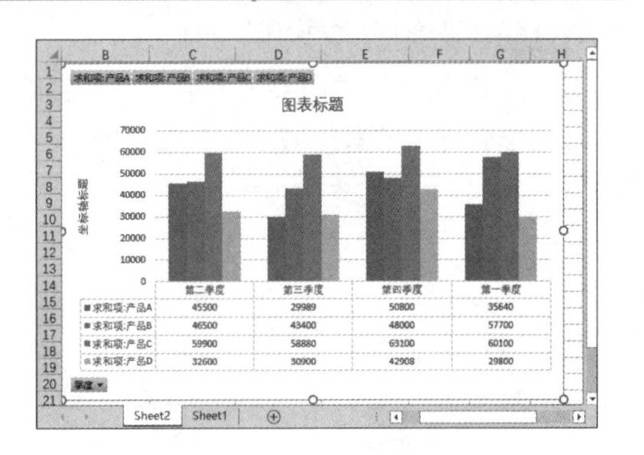

第 4 步 选中图表区，单击【数据透视图工具 – 格式】选项卡【形状样式】组中的【其他】按钮，从弹出的下拉菜单中选择【细微效果 – 灰色，强调颜色 3】，如下图所示。

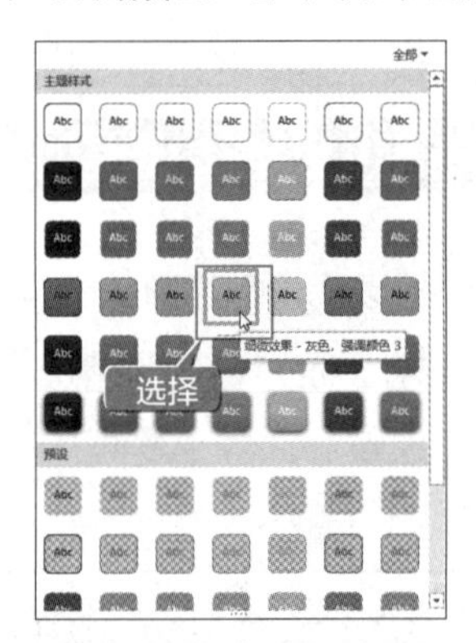

第 5 步 应用填充颜色后的效果如下图所示。

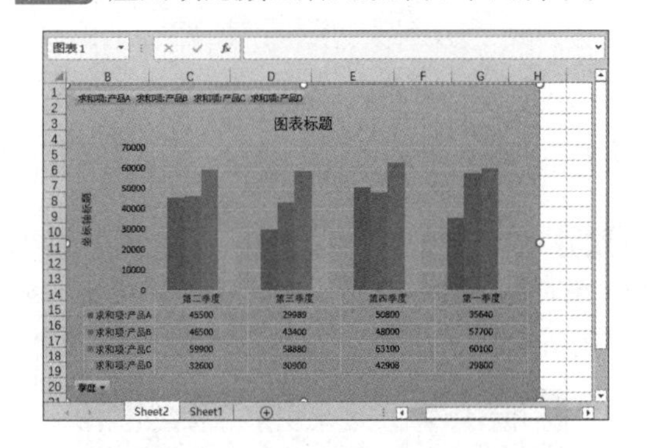

第 6 步 输入标题。选中【图表标题】文本框，将其中的内容删除，并重新输入标题名称“销售数据分析”，如下图所示。

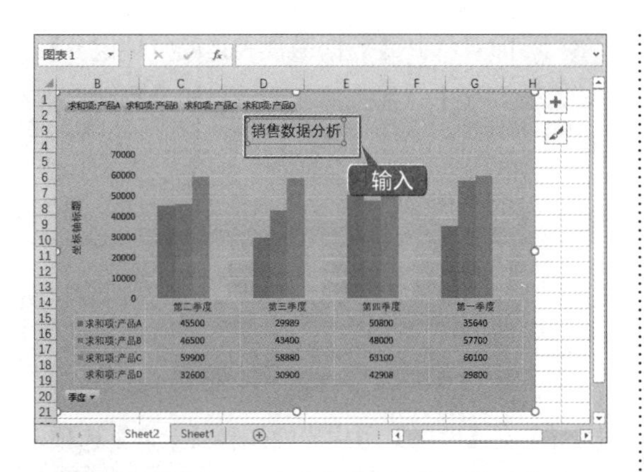

第 7 步 设置标题。选中标题内容，然后在【开始】选项卡【字体】组中将【字体】设置为【华文新魏】，将【字号】设置为【18】，在【字体颜色】下拉菜单中选择一种字体颜色，设置后的效果如下图所示。

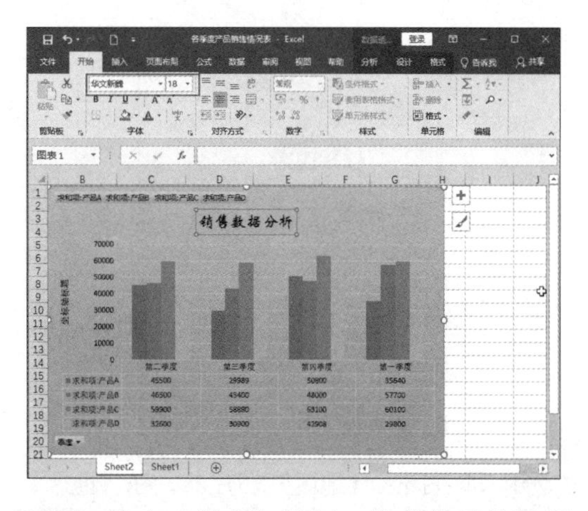

第 8 步 单击【保存】按钮，将美化后的数据透视图保存到结果文件“各季度产品销售情况数据透视图”工作簿中。

9.7 使用切片器同时筛选多个数据透视表

如果一个工作表中有多个数据透视表，可以通过在切片器内设置数据透视表连接，使切片器共享，同时筛选多个数据透视表中的数据。

使用切片器同时筛选多个数据透视表的具体操作步骤如下。

第 1 步 打开“素材\ch09\筛选多个数据.xlsx”文件，如下图所示。

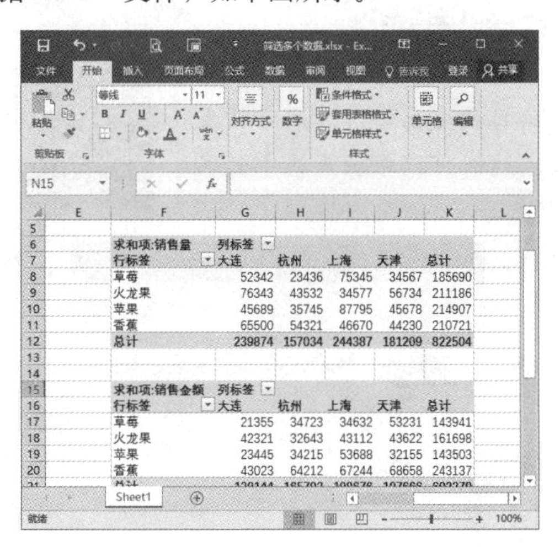

第 2 步 选中数据区域内的任意单元格，然后单击【插入】选项卡【筛选器】组中的【切片器】按钮，如下图所示。

第 3 步 打开【插入切片器】对话框，在其中选中【地区】复选框，单击【确定】按钮，如下图所示。

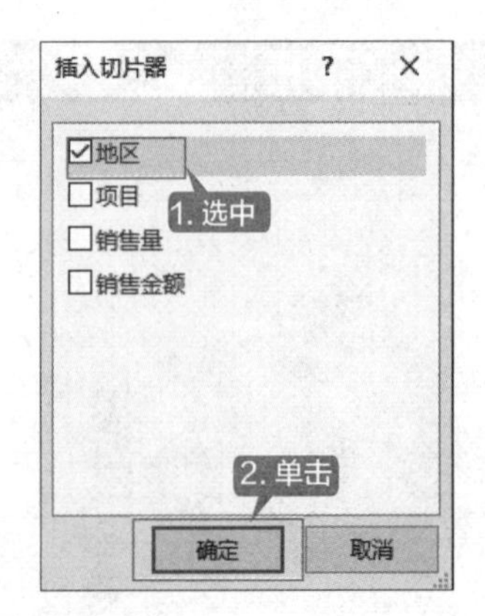

第 4 步 即可插入【地区】切片器，在【地区】切片器的空白区域中单击，然后单击【切片器工具 – 选项】选项卡【切片器】组中的【报表连接】按钮，如下图所示。

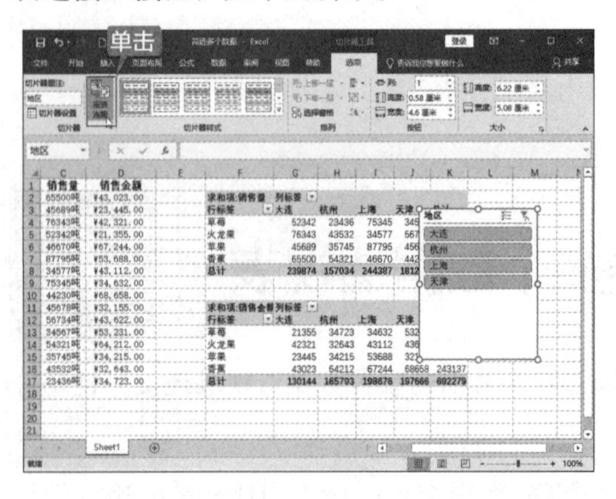

第 5 步 即可打开【数据透视表连接（地区）】对话框，选中【数据透视表 5】和【数据透视表 7】复选框，单击【确定】按钮，如下图所示。

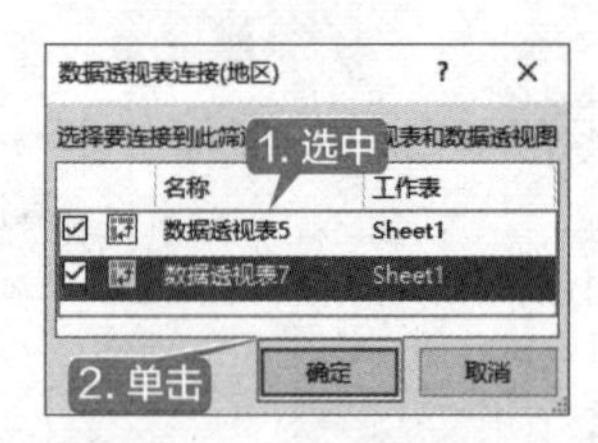

第 6 步 在【地区】切片器内选择【上海】选项，此时所有数据透视表都显示出上海地区的数据，如下图所示。

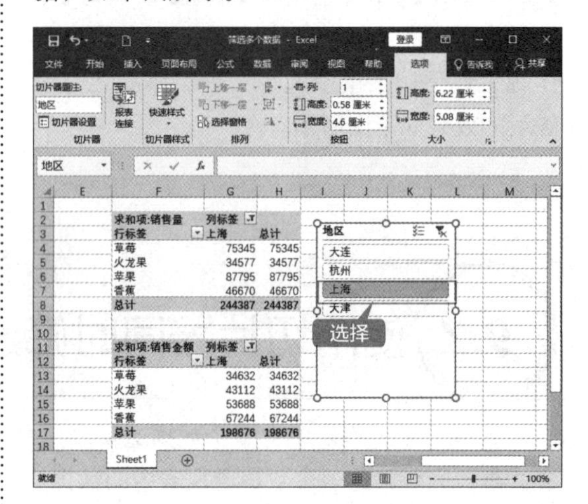

制作日常办公费用开支透视表

公司日常办公费用开支表需要详细地记录各个项目的支出情况。通常该表会包含大量的数据，查看和管理这些数据比较麻烦，这时可以根据表格中的数据创建数据透视表，从而使数据更加清晰明了，方便查看。

制作日常办公费用开支透视表的具体操作步骤如下。

第 1 步 打开“素材 \ch09\ 公司日常办公费用开支表.xlsx”文件，如下图所示。

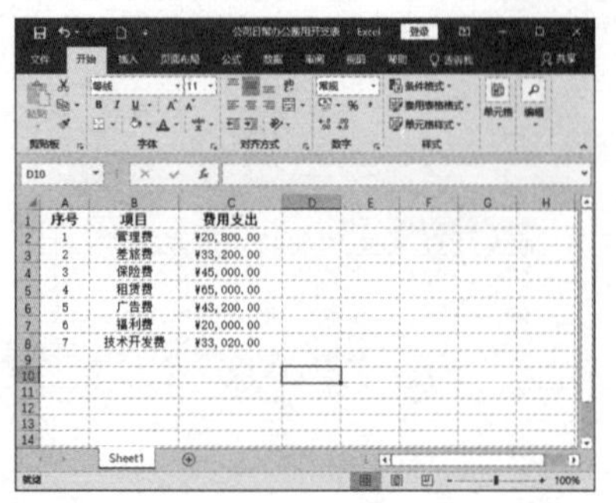

第 2 步 选中单元格区域 A1:C8，单击【插入】选项卡【表格】组中的【数据透视表】按钮，打开【创建数据透视表】对话框，选择数据区域和图表位置，如下图所示。

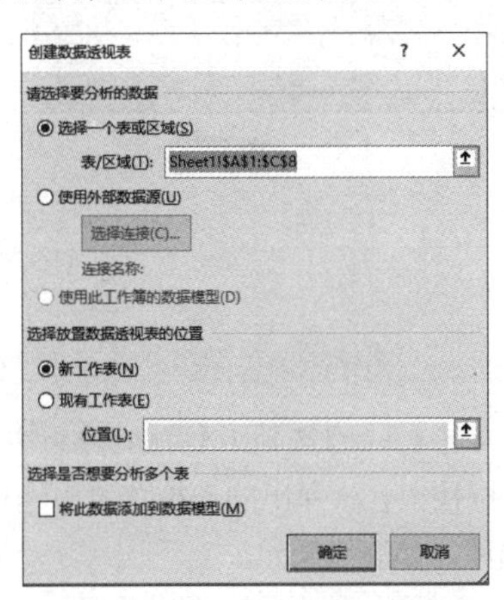

第 3 步 单击【确定】按钮，打开【数据透视表字段】任务窗格，将“序号”字段拖曳到【行】区域中，将“项目”字段拖曳到【列】区域中，将“费用支出”字段拖曳到【Σ值】区域中，如下图所示。

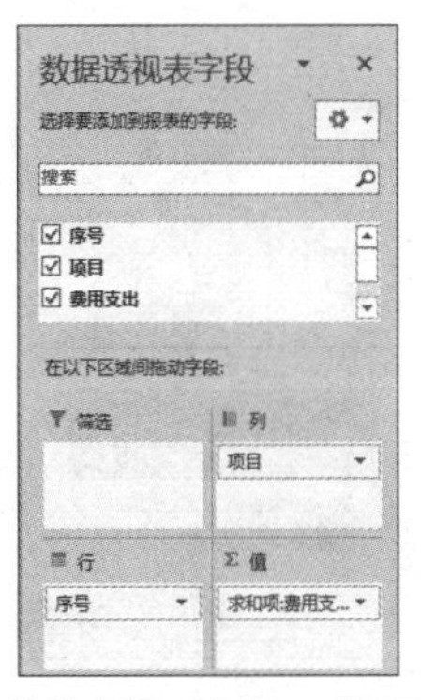

第 4 步 单击【关闭】按钮，即可在新工作表“Sheet2”中创建一个数据透视表，并应用透视表样式，效果如下图所示。

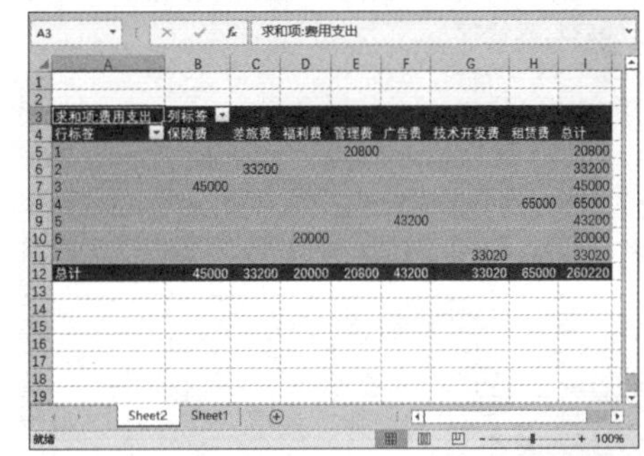

◇ 组合数据透视表内的数据项

通过组合数据项可以查看数据汇总信息。下面就根据组合日期数据来分别显示年、季度、月的销售金额汇总信息，具体操作步骤如下。

第 1 步 打开“素材\ch09\销售清单.xlsx”文件，并选中“Sheet2”工作表，如下图所示。

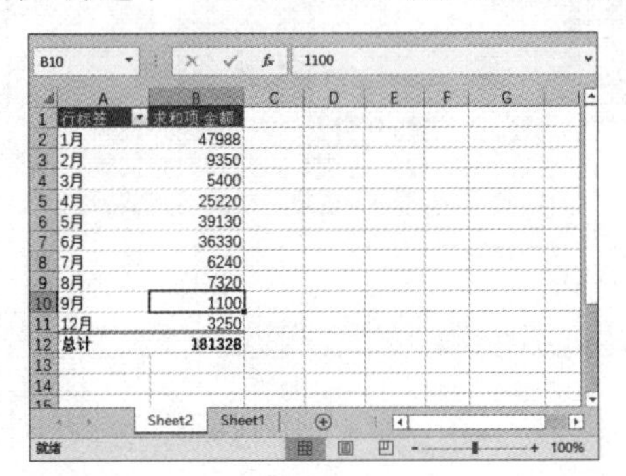

第 2 步 选中【行标签】内的任意字段并右击，从弹出的快捷菜单中选择【组合】选项，如下图所示。

第 3 步 打开【组合】对话框，在其中的【步长】列表框中分别选择【月】【季度】【年】选项，单击【确定】按钮，如下图所示。

第 4 步 按照年、季度、月显示汇总信息，如下图所示。

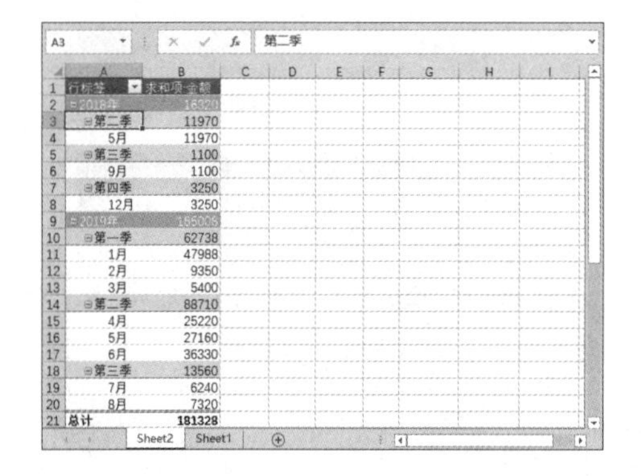

◇ 将数据透视表转为图片形式

将数据透视表转为图片形式的具体操作步骤如下。

第 1 步 打开“素材 \ch09\ 各季度产品销售情况表.xlsx”文件，并创建数据透视表，如下图所示。

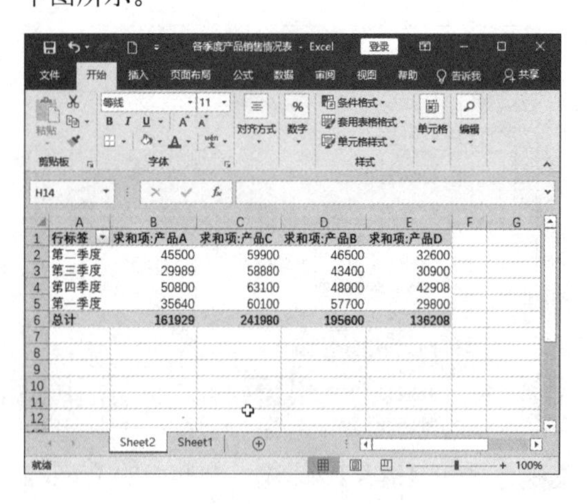

第 2 步 选中整个数据透视表，然后按【Ctrl+C】组合键复制数据透视图，如下图所示。

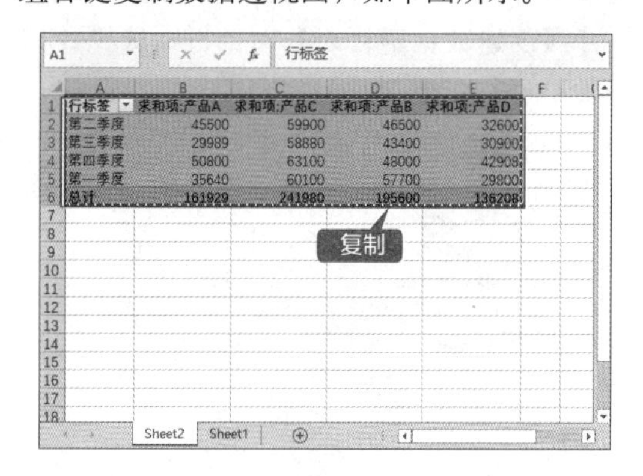

第 3 步 单击【开始】选项卡【剪贴板】组中的【粘贴】下拉按钮，从弹出的下拉菜单中选择【图片】选项，如下图所示。

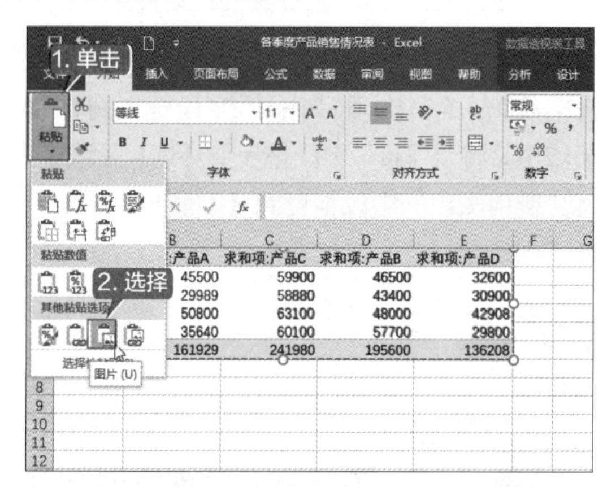

第 4 步 即可将该数据透视表以图片的形式粘贴到工作表中，如下图所示。

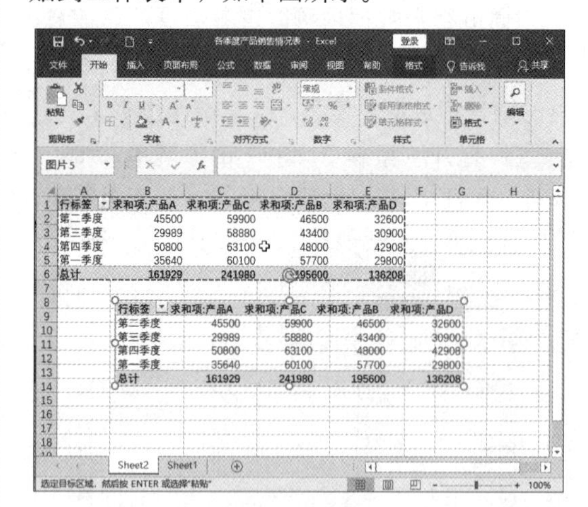

第
4
篇

高效办公实战篇

本篇主要介绍了 Excel 办公实战的相关知识，通过对本篇的学习，读者可以掌握 Excel 在企业办公、人力资源管理、市场营销、财务管理等领域中的高效应用。

第 10 章

Excel 在企业办公中的高效应用

本章导读

本章主要介绍 Excel 在企业办公中的高效应用，包括制作客户信息管理表、部门经费预算汇总表和员工资料统计表。通过本章的学习，读者可以比较轻松地完成企业办公中的常见工作。

思维导图

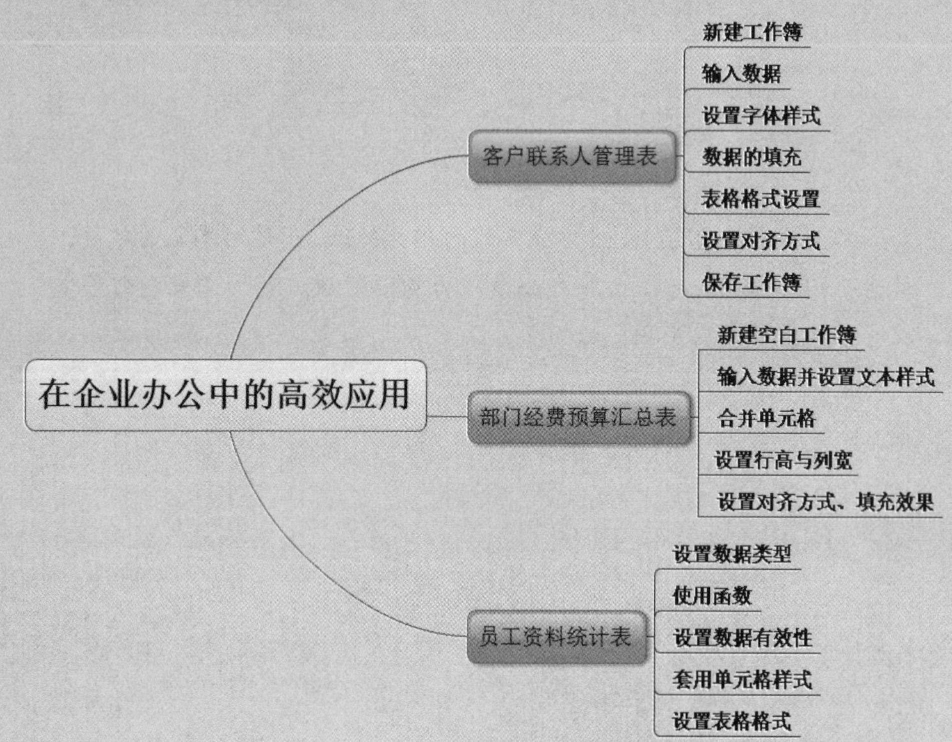

10.1 客户信息管理表

客户是企业的重要资源，现代企业在经营管理活动中，都将客户作为企业有机整体的一部分加以科学管理，并制作客户信息管理表，以期充分利用客户资源，该表通常包含客户类别、公司名称及联系电话等重要内容。

10.1.1 设计思路

制作客户信息管理表时可以按以下思路进行。

（1）创建空白工作簿，并对工作簿进行保存命名。

（2）在工作簿中输入文本与数据并设置文本格式。

（3）合并单元格并调整行高与列宽。

（4）设置对齐方式、标题及填充效果。

（5）另存为兼容格式，共享工作簿。

10.1.2 知识点应用分析

在制作客户信息管理表时主要使用以下知识点。

（1）创建工作簿。在制作表格之前，需要创建一个新的工作簿，根据需要还可以重命名工作表，最后保存创建的工作簿。

（2）数据的填充。在输入相同或有规则的数据时，可以利用自动填充功能，从而提高办公效率。

（3）表格格式设置。通过表格格式设置，可以对表中文字的字体、字号及颜色等进行美化，也可以对单元格和段落格式进行设置，如合并单元格、调整行高和列宽、设置对齐方式、设置填充效果等。

10.1.3 案例实战

制作客户信息管理表的具体操作步骤如下。

1. 建立表格

第 1 步 启动 Excel 2019，新建一个空白工作簿，并保存为“客户信息管理表.xlsx”工作簿，如下图所示。

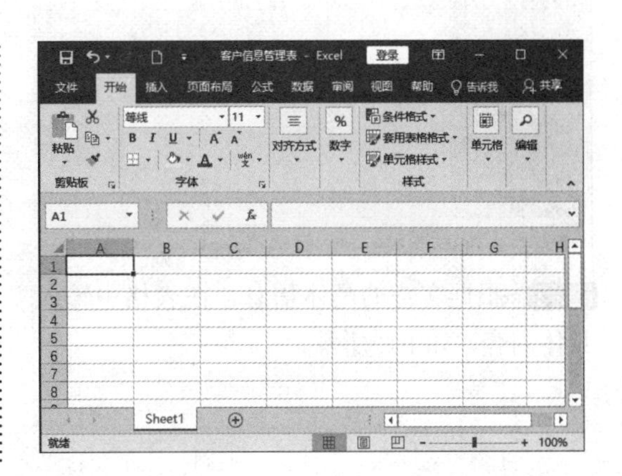

第 2 步 选中 A1 单元格，输入“客户信息管理表”，按【Enter】键完成输入，然后按照相同的方法分别在 A2:G2 单元格区域中输入表头内容，如下图所示。

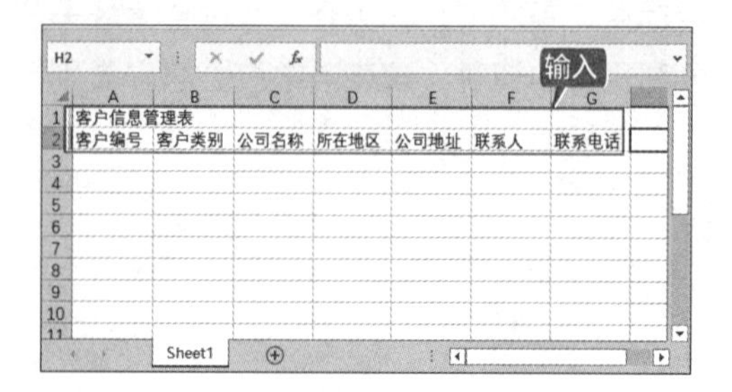

第 3 步 分别在 A3 和 A4 单元格中输入“'0001”“'0002”，按【Enter】键完成输入，即可将输入的数字转换为文本格式，如下图所示。注意，其中的单引号需要在英文状态下输入。

	A	B	C	D
2	客户编号	客户类别	公司名称	所在地
3	0001			
4	0002			
5				
6				
7				
8				

第 4 步 利用自动填充功能，完成其他单元格的输入操作，如下图所示。

	A	B	C	D	E
1	客户信息管理表				
2	客户编号	客户类别	公司名称	所在地区	公司地址
3	0001				
4	0002				
5	0003				
6	0004				
7	0005				
8	0006				
9	0007				
10	0008				
11	0009				
12	0010				

第 5 步 根据客户的具体信息，在表格中输入具体内容，如下图所示。

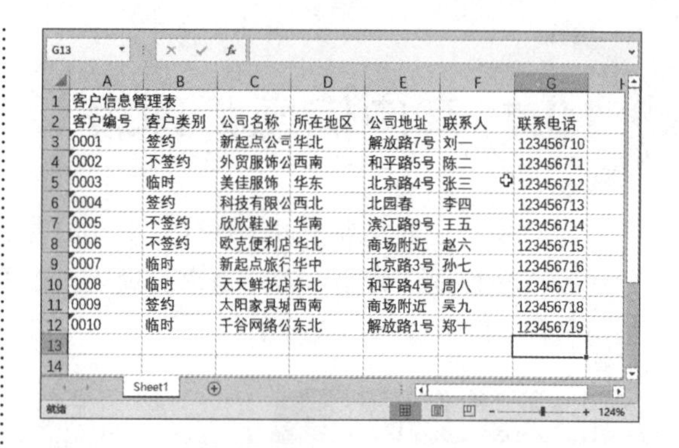

	A	B	C	D	E	F	G
1	客户信息管理表						
2	客户编号	客户类别	公司名称	所在地区	公司地址	联系人	联系电话
3	0001	签约	新起点公司	华北	解放路7号	刘一	123456710
4	0002	不签约	外贸服饰公	西南	和平路5号	陈二	123456711
5	0003	临时	美佳服饰	华东	北京路4号	张三	123456712
6	0004	签约	科技有限公	西北	北园春	李四	123456713
7	0005	不签约	欣欣鞋业	华南	滨江路9号	王五	123456714
8	0006	不签约	欧克便利店	华北	商场附近	赵六	123456715
9	0007	临时	新起点旅行	华中	北京路3号	孙七	123456716
10	0008	临时	天天鲜花店	东北	和平路4号	周八	123456717
11	0009	签约	太阳家具城	西南	商场附近	吴九	123456718
12	0010	临时	千谷网络公	东北	解放路1号	郑十	123456719

2. 表格的美化

第 1 步 合并单元格。选中 A1:G1 单元格区域，然后单击【开始】选项卡【对齐方式】组中的【合并后居中】按钮，将选中的单元格区域合并成一个单元格，且标题内容居中显示，如下图所示。

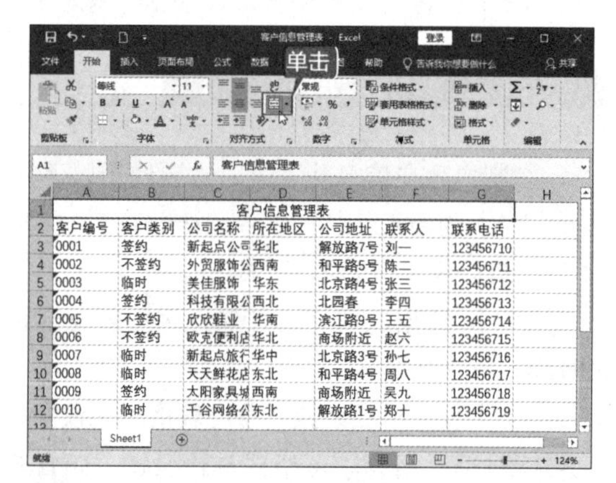

第 2 步 设置标题。选中 A1 单元格，然后在【开始】选项卡【字体】组中设置【字体】为【华文中宋】，【字号】为【18】，在【字体颜色】下拉列表中选择一种颜色，设置后的效果如下图所示。

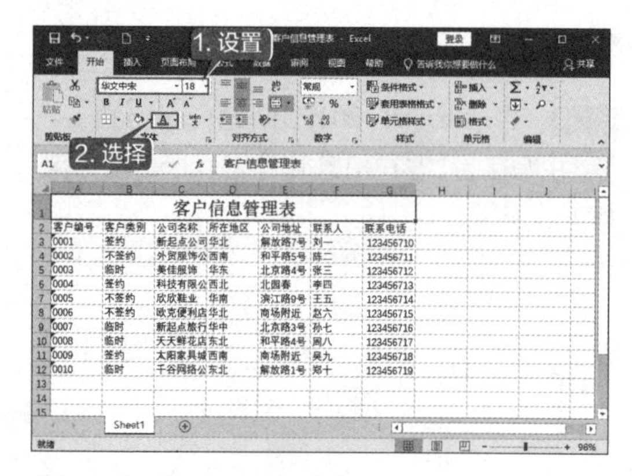

第 3 步 设置表头。选中 A2:G2 单元格区域，在【字体】组中设置【字体】为【等线】，字号为【12】，单击【加粗】按钮 B，如下图所示。

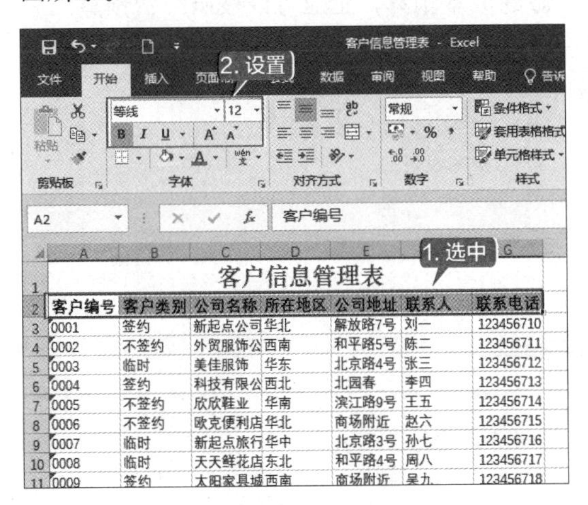

第 4 步 设置填充效果。选中 A2:G2 单元格区域，按【Ctrl+1】组合键打开【设置单元格格式】对话框，选择【填充】选项卡，在【背景色】区域中选择一种需要的填充颜色，单击【确定】按钮，如下图所示。

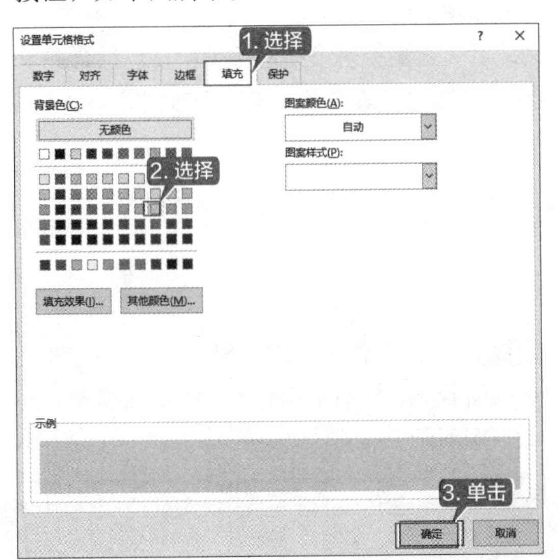

第 5 步 选中单元格区域 A3:G12，按【Ctrl+1】组合键打开【设置单元格格式】对话框，选择【边框】选项卡，选择预置选项、颜色并设置边框样式，然后单击【确定】按钮，如下图所示。

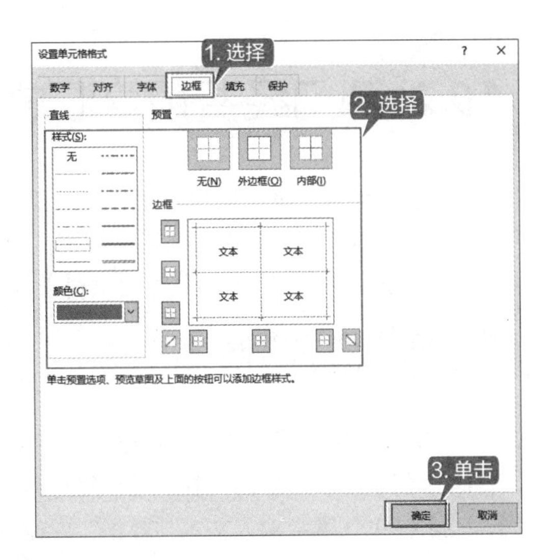

第 6 步 设置对齐方式。选中 A2:G12 单元格区域，然后单击【开始】选项卡【对齐方式】组中的【居中】按钮，将选中的内容设置为居中显示，如下图所示。

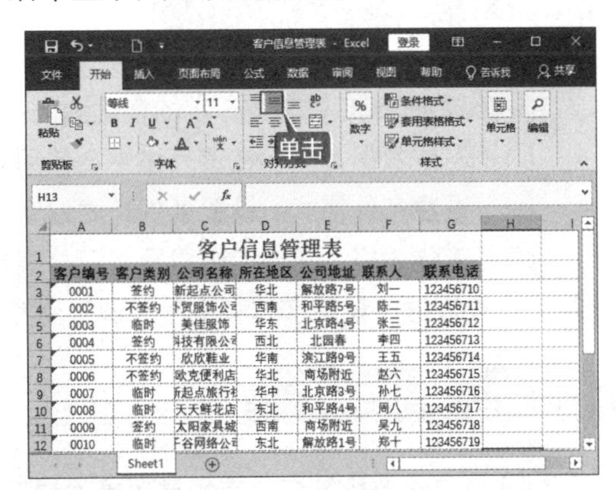

第 7 步 适当调整行高和列宽，最终效果如下图所示，然后按【Ctrl+S】组合键，保存工作簿。

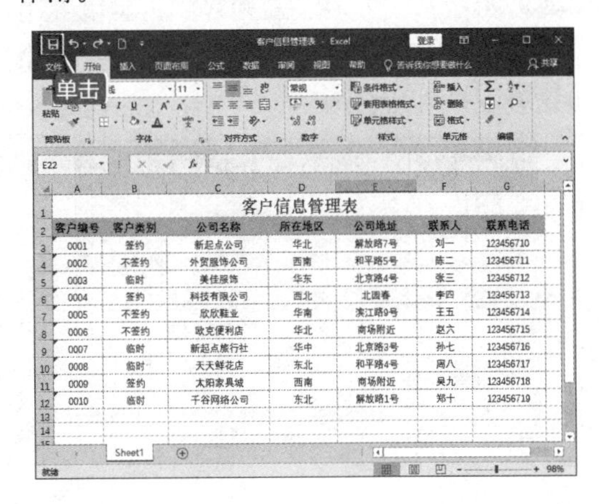

10.2 部门经费预算汇总表

部门经费预算是指企业为费用的支出和成本而做的成本预算，企业可以按照经费预算汇总表严格执行，如有超出，则需要通过特别的流程进行审批。事后还可以对预算和执行情况进行对比和研究分析，为下一年的预算提供科学的依据。

10.2.1 设计思路

制作部门经费预算汇总表时可以按以下思路进行。

（1）创建空白工作簿，并对工作簿进行保存命名。

（2）在工作簿中输入文本与数据，并设置文本格式。

（3）合并单元格并调整行高与列宽。

（4）设置对齐方式、标题及填充效果。

（5）另存为兼容格式，共享工作簿。

10.2.2 知识点应用分析

部门经费预算汇总表按一定的格式编制并建立工作表即可，在制作时主要涉及以下知识点。

（1）设置数据类型。在该表格中会使用到“货币”格式，用来记录货币相关的数据。

（2）设置条件格式。设置条件格式以突出显示表格中的合计内容。

（3）美化表格。在部门经费预算汇总表制作完成后，还需要对表格进行美化，包括合并单元格、设置边框、设置字体和字号、调整列宽和行高、设置填充效果及设置对齐方式等。

10.2.3 案例实战

制作部门经费预算汇总表的具体操作如下。

1. 新建“部门经费预算汇总表”工作簿

第1步 启动 Excel 2019，新建一个空白工作簿，并保存为“部门经费预算汇总表.xlsx”工作簿，如下图所示。

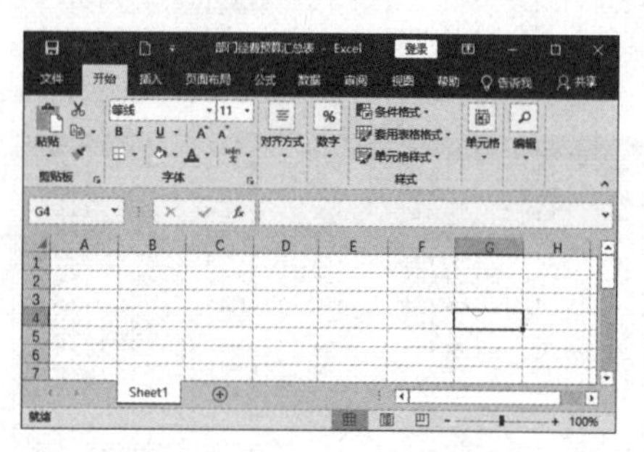

第2步 双击工作表标签“Sheet1”，使其处于编辑状态，然后重命名为“经费预算表”，如下图所示。

2. 输入表格内容

第 1 步 选中 A1 单元格，输入标题“部门经费预算汇总表”，按【Enter】键完成输入，然后按照相同的方法在 A2:G2 单元格区域中输入表头内容，如下图所示。

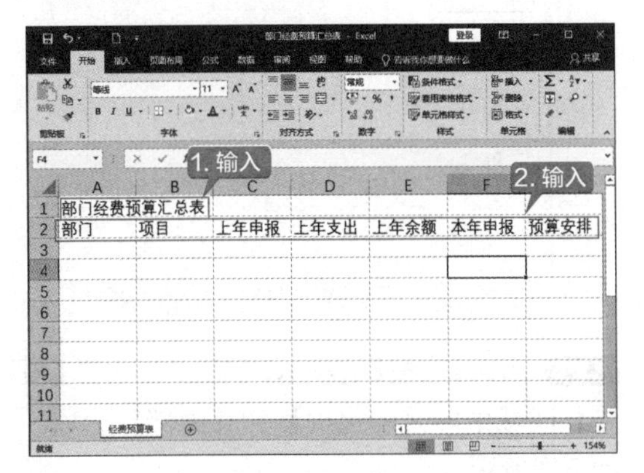

第 2 步 根据表格的具体内容，分别在各个表头列中输入内容，如下图所示。

3. 美化表格

第 1 步 合并单元格。先选中 A1:G1 单元格区域，然后按住【Ctrl】键的同时依次选中单元格区域 A3:A6、A7:A11、A12:A15、A16:A21，如下图所示。

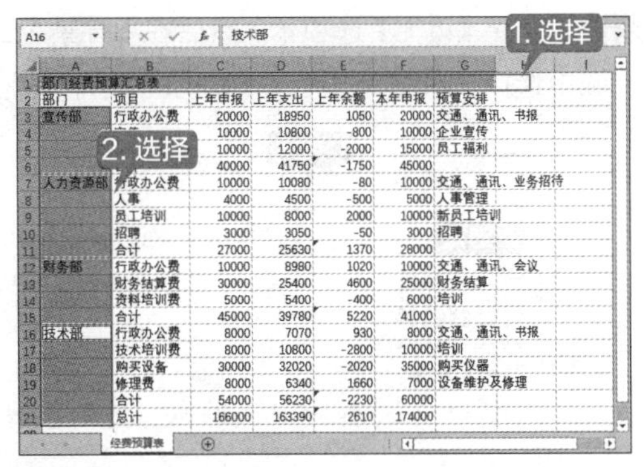

第 2 步 依次单击【开始】→【对齐方式】→【合并后居中】按钮，将选中的单元格区域合并成一个单元格，且其中的内容居中显示，如下图所示。

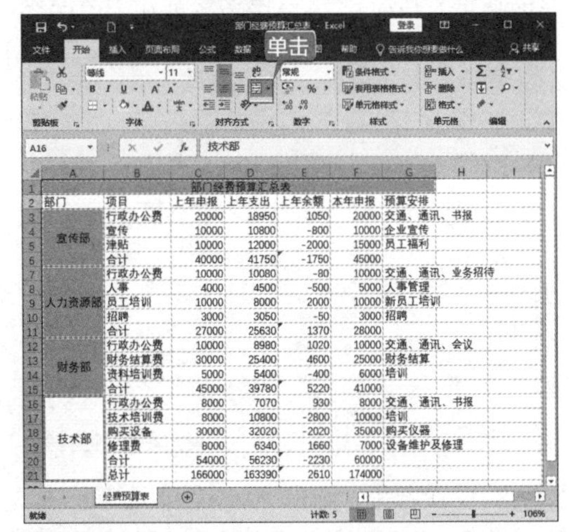

第 3 步 设置标题。选中 A1 单元格，按【Ctrl+1】组合键打开【设置单元格格式】对话框，选择【字体】选项卡，按照下图所示设置字体、字形、字号和颜色。

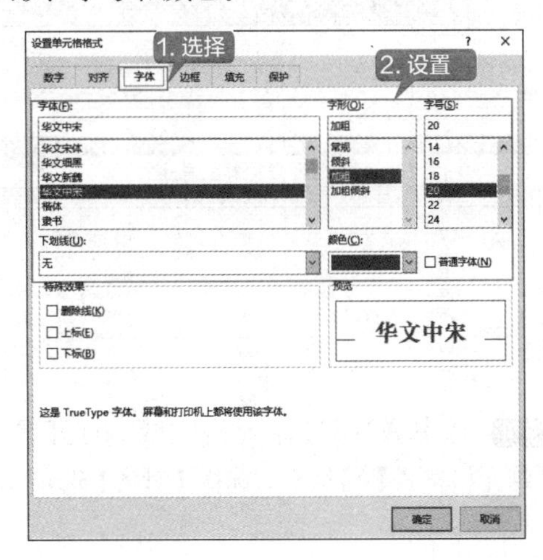

第 4 步 选择【填充】选项卡，然后在【背景色】区域中选择一种填充颜色，如下图所示。

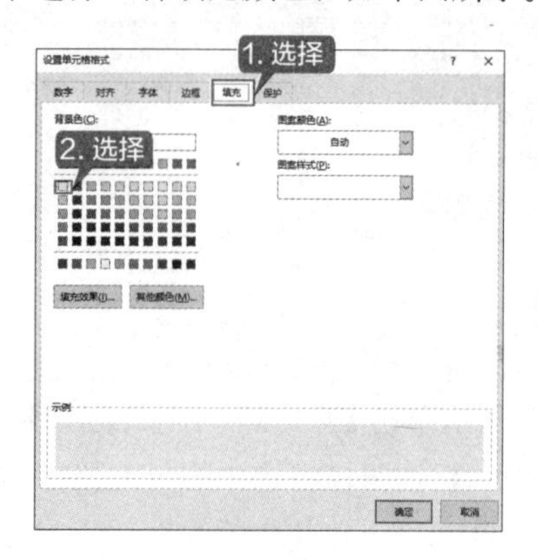

第 5 步 单击【确定】按钮，返回 Excel 工作表，并调整行高和列宽，设置后的效果如下图所示。

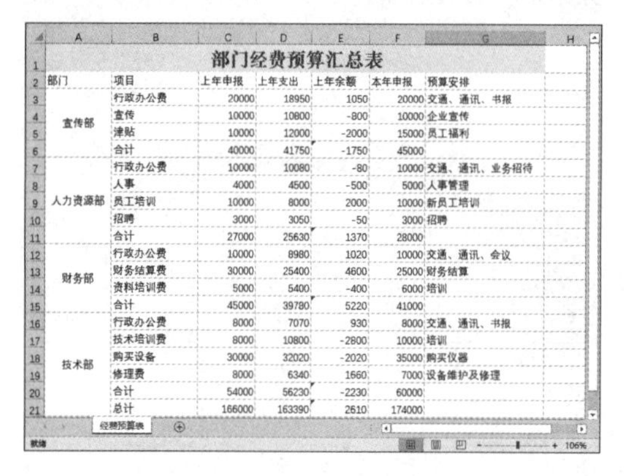

部门经费预算汇总表

部门	项目	上年申报	上年支出	上年余额	本年申报	预算安排
宣传部	行政办公费	20000	18950	1050	20000	交通、通讯、书报
	宣传	10000	10800	-800	10000	企业宣传
	津贴	10000	12000	-2000	15000	员工福利
	合计	40000	41750	-1750	45000	
人力资源部	行政办公费	10000	10080	-80	10000	交通、通讯、业务招待
	人事	4000	4500	-500	5000	人事管理
	员工培训	10000	8000	2000	10000	新员工培训
	招聘	3000	3050	-50	3000	招聘
	合计	27000	25630	1370	28000	
财务部	行政办公费	10000	8980	1020	10000	交通、通讯、会议
	财务结算费	30000	25400	4600	25000	财务结算
	资料培训费	5000	5400	-400	6000	培训
	合计	45000	39780	5220	41000	
技术部	行政办公费	8000	7070	930	8000	交通、通讯、书报
	技术培训费	8000	10800	-2800	10000	培训
	购买设备	30000	32020	-2020	35000	购买仪器
	修理费	8000	6340	1660	7000	设备维护及修理
	合计	54000	56230	-2230	60000	
	总计	166000	163390	2610	174000	

第 6 步 设置表头。选中 A2:G2 单元格区域，然后在【字体】组中将【字号】设置为【12】，单击【加粗】按钮，使单元格中的文本能够突出显示，如下图所示。

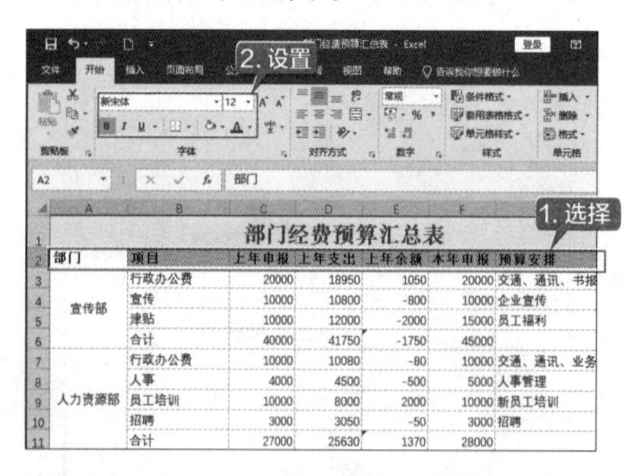

第 7 步 选中 A2:G21 单元格区域，打开【设置单元格格式】对话框，选择【对齐】选项卡，将【水平对齐】和【垂直对齐】均设置为【居中】，如下图所示。

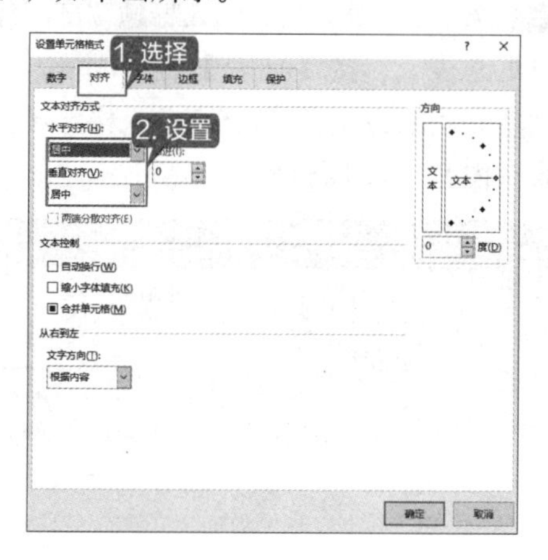

第 8 步 选择【边框】选项卡，然后分别选择【预置】区域中的【外边框】和【内部】选项，如下图所示。

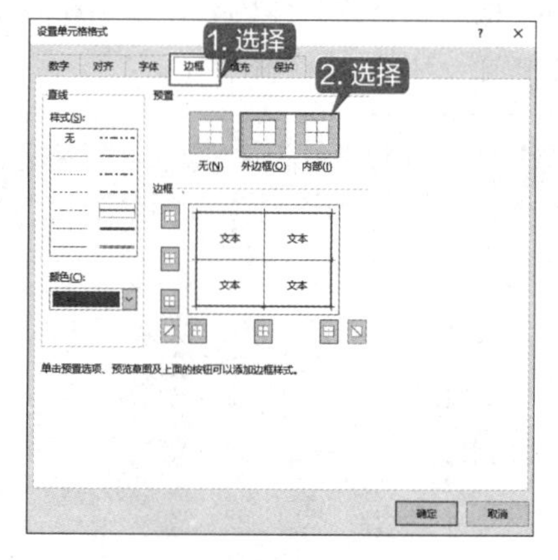

第 9 步 单击【确定】按钮，即可完成对齐方式及边框的设置，如下图所示。

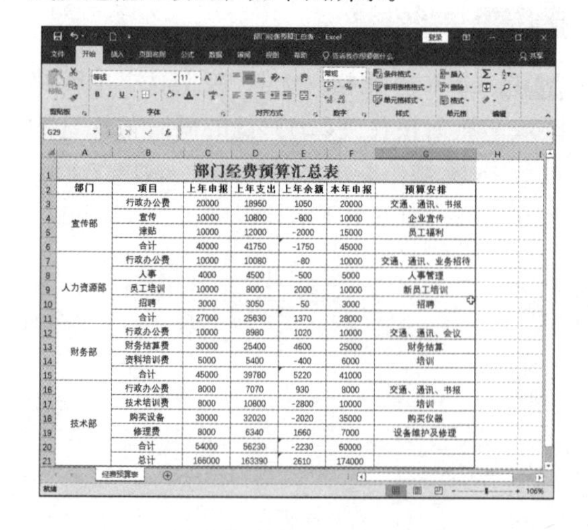

4. 设置条件格式及数据类型

第 1 步 选中 C3:F21 单元格区域，然后单击【开始】选项卡【数字】组中的【数字格式】下拉按钮，从弹出的下拉菜单中选择【货币】选项，如下图所示。

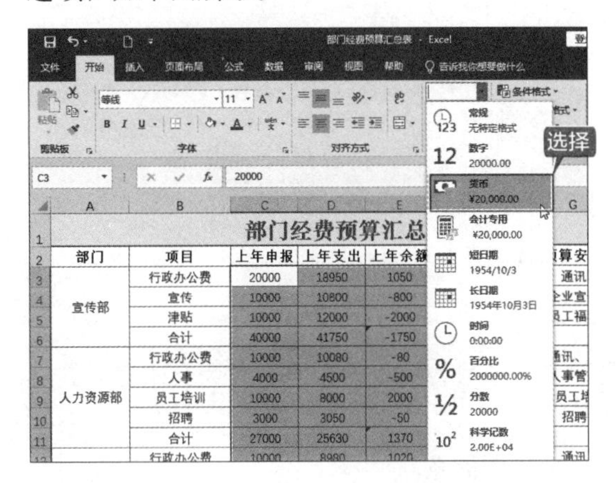

第 2 步 即可将选中的数据设置为货币格式，如下图所示。

第 3 步 选中 B2:B21 单元格区域，然后依次单击【开始】→【样式】→【条件格式】下拉按钮，从弹出的下拉菜单中选择【突出显示单元格规则】→【等于】选项，如下图所示。

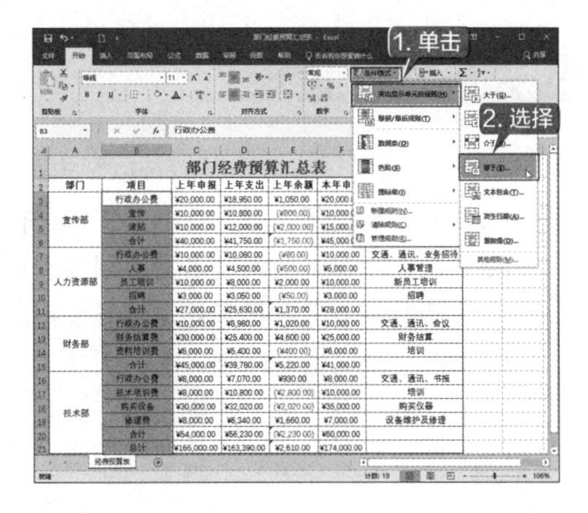

第 4 步 打开【等于】对话框，在【为等于以下值的单元格设置格式】文本框中输入“合计”，然后在【设置为】下拉菜单中选择突出显示这些单元格的填充规则，如下图所示。

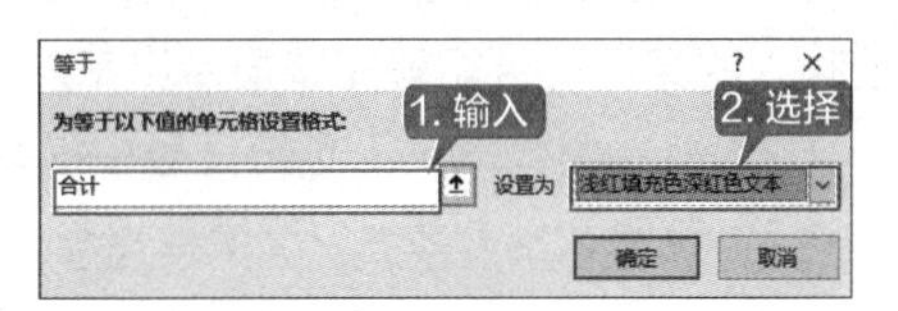

第 5 步 单击【确定】按钮，完成条件格式的设置。至此，部门经费预算汇总表就制作完成了，如下图所示。

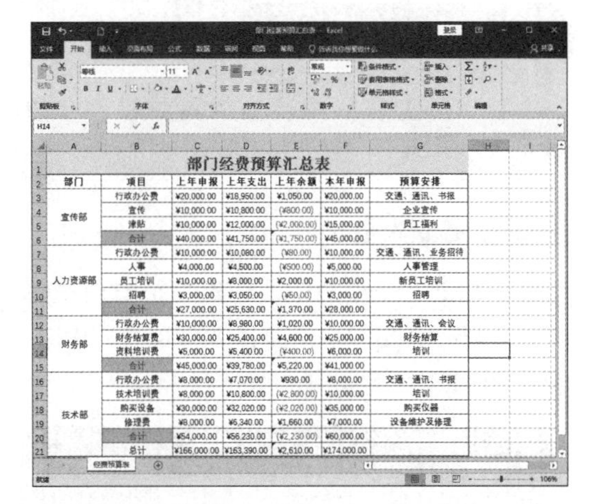

10.3 员工资料统计表

员工资料统计表能使大量统计的资料系统化、条理化，从而使数据更加清晰地呈现。通过员工资料统计表，企业可以掌握员工的基本信息，并分析企业现有人力资源的整体优势与不足。

10.3.1 设计思路

制作员工资料统计表时可以按以下思路进行。

（1）创建空白工作簿，并对工作簿进行保存命名。

（2）在工作簿中输入文本与数据并设置文本格式。

（3）通过函数提取员工的年龄及性别。

（4）合并单元格并调整行高与列宽。

（5）设置对齐方式、标题及填充效果。

（6）另存为兼容格式，共享工作簿。

10.3.2 知识点应用分析

在制作员工资料统计表时主要使用以下知识点。

（1）设置数据类型。在制作表格时会输入员工身份证号，将身份证号设置为文本格式，从而使输入的身份证号能够完整显示出来。

（2）使用函数从员工身份证号中提取性别及出生日期信息。

（3）设置数据有效性。设置数据输入条件，可以根据输入信息提示快速且准确地输入数据。

（4）套用单元格样式。使用 Excel 2019 内置的单元格样式设置标题及填充效果。

（5）表格格式设置。通过表格格式设置，可以对文字内容的字体、字号及颜色等进行美化，也可以对单元格和段落格式进行设置，如合并单元格、调整行高和列宽、设置对齐方式等。

10.3.3 案例实战

制作员工资料统计表的具体操作步骤如下。

1. 建立表格

第 1 步 启动 Excel 2019，新建一个空白工作簿，并保存为“员工资料统计表.xlsx”工作簿，如下图所示。

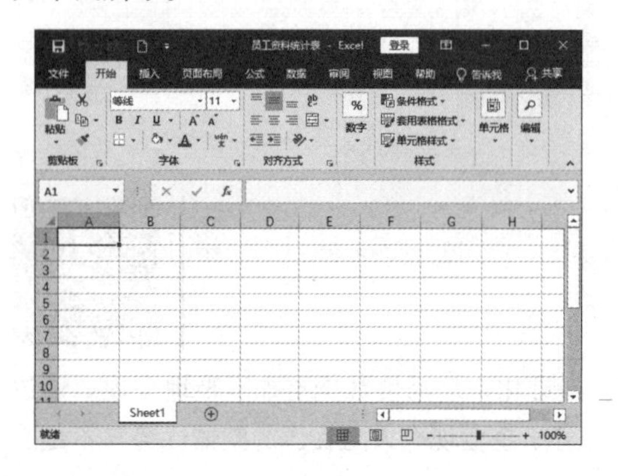

第 2 步 选中 A1 单元格，并输入“员工资料统计表”，按【Enter】键完成输入，然后按照相同的方法分别在其他单元格中输入表格的具体内容，如下图所示。

员工资料统计表

工号	姓名	隶属部门	学历	身份证号	性别	出生日期	职位	联系电话
	刘一	财务部	本科				财务员	130****1234
	陈二	财务部	大专				财务员	131****1235
	张三	财务部	本科				财务员	132****1236
	李四	财务部	研究生				财务员	133****1237
	王五	行政部	本科				行政经理	134****1238
	赵六	行政部	本科				行政助理	135****1239
	孙七	行政部	本科				行政助理	136****1240
	周八	行政部	本科				行政助理	137****1241
	吴九	技术部	大专				部门经理	138****1242
	郑十	技术部	大专				技术员	139****1243
	冯雷	技术部	本科				技术员	150****1244
	韩明	生产部	大专				组长	170****1245
	杨刚	生产部	本科				部门经理	181****1246

第 3 步 设置数据有效性。选中 A3:A15 单元格区域，然后依次单击【数据】→【数据工具】→【数据验证】按钮，打开【数据验证】

对话框，选择【设置】选项卡，在【允许】下拉菜单中选择【文本长度】选项，在【数据】下拉菜单中选择【等于】选项，在【长度】文本框中输入“4”，如下图所示。

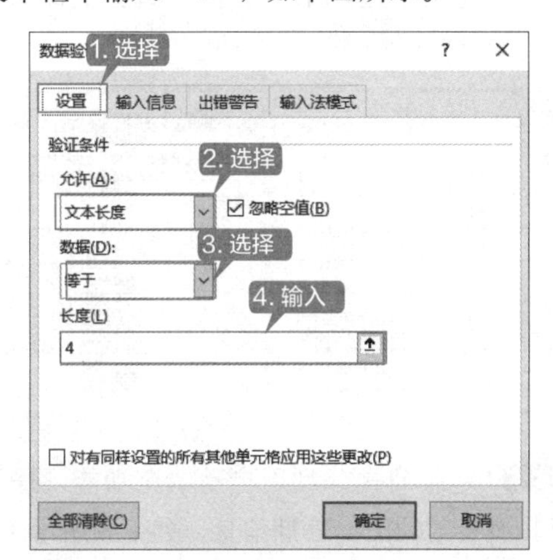

第 4 步 选择【输入信息】选项卡，然后在【标题】文本框中输入“输入员工工号”，在【输入信息】列表框中输入“请输入 4 位数字的工号”，如下图所示。

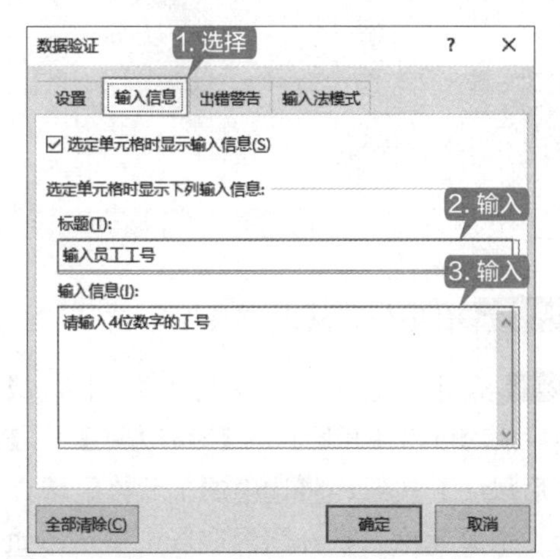

第 5 步 选择【出错警告】选项卡，在【样式】下拉菜单中选择【停止】选项，在【标题】文本框中输入“输入错误”，在【错误信息】列表框中输入“输入错误，请重新输入 4 位数字的工号！”，如下图所示。

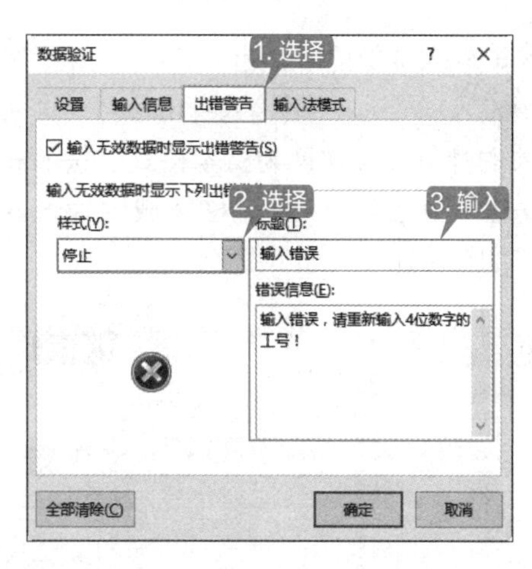

第 6 步 单击【确定】按钮，返回 Excel 工作表，此时单击 A3:A15 单元格区域内的任意单元格，都会显示输入信息提示，并且当输入不满足设置条件的数据时，会弹出【输入错误】警告框，如下图所示。

第 7 步 根据设置的数据有效性，完成员工工号的输入操作，如下图所示。

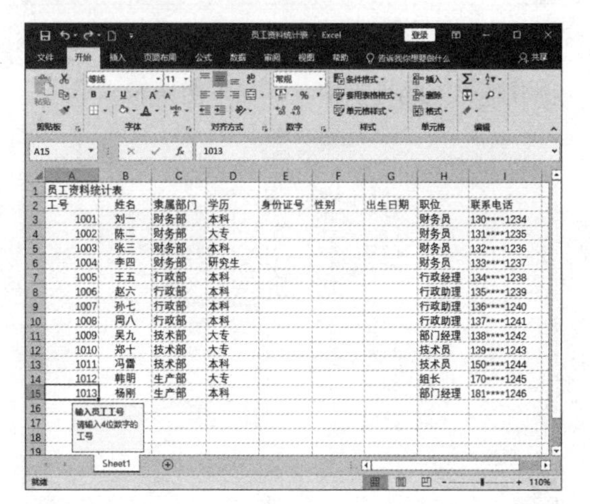

第8步 输入身份证号。选中 E3 单元格，先在其中输入“'”，然后输入身份证号，即可将输入的身份证号转换为文本格式。按照相同的方法，在 E4:E15 单元格区域中输入其他员工的身份证号，如下图所示。

2. 使用函数从身份证号中提取性别和年龄

第1步 选中 F3 单元格，输入公式“=IF(MOD(RIGHT(LEFT(E3,17)),2),"男","女")”，按【Enter】键确认输入，即可在选中的单元格中显示第一位员工的性别信息，如下图所示。

第2步 复制公式。利用自动填充功能，提取出其他员工的性别信息，如下图所示。

第3步 选中 G3 单元格，输入公式“=--TEXT(MID(E3,7,6+(LEN(E3)=18)*2),"#-00-00")”，按【Enter】键确认输入，即可在选中的单元格中显示第一位员工的出生日期信息，如下图所示。

第4步 复制公式。利用自动填充功能，提取出其他员工的出生日期信息，如下图所示。

3. 套用单元格样式

第1步 合并单元格。选中 A1:I1 单元格区域，然后依次单击【开始】→【对齐方式】→【合并后居中】按钮，将选中的单元格区域合并为一个单元格，且标题内容居中显示，如下图所示。

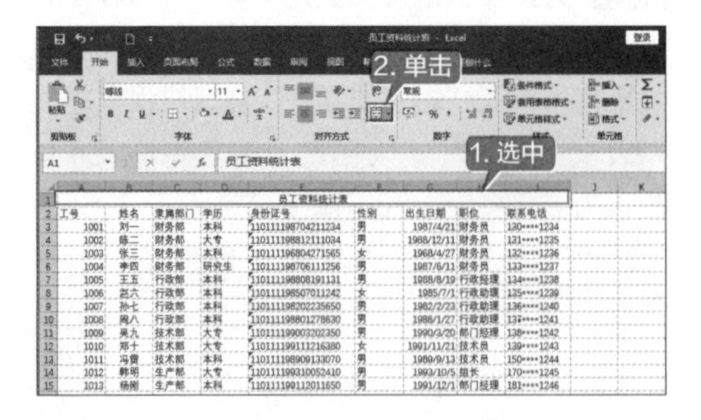

第2步 选中 A1 单元格，单击【开始】选项卡【样式】组中的【单元格样式】按钮，从弹出的下拉列表中选择【标题】区域内的【标题 1】选项，如下图所示。

第3步 即可应用选择的标题样式，如下图所示。

第4步 选中 A2:I15 单元格区域，单击【样式】组中的【套用表格格式】按钮，从弹出的下拉列表中选择【中等色】区域内的【蓝色，表样式中等深浅 9】选项，如下图所示。

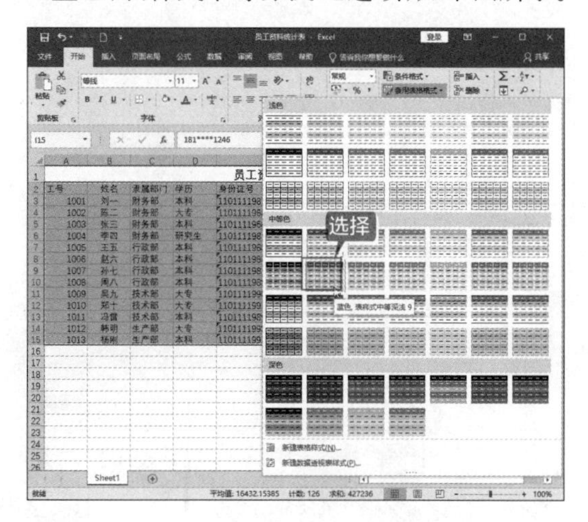

第5步 在弹出的【套用表样式】对话框中单击【确定】按钮，即可应用表样式。然后单击【表格工具 - 设计】选项卡下【工具】组中的【转换为区域】按钮，将其转换为普通区域，效果如下图所示。

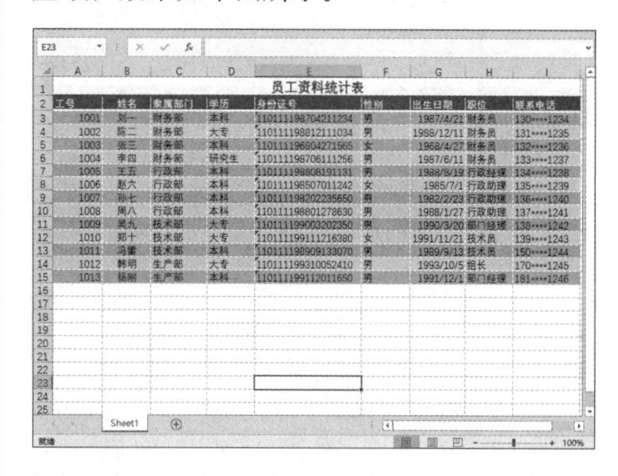

4. 文本段落格式化

第1步 选中 A2:I2 单元格区域，在【开始】选项卡【字体】组中将【字号】设置为【12】，然后单击【加粗】按钮，如下图所示。

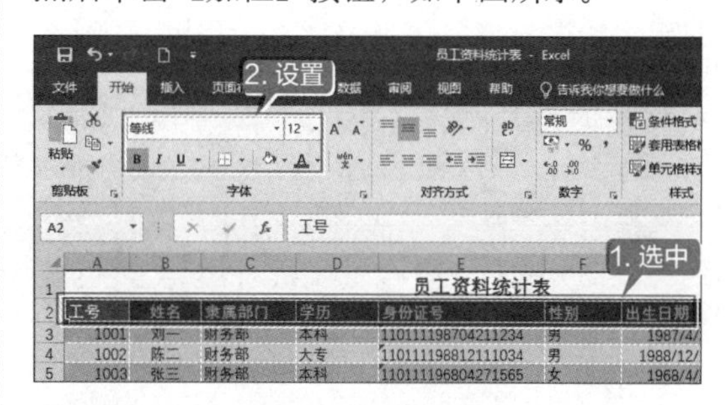

第2步 选中 A2:I15 单元格区域，按【Ctrl+1】组合键打开【设置单元格格式】对话框，选择【对齐】选项卡，将【水平对齐】和【垂直对齐】均设置为【居中】，如下图所示。

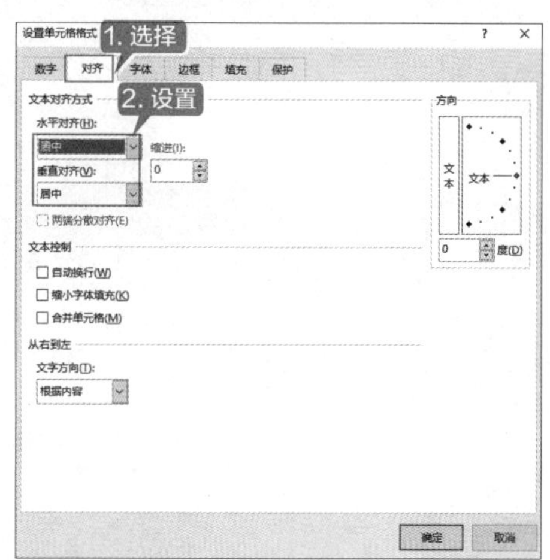

第 3 步 单击【确定】按钮，即可调整单元格区域的对齐方式，效果如下图所示。

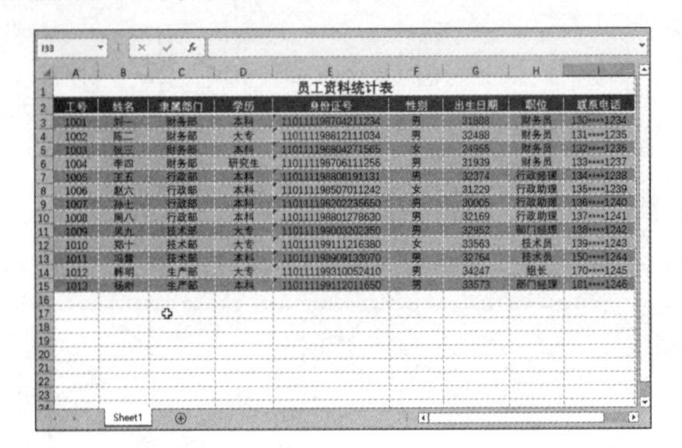

第 4 步 根据需要调整数据区域的行高和列宽，使表格显示效果更好。然后单击【审阅】→【更改】组中的【保护工作簿】按钮，如下图所示。

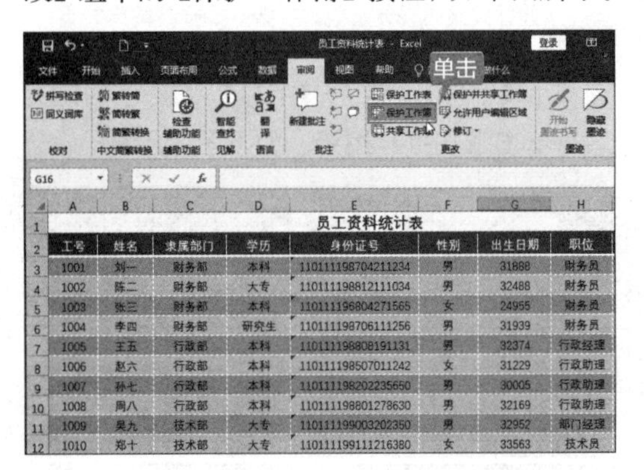

工号	姓名	隶属部门	学历	身份证号	性别	出生日期	职位
1001	刘一	财务部	本科	110111198704211234	男	31888	财务员
1002	陈二	财务部	大专	110111198812111034	男	32488	财务员
1003	张三	财务部	本科	110111196804271565	女	24955	财务员
1004	李四	财务部	研究生	110111198706111256	男	31939	财务员
1005	王五	行政部	本科	110111198808191131	男	32374	行政经理
1006	赵六	行政部	本科	110111198507011242	女	31229	行政助理
1007	孙七	行政部	本科	110111198202235650	男	30005	行政助理
1008	周八	行政部	本科	110111198801278630	男	32169	行政助理
1009	吴九	技术部	大专	110111199003202350	男	32952	部门经理
1010	郑十	技术部	大专	110111199111216380	女	33563	技术员

第 5 步 在弹出的【保护结构和窗口】对话框中输入密码，单击【确定】按钮，如下图所示。

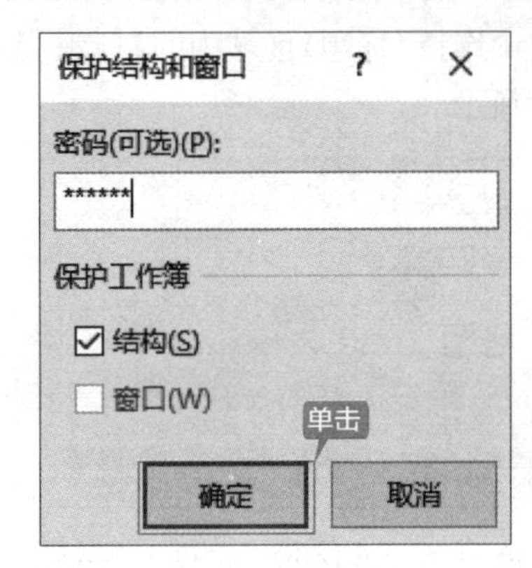

第 6 步 在弹出的【确认密码】对话框中再次输入密码，单击【确定】按钮即可完成设置，如下图所示。

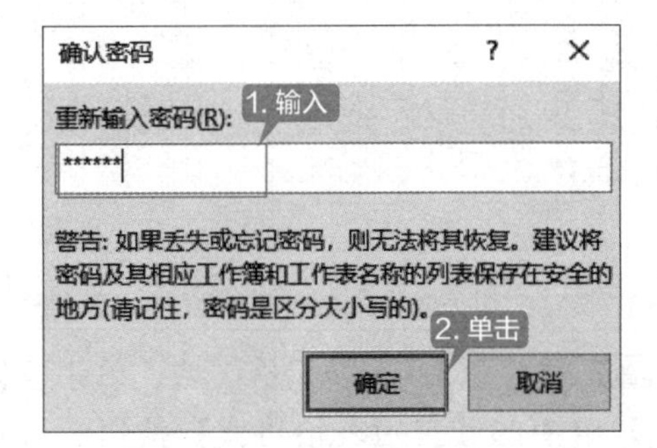

第 11 章

Excel 在人力资源管理中的高效应用

本章导读

本章主要介绍 Excel 在人力资源管理中的高效应用，包括制作公司年度培训计划表、员工招聘流程图及员工绩效考核表。通过对这些知识的学习，读者可以掌握 Excel 在人力资源管理中的应用技巧。

思维导图

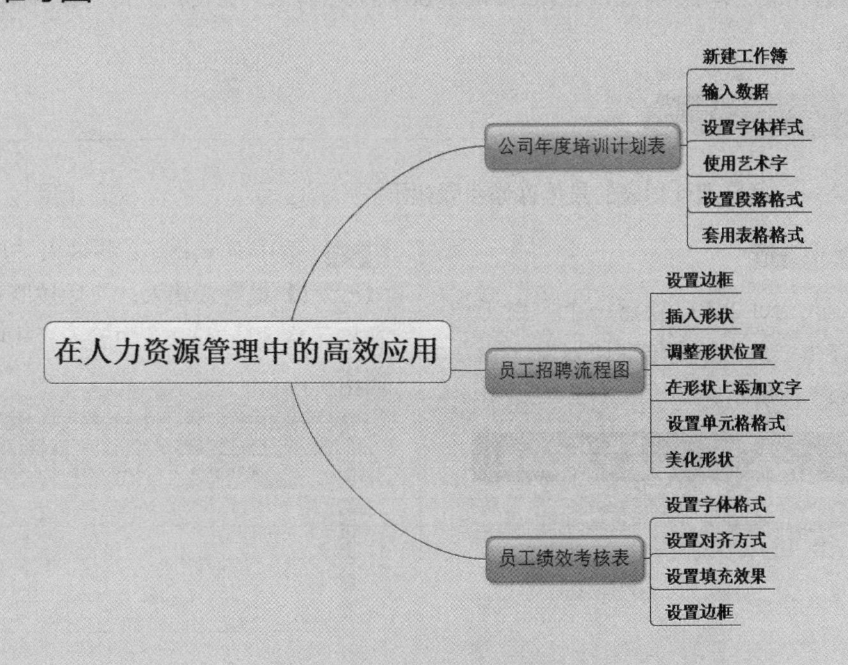

11.1 公司年度培训计划表

为了提高员工和管理人员的素质，提高公司的管理水平，企业常常会制订完善的年度培训计划，对员工进行有效的培训。公司年度培训计划表一般包括培训类别、培训名称、培训目标、培训时间及培训方式等内容。

11.1.1 设计思路

制作公司年度培训计划表时可以按以下思路进行。

（1）创建空白工作簿，并对工作簿进行保存命名。

（2）在工作簿中输入文本与数据，并设置文本格式。

（3）设置单元格样式。

（4）合并单元格并调整行高与列宽。

（5）设置对齐方式、标题及边框。

（6）另存为兼容格式，共享工作簿。

11.1.2 知识点应用分析

公司年度培训计划表按一定的格式编制建立工作表即可，在制作时主要涉及以下知识点。

（1）使用艺术字。艺术字可以增加字体的美感，在 Excel 中主要用于标题，这样可以使标题更加醒目且美观。

（2）套用表格样式。Excel 2019 提供了 60 种表格样式，方便用户快速套用样式，制作出漂亮的表格。

11.1.3 案例实战

制作公司年度培训计划表的具体操作步骤如下。

1. 建立表格

第 1 步 启动 Excel 2019，新建一个空白工作簿，并保存为“公司年度培训计划表.xlsx”工作簿，如下图所示。

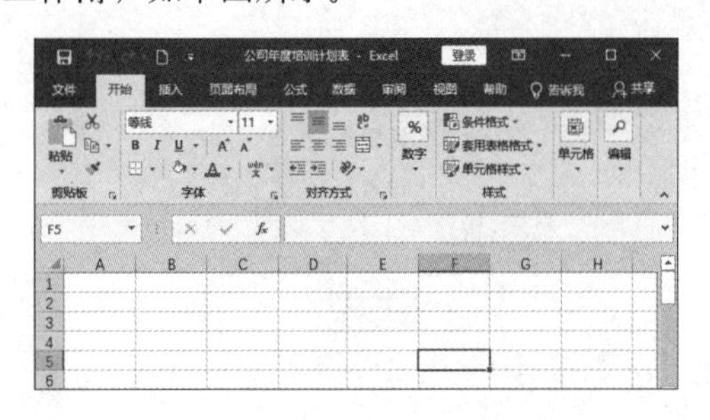

第 2 步 选中单元格 A2 并输入“序号”，按【Enter】键完成输入，然后按照相同的方法在单元格区域 B2:K2 中输入表头内容，如下图所示。

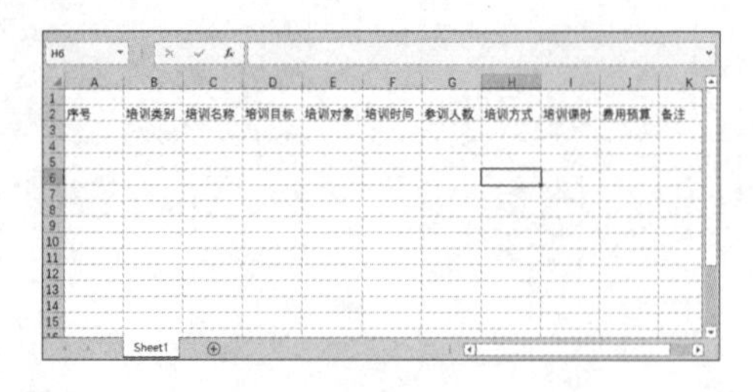

第 3 步 选中单元格区域 A3:K15，在其中输

入具体内容（可以直接复制“素材\ch11\公司年度培训计划表数据.xlsx”中的数据），如下图所示。

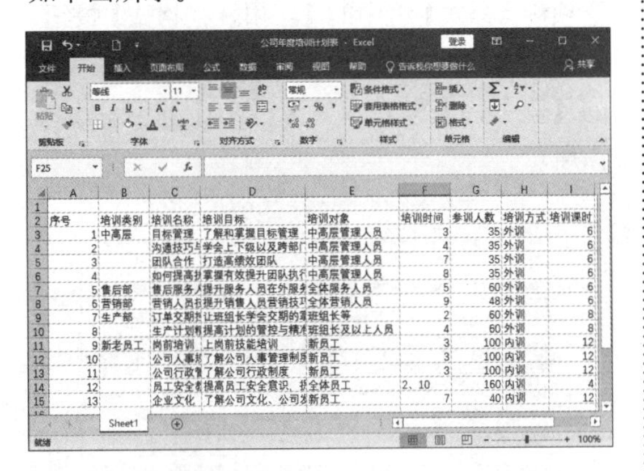

2. 使用艺术字

第 1 步 单击【插入】选项卡【文本】组中的【艺术字】按钮，从弹出的下拉列表中选择一种艺术字样式，如下图所示。

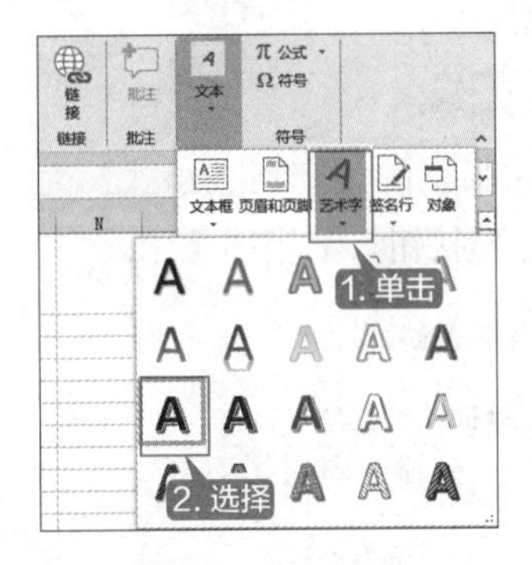

第 2 步 在工作表中插入一个艺术字文本框，输入标题“公司年度培训计划表”，并将【字号】设置为【36】，如下图所示。

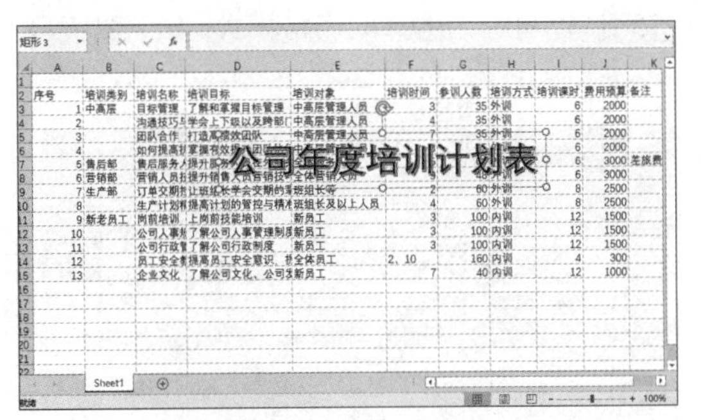

第 3 步 适当地调整第 1 行的行高，将艺术字拖曳至 A1:K1 单元格区域，然后将艺术字文本框的背景使用【白色】填充，并【居中】对齐，效果如下图所示。

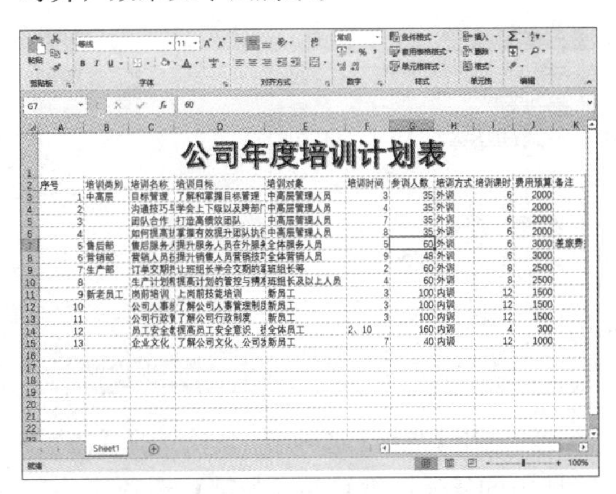

3. 文本段落格式化

第 1 步 选中单元格区域 A2:K2，在【开始】选项卡【字体】组中将字号设置为【12】，单击【加粗】按钮，并调整各列列宽，使单元格中的字体完整地显示出来，如下图所示。

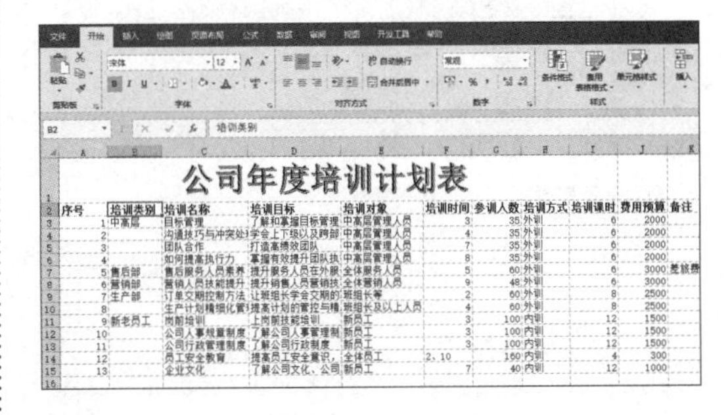

第 2 步 选中单元格区域 A2:K15，按【Ctrl+1】组合键打开【设置单元格格式】对话框，选择【对齐】选项卡，将【水平对齐】和【垂直对齐】均设置为【居中】，选中【文本控制】区域内的【自动换行】复选框，如下图所示。

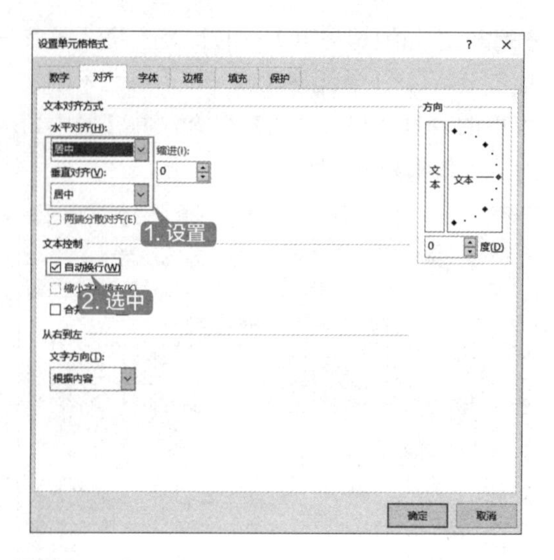

第 3 步 选择【边框】选项卡，依次选择【预置】区域中的【外边框】和【内部】选项，如下图所示。

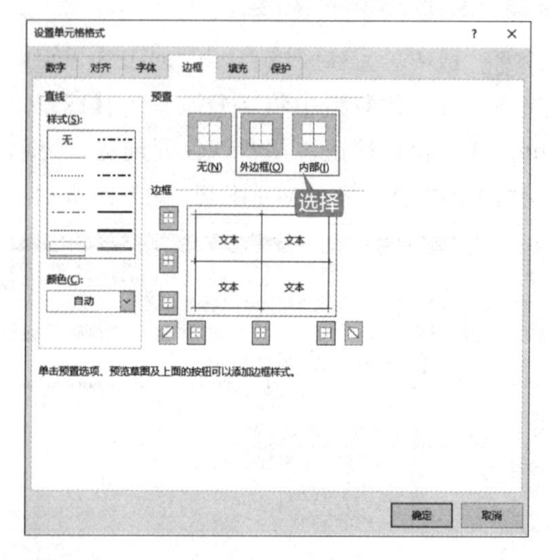

第 4 步 单击【确定】按钮，即可返回 Excel 工作表看到设置后的效果，如下图所示。

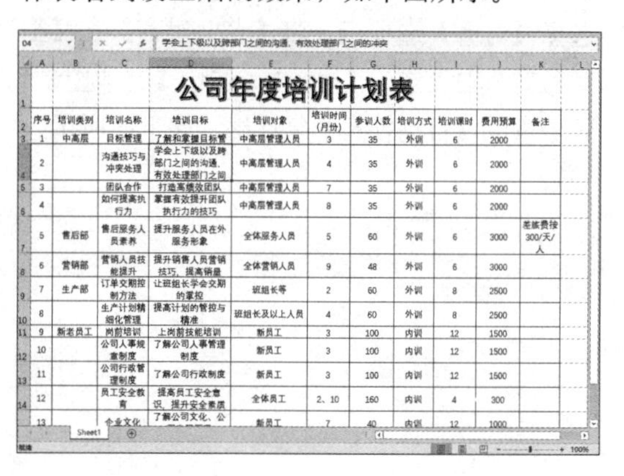

4. 套用表格格式

第 1 步 选中 A2:K15 单元格区域，单击【开始】选项卡【样式】组中的【套用表格格式】按钮，从弹出的下拉列表中选择【中等色】区域内的【蓝色，表样式中等深浅 20】选项，如下图所示。

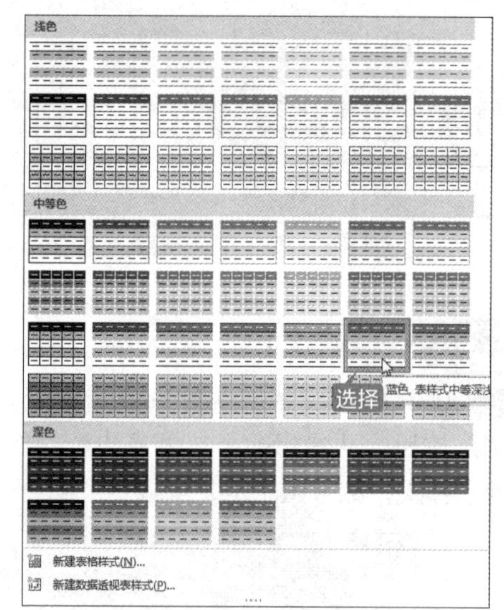

第 2 步 在弹出的【套用表格式】对话框中单击【确定】按钮，如下图所示。

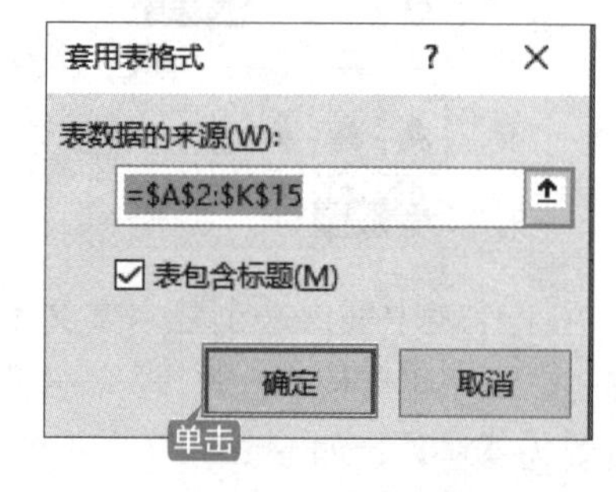

第 3 步 即可套用选择的表格样式，如下图所示。

公司年度培训计划表

第 4 步 右击套用表格样式区域，在弹出的快捷菜单中选择【表格】→【转换为区域】选项，如下图所示。

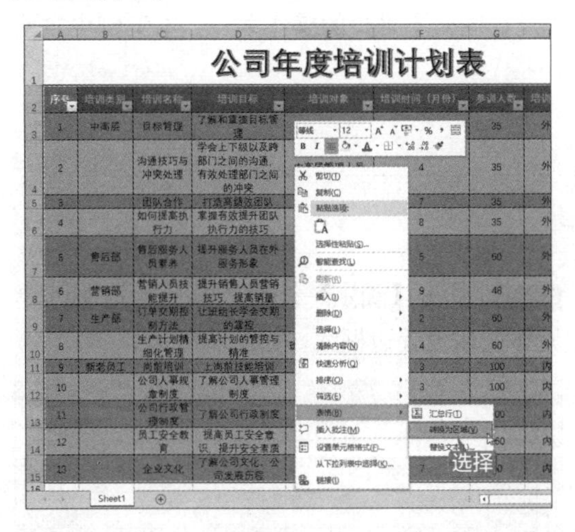

第 5 步 在弹出的提示框中单击【是】按钮，如下图所示。

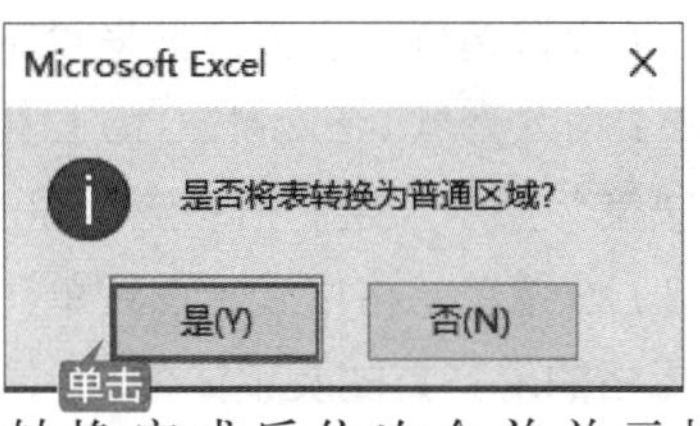

第 6 步 转换完成后依次合并单元格区域 B3:B6、B9:B10、B11:B13、K7:K8，设置其中的文本居中显示，最终效果如下图所示。

11.2 员工招聘流程图

随着经济的快速发展和人才的大量流动，企业之间的竞争日益激烈，以人为本的管理制度成为企业立足的根本。因此，人才招聘是人力资源管理中非常重要的一环，尤其是当企业出现需要快速填补的职位空缺时，人力资源部门就应先制订一份完整的招聘流程图，以确保优秀人才的及时补充。企业员工招聘流程图的制作及应用可以帮助企业人力资源管理者获得人才，并为各个部门的紧密协作提供有力的保障。

11.2.1 设计思路

制作员工招聘程序流程图时可以按以下思路进行。

（1）创建空白工作簿并对工作簿进行保存命名。

（2）绘制招聘流程图的表格。

（3）应用自选图形绘制招聘流程图。

（4）在招聘程序流程图中输入文本信息。

（5）美化招聘程序流程图。

（6）另存为兼容格式，共享工作簿。

11.2.2 知识点应用分析

在制作招聘程序流程图时主要涉及以下知识点。

（1）设置边框。设置边框来绘制招聘程序流程图的表格。

（2）插入形状。Excel 2019 自带了多种形状，从中选取“流程图：可选过程”形状和“流程图：决策”形状来绘制招聘流程图的具体内容。

（3）设置单元格格式。设置单元格格式是制作流程图必不可少的操作之一，本案例中主要设置单元格的对齐方式及字体格式。

11.2.3 案例实战

制作员工招聘程序流程图的具体操作步骤如下。

1. 绘制表格

第1步 启动 Excel 2019，新建一个空白工作簿，保存为“员工招聘程序流程图.xlsx”工作簿，如下图所示。

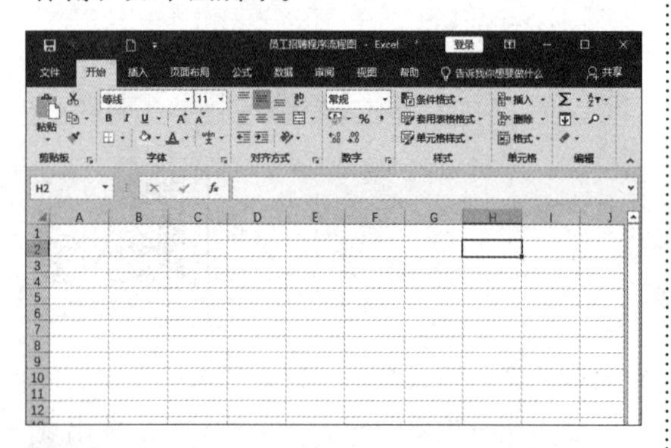

第2步 设置表格边框。选中单元格区域 A2:F2，按【Ctrl+1】组合键打开【设置单元格格式】对话框，选择【边框】选项卡，依次选择【预置】区域中的【外边框】和【内部】选项，如下图所示。

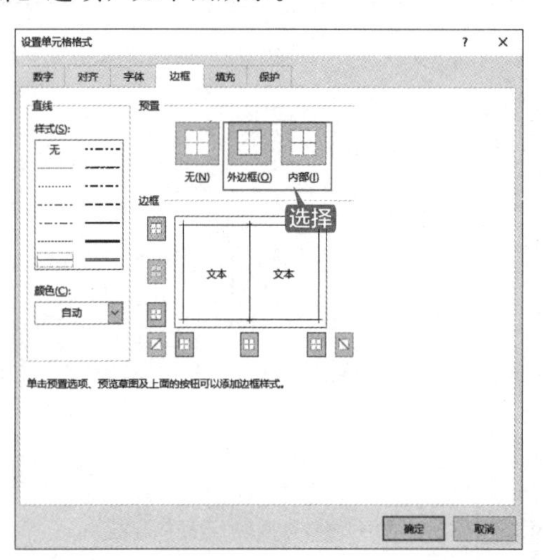

第3步 单击【确定】按钮，即可为选中的单元格区域设置边框线，如下图所示。

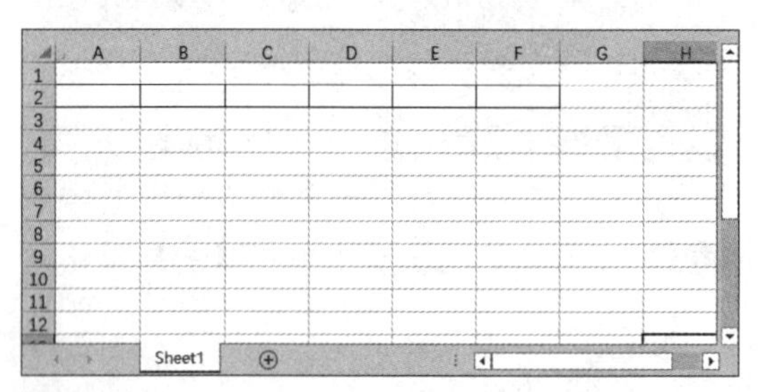

第4步 选中单元格区域 A3:F57，并打开【设置单元格格式】对话框，选择【边框】选项卡，在【预置】区域中选择【外边框】选项，并单击【边框】区域中的田按钮，如下图所示。

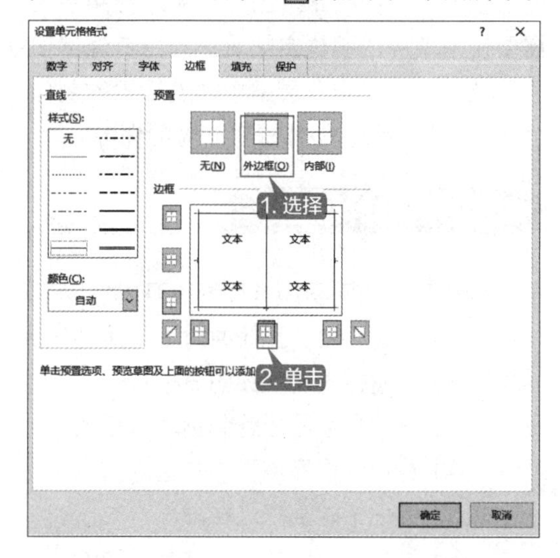

第5步 单击【确定】按钮，即可将选中的单元格区域设置成下图所示的样式。

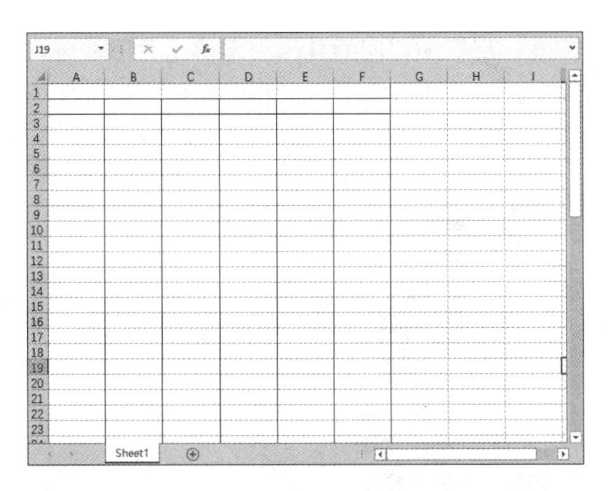

第 6 步 根据需要调整表格的行高和列宽，调整后的效果如下图所示。

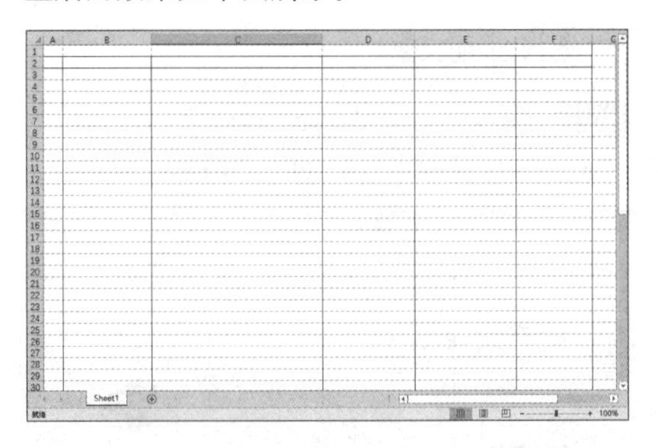

2. 应用自选图形绘制招聘流程图

第 1 步 插入形状。依次单击【插入】→【插图】→【形状】按钮，从弹出的下拉列表中选择【流程图】区域内的【流程图：可选过程】选项，如下图所示。

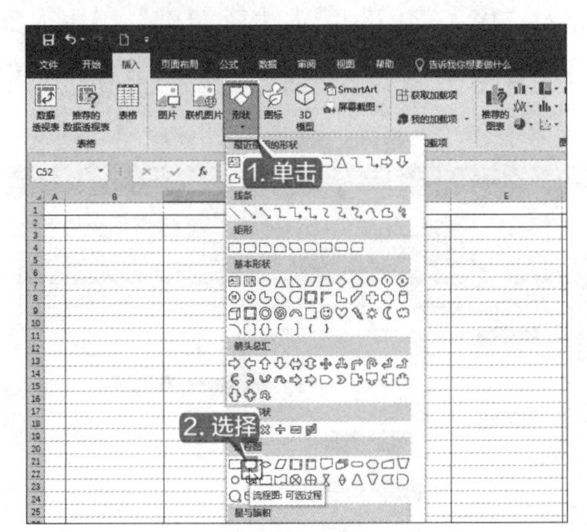

第 2 步 此时鼠标指针变成**+**形状，单击工作表中的任意位置开始绘制一个“流程图：可选过程”图形，如下图所示。

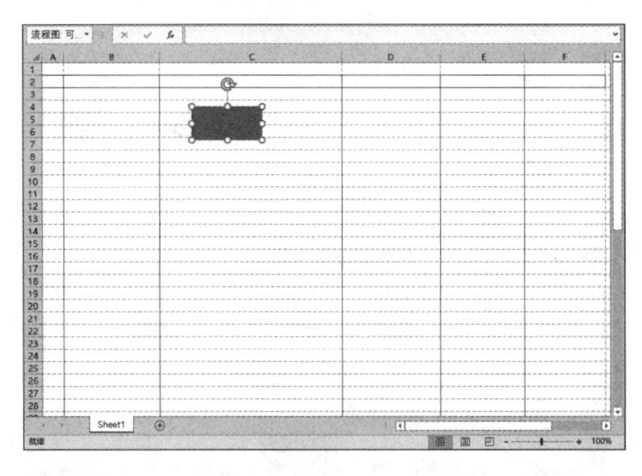

第 3 步 此时连续按【F4】键 16 次，即可在工作表中再添加 16 个相同的图形，如下图所示。

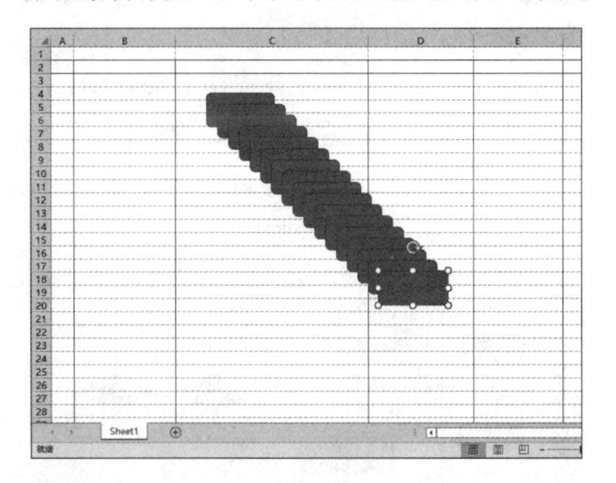

第 4 步 在【形状】下拉列表中选择【流程图】区域内的【流程图：决策】选项，然后单击工作表中的任意位置开始绘制一个“流程图：决策”图形，并按照第 3 步的方法再添加一个相同的图形，如下图所示。

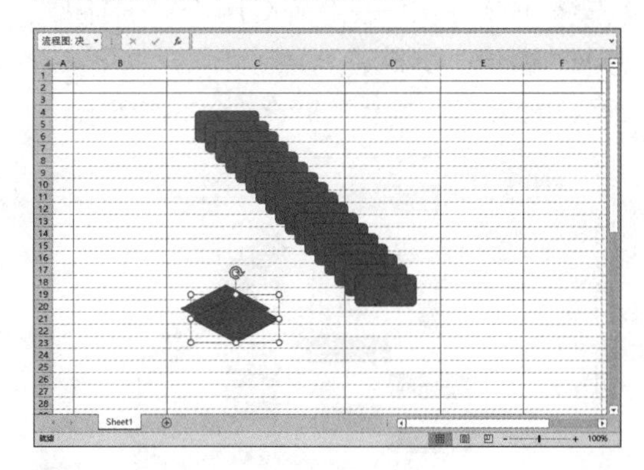

第 5 步 移动形状至合适的位置并根据需要对

它们进行合适的高度和宽度调整，设置后的效果如下图所示。

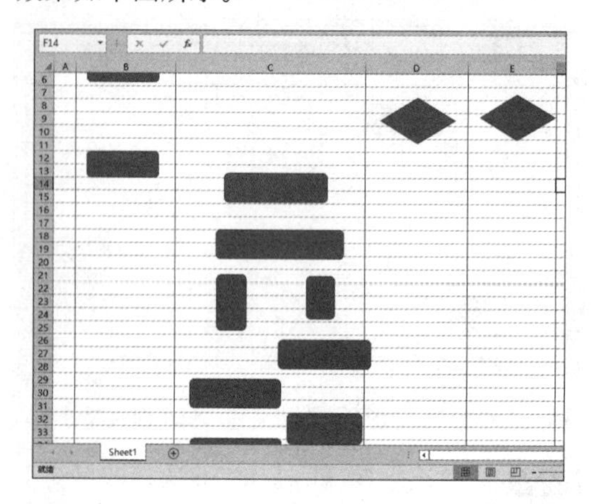

第 6 步 插入线条。在【形状】下拉列表中选择【线条】区域内的【肘形箭头连接符】选项，然后在工作表中绘制一条连接“流程图：可选过程”图形和“流程图：决策”图形的线条，最后按照相同的方法再绘制两条连接线条，并调整其位置，如下图所示。

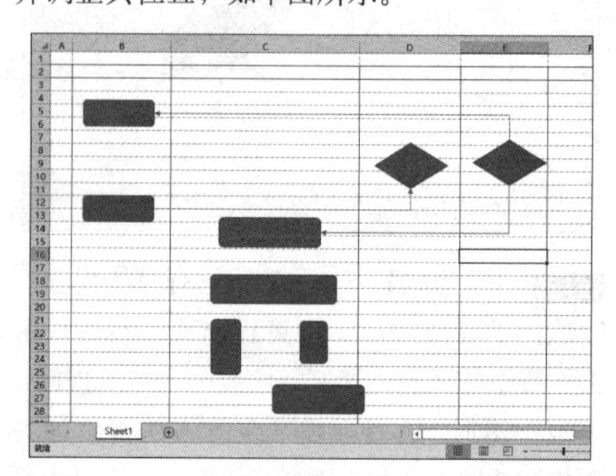

第 7 步 依次在工作表中插入 14 个“下箭头”形状、4 个“右箭头”形状、1 个“左箭头”形状和 2 个“上箭头”形状，如下图所示。

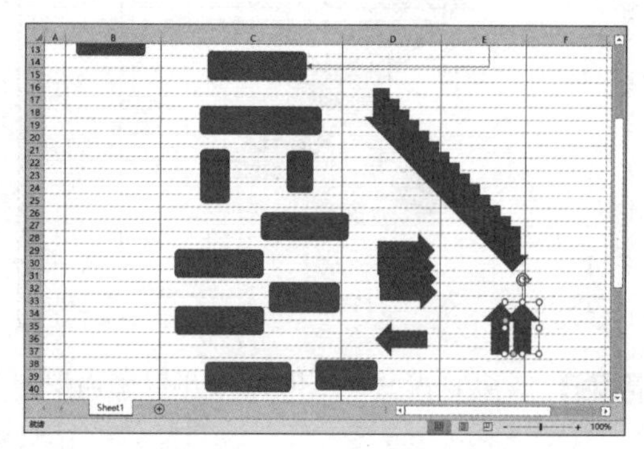

第 8 步 根据流程图的具体内容移动并调整所有箭头到合适的位置，最终的效果如下图所示。

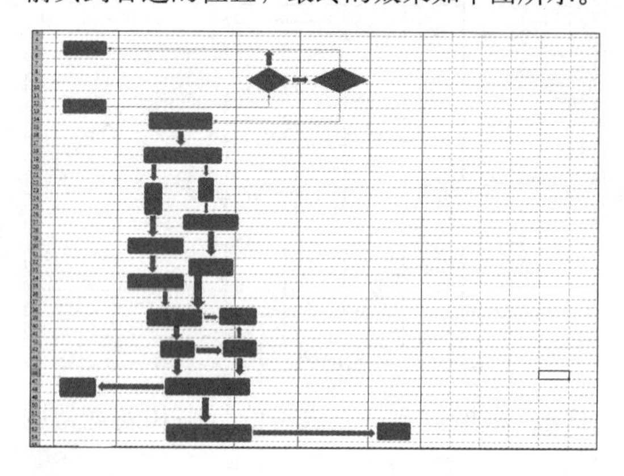

3. 添加文字

第 1 步 输入标题信息。选中单元格 A1，输入“员工招聘流程图”，如下图所示。

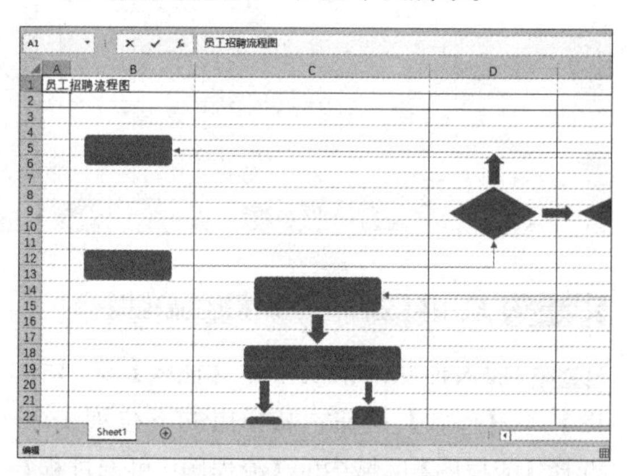

第 2 步 选中单元格区域 B2:F2，在其中分别输入“用人部门”“人力资源部”“用人部门分管领导”“总经理”“关联流程”，如下图所示。

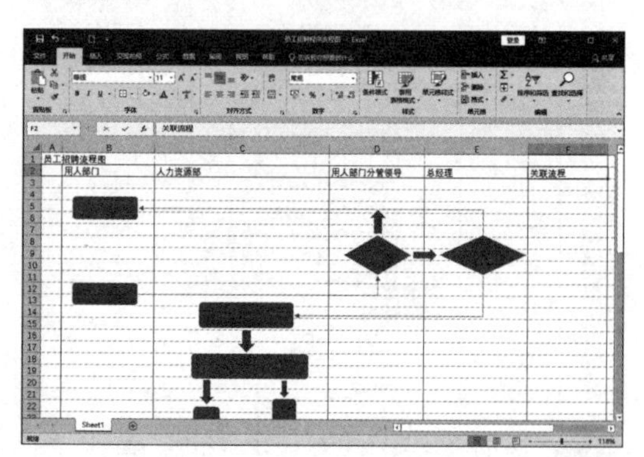

第 3 步　在工作表中选中任意一个形状并右击，从弹出的快捷菜单中选择【编辑文字】选项，如下图所示。

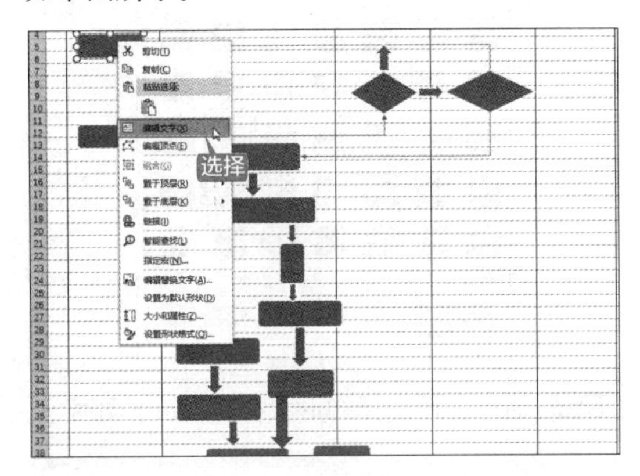

第 4 步　此时该形状处于编辑状态，根据企业招聘流程图的具体内容输入“取消或延迟”，然后按照相同的方法在余下的形状中输入相应的文本信息，如下图所示。

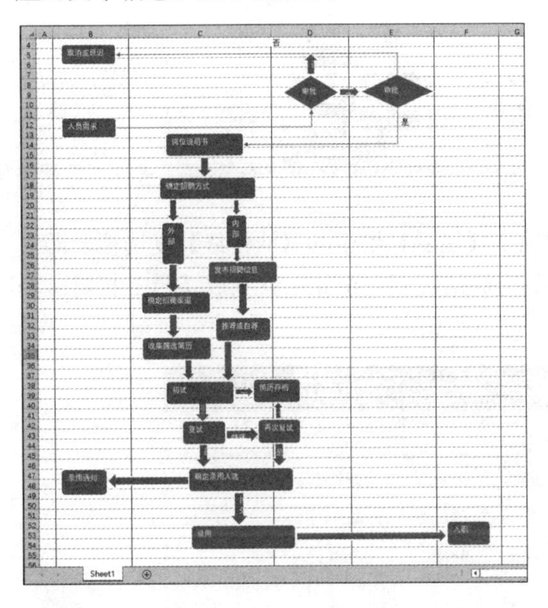

4. 设置单元格格式

第 1 步　合并单元格。选中单元格区域 A1:F1，依次单击【开始】→【对齐方式】→【合并后居中】按钮，将选中的单元格区域合并成一个单元格，如下图所示。

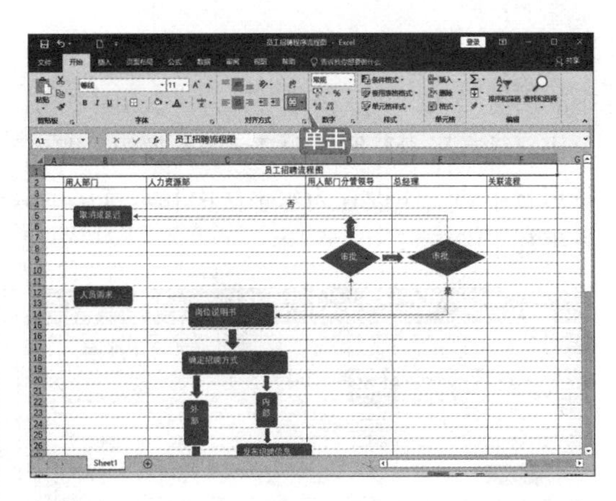

第 2 步　设置标题。选中单元格 A1，在【字体】组中设置【字体】为【微软雅黑】，【字号】为【20】，在【字体颜色】下拉列表中选择一种颜色，并调整该行的行高，使单元格中的字体能够完整地显示出来，如下图所示。

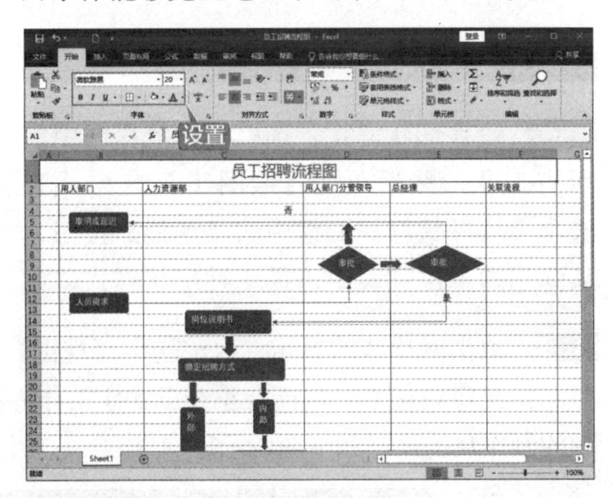

第 3 步　选中单元格区域 B2:F2，在【字体】组中设置【字号】为【12】，单击【加粗】按钮，单击【对齐方式】组中的【居中】按钮，设置后的效果如下图所示。

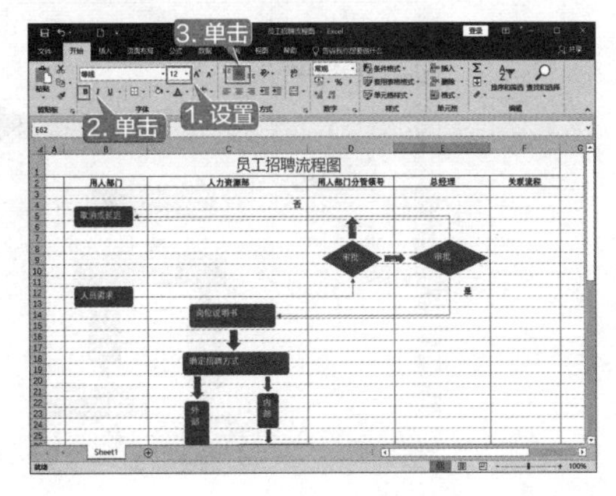

第4步 按住【Ctrl】键的同时依次选中流程图中的所有形状，然后在【对齐方式】组中分别单击【垂直居中】按钮和【居中】按钮，即可将形状中的字体设置为水平居中和垂直居中，效果如下图所示。

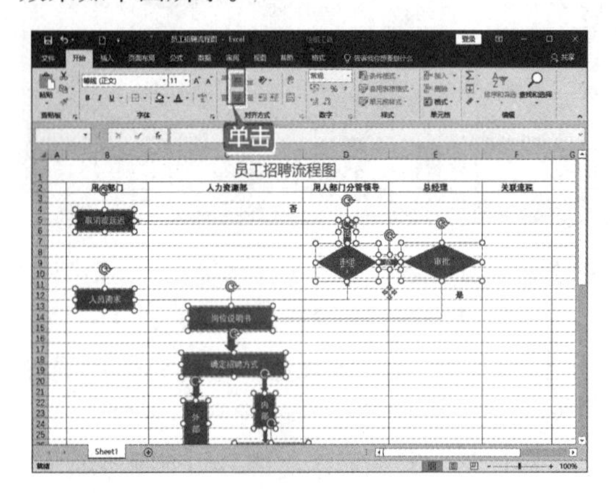

5. 美化员工招聘流程图

第1步 设置形状样式。选中招聘流程图中的所有形状，然后单击【绘图工具－格式】选项卡【形状样式】组中的【其他】按钮，从弹出的下拉列表中选择一种形状样式，如下图所示。

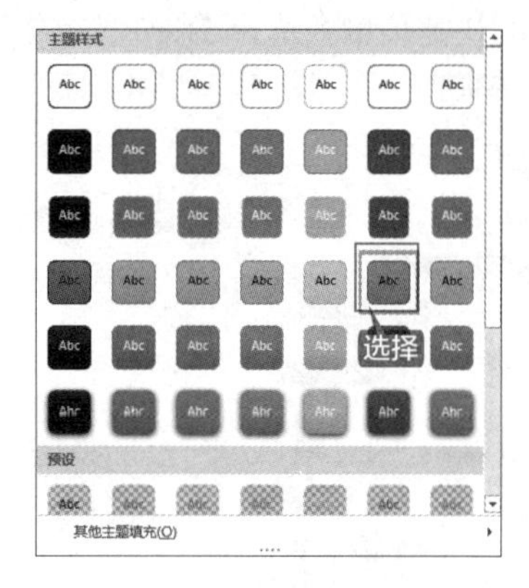

第2步 即可应用选择的形状样式，如下图所示。

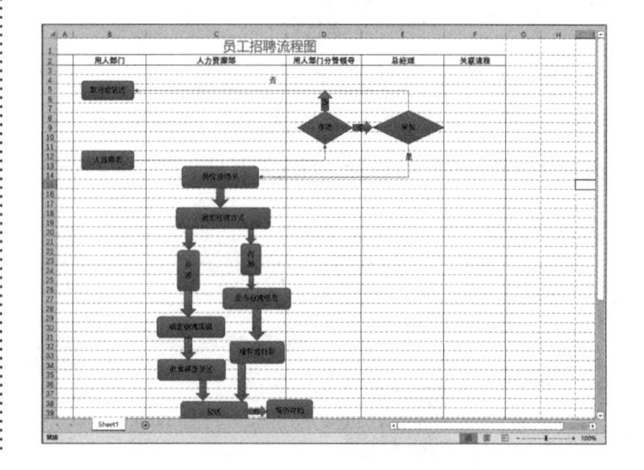

第3步 取消网格线的显示。取消选中【视图】选项卡【显示】组中的【网格线】复选框，即可将网格线隐藏起来，从而使整个Excel工作界面显得简洁美观。至此，就完成了员工招聘流程图的制作及美化，如下图所示。

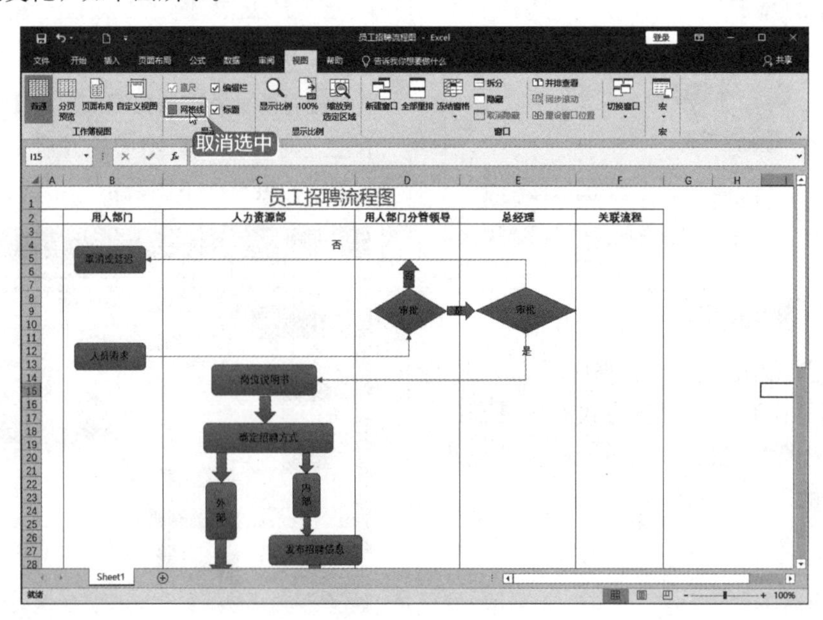

11.3 员工绩效考核表

依据员工绩效考核表，可以对员工的工作业绩、工作能力、工作态度及个人品德等进行评价和统计，并根据评估的结果对员工将来的工作行为和工作业绩产生正面引导的作用。因此，建立员工考评管理系统可以帮助企业更好地发展。

11.3.1 设计思路

制作员工业绩考核表时可以按以下思路进行。

（1）创建空白工作簿并对工作簿进行保存命名。

（2）在工作簿中输入文本与数据。

（3）合并单元格并调整行高与列宽。

（4）设置对齐方式、边框及填充效果。

（5）另存为兼容格式，共享工作簿。

11.3.2 知识点应用分析

制作员工绩效考核表时主要使用以下知识点。

（1）设置字体格式。设置字体格式主要是对表格内的字体、字号、颜色及特殊效果的设置。

（2）设置对齐方式。本案例中主要设置文本对齐方式和文本控制（合并单元格）内容，使表格看起来更加美观。

（3）强制换行。按【Alt + Enter】组合键强制将表格中的内容换行显示。

（4）设置填充效果。为表格中的部分内容设置填充效果，以突出显示该内容。

（5）设置边框。本案例中主要使用自定义边框，用户可以根据需要自定义边框线条的样式和颜色等。

11.3.3 案例实战

制作员工绩效考核表的具体操作步骤如下。

1. 建立表格

第 1 步　启动 Excel 2019，新建一个空白工作簿，并保存为“员工绩效考核表.xlsx”工作簿，如下图所示。

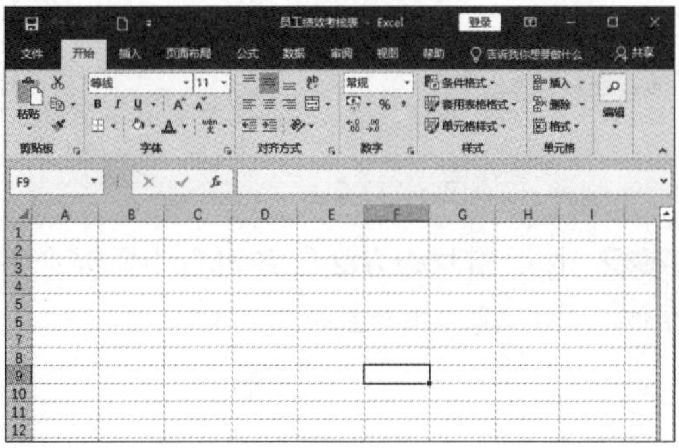

第2步 输入表格内容。分别在单元格 A1 及单元格区域 A2:I40 中输入表格标题和具体内容（也可以直接复制“员工绩效考核表数据.xlsx”中的数据），如下图所示。

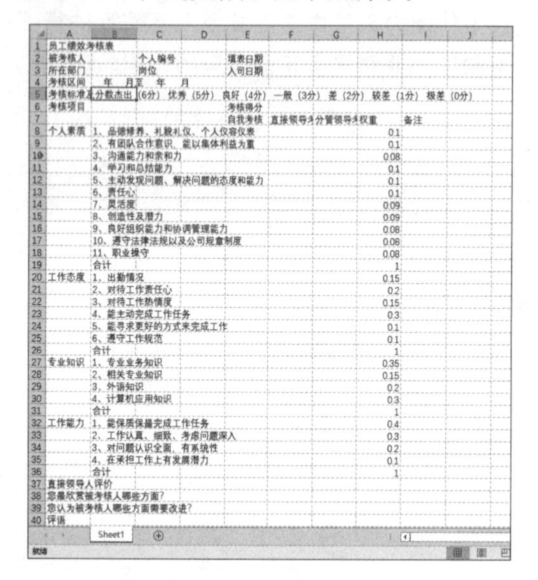

2. 设置单元格格式

第1步 选中 A1:I1 单元格区域，单击【开始】→【对齐方式】→【合并后居中】按钮，即可将选中的单元格区域合并成一个单元格，如下图所示。

第2步 按照相同的方法合并表格中需要合并的单元格区域，如下图所示。

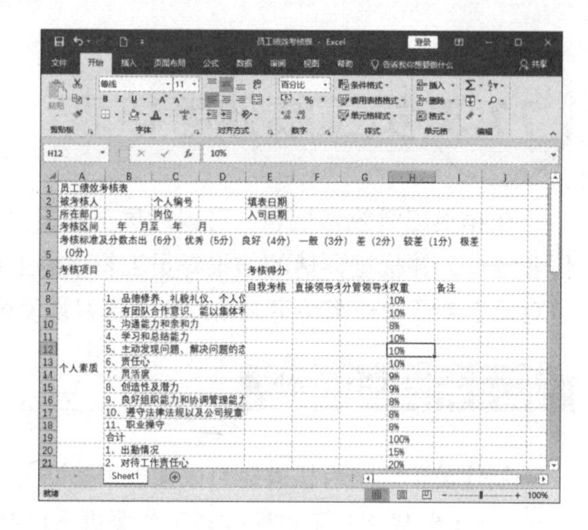

第3步 根据需要调整表格的行高和列宽，使表格中的文字能够完整地显示出来，如下图所示。

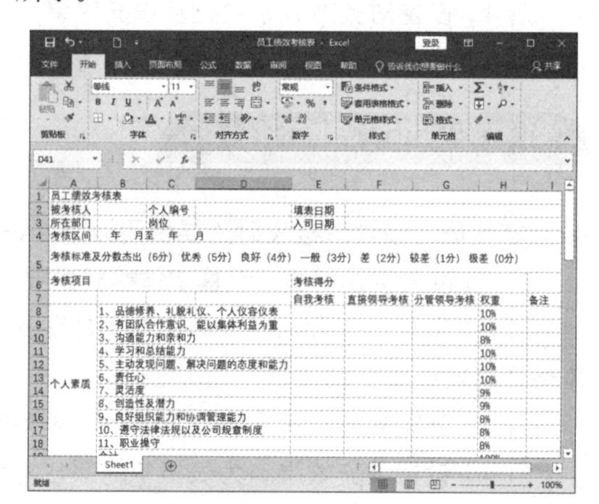

第4步 强制换行。将鼠标指针移到单元格 A5 的“考核标准及分数”文本内容后，按【Alt + Enter】组合键，即可将其强制换行显示，如下图所示。

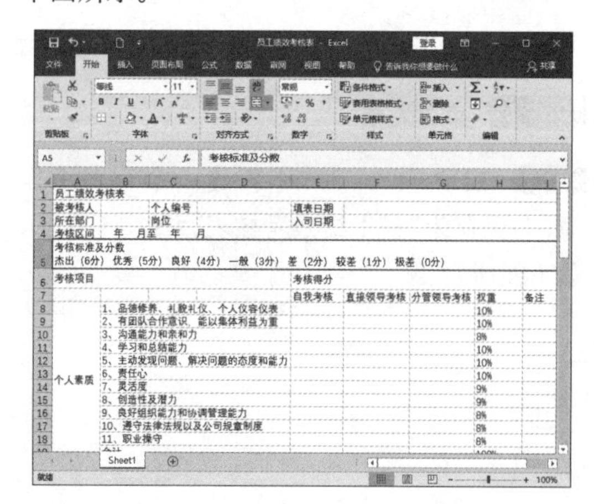

第 5 步 设置自动换行。选中单元格区域 A38:A39，依次单击【开始】→【对齐方式】→【自动换行】按钮，即可将选中的文本内容自动换行显示，如下图所示。

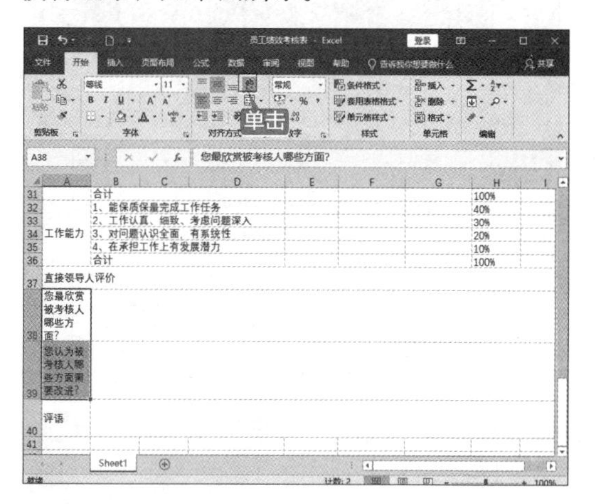

第 6 步 设置对齐方式。依次选中单元格区域 A1:I6、E7:I36、A37:A40，以及单元格 B19、B26、B31、B36 和 A37，然后单击【对齐方式】组中的【居中】按钮，即可将选中的文本内容设置为居中显示，如下图所示。

第 7 步 选中单元格区域 A2:I40，按【Ctrl+1】组合键打开【设置单元格格式】对话框，选择【边框】选项卡，然后分别选择【外边框】和【内部】的线条样式，如下图所示。

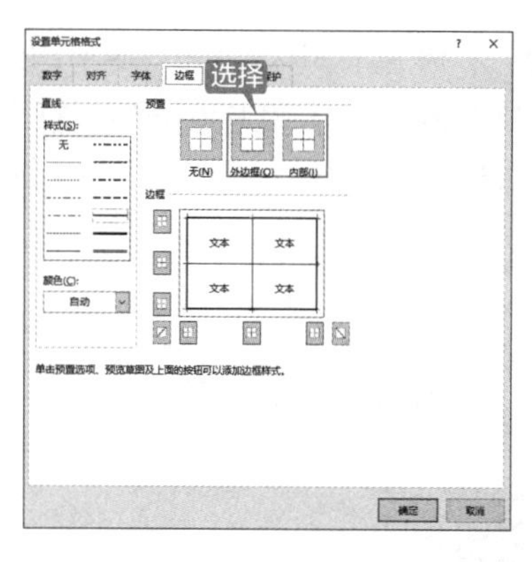

第 8 步 单击【确定】按钮，即可为表格设置边框，如下图所示。

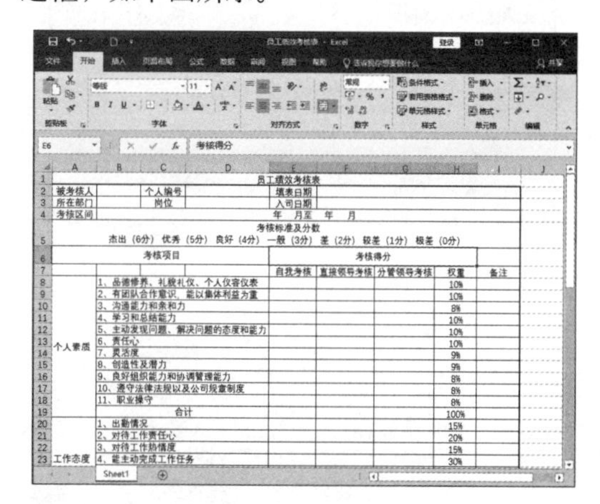

3. 美化表格

第 1 步 设置标题。选中单元格 A1，在【字体】组中设置【字体】为【华文新魏】，【字号】为【20】，并在【字体颜色】下拉列表中选择需要的字体颜色，单击【加粗】按钮，设置后的效果如下图所示。

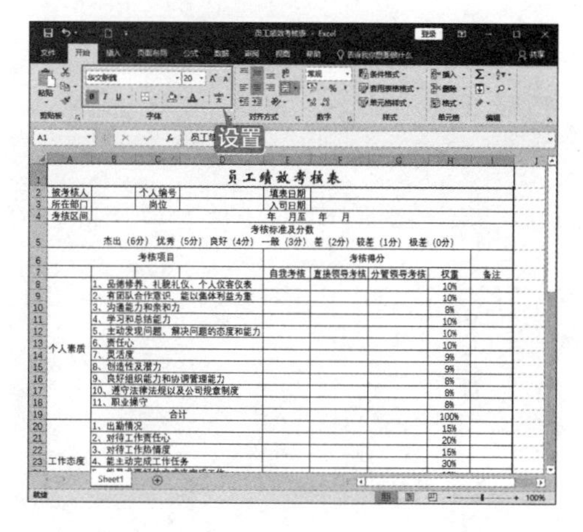

第 2 步 分别选中单元格区域 B19:G19、B26:G26、B31:G31 和 B36:G36，打开【设置单元格格式】对话框，选择【填充】选项卡，然后在【背景色】区域中选择一种填充颜色，如下图所示。

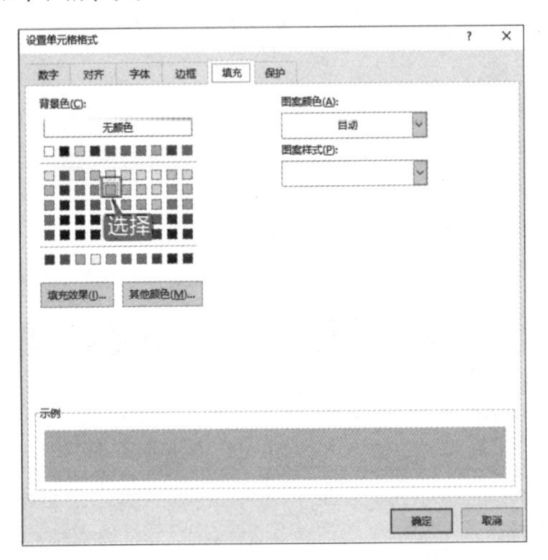

第 3 步 单击【确定】按钮，即可为选中的单元格区域设置填充效果。至此，就完成了员工绩效考核表的制作及美化，如下图所示。

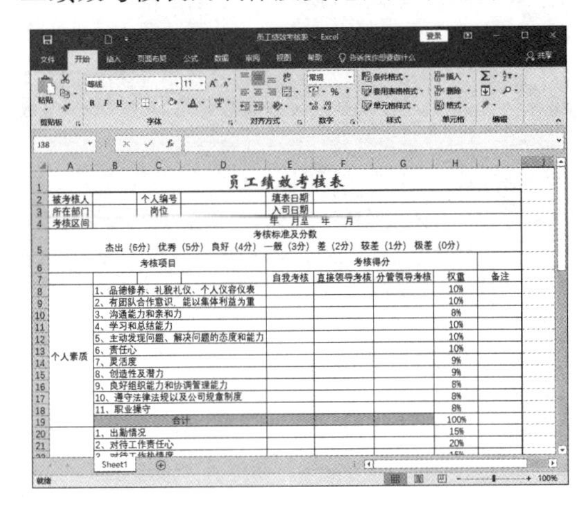

第12章 Excel在市场营销中的高效应用

本章导读

作为Excel的最新版本，Excel 2019具有强大的数据分析管理能力，在市场营销管理中有着广泛的应用。本章根据其在市场营销中的实际应用状况，详细介绍了市场营销项目计划表、产品销售分析与预测，以及进销存管理表的制作及美化。

思维导图

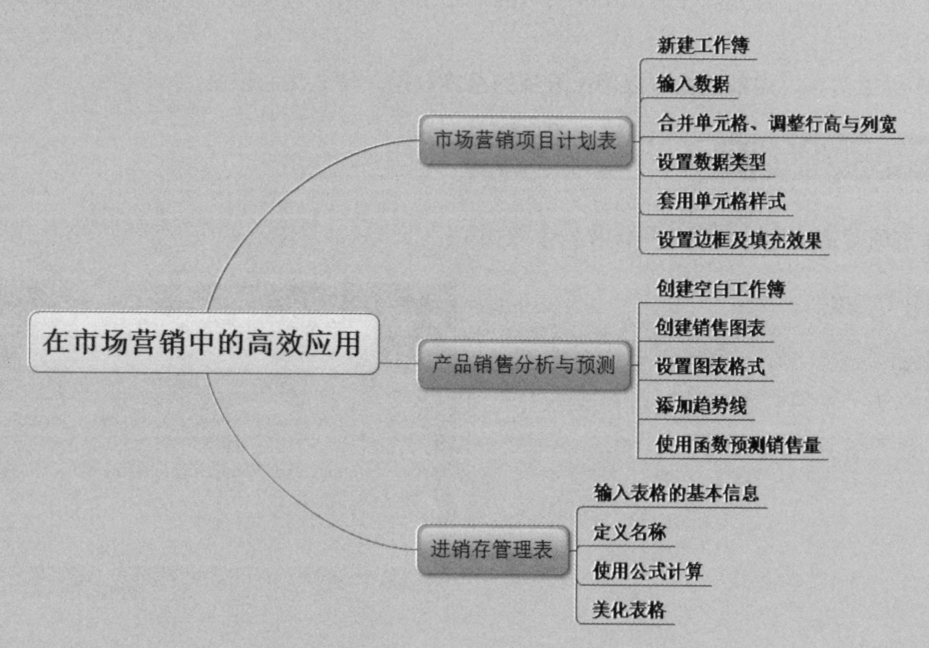

12.1 市场营销项目计划表

市场营销项目计划表主要用于对市场营销的状况进行分析，是对营销项目进行分析、计划、执行和控制的过程。通过市场营销计划表，企业可以及时掌握营销项目的执行状态，以及对项目成本的估计，从而对企业的发展起到引导作用。

12.1.1 设计思路

在制作市场营销计划表时可以按以下思路进行。

（1）创建空白工作簿并对工作簿进行保存命名。

（2）在工作簿中输入文本与数据。

（3）合并单元格并调整行高与列宽。

（4）设置对齐方式及填充效果。

（5）套用单元格样式设置标题。

（6）另存为兼容格式，共享工作簿。

12.1.2 知识点应用分析

在本案例中将使用的知识点有如下几点。

（1）设置填充效果。针对不同单元格区域设置填充效果以突出显示其中的内容，在本案例中突出显示项目执行的状态。

（2）设置数据类型。在本案例中会使用到“货币”格式，用来记录货币相关的数据。

（3）套用单元格样式。使用 Excel 自带的单元格样式来设置标题，可以使标题看起来更加醒目美观。

（4）设置边框。添加边框可以增强表格的整体效果，使之更为规整。

12.1.3 案例实战

制作市场营销项目计划表的具体操作步骤如下。

1. 建立表格

第 1 步 启动 Excel 2019，新建一个空白工作簿，并保存为“市场营销项目计划表.xlsx”工作簿，如下图所示。

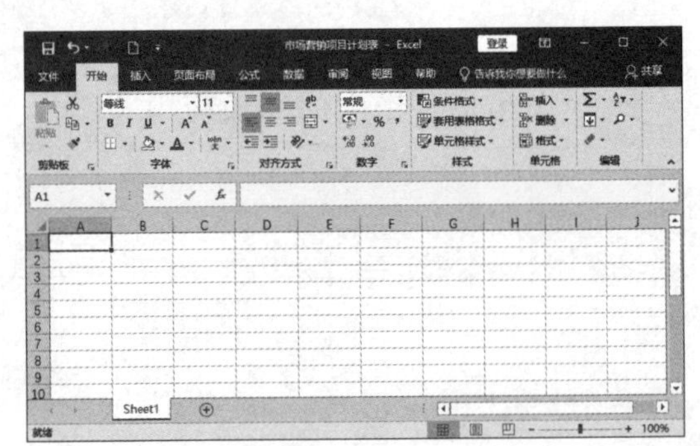

第2步 选中单元格A1，输入“市场营销项目计划表”，按【Enter】键完成输入，按照相同的方法在单元格区域A2:J2中输入表头内容，如下图所示。

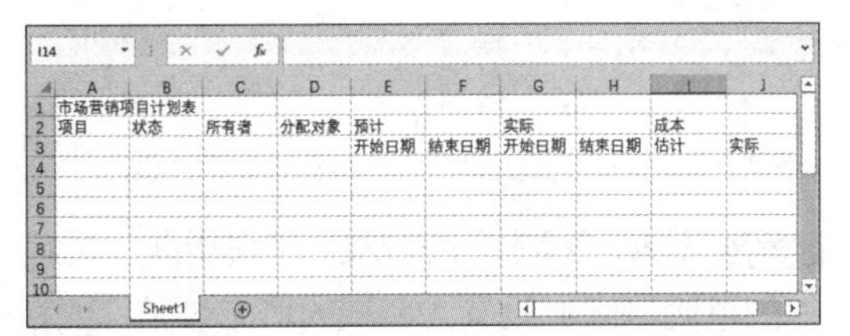

第3步 根据营销项目计划在表格中输入具体内容(也可以直接复制“市场营销项目计划表数据.xlsx”中的数据)，如下图所示。

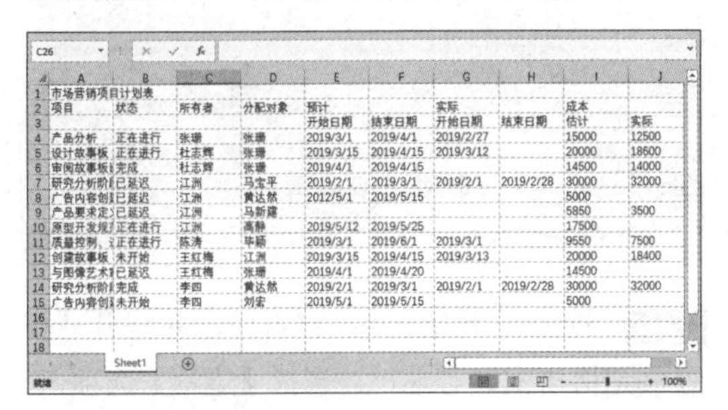

2. 设置单元格格式

第1步 合并单元格。分别选中单元格区域A1:J1、A2:A3、B2:B3、C2:C3、D2:D3、E2:F2、G2:H2和I2:J2，依次单击【开始】→【对齐方式】→【合并后居中】按钮，从弹出的下拉菜单中选择【合并单元格】选项，将选中的单元格区域合并成一个单元格，如下图所示。

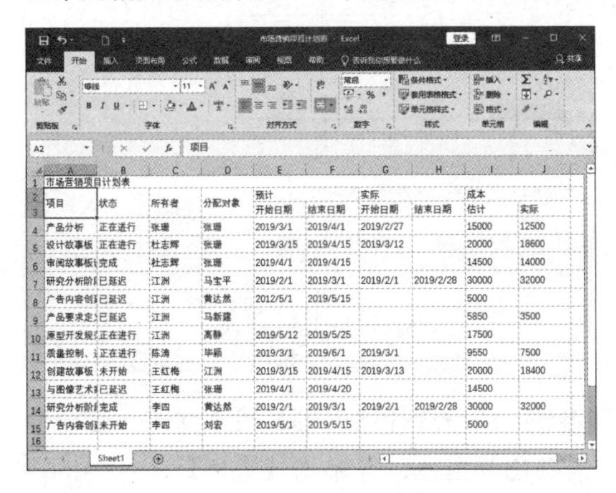

第2步 设置表头字体和字号。选中单元格区域A2:J3，在【字体】组中设置【字体】为【宋体】，【字号】为【12】，单击【加粗】按钮，并调整列宽，使单元格中的字体能够完整地显示出来，如下图所示。

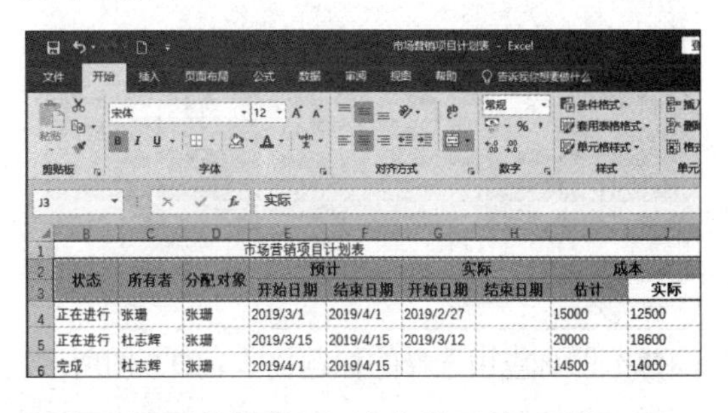

第3步 设置数据类型。选中单元格区域I4:J15，依次单击【开始】→【数字】→【数字格式】按钮，从弹出的下拉菜单中选择【货币】选项，即可将选中的数据设置为货币格式，如下图所示。

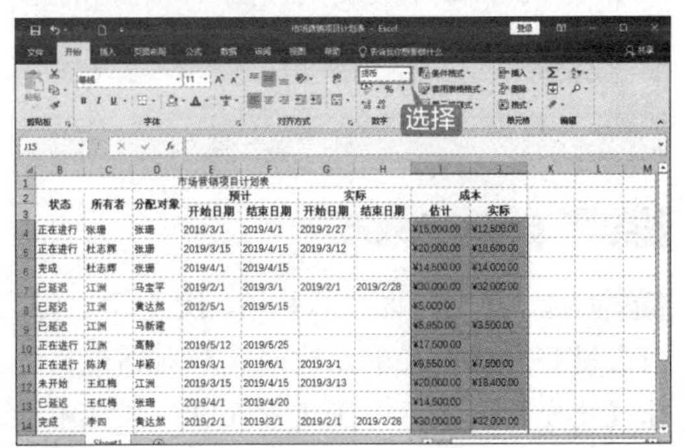

第4步 设置对齐方式。选中单元格区域A1:J15，单击【对齐方式】组中的【居中】按钮，即可将选中的内容设置为居中显示，如下图所示。

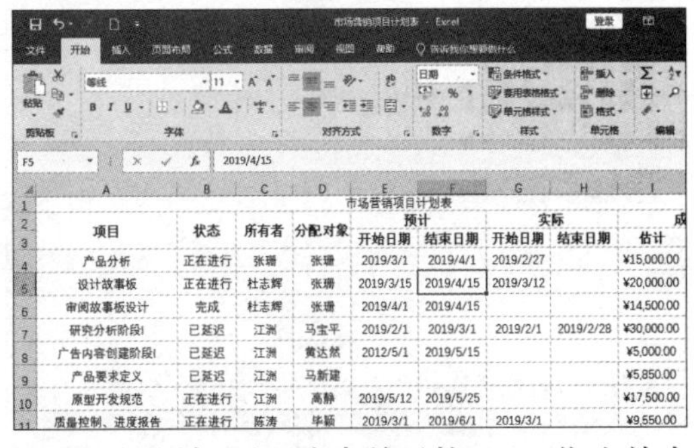

第5步 设置标题。选中单元格A1，依次单击【开始】→【样式】→【单元格样式】按钮，从弹出的下拉菜单中选择【标题】区域的【标

题 1】选项，如下图所示。

第 6 步 即可应用选择的标题格式，如下图所示。

3. 设置填充效果

第 1 步 选中单元格区域 A4:J4，按【Ctrl+1】组合键打开【设置单元格格式】对话框，选择【填充】选项卡，在【背景色】区域中选择一种填充颜色，如下图所示。

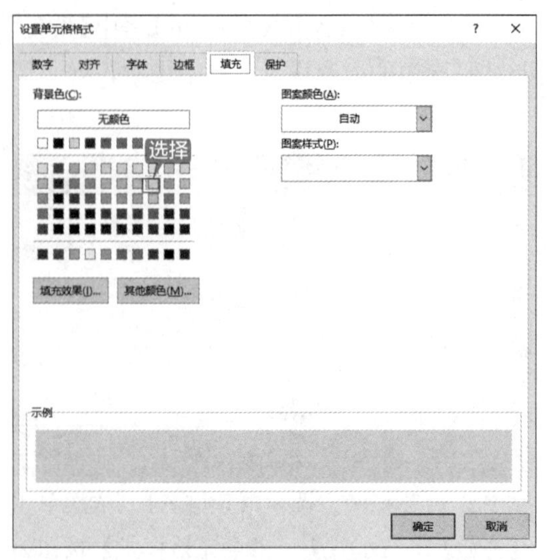

第 2 步 单击【确定】按钮，即可为选中的单元格区域设置填充效果，如下图所示。

第 3 步 根据“状态”的分类，将属于同一类状态的单元格区域设置为相同的填充效果，然后调整各行的行高，如下图所示。

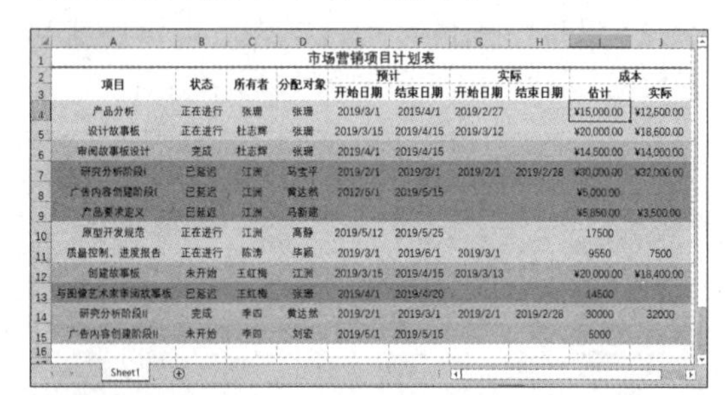

项目	状态	所有者	分配对象	预计 开始日期	预计 结束日期	实际 开始日期	实际 结束日期	成本 估计	成本 实际
产品分析	正在进行	张珊	张珊	2019/3/1	2019/4/1	2019/2/27		¥15,000.00	¥12,500.00
设计故事板	正在进行	杜志辉	张珊	2019/3/15	2019/4/15	2019/3/12		¥20,000.00	¥18,600.00
审阅故事板设计	完成	杜志辉	张珊	2019/4/1	2019/4/15			¥14,500.00	¥14,000.00
研究分析阶段I	已延迟	江洲	马宏平	2019/2/1	2019/3/1	2019/2/1	2019/2/28	¥30,000.00	¥32,000.00
广告内容创建阶段I	已延迟	江洲	黄达然	2012/5/1	2019/5/15			¥5,000.00	
产品要求定义	已延迟	江洲	马新建					¥5,850.00	¥3,500.00
原型开发规范	正在进行	江洲	高静	2019/5/12	2019/5/25			17500	
质量控制、进度报告	正在进行	陈涛	华颖	2019/3/1	2019/6/1	2019/3/1		9550	7500
创建故事板	未开始	王红梅	江洲	2019/3/15	2019/4/15	2019/3/13		¥20,000.00	¥18,400.00
与图像艺术家审阅故事板	已延迟	王红梅	张珊	2019/4/1	2019/4/20			14500	
研究分析阶段II	完成	李四	黄达然	2019/2/1	2019/3/1	2019/2/1	2019/2/28	30000	32000
广告内容创建阶段II	未开始	李四	刘宏	2019/5/1	2019/5/15			5000	

第 4 步 选中单元格区域 A4:J15，并打开【设置单元格格式】对话框，选择【边框】选项卡，然后选择【外边框】线条样式，并选择线条颜色，单击【边框】区域内的按钮和按钮，如下图所示。

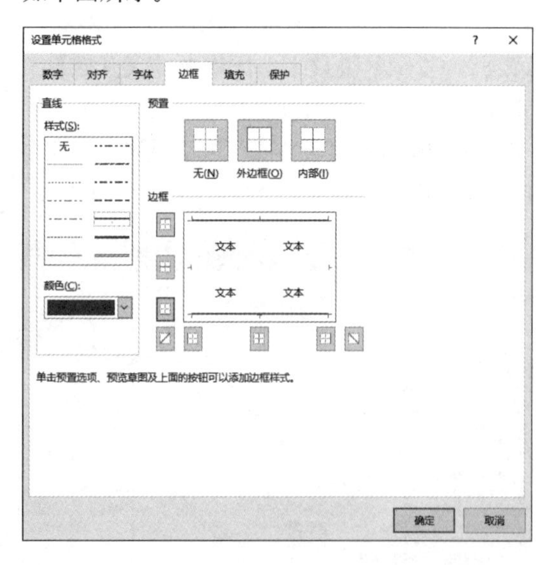

第 5 步 然后选择【内部】线条样式，选择线条颜色为白色，并单击【边框】区域内的按钮和按钮，如下图所示。

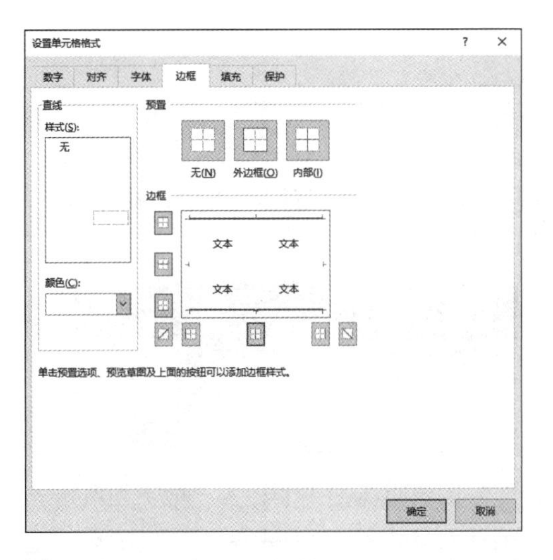

第 6 步 单击【确定】按钮，即可返回 Excel 工作表中查看设置后的效果。至此，就完成了市场营销项目计划表的制作，如下图所示。

12.2 产品销售分析与预测

在对产品的销售数据进行分析时，可以使用图表来直观地展示产品销售状况，还可以添加趋势线来预测下个周期的销售情况，从而更加方便地分析数据。

12.2.1 设计思路

在对产品销售进行分析与预测时可以按以下思路进行。

（1）创建空白工作簿，并对工作簿进行保存命名。

（2）创建销售图表。

（3）设置图表格式。

（4）添加趋势线预测下个月的销售情况。

（5）使用函数预测销售量。

12.2.2 知识点应用分析

在本案例中主要运用了以下知识点。

（1）插入图表。对于数据分析来说，图表是直观的，且易发现数据变化的趋势，是市场营销类表格中最常用的功能。

（2）美化图表。创建图表后，还可以对图表进行美化操作，使图表看起来更加美观。

（3）添加趋势线。添加趋势线可以清楚地显示出当前销售的趋势和走向，有助于数据的分析和梳理。

（4）使用 FORECAST 函数可以根据一条线性回归拟合线返回一个预测值。使用此函数可以对未来销售额、库存需求或消费趋势进行预测。在本案例中将预测 12 月份的销量数据。

12.2.3 案例实战

制作产品销售与预测表的具体操作步骤如下。

1. 创建销售图表

第1步 打开“素材\ch12\产品销售统计表.xlsx”文件，如下图所示。

月份	销售量
1	1845
2	1720
3	2158
4	1824
5	2050
6	2145
7	2436
8	2587
9	2694
10	2596
11	2879
12	

第2步 选中单元格区域B1:B13，然后单击【插入】选项卡【图表】组中的【插入折线图或面积图】按钮，从弹出的下拉列表中选择【带数据标记的折线图】选项，如下图所示。

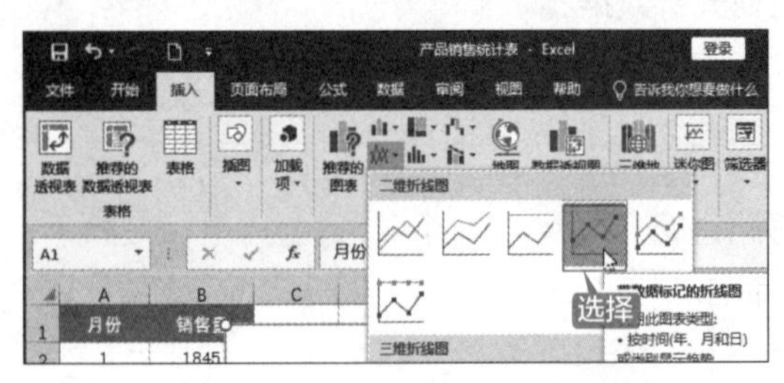

第3步 即可在当前工作表中插入折线图图表，如下图所示。

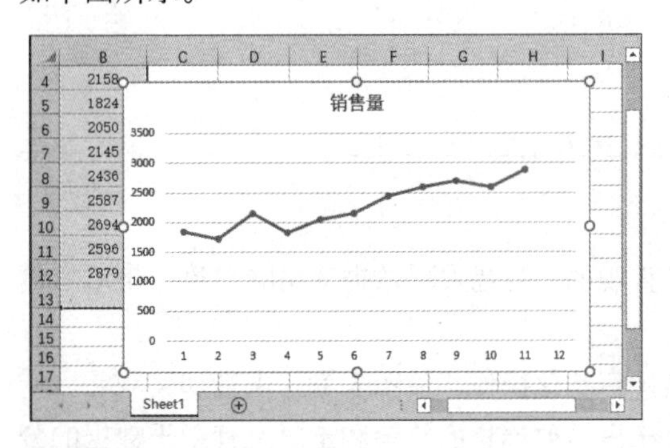

2. 设置图表格式

第1步 选中创建的图表，然后单击【图表工具-设计】选项卡【图表样式】组中的【其他】按钮，从弹出的下拉列表中选择一种图表的样式，如下图所示。

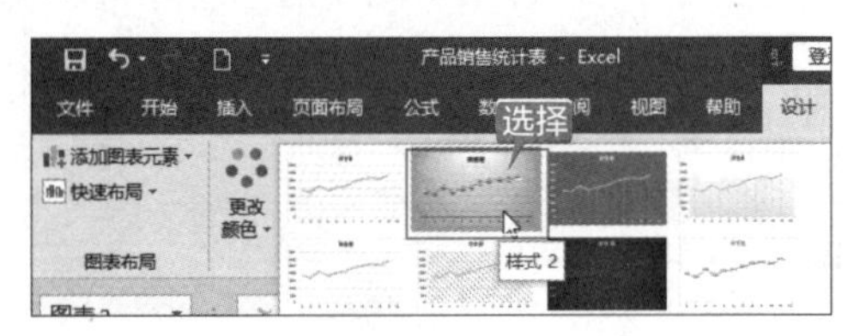

第2步 即可更改图表的样式，如下图所示。

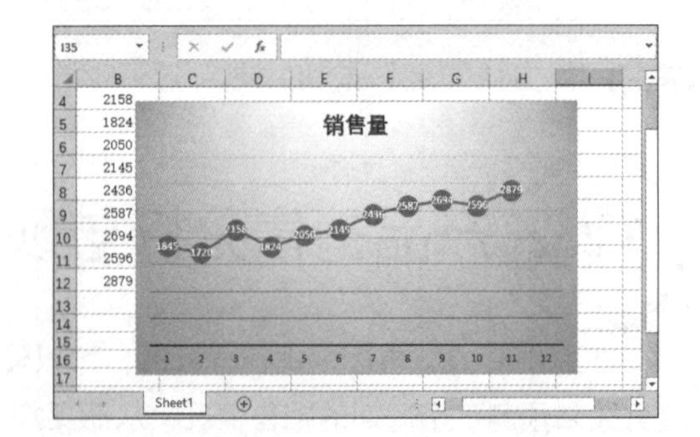

第3步 选中图表区，然后单击【图表工具-格式】选项卡【形状样式】组中的【其他】按钮，从弹出的下拉列表中选择一种形状样式，如下图所示。

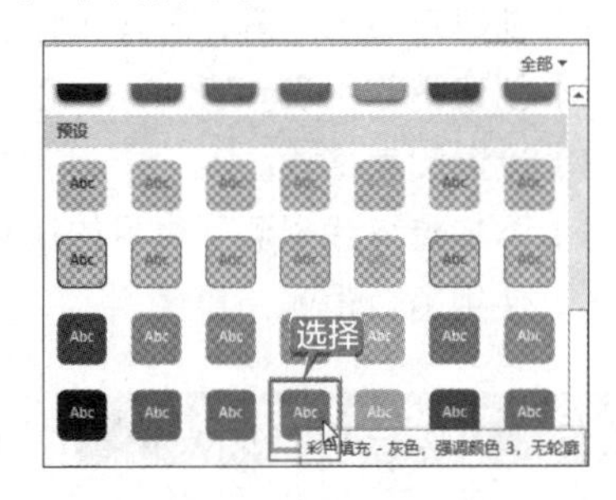

第4步 即可完成图表区的美化，如下图所示。

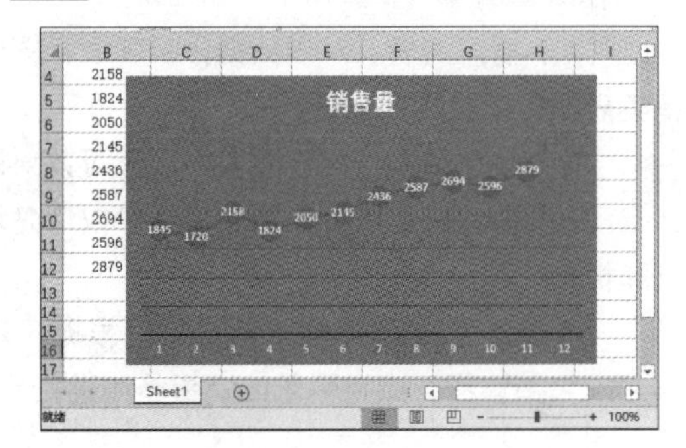

第 5 步 选中标题文本框，然后单击【图表工具 - 设计】选项卡【艺术字样式】组中的【其他】按钮，从弹出的下拉列表中选择一种艺术字样式，如下图所示。

第 6 步 即可为图表标题添加艺术字效果，如下图所示。

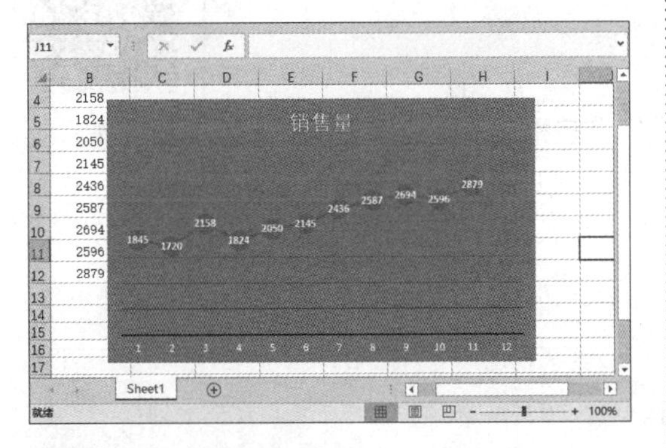

3. 添加趋势线

第 1 步 选中图表，然后单击【图表工具 - 设计】选项卡【图表布局】组中的【添加图表元素】按钮，从弹出的下拉菜单中选择【趋势线】→【线性】选项，如下图所示。

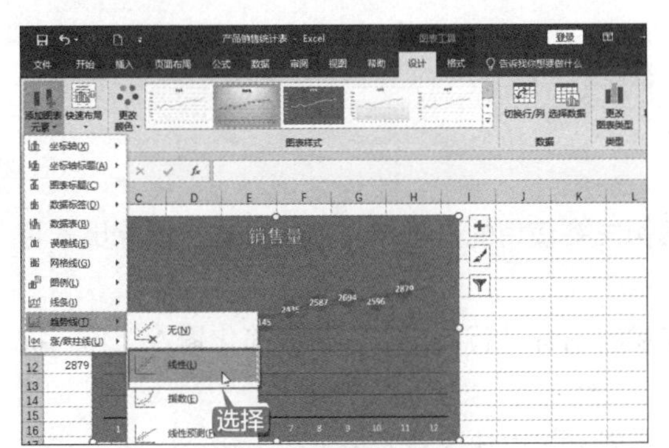

第 2 步 即可为图表添加线性趋势线，如下图所示。

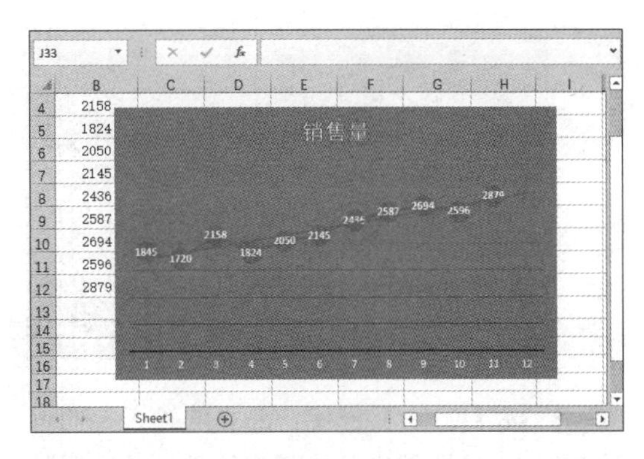

第 3 步 选中添加的趋势线并右击，从弹出的快捷菜单中选择【设置趋势线格式】选项，即可打开【设置趋势线格式】任务窗格，然后在此窗格中设置趋势线的填充线条、颜色、透明度、宽度、短画线类型等，如下图所示。

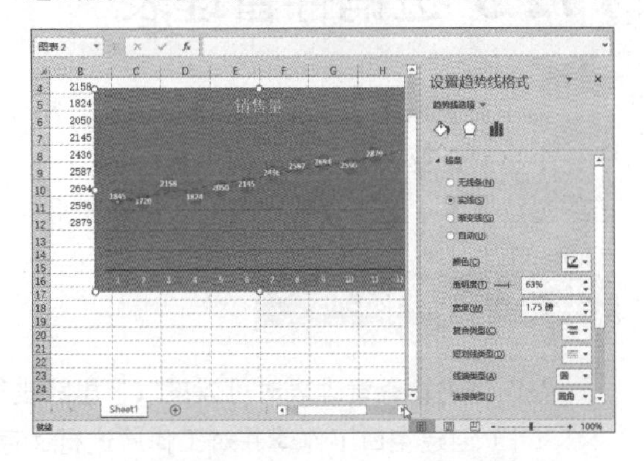

第 4 步 调整图表大小及位置，效果如下图所示。

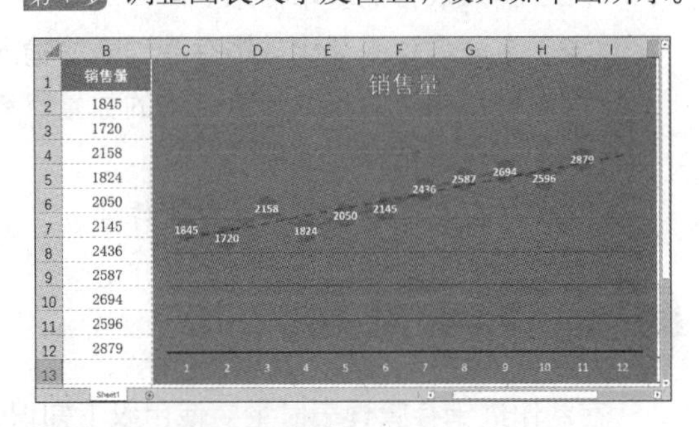

4. 预测销售量

第 1 步 选中单元格 B13,并输入公式“=FORECAST(A13,B2:B12,A2:A12)”，如下图所示。

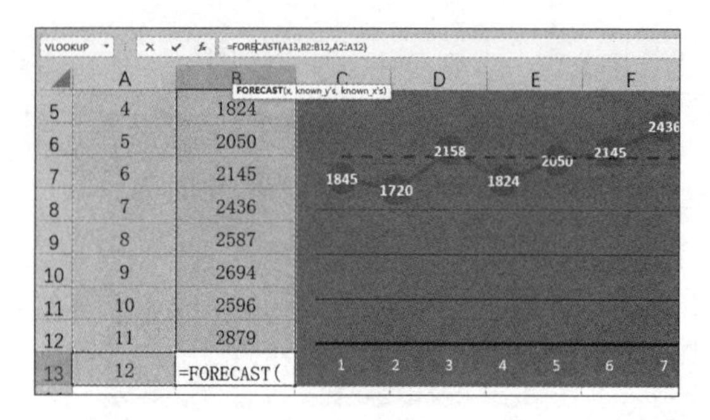

第 2 步 按【Enter】键确认公式的输入，即可计算出 12 月份销售量的预测结果，并设置数值为整数。至此，就完成了产品销售的分析与预测，如下图所示。

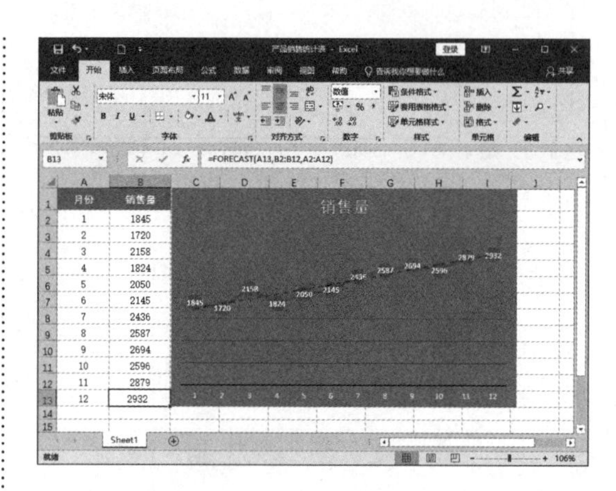

12.3 进销存管理表

为了更直观地了解企业进销存信息，制作进销存表格成为企业管理中必不可少的工作。对于一个小型企业来说，可以使用 Excel 2019 代替专业的进销存软件来制作进销存管理表，从而节约企业成本。进销存管理表一般包括上月结存、本月入库、本月出库及本月结存等内容。

12.3.1 设计思路

在制作进销存管理表时可以按以下思路进行。

（1）创建空白工作簿并对工作簿进行保存命名。

（2）输入表格的基本信息。

（3）定义名称来简化进销存管理表的输入工作。

（4）使用相关的公式计算表中的数量、单价和金额等。

（5）美化进销存管理表。

（6）另存为兼容格式，共享工作簿。

12.3.2 知识点应用分析

在制作进销存管理表时主要使用以下知识点。

（1）使用公式。可以快速计算出结果，本案例主要使用的是求和与除法公式，以算出本月结存的物料数量及单价。

（2）定义名称。本案例中主要对物料编号和物料名称进行自定义，从而简化输入工作，提高工作效率。

（3）套用表格格式。使用 Excel 自带的表格样式，可以快速对表格进行美化。

（4）表格格式设置。通过表格格式设置，可以对表中文字的字体、字号及颜色等进行美化，也可以对单元格和段落格式进行设置，如合并单元格、调整行高和列宽、设置对齐方式等。

12.3.3 案例实战

制作进销存管理表的具体操作步骤如下。

1. 建立表格

第 1 步 启动 Excel 2019，新建一个空白工作簿，并保存为“进销存管理表.xlsx”工作簿，如下图所示。

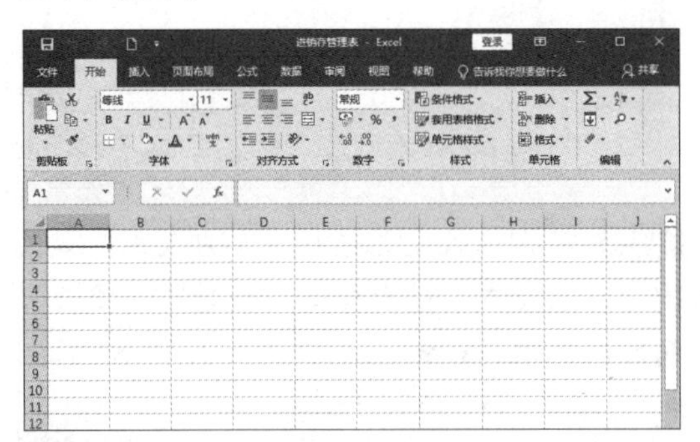

第 2 步 选中单元格 A1，并输入“1 月份进销存管理表”，按【Enter】键完成输入，然后按照相同的方法分别在其他单元格中输入表头内容，如下图所示。

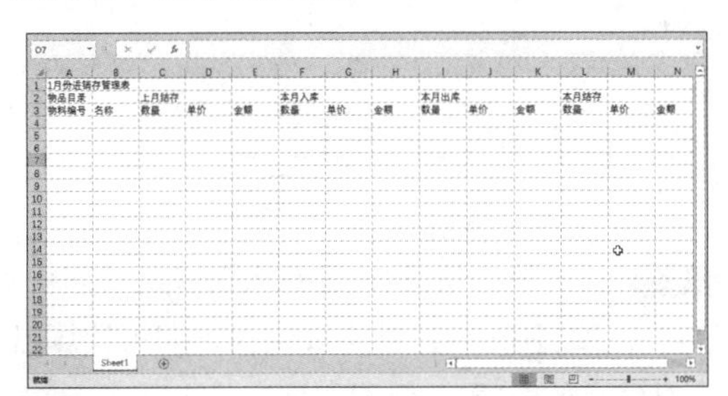

第 3 步 单击工作表“Sheet1”右侧的【新工作表】按钮⊕，新建一个空白工作表，并将其重命名为“数据源”，然后在该表中输入下图所示的内容。

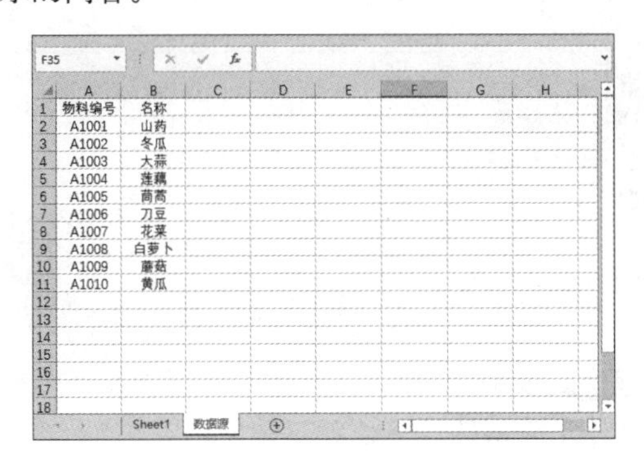

第 4 步 定义名称。在“数据源”工作表中，选中单元格区域 A1:A11，然后依次选择【公式】→【定义的名称】→【根据所选内容创建】选项，即可打开【根据所选内容创建名称】对话框，在该对话框中选中【首行】复选框，如下图所示。

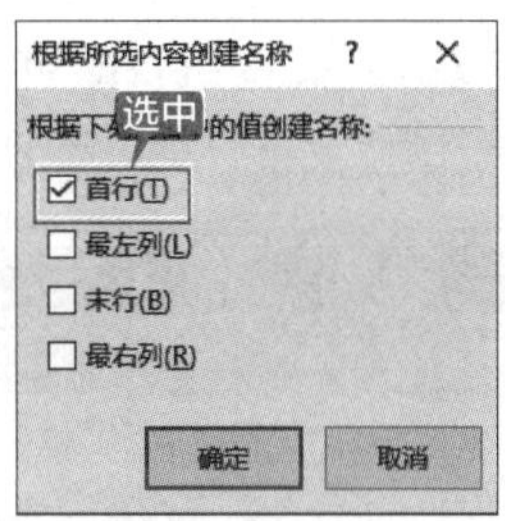

第 5 步 单击【确定】按钮，即可创建一个“物料编号”的名称。然后按照相同的方法将单元格区域 B1:B11 进行自定义名称，可单击【定义的名称】组中的【名称管理器】按钮，在打开的【名称管理器】对话框中查看自定义的名称，如下图所示。

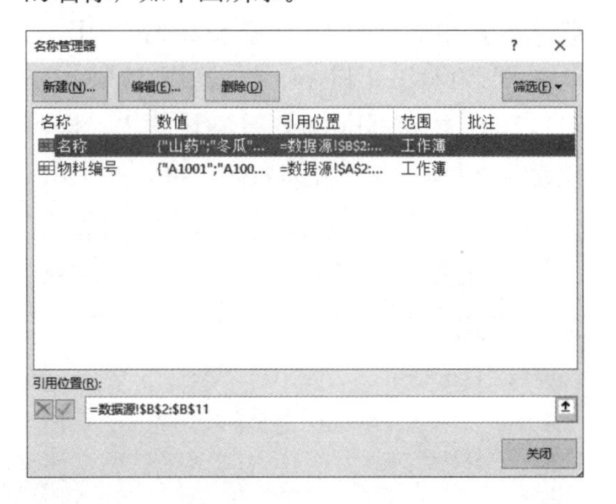

第 6 步 打开“Sheet1”工作表，并选中单元格区域 A4:A13，然后依次单击【数据】→【数据工具】→【数据验证】按钮，即可打开【数据验证】对话框，选择【设置】选项卡，在【允许】下拉菜单中选择【序列】选项，在【来源】文本框中输入“= 物料编号”，如下图所示。

第 7 步 单击【确定】按钮，即可为选中的单元格区域设置下拉菜单，如下图所示。

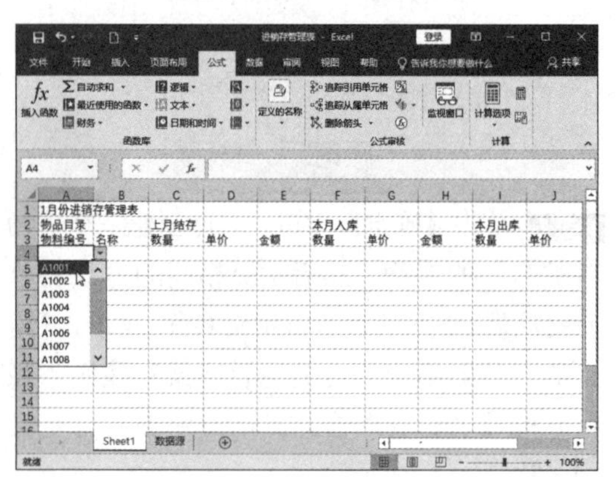

第 8 步 选中单元格 B4，输入公式“=IF(A4="","",VLOOKUP(A4,数据源!$A$1:$B$11,2,))”，按【Enter】键确认输入，即可填充与 A4 单元格对应的名称，如下图所示。

	A	B	C	D	E	F	G	H
1	1月份进销存管理表							
2	物品目录		上月结存			本月入库		
3	物料编号	名称	数量	单价	金额	数量	单价	金额
4	A1001	山药						

2. 使用公式

第 1 步 在 A5:A13 单元格区域内的下拉菜单中选择物料编号，完成“物料编号”的输入工作，然后选中单元格 B4，利用自动填充功能，计算出与物料编号对应的名称，如下图所示。

	A	B	C	D	E	F	G	H
1	1月份进销存管理表							
2	物品目录		上月结存			本月入库		
3	物料编号	名称	数量	单价	金额	数量	单价	金额
4	A1001	山药						
5	A1002	冬瓜						
6	A1003	大蒜						
7	A1004	莲藕						
8	A1005	茼蒿						
9	A1006	刀豆						
10	A1007	花菜						
11	A1008	白萝卜						
12	A1009	蘑菇						
13	A1010	黄瓜						

第 2 步 分别输入上月结存、本月入库、本月出库，以及本月结存中的“数量”“单价”等数据，如下图所示。

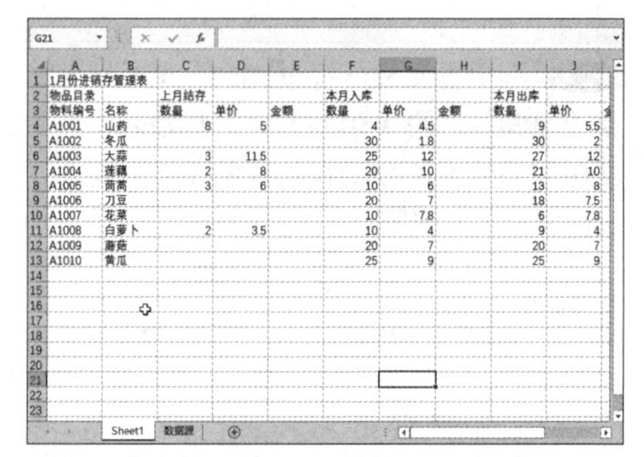

	A	B	C	D	E	F	G	H	I	J
1	1月份进销存管理表									
2	物品目录		上月结存			本月入库			本月出库	
3	物料编号	名称	数量	单价	金额	数量	单价	金额	数量	单价
4	A1001	山药	8	5		4	4.5		9	5.5
5	A1002	冬瓜				30	1.8		30	2
6	A1003	大蒜	3	11.5		25	12		27	12
7	A1004	莲藕	2	8		20	10		21	10
8	A1005	茼蒿	3	6		10	6		13	8
9	A1006	刀豆				20	7		18	7.5
10	A1007	花菜				10	7.8		6	7.8
11	A1008	白萝卜	2	3.5		10	4		9	4
12	A1009	蘑菇				20	7		20	7
13	A1010	黄瓜				25	9		25	9

第 3 步 选中单元格 E4，并输入公式“=C4*D4”，按【Enter】键完成输入，即可计算出上月结存的金额，如下图所示。

	A	B	C	D	E	F	G	H	I	J
1	1月份进销存管理表									
2	物品目录		上月结存			本月入库			本月出库	
3	物料编号	名称	数量	单价	金额	数量	单价	金额	数量	单价
4	A1001	山药	8	5	40	4	4.5		9	5.5
5	A1002	冬瓜				30	1.8		30	2
6	A1003	大蒜	3	11.5		25	12		27	12
7	A1004	莲藕	2	8		20	10		21	10
8	A1005	茼蒿	3	6		10	6		13	8
9	A1006	刀豆				20	7		18	7.5
10	A1007	花菜				10	7.8		6	7.8
11	A1008	白萝卜	2	3.5		10	4		9	4
12	A1009	蘑菇				20	7		20	7
13	A1010	黄瓜				25	9		25	9

第 4 步 复制公式。利用自动填充功能，完成其他单元格的计算，如下图所示。

E4 =C4*D4

	A	B	C	D	E	F	G	H	I	J
1	1月份进销存管理表									
2	物品目录		上月结存			本月入库			本月出库	
3	物料编号	名称	数量	单价	金额	数量	单价	金额	数量	单价
4	A1001	山药	8	5	40	4	4.5		9	5.5
5	A1002	冬瓜			0	30	1.8		30	2
6	A1003	大蒜	3	11.5	34.5	25	12		27	12
7	A1004	莲藕	2	8	16	20	10		21	10
8	A1005	茼蒿	3	6	18	10	6		13	8
9	A1006	刀豆			0	20	7		18	7.5
10	A1007	花菜			0	10	7.8		6	7.8
11	A1008	白萝卜	2	3.5	7	10	4		9	4
12	A1009	蘑菇			0	20	7		20	7
13	A1010	黄瓜			0	25	9		25	9

第 5 步 按照相同的方法计算本月入库和本月出库的金额，如下图所示。

K13 =I13*J13

	D	E	F	G	H	I	J	K	L
2			本月入库			本月出库			本月结存
3	单价	金额	数量	单价	金额	数量	单价	金额	数量
4	5	40	4	4.5	18	9	5.5	49.5	
5		0	30	1.8	54	30	2	60	
6	11.5	34.5	25	12	300	27	12	324	
7	8	16	20	10	200	21	10	210	
8	6	18	10	6	60	13	8	104	
9		0	20	7	140	18	7.5	135	
10		0	10	7.8	78	6	7.8	46.8	
11	3.5	7	10	4	40	9	4	36	
12		0	20	7	140	20	7	140	
13		0	25	9	225	25	9	225	

第 6 步 选中单元格 L4，并输入公式“=C4+F4−I4”，按【Enter】键确认输入，即可计算出本月结存中的数量，然后利用自动填充功能，计算出其他单元格的数量，如下图所示。

L4 =C4+F4-I4

	E	F	G	H	I	J	K	L	M	N
2		本月入库			本月出库			本月结存		
3	金额	数量	单价	金额	数量	单价	金额	数量	单价	金额
4	40	4	4.5	18	9	5.5	49.5	3		
5	0	30	1.8	54	30	2	60	0		
6	34.5	25	12	300	27	12	324	1		
7	16	20	10	200	21	10	210	1		
8	18	10	6	60	13	8	104	0		
9	0	20	7	140	18	7.5	135	2		
10	0	10	7.8	78	6	7.8	46.8	4		
11	7	10	4	40	9	4	36	3		
12	0	20	7	140	20	7	140	0		
13	0	25	9	225	25	9	225	0		

第 7 步 选中单元格 N4，并输入公式“=E4+H4−K4”，按【Enter】键确认输入，即可计算出本月结存的金额，然后利用自动填充功能，计算出其他单元格的金额，如下图所示。

N13 =E13+H13-K13

	F	G	H	I	J	K	L	M	N
2	本月入库			本月出库			本月结存		
3	数量	单价	金额	数量	单价	金额	数量	单价	金额
4	4	4.5	18	9	5.5	49.5	3		8.5
5	30	1.8	54	30	2	60	0		-6
6	25	12	300	27	12	324	1		10.5
7	20	10	200	21	10	210	1		6
8	10	6	60	13	8	104	0		-26
9	20	7	140	18	7.5	135	2		5
10	10	7.8	78	6	7.8	46.8	4		31.2
11	10	4	40	9	4	36	3		11
12	20	7	140	20	7	140	0		0
13	25	9	225	25	9	225	0		0

第 8 步 选中单元格 M4，并输入公式“=IFERROR(N4/L4,"")”，按【Enter】键确认输入，即可计算出本月结存中的单价，然后利用自动填充功能，计算出其他单元格的单价，如下图所示。

M4 =IFERROR(N4/L4,"")

	F	G	H	I	J	K	L	M	N
2	本月入库			本月出库			本月结存		
3	数量	单价	金额	数量	单价	金额	数量	单价	金额
4	4	4.5	18	9	5.5	49.5	3	2.833333	8.5
5	30	1.8	54	30	2	60	0		-6
6	25	12	300	27	12	324	1	10.5	10.5
7	20	10	200	21	10	210	1	6	6
8	10	6	60	13	8	104	0		-26
9	20	7	140	18	7.5	135	2	2.5	5
10	10	7.8	78	6	7.8	46.8	4	7.8	31.2
11	10	4	40	9	4	36	3	3.666667	11
12	20	7	140	20	7	140	0		0
13	25	9	225	25	9	225	0		0

3. 设置单元格格式

第 1 步 设置标题。选中单元格 A1，然后在【字体】组中设置【字体】为【华文中宋】，【字号】为【20】，在【字体颜色】下拉列表中选择一种字体颜色，单击【加粗】按钮，如下图所示。

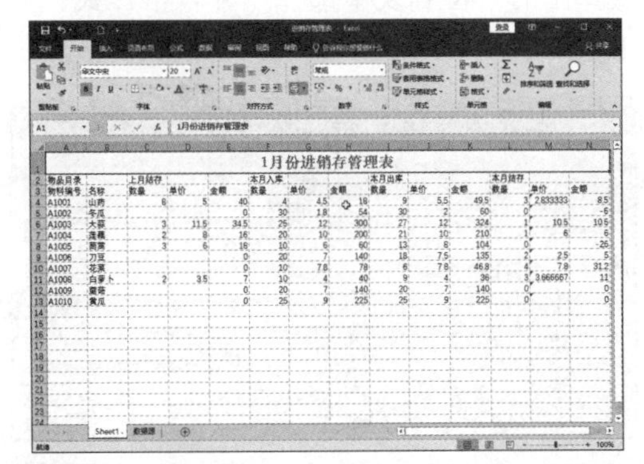

第 2 步 设置表头字号。选中单元格区域 A2:N2，在【字体】组中将字号设置为“12”，

单击【加粗】按钮，如下图所示。

1月份进销存管理表										
物品目录		上月结存			本月入库			本月出库		
物料编号	名称	数量	单价	金额	数量	单价	金额	数量	单价	金额
A1001	山药	8	5	40	4	4.5	18	9	5.5	49.5
A1002	冬瓜			0	30	1.8	54	30	2	60
A1003	大蒜	3	11.5	34.5	25	12	300	27	12	324
A1004	莲藕	2	8	16	20	10	200	21	10	210
A1005	茼蒿	3	6	18	10	6	60	13	8	104
A1006	刀豆			0	20	7	140	18	7.5	135
A1007	花菜			0	10	7.8	78	6	7.8	46.8
A1008	白萝卜	2	3.5	7	10	4	40	9	4	36
A1009	蘑菇			0	20	7	140	20	7	140
A1010	黄瓜			0	25	9	225	25	9	225

第3步 设置对齐方式。选中单元格区域A1:N13，单击【对齐方式】组中的【居中】按钮，即可将选中的内容设置为居中显示。然后，根据表格数据情况调整行高和列宽，效果如下图所示。

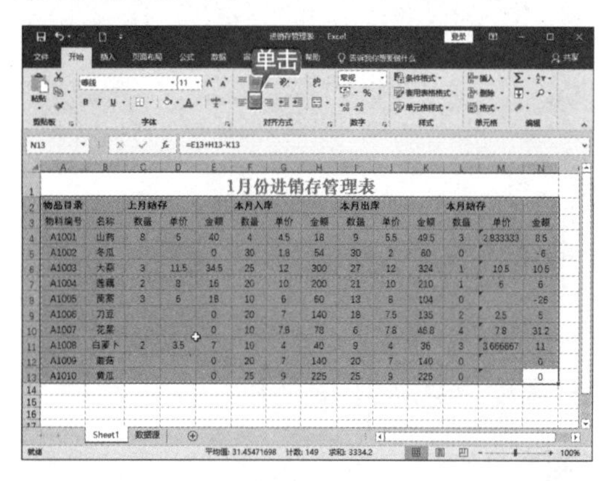

1月份进销存管理表													
物品目录		上月结存			本月入库			本月出库			本月结存		
物料编号	名称	数量	单价	金额	数量	单价	金额	数量	单价	金额	数量	单价	金额
A1001	山药	8	5	40	4	4.5	18	9	5.5	49.5	3	2.833333	8.5
A1002	冬瓜			0	30	1.8	54	30	2	60	0		-6
A1003	大蒜	3	11.5	34.5	25	12	300	27	12	324	1	10.5	10.5
A1004	莲藕	2	8	16	20	10	200	21	10	210	1	6	6
A1005	茼蒿	3	6	18	10	6	60	13	8	104	0		-26
A1006	刀豆			0	20	7	140	18	7.5	135	2	2.5	5
A1007	花菜			0	10	7.8	78	6	7.8	46.8	4	7.8	31.2
A1008	白萝卜	2	3.5	7	10	4	40	9	4	36	3	3.666667	11
A1009	蘑菇			0	20	7	140	20	7	140	0		0
A1010	黄瓜			0	25	9	225	25	9	225	0		0

平均值: 31.45471698 计数: 149 求和: 3334.2

4. 套用表格格式

第1步 选中单元格区域A2:N13，依次单击【开始】→【样式】→【套用表格格式】按钮，从弹出的下拉列表中选择一种表格样式，如下图所示。

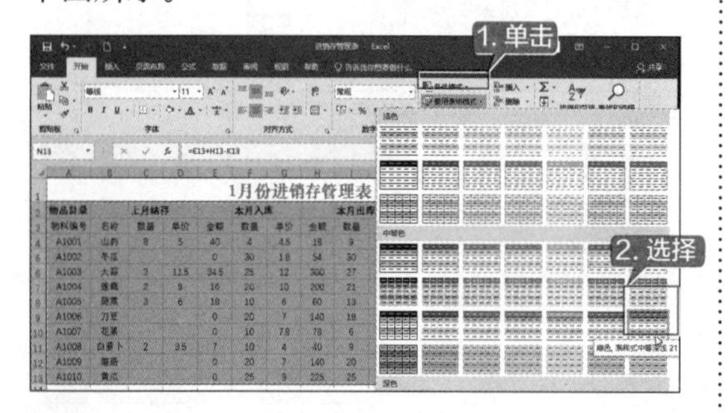

第2步 打开【套用表格式】对话框，单击【确定】按钮，如下图所示。

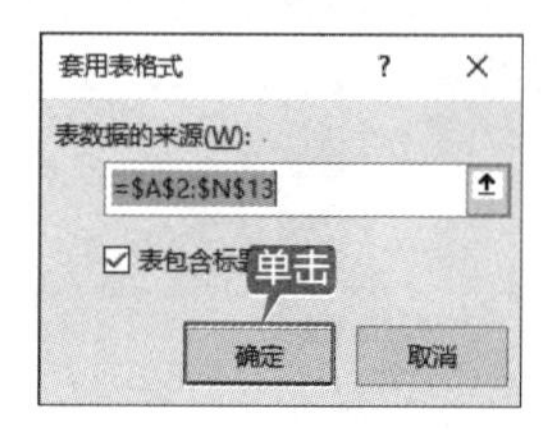

第3步 即可套用选择的表格样式，如下图所示。

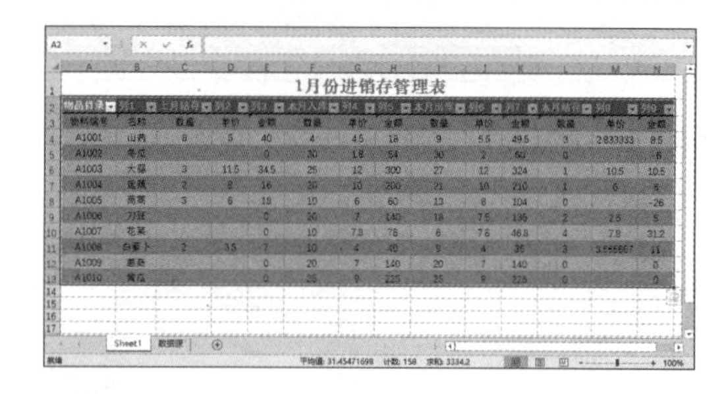

1月份进销存管理表													
物品目录	列1	上月结存	列2	列3	本月入库	列4	列5	本月出库	列6	列7	本月结存	列8	列9
物料编号	名称	数量	单价	金额	数量	单价	金额	数量	单价	金额	数量	单价	金额
A1001	山药	8	5	40	4	4.5	18	9	5.5	49.5	3	2.833333	8.5
A1002	冬瓜			0	30	1.8	54	30	2	60	0		-6
A1003	大蒜	3	11.5	34.5	25	12	300	27	12	324	1	10.5	10.5
A1004	莲藕	2	8	16	20	10	200	21	10	210	1	6	6
A1005	茼蒿	3	6	18	10	6	60	13	8	104	0		-26
A1006	刀豆			0	20	7	140	18	7.5	135	2	2.5	5
A1007	花菜			0	10	7.8	78	6	7.8	46.8	4	7.8	31.2
A1008	白萝卜	2	3.5	7	10	4	40	9	4	36	3	3.666667	11
A1009	蘑菇			0	20	7	140	20	7	140	0		0
A1010	黄瓜			0	25	9	225	25	9	225	0		0

平均值: 31.45471698 计数: 158 求和: 3334.2

第4步 选中单元格区域 A2:N2，单击【表格工具－设计】→【工具】→【转换为区域】按钮，将所选区域转换为普通区域，效果如下图所示。

1月份进销存管理表													
物品目录	列1	上月结存	列2	列3	本月入库	列4	列5	本月出库	列6	列7	本月结存	列8	列9
物料编号	名称	数量	单价	金额	数量	单价	金额	数量	单价	金额	数量	单价	金额
A1001	山药	8	5	40	4	4.5	18	9	5.5	49.5	3	2.833333	8.5
A1002	冬瓜			0	30	1.8	54	30	2	60	0		-6
A1003	大蒜	3	11.5	34.5	25	12	300	27	12	324	1	10.5	10.5
A1004	莲藕	2	8	16	20	10	200	21	10	210	1	6	6
A1005	茼蒿	3	6	18	10	6	60	13	8	104	0		-26
A1006	刀豆			0	20	7	140	18	7.5	135	2	2.5	5
A1007	花菜			0	10	7.8	78	6	7.8	46.8	4	7.8	31.2
A1008	白萝卜	2	3.5	7	10	4	40	9	4	36	3	3.666667	11
A1009	蘑菇			0	20	7	140	20	7	140	0		0
A1010	黄瓜			0	25	9	225	25	9	225	0		0

第5步 合并单元格。分别对单元格区域 A1:N1、A2:B2、C2:E2、F2:H2、I2:K2 和 L2:N2 设置为【合并后居中】。至此，“进销存管理表”工作簿制作完毕，如下图所示。按【Ctrl+S】组合键保存即可。

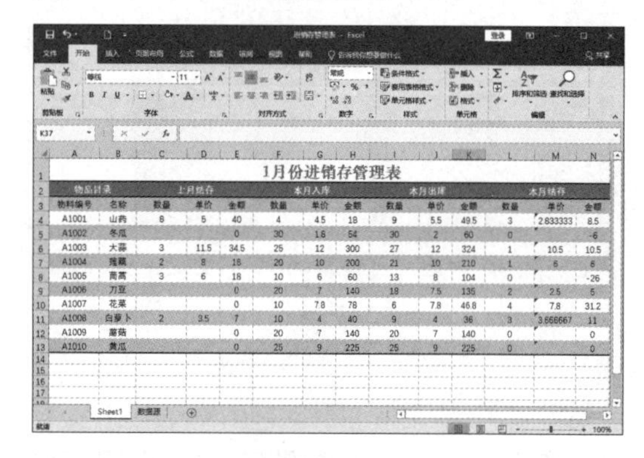

1月份进销存管理表													
物品目录		上月结存			本月入库			本月出库			本月结存		
物料编号	名称	数量	单价	金额	数量	单价	金额	数量	单价	金额	数量	单价	金额
A1001	山药	8	5	40	4	4.5	18	9	5.5	49.5	3	2.833333	8.5
A1002	冬瓜			0	30	1.8	54	30	2	60	0		-6
A1003	大蒜	3	11.5	34.5	25	12	300	27	12	324	1	10.5	10.5
A1004	莲藕	2	8	16	20	10	200	21	10	210	1	6	6
A1005	茼蒿	3	6	18	10	6	60	13	8	104	0		-26
A1006	刀豆			0	20	7	140	18	7.5	135	2	2.5	5
A1007	花菜			0	10	7.8	78	6	7.8	46.8	4	7.8	31.2
A1008	白萝卜	2	3.5	7	10	4	40	9	4	36	3	3.666667	11
A1009	蘑菇			0	20	7	140	20	7	140	0		0
A1010	黄瓜			0	25	9	225	25	9	225	0		0

第13章

Excel 在财务管理中的高效应用

本章导读

通过分析公司财务报表，能对公司财务状况及整个经营状况有一个基本的了解，从而对公司内在价值做出判断。本章主要介绍如何制作员工实发工资表、现金流量表和分析资产负债管理表等操作，让读者对 Excel 在财务管理中的高级应用技能有更加深刻的理解。

思维导图

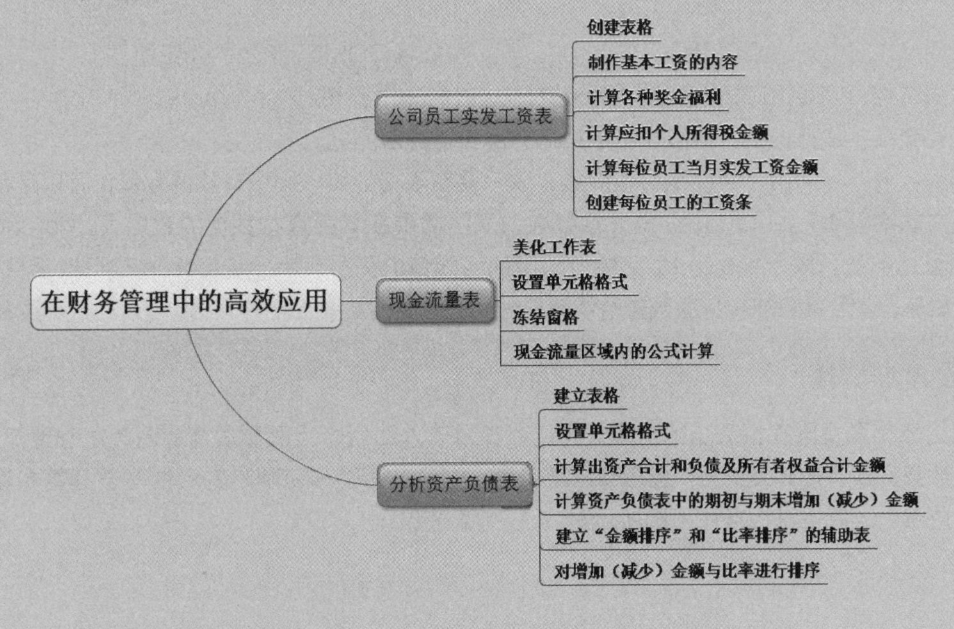

13.1 公司员工实发工资表

本节主要介绍员工实发工资表的制作过程。

13.1.1 设计思路

员工的实发工资就是实际发到员工手中的工资。通常情况下，实发工资是应发工资减去应扣款后的金额，应发工资主要包括基本工资、加班费、全勤奖、技术津贴、行政奖励、职务津贴、工龄奖金、绩效奖、其他补助等，应扣款主要包括社会保险、考勤扣款、行政处罚、代缴税款等。

因此，若要计算实发工资，需要先建立员工工资表，该表应包含基本工资、职位津贴与业绩奖金、福利、考勤等基本工作表，通过这些包含着基础数据的工作表，才能统计出实发工资，如下图所示。

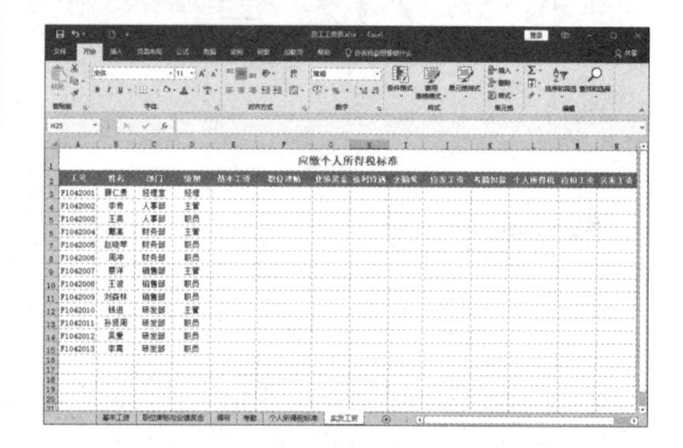

13.1.2 知识点应用分析

在制作公司员工实发工资表前，先对需要用到的知识点进行分析。

1. 函数的应用

使用 VLOOKUP 函数计算员工的应发工资，有关 VLOOKUP 函数的介绍如下。

语法结构：VLOOKUP(lookup_value,table_array,col_index_num,[range_lookup])。

功能介绍：按行查找，返回表格中指定列所在行的值。

参数含义：lookup_value 是必选参数，表示要在表格的第一列中查找的数值，可以是数值、引用或文本字符串；table_array 是必选参数，表示需要在其中查找数据的数据表；col_index_num 是必选参数，表示 table_array 中待返回的匹配值的列号；range_lookup 是可选参数，为一个逻辑值，指定 VLOOKUP 函数查找精确匹配值还是近似匹配值，若省略，则返回近似匹配值。

2. 个人所得税

个人所得税是国家相关法律法规规定的，在月收入达到一定金额后需要向国家税务部门缴纳的一部分税款。计算公式为：应缴个人所得税 =（月应税收入 –5000）× 税率 – 速算扣除数。具体的应缴个人所得税标准如下图所示。

应缴个人所得税标准			
起征点	5000		
应交税所得额	月应税收入-起征点		
级数	含税级距	税率	速算扣除额
1	0-3000（包含）	0.03	0
2	3000-12000（包含）	0.1	210
3	12000~25000（包含）	0.2	1410
4	25000~35000（包含）	0.25	2660
5	35000~55000（包含）	0.3	4410
6	55000~80000（包含）	0.35	7160
7	80000以上	0.45	15160

提示

月应税收入是指在工资应得基础上，减去按标准扣除的养老保险、医疗保险和住房公积金等免税项目后的金额，本例中没有包含养老保险等，因此这里月应税收入等于应发工资减去考勤扣款后的金额。注意，这里规定考勤扣款为税前扣除，该项可由公司自行决定是税前扣除还是税后扣除。

3. 数据的填充

需要套用同一公式时，可以通过数据的填充应用到其他单元格，从而大大提高办公效率。

13.1.3 案例实战

公司员工实发工资表的制作流程为：首先计算员工应发工资，其次计算应扣个人所得税金额，最后计算每位员工当月实发工资金额。为了方便领取工资，还可以创建每位员工的工资条。

1. 计算员工应发工资

具体的操作方法如下。

（1）制作基本工资的内容。

第 1 步　在 Excel 2019 中，新建“员工工资表.xlsx”工作簿，新建“基本工资”工作表、“职位津贴与业绩奖金”工作表、“福利”工作表、“考勤”工作表及“实发工资”工作表等。其中“基本工资”工作表的内容如下图所示。

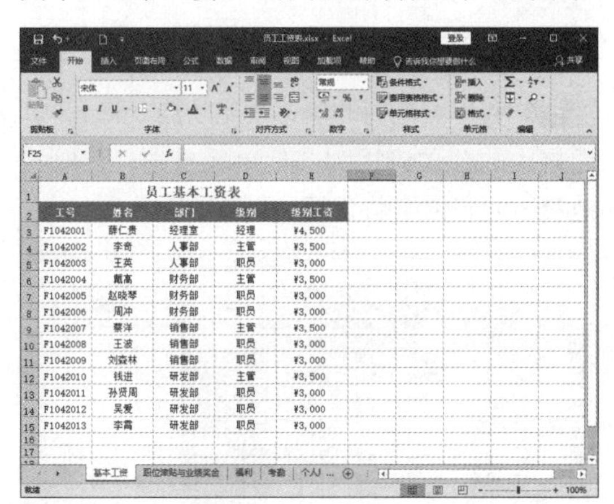

员工基本工资表				
工号	姓名	部门	级别	级别工资
F1042001	薛仁贵	经理室	经理	¥4,500
F1042002	李奇	人事部	主管	¥3,500
F1042003	王英	人事部	职员	¥3,000
F1042004	戴高	财务部	主管	¥3,500
F1042005	赵晓琴	财务部	职员	¥3,000
F1042006	周冲	财务部	职员	¥3,000
F1042007	蔡洋	销售部	主管	¥3,500
F1042008	王波	销售部	职员	¥3,000
F1042009	刘森林	销售部	职员	¥3,000
F1042010	钱进	研发部	主管	¥3,500
F1042011	孙贤周	研发部	职员	¥3,000
F1042012	吴爱	研发部	职员	¥3,000
F1042013	李霄	研发部	职员	¥3,000

第 2 步　“职位津贴与业绩奖金”工作表的内容如下图所示。

员工职位津贴与业绩奖金表						
工号	姓名	部门	级别	职位津贴	业绩奖金	总计
F1042001	薛仁贵	经理室	经理	¥ 2,500	¥ 2,000	¥ 4,500
F1042002	李奇	人事部	主管	¥ 1,800	¥ 1,500	¥ 3,300
F1042003	王英	人事部	职员	¥ 1,000	¥ 1,000	¥ 2,000
F1042004	戴高	财务部	主管	¥ 1,800	¥ 1,500	¥ 3,300
F1042005	赵晓琴	财务部	职员	¥ 1,000	¥ 1,000	¥ 2,000
F1042006	周冲	财务部	职员	¥ 1,000	¥ 1,000	¥ 2,000
F1042007	蔡洋	销售部	主管	¥ 1,800	¥ 1,500	¥ 3,300
F1042008	王波	销售部	职员	¥ 1,000	¥ 1,000	¥ 2,000
F1042009	刘森林	销售部	职员	¥ 1,000	¥ 1,000	¥ 2,000
F1042010	钱进	研发部	主管	¥ 1,800	¥ 1,500	¥ 3,300
F1042011	孙贤周	研发部	职员	¥ 1,000	¥ 1,000	¥ 2,000
F1042012	吴爱	研发部	职员	¥ 1,000	¥ 1,000	¥ 2,000
F1042013	李霄	研发部	职员	¥ 1,000	¥ 1,000	¥ 2,000

第 3 步　“福利”工作表的内容如下图所示。

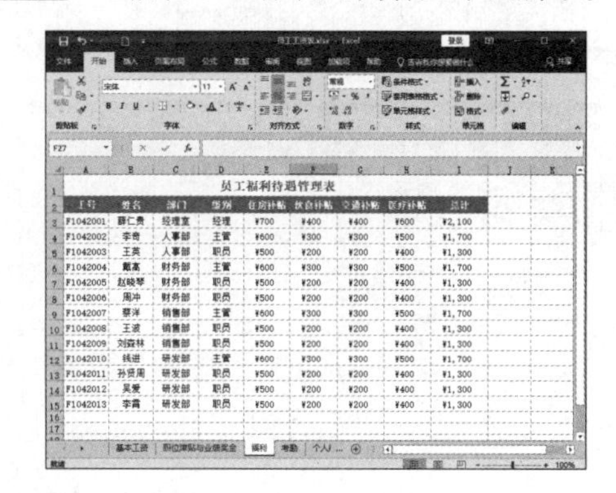

员工福利待遇管理表								
工号	姓名	部门	级别	住房补贴	伙食补贴	交通补贴	医疗补贴	总计
F1042001	薛仁贵	经理室	经理	¥700	¥400	¥400	¥600	¥2,100
F1042002	李奇	人事部	主管	¥600	¥300	¥300	¥500	¥1,700
F1042003	王英	人事部	职员	¥500	¥200	¥200	¥400	¥1,300
F1042004	戴高	财务部	主管	¥600	¥300	¥300	¥500	¥1,700
F1042005	赵晓琴	财务部	职员	¥500	¥200	¥200	¥400	¥1,300
F1042006	周冲	财务部	职员	¥500	¥200	¥200	¥400	¥1,300
F1042007	蔡洋	销售部	主管	¥600	¥300	¥300	¥500	¥1,700
F1042008	王波	销售部	职员	¥500	¥200	¥200	¥400	¥1,300
F1042009	刘森林	销售部	职员	¥500	¥200	¥200	¥400	¥1,300
F1042010	钱进	研发部	主管	¥600	¥300	¥300	¥500	¥1,700
F1042011	孙贤周	研发部	职员	¥500	¥200	¥200	¥400	¥1,300
F1042012	吴爱	研发部	职员	¥500	¥200	¥200	¥400	¥1,300
F1042013	李霄	研发部	职员	¥500	¥200	¥200	¥400	¥1,300

第 4 步　“考勤”工作表的内容如下图所示。

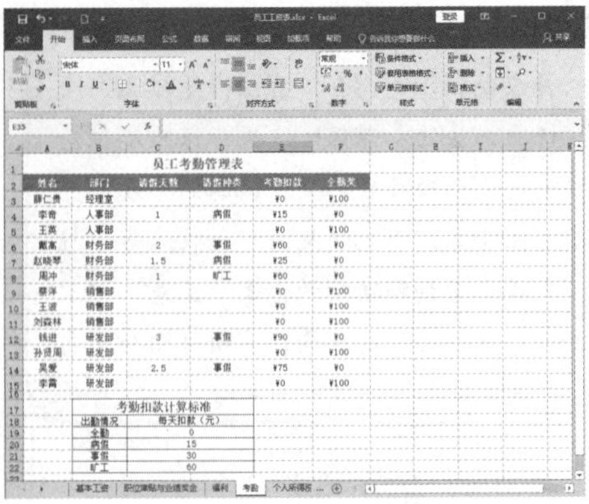

姓名	部门	请假天数	请假种类	考勤扣款	全勤奖
薛仁贵	经理室			¥0	¥100
李奇	人事部	1	病假	¥15	¥0
王英	人事部			¥0	¥100
戴高	财务部	2	事假	¥60	¥0
赵晓琴	财务部	1.5	病假	¥25	¥0
周冲	财务部	1	旷工	¥60	¥0
蔡洋	销售部			¥0	¥100
王波	销售部			¥0	¥100
刘森林	销售部			¥0	¥100
钱进	研发部	3	事假	¥90	¥0
孙贤周	研发部			¥0	¥100
吴爱	研发部	2.5	事假	¥75	¥0
李霄	研发部			¥0	¥100

出勤情况	每天扣款（元）
全勤	0
病假	15
事假	30
旷工	60

第 5 步 “个人所得税标准”工作表的内容如下图所示。

应缴个人所得税标准			
起征点	5000		
应交税所得额	月应税收入-起征点		
级数	含税级距	税率	速算扣除额
1	0-3000（包含）	0.03	0
2	3000-12000（包含）	0.1	210
3	12000~25000（包含）	0.2	1410
4	25000~35000（包含）	0.25	2660
5	35000~55000（包含）	0.3	4410
6	55000~80000（包含）	0.35	7160
7	80000以上	0.45	15160

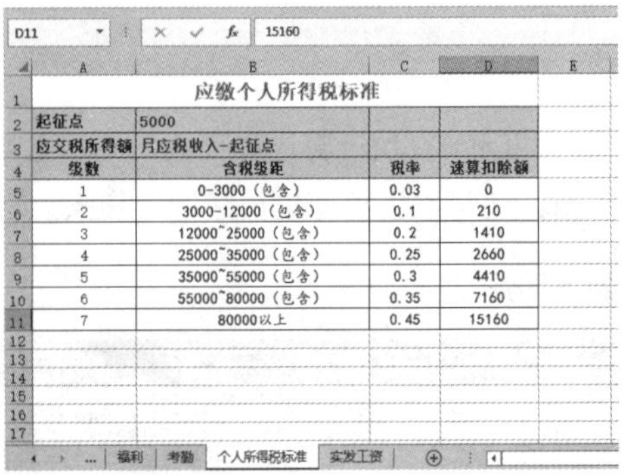

第 6 步 “实发工资”工作表的内容如下图所示。获取基本工资金额。在“实发工资”工作表中选中单元格 E3，在其中输入公式“=VLOOKUP(A3, 基本工资 !$A$3:$E$15, 5)”，按【Enter】键确认输入，即可从“基本工资”工作表中查找并获取员工“薛仁贵”的基本工资金额。

=VLOOKUP(A3,基本工资!$A$3:$E$15,5)

工号	姓名	部门	级别	基本工资	职位津贴	业绩奖金
F1042001	薛仁贵	经理室	经理	¥4,500		
F1042002	李奇	人事部	主管			
F1042003	王英	人事部	职员			
F1042004	戴高	财务部	主管			
F1042005	赵晓琴	财务部	职员			
F1042006	周冲	财务部	职员			
F1042007	蔡洋	销售部	主管			
F1042008	王波	销售部	职员			
F1042009	刘森林	销售部	职员			
F1042010	钱进	研发部	主管			
F1042011	孙贤周	研发部	职员			
F1042012	吴爱	研发部	职员			

第 7 步 利用填充柄的快速填充功能，将 E3 单元格中的公式应用到其他单元格中，获取其他员工的基本工资金额，如下图所示。

工号	姓名	部门	级别	基本工资	职位津贴	业绩奖金	福利待遇
F1042001	薛仁贵	经理室	经理	¥4,500			
F1042002	李奇	人事部	主管	¥3,500			
F1042003	王英	人事部	职员	¥3,000			
F1042004	戴高	财务部	主管	¥3,500			
F1042005	赵晓琴	财务部	职员	¥3,000			
F1042006	周冲	财务部	职员	¥3,000			
F1042007	蔡洋	销售部	主管	¥3,500			
F1042008	王波	销售部	职员	¥3,000			
F1042009	刘森林	销售部	职员	¥3,000			
F1042010	钱进	研发部	主管	¥3,500			
F1042011	孙贤周	研发部	职员	¥3,000			
F1042012	吴爱	研发部	职员	¥3,000			
F1042013	李霄	研发部	职员	¥3,000			

（2）计算各种奖金福利。

第 1 步 获取职位津贴金额。在“实发工资”工作表中选中单元格 F3，在其中输入公式“=VLOOKUP(A3,职位津贴与业绩奖金!$A$3:$G$15,5)”，按【Enter】键确认输入，即可从“职位津贴与业绩奖金”工作表中查找并获取员工“薛仁贵”的职位津贴金额，如下图所示。

=VLOOKUP(A3,职位津贴与业绩奖金!$A$3:$G$15,5)

工号	姓名	部门	级别	基本工资	职位津贴	业绩奖金	福利待遇
F1042001	薛仁贵	经理室	经理	¥4,500	¥2,500		
F1042002	李奇	人事部	主管	¥3,500			
F1042003	王英	人事部	职员	¥3,000			
F1042004	戴高	财务部	主管	¥3,500			
F1042005	赵晓琴	财务部	职员	¥3,000			
F1042006	周冲	财务部	职员	¥3,000			
F1042007	蔡洋	销售部	主管	¥3,500			
F1042008	王波	销售部	职员	¥3,000			
F1042009	刘森林	销售部	职员	¥3,000			
F1042010	钱进	研发部	主管	¥3,500			
F1042011	孙贤周	研发部	职员	¥3,000			
F1042012	吴爱	研发部	职员	¥3,000			
F1042013	李霄	研发部	职员	¥3,000			

第 2 步 利用填充柄的快速填充功能，将 F3 单元格中的公式应用到其他单元格中，获取其他员工的职位津贴金额，如下图所示。

工号	姓名	部门	级别	基本工资	职位津贴	业绩奖金	福利待遇
F1042001	薛仁贵	经理室	经理	¥4,500	¥2,500		
F1042002	李奇	人事部	主管	¥3,500	¥1,800		
F1042003	王英	人事部	职员	¥3,000	¥1,000		
F1042004	戴高	财务部	主管	¥3,500	¥1,800		
F1042005	赵晓琴	财务部	职员	¥3,000	¥1,000		
F1042006	周冲	财务部	职员	¥3,000	¥1,000		
F1042007	蔡洋	销售部	主管	¥3,500	¥1,800		
F1042008	王波	销售部	职员	¥3,000	¥1,000		
F1042009	刘森林	销售部	职员	¥3,000	¥1,000		
F1042010	钱进	研发部	主管	¥3,500	¥1,800		
F1042011	孙贤周	研发部	职员	¥3,000	¥1,000		
F1042012	吴爱	研发部	职员	¥3,000	¥1,000		
F1042013	李霄	研发部	职员	¥3,000	¥1,000		

平均值: ¥1,362 计数: 13 求和: ¥17,700

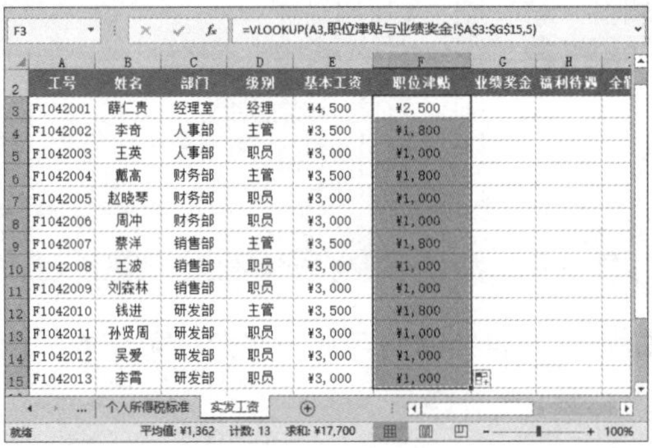

第 3 步 获取业绩奖金金额。在“实发工资”工作表中选中单元格 G3，在其中输入公式“=VLOOKUP(A3,职位津贴与业绩奖金!$A$3:$G$15,6)”，按【Enter】键确认输入，即可从“职位津贴与业绩奖金”工作表中查找并获取员工“薛仁贵”的业绩奖金金额，如下图所示。

G3 =VLOOKUP(A3,职位津贴与业绩奖金!$A$3:$G$15,6)

工号	姓名	部门	级别	基本工资	职位津贴	业绩奖金	福利待遇	全勤奖
F1042001	薛仁贵	经理室	经理	¥4,500	¥2,500	¥2,000		
F1042002	李奇	人事部	主管	¥3,500	¥1,800			
F1042003	王英	人事部	职员	¥3,000	¥1,000			
F1042004	戴高	财务部	主管	¥3,500	¥1,800			
F1042005	赵晓琴	财务部	职员	¥3,000	¥1,000			
F1042006	周冲	财务部	职员	¥3,000	¥1,000			
F1042007	蔡洋	销售部	主管	¥3,500	¥1,800			
F1042008	王波	销售部	职员	¥3,000	¥1,000			
F1042009	刘森林	销售部	职员	¥3,000	¥1,000			
F1042010	钱进	研发部	主管	¥3,500	¥1,800			
F1042011	孙贤周	研发部	职员	¥3,000	¥1,000			
F1042012	吴爱	研发部	职员	¥3,000	¥1,000			
F1042013	李霄	研发部	职员	¥3,000	¥1,000			

第 4 步 利用填充柄的快速填充功能，将 G3 单元格中的公式应用到其他单元格中，获取其他员工的业绩奖金金额，如下图所示。

H25

应缴个人所得税标准

工号	姓名	部门	级别	基本工资	职位津贴	业绩奖金	福利待遇	全勤奖
F1042001	薛仁贵	经理室	经理	¥4,500	¥2,500	¥2,000		
F1042002	李奇	人事部	主管	¥3,500	¥1,800	¥1,500		
F1042003	王英	人事部	职员	¥3,000	¥1,000	¥1,000		
F1042004	戴高	财务部	主管	¥3,500	¥1,800	¥1,500		
F1042005	赵晓琴	财务部	职员	¥3,000	¥1,000	¥1,000		
F1042006	周冲	财务部	职员	¥3,000	¥1,000	¥1,000		
F1042007	蔡洋	销售部	主管	¥3,500	¥1,800	¥1,500		
F1042008	王波	销售部	职员	¥3,000	¥1,000	¥1,000		
F1042009	刘森林	销售部	职员	¥3,000	¥1,000	¥1,000		
F1042010	钱进	研发部	主管	¥3,500	¥1,800	¥1,500		
F1042011	孙贤周	研发部	职员	¥3,000	¥1,000	¥1,000		

第 5 步 获取福利待遇金额。在“实发工资”工作表中选中单元格 H3，在其中输入公式“=VLOOKUP(A3,福利!$A$3:$I$15,9)”，按【Enter】键确认输入，即可从“福利”工作表中查找并获取员工“薛仁贵”的福利待遇金额，如下图所示。

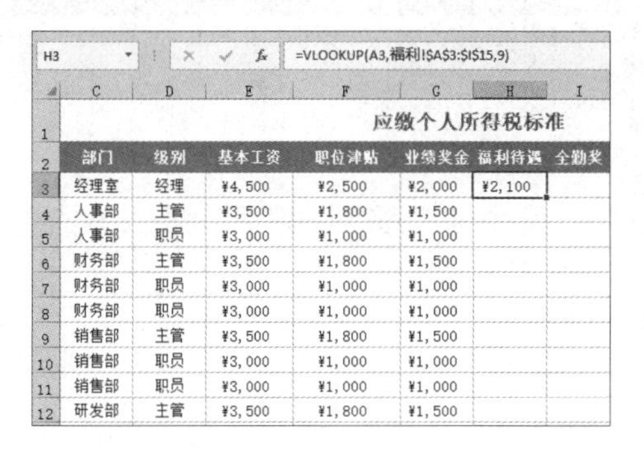

H3 =VLOOKUP(A3,福利!$A$3:$I$15,9)

应缴个人所得税标准

部门	级别	基本工资	职位津贴	业绩奖金	福利待遇	全勤奖
经理室	经理	¥4,500	¥2,500	¥2,000	¥2,100	
人事部	主管	¥3,500	¥1,800	¥1,500		
人事部	职员	¥3,000	¥1,000	¥1,000		
财务部	主管	¥3,500	¥1,800	¥1,500		
财务部	职员	¥3,000	¥1,000	¥1,000		
财务部	职员	¥3,000	¥1,000	¥1,000		
销售部	主管	¥3,500	¥1,800	¥1,500		
销售部	职员	¥3,000	¥1,000	¥1,000		
销售部	职员	¥3,000	¥1,000	¥1,000		
研发部	主管	¥3,500	¥1,800	¥1,500		

第 6 步 利用填充柄的快速填充功能，将 H3 单元格中的公式应用到其他单元格中，获取其他员工的福利待遇金额，如下图所示。

K28

应缴个人所得税标准

部门	级别	基本工资	职位津贴	业绩奖金	福利待遇	全勤奖	应发工资	考勤扣
经理室	经理	¥4,500	¥2,500	¥2,000	¥2,100			
人事部	主管	¥3,500	¥1,800	¥1,500	¥1,700			
人事部	职员	¥3,000	¥1,000	¥1,000	¥1,300			
财务部	主管	¥3,500	¥1,800	¥1,500	¥1,700			
财务部	职员	¥3,000	¥1,000	¥1,000	¥1,300			
财务部	职员	¥3,000	¥1,000	¥1,000	¥1,300			
销售部	主管	¥3,500	¥1,800	¥1,500	¥1,700			
销售部	职员	¥3,000	¥1,000	¥1,000	¥1,300			
销售部	职员	¥3,000	¥1,000	¥1,000	¥1,300			
研发部	主管	¥3,500	¥1,800	¥1,500	¥1,700			
研发部	职员	¥3,000	¥1,000	¥1,000	¥1,300			
研发部	职员	¥3,000	¥1,000	¥1,000	¥1,300			
研发部	职员	¥3,000	¥1,000	¥1,000	¥1,300			

第 7 步 获取全勤奖金额。在“实发工资”工作表中选中单元格 I3，在其中输入公式“=VLOOKUP (B3,考勤!A$3:F$15,6,FALSE)”，按【Enter】键确认输入，即可从“考勤”工作表中查找并获取员工“薛仁贵”的全勤奖金额，如下图所示。

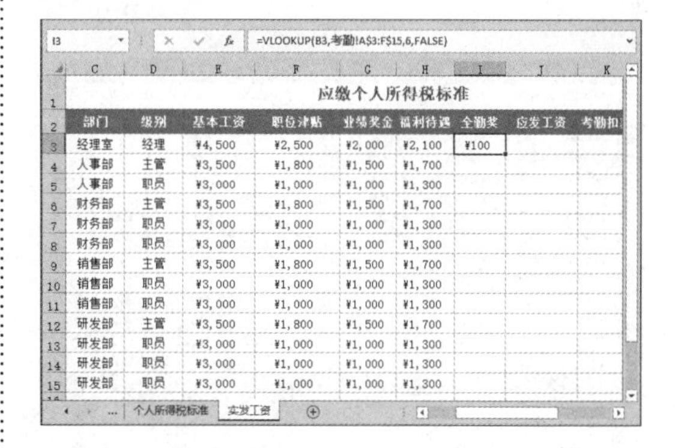

I3 =VLOOKUP(B3,考勤!A$3:F$15,6,FALSE)

应缴个人所得税标准

部门	级别	基本工资	职位津贴	业绩奖金	福利待遇	全勤奖	应发工资	考勤扣
经理室	经理	¥4,500	¥2,500	¥2,000	¥2,100	¥100		
人事部	主管	¥3,500	¥1,800	¥1,500	¥1,700			
人事部	职员	¥3,000	¥1,000	¥1,000	¥1,300			
财务部	主管	¥3,500	¥1,800	¥1,500	¥1,700			
财务部	职员	¥3,000	¥1,000	¥1,000	¥1,300			
财务部	职员	¥3,000	¥1,000	¥1,000	¥1,300			
销售部	主管	¥3,500	¥1,800	¥1,500	¥1,700			
销售部	职员	¥3,000	¥1,000	¥1,000	¥1,300			
销售部	职员	¥3,000	¥1,000	¥1,000	¥1,300			
研发部	主管	¥3,500	¥1,800	¥1,500	¥1,700			
研发部	职员	¥3,000	¥1,000	¥1,000	¥1,300			
研发部	职员	¥3,000	¥1,000	¥1,000	¥1,300			
研发部	职员	¥3,000	¥1,000	¥1,000	¥1,300			

第 8 步 利用填充柄的快速填充功能，将 I3 单元格中的公式应用到其他单元格中，获取其他员工的全勤奖金额，如下图所示。

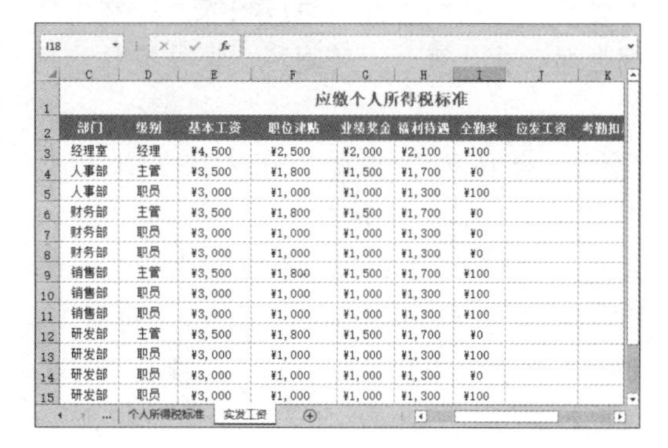

I18

应缴个人所得税标准

部门	级别	基本工资	职位津贴	业绩奖金	福利待遇	全勤奖	应发工资	考勤扣
经理室	经理	¥4,500	¥2,500	¥2,000	¥2,100	¥100		
人事部	主管	¥3,500	¥1,800	¥1,500	¥1,700	¥0		
人事部	职员	¥3,000	¥1,000	¥1,000	¥1,300	¥100		
财务部	主管	¥3,500	¥1,800	¥1,500	¥1,700	¥0		
财务部	职员	¥3,000	¥1,000	¥1,000	¥1,300	¥0		
财务部	职员	¥3,000	¥1,000	¥1,000	¥1,300	¥0		
销售部	主管	¥3,500	¥1,800	¥1,500	¥1,700	¥100		
销售部	职员	¥3,000	¥1,000	¥1,000	¥1,300	¥100		
销售部	职员	¥3,000	¥1,000	¥1,000	¥1,300	¥100		
研发部	主管	¥3,500	¥1,800	¥1,500	¥1,700	¥0		
研发部	职员	¥3,000	¥1,000	¥1,000	¥1,300	¥100		
研发部	职员	¥3,000	¥1,000	¥1,000	¥1,300	¥0		
研发部	职员	¥3,000	¥1,000	¥1,000	¥1,300	¥100		

第9步 计算应发工资金额。在“实发工资”工作表中选中单元格 J3，在其中输入公式“=SUM(E3:I3)”，按【Enter】键确认输入，即可计算出员工“薛仁贵”的应发工资金额，如下图所示。

J3 =SUM(E3:I3)

	部门	级别	基本工资	职位津贴	业绩奖金	福利待遇	全勤奖	应发工资
1	应缴个人所得税标准							
3	经理室	经理	¥4,500	¥2,500	¥2,000	¥2,100	¥100	¥11,200
4	人事部	主管	¥3,500	¥1,800	¥1,500	¥1,700	¥0	
5	人事部	职员	¥3,000	¥1,000	¥1,000	¥1,300	¥100	
6	财务部	主管	¥3,500	¥1,800	¥1,500	¥1,700	¥0	
7	财务部	职员	¥3,000	¥1,000	¥1,000	¥1,300	¥0	
8	财务部	职员	¥3,000	¥1,000	¥1,000	¥1,300	¥0	
9	销售部	主管	¥3,500	¥1,800	¥1,500	¥1,700	¥100	
10	销售部	职员	¥3,000	¥1,000	¥1,000	¥1,300	¥100	
11	销售部	职员	¥3,000	¥1,000	¥1,000	¥1,300	¥100	
12	研发部	主管	¥3,500	¥1,800	¥1,500	¥1,700	¥0	
13	研发部	职员	¥3,000	¥1,000	¥1,000	¥1,300	¥100	
14	研发部	职员	¥3,000	¥1,000	¥1,000	¥1,300	¥0	
15	研发部	职员	¥3,000	¥1,000	¥1,000	¥1,300	¥100	

个人所得税标准 | 实发工资

第10步 利用填充柄的快速填充功能，将 J3 单元格中的公式应用到其他单元格中，计算其他员工的应发工资金额，如下图所示。

	部门	级别	基本工资	职位津贴	业绩奖金	福利待遇	全勤奖	应发工资
1	应缴个人所得税标准							
3	经理室	经理	¥4,500	¥2,500	¥2,000	¥2,100	¥100	¥11,200
4	人事部	主管	¥3,500	¥1,800	¥1,500	¥1,700	¥0	¥8,500
5	人事部	职员	¥3,000	¥1,000	¥1,000	¥1,300	¥100	¥6,400
6	财务部	主管	¥3,500	¥1,800	¥1,500	¥1,700	¥0	¥8,500
7	财务部	职员	¥3,000	¥1,000	¥1,000	¥1,300	¥0	¥6,300
8	财务部	职员	¥3,000	¥1,000	¥1,000	¥1,300	¥0	¥6,300
9	销售部	主管	¥3,500	¥1,800	¥1,500	¥1,700	¥100	¥8,600
10	销售部	职员	¥3,000	¥1,000	¥1,000	¥1,300	¥100	¥6,400
11	销售部	职员	¥3,000	¥1,000	¥1,000	¥1,300	¥100	¥6,400
12	研发部	主管	¥3,500	¥1,800	¥1,500	¥1,700	¥0	¥8,500
13	研发部	职员	¥3,000	¥1,000	¥1,000	¥1,300	¥100	¥6,400
14	研发部	职员	¥3,000	¥1,000	¥1,000	¥1,300	¥0	¥6,300
15	研发部	职员	¥3,000	¥1,000	¥1,000	¥1,300	¥100	¥6,400

个人所得税标准 | 实发工资

2. 计算应扣个人所得税金额

若要计算应扣个人所得税，首先应获取考勤扣款，从而计算出月应税收入，然后依据上述公式计算个人所得税，具体操作步骤如下。

第1步 获取考勤扣款。在“实发工资”工作表中选中单元格 K3，在其中输入公式“=VLOOKUP(B3,考勤!A$3:F$15,5,FALSE)”，按【Enter】键确认输入，即可从“考勤”工作表中查找并获取员工“薛仁贵”的考勤扣款金额，如下图所示。

K3 =VLOOKUP(B3,考勤!A$3:F$15,5,FALSE)

	职位津贴	业绩奖金	福利待遇	全勤奖	应发工资	考勤扣款	个人所得税	应扣工资
1	应缴个人所得税标准							
3	¥2,500	¥2,000	¥2,100	¥100	¥11,200	¥0		
4	¥1,800	¥1,500	¥1,700	¥0	¥8,500			
5	¥1,000	¥1,000	¥1,300	¥100	¥6,400			
6	¥1,800	¥1,500	¥1,700	¥0	¥8,500			
7	¥1,000	¥1,000	¥1,300	¥0	¥6,300			
8	¥1,000	¥1,000	¥1,300	¥0	¥6,300			
9	¥1,800	¥1,500	¥1,700	¥100	¥8,600			
10	¥1,000	¥1,000	¥1,300	¥100	¥6,400			
11	¥1,000	¥1,000	¥1,300	¥100	¥6,400			
12	¥1,800	¥1,500	¥1,700	¥0	¥8,500			
13	¥1,000	¥1,000	¥1,300	¥100	¥6,400			
14	¥1,000	¥1,000	¥1,300	¥0	¥6,300			
15	¥1,000	¥1,000	¥1,300	¥100	¥6,400			

第2步 利用填充柄的快速填充功能，将 K3 单元格中的公式应用到其他单元格中，获取其他员工的考勤扣款金额，如下图所示。

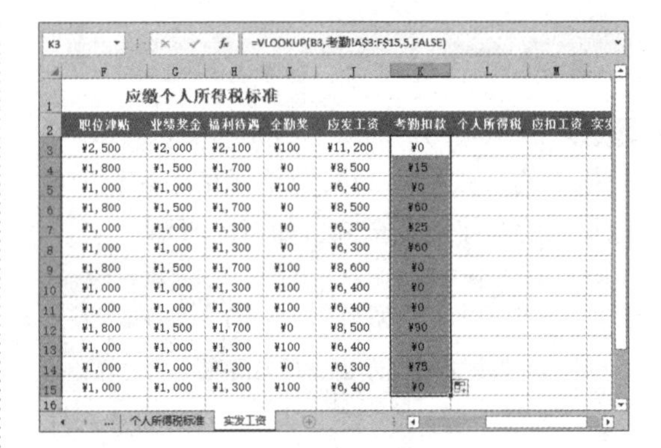

K3 =VLOOKUP(B3,考勤!A$3:F$15,5,FALSE)

	职位津贴	业绩奖金	福利待遇	全勤奖	应发工资	考勤扣款	个人所得税	应扣工资
1	应缴个人所得税标准							
3	¥2,500	¥2,000	¥2,100	¥100	¥11,200	¥0		
4	¥1,800	¥1,500	¥1,700	¥0	¥8,500	¥15		
5	¥1,000	¥1,000	¥1,300	¥100	¥6,400	¥0		
6	¥1,800	¥1,500	¥1,700	¥0	¥8,500	¥60		
7	¥1,000	¥1,000	¥1,300	¥0	¥6,300	¥25		
8	¥1,000	¥1,000	¥1,300	¥0	¥6,300	¥60		
9	¥1,800	¥1,500	¥1,700	¥100	¥8,600	¥0		
10	¥1,000	¥1,000	¥1,300	¥100	¥6,400	¥0		
11	¥1,000	¥1,000	¥1,300	¥100	¥6,400	¥0		
12	¥1,800	¥1,500	¥1,700	¥0	¥8,500	¥90		
13	¥1,000	¥1,000	¥1,300	¥100	¥6,400	¥0		
14	¥1,000	¥1,000	¥1,300	¥0	¥6,300	¥75		
15	¥1,000	¥1,000	¥1,300	¥100	¥6,400	¥0		

第3步 计算个人所得税。在“实发工资”工作表中选中单元格 L3，在其中输入公式“=ROUND(MAX((J3-K3-5000)*{0.03,0.1,0.2,0.25,0.3,0.35,0.45}-{0,210,1410,2660,4410,7160,15160},0),2)”，按【Enter】键确认输入，即可计算员工“薛仁贵”应缴的个人所得税，如下图所示。

L3 =ROUND(MAX((J3-K3-5000)*{0.03,0.1,0.2,0.25,0.3,0.35,0.45}-{0,210,1410,2660,4410,7160,15160},0),2)

	基本工资	职位津贴	业绩奖金	福利待遇	全勤奖	应发工资	考勤扣款	个人所得税	应扣工资
1	应缴个人所得税标准								
3	¥4,500	¥2,500	¥2,000	¥2,100	¥100	¥11,200	¥0	¥410	
4	¥3,500	¥1,800	¥1,500	¥1,700	¥0	¥8,500	¥15		
5	¥3,000	¥1,000	¥1,000	¥1,300	¥100	¥6,400	¥0		
6	¥3,500	¥1,800	¥1,500	¥1,700	¥0	¥8,500	¥60		
7	¥3,000	¥1,000	¥1,000	¥1,300	¥0	¥6,300	¥25		
8	¥3,000	¥1,000	¥1,000	¥1,300	¥0	¥6,300	¥60		
9	¥3,500	¥1,800	¥1,500	¥1,700	¥100	¥8,600	¥0		
10	¥3,000	¥1,000	¥1,000	¥1,300	¥100	¥6,400	¥0		
11	¥3,000	¥1,000	¥1,000	¥1,300	¥100	¥6,400	¥0		
12	¥3,500	¥1,800	¥1,500	¥1,700	¥0	¥8,500	¥90		
13	¥3,000	¥1,000	¥1,000	¥1,300	¥100	¥6,400	¥0		
14	¥3,000	¥1,000	¥1,000	¥1,300	¥0	¥6,300	¥75		
15	¥3,000	¥1,000	¥1,000	¥1,300	¥100	¥6,400	¥0		

提示

ROUND 函数可将数值四舍五入，后面的“2”表示四舍五入后保留两位小数。

第 4 步 利用填充柄的快速填充功能，将 L3 单元格中的公式应用到其他单元格中，计算其他员工应缴的个人所得税，如下图所示。

应缴个人所得税标准

基本工资	职位津贴	业绩奖金	福利待遇	全勤奖	应发工资	考勤扣款	个人所得税	应扣工资
¥4,500	¥2,500	¥2,000	¥2,100	¥100	¥11,200	¥0	¥410	
¥3,500	¥1,800	¥1,500	¥1,700	¥0	¥8,500	¥15	¥139	
¥3,000	¥1,000	¥1,000	¥1,300	¥100	¥6,400	¥0	¥42	
¥3,500	¥1,800	¥1,500	¥1,700	¥0	¥8,500	¥60	¥134	
¥3,000	¥1,000	¥1,000	¥1,300	¥0	¥6,300	¥25	¥38	
¥3,000	¥1,000	¥1,000	¥1,300	¥0	¥6,300	¥60	¥37	
¥3,500	¥1,800	¥1,500	¥1,700	¥100	¥8,600	¥0	¥150	
¥3,000	¥1,000	¥1,000	¥1,300	¥100	¥6,400	¥0	¥42	
¥3,000	¥1,000	¥1,000	¥1,300	¥100	¥6,400	¥0	¥42	
¥3,500	¥1,800	¥1,500	¥1,700	¥0	¥8,500	¥90	¥131	
¥3,000	¥1,000	¥1,000	¥1,300	¥100	¥6,400	¥0	¥42	
¥3,000	¥1,000	¥1,000	¥1,300	¥0	¥6,300	¥75	¥37	
¥3,000	¥1,000	¥1,000	¥1,300	¥100	¥6,400	¥0	¥42	

个人所得税标准　实发工资　工资条

3. 计算每位员工当月实发工资金额

在统计出影响员工当月实发工资的相关因素金额后，可以很容易地统计出员工当月实发工资，具体操作步骤如下。

第 1 步 计算员工的应扣工资。在“实发工资”工作表中选中单元格 M3，在其中输入公式“=SUM(K3:L3)”，按【Enter】键确认输入，即可计算出员工“薛仁贵”当月的应扣工资，如下图所示。

M3　=SUM(K3:L3)

应缴个人所得税标准

职位津贴	业绩奖金	福利待遇	全勤奖	应发工资	考勤扣款	个人所得税	应扣工资	实发工资
¥2,500	¥2,000	¥2,100	¥100	¥11,200	¥0	¥410	¥410	
¥1,800	¥1,500	¥1,700	¥0	¥8,500	¥15	¥139		
¥1,000	¥1,000	¥1,300	¥100	¥6,400	¥0	¥42		
¥1,800	¥1,500	¥1,700	¥0	¥8,500	¥60	¥134		
¥1,000	¥1,000	¥1,300	¥0	¥6,300	¥25	¥38		
¥1,000	¥1,000	¥1,300	¥0	¥6,300	¥60	¥37		
¥1,800	¥1,500	¥1,700	¥100	¥8,600	¥0	¥150		
¥1,000	¥1,000	¥1,300	¥100	¥6,400	¥0	¥42		
¥1,000	¥1,000	¥1,300	¥100	¥6,400	¥0	¥42		
¥1,800	¥1,500	¥1,700	¥0	¥8,500	¥90	¥131		
¥1,000	¥1,000	¥1,300	¥100	¥6,400	¥0	¥42		
¥1,000	¥1,000	¥1,300	¥0	¥6,300	¥75	¥37		
¥1,000	¥1,000	¥1,300	¥100	¥6,400	¥0	¥42		

第 2 步 利用填充柄的快速填充功能，将 M3 单元格中的公式应用到其他单元格中，计算出其他员工当月的应扣工资，如下图所示。

应缴个人所得税标准

职位津贴	业绩奖金	福利待遇	全勤奖	应发工资	考勤扣款	个人所得税	应扣工资	实发工资
¥2,500	¥2,000	¥2,100	¥100	¥11,200	¥0	¥410	¥410	
¥1,800	¥1,500	¥1,700	¥0	¥8,500	¥15	¥139	¥154	
¥1,000	¥1,000	¥1,300	¥100	¥6,400	¥0	¥42	¥42	
¥1,800	¥1,500	¥1,700	¥0	¥8,500	¥60	¥134	¥194	
¥1,000	¥1,000	¥1,300	¥0	¥6,300	¥25	¥38	¥63	
¥1,000	¥1,000	¥1,300	¥0	¥6,300	¥60	¥37	¥97	
¥1,800	¥1,500	¥1,700	¥100	¥8,600	¥0	¥150	¥150	
¥1,000	¥1,000	¥1,300	¥100	¥6,400	¥0	¥42	¥42	
¥1,000	¥1,000	¥1,300	¥100	¥6,400	¥0	¥42	¥42	
¥1,800	¥1,500	¥1,700	¥0	¥8,500	¥90	¥131	¥221	
¥1,000	¥1,000	¥1,300	¥100	¥6,400	¥0	¥42	¥42	
¥1,000	¥1,000	¥1,300	¥0	¥6,300	¥75	¥37	¥112	
¥1,000	¥1,000	¥1,300	¥100	¥6,400	¥0	¥42	¥42	

第 3 步 计算员工的实发工资。在“实发工资”工作表中选择单元格 N3，在其中输入公式“=J3−M3”，按【Enter】键确认输入，即可计算出员工“薛仁贵”当月的实发工资，如下图所示。

N3　=J3-M3

缴个人所得税标准

业绩奖金	福利待遇	全勤奖	应发工资	考勤扣款	个人所得税	应扣工资	实发工资
¥2,000	¥2,100	¥100	¥11,200	¥0	¥410	¥410	¥10,790
¥1,500	¥1,700	¥0	¥8,500	¥15	¥139	¥154	
¥1,000	¥1,300	¥100	¥6,400	¥0	¥42	¥42	
¥1,500	¥1,700	¥0	¥8,500	¥60	¥134	¥194	
¥1,000	¥1,300	¥0	¥6,300	¥25	¥38	¥63	
¥1,000	¥1,300	¥0	¥6,300	¥60	¥37	¥97	
¥1,500	¥1,700	¥100	¥8,600	¥0	¥150	¥150	
¥1,000	¥1,300	¥100	¥6,400	¥0	¥42	¥42	
¥1,000	¥1,300	¥100	¥6,400	¥0	¥42	¥42	
¥1,500	¥1,700	¥0	¥8,500	¥90	¥131	¥221	
¥1,000	¥1,300	¥100	¥6,400	¥0	¥42	¥42	
¥1,000	¥1,300	¥0	¥6,300	¥75	¥37	¥112	
¥1,000	¥1,300	¥100	¥6,400	¥0	¥42	¥42	

第 4 步 利用填充柄的快速填充功能，将 N3 单元格中的公式应用到其他单元格中，计算其他员工当月的实发工资，如下图所示。

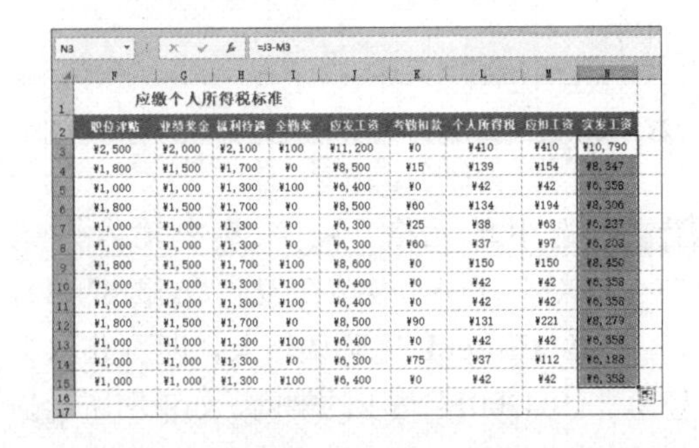

N3　=J3-M3

应缴个人所得税标准

职位津贴	业绩奖金	福利待遇	全勤奖	应发工资	考勤扣款	个人所得税	应扣工资	实发工资
¥2,500	¥2,000	¥2,100	¥100	¥11,200	¥0	¥410	¥410	¥10,790
¥1,800	¥1,500	¥1,700	¥0	¥8,500	¥15	¥139	¥154	¥8,347
¥1,000	¥1,000	¥1,300	¥100	¥6,400	¥0	¥42	¥42	¥6,358
¥1,800	¥1,500	¥1,700	¥0	¥8,500	¥60	¥134	¥194	¥8,306
¥1,000	¥1,000	¥1,300	¥0	¥6,300	¥25	¥38	¥63	¥6,237
¥1,000	¥1,000	¥1,300	¥0	¥6,300	¥60	¥37	¥97	¥6,203
¥1,800	¥1,500	¥1,700	¥100	¥8,600	¥0	¥150	¥150	¥8,450
¥1,000	¥1,000	¥1,300	¥100	¥6,400	¥0	¥42	¥42	¥6,358
¥1,000	¥1,000	¥1,300	¥100	¥6,400	¥0	¥42	¥42	¥6,358
¥1,800	¥1,500	¥1,700	¥0	¥8,500	¥90	¥131	¥221	¥8,279
¥1,000	¥1,000	¥1,300	¥100	¥6,400	¥0	¥42	¥42	¥6,358
¥1,000	¥1,000	¥1,300	¥0	¥6,300	¥75	¥37	¥112	¥6,188
¥1,000	¥1,000	¥1,300	¥100	¥6,400	¥0	¥42	¥42	¥6,358

4. 创建每位员工的工资条

大多数公司在发工资时，会发给员工工资条，这样员工对自己当月的工资明细情况一目了然。在创建工资条前，请先在员工工资表中建立“工资条”工作表，如下图所示。

注意，在建立该工作表后，将单元格区域 E3:N3 的格式设置为货币格式。

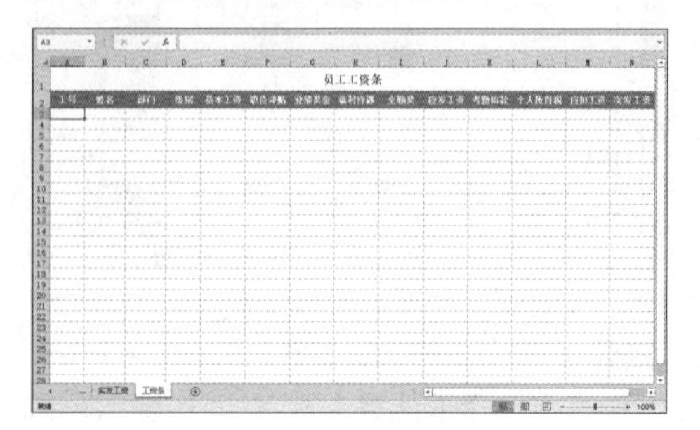

下面使用 VLOOKUP 函数获取每位员工相对应的工资信息。具体操作方法如下。

（1）获取员工的基本信息、工资和奖金福利。

第 1 步 获取工号为“F1042001”的员工工资条信息。在“工资条”工作表的 A3 单元格中输入工号“F1042001”，如下图所示。

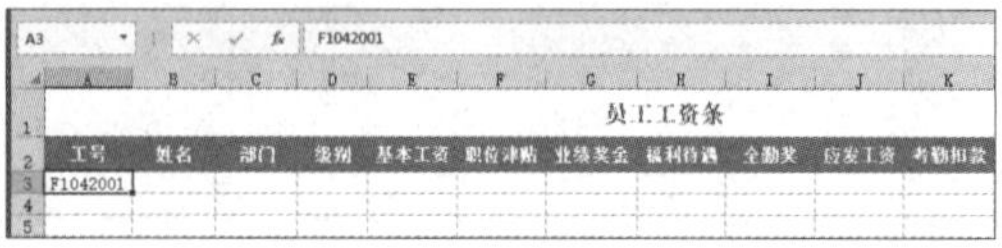

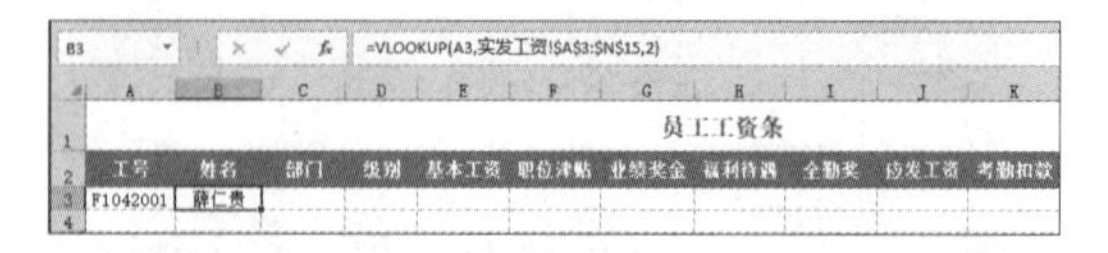

第 2 步 选中单元格 B3，在其中输入公式“=VLOOKUP(A3,实发工资！$A$3:$N$15,2)”，按【Enter】键确认输入，即可获取工号为“F1042001”员工的姓名，如下图所示。

第 3 步 选中单元格 C3，在其中输入公式“=VLOOKUP(A3,实发工资！$A$3:$N$15,3)”，按【Enter】键确认输入，即可获取工号为“F1042001”员工的部门，如下图所示。

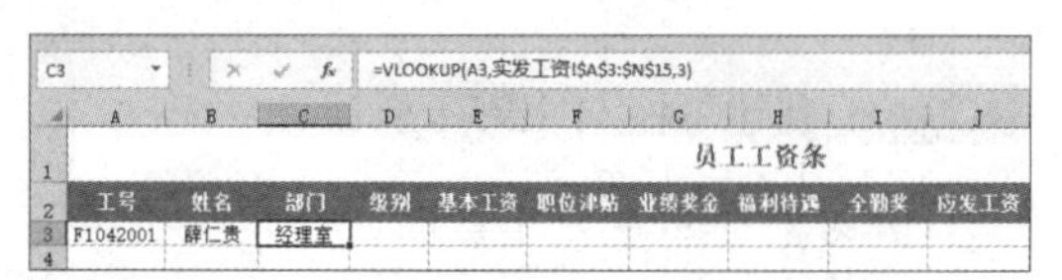

第 4 步 选中单元格 D3，在其中输入公式“=VLOOKUP(A3,实发工资！$A$3:$N$15,4)”，按【Enter】键确认输入，即可获取工号为“F1042001”的员工级别，如下图所示。

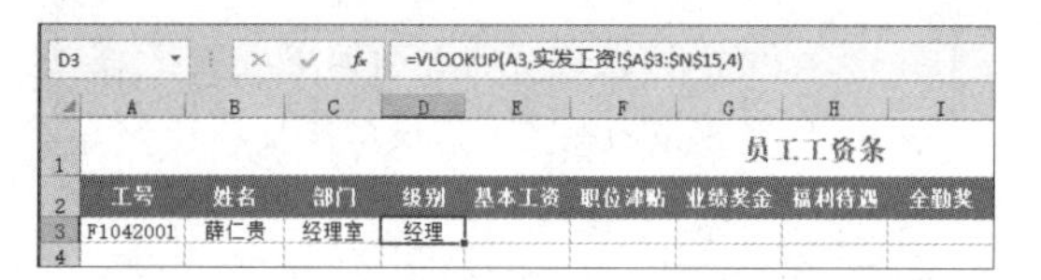

第 5 步 选中单元格 E3，在其中输入公式“=VLOOKUP(A3,实发工资！$A$3:$N$15,5)”，按【Enter】键确认输入，即可获取工号为“F1042001”员工的基本工资，如下图所示。

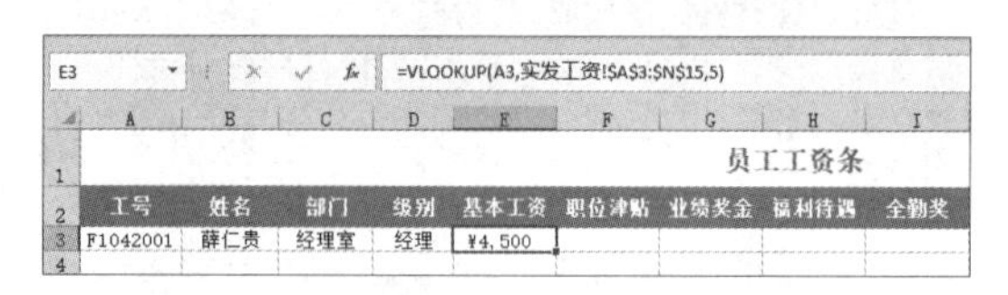

第 6 步 选中单元格 F3，在其中输入公式“=VLOOKUP(A3,实发工资！$A$3:$N$15,6)”，按【Enter】键确认输入，即可获取工号为“F1042001”员工的职位津贴，如下图所示。

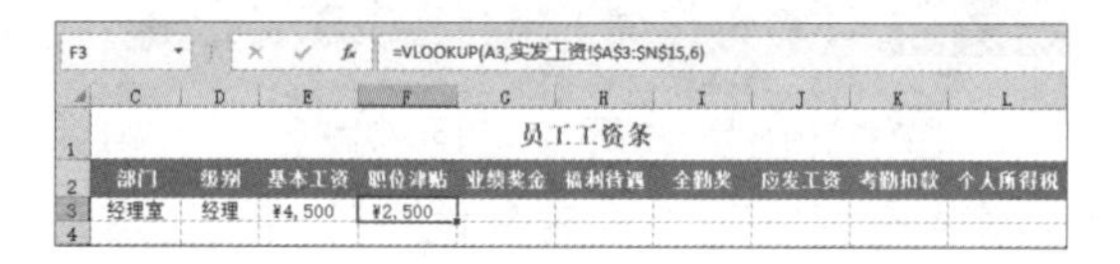

第 7 步 选中单元格 G3，在其中输入公式“=VLOOKUP(A3,实发工资！$A$3:$N$15,7)”，按【Enter】键确认输入，即可获取工号为“F1042001”员工的业绩奖金，如下图所示。

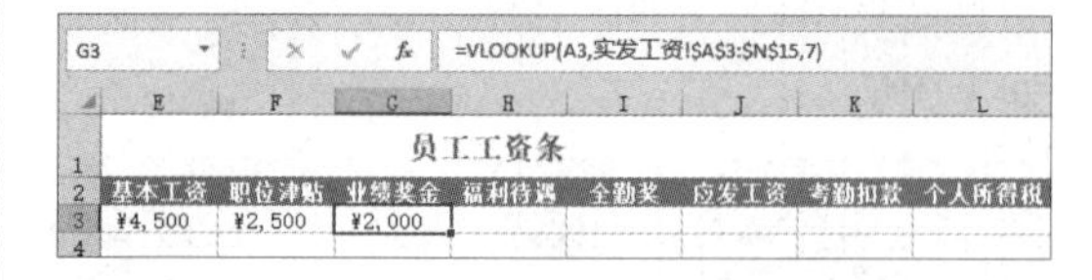

第 8 步 选中单元格 H3，在其中输入公式“=VLOOKUP(A3,实发工资！$A$3:$N$15,8)”，按【Enter】键确认输入，即可获取工号为“F1042001”员工的福利待遇，如下图所示。

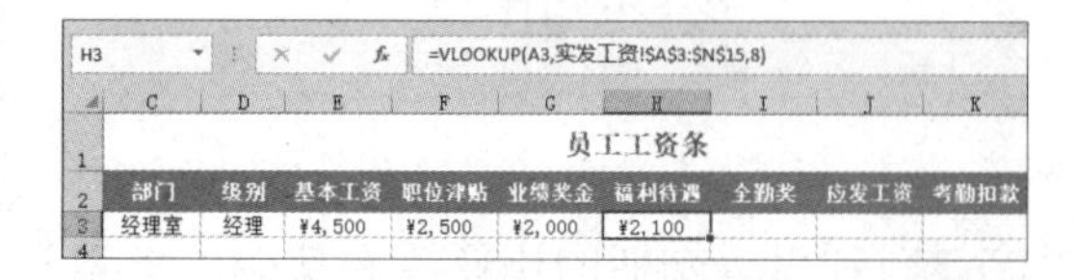

第 9 步 选中单元格 I3，在其中输入公式“=VLOOKUP(A3,实发工资！$A$3:$N$15,

9)”，按【Enter】键确认输入，即可获取工号为“F1042001”员工的全勤奖，如下图所示。

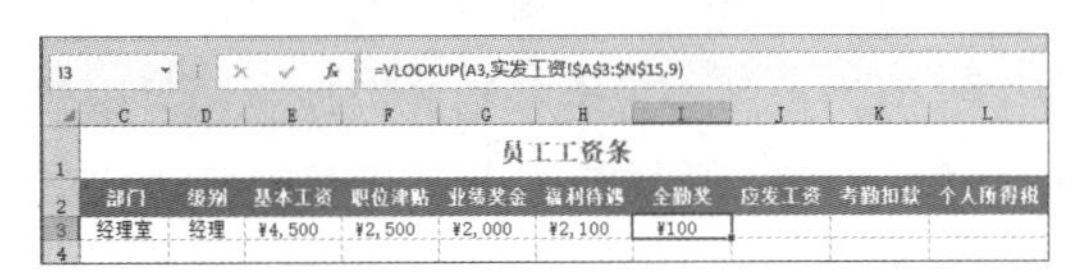

=VLOOKUP(A3,实发工资!$A$3:$N$15,9)

员工工资条									
部门	级别	基本工资	职位津贴	业绩奖金	福利待遇	全勤奖	应发工资	考勤扣款	个人所得税
经理室	经理	¥4,500	¥2,500	¥2,000	¥2,100	¥100			

（2）计算员工的实发工资并复制多个工资条。

第 1 步 选中单元格 J3，在其中输入公式“=VLOOKUP(A3,实发工资！$A$3:$N$15,10)”，按【Enter】键确认输入，即可获取工号为“F1042001”员工的应发工资，如下图所示。

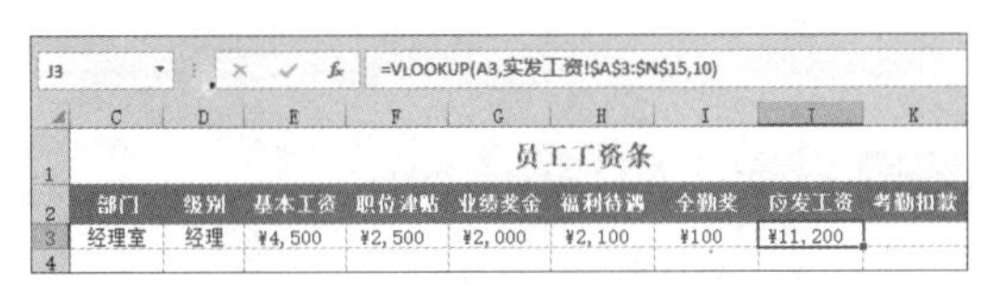

=VLOOKUP(A3,实发工资!$A$3:$N$15,10)

员工工资条								
部门	级别	基本工资	职位津贴	业绩奖金	福利待遇	全勤奖	应发工资	考勤扣款
经理室	经理	¥4,500	¥2,500	¥2,000	¥2,100	¥100	¥11,200	

第 2 步 选中单元格 K3，在其中输入公式“=VLOOKUP(A3,实发工资！$A$3:$N$15,11)”，按【Enter】键确认输入，即可获取工号为“F1042001”员工的考勤扣款，如下图所示。

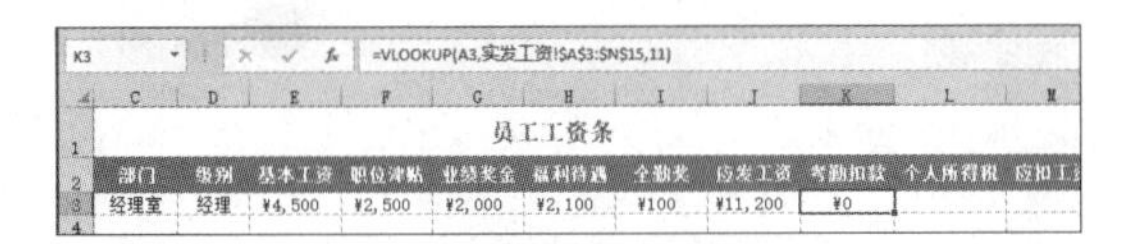

=VLOOKUP(A3,实发工资!$A$3:$N$15,11)

员工工资条										
部门	级别	基本工资	职位津贴	业绩奖金	福利待遇	全勤奖	应发工资	考勤扣款	个人所得税	应扣工
经理室	经理	¥4,500	¥2,500	¥2,000	¥2,100	¥100	¥11,200	¥0		

第 3 步 选中单元格 L3，在其中输入公式“=VLOOKUP(A3,实发工资！$A$3:$N$15,12)”，按【Enter】键确认输入，即可获取工号为“F1042001”员工的个人所得税，如下图所示。

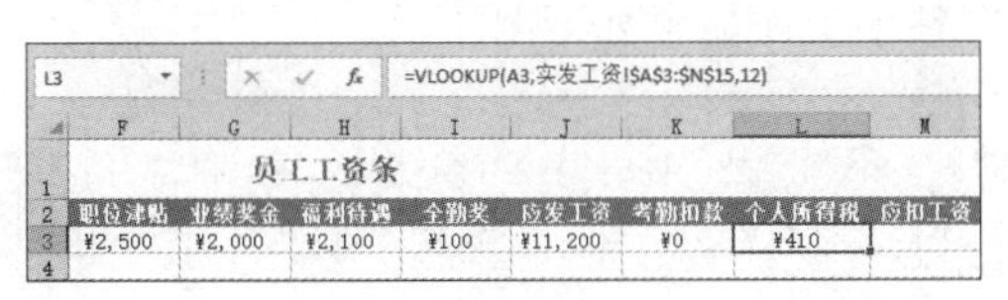

=VLOOKUP(A3,实发工资!$A$3:$N$15,12)

员工工资条							
职位津贴	业绩奖金	福利待遇	全勤奖	应发工资	考勤扣款	个人所得税	应扣工资
¥2,500	¥2,000	¥2,100	¥100	¥11,200	¥0	¥410	

第 4 步 选中单元格 M3，在其中输入公式“=VLOOKUP(A3,实发工资！$A$3:$N$15,13)”，按【Enter】键确认输入，即可获取工号为“F1042001”员工的应扣工资，如下图所示。

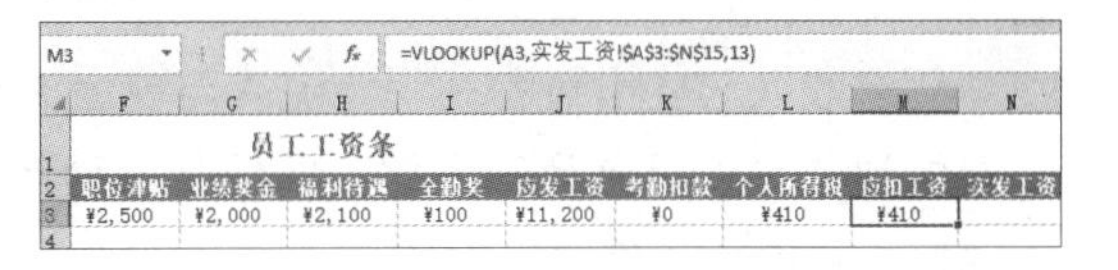

=VLOOKUP(A3,实发工资!$A$3:$N$15,13)

员工工资条								
职位津贴	业绩奖金	福利待遇	全勤奖	应发工资	考勤扣款	个人所得税	应扣工资	实发工资
¥2,500	¥2,000	¥2,100	¥100	¥11,200	¥0	¥410	¥410	

第 5 步 选中单元格 N3，在其中输入公式“=VLOOKUP(A3,实发工资！$A$3:$N$15,14)”，按【Enter】键确认输入，即可获取工号为“F1042001”员工的实发工资，如下图所示。

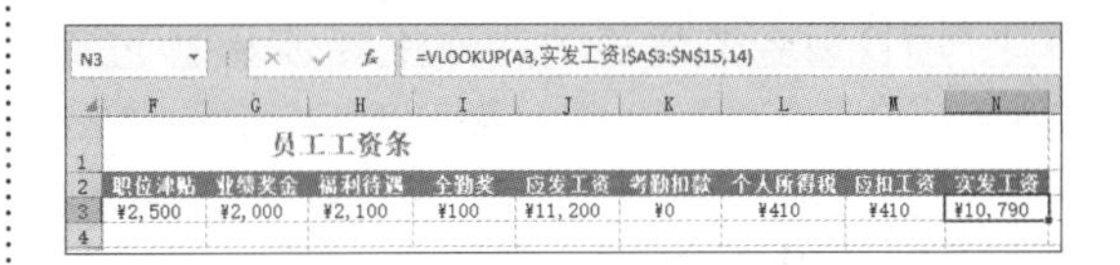

=VLOOKUP(A3,实发工资!$A$3:$N$15,14)

员工工资条								
职位津贴	业绩奖金	福利待遇	全勤奖	应发工资	考勤扣款	个人所得税	应扣工资	实发工资
¥2,500	¥2,000	¥2,100	¥100	¥11,200	¥0	¥410	¥410	¥10,790

第 6 步 快速创建其他员工的工资条。选中单元格区域 A2:N3，将鼠标指针移动到该区域右下角的方块上，当鼠标指针变成**+**形状时，向下拖动鼠标，即可得到其他员工的工资条，如下图所示。

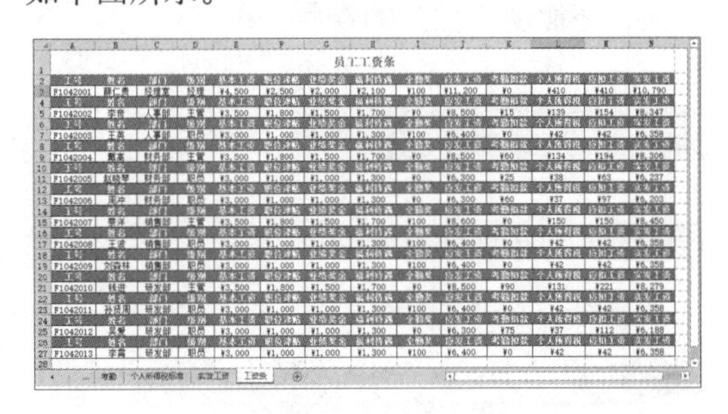

工资条创建完成后，需要对页边距、打印方向等进行设置，设置完成后，将工资条打印出来，并裁剪成一张张的小纸条，即完成了每个员工的工资条的制作。

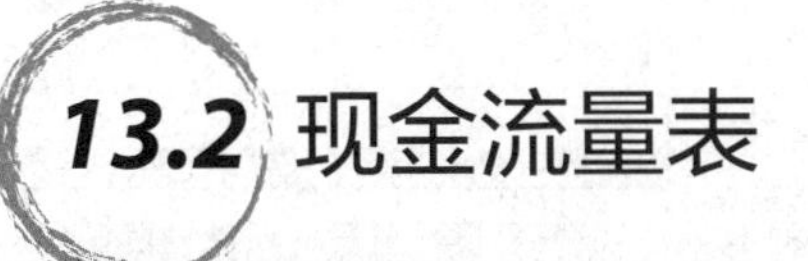

13.2 现金流量表

企业现金流量表的作用通常包括：反映企业现金流入和流出的原因；反映企业偿债能力；反映企业未来的获利能力，即企业支付股息的能力。

13.2.1 设计思路

作为现金流量编制基础的现金，包括现金和现金等价物。其中现金是指库存现金和可以随意存取而不受任何限制的各种银行存款；现金等价物是指期限短、流动性强、容易变换成已知金额的现金，并且价值变动风险较小的短期有价证券等。

现金收入与支出可称为现金流入与现金流出，现金流入与现金流出的差额称为现金净流量。企业的现金收支可分为三大类，即经营活动产生的现金流量、投资活动产生的现金流量、筹备活动产生的现金流量。

要制作现金流量表，首先需要在工作表中根据需要输入各个项目的名称，以及 4 个季度对应的数据区域。其次将需要计算的区域添加底纹效果，并设置数据区域的单元格格式，如会计专用格式。最后使用公式计算现金流量区域，如现金净流量、现金及现金等价物增加净额等。

13.2.2 知识点应用分析

项目现金流量表的制作主要涉及以下知识点。

1. 美化工作表

Excel 2019 自带了许多单元格样式，可以让用户快速应用，且起到美化表格的作用。对于一些较为正式的表格，还可以增加边框，使内容显得更加整齐。同时使用冻结窗格的方法，还能便于数据的查看。

2. 使用 NOW () 函数

使用 NOW() 函数可以添加当前时间，从而实时记录工作表编辑者添加内容的时间。

3. 使用 SUM 函数

SUM 求和函数是最常用的函数，在本案例中，可以用于计算现金流的流入和流出合计金额。

13.2.3 案例实战

1. 创建现金流量表

具体操作步骤如下。

第 1 步 启动 Excel 2019，双击“Sheet1”工作表标签，进入标签重命名状态，输入名称“现金流量表”，按【Enter】键确认输入，如下图所示。

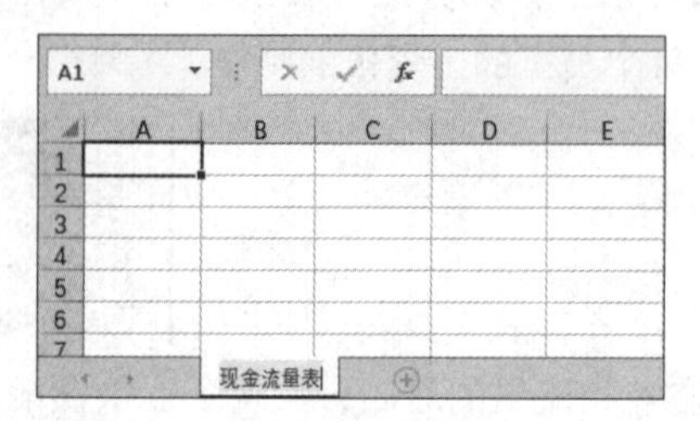

第 2 步 切换到【文件】选项卡，选择左侧列表中的【另存为】选项，单击【浏览】按钮，即可弹出【另存为】对话框，选择文档保存的位置，在【文件名】文本框中输入“现金流量表.xlsx”，单击【保存】按钮，即可保存整个工作簿，如下图所示。

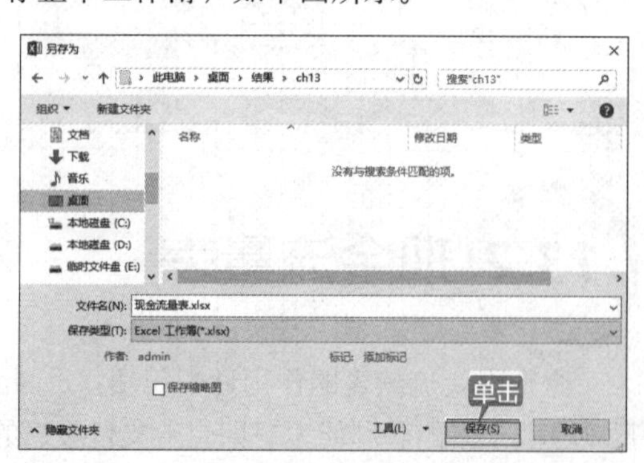

第 3 步 在“现金流量表”工作表中输入其中的各个项目。现金流量表是以一年中的 4 个季度的现金流量为分析对象，A 列为现金流量表的各个项目，B 列至 E 列为 4 个季度对应的数据区域(可以直接复制“素材\ch13\现金流量表数据”中的内容），如下图所示。

D23

	A	B	C	D	E	F
1	现金流量表					
2				年度:		
3	项目名称	第一季度	第二季度	第三季度	第四季度	
4	一、经营活动产生的现金流量					
5	销售商品、提供劳务收到的现金					
6	收到的其他经营活动的现金					
7	收到的税费返回					
8	现金流入小计					
9	购买商品、接受劳务支付的现金					
10	支付给职工以及为职工支付的现金					
11	支付的各项税费					
12	支付的其他与经营活动有关的现金					
13	现金流出小计					
14	经营活动产生的现金流量净值（A）					
15	二、投资活动产生的现金流量					
16	收回投资所收到的现金					
17	取得投资收益所收到的现金					
18	处置固定资产无形资产其他资产收到的现金净额					
19	收到的其他经营活动的现金					

现金流量表

第 4 步 接下来为“现金流量表”工作表中相应的单元格设置字体格式并为其填充背景颜色，再为整个工作表添加边框和设置底纹效果，并根据需要适当地调整列宽，设置数据的显示方式等，如下图所示。

	A	B	C	D	E
1	现金流量表				
2				年度:	
3	项目名称	第一季度	第二季度	第三季度	第四季度
4	一、经营活动产生的现金流量				
5	销售商品、提供劳务收到的现金				
6	收到的其他经营活动的现金				
7	收到的税费返回				
8	现金流入小计				
9	购买商品、接受劳务支付的现金				
10	支付给职工以及为职工支付的现金				
11	支付的各项税费				
12	支付的其他与经营活动有关的现金				
13	现金流出小计				
14	经营活动产生的现金流量净值（A）				
15	二、投资活动产生的现金流量				
16	收回投资所收到的现金				
17	取得投资收益所收到的现金				
18	处置固定资产无形资产其他资产收到的现金净额				
19	收到的其他经营活动的现金				
20	现金流入小计				
21	购置固定资产、无形资产其他资产收到的现金净额				
22	投资所支付的现金				
23	支付的其他与经营活动有关的现金				
24	现金流出小计				

现金流量表

第 5 步 选中 B4:E30 单元格区域并右击，从弹出的快捷菜单中选择【设置单元格格式】选项，即可弹出【设置单元格格式】对话框，选择【数字】选项卡，在【分类】列表框中选择【会计专用】选项；在【小数位数】微调框中输入“2”；在【货币符号】下拉列表中选择【¥】，最后单击【确定】按钮，即可完成单元格的设置，如下图所示。

第 6 步 由于表格中的项目较多，需要滚动窗口查看或编辑时，标题行或列会被隐藏，这样非常不利于数据的查看，所以对于大型表格来说，可以通过冻结窗格的方法来使标题行或列始终显示在屏幕上。这里只需要选中 B4 单元格，然后在【视图】选项卡下的【窗口】组中单击【冻结窗格】下拉按钮，从弹出的下拉菜单中选择【冻结窗格】选项，如下图所示。

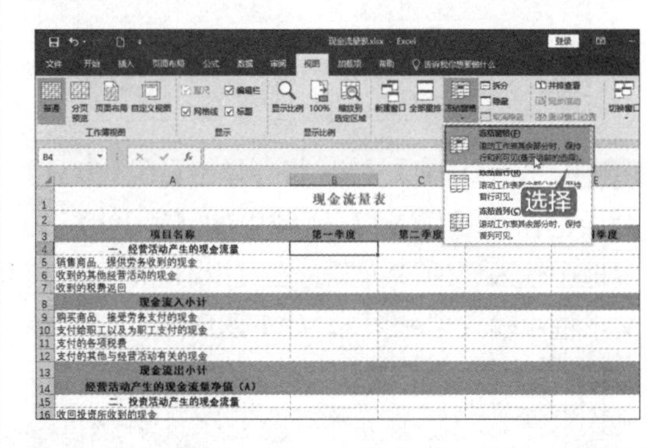

第 7 步 冻结窗格后，无论是向右还是向下滚动窗口，被冻结的行或列始终显示在屏幕上，同时工作表中还将显示水平和垂直冻结线，如下图所示。

B4

	A	B	C	D	E	F
1		现金流量表				
2				年度:		
3	项目名称	第一季度	第二季度	第三季度	第四季度	
10	支付给职工以及为职工支付的现金					
11	支付的各项税费					
12	支付的其他与经营活动有关的现金					
13	现金流出小计					
14	经营活动产生的现金流量净值（A）					
15	二、投资活动产生的现金流量					
16	收回投资所收到的现金					
17	取得投资收益所收到的现金					
18	处置固定资产无形资产其他资产收到的现金净额					
19	收到的其他经营活动的现金					
20	现金流入小计					
21	购置固定资产、无形资产其他资产收到的现金净额					
22	投资所支付的现金					
23	支付的其他与经营活动有关的现金					
24	现金流出小计					
25	经营活动产生的现金流量净额					
26	三、筹备活动产生的现金流量					
27	吸收投资收到的现金					
28	借款所收到的现金					
29	收到的其他经营活动的现金					
30	现金流入小计					

现金流量表

2. 使用函数添加日期

日期是会计报表的要素之一，接下来将介绍如何利用函数向报表中添加日期，其具体操作步骤如下。

第1步 选中 E2 单元格，然后在【公式】选项卡下的【函数库】组中单击【插入函数】按钮，即可弹出【插入函数】对话框，在【搜索函数】文本框中输入所需要的函数名称，单击【转到】按钮，将会转至查找的函数，如下图所示。

插入函数
搜索函数(S):
TEXT
转到(G)
单击
或选择类别(C): 推荐
选择函数(N):
TEXT
ENCODEURL
CONCATENATE
DECIMAL
ARABIC
LEFT
LEN
TEXT(value,format_text)
根据指定的数值格式将数字转成文本
有关该函数的帮助
确定
取消

第2步 单击【确定】按钮，将会弹出【函数参数】对话框，在【TEXT】区域中的【Value】文本框中输入“NOW()”，在【Format_text】文本框中输入“e 年”，如下图所示。

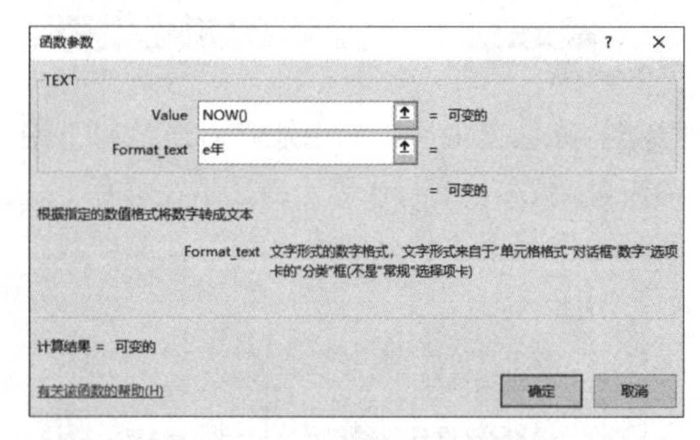

第3步 单击【确定】按钮，将关闭【函数参数】对话框，此时 E2 单元格中显示了当前公式的运算结果为“2018”，如下图所示。

3. 现金流量区域内的公式计算

下面将介绍如何计算现金流量表中的相关项目，在进行具体操作之前，首先要了解现金流量表中的各项计算公式。

现金流入 − 现金流出 = 现金净流量

经营活动产生的现金流量净额 + 投资产生的现金流量净额 + 筹备活动产生的现金流量净额 = 现金及现金等价物增加净额

期末现金合计 − 期初现金合计 = 现金净流量

在实际工作中，当设置好现金流量表的格式后，可以通过总账筛选或汇总相关数据来填制现金流量表，在 Excel 中可以通过函数实现，具体操作步骤如下。

第1步 在“现金流量表”工作表中的 B5:E7、B9:E12、B16:E19、B21:E23、B27:E29、B31:E33 单元格区域中分别输入表格内容，如下图所示。

	A	B	C	D	E
1		现金流量表			
2				年度:	2018年
3	项目名称	第一季度	第二季度	第三季度	第四季度
4	一、经营活动产生的现金流量				
5	销售商品、提供劳务收到的现金	¥ 560,000.00	¥ 450,000.00	¥ 630,000.00	¥ 810,000.00
6	收到的其他经营活动的现金	¥ 2,500.00	¥ 3,200.00	¥ 4,200.00	¥ 5,200.00
7	收到的税费返回	¥ 6,800.00	¥ 7,500.00	¥ 8,600.00	¥ 9,700.00
8	现金流入小计				
9	购买商品、接受劳务支付的现金	¥ 122,000.00	¥ 144,000.00	¥ 166,000.00	¥ 188,000.00
10	支付给职工以及为职工支付的现金	¥ 35,000.00	¥ 38,000.00	¥ 41,000.00	¥ 44,000.00
11	支付的各项税费	¥ 42,600.00	¥ 560,250.00	¥ 1,077,900.00	¥ 1,595,550.00
12	支付的其他与经营活动有关的现金	¥ 3,500.00	¥ 2,800.00	¥ 2,100.00	¥ 1,400.00
13	现金流出小计				
14	经营活动产生的现金流量净值（A）				
15	二、投资活动产生的现金流量				
16	收回投资所收到的现金	¥ 260,000.00	¥ 289,000.00	¥ 318,000.00	¥ 347,000.00
17	取得投资收益所收到的现金	¥ 26,000.00	¥ 18,000.00	¥ 10,000.00	¥ 2,000.00
18	处置固定资产无形资产其他资产收到的现金净额	¥ 4,200.00	¥ 3,600.00	¥ 3,000.00	¥ 2,400.00
19	收到的其他经营活动的现金	¥ 2,500.00	¥ 2,300.00	¥ 2,100.00	¥ 1,900.00
20	现金流入小计				
21	购置固定资产、无形资产其他资产收到的现金净额	¥ 16,200.00	¥ 150,000.00	¥ 283,800.00	¥ 417,600.00
22	投资所支付的现金	¥ 3,600.00	¥ 4,300.00	¥ 5,000.00	¥ 5,700.00
23	支付的其他与经营活动有关的现金	¥ 350.00	¥ 760.00	¥ 1,170.00	¥ 1,580.00
24	现金流出小计				
25	经营活动产生的现金流量净额				
26	三、筹备活动产生的现金流量				
27	吸收投资收到的现金	¥ 136,000.00	¥ 600,000.00	¥ 1,064,000.00	¥ 1,528,000.00
28	借款所收到的现金	¥ 360,000.00	¥ 260,000.00	¥ 160,000.00	¥ 60,000.00
29	收到的其他经营活动的现金	¥ 3,600.00	¥ 3,500.00	¥ 3,400.00	¥ 3,300.00
30	现金流入小计				

第 2 步 选中 B5:B8 单元格区域，然后在【公式】选项卡下的【函数库】组中单击【自动求和】下拉按钮，从弹出的下拉菜单中选择【求和】选项，即可在 B8 单元格中显示对 B5:B7 单元格区域的数据求和结果，如下图所示。

B8 =SUM(B5:B7)

	A	B	C	D	E
1		现金流量表			
2				年度：	2018年
3	项目名称	第一季度	第二季度	第三季度	第四季度
4	一、经营活动产生的现金流量				
5	销售商品、提供劳务收到的现金	¥ 560,000.00	¥ 450,000.00	¥ 630,000.00	¥ 810,000.00
6	收到的其他经营活动的现金	¥ 2,500.00	¥ 3,200.00	¥ 4,200.00	¥ 5,200.00
7	收到的税费返回	¥ 6,800.00	¥ 7,500.00	¥ 8,600.00	¥ 9,700.00
8	现金流入小计	¥ 569,300.00			
9	购买商品、接受劳务支付的现金	¥ 122,000.00	¥ 144,000.00	¥ 166,000.00	¥ 188,000.00
10	支付给职工以及为职工支付的现金	¥ 35,000.00	¥ 38,000.00	¥ 41,000.00	¥ 44,000.00
11	支付的各项税费	¥ 42,600.00	¥ 560,250.00	¥ 1,077,900.00	¥ 1,595,550.00
12	支付的其他与经营活动有关的现金	¥ 3,500.00	¥ 2,800.00	¥ 2,100.00	¥ 1,400.00
13	现金流出小计				
14	经营活动产生的现金流量净值（A）				
15	二、投资活动产生的现金流量				
16	收回投资所收到的现金	¥ 260,000.00	¥ 289,000.00	¥ 318,000.00	¥ 347,000.00
17	取得投资收益所收到的现金	¥ 26,000.00	¥ 18,000.00	¥ 10,000.00	¥ 2,000.00
18	处置固定资产无形资产其他资产收到的现金净额	¥ 4,200.00	¥ 3,600.00	¥ 3,000.00	¥ 2,400.00
19	收到的其他经营活动的现金	¥ 2,500.00	¥ 2,300.00	¥ 2,100.00	¥ 1,900.00
20	现金流入小计				

现金流量表

第 3 步 再选中 B8 单元格，将鼠标指针移到单元格的右下角，当鼠标指针变为+形状时，按住左键不放往右拖曳，到达相应的 E8 单元格位置后释放鼠标，即可实现 C8:E8 单元格区域的公式输入，如下图所示。

	A	B	C	D	E
1		现金流量表			
2				年度：	2018年
3	项目名称	第一季度	第二季度	第三季度	第四季度
4	一、经营活动产生的现金流量				
5	销售商品、提供劳务收到的现金	¥ 560,000.00	¥ 450,000.00	¥ 630,000.00	¥ 810,000.00
6	收到的其他经营活动的现金	¥ 2,500.00	¥ 3,200.00	¥ 4,200.00	¥ 5,200.00
7	收到的税费返回	¥ 6,800.00	¥ 7,500.00	¥ 8,600.00	¥ 9,700.00
8	现金流入小计	¥ 569,300.00	¥ 460,700.00	¥ 642,800.00	¥ 824,900.00
9	购买商品、接受劳务支付的现金	¥ 122,000.00	¥ 144,000.00	¥ 166,000.00	¥ 188,000.00
10	支付给职工以及为职工支付的现金	¥ 35,000.00	¥ 38,000.00	¥ 41,000.00	¥ 44,000.00
11	支付的各项税费	¥ 42,600.00	¥ 560,250.00	¥ 1,077,900.00	¥ 1,595,550.00
12	支付的其他与经营活动有关的现金	¥ 3,500.00	¥ 2,800.00	¥ 2,100.00	¥ 1,400.00
13	现金流出小计				
14	经营活动产生的现金流量净值（A）				
15	二、投资活动产生的现金流量				
16	收回投资所收到的现金	¥ 260,000.00	¥ 289,000.00	¥ 318,000.00	¥ 347,000.00
17	取得投资收益所收到的现金	¥ 26,000.00	¥ 18,000.00	¥ 10,000.00	¥ 2,000.00
18	处置固定资产无形资产其他资产收到的现金净额	¥ 4,200.00	¥ 3,600.00	¥ 3,000.00	¥ 2,400.00
19	收到的其他经营活动的现金	¥ 2,500.00	¥ 2,300.00	¥ 2,100.00	¥ 1,900.00
20	现金流入小计				
21	购置固定资产、无形资产其他资产收到的现金净额	¥ 16,200.00	¥ 150,000.00	¥ 283,800.00	¥ 417,600.00
22	投资所支付的现金	¥ 3,600.00	¥ 4,300.00	¥ 5,000.00	¥ 5,700.00
23	支付的其他与经营活动有关的现金	¥ 350.00	¥ 760.00	¥ 1,170.00	¥ 1,580.00
24	现金流出小计				
25	经营活动产生的现金流量净额				

现金流量表

就绪 平均值：¥6[illegible]425.00 计数：4 求和：¥2,497,700.00 100%

第 4 步 同理，在 B13 单元格中计算出经营活动产生的现金流出小计。当然，也可以直接选中该单元格，然后在公式编辑栏中输入“=SUM(B9:B12)”求和公式，按【Enter】键，也可成功计算出经营活动产生的现金流出小计，如下图所示。

B13 =SUM(B9:B12)

	A	B	C	D	E
1		现金流量表			
2				年度：	2018年
3	项目名称	第一季度	第二季度	第三季度	第四季度
4	一、经营活动产生的现金流量				
5	销售商品、提供劳务收到的现金	¥ 560,000.00	¥ 450,000.00	¥ 630,000.00	¥ 810,000.00
6	收到的其他经营活动的现金	¥ 2,500.00	¥ 3,200.00	¥ 4,200.00	¥ 5,200.00
7	收到的税费返回	¥ 6,800.00	¥ 7,500.00	¥ 8,600.00	¥ 9,700.00
8	现金流入小计	¥ 569,300.00	¥ 460,700.00	¥ 642,800.00	¥ 824,900.00
9	购买商品、接受劳务支付的现金	¥ 122,000.00	¥ 144,000.00	¥ 166,000.00	¥ 188,000.00
10	支付给职工以及为职工支付的现金	¥ 35,000.00	¥ 38,000.00	¥ 41,000.00	¥ 44,000.00
11	支付的各项税费	¥ 42,600.00	¥ 560,250.00	¥ 1,077,900.00	¥ 1,595,550.00
12	支付的其他与经营活动有关的现金	¥ 3,500.00	¥ 2,800.00	¥ 2,100.00	¥ 1,400.00
13	现金流出小计	¥ 203,100.00			
14	经营活动产生的现金流量净值（A）				
15	二、投资活动产生的现金流量				
16	收回投资所收到的现金	¥ 260,000.00	¥ 289,000.00	¥ 318,000.00	¥ 347,000.00
17	取得投资收益所收到的现金	¥ 26,000.00	¥ 18,000.00	¥ 10,000.00	¥ 2,000.00
18	处置固定资产无形资产其他资产收到的现金净额	¥ 4,200.00	¥ 3,600.00	¥ 3,000.00	¥ 2,400.00
19	收到的其他经营活动的现金	¥ 2,500.00	¥ 2,300.00	¥ 2,100.00	¥ 1,900.00
20	现金流入小计				
21	购置固定资产、无形资产其他资产收到的现金净额	¥ 16,200.00	¥ 150,000.00	¥ 283,800.00	¥ 417,600.00
22	投资所支付的现金	¥ 3,600.00	¥ 4,300.00	¥ 5,000.00	¥ 5,700.00
23	支付的其他与经营活动有关的现金	¥ 350.00	¥ 760.00	¥ 1,170.00	¥ 1,580.00
24	现金流出小计				
25	经营活动产生的现金流量净额				

现金流量表

第 5 步 再选中 B13 单元格，将鼠标指针移到单元格的右下角，当鼠标指针变为+形状时，按住左键不放往右拖曳，到达相应的 E13 单元格位置后释放鼠标，即可实现 C13:E13 单元格区域的公式输入，如下图所示。

B13 =SUM(B9:B12)

	A	B	C	D	E
1		现金流量表			
2				年度：	2018年
3	项目名称	第一季度	第二季度	第三季度	第四季度
4	一、经营活动产生的现金流量				
5	销售商品、提供劳务收到的现金	¥ 560,000.00	¥ 450,000.00	¥ 630,000.00	¥ 810,000.00
6	收到的其他经营活动的现金	¥ 2,500.00	¥ 3,200.00	¥ 4,200.00	¥ 5,200.00
7	收到的税费返回	¥ 6,800.00	¥ 7,500.00	¥ 8,600.00	¥ 9,700.00
8	现金流入小计	¥ 569,300.00	¥ 460,700.00	¥ 642,800.00	¥ 824,900.00
9	购买商品、接受劳务支付的现金	¥ 122,000.00	¥ 144,000.00	¥ 166,000.00	¥ 188,000.00
10	支付给职工以及为职工支付的现金	¥ 35,000.00	¥ 38,000.00	¥ 41,000.00	¥ 44,000.00
11	支付的各项税费	¥ 42,600.00	¥ 560,250.00	¥ 1,077,900.00	¥ 1,595,550.00
12	支付的其他与经营活动有关的现金	¥ 3,500.00	¥ 2,800.00	¥ 2,100.00	¥ 1,400.00
13	现金流出小计	¥ 203,100.00	¥ 745,050.00	¥1,287,000.00	¥1,828,950.00
14	经营活动产生的现金流量净值（A）				
15	二、投资活动产生的现金流量				
16	收回投资所收到的现金	¥ 260,000.00	¥ 289,000.00	¥ 318,000.00	¥ 347,000.00
17	取得投资收益所收到的现金	¥ 26,000.00	¥ 18,000.00	¥ 10,000.00	¥ 2,000.00
18	处置固定资产无形资产其他资产收到的现金净额	¥ 4,200.00	¥ 3,600.00	¥ 3,000.00	¥ 2,400.00
19	收到的其他经营活动的现金	¥ 2,500.00	¥ 2,300.00	¥ 2,100.00	¥ 1,900.00
20	现金流入小计				
21	购置固定资产、无形资产其他资产收到的现金净额	¥ 16,200.00	¥ 150,000.00	¥ 283,800.00	¥ 417,600.00
22	投资所支付的现金	¥ 3,600.00	¥ 4,300.00	¥ 5,000.00	¥ 5,700.00
23	支付的其他与经营活动有关的现金	¥ 350.00	¥ 760.00	¥ 1,170.00	¥ 1,580.00
24	现金流出小计				
25	经营活动产生的现金流量净额				
26	三、筹备活动产生的现金流量				

现金流量表

第 6 步 根据“现金净流量 = 现金流入 − 现金流出”的计算公式，可以在 B14 单元格中输入“=B8 − B13”公式，按【Enter】键确认输入，即可计算出经营活动产生的现金流量净额，如下图所示。

B14 =B8-B13

	A	B	C	D	E
1		现金流量表			
2				年度：	2018年
3	项目名称	第一季度	第二季度	第三季度	第四季度
4	一、经营活动产生的现金流量				
5	销售商品、提供劳务收到的现金	¥ 560,000.00	¥ 450,000.00	¥ 630,000.00	¥ 810,000.00
6	收到的其他经营活动的现金	¥ 2,500.00	¥ 3,200.00	¥ 4,200.00	¥ 5,200.00
7	收到的税费返回	¥ 6,800.00	¥ 7,500.00	¥ 8,600.00	¥ 9,700.00
8	现金流入小计	¥ 569,300.00	¥ 460,700.00	¥ 642,800.00	¥ 824,900.00
9	购买商品、接受劳务支付的现金	¥ 122,000.00	¥ 144,000.00	¥ 166,000.00	¥ 188,000.00
10	支付给职工以及为职工支付的现金	¥ 35,000.00	¥ 38,000.00	¥ 41,000.00	¥ 44,000.00
11	支付的各项税费	¥ 42,600.00	¥ 560,250.00	¥ 1,077,900.00	¥ 1,595,550.00
12	支付的其他与经营活动有关的现金	¥ 3,500.00	¥ 2,800.00	¥ 2,100.00	¥ 1,400.00
13	现金流出小计	¥ 203,100.00	¥ 745,050.00	¥1,287,000.00	¥1,828,950.00
14	经营活动产生的现金流量净值（A）	¥ 366,200.00			
15	二、投资活动产生的现金流量				
16	收回投资所收到的现金	¥ 260,000.00	¥ 289,000.00	¥ 318,000.00	¥ 347,000.00
17	取得投资收益所收到的现金	¥ 26,000.00	¥ 18,000.00	¥ 10,000.00	¥ 2,000.00
18	处置固定资产无形资产其他资产收到的现金净额	¥ 4,200.00	¥ 3,600.00	¥ 3,000.00	¥ 2,400.00
19	收到的其他经营活动的现金	¥ 2,500.00	¥ 2,300.00	¥ 2,100.00	¥ 1,900.00
20	现金流入小计				
21	购置固定资产、无形资产其他资产收到的现金净额	¥ 16,200.00	¥ 150,000.00	¥ 283,800.00	¥ 417,600.00
22	投资所支付的现金	¥ 3,600.00	¥ 4,300.00	¥ 5,000.00	¥ 5,700.00
23	支付的其他与经营活动有关的现金	¥ 350.00	¥ 760.00	¥ 1,170.00	¥ 1,580.00
24	现金流出小计				
25	经营活动产生的现金流量净额				
26	三、筹备活动产生的现金流量				

现金流量表

第 7 步 再选中 B14 单元格，将鼠标指针移到单元格的右下角，当鼠标指针变为+形状时，按住左键不放往右拖曳，到达相应的 E14 单元格位置后释放鼠标，即可实现 C14:E14 单元格区域的公式输入，如下图所示。

E14 =E8-E13

	A	B	C	D	E
1		现金流量表			
2				年度：	2018年
3	项目名称	第一季度	第二季度	第三季度	第四季度
4	一、经营活动产生的现金流量				
5	销售商品、提供劳务收到的现金	¥ 560,000.00	¥ 450,000.00	¥ 630,000.00	¥ 810,000.00
6	收到的其他经营活动的现金	¥ 2,500.00	¥ 3,200.00	¥ 4,200.00	¥ 5,200.00
7	收到的税费返回	¥ 6,800.00	¥ 7,500.00	¥ 8,600.00	¥ 9,700.00
8	现金流入小计	¥ 569,300.00	¥ 460,700.00	¥ 642,800.00	¥ 824,900.00
9	购买商品、接受劳务支付的现金	¥ 122,000.00	¥ 144,000.00	¥ 166,000.00	¥ 188,000.00
10	支付给职工以及为职工支付的现金	¥ 35,000.00	¥ 38,000.00	¥ 41,000.00	¥ 44,000.00
11	支付的各项税费	¥ 42,600.00	¥ 560,250.00	¥ 1,077,900.00	¥ 1,595,550.00
12	支付的其他与经营活动有关的现金	¥ 3,500.00	¥ 2,800.00	¥ 2,100.00	¥ 1,400.00
13	现金流出小计	¥ 203,100.00	¥ 745,050.00	¥1,287,000.00	¥ 1,828,950.00
14	经营活动产生的现金流量净值（A）	¥ 366,200.00	¥-284,350.00	¥ -644,200.00	¥-1,004,050.00
15	二、投资活动产生的现金流量				
16	收回投资所收到的现金	¥ 260,000.00	¥ 289,000.00	¥ 318,000.00	¥ 347,000.00
17	取得投资收益所收到的现金	¥ 26,000.00	¥ 18,000.00	¥ 10,000.00	¥ 2,000.00
18	处置固定资产无形资产其他资产收到的现金净额	¥ 4,200.00	¥ 3,600.00	¥ 3,000.00	¥ 2,400.00
19	收到的其他经营活动的现金	¥ 2,500.00	¥ 2,300.00	¥ 2,100.00	¥ 1,900.00
20	现金流入小计				

第 8 步 采用同样的方法，分别设置公式计算投资与筹备活动产生的现金流入小计、现金流出小计和现金流量净额，其计算结果如下图所示。

E25 =E20-E24

	A	B	C	D	E
1		现金流量表			
2				年度:	2018年
3	项目名称	第一季度	第二季度	第三季度	第四季度
11	支付的各项税费	¥ 42,600.00	¥ 560,250.00	¥ 1,077,900.00	¥ 1,595,550.00
12	支付的其他与经营活动有关的现金	¥ 3,500.00	¥ 2,800.00	¥ 2,100.00	¥ 1,400.00
13	现金流出小计	¥ 203,100.00	¥ 745,050.00	¥1,287,000.00	¥ 1,828,950.00
14	经营活动产生的现金流量净值（A）	¥ 366,200.00	¥-284,350.00	¥ -644,200.00	¥-1,004,050.00
15	二、投资活动产生的现金流量				
16	收回投资所收到的现金	¥ 260,000.00	¥ 289,000.00	¥ 318,000.00	¥ 347,000.00
17	取得投资收益所收到的现金	¥ 26,000.00	¥ 18,000.00	¥ 10,000.00	¥ 2,000.00
18	处置固定资产无形资产其他资产收到的现金净额	¥ 4,200.00	¥ 3,600.00	¥ 3,000.00	¥ 2,400.00
19	收到的其他经营活动的现金	¥ 2,500.00	¥ 2,300.00	¥ 2,100.00	¥ 1,900.00
20	现金流入小计	¥ 292,700.00	¥ 312,900.00	¥ 333,100.00	¥ 353,300.00
21	购置固定资产、无形资产其他资产收到的现金净额	¥ 16,200.00	¥ 150,000.00	¥ 283,800.00	¥ 417,600.00
22	投资所支付的现金	¥ 3,600.00	¥ 4,300.00	¥ 5,000.00	¥ 5,700.00
23	支付的其他与经营活动有关的现金	¥ 350.00	¥ 760.00	¥ 1,170.00	¥ 1,580.00
24	现金流出小计	¥ 20,150.00	¥ 155,060.00	¥ 289,970.00	¥ 424,880.00
25	经营活动产生的现金流量净额	¥ 272,550.00	¥ 157,840.00	¥ 43,130.00	¥ -71,580.00
26	三、筹备活动产生的现金流量				
27	吸收投资收到的现金	¥ 136,000.00	¥ 600,000.00	¥ 1,064,000.00	¥ 1,528,000.00
28	借款所收到的现金	¥ 360,000.00	¥ 260,000.00	¥ 160,000.00	¥ 60,000.00
29	收到的其他经营活动的现金	¥ 3,600.00	¥ 3,500.00	¥ 3,400.00	¥ 3,300.00
30	现金流入小计				

现金流量表

第 9 步 对筹备活动产生的现金流入小计进行计算，然后保存现金流量表即可，如下图所示。

	A	B	C	D	E
1		现金流量表			
2				年度:	2018年
3	项目名称	第一季度	第二季度	第三季度	第四季度
4	一、经营活动产生的现金流量				
5	销售商品、提供劳务收到的现金	¥ 560,000.00	¥ 450,000.00	¥ 630,000.00	¥ 810,000.00
6	收到的其他经营活动的现金	¥ 2,500.00	¥ 3,200.00	¥ 4,200.00	¥ 5,200.00
7	收到的税费返回	¥ 6,800.00	¥ 7,500.00	¥ 8,600.00	¥ 9,700.00
8	现金流入小计	¥ 569,300.00	¥ 460,700.00	¥ 642,800.00	¥ 824,900.00
9	购买商品、接受劳务支付的现金	¥ 122,000.00	¥ 144,000.00	¥ 166,000.00	¥ 188,000.00
10	支付给职工以及为职工支付的现金	¥ 35,000.00	¥ 38,000.00	¥ 41,000.00	¥ 44,000.00
11	支付的各项税费	¥ 42,600.00	¥ 560,250.00	¥ 1,077,900.00	¥ 1,595,550.00
12	支付的其他与经营活动有关的现金	¥ 3,500.00	¥ 2,800.00	¥ 2,100.00	¥ 1,400.00
13	现金流出小计	¥ 203,100.00	¥ 745,050.00	¥1,287,000.00	¥ 1,828,950.00
14	经营活动产生的现金流量净值（A）	¥ 366,200.00	¥-284,350.00	¥ -644,200.00	¥-1,004,050.00
15	二、投资活动产生的现金流量				
16	收回投资所收到的现金	¥ 260,000.00	¥ 289,000.00	¥ 318,000.00	¥ 347,000.00
17	取得投资收益所收到的现金	¥ 26,000.00	¥ 18,000.00	¥ 10,000.00	¥ 2,000.00
18	处置固定资产无形资产其他资产收到的现金净额	¥ 4,200.00	¥ 3,600.00	¥ 3,000.00	¥ 2,400.00
19	收到的其他经营活动的现金	¥ 2,500.00	¥ 2,300.00	¥ 2,100.00	¥ 1,900.00
20	现金流入小计	¥ 292,700.00	¥ 312,900.00	¥ 333,100.00	¥ 353,300.00
21	购置固定资产、无形资产其他资产收到的现金净额	¥ 16,200.00	¥ 150,000.00	¥ 283,800.00	¥ 417,600.00
22	投资所支付的现金	¥ 3,600.00	¥ 4,300.00	¥ 5,000.00	¥ 5,700.00
23	支付的其他与经营活动有关的现金	¥ 350.00	¥ 760.00	¥ 1,170.00	¥ 1,580.00
24	现金流出小计	¥ 20,150.00	¥ 155,060.00	¥ 289,970.00	¥ 424,880.00
25	经营活动产生的现金流量净额	¥ 272,550.00	¥ 157,840.00	¥ 43,130.00	¥ -71,580.00
26	三、筹备活动产生的现金流量				
27	吸收投资收到的现金	¥ 136,000.00	¥ 600,000.00	¥ 1,064,000.00	¥ 1,528,000.00
28	借款所收到的现金	¥ 360,000.00	¥ 260,000.00	¥ 160,000.00	¥ 60,000.00
29	收到的其他经营活动的现金	¥ 3,600.00	¥ 3,500.00	¥ 3,400.00	¥ 3,300.00
30	现金流入小计	¥ 499,600.00	¥ 863,500.00	¥1,227,400.00	¥ 1,591,300.00

现金流量表

13.3 分析资产负债表

资产负债表又称为财务状况表，是反映公司在某一特定日期（如月末、季末、年末）全部资产、负债和所有者权益情况的会计报表。通过分析公司的资产负债表，能够揭示出公司偿还短期债务的能力、公司经营稳健与否及公司经营风险的大小等。

13.3.1 设计思路

在比较资产负债表时，可以对资产负债表中的期末金额与期初金额进行比较分析，从而得出两个时期中各个项目金额的增减情况。在分析之前，请先在“公司财务报表”中建立“比较资产负债表”工作表，并在表中输入基础数据信息，例如各流动资产项目的期初数、期末数等，如下图所示。

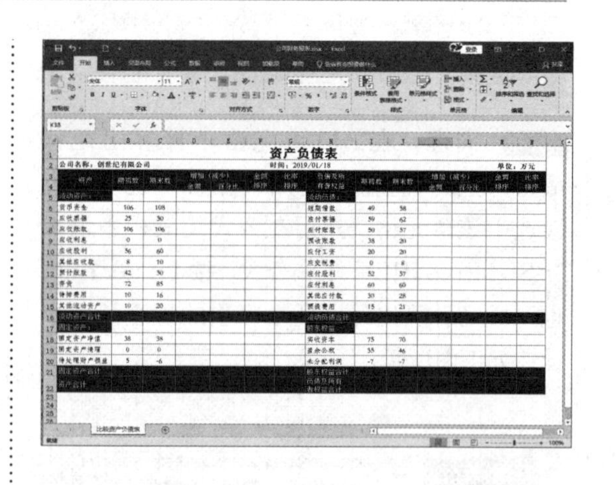

资产负债表

公司名称：创世纪有限公司　　时间：2019/01/18　　单位：万元

资产	期初数	期末数	增加（减少）金额	增加（减少）百分比	金额排序	比率排序	负债及所有者权益	期初数	期末数	增加（减少）金额	增加（减少）百分比	金额排序	比率排序
流动资产：							流动负债：						
货币资金	106	108					短期借款	49	58				
应收票据	25	30					应付票据	59	62				
应收账款	106	106					应付账款	50	57				
应收利息	0	0					预收账款	38	20				
应收股利	56	60					应付工资	20	20				
其他应收款	8	10					应交税费	0	8				
预付账款	42	30					应付股利	52	57				
存货	72	85					应付利息	60	60				
待摊费用	10	16					其他应付款	30	28				
其他流动资产	10	20					预提费用	15	21				
流动资产合计							流动负债合计						
固定资产：							股东权益						
固定资产净值	38	38					实收资本	75	70				
固定资产清理	0	0					盈余公积	35	46				
待处理财产损益	5	-6					未分配利润	-7	-7				
固定资产合计							股东权益合计						
资产合计							负债及所有者权益合计						

比较资产负债表

13.3.2 知识点应用分析

本节的项目资产负债表的制作和分析主要涉及以下知识点。

1. 设置百分比的格式

本案例中需要将金额变动设置为百分比的形式。

2. 使用公式

本案例输入公式“=IF(I6=0,0,K6/I6)”，以计算“短期借款”的增加（减少）百分比。

3. 使用函数

本案例使用 ABS 函数计算相应项目增加（减少）金额的正数，便于金额排序。

4. 数据的填充

需要套用同一公式时，可以通过数据填充将公式应用到其他单元格，从而大大提高办公效率。

5. 在排序时使用函数

在排序的过程中使用 RANK 函数，其语法结构如下。

RANK(number,ref,[order])

功能：返回一个数字在数字列表中的排位，数字的排位是其相对于列表中其他值的大小。

参数：number 是必选参数，表示需要找到排位的数字；ref 是必选参数，表示数字列表数组或对数字列表的引用，该参数中的非数值型数据将被忽略；order 是可选参数，表示一个指定排位方式的数字，如果 order 为 0 或省略，Excel 将按照降序排列，如果 order 不为 0，Excel 将按照升序排列。

13.3.3 案例实战

下面开始统计资产合计和负债及所有者权益合计，并对期初资产负债表与期末资产负债表中各个项目的金额进行比较分析。

（1）计算资产合计与负债及所有者权益合计金额。

资产合计包括流动资产和固定资产合计，负债及所有者权益合计包括流动负债和股东权益合计，使用 SUM 函数即可分别计算出它们在期初和期末的合计金额，具体操作步骤如下。

第 1 步 打开“素材 \ch13\ 公司财务报表.xlsx”文件，在“比较资产负债表”工作表中选中单元格 B16，在其中输入公式“=SUM(B6:B15)”，按【Enter】键确认输入，即可计算出期初的流动资产合计金额，如下图所示。

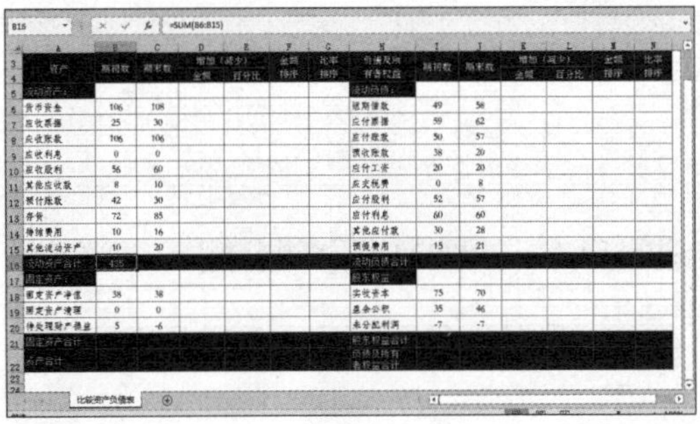

第 2 步 选中单元格 B16，按【Ctrl+C】组合键，然后分别选中单元格 C16、I16 和 J16，按【Ctrl+V】组合键，将公式复制粘贴到这些单元格中，即可计算出期末的流动资产合计金额，以及期初期末的流动负债合计金额，如下图所示。

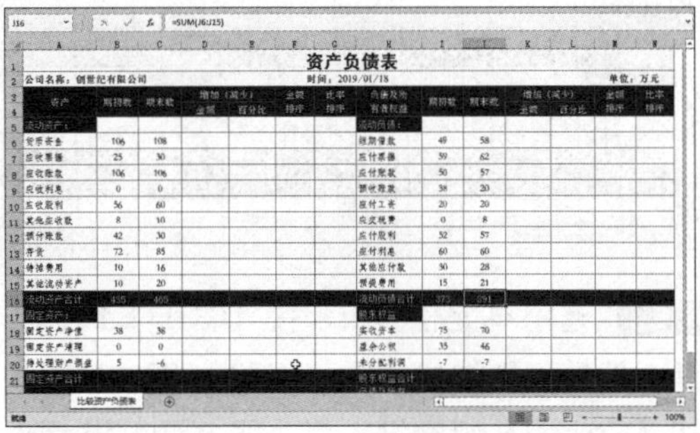

第 3 步 选中单元格 B21，其中输入公式“=SUM(B18:B20)”，按【Enter】键确认输入，即可计算出期初的固定资产合计金额，如下图所示。

B21 =SUM(B18:B20)

	A	B	C	D	E	F	G	H	I	J	K
4	[illegible]	[illegible]	[illegible]	金额	百分比	排序	排序	有者权益	[illegible]	[illegible]	金额
5	流动资产：							流动负债：			
6	货币资金	106	108					短期借款	49	58	
7	应收票据	25	30					应付票据	59	62	
8	应收账款	106	106					应付账款	50	57	
9	应收利息	0	0					预收账款	38	20	
10	应收股利	56	60					应付工资	20	20	
11	其他应收款	8	10					应交税费	0	8	
12	预付账款	42	30					应付股利	52	57	
13	存货	72	85					应付利息	60	60	
14	待摊费用	10	16					其他应付款	30	28	
15	其他流动资产	10	20					预提费用	15	21	
16	流动资产合计	435	465					流动负债合计	373	391	
17	固定资产：							股东权益			
18	固定资产净值	38	38					实收资本	75	70	
19	固定资产清理	0	0					盈余公积	35	46	
20	待处理财产损益	5	-6					未分配利润	-7	-7	
21	固定资产合计	43						股东权益合计			
22	资产合计							负债及所有者权益合计			

比较资产负债表

第 4 步 选中单元格 B21，按【Ctrl+C】组合键，然后分别选中单元格 C21、I21 和 J21，按【Ctrl+V】组合键，将公式复制粘贴到这些单元格中，即可计算出期末的固定资产合计金额，以及期初期末的股东权益合计金额，如下图所示。

J21 =SUM(J18:J20)

	A	B	C	D	E	F	G	H	I	J	K
10	应收股利	56	60					应付工资	20	20	
11	其他应收款	8	10					应交税费	0	8	
12	预付账款	42	30					应付股利	52	57	
13	存货	72	85					应付利息	60	60	
14	待摊费用	10	16					其他应付款	30	28	
15	其他流动资产	10	20					预提费用	15	21	
16	流动资产合计	435	465					流动负债合计	373	391	
17	固定资产：							股东权益			
18	固定资产净值	38	38					实收资本	75	70	
19	固定资产清理	0	0					盈余公积	35	46	
20	待处理财产损益	5	-6					未分配利润	-7	-7	
21	固定资产合计	43	32					股东权益合计	103	109	
22	资产合计							负债及所有者权益合计			

比较资产负债表

第 5 步 选中单元格 B22，在其中输入公式 "=B16+ B21"，按【Enter】键确认输入，即可计算出期初的资产合计金额，如下图所示。

B22 =B16+B21

	A	B	C	D	E	F	G	H	I	J
10	应收股利	56	60					应付工资	20	20
11	其他应收款	8	10					应交税费	0	8
12	预付账款	42	30					应付股利	52	57
13	存货	72	85					应付利息	60	60
14	待摊费用	10	16					其他应付款	30	28
15	其他流动资产	10	20					预提费用	15	21
16	流动资产合计	435	465					流动负债合计	373	391
17	固定资产：							股东权益		
18	固定资产净值	38	38					实收资本	75	70
19	固定资产清理	0	0					盈余公积	35	46
20	待处理财产损益	5	-6					未分配利润	-7	-7
21	固定资产合计	43	32					股东权益合计	103	109
22	资产合计	478						负债及所有者权益合计		

比较资产负债表

第 6 步 选中单元格 B22，按【Ctrl+C】组合键，然后分别选中单元格 C22、I22 和 J22，按【Ctrl+V】组合键，将公式复制粘贴到这些单元格中，即可计算出期末的资产合计金额，以及期初期末的负债及所有者权益合计金额，如下图所示。

J22 =J16+J21

	A	B	C	D	E	F	G	H	I	J
10	应收股利	56	60					应付工资	20	20
11	其他应收款	8	10					应交税费	0	8
12	预付账款	42	30					应付股利	52	57
13	存货	72	85					应付利息	60	60
14	待摊费用	10	16					其他应付款	30	28
15	其他流动资产	10	20					预提费用	15	21
16	流动资产合计	435	465					流动负债合计	373	391
17	固定资产：							股东权益		
18	固定资产净值	38	38					实收资本	75	70
19	固定资产清理	0	0					盈余公积	35	46
20	待处理财产损益	5	-6					未分配利润	-7	-7
21	固定资产合计	43	32					股东权益合计	103	109
22	资产合计	478	497					负债及所有者权益合计	476	500

比较资产负债表

（2）计算资产负债表中的期初与期末增加（减少）金额。

首先计算流动资产和固定资产的期初和期末金额变化；其次计算流动负债和股东权益的期初和期末金额变化。

具体操作步骤如下。

第 1 步 计算资产的增加（减少）金额。计算公式为：增加（减少）金额 = 期末数 − 期初数，选中单元格 D6，并在其中输入公式 "=C6 − B6"，按【Enter】键确认输入，即可计算出 "货币资金" 的增加（减少）金额，如下图所示。

D6 =C6-B6

	A	B	C	D	E	F
5	流动资产：					
6	货币资金	106	108	2		
7	应收票据	25	30			
8	应收账款	106	106			
9	应收利息	0	0			
10	应收股利	56	60			
11	其他应收款	8	10			

第 2 步 利用填充柄的快速填充功能，将单元格 D6 中的公式应用到其他单元格中，即可计算出资产中所有项目期初与期末的增加（减少）金额，如下图所示。

D22 =C22-B22

	A	B	C	D	E	F	G	H	I	J	K
6	货币资金	106	108	2				短期借款	49	58	
7	应收票据	25	30	5				应付票据	59	62	
8	应收账款	106	106	0				应付账款	50	57	
9	应收利息	0	0	0				预收账款	38	20	
10	应收股利	56	60	4				应付工资	20	20	
11	其他应收款	8	10	2				应交税费	0	8	
12	预付账款	42	30	-12				应付股利	52	57	
13	存货	72	85	13				应付利息	60	60	
14	待摊费用	10	16	6				其他应付款	30	28	
15	其他流动资产	10	20	10				预提费用	15	21	
16	流动资产合计	435	465	30				流动负债合计	373	391	
17	固定资产：			0				股东权益			
18	固定资产净值	38	38	0				实收资本	75	70	
19	固定资产清理	0	0	0				盈余公积	35	46	
20	待处理财产损益	5	-6	-11				未分配利润	-7	-7	
21	固定资产合计	43	32	-11				股东权益合计	103	109	
22	资产合计	478	497	19				负债及所有者权益合计	476	500	

比较资产负债表

第 3 步 计算资产的增加（减少）百分比。其计算公式为：增加（减少）百分比 = 增加（减

少）金额／期初数，选中单元格 E6，在其中输入公式“=IF(B6=0,0,D6/B6)”，按【Enter】键确认输入，即可计算出“货币资金”的增加（减少）百分比，如下图所示。

E6　=IF(B6=0,0,D6/B6)

	A	B	C	D	E	F
4	[illegible]	期初数	期末数	金额	百分比	排序
5	流动资产：					
6	货币资金	106	108	2	0.0188679	
7	应收票据	25	30	5		
8	应收账款	106	106	0		
9	应收利息	0	0	0		
10	应收股利	56	60	4		
11	其他应收款	8	10	2		

第 4 步　利用填充柄的快速填充功能，将单元格 E6 中的公式应用到其他单元格中，即可计算出资产中所有项目期初与期末的增加（减少）百分比，如下图所示。

E47

	A	B	C	D	E	H	I	J
6	货币资金	106	108	2	0.0188679	短期借款	49	58
7	应收票据	25	30	5	0.2	应付票据	59	62
8	应收账款	106	106	0	0	应付账款	50	57
9	应收利息	0	0	0	0	预收账款	38	20
10	应收股利	56	60	4	0.0714286	应付工资	20	20
11	其他应收款	8	10	2	0.25	应交税费	0	8
12	预付账款	42	30	-12	-0.285714	应付股利	52	57
13	存货	72	85	13	0.1805556	应付利息	60	60
14	待摊费用	10	16	6	0.6	其他应付款	30	28
15	其他流动资产	10	20	10	1	预提费用	15	21
16	流动资产合计	435	465	30	0.068966	流动负债合计	373	391
17	固定资产：			0	0	股东权益		
18	固定资产净值	38	38	0	0	实收资本	75	70
19	固定资产清理	0	0	0	0	盈余公积	35	46
20	待处理财产损益	5	-6	-11	-2.2	未分配利润	-7	-7
21	固定资产合计	43	32	-11	-0.25581	股东权益合计	103	109
22	资产合计	478	497	19	0.039749	负债及所有者权益合计	476	500

比较资产负债表

第 5 步　将以小数形式显示的百分比数值转换为百分比数据类型。选中单元格区域 E6:E22 并右击，在弹出的快捷菜单中选择【设置单元格格式】选项，打开【设置单元格格式】对话框，选择【分类】列表框中的【百分比】选项，在右侧设置小数位数为“2”，如下图所示。

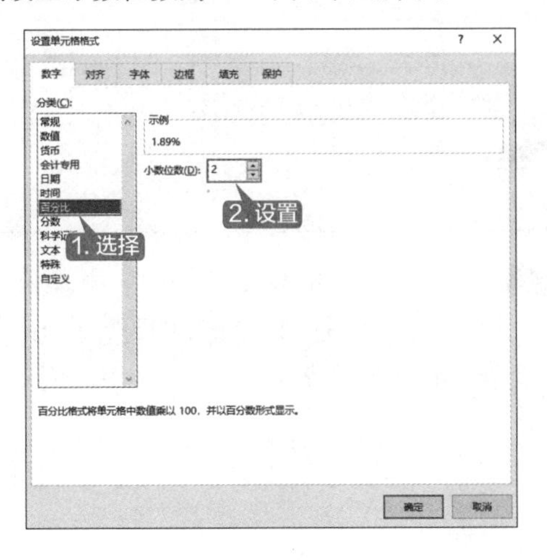

第 6 步　设置完成后，单击【确定】按钮，此时单元格区域 E6:E22 的数值以百分比的形式显示出来，并保留了 2 位小数，如下图所示。

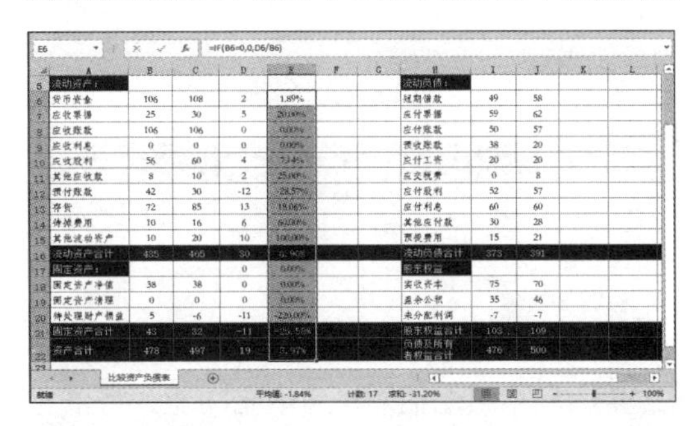

E6　=IF(B6=0,0,D6/B6)

	A	B	C	D	E	H	I	J
5	流动资产：					流动负债：		
6	货币资金	106	108	2	1.89%	短期借款	49	58
7	应收票据	25	30	5	20.00%	应付票据	59	62
8	应收账款	106	106	0	0.00%	应付账款	50	57
9	应收利息	0	0	0	0.00%	预收账款	38	20
10	应收股利	56	60	4	7.14%	应付工资	20	20
11	其他应收款	8	10	2	25.00%	应交税费	0	8
12	预付账款	42	30	-12	-28.57%	应付股利	52	57
13	存货	72	85	13	18.06%	应付利息	60	60
14	待摊费用	10	16	6	60.00%	其他应付款	30	28
15	其他流动资产	10	20	10	100.00%	预提费用	15	21
16	流动资产合计	435	465	30	6.90%	流动负债合计	373	391
17	固定资产：			0	0.00%	股东权益		
18	固定资产净值	38	38	0	0.00%	实收资本	75	70
19	固定资产清理	0	0	0	0.00%	盈余公积	35	46
20	待处理财产损益	5	-6	-11	-220.00%	未分配利润	-7	-7
21	固定资产合计	43	32	-11	-25.58%	股东权益合计	103	109
22	资产合计	478	497	19	3.97%	负债及所有者权益合计	476	500

比较资产负债表　平均值：-1.84%　计数：17　求和：-31.20%

第 7 步　计算负债及所有者权益的增加（减少）金额。其计算公式为：增加（减少）金额＝期末数－期初数，选中单元格 K6，在其中输入公式“=J6－I6”，按【Enter】键确认输入，即可计算出“短期借款”的增加（减少）金额，如下图所示。

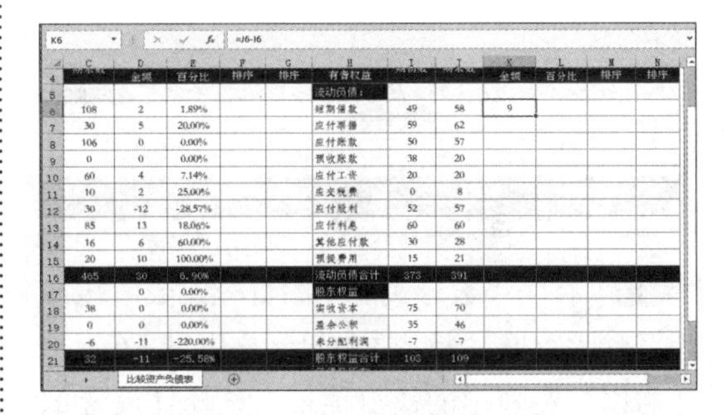

K6　=J6-I6

	C	D	E	F	G	H	I	J	K	L	M	N
4		金额	百分比	排序	排序	有者权益			金额	百分比	排序	排序
5						流动负债：						
6	108	2	1.89%			短期借款	49	58	9			
7	30	5	20.00%			应付票据	59	62				
8	106	0	0.00%			应付账款	50	57				
9	0	0	0.00%			预收账款	38	20				
10	60	4	7.14%			应付工资	20	20				
11	10	2	25.00%			应交税费	0	8				
12	30	-12	-28.57%			应付股利	52	57				
13	85	13	18.06%			应付利息	60	60				
14	16	6	60.00%			其他应付款	30	28				
15	20	10	100.00%			预提费用	15	21				
16	465	30	6.90%			流动负债合计	373	391				
17		0	0.00%			股东权益						
18	38	0	0.00%			实收资本	75	70				
19	0	0	0.00%			盈余公积	35	46				
20	-6	-11	-220.00%			未分配利润	-7	-7				
21	32	-11	-25.58%			股东权益合计	103	109				

比较资产负债表

第 8 步　利用填充柄的快速填充功能，将单元格 K6 中的公式应用到其他单元格中，即可计算出负债及所有者权益中所有项目期初与期末的增加（减少）金额，如下图所示。

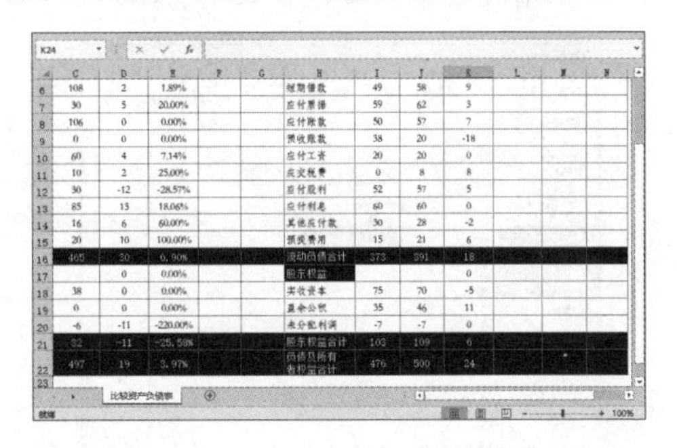

K24

	C	D	E	H	I	J	K
6	108	2	1.89%	短期借款	49	58	9
7	30	5	20.00%	应付票据	59	62	3
8	106	0	0.00%	应付账款	50	57	7
9	0	0	0.00%	预收账款	38	20	-18
10	60	4	7.14%	应付工资	20	20	0
11	10	2	25.00%	应交税费	0	8	8
12	30	-12	-28.57%	应付股利	52	57	5
13	85	13	18.06%	应付利息	60	60	0
14	16	6	60.00%	其他应付款	30	28	-2
15	20	10	100.00%	预提费用	15	21	6
16	465	30	6.90%	流动负债合计	373	391	18
17		0	0.00%	股东权益			0
18	38	0	0.00%	实收资本	75	70	-5
19	0	0	0.00%	盈余公积	35	46	11
20	-6	-11	-220.00%	未分配利润	-7	-7	0
21	32	-11	-25.58%	股东权益合计	103	109	6
22	497	19	3.97%	负债及所有者权益合计	476	500	24

比较资产负债表

第 9 步　计算负债及所有者权益的增加（减少）百分比。其计算公式为：增加（减少）百分比＝增加（减少）金额／期初数。选中单元格 L6，在其中输入公式“=IF(I6=0,0,K6/I6)”，按【Enter】键确认输入，即可计算出“短期借款”的增加（减少）百分比，如下图所示。

L6 =IF(I6=0,0,K6/I6)

	C	D	E	F	G	H	I	J	K	L
1	资产负债表									
2	司 时间：2019/01/18									
3	期末数	增加（减少）		金额排序	比率排序	负债及所有者权益	期初数	期末数	增加（减少）	
4		金额	百分比						金额	百分比
5						流动负债：				
6	108	2	1.89%			短期借款	49	58	9	0.1836735
7	30	5	20.00%			应付票据	59	62	3	
8	106	0	0.00%			应付账款	50	57	7	
9	0	0	0.00%			预收账款	38	20	-18	
10	60	4	7.14%			应付工资	20	20	0	
11	10	2	25.00%			应交税费	0	8	8	
12	30	-12	-28.57%			应付股利	52	57	5	

第 10 步 利用填充柄的快速填充功能，将单元格 L6 中的公式应用到其他单元格中，即可计算出负债及所有者权益中所有项目期初与期末的增加（减少）百分比，如下图所示。

L30

	C	D	E	F	G	H	I	J	K	L	M	N
6	108	2	1.89%			短期借款	49	58	9	0.1836735		
7	30	5	20.00%			应付票据	59	62	3	0.0508475		
8	106	0	0.00%			应付账款	50	57	7	0.14		
9	0	0	0.00%			预收账款	38	20	-18	-0.473684		
10	60	4	7.14%			应付工资	20	20	0	0		
11	10	2	25.00%			应交税费	0	8	8	0		
12	30	-12	-28.57%			应付股利	52	57	5	0.0961538		
13	85	13	18.06%			应付利息	60	60	0	0		
14	16	6	60.00%			其他应付款	30	28	-2	-0.066667		
15	20	10	100.00%			预提费用	15	21	6	0.4		
16	465	30	6.90%			流动负债合计	373	391	18	0.048257		
17		0	0.00%			股东权益			0	0		
18	38	0	0.00%			实收资本	75	70	-5	-0.066667		
19	0	0	0.00%			盈余公积	35	46	11	0.3142857		
20	-6	-11	-220.00%			未分配利润	-7	-7	0	0		
21	32	-11	-25.58%			股东权益合计	103	109	6	0.058252		
22	497	19	3.97%			负债及所有者权益合计	476	500	24	0.05042		

第 11 步 将以小数形式显示的百分比数值转换为百分比数据类型。选中单元格区域 L6:L22 并右击，在弹出的快捷菜单中选择【设置单元格格式】选项，打开【设置单元格格式】对话框，选择【分类】列表框中的【百分比】选项，在右侧设置小数位数为“2”，设置完成后，单击【确定】按钮，如下图所示。

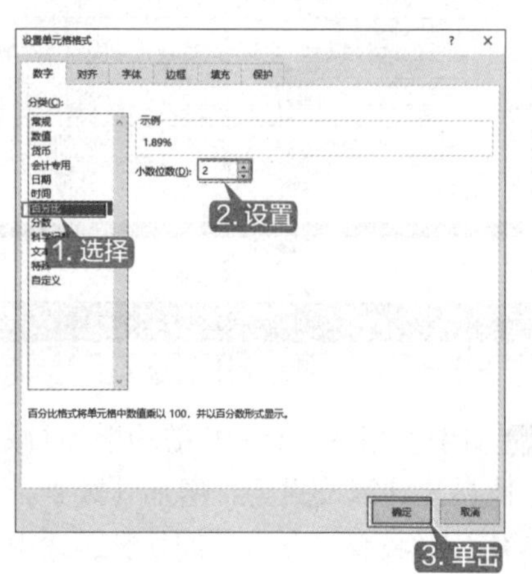

第 12 步 此时单元格区域 L6:L22 的数值以百分比的形式显示出来，并保留 2 位小数，如下图所示。

M12

	C	D	E	F	G	H	I	J	K	L	M	N
5						流动负债：						
6	108	2	1.89%			短期借款	49	58	9	18.37%		
7	30	5	20.00%			应付票据	59	62	3	5.08%		
8	106	0	0.00%			应付账款	50	57	7	14.00%		
9	0	0	0.00%			预收账款	38	20	-18	-47.37%		
10	60	4	7.14%			应付工资	20	20	0	0.00%		
11	10	2	25.00%			应交税费	0	8	8	0.00%		
12	30	-12	-28.57%			应付股利	52	57	5	9.62%		
13	85	13	18.06%			应付利息	60	60	0	0.00%		
14	16	6	60.00%			其他应付款	30	28	-2	-6.67%		
15	20	10	100.00%			预提费用	15	21	6	40.00%		
16	465	30	6.90%			流动负债合计	373	391	18	4.83%		
17		0	0.00%			股东权益			0	0.00%		
18	38	0	0.00%			实收资本	75	70	-5	-6.67%		
19	0	0	0.00%			盈余公积	35	46	11	31.43%		
20	-6	-11	-220.00%			未分配利润	-7	-7	0	0.00%		
21	32	-11	-25.58%			股东权益合计	103	109	6	5.83%		
22	497	19	3.97%			负债及所有者权益合计	476	500	24	5.04%		

（3）建立“金额排序”和“比率排序”的辅助表。

由于对“增加（减少）金额”进行排序时，一些显示合计值的单元格不能参与排序运算，只有去除这些显示合计值的单元格，才能正确显示每个项目的增减排序。因此，在计算资产负债表的“金额排序”和“比率排序”之前，需要先建立一个用于辅助排序的表格。具体的操作步骤是，先制作资产类数据清单，再制作负债权益类数据清单。

第 1 步 根据已知资产负债表的相关数据信息，在单元格区域 P3:U17 中输入相应的数据信息，并设置单元格的格式，效果如下图所示。

R9

	N	O	P	Q	R	S	T	U
2	万元							
3	比率排序		资产类数据清单			负债权益类数据清单		
4			项目	金额	百分比	项目	金额	百分比
5			货币资金			短期借款		
6			应收票据			应付票据		
7			应收账款			应付账款		
8			应收利息			预收账款		
9			应收股利			应付工资		
10			其他应收款			应交税费		
11			预付账款			应付股利		
12			存货			应付利息		
13			待摊费用			其他应付款		
14			其他流动资产			预提费用		
15			固定资产净值			实收资本		
16			固定资产清理			盈余公积		
17			待处理财产损益			未分配利润		

第 2 步 选中单元格 Q5，在其中输入公式“=ABS(D6)”，按【Enter】键，即可计算出“货币资金”的增加（减少）金额，如下图所示。

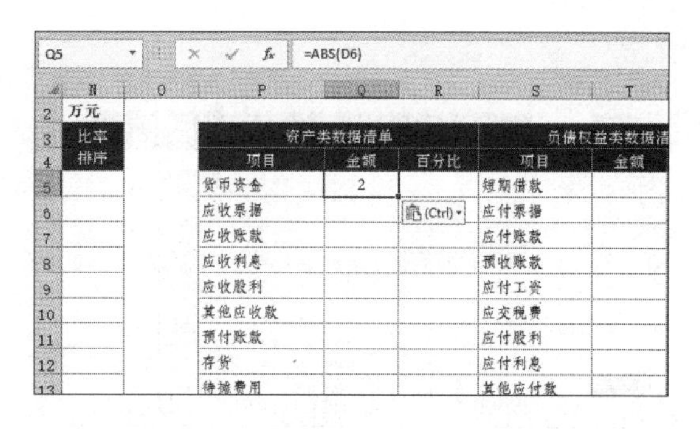

资产类数据清单			负债权益类数据清单	
项目	金额	百分比	项目	金额
货币资金	2		短期借款	
应收票据			应付票据	
应收账款			应付账款	
应收利息			预收账款	
应收股利			应付工资	
其他应收款			应交税费	
预付账款			应付股利	
存货			应付利息	
待摊费用			其他应付款	

提示

使用 ABS 函数计算出相应项目增加（减少）金额的正数，方便用于金额排序。

第 3 步 利用填充柄的快速填充功能，将单元格 Q5 中的公式向下填充到单元格 Q14，即可计算出流动资产中各项目的增加(减少)金额，如下图所示。

资产类数据清单			负债权益类数据清单		
项目	金额	百分比	项目	金额	百分比
货币资金	2		短期借款		
应收票据	5		应付票据		
应收账款	0		应付账款		
应收利息	0		预收账款		
应收股利	4		应付工资		
其他应收款	2		应交税费		
预付账款	12		应付股利		
存货	13		应付利息		
待摊费用	6		其他应付款		
其他流动资产	10		预提费用		
固定资产净值			实收资本		
固定资产清理			盈余公积		
待处理财产损益			未分配利润		

第 4 步 按照相同的原理，选中单元格 Q15，输入公式“=ABS(D18)”，按【Enter】键，即可计算出“固定资产净值”的增加（减少）金额，如下图所示。

资产类数据清单			负债权益类数据清单		
项目	金额	百分比	项目	金额	百分比
货币资金	2		短期借款		
应收票据	5		应付票据		
应收账款	0		应付账款		
应收利息	0		预收账款		
应收股利	4		应付工资		
其他应收款	2		应交税费		
预付账款	12		应付股利		
存货	13		应付利息		
待摊费用	6		其他应付款		
其他流动资产	10		预提费用		
固定资产净值	0		实收资本		
固定资产清理			盈余公积		
待处理财产损益			未分配利润		

提示

由于这里所提取的数值信息在资产负债表中的存放顺序不是依次排列的，因此，必须逐个获取，而不能使用 Excel 的自动复制公式功能进行快速获取。

第 5 步 利用填充柄的快速填充功能，将单元格中的公式向下填充到单元格 Q17，即可计算出固定资产中各项目的增加（减少）金额，如下图所示。

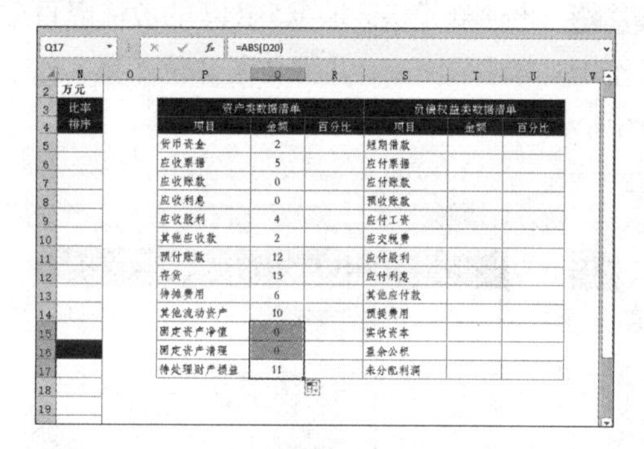

资产类数据清单			负债权益类数据清单		
项目	金额	百分比	项目	金额	百分比
货币资金	2		短期借款		
应收票据	5		应付票据		
应收账款	0		应付账款		
应收利息	0		预收账款		
应收股利	4		应付工资		
其他应收款	2		应交税费		
预付账款	12		应付股利		
存货	13		应付利息		
待摊费用	6		其他应付款		
其他流动资产	10		预提费用		
固定资产净值	0		实收资本		
固定资产清理	0		盈余公积		
待处理财产损益	11		未分配利润		

第 6 步 选中单元格区域 Q5:Q17，将鼠标指针移动到右下角的方块上，向右拖动鼠标，将区域中的公式向右填充到单元格区域 R5:R17，即可计算出资产中各项目的增加（减少）百分比，如下图所示。

资产类数据清单			负债权益类数据清单		
项目	金额	百分比	项目	金额	百分比
货币资金	2	0.01886792	短期借款		
应收票据	5	0.2	应付票据		
应收账款	0	0	应付账款		
应收利息	0	0	预收账款		
应收股利	4	0.07142857	应付工资		
其他应收款	2	0.25	应交税费		
预付账款	12	0.28571429	应付股利		
存货	13	0.18055556	应付利息		
待摊费用	6	0.6	其他应付款		
其他流动资产	10	1	预提费用		
固定资产净值	0	0	实收资本		
固定资产清理	0	0	盈余公积		
待处理财产损益	11	2.2	未分配利润		

第 7 步 将以小数形式显示的百分比数值转换为百分比数据类型。选中单元格区域 R5:R17 并右击，在弹出的快捷菜单中选择【设置单元格格式】选项，打开【设置单元格格式】对话框，选择【分类】列表框中的【百分比】选项，在右侧设置小数位数为“2”，设置完成后，单击【确定】按钮，如下图所示。

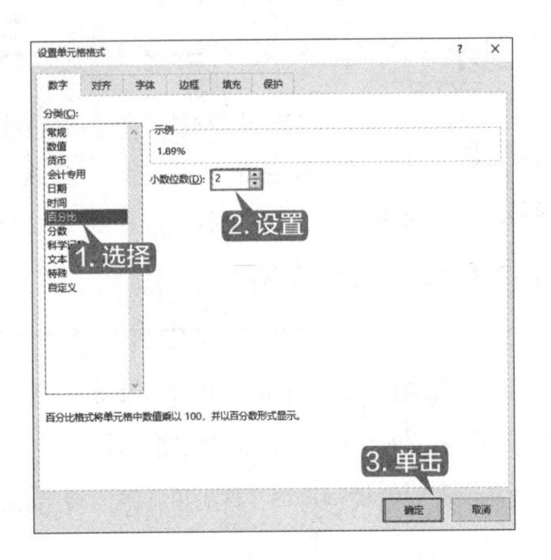

第 8 步 此时单元格区域 R5:R17 的数值以百分比的形式显示出来，并保留了 2 位小数，如下图所示。

第 9 步 选中单元格 T5，在其中输入公式“=ABS(K6)”，按【Enter】键，即可计算出“短期借款”的增加（减少）金额，如下图所示。

第 10 步 利用填充柄的快速填充功能，将单元格 T5 中的公式向下填充到单元格 T14，即可计算出流动负债中各项目的增加（减少）金额，如下图所示。

第 11 步 按照相同的原理，选中单元格 T15，在其中输入公式“=ABS(K18)”，按【Enter】键，即可计算出“实收资本”的增加（减少）金额，如下图所示。

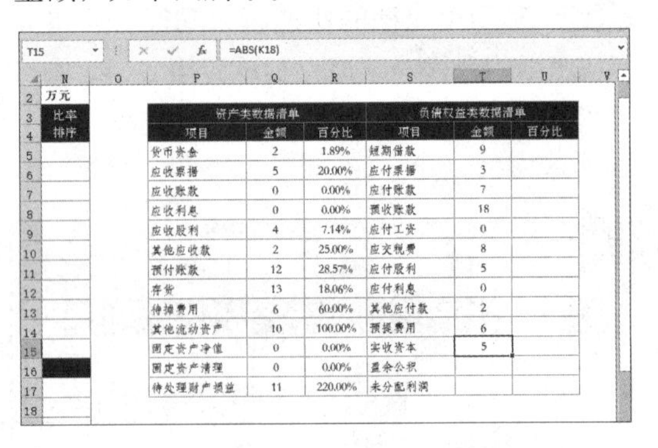

T15 =ABS(K18)

资产类数据清单			负债权益类数据清单		
项目	金额	百分比	项目	金额	百分比
货币资金	2	1.89%	短期借款	9	
应收票据	5	20.00%	应付票据	3	
应收账款	0	0.00%	应付账款	7	
应收利息	0	0.00%	预收账款	18	
应收股利	4	7.14%	应付工资	0	
其他应收款	2	25.00%	应交税费	8	
预付账款	12	28.57%	应付股利	5	
存货	13	18.06%	应付利息	0	
待摊费用	6	60.00%	其他应付款	2	
其他流动资产	10	100.00%	预提费用	6	
固定资产净值	0	0.00%	实收资本	5	
固定资产清理	0	0.00%	盈余公积		
待处理财产损益	11	220.00%	未分配利润		

第 12 步 利用填充柄的快速填充功能，将单元格 T15 中的公式向下填充到单元格 T17，即可计算出股东权益中各项目的增加（减少）金额，如下图所示。

T15 =ABS(K18)

资产类数据清单			负债权益类数据清单		
项目	金额	百分比	项目	金额	百分比
货币资金	2	1.89%	短期借款	9	
应收票据	5	20.00%	应付票据	3	
应收账款	0	0.00%	应付账款	7	
应收利息	0	0.00%	预收账款	18	
应收股利	4	7.14%	应付工资	0	
其他应收款	2	25.00%	应交税费	8	
预付账款	12	28.57%	应付股利	5	
存货	13	18.06%	应付利息	0	
待摊费用	6	60.00%	其他应付款	2	
其他流动资产	10	100.00%	预提费用	6	
固定资产净值	0	0.00%	实收资本	5	
固定资产清理	0	0.00%	盈余公积	11	
待处理财产损益	11	220.00%	未分配利润	0	

第 13 步 选中单元格区域 T5:T17，将鼠标指针移动到右下角的方块上，向右拖动鼠标，将该区域的公式向右填充到单元格区域 U5:U17，即可计算出负债及所有者权益中各项目的增加（减少）百分比，如下图所示。

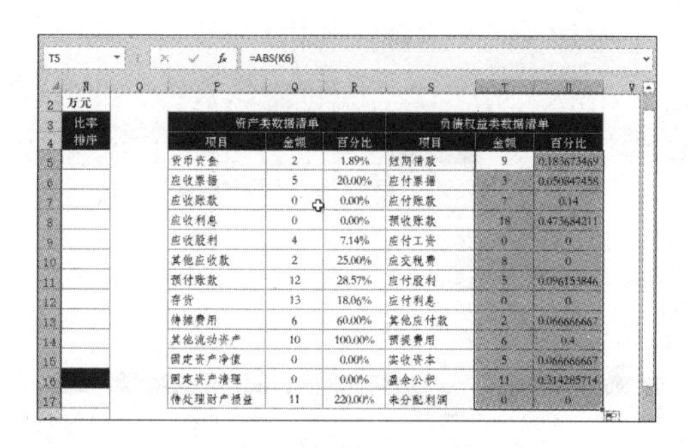

T5 =ABS(K6)

	资产类数据清单			负债权益类数据清单		
比率排序	项目	金额	百分比	项目	金额	百分比
	货币资金	2	1.89%	短期借款	9	0.183673469
	应收票据	5	20.00%	应付票据	3	0.050847458
	应收账款	0	0.00%	应付账款	7	0.14
	应收利息	0	0.00%	预收账款	18	0.473684211
	应收股利	4	7.14%	应付工资	0	0
	其他应收款	2	25.00%	应交税费	8	0
	预付账款	12	28.57%	应付股利	5	0.096153846
	存货	13	18.06%	应付利息	0	0
	待摊费用	6	60.00%	其他应付款	2	0.066666667
	其他流动资产	10	100.00%	预提费用	6	0.4
	固定资产净值	0	0.00%	实收资本	5	0.066666667
	固定资产清理	0	0.00%	盈余公积	11	0.314285714
	待处理财产损益	11	220.00%	未分配利润	0	0

第14步 将以小数形式显示的百分比数值转换为百分比数据类型。选中单元格区域U5:U17并右击，在弹出的快捷菜单中选择【设置单元格格式】选项，打开【设置单元格格式】对话框，选择【分类】列表框中的【百分比】选项，在右侧设置小数位数为“2”，设置完成后，单击【确定】按钮，如下图所示。

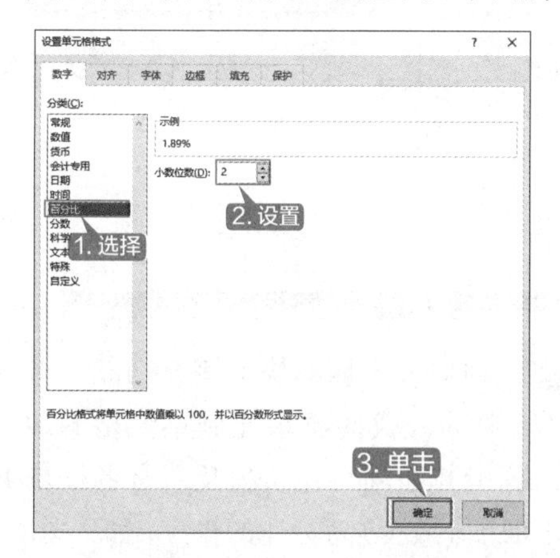

第15步 此时单元格区域U5:U17的数值以百分比的形式显示出来，并保留了2位小数。至此，用于辅助排序的数据表就创建完成了，如下图所示。

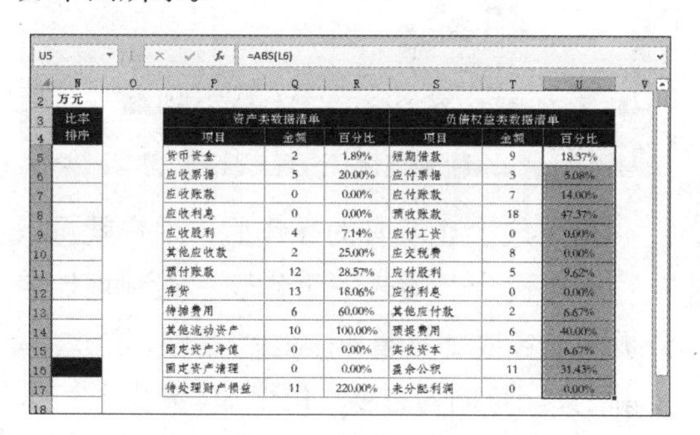

U5 =ABS(L6)

	资产类数据清单			负债权益类数据清单		
比率排序	项目	金额	百分比	项目	金额	百分比
	货币资金	2	1.89%	短期借款	9	18.37%
	应收票据	5	20.00%	应付票据	3	5.08%
	应收账款	0	0.00%	应付账款	7	14.00%
	应收利息	0	0.00%	预收账款	18	47.37%
	应收股利	4	7.14%	应付工资	0	0.00%
	其他应收款	2	25.00%	应交税费	8	0.00%
	预付账款	12	28.57%	应付股利	5	9.62%
	存货	13	18.06%	应付利息	0	0.00%
	待摊费用	6	60.00%	其他应付款	2	6.67%
	其他流动资产	10	100.00%	预提费用	6	40.00%
	固定资产净值	0	0.00%	实收资本	5	6.67%
	固定资产清理	0	0.00%	盈余公积	11	31.43%
	待处理财产损益	11	220.00%	未分配利润	0	0.00%

（4）对增加（减少）金额与比率进行排序。

在建立“金额排序”与“比率排序”辅助表之后，就可以对增加（减少）金额与比率进行排序了。

具体操作步骤如下。

第1步 计算“货币资金”在资产类项目中其增加（减少）金额的排序。选中单元格F6，在其中输入公式“=IF(D6=0,"",RANK(ABS(D6),$Q$5:$Q$17))”，按【Enter】键，即可计算出单元格D6的数值在单元格区域Q5:Q17中的排位，如下图所示。

F6 =IF(D6=0,"",RANK(ABS(D6),$Q$5:$Q$17))

公司名称：创世纪有限公司　　时间：2019/01/18

资产	期初数	期末数	增加（减少）		金额排序	比率排序	负债及所有者权益
			金额	百分比			
流动资产：							流动负债：
货币资金	106	108	2	1.89%	8		短期借款
应收票据	25	30	5	20.00%			应付票据
应收账款	106	106	0	0.00%			应付账款
应收利息	0	0	0	0.00%			预收账款
应收股利	56	60	4	7.14%			应付工资
其他应收款	8	10	2	25.00%			应交税费

第2步 利用填充柄的快速填充功能，将单元格F6中的公式向下填充到单元格F20，即可计算出其他项目在资产类项目中其增加（减少）金额的排序，如下图所示。

F6 =IF(D6=0,"",RANK(ABS(D6),$Q$5:$Q$17))

公司名称：创世纪有限公司　　时间：2019/01/18

资产	期初数	期末数	增加（减少）		金额排序	比率排序	负债及所有者权益	期初数	期末数
			金额	百分比					
流动资产：							流动负债：		
货币资金	106	108	2	1.89%	8		短期借款	49	58
应收票据	25	30	5	20.00%	6		应付票据	59	62
应收账款	106	106	0	0.00%			应付账款	50	57
应收利息	0	0	0	0.00%			预收账款	38	20
应收股利	56	60	4	7.14%	7		应付工资	20	20
其他应收款	8	10	2	25.00%	8		应交税费	0	8
预付账款	42	30	-12	-28.57%	2		应付股利	52	57
存货	72	85	13	18.06%	1		应付利息	60	60
待摊费用	10	16	6	60.00%	5		其他应付款	30	28
其他流动资产	10	20	10	100.00%	4		预提费用	15	21
流动资产合计	435	465	30	6.90%	#N/A		流动负债合计	373	391
固定资产：			0	0.00%			股东权益		
固定资产净值	38	38	0	0.00%			实收资本	75	70
固定资产清理	0	0	0	0.00%			盈余公积	35	46
待处理财产损益	5	-6	-11	-220.00%	3		未分配利润	-7	-7
固定资产合计	43	32	-11	-25.58%			股东权益合计	103	109

提示

在对增加（减少）金额与百分比进行排序计算的过程中，资产负债表中关于合计值的项目不能参加排序，如果将计算排序的公式应用到合计值项目中，其返回的结果是“#N/A”，说明某个值对于该计算公式或函数不可用，如单元格F16。

第3步 计算“货币资金”在资产类项目中增加（减少）百分比的排序。选中单元格G6，在其中输入公式“=IF(E6=0,"",RANK(ABS

(E6),$R$5:$R$17))”，按【Enter】键，即可计算出单元格 E6 的数值在单元格区域 R5:R17 中的排位，如下图所示。

G6 =IF(E6=0,"",RANK(ABS(E6),$R$5:$R$17))

	A	B	C	D	E	F	G
2	公司名称：创世纪有限公司						时间：2019/
3	资产	期初数	期末数	增加（减少）		金额	比率
4				金额	百分比	排序	排序
5	流动资产：						
6	货币资金	106	108	2	1.89%	8	9
7	应收票据	25	30	5	20.00%	6	
8	应收账款	106	106	0	0.00%		

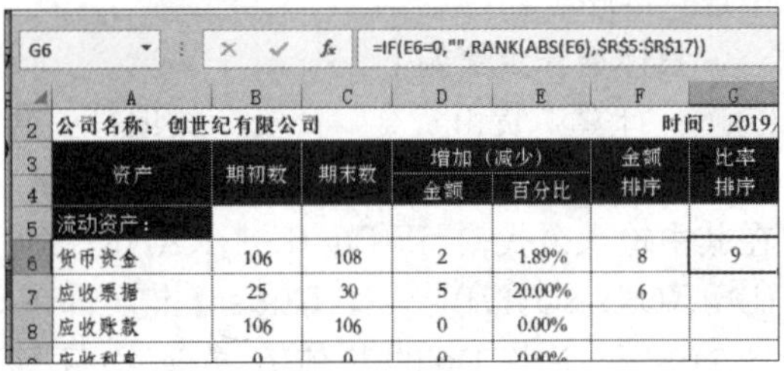

第4步 利用填充柄的快速填充功能，将单元格 G6 中的公式向下填充到单元格 G20，即可计算出其他项目在资产类项目中增加（减少）百分比的排序，如下图所示。

G20 =IF(E20=0,"",RANK(ABS(E20),$R$5:$R$17))

	A	B	C	D	E	F	G	H	I	J
2	公司名称：创世纪有限公司				时间：2019/01/18					
3	资产	期初数	期末数	增加（减少）		金额	比率	负债及所	期初数	期末数
4				金额	百分比	排序	排序	有者权益		
5	流动资产：							流动负债：		
6	货币资金	106	108	2	1.89%	8	9	短期借款	49	58
7	应收票据	25	30	5	20.00%	6	6	应付票据	59	62
8	应收账款	106	106	0	0.00%			应付账款	50	57
9	应收利息	0	0	0	0.00%			预收账款	38	20
10	应收股利	56	60	4	7.14%	7	8	应付工资	20	20
11	其他应收款	8	10	2	25.00%	8	5	应交税费	0	8
12	预付账款	42	30	-12	-28.57%	2	4	应付股利	52	57
13	存货	72	85	13	18.06%	1	7	应付利息	60	60
14	待摊费用	10	16	6	60.00%	5	3	其他应付款	30	28
15	其他流动资产	10	20	10	100.00%	4	2	预提费用	15	21
16	流动资产合计	435	465	30	6.90%	#N/A	#N/A	流动负债合计	373	391
17	固定资产：			0	0.00%			股东权益		
18	固定资产净值	38	38	0	0.00%			实收资本	75	70
19	固定资产清理	0	0	0	0.00%			盈余公积	35	46
20	待处理财产损益	5	-6	-11	-220.00%	3	1	未分配利润	-7	-7
21	固定资产合计	43	32	-11	-25.58%			股东权益合计	103	109

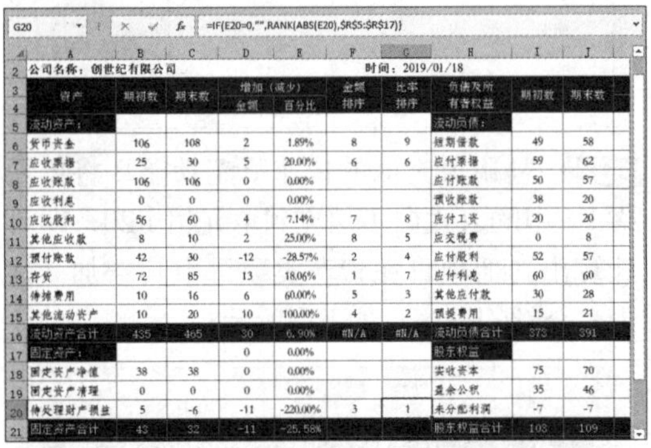

第5步 计算“短期借款”在负债及所有者权益类项目中增加（减少）金额的排序。选中单元格 M6，在其中输入公式“=IF(K6=0,"",RANK(ABS(K6),$T$5:$T$17))”，按【Enter】键，即可计算出单元格 K6 的数值在单元格区域 T5:T17 中的排位，如下图所示。

M6 =IF(K6=0,"",RANK(ABS(K6),$T$5:$T$17))

	E	F	G	H	I	J	K	L	M	N
5				流动负债：						
6	1.89%	8	9	短期借款	49	58	9	18.37%	3	
7	20.00%	6	6	应付票据	59	62	3	5.08%		
8	0.00%			应付账款	50	57	7	14.00%		
9	0.00%			预收账款	38	20	-18	-47.37%		
10	7.14%	7	8	应付工资	20	20	0	0.00%		
11	25.00%	8	5	应交税费	0	8	8	0.00%		
12	-28.57%	2	4	应付股利	52	57	5	9.62%		
13	18.06%	1	7	应付利息	60	60	0	0.00%		
14	60.00%	5	3	其他应付款	30	28	-2	-6.67%		
15	100.00%	4	2	预提费用	15	21	6	40.00%		
16	6.90%	#N/A	#N/A	流动负债合计	373	391	18	4.83%		

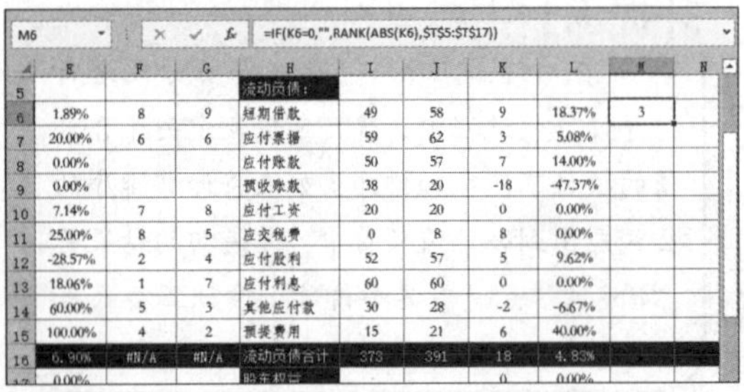

第6步 利用填充柄的快速填充功能，将单元格 M6 中的公式向下填充到单元格 M20，即可计算出其他项目在负债及所有者权益类项目中增加（减少）金额的排序，如下图所示。

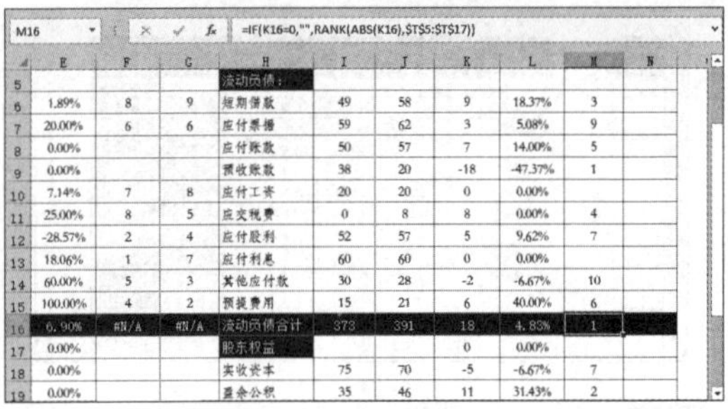

M16 =IF(K16=0,"",RANK(ABS(K16),$T$5:$T$17))

	E	F	G	H	I	J	K	L	M	N
5				流动负债：						
6	1.89%	8	9	短期借款	49	58	9	18.37%	3	
7	20.00%	6	6	应付票据	59	62	3	5.08%	9	
8	0.00%			应付账款	50	57	7	14.00%	5	
9	0.00%			预收账款	38	20	-18	-47.37%	1	
10	7.14%	7	8	应付工资	20	20	0	0.00%		
11	25.00%	8	5	应交税费	0	8	8	0.00%	4	
12	-28.57%	2	4	应付股利	52	57	5	9.62%	7	
13	18.06%	1	7	应付利息	60	60	0	0.00%		
14	60.00%	5	3	其他应付款	30	28	-2	-6.67%	10	
15	100.00%	4	2	预提费用	15	21	6	40.00%	6	
16	6.90%	#N/A	#N/A	流动负债合计	373	391	18	4.83%	1	
17	0.00%			股东权益			0	0.00%		
18	0.00%			实收资本	75	70	-5	-6.67%	7	
19	0.00%			盈余公积	35	46	11	31.43%	2	

第7步 计算“短期借款”在负债及所有者权益类项目中其增加（减少）百分比的排序。选中单元格 N6，在其中输入公式“=IF(L6=0,"",RANK(ABS(L6),$U$5:$U$17))”，按【Enter】键，即可计算出单元格 L6 的数值在单元格区域 U5:U17 中的排位，如下图所示。

N6 =IF(L6=0,"",RANK(ABS(L6),$U$5:$U$17))

	F	G	H	I	J	K	L	M	N	O
4	排序	排序	有者权益			金额	百分比	排序	排序	
5			流动负债：							
6	8	9	短期借款	49	58	9	18.37%	3	4	
7	6	6	应付票据	59	62	3	5.08%	9		
8			应付账款	50	57	7	14.00%	5		
9			预收账款	38	20	-18	-47.37%	1		
10	7	8	应付工资	20	20	0	0.00%			
11	8	5	应交税费	0	8	8	0.00%	4		
12	2	4	应付股利	52	57	5	9.62%	7		
13	1	7	应付利息	60	60	0	0.00%			
14	5	3	其他应付款	30	28	-2	-6.67%	10		
15	4	2	预提费用	15	21	6	40.00%	6		
16	#N/A	#N/A	流动负债合计	373	391	18	4.83%	1		

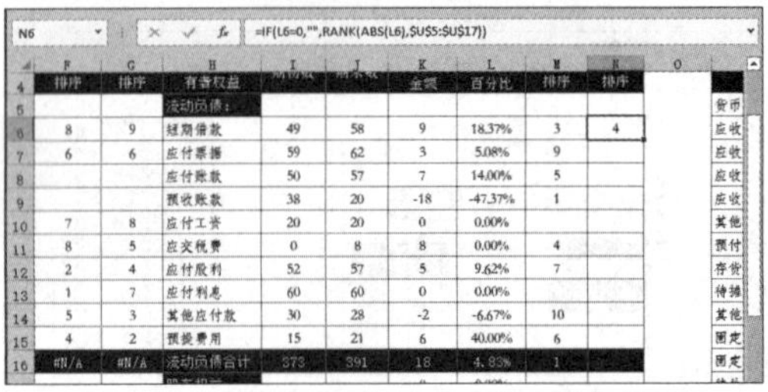

第8步 利用填充柄的快速填充功能，将单元格 N6 中的公式向下填充到单元格 N20，即可计算出其他项目在负债及所有者权益类项目中增加（减少）百分比的排序，如下图所示。

O21

	F	G	H	I	J	K	L	M	N	O
4	排序	排序	有者权益			金额	百分比	排序	排序	
5			流动负债：							
6	8	9	短期借款	49	58	9	18.37%	3	4	
7	6	6	应付票据	59	62	3	5.08%	9	9	
8			应付账款	50	57	7	14.00%	5	5	
9			预收账款	38	20	-18	-47.37%	1	1	
10	7	8	应付工资	20	20	0	0.00%			
11	8	5	应交税费	0	8	8	0.00%	4		
12	2	4	应付股利	52	57	5	9.62%	7	6	
13	1	7	应付利息	60	60	0	0.00%			
14	5	3	其他应付款	30	28	-2	-6.67%	10	7	
15	4	2	预提费用	15	21	6	40.00%	6	2	
16	#N/A	#N/A	流动负债合计	373	391	18	4.83%	1	#N/A	
17			股东权益			0	0.00%			
18			实收资本	75	70	-5	-6.67%	7	7	

比较资产负债表 | 资产负债表结构比较分析 | 利...

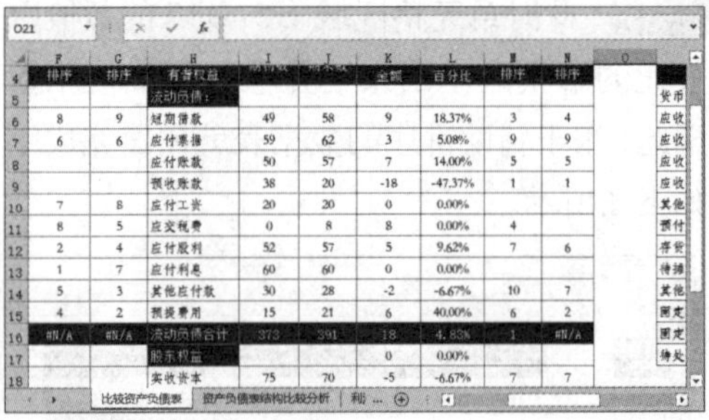

在完成上述所有的操作后，用户就可以在“比较资产负债表”工作表中直观地比较分析期末各项目的增加（减少）金额、增加（减少）百分比与期初各项目的增加（减少）金额、增加（减少）百分比，为企业管理者在财务决策上提供了有力的依据。

第
5
篇

高手秘籍篇

本篇主要介绍了 Excel 高手秘籍，通过本篇的学习，读者可以掌握 Excel 文档的打印、宏与 VBA 的应用及 Office 组件的协作等操作。

第 14 章

Excel 文档的打印

本章导读

本章主要介绍 Excel 文档的打印方法。通过本章的学习，读者可以轻松地添加打印机、设置打印前的页面效果、选择打印的范围。同时，通过对高级技巧的学习，读者可以掌握行号、列标、网格线、表头等的打印技巧。

思维导图

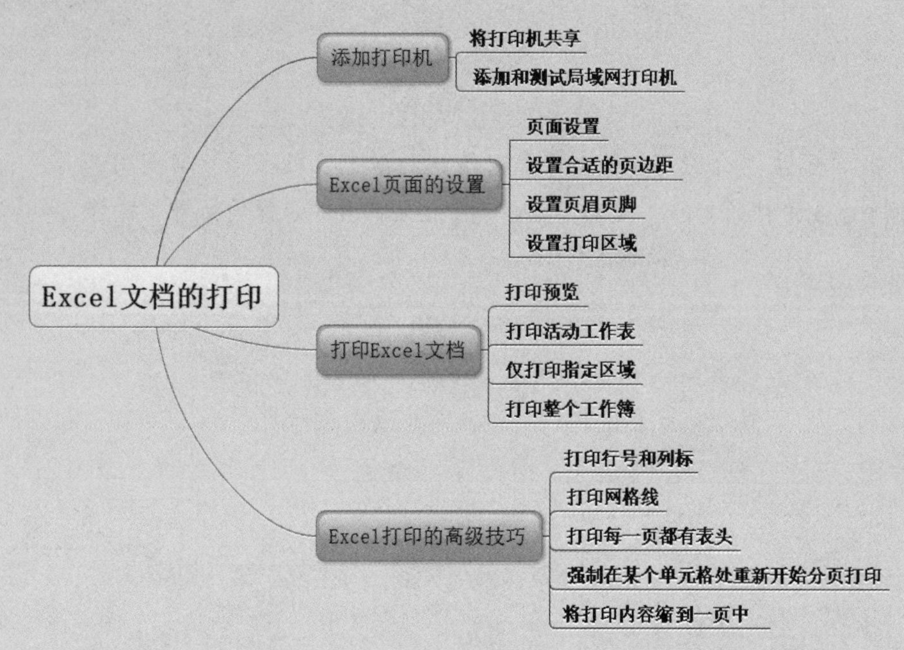

14.1 添加打印机

要打印工作表，首先需要添加打印机。本节主要介绍如何将打印机共享，以及添加打印机和连接测试的方法。

14.1.1 将打印机共享

在添加打印机之前，用户需要将局域网中的打印机共享，具体操作步骤如下。

第 1 步 按【Windows+I】组合键，打开【设置】界面，单击【设备】图标，如下图所示。

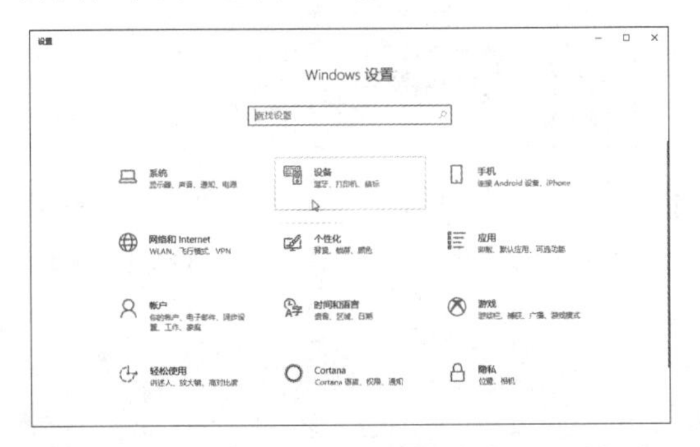

第 2 步 打开【设备－打印机和扫描仪】界面，选择需要共享的打印机，并单击下方显示的【管理】按钮，如下图所示。

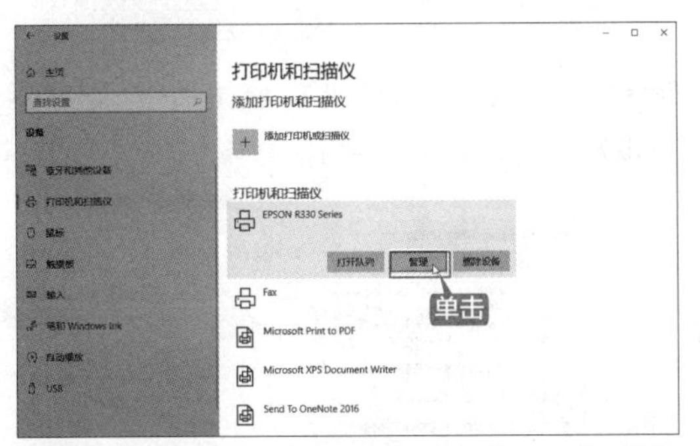

第 3 步 进入打印机管理页面，单击【打印机属性】超链接，如下图所示。

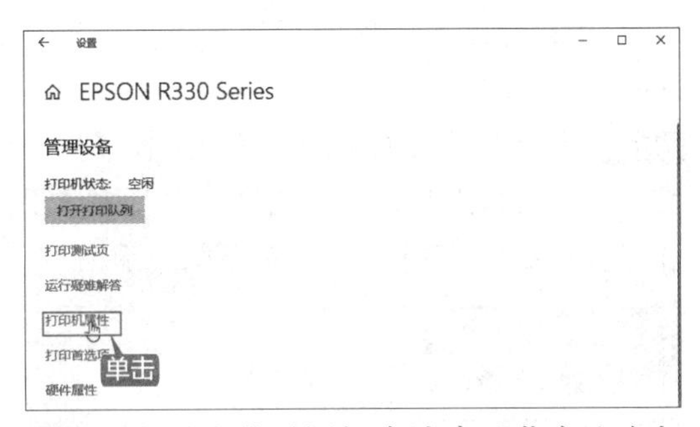

第 4 步 在弹出的对话框中选中【共享这台打印机】和【在客户端计算机上呈现打印作业】复选框，还可以自定义共享的名称。这里采用默认的名称，单击【确定】按钮，即可完成打印机的共享操作，如下图所示。

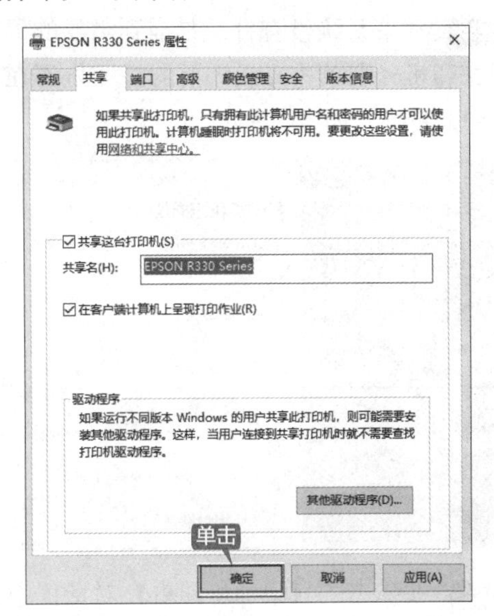

14.1.2 重点：添加和测试局域网打印机

如果打印机没有与本地计算机连接，而是与局域网中的某一台计算机连接，可以添加使用这台打印机，具体操作步骤如下。

第1步 按【Windows+I】组合键，弹出【设置】界面，单击【设备】图标，如下图所示。

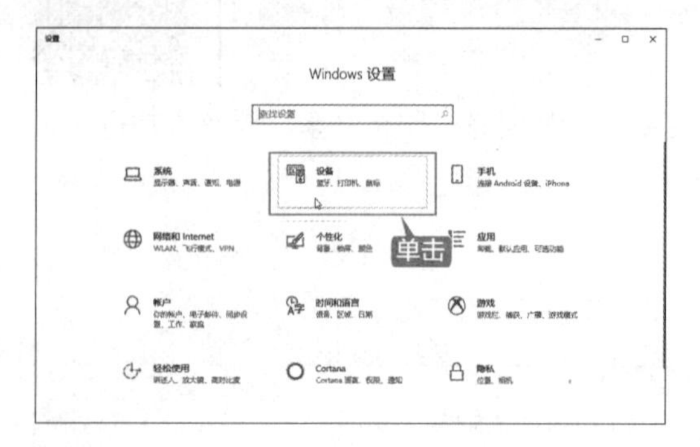

第2步 在打开的界面左侧列表中选择【打印机和扫描仪】选项，在右侧界面中单击【添加打印机或扫描仪】按钮，如下图所示。

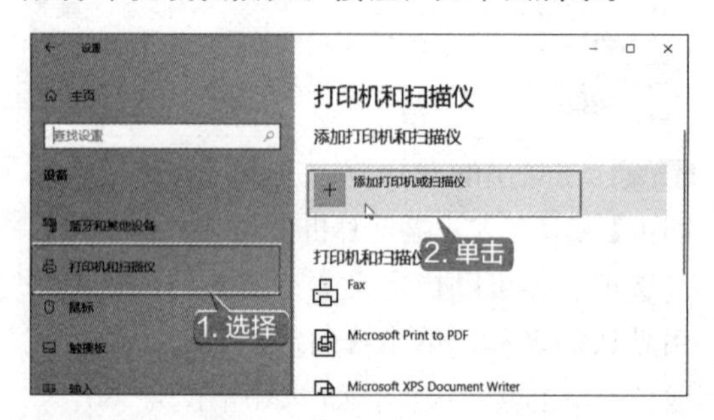

第3步 如果系统没有自动扫描到需要的局域网打印机，则单击【我需要的打印机不在列表中】链接，如下图所示。

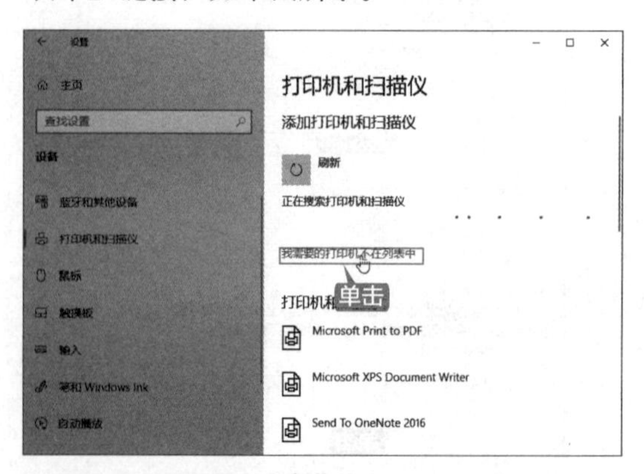

第4步 在弹出的【添加打印机】对话框中选中【按名称选择共享打印机】单选按钮，单击【下一步】按钮，如下图所示。

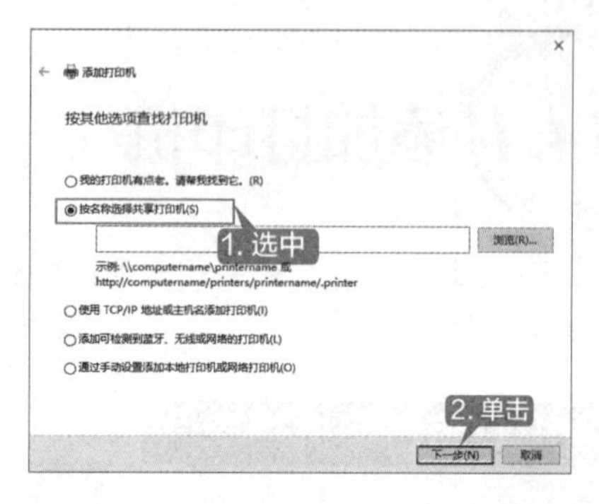

第5步 进入【网络】界面，自动搜索局域网中的主机，选择打印机所在的主机名称，如下图所示。

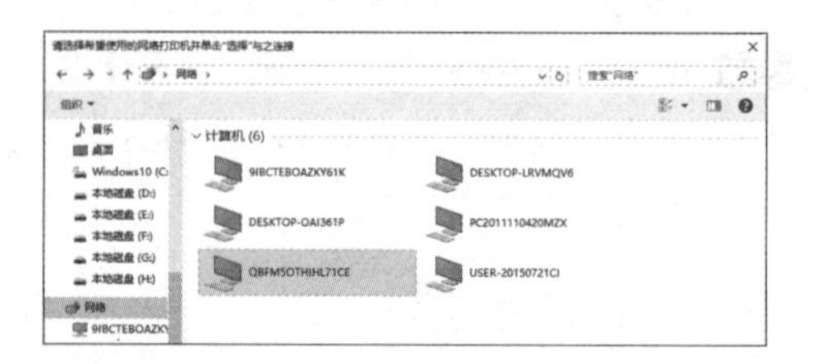

第6步 进入选择的主机共享界面后，选择共享的打印机，单击【选择】按钮，如下图所示。

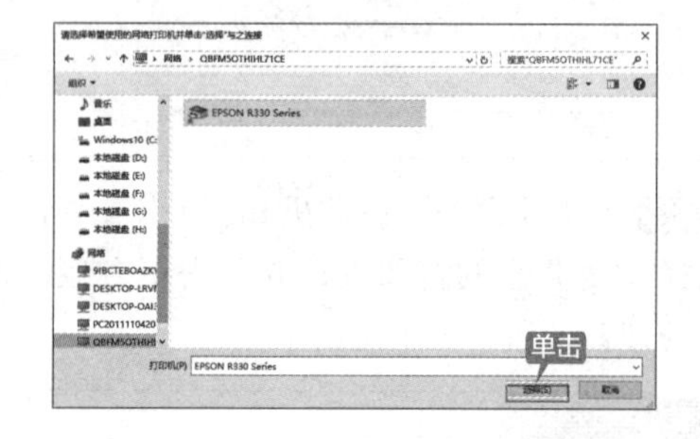

第7步 返回【添加打印机】对话框中，单击【下一步】按钮，如下图所示。

第8步 弹出成功添加的提示信息，此时打印机的驱动已经被安装到系统中，这里可以设置打印机的名称，然后单击【下一步】按钮，如下图所示。

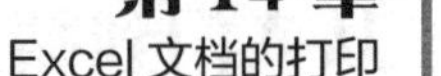

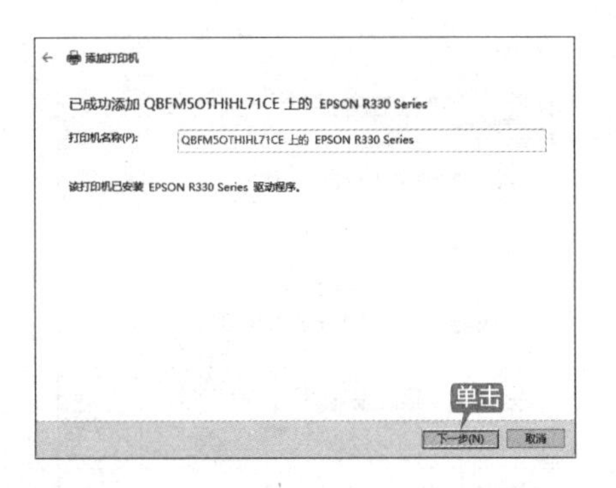

第 9 步　完成打印机的添加工作，选中【设置为默认打印机】复选框，如果想测试打印机是否成功安装，可以单击【打印测试页】按钮，测试打印机能否正常工作，测试结束后单击【完成】按钮，即可完成打印机的添加，如下图所示。

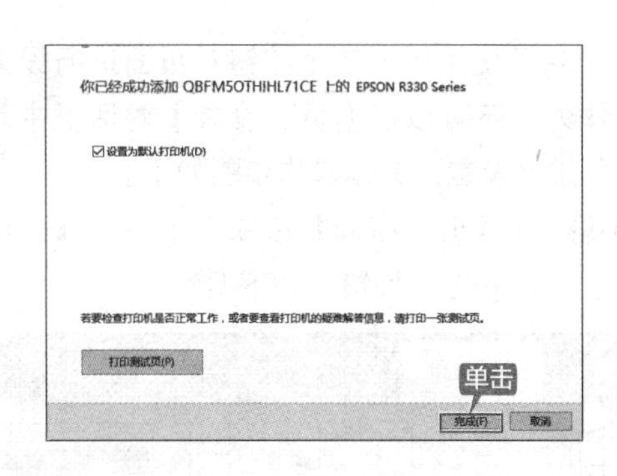

第 10 步　此时返回【设备】界面，可以看到添加的打印机，如下图所示。

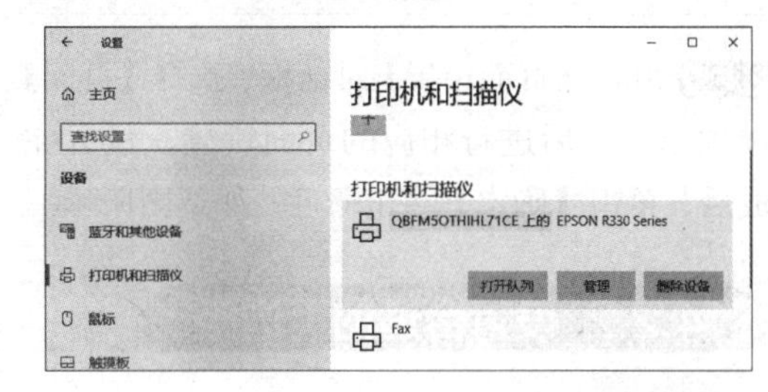

14.2 Excel 页面的设置

设置打印页面是对已经编辑好的文档进行版面设置，以使其达到满意的输出打印效果。合理的版面设置不仅可以使打印页面看上去整洁美观，而且可以节约办公费用。

14.2.1 页面设置

在设置页面时，可以对工作表的比例、打印方向等进行设置。

在【页面布局】选项卡中可以对页面进行相应的设置，如下图所示。

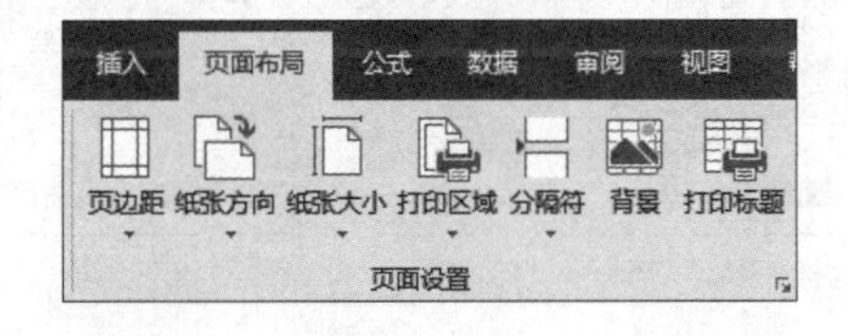

提示

页面设置组中的按钮含义如下。

【页边距】按钮：可以设置整个文档或当前页面边距的大小。

【纸张方向】按钮：可以切换页面的纵向布局和横向布局。

【纸张大小】按钮：可以选择当前页的页面大小。

【打印区域】按钮：可以标记要打印的特定工作表区域。

【分隔符】按钮：在所选内容的左上角插入分页符。

【背景】按钮：可以选择一幅图像作为工作表的背景。

【打印标题】按钮：可以指定在每个打印页重复出现行和列。

除了使用以上 7 个按钮对页面进行设置操作外，还可以在【页面设置】对话框中对页面进行设置，具体操作步骤如下。

第 1 步 在【页面布局】选项卡中单击【页面设置】组中的 按钮，如下图所示。

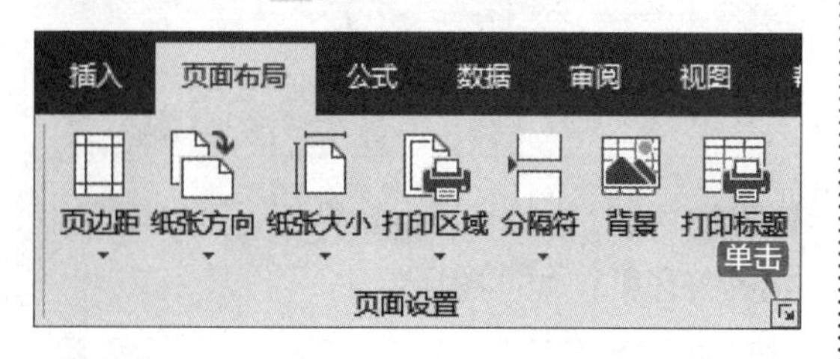

第 2 步 弹出【页面设置】对话框，选择【页面】选项卡，然后进行相应的页面设置。设置完成后，单击【确定】按钮即可，如下图所示。

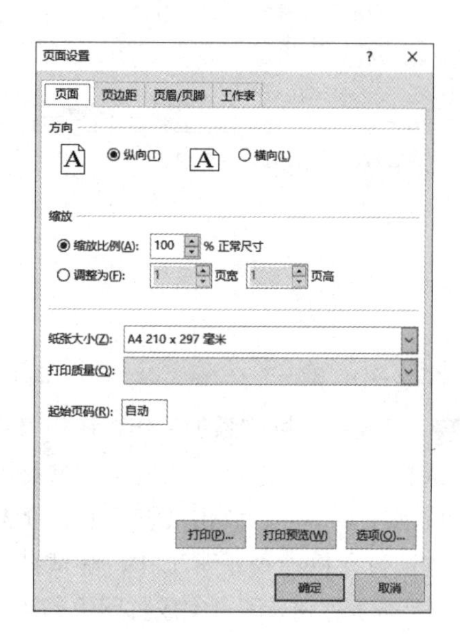

14.2.2 设置合适的页边距

页边距是指纸张上打印内容的边界与纸张边沿间的距离。

在【页面设置】对话框中选择【页边距】选项卡，如下图所示。

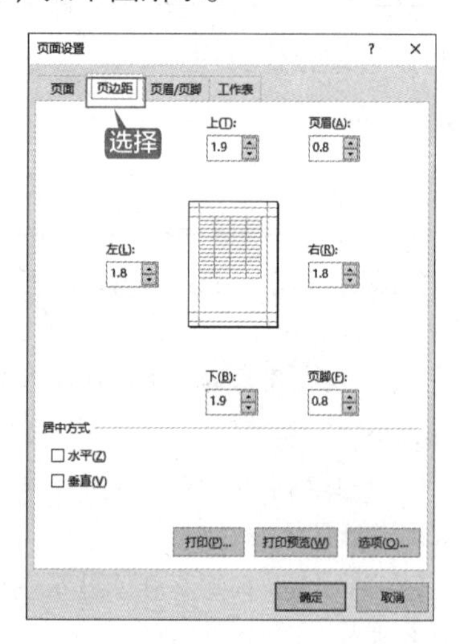

【页边距】选项卡中各个参数的含义如下。

（1）【上】【下】【左】【右】微调框：用来设置上、下、左、右页边距。

（2）【页眉】和【页脚】微调框：用来设置页眉和页脚的位置。

（3）【居中方式】区域：用来设置文档内容是否在页边距内居中及如何居中，包括【水平】和【垂直】两个复选框。【水平】复选框可设置数据打印在水平方向的中间位置；【垂直】复选框可设置数据打印在顶端和底端的中间位置。

在【页面布局】选项卡中可以单击【页面设置】组中的【页边距】按钮，在弹出的下拉列表中选择一种内置的布局方式，也可以快速地设置页边距，如下图所示。

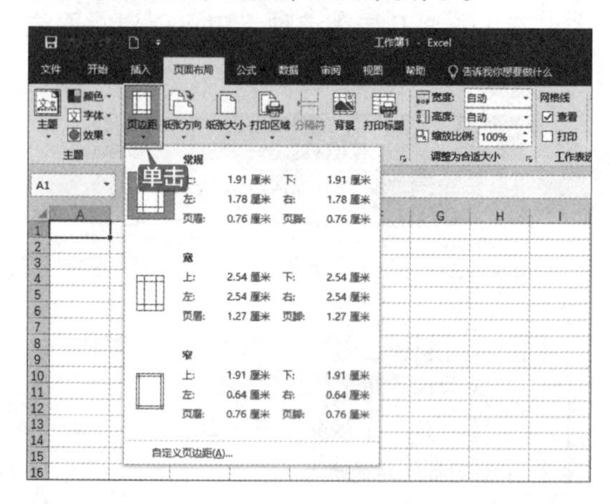

14.2.3 设置页眉和页脚

页眉位于页面的顶端，用于标示名称和报表标题。页脚位于页面的底部，用于标明页号、打印日期和时间等。

设置页眉和页脚的具体操作步骤如下。

第1步 在【页面布局】选项卡中单击【页面设置】组中的 按钮，如下图所示。

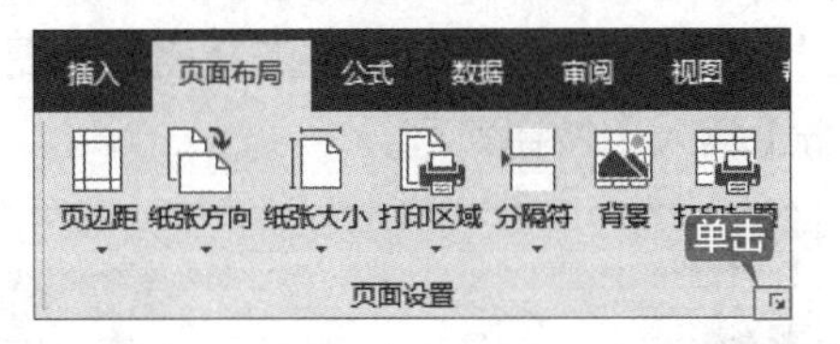

第2步 弹出【页面设置】对话框，选择【页眉/页脚】选项卡，从中可以添加、删除、更改和编辑页眉/页脚，如下图所示。

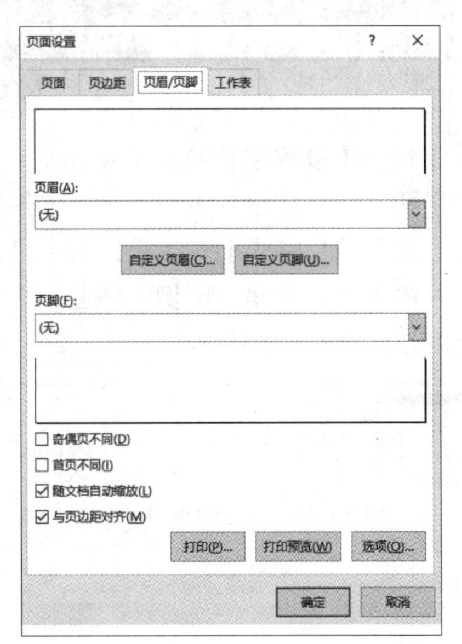

提示

页眉和页脚并不是实际工作表的一部分，设置的页眉和页脚不显示在普通视图中，但可以打印出来。

1. 使用内置页眉和页脚

Excel 提供了多种页眉和页脚的格式。如果要使用内部提供的页眉和页脚的格式，可以在【页眉】和【页脚】下拉列表中选择需要的格式，如下图所示。

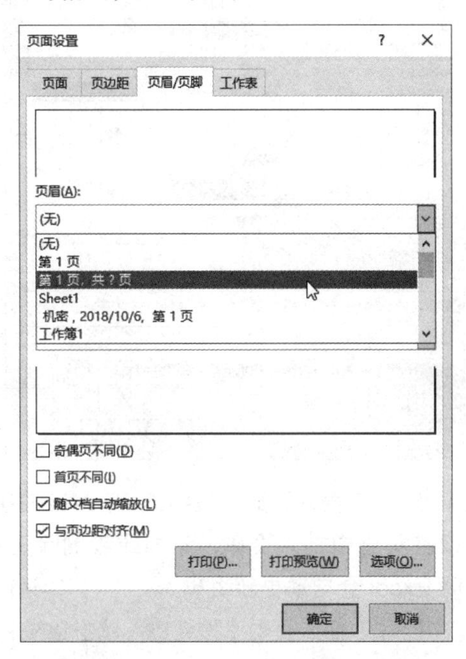

2. 自定义页眉和页脚

如果现有的页眉和页脚格式不能满足需要，可以自定义页眉或页脚，进行个性化设置。

在【页面设置】对话框中选择【页眉/页脚】选项卡，单击【自定义页眉】按钮，弹出【页眉】对话框，如下图所示。

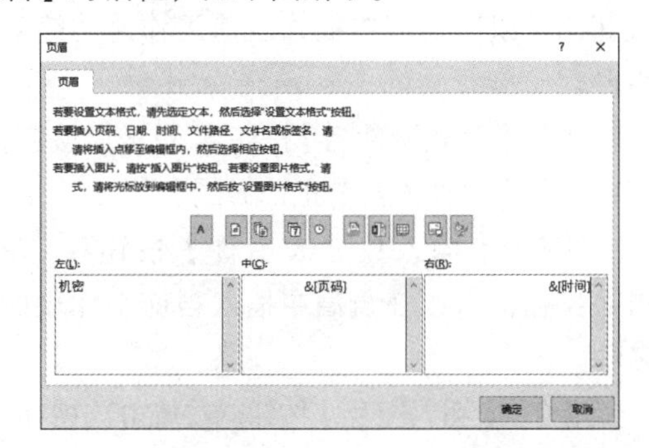

【页眉】对话框中各个按钮和文本框的作用如下。

（1）【格式文本】按钮 ：单击该按钮，

弹出【字体】对话框，可以设置字体、字号、下画线和特殊效果等，如下图所示。

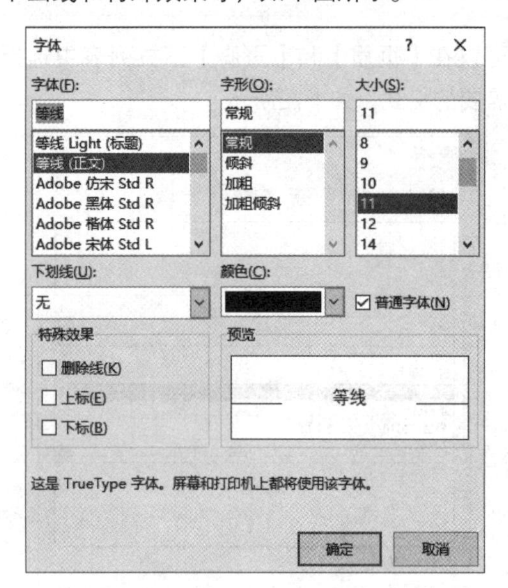

（2）【插入页码】按钮：单击该按钮，可以在页眉中插入页码，添加或者删除工作表时 Excel 会自动更新页码。

（3）【插入页数】按钮：单击该按钮，可以在页眉中插入总页数，添加或者删除工作表时 Excel 会自动更新总页数。

（4）【插入日期】按钮：单击该按钮，可以在页眉中插入当前日期。

（5）【插入时间】按钮：单击该按钮，可以在页眉中插入当前时间。

（6）【插入文件路径】按钮：单击该按钮，可以在页眉中插入当前工作簿的绝对路径。

（7）【插入文件名】按钮：单击该按钮，可以在页眉中插入当前工作簿的名称。

（8）【插入数据表名称】按钮：单击该按钮，可以在页眉中插入当前工作表的名称。

（9）【插入图片】按钮：单击该按钮，弹出【插入图片】页面，单击【来自文件】选项，弹出【插入图片】对话框，其中图片的来源包括【从文件】【必应图像搜索】和【OneDrive- 个人】，如下图所示。

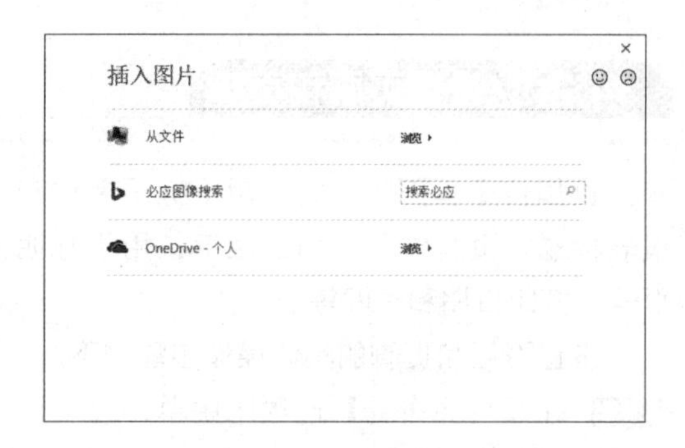

如在【必应图像搜索】文本框中输入“花”，搜索结果如下，从中选择需要的图片，单击【插入】按钮即可。

（10）【设置图片格式】按钮：只有插入了图片，此按钮才可用。单击该按钮，弹出【设置图片格式】对话框，从中可以设置图片的大小、转角、比例、颜色、亮度、对比度等，如下图所示。

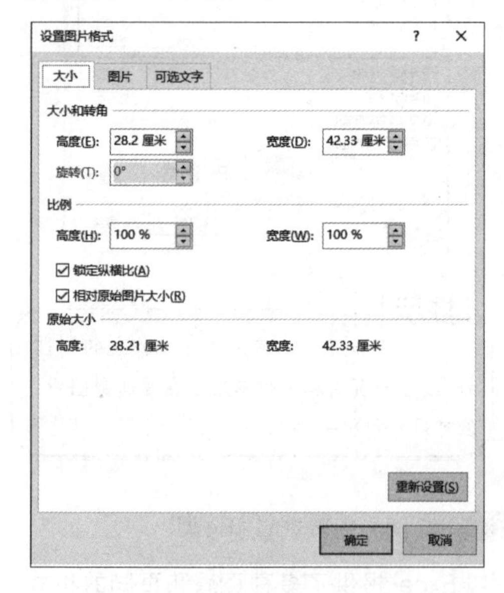

（11）【左】文本框：输入或插入的页

眉注释将出现在页眉的左上角。

（12）【中】文本框：输入或插入的页眉注释将出现在页眉的正上方。

（13）【右】文本框：输入或插入的页眉注释将出现在页眉的右上角。

在【页面设置】对话框中单击【自定义页脚】按钮，弹出【页脚】对话框，该对话框中各个选项的作用可以参考【页眉】对话框中各个按钮或选项的作用，如下图所示。

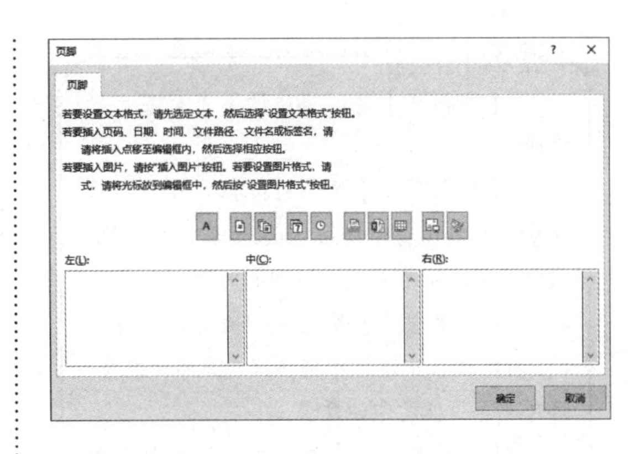

14.2.4 重点：设置打印区域

默认状态下，Excel 会自动选择有文字的区域作为打印区域。如果希望打印某个区域内的数据，可以在【打印区域】文本框中输入要打印区域的单元格区域名称，或者用鼠标选择要打印的单元格区域。

设置打印区域的具体操作步骤如下。

第 1 步 单击【页面布局】选项卡【页面设置】组中的 按钮，弹出【页面设置】对话框，选择【工作表】选项卡，如下图所示。

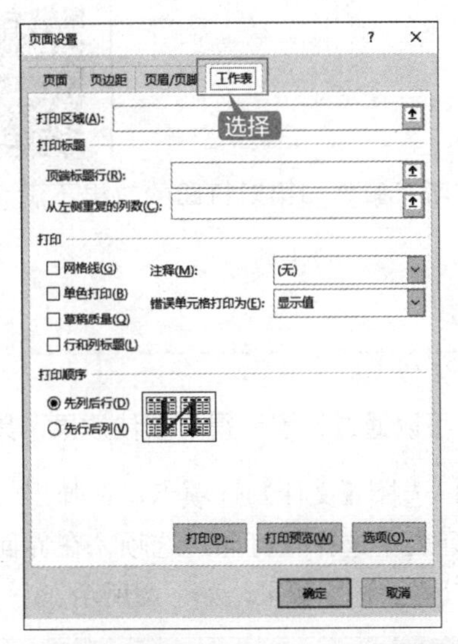

第 2 步 设置相关的选项，然后单击【确定】按钮即可。

【工作表】选项卡中各个按钮和文本框的作用如下。

（1）【打印区域】文本框：用于选定工作表中要打印的区域，如下图所示。

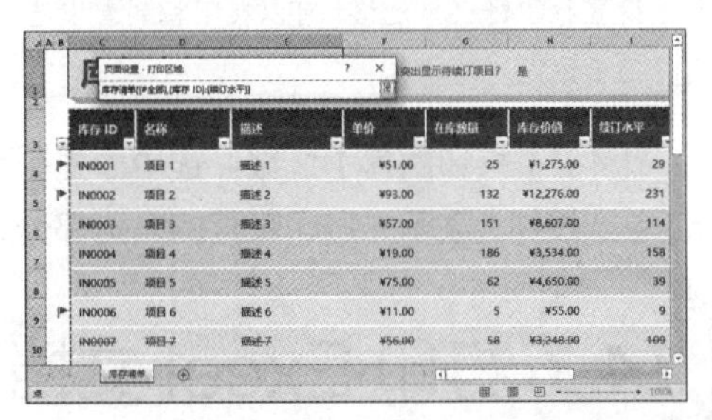

（2）【打印标题】区域：当使用内容较多的工作表时，需要在每页的上部显示标题行或列。单击【顶端标题行】或【从左侧重复的列数】右侧的 按钮，选择标题行或列，即可使打印的每页上都包含行或列标题，如下图所示。

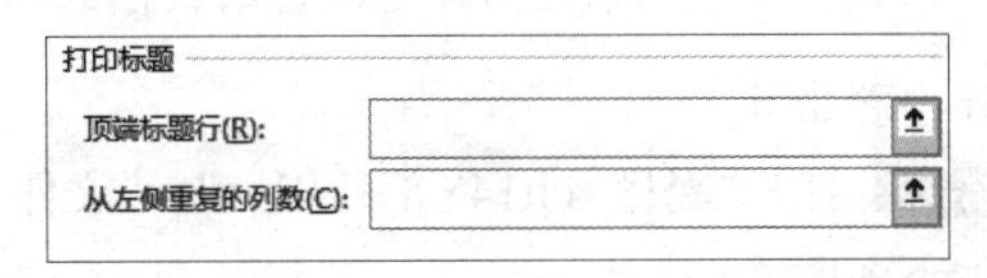

（3）【打印】区域：包括【网格线】【单色打印】【草稿质量】【行和列标题】等复选框，以及【注释】和【错误单元格打印为】两个下拉列表，如下图所示。

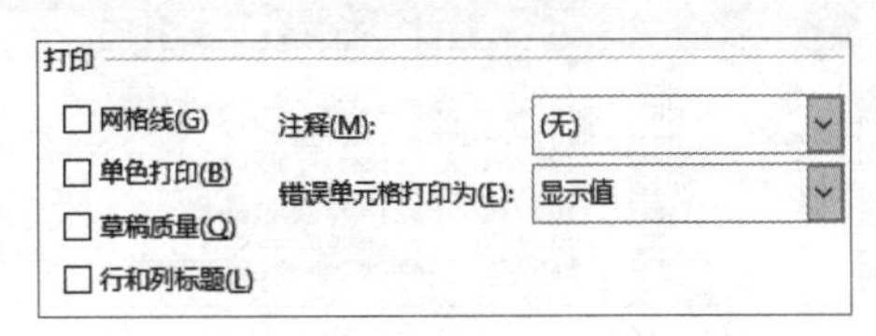

提示

【网格线】复选框：设置是否显示网格线。

【单色打印】复选框：指定在打印过程中忽略工作表的颜色。如果是彩色打印机，选中该复选框可以减少打印的时间。

【草稿质量】复选框：快速的打印方式，打印过程中不打印网格线、图形和边界，同时也会降低打印的质量。

【行和列标题】复选框：设置是否打印窗口中的行号和列标。默认情况下，这些信息是不打印的。

【注释】下拉列表：用于设置打印单元格注释。可以在下拉列表中选择打印的方式。

【错误单元格打印为】下拉列表：用于设置打印错误单元格。可以在下拉列表中选择显示方式。

（4）【打印顺序】区域：选中【先列后行】单选按钮，表示先打印每页的左边部分，再打印右边部分；选中【先行后列】单选按钮，表示在打印下页的左边部分之前，先打印本页的右边部分，如下图所示。

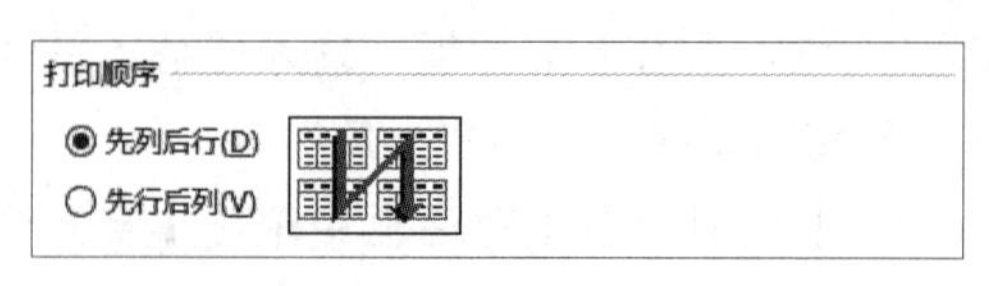

在工作表中选择需要打印的区域，单击【页面布局】选项卡【页面设置】组中的【打印区域】按钮，在弹出的快捷菜单中选择【设置打印区域】选项，即可快速将此区域设置为打印区域。要取消打印区域设置，选择【取消打印区域】选项即可，如下图所示。

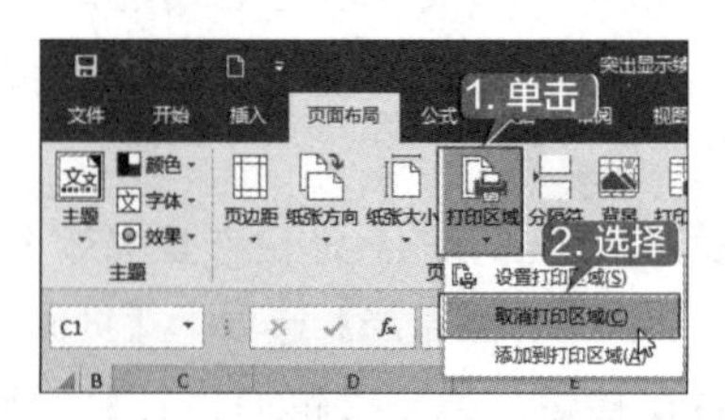

14.3 打印 Excel 文档

打印预览可以使用户预先对文本打印出来的效果有所了解。如果对打印的效果不满意，可以重新对页面进行编辑和修改。

14.3.1 重点：打印预览

用户不仅可以在打印之前查看文档的排版布局，还可以通过设置而得到最佳效果，具体操作步骤如下。

第1步 打开"素材\ch14\部门01.xlsx"文件，如下图所示。

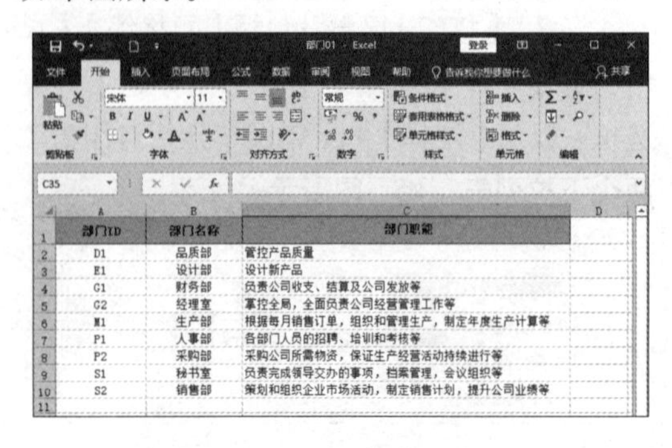

部门ID	部门名称	部门职能
D1	品质部	管控产品质量
E1	设计部	设计新产品
G1	财务部	负责公司收支、结算及公司发放等
G2	经理室	掌控全局，全面负责公司经营管理工作等
M1	生产部	根据每月销售订单，组织和管理生产，制定年度生产计算等
P1	人事部	各部门人员的招聘、培训和考核等
P2	采购部	采购公司所需物资，保证生产经营活动持续进行等
S1	秘书室	负责完成领导交办的事项，档案管理，会议组织等
S2	销售部	策划和组织企业市场活动，制定销售计划，提升公司业绩等

第2步 选择【文件】选项卡，在弹出的界面左侧列表中选择【打印】选项，在界面的右侧可以看到预览效果，如下图所示。

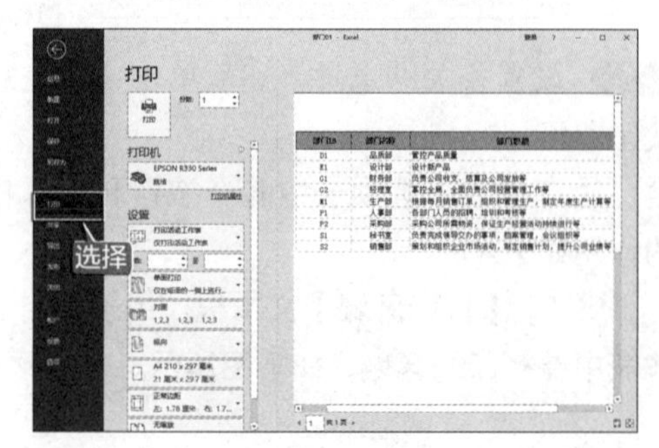

第 3 步 单击界面右下角的【显示边距】按钮，可以开启或关闭页边距、页眉和页脚边距及列宽的控制线，拖动边界和列间隔线可以调整输出效果，如下图所示。

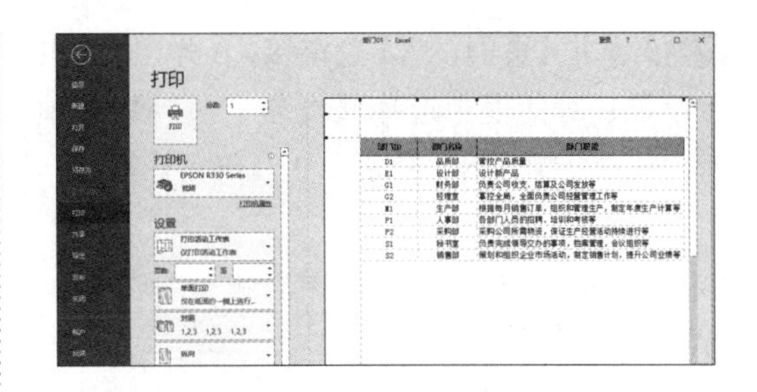

14.3.2 打印活动工作表

页面设置完成后，就可以打印输出了。不过，在打印之前还需要对打印选项进行设置。

第 1 步 选择【文件】选项卡，在弹出的界面左侧列表中选择【打印】选项，如下图所示。

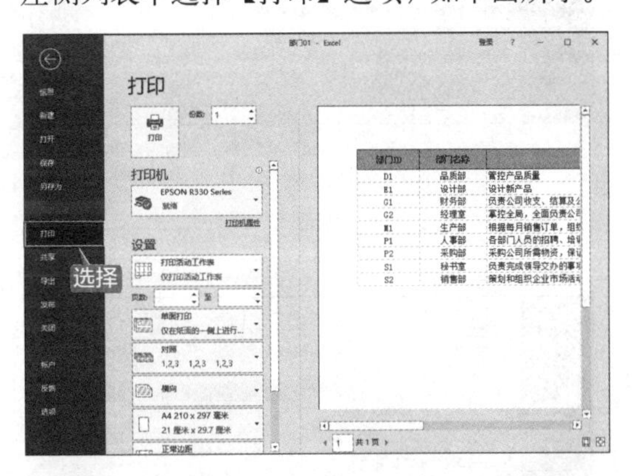

第 2 步 在界面的中间区域设置打印的份数，选择连接的打印机，设置打印的范围和页码范围，以及打印的方式、纸张、页边距和缩放比例等，如下图所示。

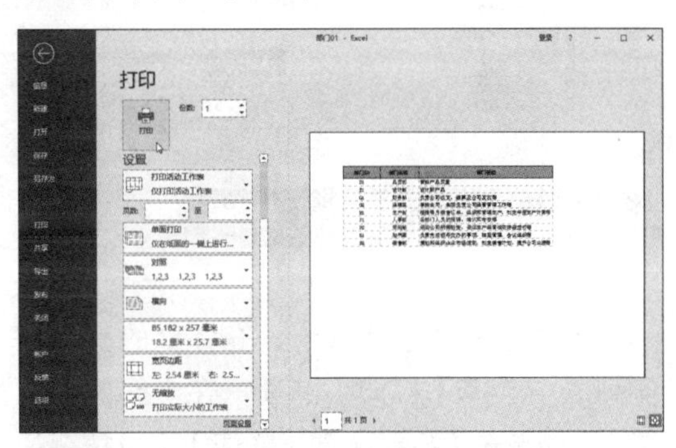

第 3 步 设置完成后，单击【打印】按钮，即可开始打印。

14.3.3 重点：仅打印指定区域

在打印工作表时，如果仅打印工作表的指定区域，就需要对当前工作表进行设置。设置打印指定区域的具体操作步骤如下。

第 1 步 打开“素材\ch14\部门01.xlsx”文件，选中单元格区域 A1:C8，如下图所示。

第 2 步 选择【文件】选项卡，在弹出的界面左侧列表中选择【打印】选项，在界面右侧【设置】区域中单击【打印活动工作表】下拉按钮，在弹出的下拉列表中选择【打印选定区域】选项，如下图所示，

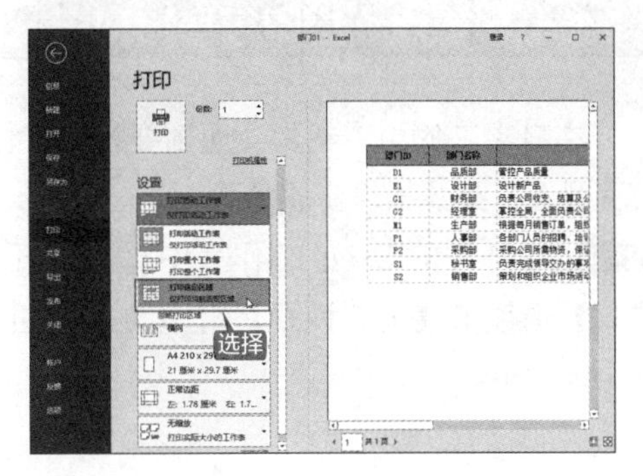

第 3 步 单击【页面设置】超链接，在弹出的【页面设置】对话框中选择【页眉 / 页脚】选项卡，设置页脚内容，然后单击【确定】按钮，如下图所示。

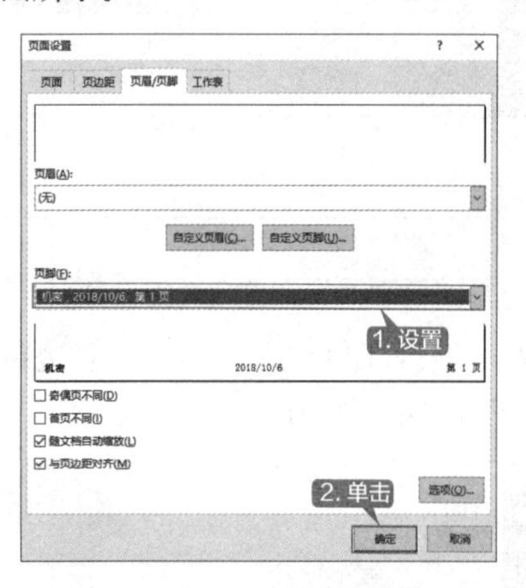

第 4 步 返回打印设置界面，选择打印机并设置其他选项后单击【打印】按钮，即可打印选定区域的数据，如下图所示。

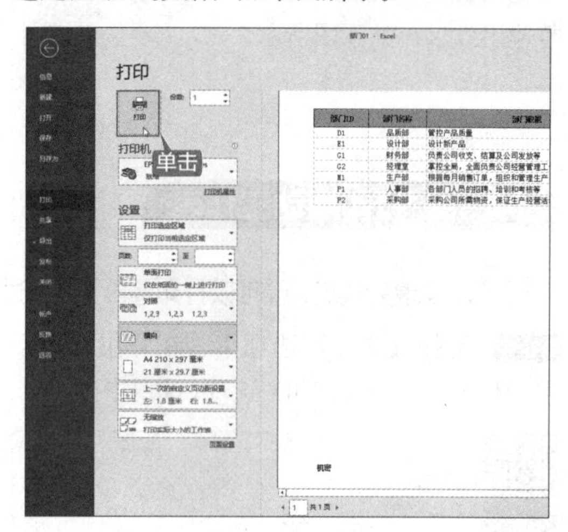

14.3.4 打印整个工作簿

选择【文件】选项卡，在弹出的界面左侧列表中选择【打印】选项，在中间的【设置】区域单击【打印活动工作表】下拉按钮，在弹出的下拉列表中选择【打印整个工作簿】选项，然后设置打印的其他参数后，单击【打印】按钮即可打印整个工作簿，如下图所示。

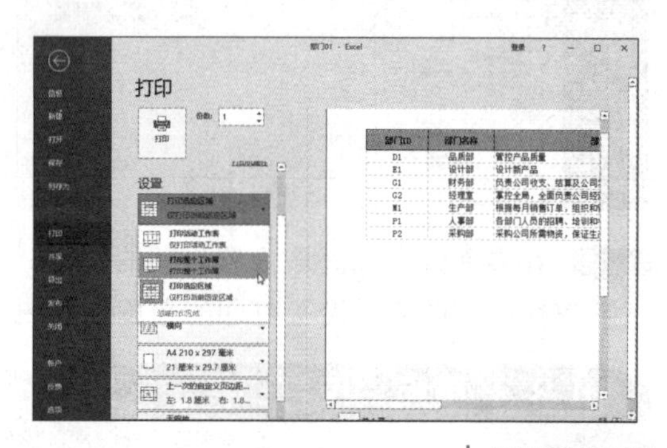

14.4 Excel 打印的高级技巧

除了上面常用的打印方法外，本节将继续介绍其他的高级打印技巧。

14.4.1 重点：打印行号和列标

在日常工作中，经常会遇到要打印工作表的行号和列标的情况，此时就需要对工作表进行页面设置，具体操作步骤如下。

第 1 步 在打开的 Excel 工作表中单击【页面布局】选项卡【页面设置】组中的 按钮，如下图所示。

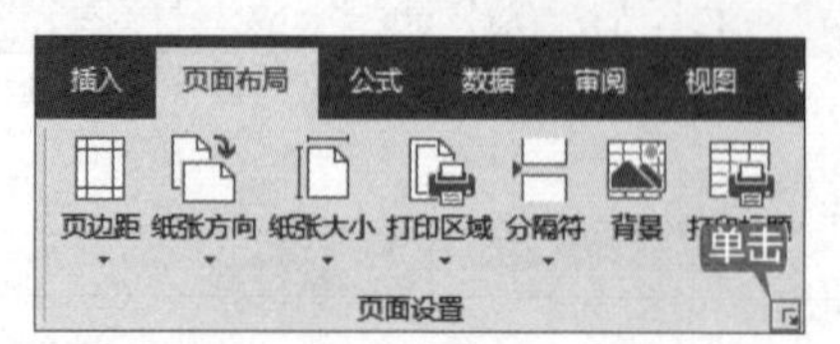

第 2 步 在弹出的【页面设置】对话框中选择【工作表】选项卡，在【打印】区域选中【行和列标题】复选框，单击【确定】按钮，如下图所示。

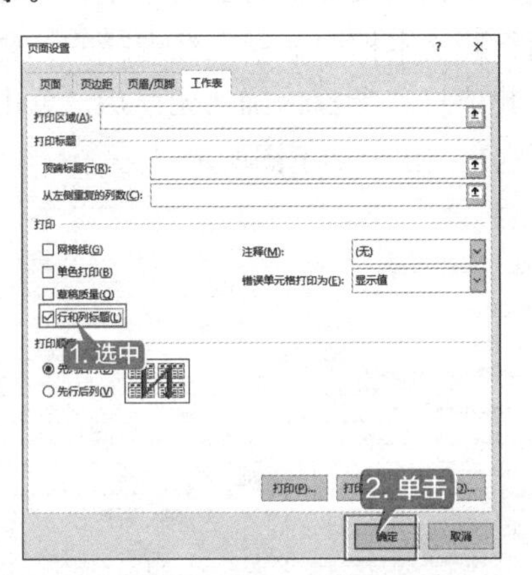

第 3 步 选择【文件】选项卡，在弹出的界面左侧列表中选择【打印】选项，在【份数】微调框中输入打印的份数，在【打印机】下拉列表中选择要使用的打印机，单击【打印】按钮，即可开始打印文档，如下图所示。

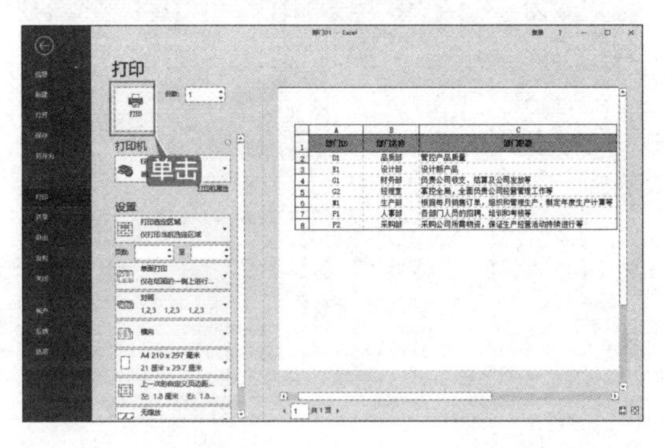

14.4.2 重点：打印网格线

在打印 Excel 工作表时，一般都会打印没有网格线的工作表，如果需要将网格线打印出来，可以通过设置实现。

第 1 步 在【页面布局】选项卡中单击【页面设置】组右下角的 按钮，在弹出的【页面设置】对话框中选择【工作表】选项卡，选中【网格线】复选框，如下图所示。

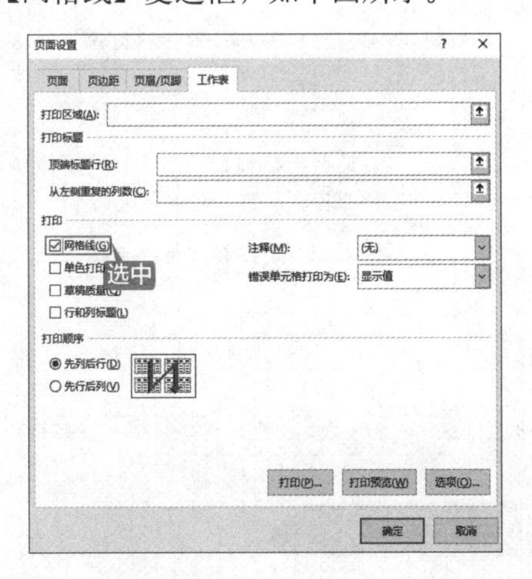

第 2 步 选择【文件】选项卡，在弹出的界面左侧列表中选择【打印】选项。在右侧的列表中即可看到添加网格线后的效果，如下图所示。

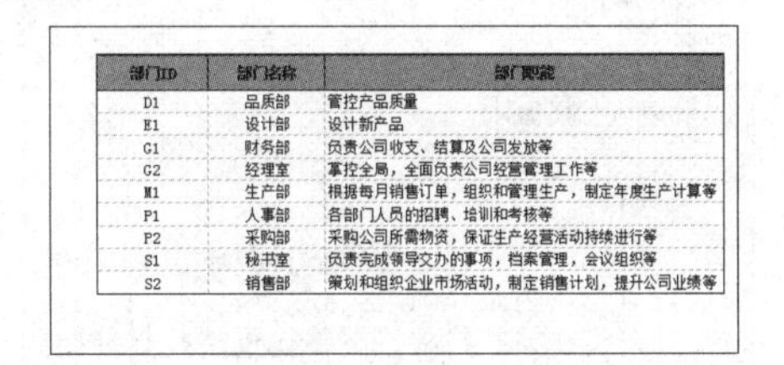

部门ID	部门名称	部门职能
D1	品质部	管控产品质量
E1	设计部	设计新产品
G1	财务部	负责公司收支、结算及公司发放等
G2	经理室	掌控全局，全面负责公司经营管理工作等
M1	生产部	根据每月销售订单，组织和管理生产，制定年度生产计算等
P1	人事部	各部门人员的招聘、培训和考核等
P2	采购部	采购公司所需物资，保证生产经营活动持续进行等
S1	秘书室	负责完成领导交办的事项，档案管理，会议组织等
S2	销售部	策划和组织企业市场活动，制定销售计划，提升公司业绩等

14.4.3 重点：打印的每一页都有表头

对于多页的工作表，在打印的时候，除了第一页以外，其他页面都没有表头。通过设置，可以实现打印的每一页都有表头的效果，具体操作步骤如下。

第 1 步　打开“素材\ch14\部门02.xlsx”文件，部门工作表的行数为 71 行，默认情况下会分两页打印。在【页面布局】选项卡中单击【页面设置】组中的 按钮，如下图所示。

第 2 步　弹出【页面设置】对话框，选择【工作表】选项卡，在【打印标题】区域的【顶端标题行】的右侧单击 按钮，如下图所示。

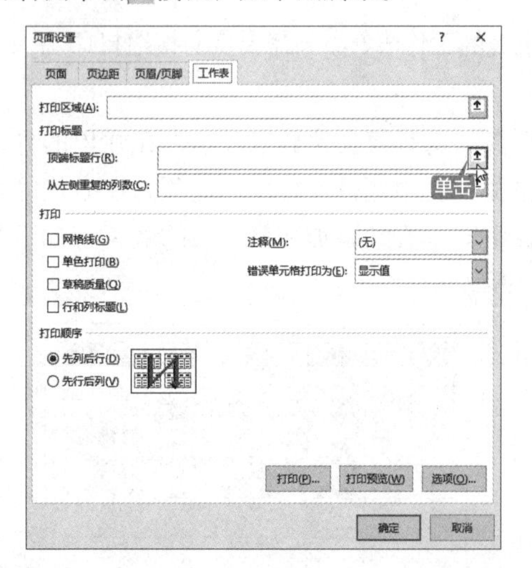

第 3 步　返回 Excel 选择界面，选择第一行为固定打印标题行，单击 按钮确认选择，如下图所示。

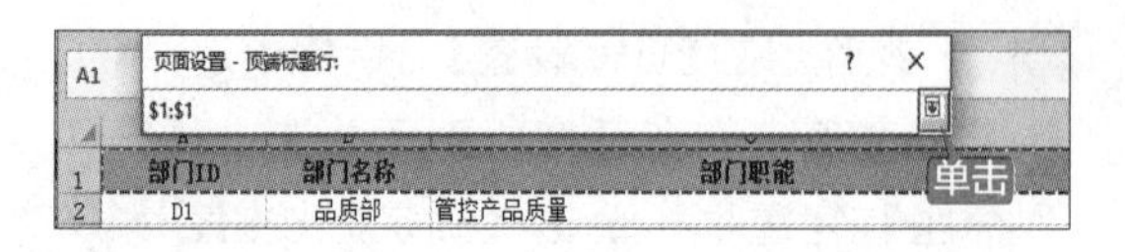

第 4 步　返回【页面设置】对话框，在【顶端标题行】文本框中显示已经选择的标题行。查看其他打印参数，确认无误后，单击【打印预览】按钮，如下图所示。

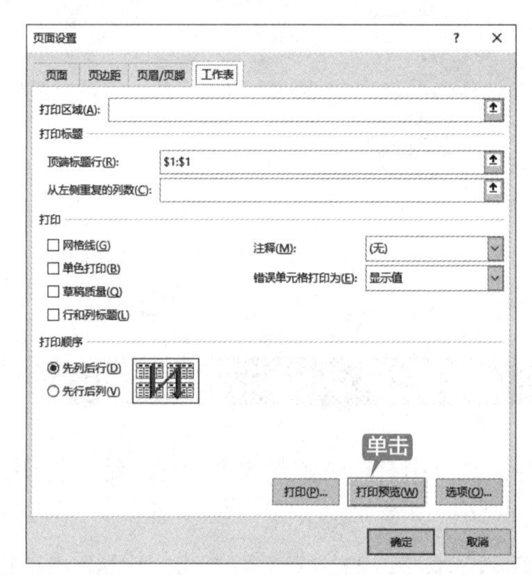

第 5 步　查看打印预览的第二页，即可看到第二页也添加了表头，如下图所示。

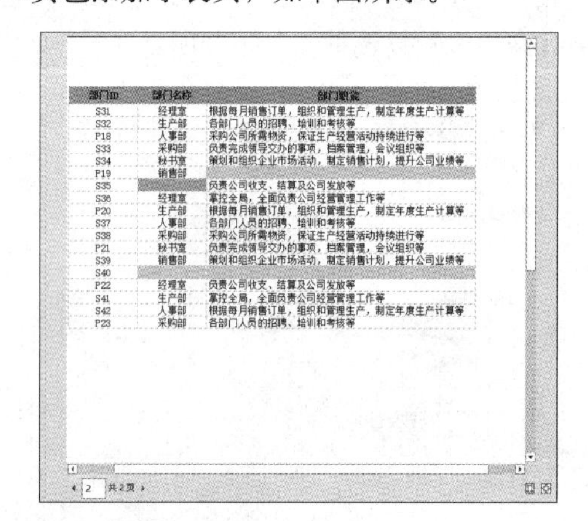

14.4.4 重点：强制在某个单元格处重新开始分页打印

有时在一个工作表需要分多页打印，例如一个工作表中包含 4 份个人登记表，此时就需要打印 4 份。强制在指定单元格处重新开始分页打印，具体操作步骤如下。

第 1 步 打开“素材 \ch14\ 个人登记表 .xlsx”文件，在默认的工作表中有 4 份个人登记表，如下图所示。

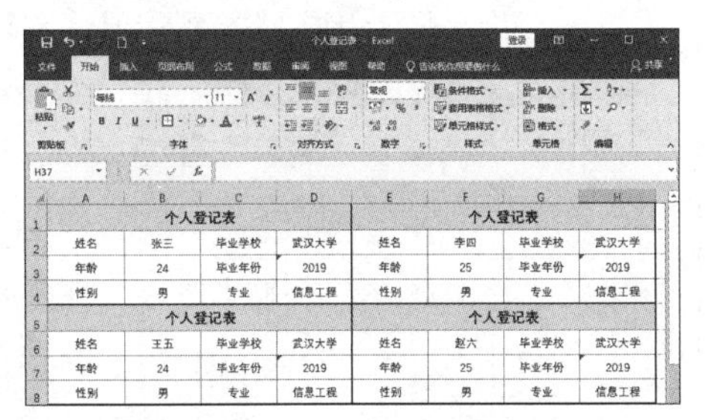

第 2 步 选择右下角“个人登记表”所在的单元格，然后切换到【页面布局】选项卡，单击【页面设置】组中的【分隔符】下拉按钮，在弹出的下拉菜单中选择【插入分页符】选项，如下图所示。

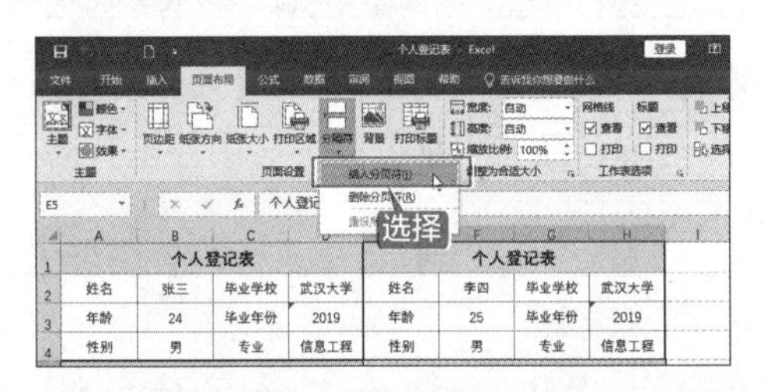

第 3 步 此时 4 份个人登记表被分隔开来。选择【文件】选项卡，在弹出的界面左侧列表中选择【打印】选项，在界面的右侧可以看到一页只打印一份个人登记表，如下图所示。

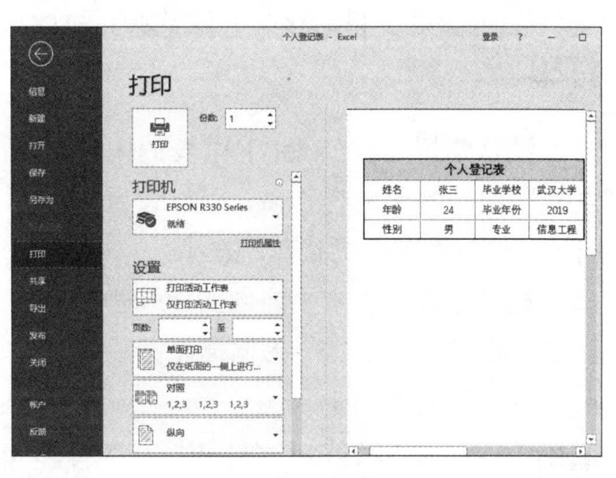

14.4.5 重点：将打印内容缩到一页中

有时候为了节省纸张，可以将打印内容缩到一页中，常用的方法如下。

在【页面布局】选项卡中单击【页面设置】组中的 按钮，弹出【页面设置】对话框，选择【页面】选项卡，在【缩放】区域设置【页宽】为【1】、【页高】为【1】，单击【确定】按钮，即可将打印内容缩到一页中，如下图所示。

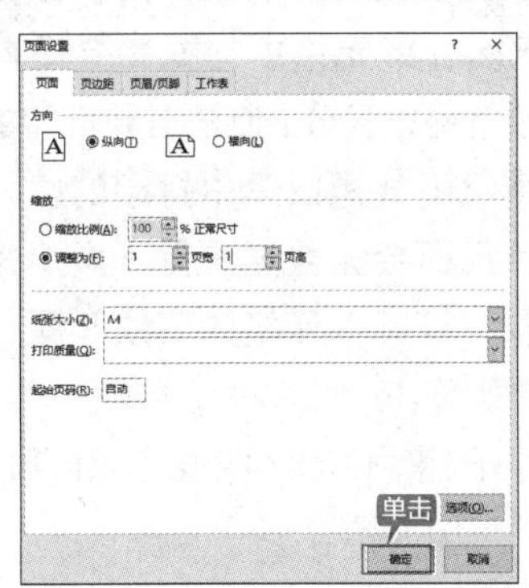

选择【文件】选项卡，在弹出的界面左侧列表中选择【打印】选项，在中间的【设置】区域单击【无缩放】下拉按钮，在弹出的下拉菜单中选择【将工作表调整为一页】选项，如下图所示。

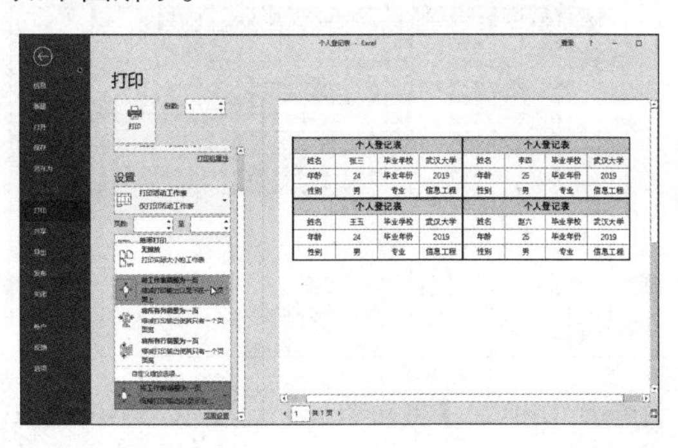

◇ Excel 工作表的居中打印

默认情况下，Excel 工作表的内容是居左打印的，如果内容不多，可以设置为居中打印，这样看起来更整齐、美观。

居中方式分为水平方向居中和垂直方向居中。这里以设置水平方向居中为例进行讲解，具体操作步骤如下。

第 1 步 打开“素材\ch14\部门01.xlsx”文件，如下图所示。

部门ID	部门名称	部门职能
D1	品质部	管控产品质量
E1	设计部	设计新产品
G1	财务部	负责公司收支、结算及公司发放等
G2	经理室	掌控全局，全面负责公司经营管理工作等
M1	生产部	根据每月销售订单，组织和管理生产，制定年度生产计算等
P1	人事部	各部门人员的招聘、培训和考核等
P2	采购部	采购公司所需物资，保证生产经营活动持续进行等
S1	秘书室	负责完成领导交办的事项，档案管理，会议组织等
S2	销售部	策划和组织企业市场活动，制定销售计划，提升公司业绩等

第 2 步 选择【文件】选项卡，在弹出的界面左侧列表中选择【打印】选项，查看未设置前的预览效果，如下图所示。

第 3 步 切换到【页面布局】选项卡，单击【页面设置】组中的 ↘ 按钮，在弹出的【页面设置】对话框中选择【页边距】选项卡，在【居中方式】区域选中【水平】和【垂直】复选框，单击【确定】按钮，如下图所示。

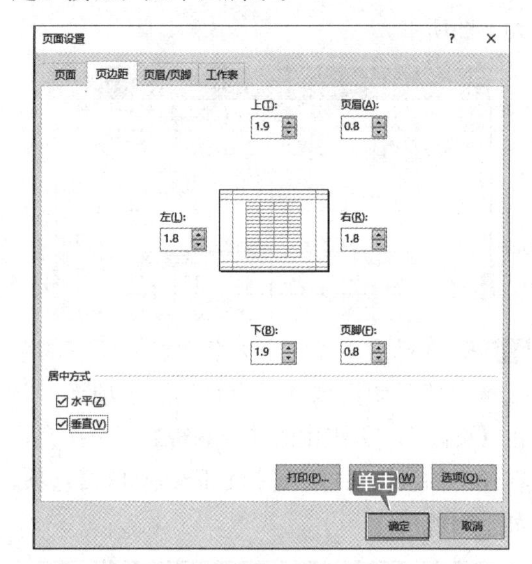

第 4 步 再次查看打印的预览效果，发现工作表的内容已经在水平方向上居中并垂直对齐，如下图所示。

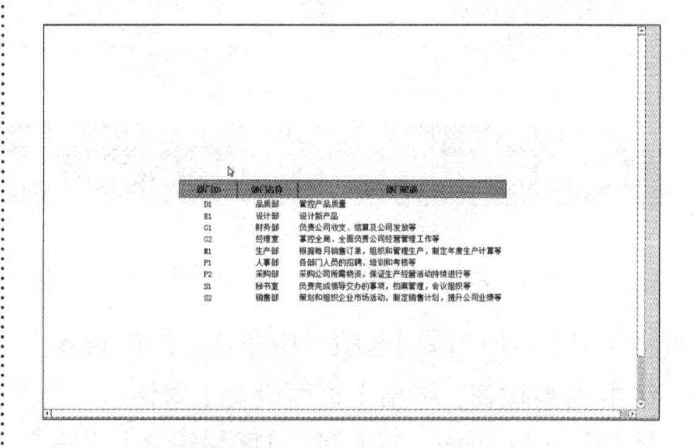

◇ 不打印单元格底纹和颜色

为了便于阅读和提醒，大多数情况下用户会在 Excel 单元格中根据需要设置很多的底纹和颜色用以区分，但是当要打印的时候，大多数情况下却是以黑白打印的，太多的底纹和颜色反而会让数据看得不太清楚。这时可以设置不打印单元格的底纹和颜色，具体操作步骤如下。

第 1 步 打开“素材\ch14\商务旅行预算.xlsx”文件，如下图所示。

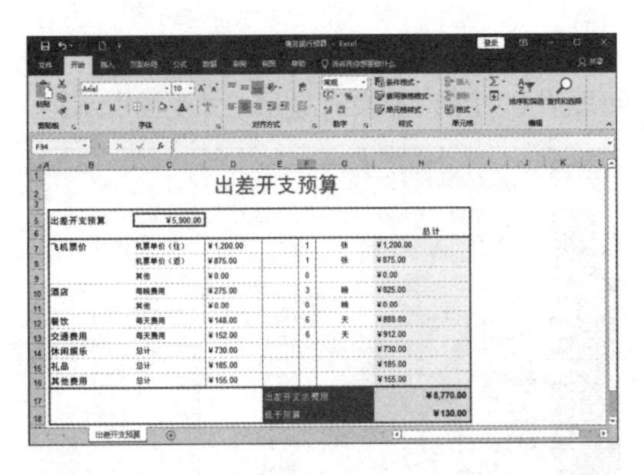

第 2 步 选择【文件】选项卡，在弹出的界面左侧列表中选择【打印】选项，在界面的右侧可以看到预览效果，此时底纹和颜色都存在，如下图所示。

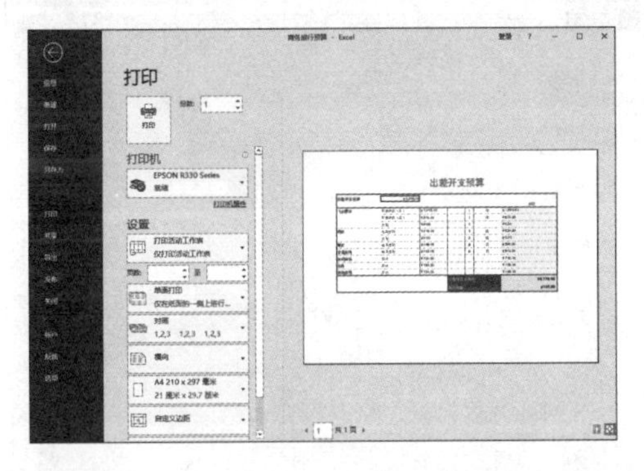

第 3 步 单击【打印】页面的【页面设置】超链接，在弹出的【页面设置】对话框中选择【工作表】选项卡，在【打印】区域选中【单色打印】复选框，单击【确定】按钮，如下图所示。

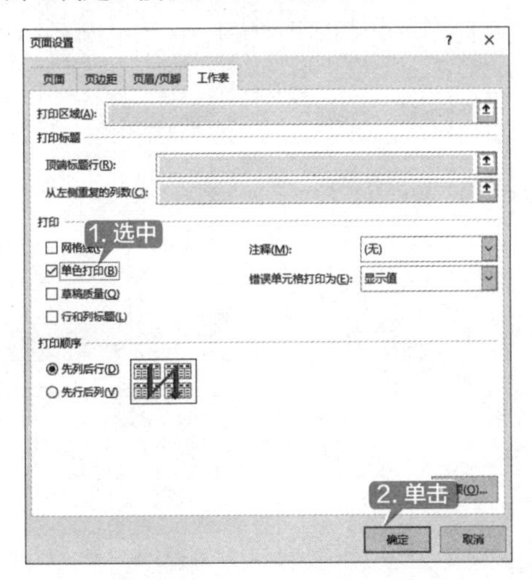

第 4 步 单击【打印预览】按钮，在预览效果中可以看到底纹和颜色都不见了，如下图所示。

出差开支预算

出差开支预算	¥5,900.00					
						总计
飞机票价	机票单价（往）	¥1,200.00		1	张	¥1,200.00
	机票单价（返）	¥875.00		1	张	¥875.00
	其他	¥0.00		0		¥0.00
酒店	每晚费用	¥275.00		3	晚	¥825.00
	其他	¥0.00		0	晚	¥0.00
餐饮	每天费用	¥148.00		6	天	¥888.00
交通费用	每天费用	¥152.00		6	天	¥912.00
休闲娱乐	总计	¥730.00				¥730.00
礼品	总计	¥185.00				¥185.00
其他费用	总计	¥155.00				¥155.00
			出差开支总费用			¥5,770.00
			低于预算			¥130.00

◇ 不打印工作表中的图形对象

对于不需要打印的图形对象，可以在设置属性中将其设置为不打印，这样打印工作表时将忽略图形对象，具体操作步骤如下。

第 1 步 打开“素材 \ch14\ 商务旅行预算 01.xlsx”文件，如下图所示。

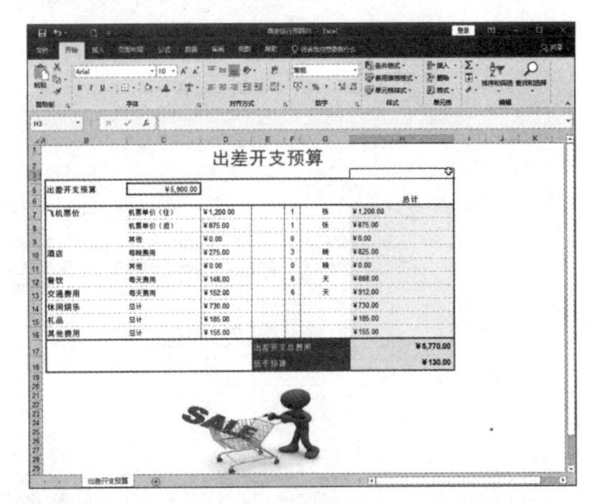

第 2 步 选择不需要打印的图形对象并右击，在弹出的快捷菜单中选择【大小和属性】选项，如下图所示。

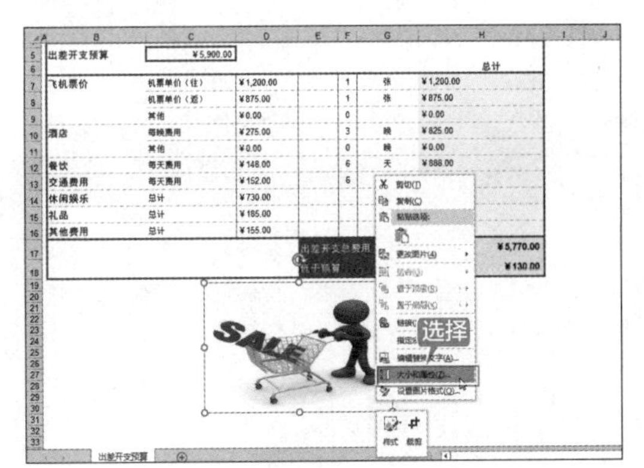

第 3 步 在界面的右侧弹出【设置图片格式】任务窗格，在【属性】区域取消选中【打印对象】复选框，如下图所示。

第 4 步 选择【文件】选项卡，在弹出的界面左侧列表中选择【打印】选项，查看预览效果，可以看到图形对象没有显示，如下图所示。

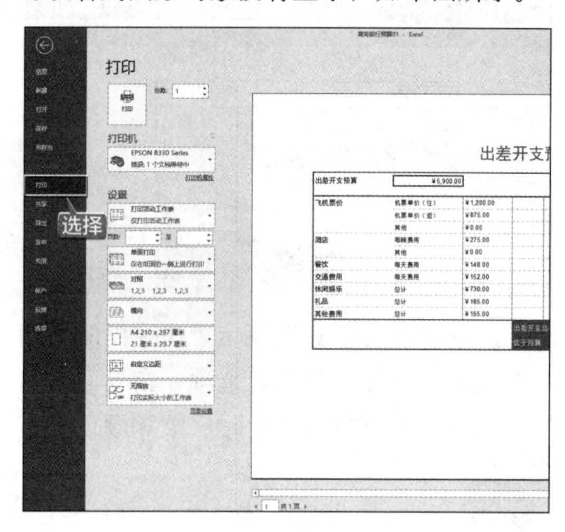

第 15 章
宏与 VBA 的应用

本章导读

宏是可以执行任意次数的一个或一组操作，宏的最大优点是，如果需要在 Excel 中重复执行多个任务，可以通过录制一个宏来自动执行这些任务。VBA 是 Visual Basic for Applications 的缩写，是 Visual Basic 的一种宏语言，主要用来扩展 Windows 的应用程式功能。Excel 2019 提供了 VBA 的开发界面，即 Visual Basic 编辑器（VBE）窗口，在该窗口中可以实现应用程序的编写、调试和运行等操作。使用宏和 VBA 的主要作用是提高工作效率，让重复的工作只需单击一个按钮，就可以轻松完成。

思维导图

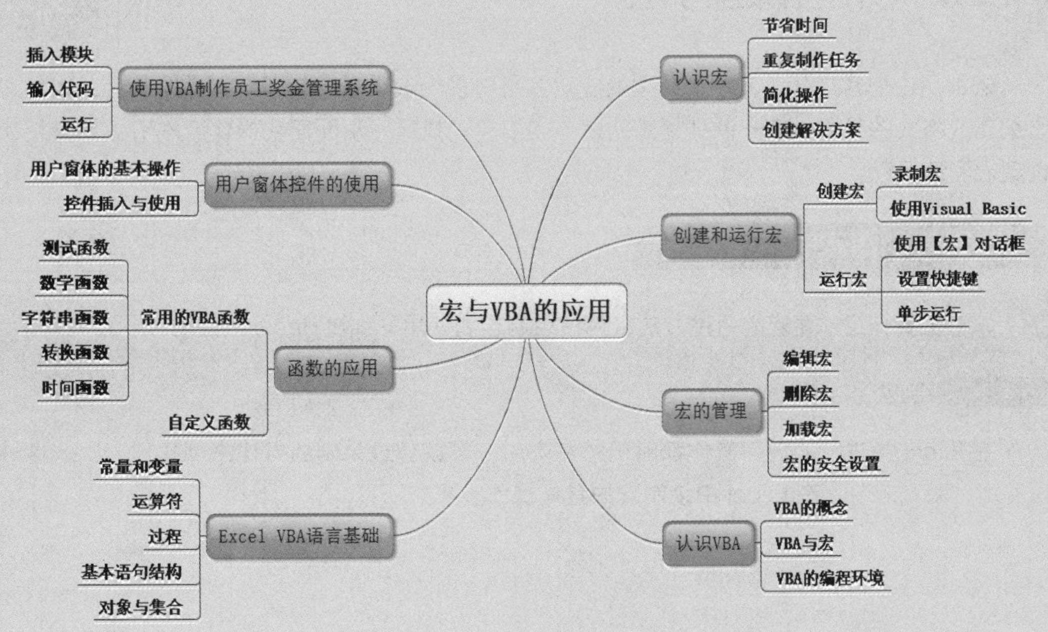

15.1 认识宏

在 Excel 的【视图】选项卡中可以单击【宏】下拉按钮，在弹出的下拉菜单中包含常见的宏操作，如下图所示。

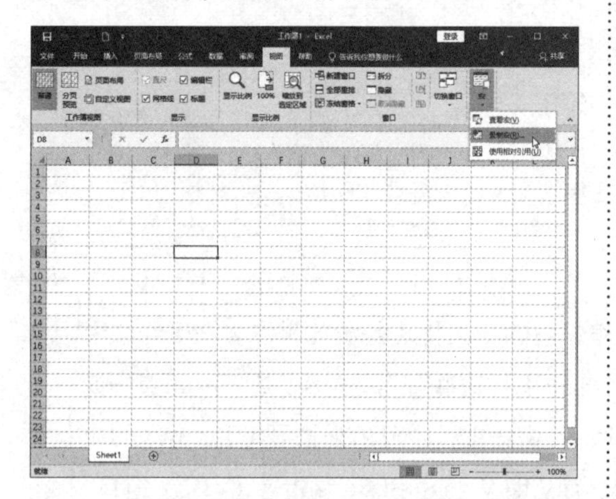

使用 Excel 进行表格的编制、数据的统计等，每一种操作可以称为一个过程。而在这个过程中，由于工作需要，会进行很多重复性操作，如何能让这些操作自动重复执行呢？ Excel 中的宏恰好能解决这类问题。

宏不仅可以节省时间，还可以扩展日常使用程序的功能。使用宏可以自动执行重复的文档制作任务，简化繁冗的操作，还可以创建解决方案。VBA 高手们可以使用宏创建包括模板、对话框在内的自定义外接程序，甚至可以存储信息以便重复使用。

从更专业的角度来说，宏是保存在 Visual Basic 模块中的一组代码，正是这些代码驱动着操作的自动执行。当单击某个按钮时，这些代码组成的宏就会执行代码记录的操作。

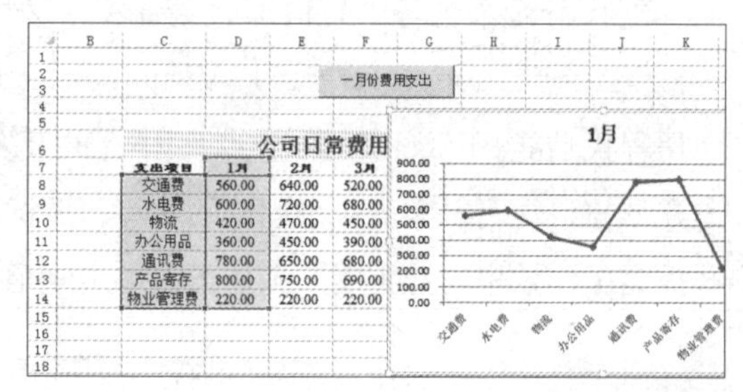

支出项目	1月	2月	3月
交通费	560.00	640.00	520.00
水电费	600.00	720.00	680.00
物流	420.00	470.00	450.00
办公用品	360.00	450.00	390.00
通讯费	780.00	650.00	680.00
产品寄存	800.00	750.00	690.00
物业管理费	220.00	220.00	220.00

15.2 创建和运行宏

宏的用途非常广泛，其中最典型的应用就是将多个选项组合成一个选项的集合，以加速日常编辑或格式的设置，使一系列复杂的任务得以自动执行，从而简化操作。本节主要介绍如何创建宏和运行宏。

15.2.1 创建宏的两种方法

本节主要介绍创建宏的两种方法，包括录制宏和使用 Visual Basic 创建宏。

1. 录制宏

在 Excel 中进行的任何操作都能记录在宏中，可以通过录制的方法来创建“宏”，这种方法称为“录制宏”。在 Excel 中录制宏的具体操作步骤如下。

第1步 在Excel 2019功能区的任意空白处右击，在弹出的快捷菜单中选择【自定义功能区】命令，如下图所示。

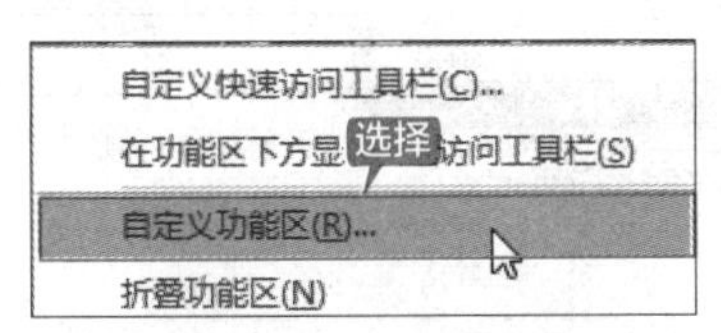

第2步 在弹出的【Excel 选项】对话框中选中【自定义功能区】列表框中的【开发工具】复选框，然后单击【确定】按钮，关闭对话框，如下图所示。

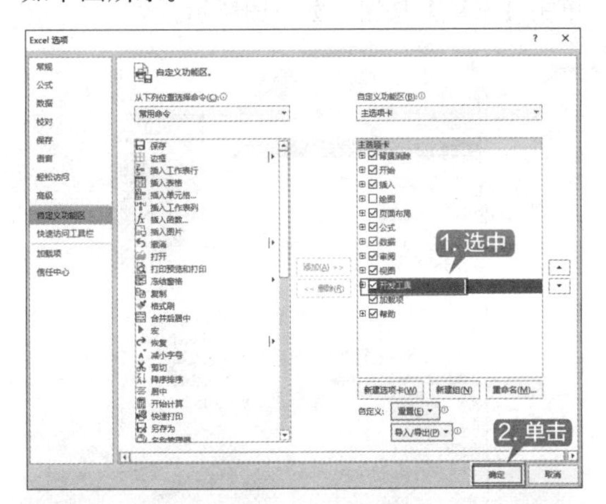

第3步 选择【开发工具】选项卡，可以看到在该选项卡的【代码】组中包含了所有宏的操作按钮，在该组中单击【录制宏】按钮 录制宏 ，如下图所示。

提示

也可以直接在状态栏上单击【录制宏】按钮 。

第4步 弹出【录制宏】对话框，在此对话框中可设置宏的名称、快捷键、宏的保存位置、宏的说明，如下图所示。然后单击【确定】按钮，返回工作表，即可进行宏的录制。录制完成后，单击【停止录制】按钮，即可结束宏的录制。

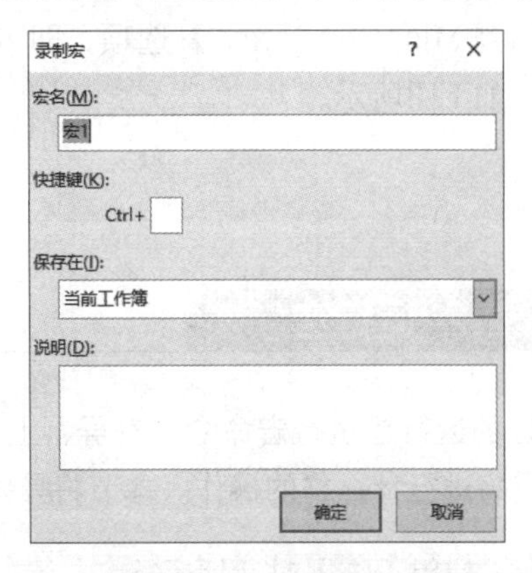

2. 使用Visual Basic创建宏

还可以通过使用Visual Basic创建宏，具体操作步骤如下。

第1步 在【开发工具】选项卡中单击【代码】组中的【Visual Basic】按钮，如下图所示。

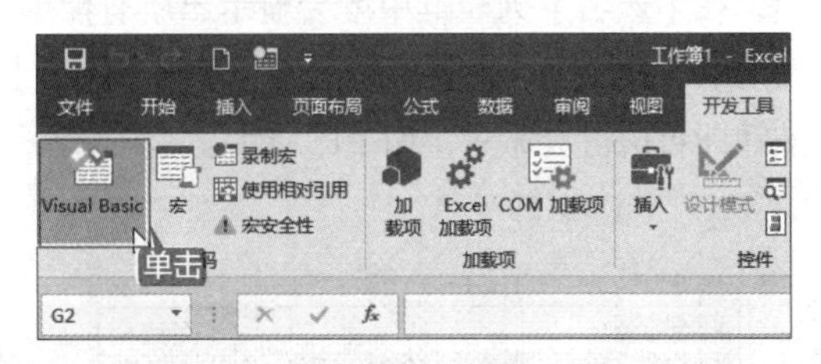

第2步 在弹出的快捷菜单中选择【插入】→【模块】选项，如下图所示。

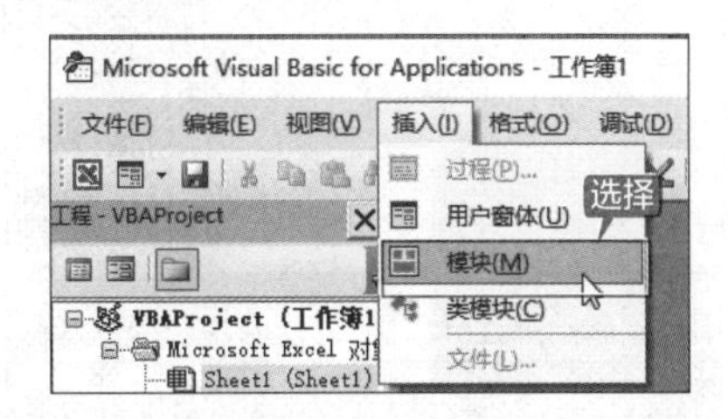

第3步 即可弹出【工作簿－模块1】窗口，将需要设置的代码输入或复制到【工作簿－模块1】窗口中，如下图所示。

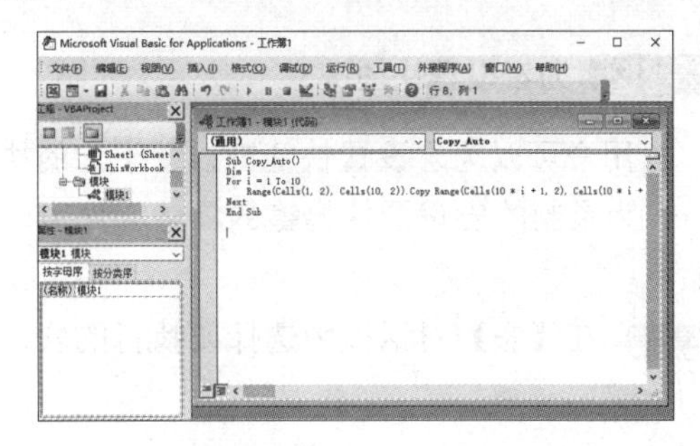

第 4 步 编写完宏后，选择【文件】→【关闭并返回到 Microsoft Excel】选项，即可关闭窗口，如下图所示。

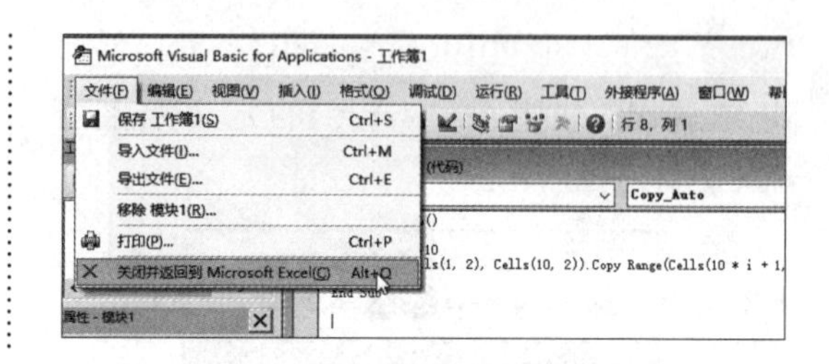

15.2.2 运行宏

宏的运行是执行宏命令并在屏幕上显示运行结果的过程。在运行一个宏之前，首先要明确这个宏将进行什么样的操作。本节将具体介绍在 Excel 2019 中运行宏的方法。

1. 使用【宏】对话框运行

在【宏】对话框中运行宏是较常用的一种方法。在【开发工具】选项卡中单击【代码】组中的【宏】按钮，弹出【宏】对话框，在【位置】下拉列表中选择【所有打开的工作簿】选项，在【宏名】列表框中就会显示出所有能够使用的宏命令，选择要执行的宏，单击【执行】按钮即可执行宏命令，如下图所示。

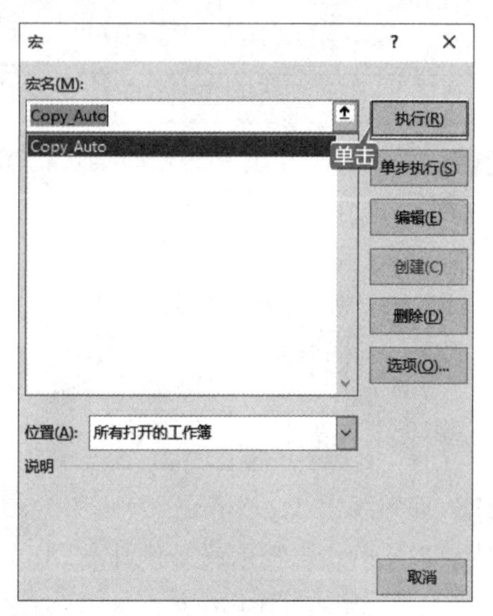

2. 为宏设置快捷键

用户可以为宏设置快捷键，便于宏的执行。为录制的宏设置快捷键的具体操作步骤如下。

第 1 步 在【宏】对话框中选择要执行的宏，单击【选项】按钮，如下图所示。

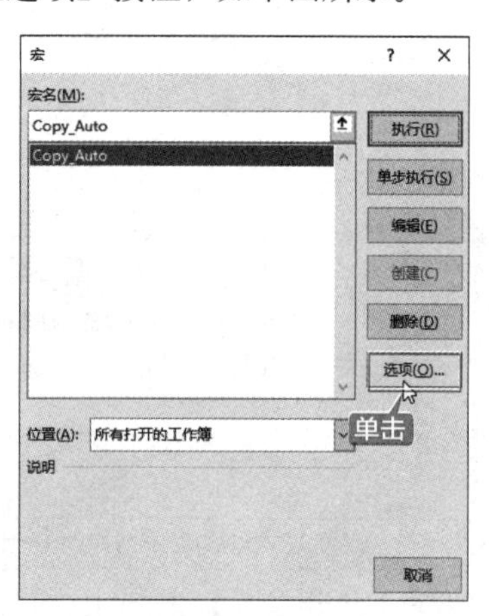

第 2 步 打开【宏选项】对话框，在快捷键后的文本框中输入要设置的快捷键，这里输入“2”，说明创建的快捷键为【Ctrl+2】，单击【确定】按钮，如下图所示。

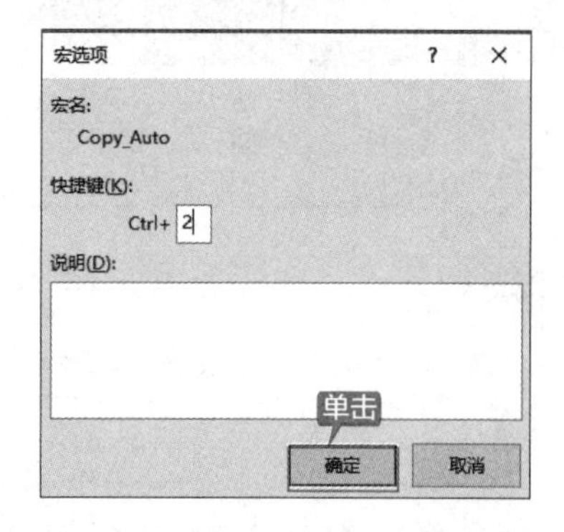

3. 使用快速访问工具栏运行宏

用户可以将宏命令添加至快速访问工具栏中，方便快速执行宏命令。

第 1 步 在【开发工具】选项卡【代码】组中的【宏】按钮上右击，在弹出的快捷菜单中选择【添加到快速访问工具栏】选项，如下图所示。

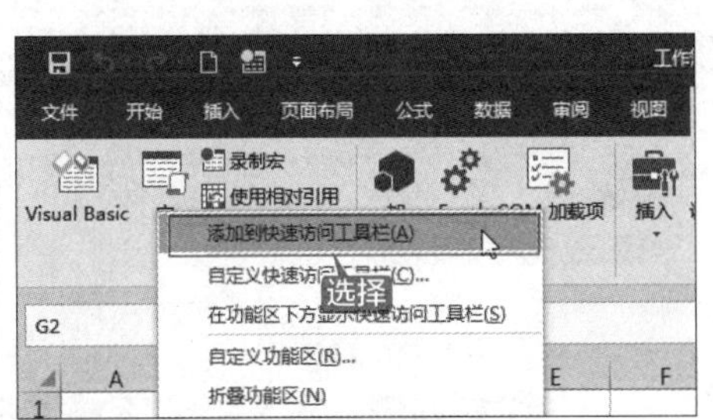

第 2 步 将【宏】命令添加至快速访问工具栏中，单击【宏】按钮，即可弹出【宏】对话框来运行宏，如下图所示。

4. 单步运行宏

单步运行宏的具体操作步骤如下。

第 1 步 打开【宏】对话框，在【位置】下拉列表中选择【所有打开的工作簿】选项，在【宏名】列表框中选择宏命令，单击【单步执行】按钮，如下图所示。

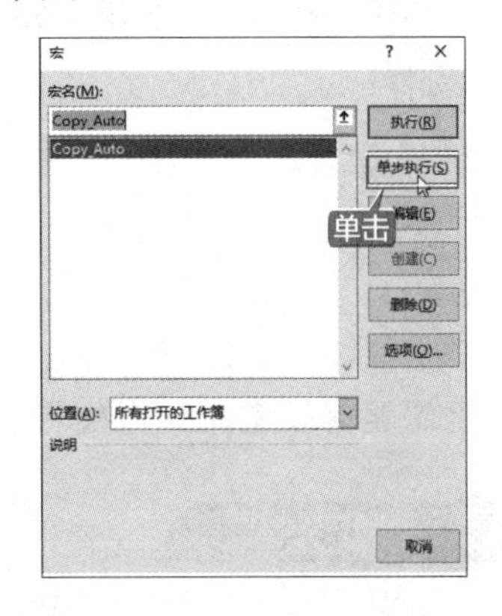

第 2 步 弹出编辑窗口。选择【调试】→【逐语句】选项，即可单步运行宏，如下图所示。

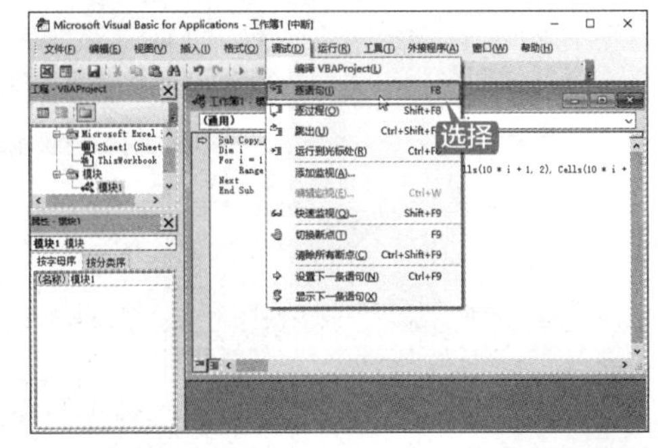

15.3 宏的管理

在创建及运行宏后，用户可以对创建的宏进行管理，包括编辑宏、删除宏和加载宏等。

15.3.1 编辑宏

在创建宏之后，用户可以在 Visual Basic 编辑器中打开宏并进行编辑和调试。

第 1 步 打开【宏】对话框，在【宏名】列表框中选择需要修改的宏的名称，单击【编辑】按钮，如下图所示。

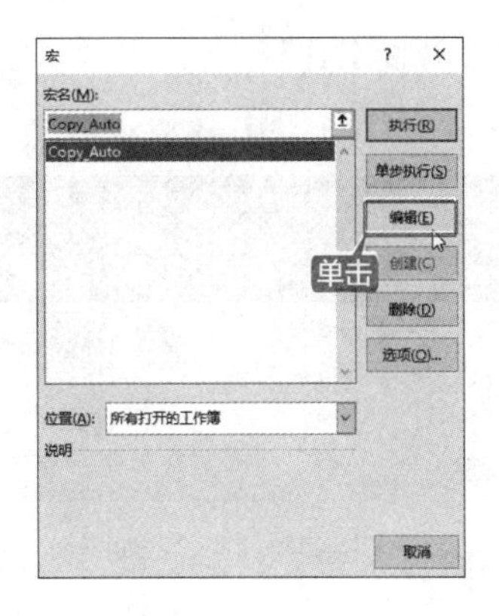

第 2 步 即可打开编辑窗口，如下图所示。

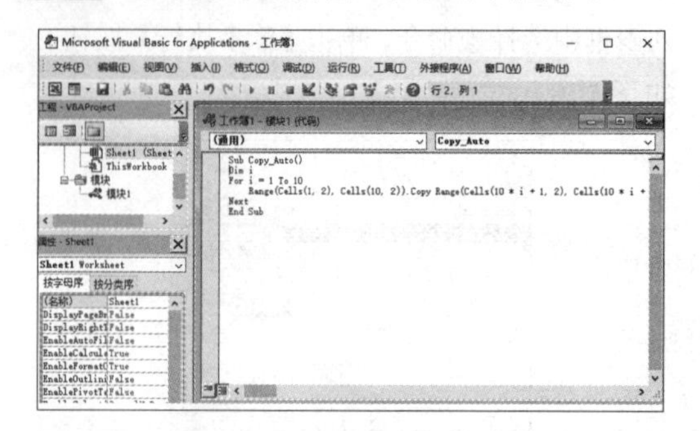

第 3 步 根据需要修改宏命令，如将第 1 行的“Copy_Auto”修改为“数据拷贝”，如下图所示，选择【文件】→【关闭并返回到 Microsoft Excel】选项，即可完成宏的编辑。

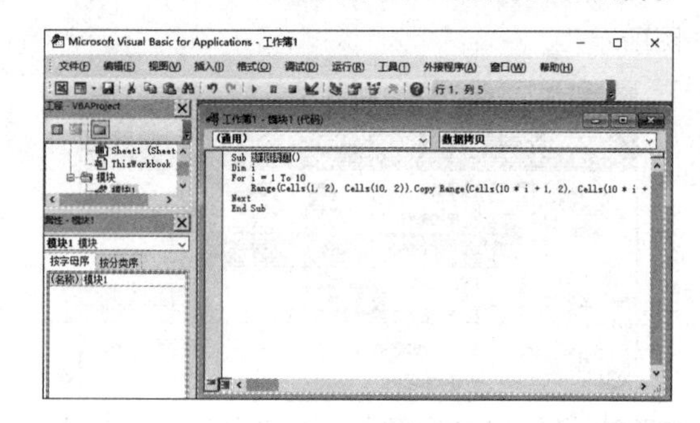

15.3.2 删除宏

删除宏的操作非常简单，打开【宏】对话框，选中需要删除的宏名称，单击【删除】按钮即可将宏删除，如下图所示。选择需要修改的宏命令内容，按【Delete】键也可以将宏删除。

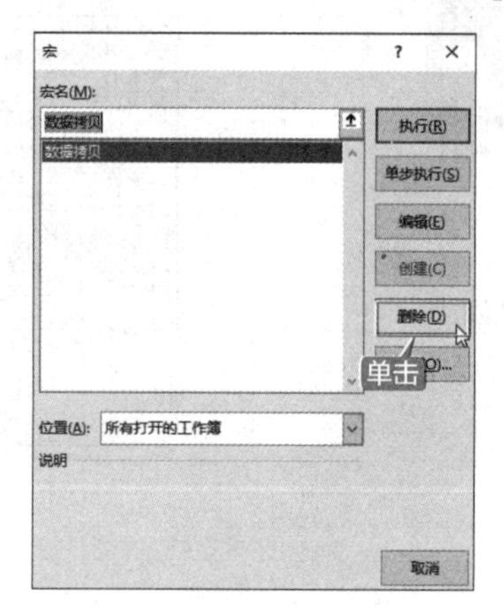

15.3.3 加载宏

加载项是 Microsoft Excel 中的功能之一，它提供附加功能和命令。下面以加载【分析工具库】和【规划求解加载项】为例，介绍加载宏的具体操作步骤。

第 1 步 在【开发工具】选项卡中单击【加载项】组中的【Excel 加载项】按钮，如下图所示。

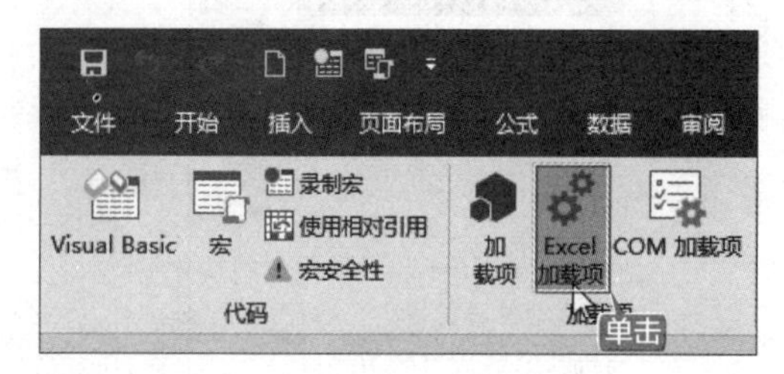

第 2 步 打开【加载宏】对话框，在【可用加载宏】列表框中选中【分析工具库】和【规划求解加载项】复选框，单击【确定】按钮，如下图所示。

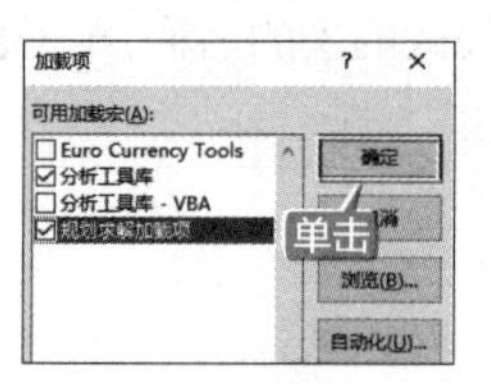

第 3 步 返回 Excel 2019 界面，选择【数据】

选项卡，可以看到添加的【分析】组中包含加载的宏命令，如下图所示。

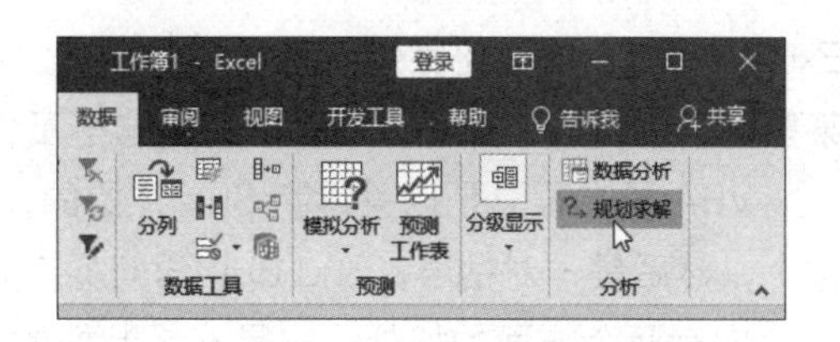

15.3.4 宏的安全设置

包含宏的工作簿更容易感染病毒，所以用户需要提高宏的安全性，具体操作步骤如下。

第 1 步 打开包含宏的工作簿，选择【文件】→【选项】选项，打开【Excel 选项】对话框，在左侧列表中选择【信任中心】选项，然后单击【信任中心设置】按钮，如下图所示。

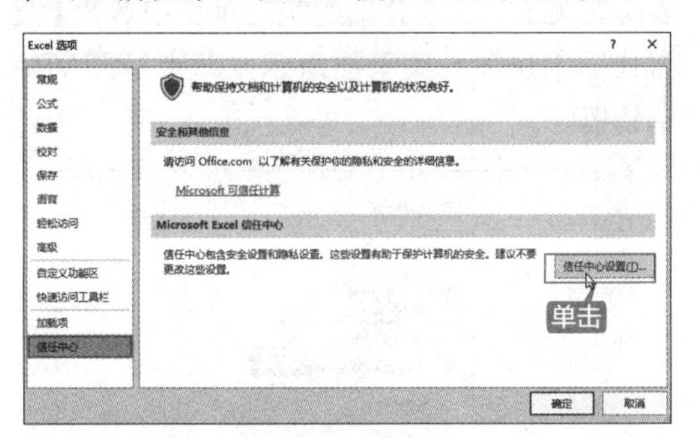

第 2 步 弹出【信任中心】对话框，在左侧列表中选择【宏设置】选项，然后在【宏设置】区域选中【禁用无数字签署的所有宏】单选按钮，单击【确定】按钮，如下图所示。

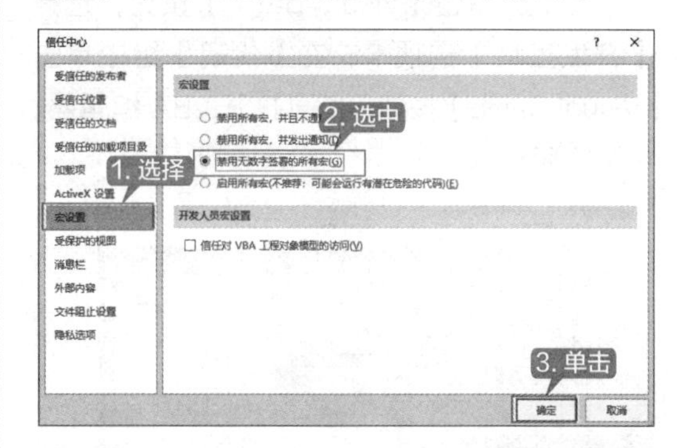

15.4 认识 VBA

VBA 是 Visual Basic 的一种宏语言，主要是用来扩展 Windows 的应用程式功能。本节主要是先学习 VBA 的基础知识。

15.4.1 VBA 的概念

VBA 是 Visual Basic for Applications 的缩写，它是 Microsoft 公司在其 Office 套件中内嵌的一种应用程序开发工具。VBA 与 VB 具有相似的语言结构和开发环境，主要用于编写 Office 对象（如窗口、控件等）的时间过程，也可以用于编写位于模块中的通用过程。但是，VBA 程序保存在 Office 2019 文档内，无法脱离 Office 应用环境而独立运行。

15.4.2 重点：VBA 与宏

在 Microsoft Office 中使用宏可以完成许多任务，但是有些工作却需要使用 VBA 而不是宏来完成。

VBA 是一种应用程序自动化语言。应用程序自动化是指通过脚本让应用程序（如 Microsoft

Excel/Word）自动化完成一些工作。例如，在 Excel 中自动设置单元格的格式、给单元格填充某些内容、自动计算等，而使宏完成这些工作的正是 VBA 。

VBA 子过程总是以关键字 Sub 开始的，接下来是宏的名称（每个宏都必须有一个唯一的名称），然后是一对括号，End Sub 语句标志着过程的结束，中间包含该过程的代码。

宏有两个方面的好处：一是在录制好的宏基础上直接修改代码，减轻工作量；二是在 VBA 编写中碰到问题时，从宏的代码中学习解决方法。

但宏的缺陷就是不够灵活，当遇到“使数据库易于维护；使用内置函数或自行创建函数；处理错误消息等”情况时，应尽量使用 VBA 来解决。

15.4.3 重点：VBA 的编程环境

打开 VBA 编辑器有以下几种方法。

（1）单击【Visual Basic】按钮，选择【开发工具】选项卡，在【代码】组中单击【Visual Basic】按钮，即可打开 VBA 编辑器，如下图所示。

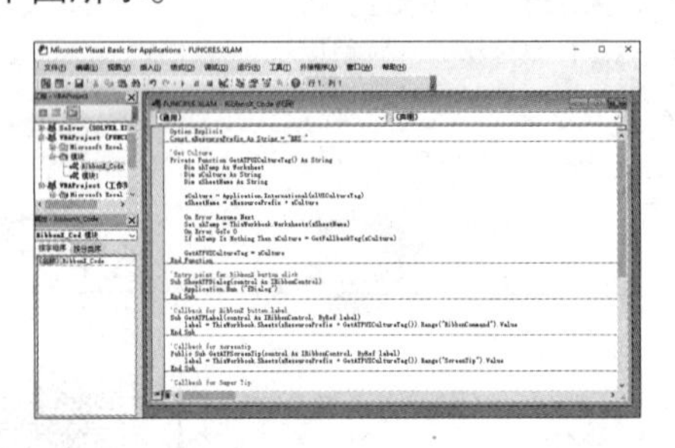

（2）使用工作表标签。在 Excel 工作表标签上右击，在弹出的快捷菜单中选择【查看代码】选项，如下图所示，即可打开 VBA 编辑器。

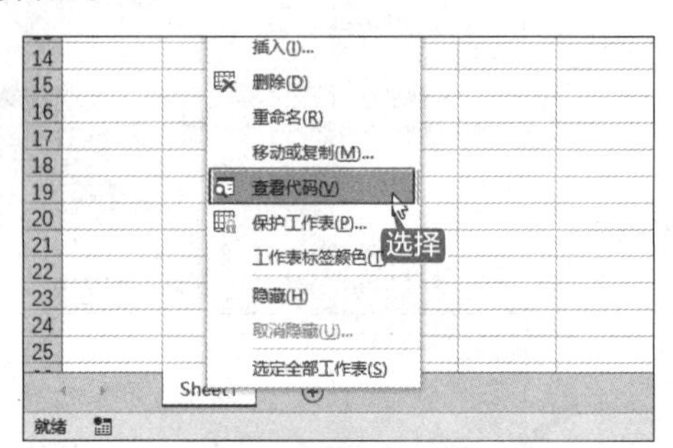

（3）使用快捷键。按【Alt+F11】组合键即可打开 VBA 编辑器。

15.5 重点：Excel VBA 语言基础

在学习 VBA 编程之前，读者应该熟练掌握 VBA 编程的一些基础知识，下面介绍 VBA 编程中的一些基本概念。

15.5.1 常量和变量

常量用于储存固定信息，常量值具有只读特性。在程序运行期间，其值不能发生改变。在代码中使用常量可以增加代码的可读性，同时也可以使代码的维护升级更加容易。

变量用于存储在程序运行过程中需要临时保存的值或对象，在程序运行过程中其值可以改变。

用 Dim 语句可以创建一个变量，然后提供变量名和数据类型，如下所示。

```
Dim <变量> as <数据类型>
Dim <变量> as <对象>
```

15.5.2 运算符

运算符是代表VBA中某种运算功能的符号，常用的运算符有以下几种。

（1）连接运算符：用来合并字符串的运算符，包括“&”运算符和“+”运算符两种。

（2）算术运算符：用来进行数学计算的运算符。

（3）逻辑运算符：用来执行逻辑运算的运算符。

（4）比较运算符：用来进行比较的运算符。

如果在一个表达式中包含多种运算符，首先处理算术运算符，再处理比较运算符，最后处理逻辑运算符。连接运算符不是算术运算符，但其优先级顺序在所有算术运算符之后，在所有比较运算符之前。所有比较运算符的优先级顺序都相同，按它们出现的顺序依次从左到右处理。算术运算符、比较运算符和逻辑运算符的优先级顺序如下表所示。

运算符优先级顺序表

算术运算符	比较运算符	逻辑运算符
^（指数）	=（相等）	Not（非）
–（负号）	<>（不等于）	And（与）
*、/（乘法和除法）	<（小于）	Or（或）
\（整数除法）	>（大于）	Xor（异或）
Mod（求模运算）	<=（小于或相等）	Eqv（相等）
+、–（加法和减法）	>=（大于或相等）	Imp（隐含）
&（字符串连接）	Like、Is	

15.5.3 过程

过程是可以执行的语句序列单位，所有可执行的代码必须包含在某个过程中，任何过程都不能嵌套在其他过程中。VBA有3种过程：Sub过程、Function过程和Property过程。

Sub过程执行指定的操作，但不返回运行结果，以关键字Sub开头和关键字End Sub结束。可以通过录制宏生成Sub过程，或者在VBA编辑器窗口中直接编写代码。

Function过程执行指定的操作，可以返回代码的运行结果，以关键字Function开头和关键字End Function结束。Function过程可以在其他过程中被调用，也可以在工作表的公式中使用，就像Excel的内置函数一样。

Property过程用于设定和获取自定义对象属性的值，或者设置对另一个对象的引用。

15.5.4 基本语句结构

VBA的语句结构和其他大多数编程语言相同或相似，下面介绍几种最基本的语句结构。

（1）条件语句。程序代码经常用到条件判断，并且根据判断结果执行不同的代码。在VBA中有If...Then...Else和Select Case两种条件语句。

下面以If...Then...Else语句根据单元格内容的不同而设置字号的大小。如果单元格内容是“VBA的应用”则将其字号设置为“10”，否则将其字号设置为“9”的代码如下。

```
If ActiveCell.Value="VBA 的应用 "Then
    ActiveCell.Font.Size=10
```

```
Else
  ActiveCell.Font.Size=9
End If
```

（2）循环语句。在程序中多次重复执行的某段代码就可以使用循环语句，在 VBA 中有多种循环语句，如 For...Next 循环、Do...Loop 循环和 While...Wend 循环。

如下面的代码中使用 For...Next 循环实现 1~100 的累加功能。

```
Sub ForNext Demo()
  Dim I As Integer,iSum As Integer
  iSum=0
  For i=1 To 100
    iSum=iSum+i
  Next
  Megbox iSum"For…Next 循环 "
End Sub
```

（3）With 语句。With 语句可以针对某个指定对象执行一系列的语句。使用 With 语句不仅可以简化程序代码，而且可以提高代码的运行效率。With...End With 结构中以 "." 开头的语句相当于引用了 With 语句中指定的对象，在 With...End With 结构中无法使用代码修改 With 语句所指定的对象，即不能使用 With 语句来设置多个不同的对象。

15.5.5 对象与集合

对象代表应用程序中的元素，如工作表、单元格、窗体等。Excel 应用程序提供的对象按照层次关系排列在一起称为对象模型。Excel 应用程序中的顶级对象是 Application 对象，它代表 Excel 应用程序本身。 Application 对象包含一些其他队形，如 Windows 对象和 Workbook 对象等，这些对象均被称为 Application 对象的子对象，反之，Application 对象是上述这些对象的父对象。

提示

仅当 Application 对象存在，即应用程序本身的一个实例正在运行，才可以在代码中访问这些对象。

集合是一种特殊的对象，它是一个包含多个同类对象的对象容器，Worksheets 集合包含所有的 Worksheet 对象。

一般来说，集合中的对象可以通过序号和名称两种不同的方式来引用，如当前工作簿中有"工作表 1"和"工作表 3"两个工作表，以下两个代码都是引用名称为"工作表 3"的 Worksheet 对象。

```
ActiveWorkbook.Worksheets（"工作表 3"）
ActiveWorkbook.Worksheets（3）
```

15.6 函数的应用

要想使用 Excel 2019 自定义函数，首先要对 VBA 基础知识有所了解，因为自定义函数是利用 Excel 2019 VBA 编写的函数。

15.6.1 重点：常用的 VBA 函数

VBA 有许多内置函数，可以帮助用户在程序代码设计时减少代码的编写工作。常用的内置

函数有以下 5 种。

（1）测试函数。在 VBA 中常用的测试函数有 IsNumeric(x) 函数（变量是否为数字）、IsDate(x) 函数（变量是否是日期）、IsArray(x) 函数（指出变量是否为一个数组）等。

（2）数学函数。在 VBA 中常用的数学函数有 Sin(x)、Cos(x)、Tan(x) 等三角函数，Log(x) 函数（返回 x 的自然对数），Abs(x) 函数（返回绝对值）等。

（3）字符串函数。VBA 常用的字符串函数有 Trim(string) 函数（去掉 string 左右两端空白）、Ltrim(string) 函数（去掉 string 左端空白）、Rtrim(string) 函数（去掉 string 右端空白）等。

（4）转换函数。VBA 常用的转换函数有 CDate(expression) 函数（转换为 Date 型）、CDbl(expression) 函数（转换为 Double 型）、Val(string) 函数（转换为数据型）等。

（5）时间函数。在 VBA 中常用的时间函数有 Date 函数，即返回包含系统日期的 Variant；Time 函数，即返回一个指明当前系统时间的 Variant；Year(date) 函数，即返回 Variant (Integer)，包含表示年份的整数；等等。

15.6.2 重点：自定义函数

自定义函数可以像内置函数一样正常使用，编写自定义函数，使其能够获取当前工作簿中工作表的个数，具体操作步骤如下。

第 1 步 新建或打开一个 Excel 2019 工作簿，按【Alt+F11】组合键打开 VBA 代码窗口，在【工程资源管理器】中的任意位置右击，在弹出的快捷菜单中选择【插入】→【模块】选项，即可插入一个模块，双击该模块，在其中输入以下函数代码。

```
Function 工作表个数 () '自定义函数为 " 工作表个数 "
工作表个数 =ThisWorkbook.Sheets.Count' 为自定义函数指定执行代码
End Function
```

第 2 步 输入完毕后，返回工作表中，使用定义的函数设置公式"= 工作表个数（）"，就可以得到当前工作簿中工作表的个数，如下图所示。

	A	B	C	D	E
1	4				
2					
3					
4					
5					
6					

15.7 用户窗体控件的使用

用户窗体是控件的载体，也是建立一个对话框的前提，而且在设计用户窗体时也会经常用到控件，如标签、文本框等。

15.7.1 重点：用户窗体的基本操作

在本小节中主要介绍如何插入、显示与移除窗体，具体操作方法如下。

1. 插入、显示与移除窗体

（1）插入窗体。在 VBA 代码窗口中选择【插入】→【用户窗体】命令，即可插入一个空白窗体，插入后的窗体名称（默认为 UserForm1）会出现在【工程】窗口中，如下图所示。

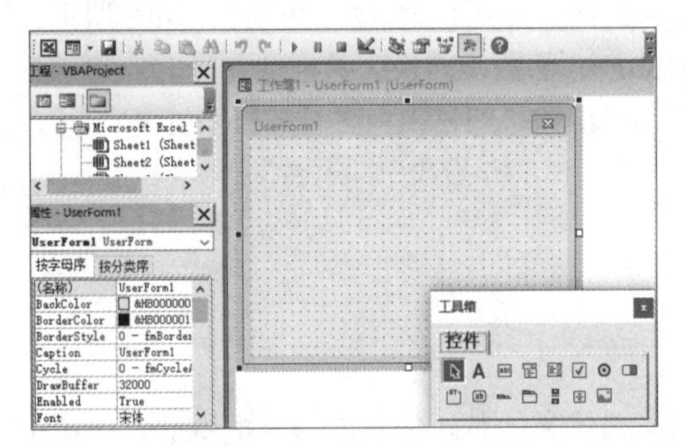

在【工程资源管理器】窗口中右击，在弹出的快捷菜单中选择【插入】→【用户窗体】选项，同样可以插入一个空白窗体。

（2）显示窗体。在 VBA 代码窗口中插入的窗体是在设计模式下，如果需要窗体中完成一些功能，还必须将窗体脱离设置模式并显示出来，如下图所示。

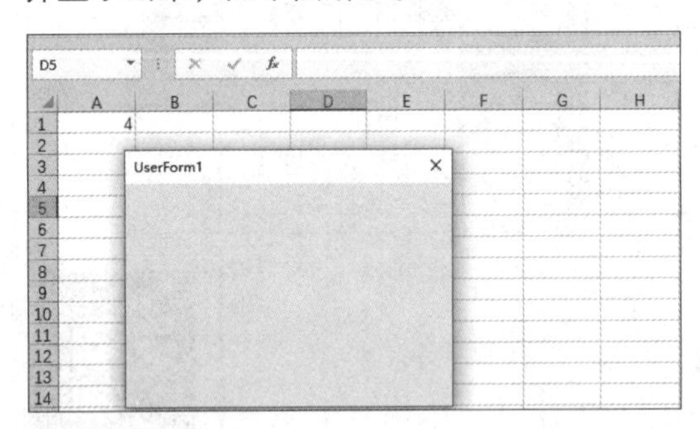

要运行并显示窗体有两种方法：①选择窗体并在常用工具栏中单击【运行子过程/用户窗体】按钮 ▶；②利用程序代码显示窗体。

添加一个模块并输入下面的代码，运行后可以显示 UserForm1 窗体。

```
Private Sub UserForm_Click()
  UserForm1.Show ' 窗体的 Show 方法可以显示并运行窗体
End Sub
```

提示

UserForm1.Show 可添加到程序的任何位置，当程序运行到该句时，便会显示窗体；如果在程序中使用 UserForm1.Show 方法，但是调用的窗体不存在，将会有错误提示。例如，把上面代码中“UserForm1.Show”修改为“UserForm2.Show”，再次运行，将出现下图所示的错误提示。

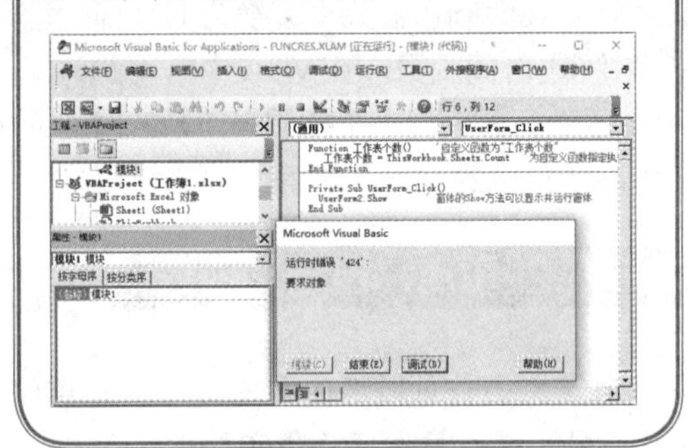

（3）关闭窗体。关闭窗体有两种方法，一种是手动关闭，即单击窗体上的关闭按钮关闭窗体；另一种是使用代码关闭窗体。

例如，使用代码实现当单击窗体时关闭该窗体的动作，具体操作步骤如下。

第1步 在 VBA 代码窗口中选择【插入】→【用户窗体】选项，插入一个空白窗体，然后双击该窗体，即可打开窗体代码窗口，如下图所示。

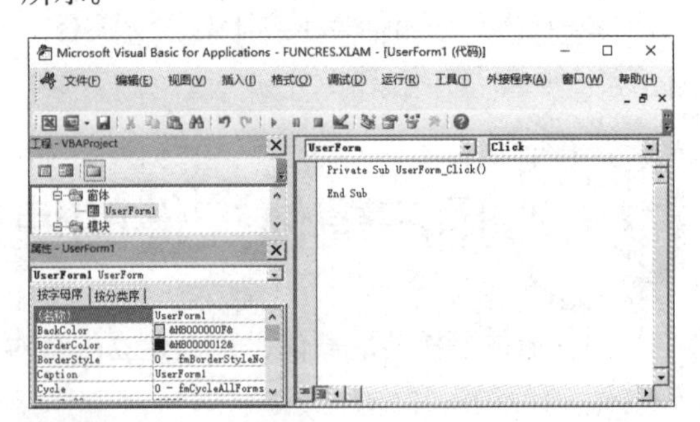

第2步 在代码窗口的代码框架中输入 Unload UserForm1 语句，具体操作命令如下。

```
Private Sub UserForm_Click()
  Unload UserForm1
End Sub
```

第3步 当窗体在运行并处于显示状态时，单击窗体便会关闭窗体。

（4）移除窗体。移除窗体的具体操作步骤如下。

第 1 步 在【工程资源管理器】窗口中右击要移除的窗体，在弹出的快捷菜单中选择【移除窗体】选项，这里选择【移除 UserForm1】选项，如下图所示。

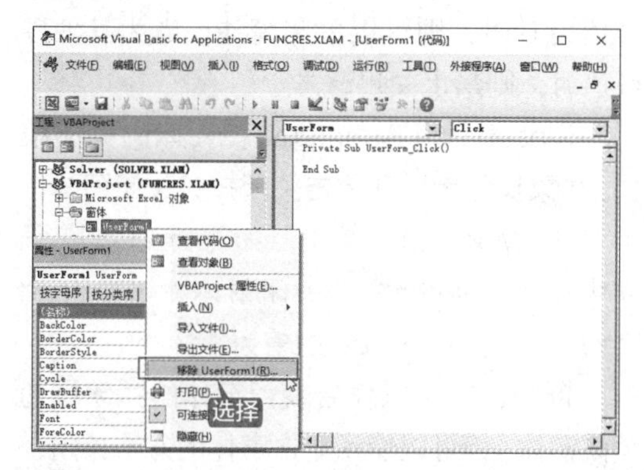

第 2 步 系统即可弹出下图所示的提示信息。如果不需要导出，直接单击【否】按钮，即可将其移除。

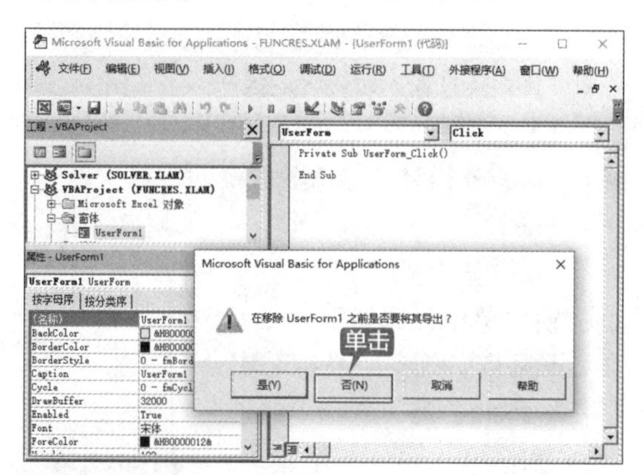

2. 设置窗体特征

新插入的窗体需要用户给窗体命名和修改，具体操作步骤如下。

（1）窗体的名称。新插入的窗体如果是本工作簿第一次插入的窗体，其默认名称为 UserForm1。第二次插入的窗体则是 UserForm2，再次插入则依次类推。如果想修改窗体名称，可以在窗体的【属性】对话框中修改属性。在【工程】窗口中的窗体显示名称也会改为在【属性】窗口中修改后的名称，这里将窗体的名称修改为“第一个窗体”，如下图所示。

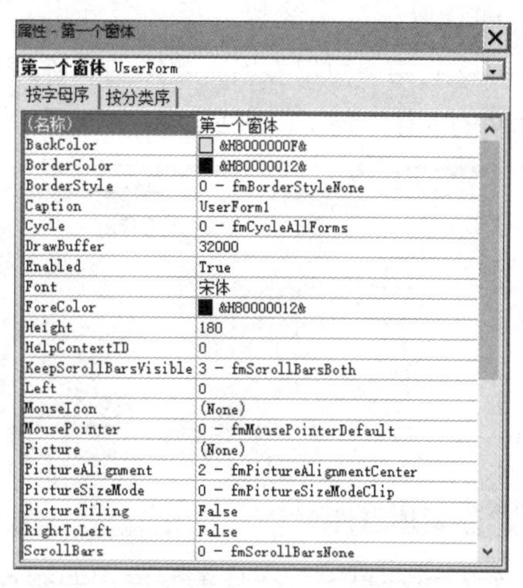

窗体的名称可以在程序中直接使用。

```
Sub 显示窗体 ()
  第一个窗体.Show
End Sub
```

在代码中使用更为确切的窗体名称会有利于代码的维护。如当看到程序中含有 UserForm1 或 UserForm2 时，可能不容易明白正在调用哪个具体的窗体。而“第一个窗体.Show”则可以很清楚地知道程序运行结果是显示“第一个窗体.Show”窗体。

（2）窗体标题栏显示文字。窗体的标题栏文字是窗体顶部蓝色区域所显示的文字，通过下面的两种方法可以修改窗体的标题栏。

①手动修改窗体属性中的 Caption 属性值，即可修改窗体名称，如下图所示。

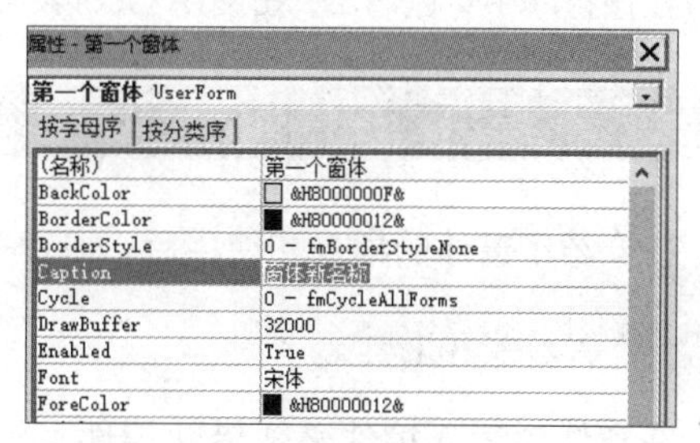

②在程序中修改窗体名称。例如，在工作表中单击窗体后使窗体的标题栏内容修改为单元格 C3 的内容，则可以在用户窗体代码窗口中使用下面的程序代码。

```
Private Sub UserForm_Click()
```

```
    Me.Caption = Range("C3").Value
End Sub
```

从运行结果可以看出，窗体的名称为 C1 单元格的内容，如下图所示。

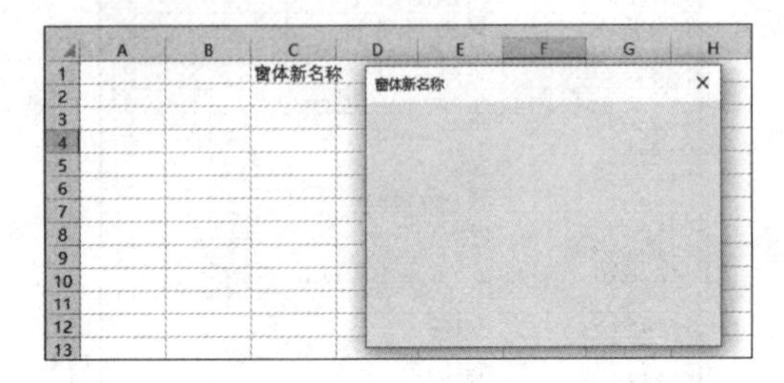

3. 窗体事件

窗体事件是对窗体操作时而引起程序运行的动作，如显示窗体、单击窗体和关闭窗体等动作。

下面以关闭窗体为例进行讲解。

窗体关闭运行程序是通过 QueryClose 事件来实现的。

例如，要实现在一个工程中当关闭“事件 1”窗体时显示“事件 2”窗体，只需在“事件 1”窗体的代码窗口中选取 QueryClose 事件并输入以下代码。

```
Private Sub UserForm_QueryClose(Cancel As Integer,CloseMode As Integer)
    事件 2.Show  '当 "事件 1" 窗体关闭时，显示 "事件 2" 窗体
End Sub
```

在该程序中可以看出，在使用 QueryClose 事件程序时，后面有两个自变量 Cancel 和 CloseMode。窗体事件程序中的自变量和工作簿及工作表事件一样，自变量的值也是从操作者操作动作取得的。

窗体关闭事件的两个自变量用法如下。

Cancel As Integer：是否禁止关闭窗体。当值为 0 时，则可以关闭窗体；当为其他整数值时，则禁止关闭窗体。

CloseMode As Integer：窗体的关闭模式。如果操作者手动单击关闭按钮关闭窗体，则 CloseMode 的值为 0；如果操作者在程序中使用 Unload 方法关闭窗体（如 Unload Me），则 CloseMode 的值为 1。

例如，禁止操作者使用窗体的关闭按钮关闭窗体，但可以使用单击窗体的方法关闭，其窗体关闭事件代码如下。

```
Private Sub UserForm_QueryClose(Cancel As Integer,CloseMode As Integer)
If CloseMode = 0 Then  '如果操作者使用的关闭方法是使用窗体的关闭按钮
    Cancel = 1 '如果上句的判断结果是单击窗体的【关闭】按钮，则不允许退出窗体
End If
End Sub
```

窗体单击代码如下。

```
Private Sub UserForm_Click()
  Unload Me
End Sub
```

15.7.2 重点：控件插入与使用

在介绍了窗体的插入和使用后，下面来介绍如何在窗体上插入控件及控件的使用。

1. 认识控件工具

在窗体中插入控件必须借助控件工具箱来完成。控件工具箱是存放各种控件的工具栏，如下图所示。在新插入空白窗体时会自动弹出控件工具箱，但如果控件工具箱被关闭，则可以通过【标准】工具栏中的【工具箱】按钮来调出。

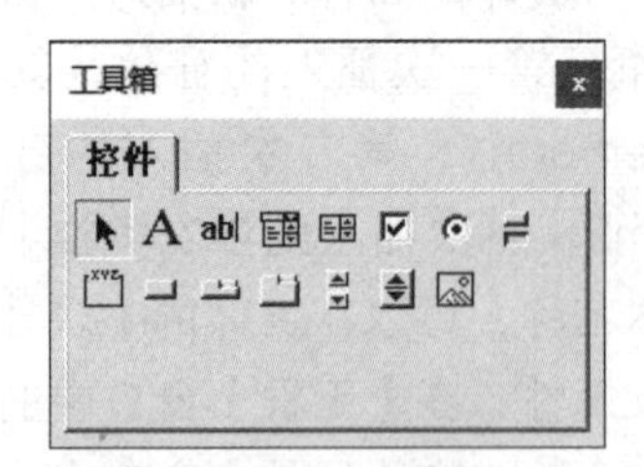

提示

在控件工具箱中除了【选取对象】按钮 外，其他都是可以添加到窗体中的常用控件。

除了常用控件外，如果还需要添加其他控件，可以通过以下步骤把控件添加到控件工具箱中。

第 1 步 右击控件工具箱，在弹出的快捷菜单中选择【附加控件】选项，如下图所示。

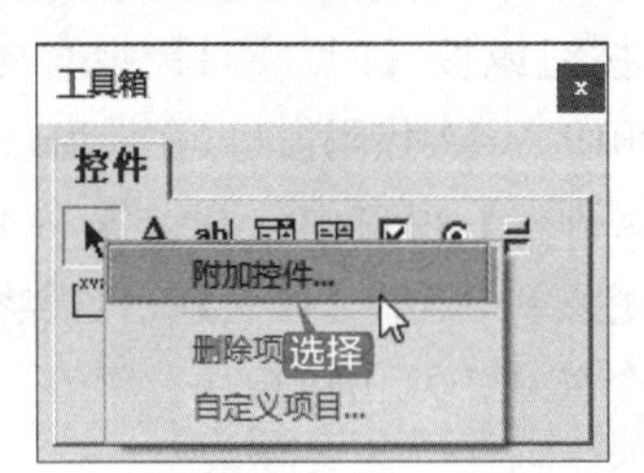

第 2 步 打开【附加控件】对话框，在【可用控件】列表中选择需要添加的控件，单击【确定】按钮，如下图所示。

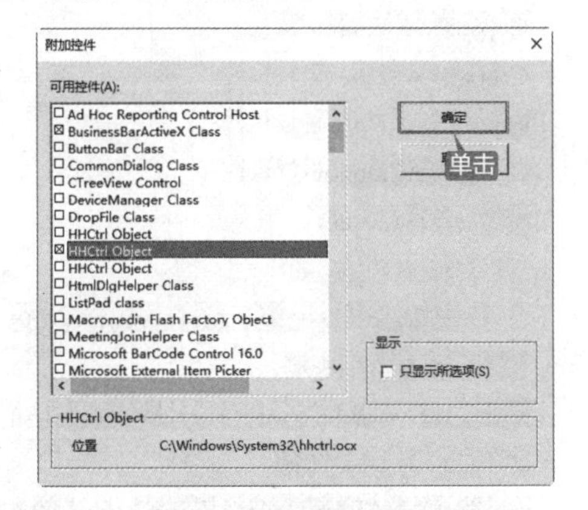

第 3 步 即可将所选控件添加到工具箱中，如下图所示。

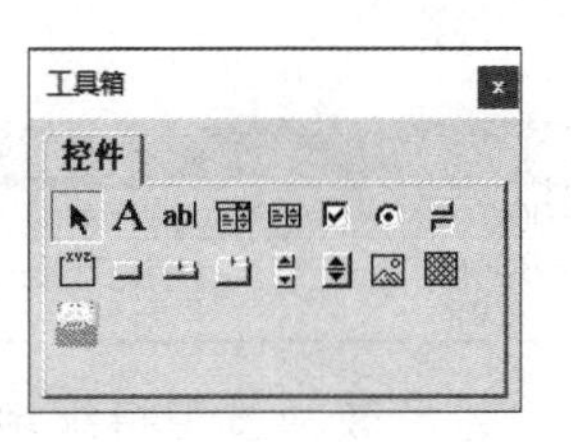

2. 从控件工具箱中插入控件

在窗体中添加控件的方法是首先在控件工具箱中选取控件，然后在窗体中拖曳出该控件，如下图所示。

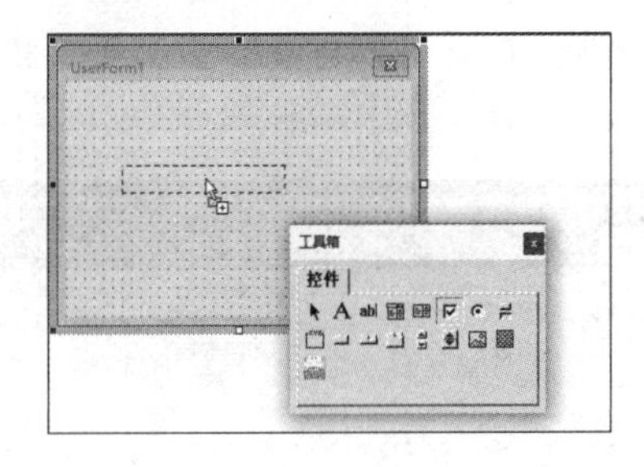

在合适的位置，释放鼠标，即可看到添加后的效果，这里添加的是复选框控件，如下图所示。

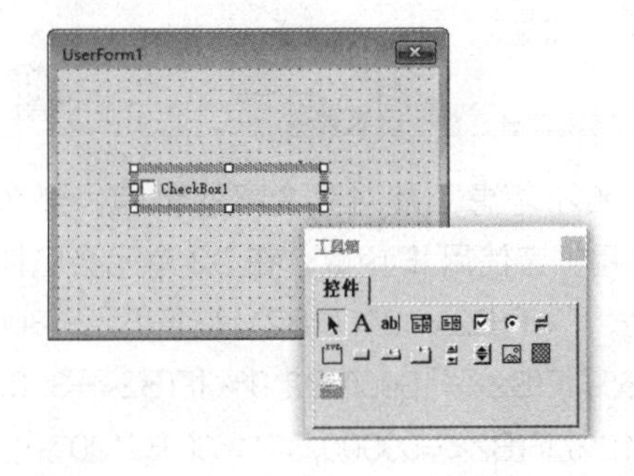

提示

如果要一次添加多个相同类型的控件，可以在控件工具箱中双击鼠标，然后再添加多个相同控件。

15.8 使用 VBA 制作员工奖金管理系统

奖金计算在工资统计中的应用非常广泛，特别是销售行业。为了促进销售人员的工作积极性，销售部门往往会制订一系列的销售业绩奖金制度。下面来分析一个典型的奖金计算案例。

销售经理制订了销售业绩奖金制度，奖金发放的标准奖金率如下表所示。

标准奖金率

月销售额（元）	奖金率	月销售额（元）	奖金率
≤ 3000	4%	15001~30000	12%
3000~8000	6%	30001~50000	16%
8001~15000	9%	>50000	20%

同时，为了鼓励员工持续地为公司工作，工龄越长奖金越高，具体规定：参与计算的奖金率等于标准奖金率加上工龄一半的百分数。例如，一个工龄为 6 年的员工，标准奖金率为 6%时，参与计算的奖金率则为 6%+(6/2)%=9%。

首先，打开“素材\ch15\员工奖金计算表 .xlsx”文件，如下图所示。

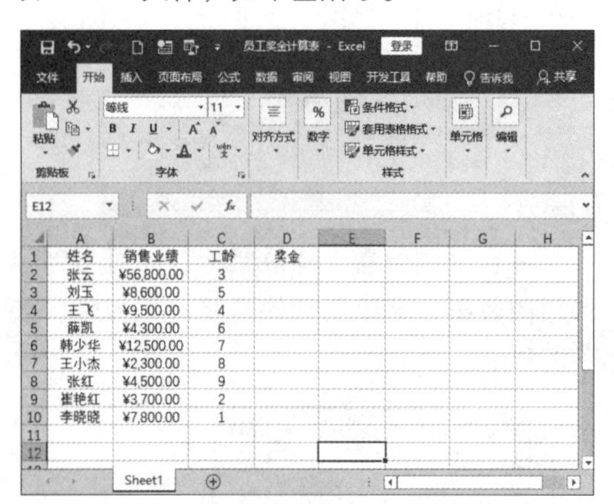

	A	B	C	D
1	姓名	销售业绩	工龄	奖金
2	张云	¥56,800.00	3	
3	刘玉	¥8,600.00	5	
4	王飞	¥9,500.00	4	
5	薛凯	¥4,300.00	6	
6	韩少华	¥12,500.00	7	
7	王小杰	¥2,300.00	8	
8	张红	¥4,500.00	9	
9	崔艳红	¥3,700.00	2	
10	李晓晓	¥7,800.00	1	

若不考虑工龄对奖金率的影响，那么可以利用嵌套使用 IF 函数，在 D2 单元格中输入公式“=IF(B2<=3000,B2*4%,IF(B2<=8000,B2*6%,IF(B2<=15000,B2*9%,IF(B2<=30000,B2*12%,IF(B2<=50000,B2*16%,B2*20%)))))”就可以进行计算。

但是，可以看出以上公式有两个明显的弊端。

（1）公式看起来太烦琐，不容易理解，而且 IF 函数最多只能嵌套 7 层，万一奖金率超过 7 个，那么这个方法就无能为力了。

（2）由于没有考虑工龄，因此该方法不能算是解决问题了，如果把工龄计入上述公式中，则公式就会变得更加冗长烦琐，以后的管理与调整都很不方便。

所以还是使用自定义函数进行计算比较简捷、方便。这里与上面的实例有所不同的是，该自定义函数使用了两个参数，具体操作步骤如下。

第 1 步 选择 Excel 2019 功能区中的【开发工具】选项卡，单击【代码】组中的【Visual Basic】按钮或按【Alt+F11】组合键，打开 Excel 2019 VBA 代码窗口。在该窗口中的【工程资源管理器】窗口中任意位置右击，在弹出的快捷菜单中选择【插入】→【模块】选项，插入一个模块，双击该模块，并在该模块中输入如下代码。

```
Function REWARD(sales, years) As Double
Const r1 As Double = 0.04
Const r2 As Double = 0.06
Const r3 As Double = 0.9
Const r4 As Double = 0.12
Const r5 As Double = 0.16
Const r6 As Double = 0.19
  Select Case sales
    Case Is <= 3000
      REWARD = sales * (r1 + years / 200)
    Case Is <= 8000
      REWARD = sales * (r2 + years / 200)
    Case Is <= 15000
      REWARD = sales * (r3 + years / 200)
    Case Is <= 30000
      REWARD = sales * (r4 + years / 200)
    Case Is <= 50000
      REWARD = sales * (r5 + years / 200)
    Case Is > 50000
      REWARD = sales * (r6 + years / 200)
  End Select
End Function
```

输入代码后如下图所示。

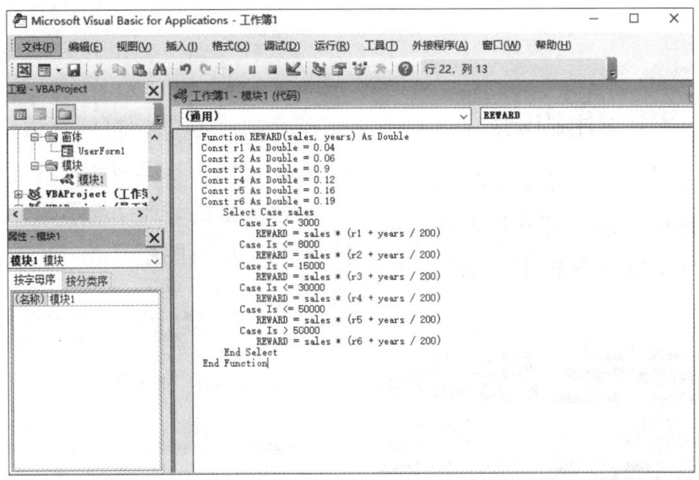

提示

在上述代码中，自定义了一个名为 REWARD 的函数，它包含两个参数：销售额 sales 和工龄 years。常量 r1~r6 分别存放着各个等级的奖金率，这样处理的好处是，当奖金率调整时，修改非常方便。同时，函数的层次结构比前面的公式清晰，使用户容易理解函数的功能。此外，当奖金率超过 7 个时，用自定义函数的方法仍然可以轻松处理。

第 2 步 函数自定义完成后，返回 Excel 2019 工作表窗口，在 D2 单元格中输入公式“=reward(B2,C2)”，如下图所示。

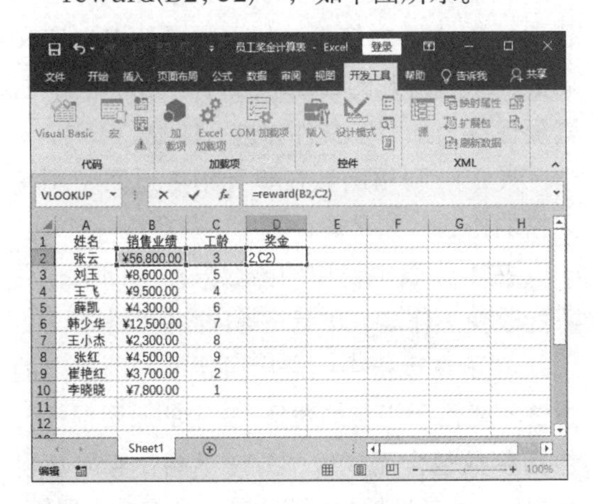

第 3 步 按【Enter】键即可计算出第一个员工的奖金，如下图所示。

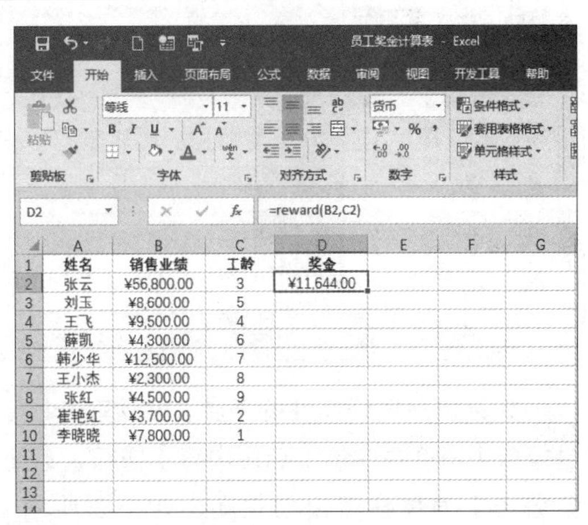

第 4 步 利用公式填充柄复制该公式到下面的单元格，即可完成对其他员工奖金的计算，如下图所示。

◇ 启用禁用的宏

在宏安全性设置中选中【禁用所有宏，并发出通知】单选按钮后，打开包含代码的工作簿时，会出现【安全警告】消息栏，如下图所示。

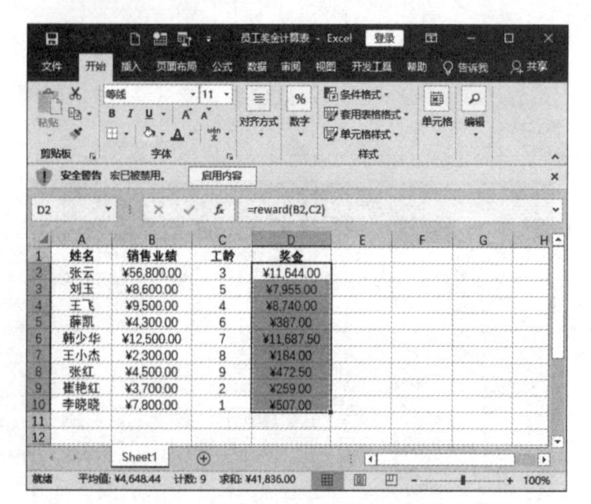

姓名	销售业绩	工龄	奖金
张云	¥56,800.00	3	¥11,644.00
刘玉	¥8,600.00	5	¥7,955.00
王飞	¥9,500.00	4	¥8,740.00
薛凯	¥4,300.00	6	¥387.00
韩少华	¥12,500.00	7	¥11,687.50
王小杰	¥2,300.00	8	¥184.00
张红	¥4,500.00	9	¥472.50
崔艳红	¥3,700.00	2	¥259.00
李晓晓	¥7,800.00	1	¥507.00

如果用户信任文件的来源，可以单击【安全警告】消息栏中的【启用内容】按钮，【安全警告】消息栏将自动关闭，如下图所示，工作簿中的宏功能即被启用。

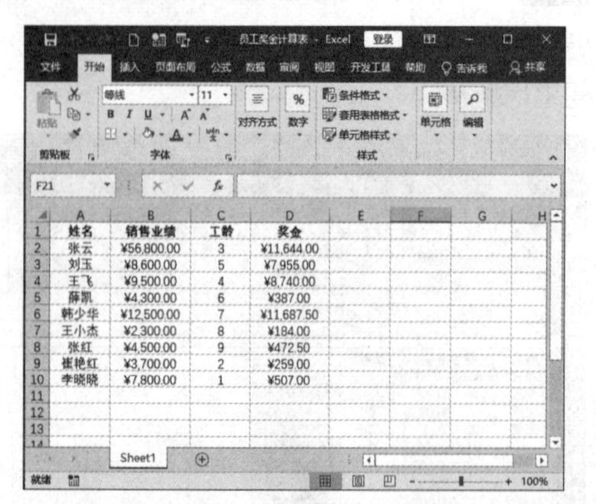

姓名	销售业绩	工龄	奖金
张云	¥56,800.00	3	¥11,644.00
刘玉	¥8,600.00	5	¥7,955.00
王飞	¥9,500.00	4	¥8,740.00
薛凯	¥4,300.00	6	¥387.00
韩少华	¥12,500.00	7	¥11,687.50
王小杰	¥2,300.00	8	¥184.00
张红	¥4,500.00	9	¥472.50
崔艳红	¥3,700.00	2	¥259.00
李晓晓	¥7,800.00	1	¥507.00

如果是安全设置问题，用户可以选择【开发工具】选项卡，在【代码】组中单击【宏安全性】按钮，打开【信任中心】对话框，在【宏设置】选项卡选中【信任对 VBA 工程对象模型的访问】复选框，然后单击【确定】即可，如下图所示。

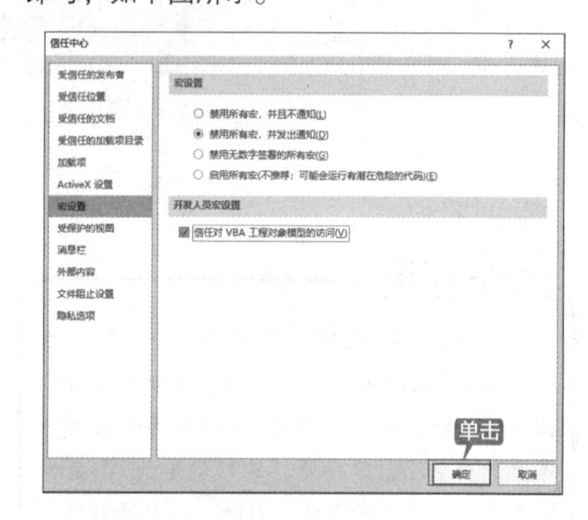

◇ 自定义函数有哪些误区

在使用自定义函数时存在以下两个误区。

（1）编写完成的自定义函数在其他工作簿使用时，函数返回的是错误符号“#NAME?”。

自定义函数一般情况下只能在含有函数代码的工作簿内使用。如果需要让该自定义函数在所有打开的Excel 2019工作簿中使用，需要保存为加载宏文件并进行加载。

（2）利用函数在单元格中返回引用单元格的格式，如字体、大小、颜色等。

在工作表中使用的函数只能返回值，而不能改变工作表、单元格等内容的结构。

在正在运行中的宏出现错误，则指定的方法不能用于指定的对象，其中的原因很多，包括参数包含无效值、方法不能在实际环境中应用、外部链接文件发生错误和安全设置等。

第 16 章
Office 组件间的协作

本章导读

本章主要介绍 Office 组件之间的协同办公功能，主要包括 Word 与 Excel 之间的协作、Excel 与 PowerPoint 之间的协作等。通过本章的学习，可以实现 Office 组件之间的协同办公。

思维导图

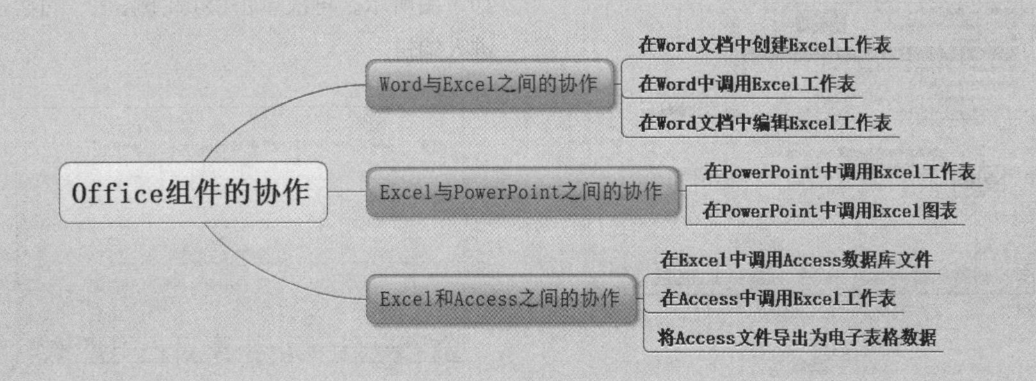

16.1 Word 与 Excel 之间的协作

Word 与 Excel 都是现代化办公必不可少的工具，熟练掌握 Word 与 Excel 的协同办公技能可以说是每个办公人员所必需的。

16.1.1 在 Word 文档中创建 Excel 工作表

在 Office 2019 的 Word 组件中提供了创建 Excel 工作表的功能，这样就可以直接在 Word 中创建 Excel 工作表，而不用在两个软件之间来回切换了。

在 Word 文档中创建 Excel 工作表的具体操作步骤如下。

第1步 在 Word 2019 的工作界面中选择【插入】选项卡，在【文本】组中单击【对象】按钮，如下图所示。

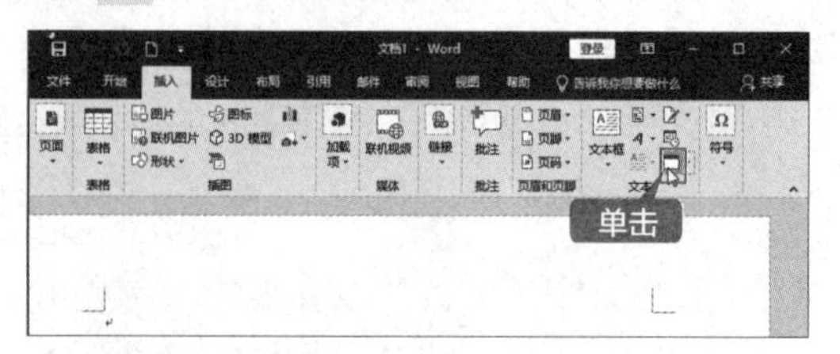

第2步 弹出【对象】对话框，在【对象类型】列表框中选择【Microsoft Excel 97-2003 Worksheet】选项，如下图所示。

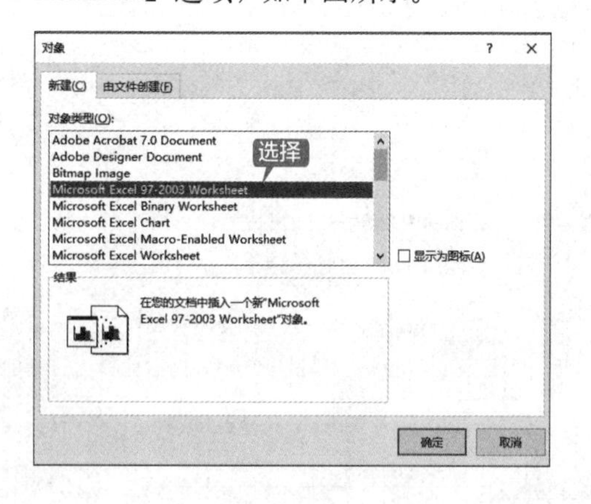

第3步 单击【确定】按钮，文档中就会出现 Excel 工作表的状态，如下图所示。同时，当前窗口最上方的功能区显示的是 Excel 软件的功能区，然后直接在工作表中输入需要的数据即可。

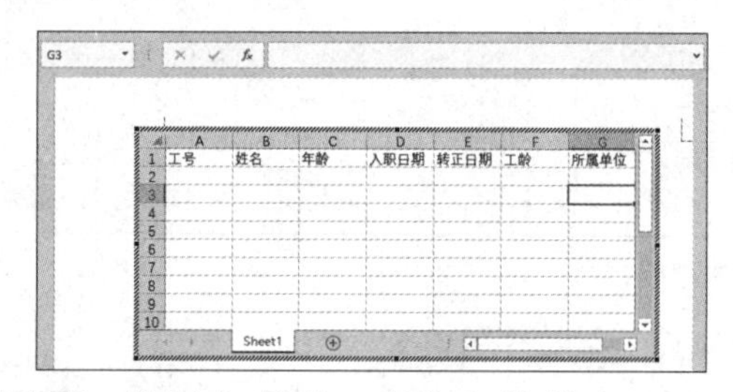

第4步 编辑完成后，在空白处单击，返回 Word文档工作区域，即可看到工作表效果，如下图所示。再次单击Excel工作表，可再次进入编辑。

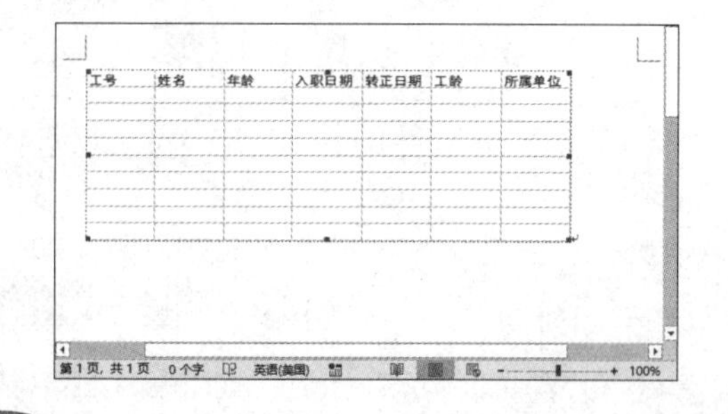

16.1.2 在 Word 中调用 Excel 工作表

除了可以在 Word 的中创建 Excel 工作表之外，还可以在 Word 中调用已经创建好的工作表，具体操作步骤如下。

第 1 步 在 Word 2019 的工作界面中选择【插入】选项卡，在【文本】组中单击【对象】按钮，弹出【对象】对话框，选择【由文件创建】选项卡，单击【浏览】按钮，如下图所示。

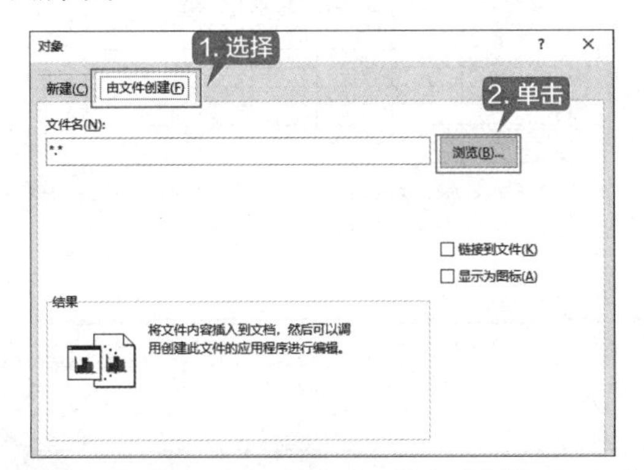

第 2 步 在弹出的【浏览】对话框中选择需要插入的 Excel 文件，然后单击【插入】按钮，如下图所示。

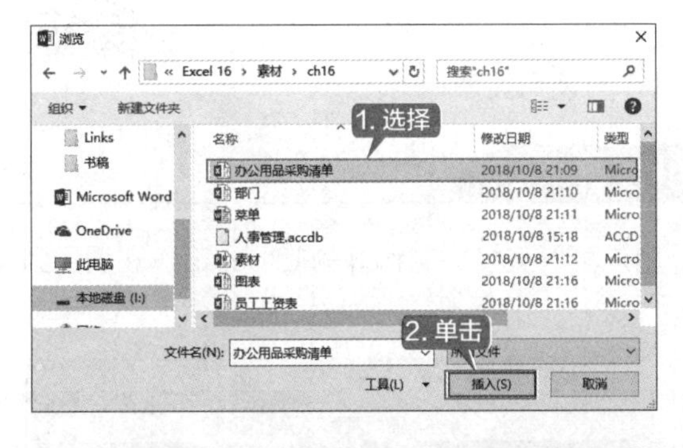

第 3 步 返回【对象】对话框，单击【确定】按钮，即可将 Excel 工作表插入 Word 文档中，如下图所示。

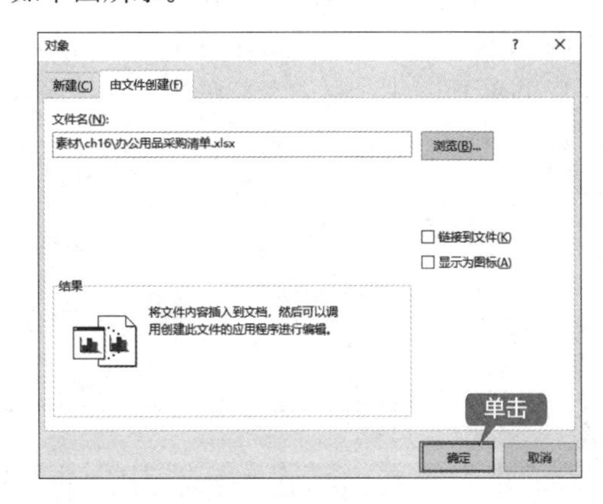

第 4 步 插入 Excel 工作表以后，可以通过工作表四周的控制点调整工作表的位置及大小，如下图所示。

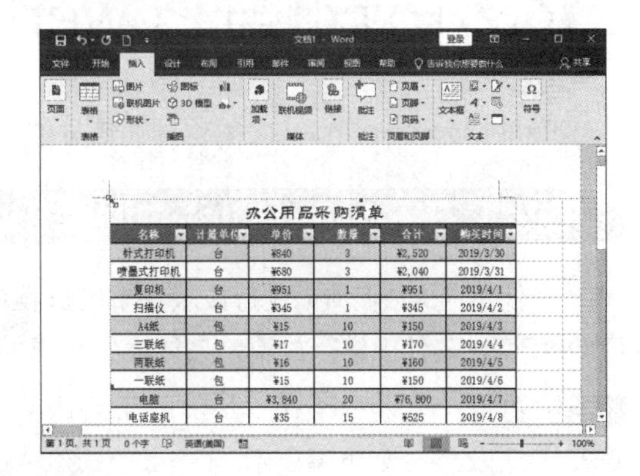

16.1.3 在 Word 文档中编辑 Excel 工作表

在 Word 中除了可以创建和调用 Excel 工作表之外，还可以对创建或调用的 Excel 工作表进行编辑操作，具体操作步骤如下。

第 1 步 参照调用 Excel 工作表的方法在 Word 中插入一个需要编辑的工作表，如下图所示。

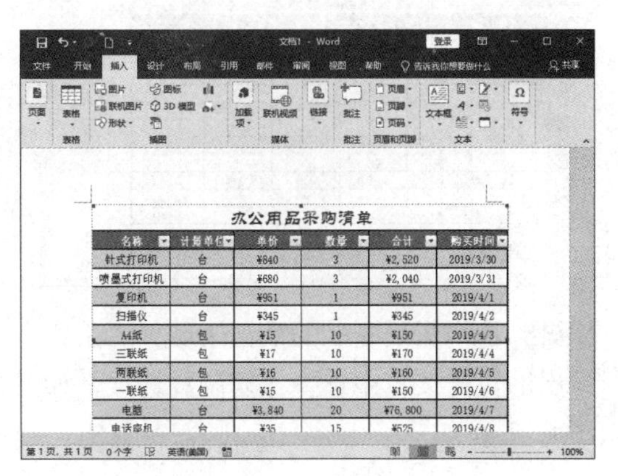

第 2 步 修改工作表标题。例如，将“办公用品采购清单”修改为“办公用品采购表”，这时就可以双击插入的工作表，进入工作表编辑状态，然后选择“办公用品采购清单”所在的单元格并选中文字，在其中直接输入“办公用品采购表”即可，如下图所示。

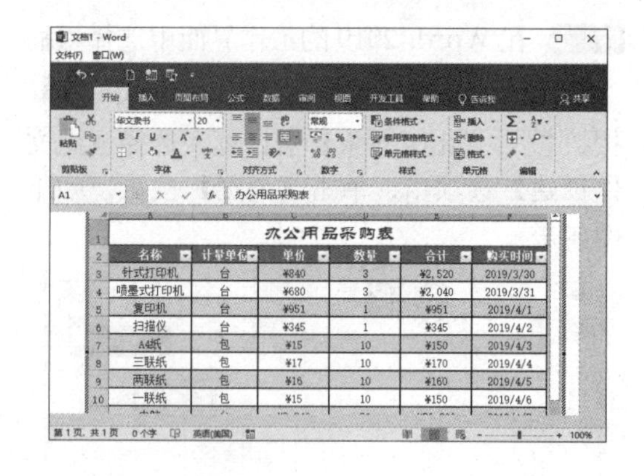

提示

参照相同的方法可以编辑工作表中其他单元格的内容。

16.2 Excel 与 PowerPoint 之间的协作

Excel 与 PowerPoint 之间也存在信息的相互共享与调用关系。

16.2.1 在 PowerPoint 中调用 Excel 工作表

在使用 PowerPoint 进行放映讲解的过程中，用户可以直接将制作好的 Excel 工作表调用到 PowerPoint 软件中进行放映，具体操作步骤如下。

第 1 步 打开“素材 \ch16\ 办公用品采购清单.xlsx”文件，如下图所示。

第 2 步 选中需要复制的数据区域并右击，在弹出的快捷菜单中选择【复制】选项，如下图所示。

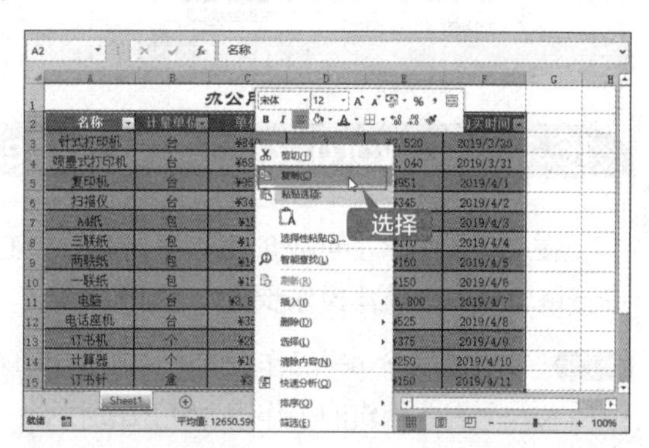

第 3 步 切换到 PowerPoint 2019 软件中，在需要插入工作表的地方右击，在弹出的【粘贴选项】中选择第二项【保留源格式】选项，即可将工作表粘贴到 PowerPoint 2019 中，如下图所示。

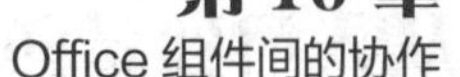

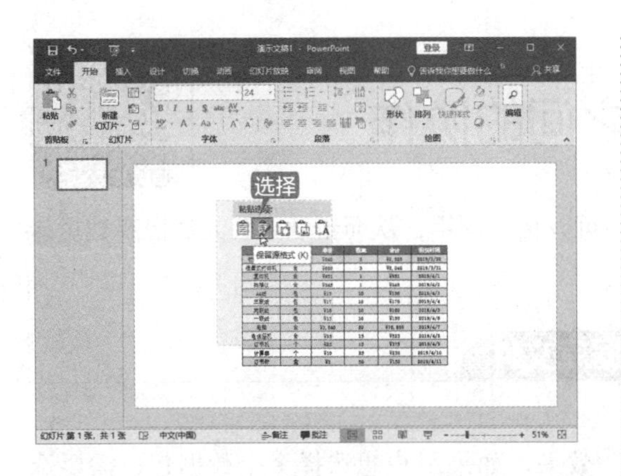

第 4 步 插入工作表内容后，可以通过工作表四周的控制点调整工作表的位置及大小，如下图所示。

16.2.2 在 PowerPoint 中调用 Excel 图表

用户也可以在 PowerPoint 中展示 Excel 图表。将 Excel 图表复制到 PowerPoint 中的具体操作步骤如下。

第 1 步 打开“素材 \ch16\ 图表.xlsx”文件，如下图所示。

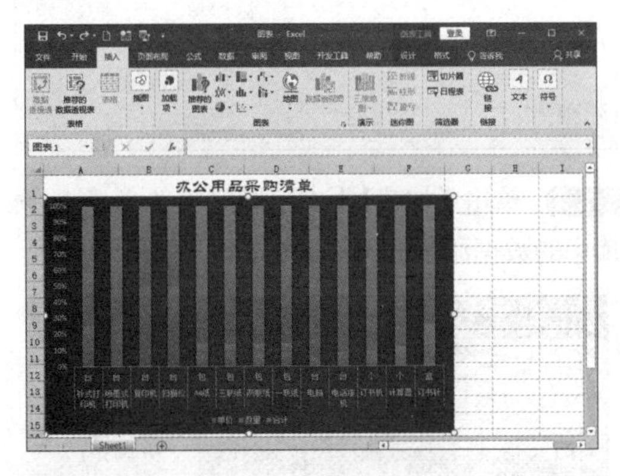

第 2 步 选中需要复制的图表并右击，在弹出的快捷菜单中选择【复制】选项，如下图所示。

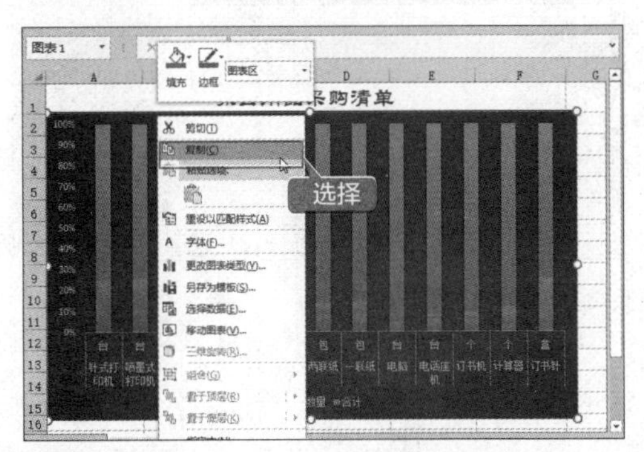

第 3 步 切换到 PowerPoint 2019 软件中，在需要插入图表的地方右击，在弹出的【粘贴选项】中选择第二项【保留源格式和插入工作簿】选项，即可将图表粘贴到 PowerPoint 2019 中，如下图所示。

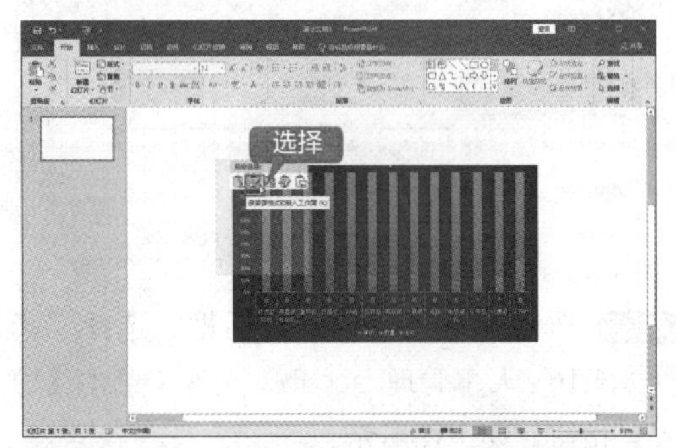

第 4 步 插入图表后，可以通过图表四周的控制点调整图表的位置及大小，如下图所示。

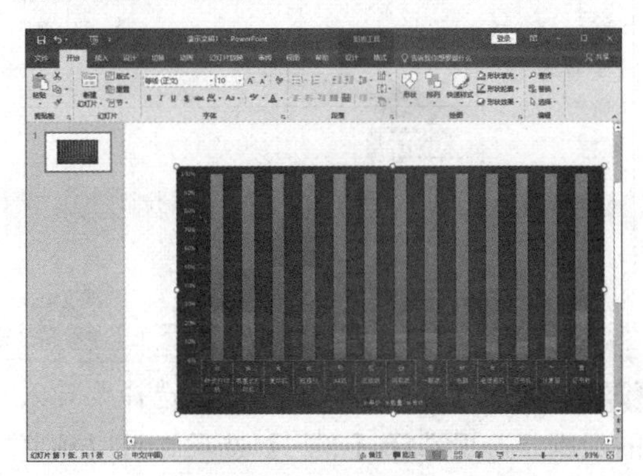

16.3 Excel 和 Access 之间的协作

Excel 中的工作簿和 Access 数据库文件之间可以相互调用，从而帮助办公人员提高数据转换的速度。

16.3.1 在 Excel 中调用 Access 数据库文件

在 Excel 2019 中可以直接调用 Access 数据库文件，具体操作步骤如下。

第 1 步 在 Excel 2019 的工作界面中单击【数据】选项卡【获取和转换数据】组中的【获取数据】按钮，在弹出的快捷菜单中选择【自数据库】→【从 Microsoft Access 数据库】选项，如下图所示。

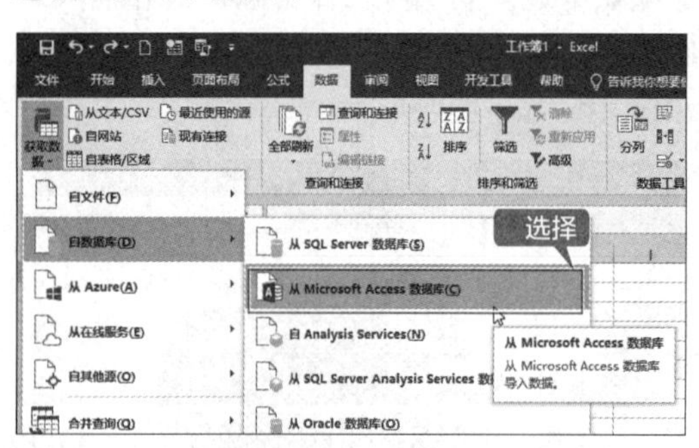

第 2 步 弹出【导入数据】对话框，选择“素材 \ch16\ 人事管理.accdb”文件，单击【导入】按钮，如下图所示。

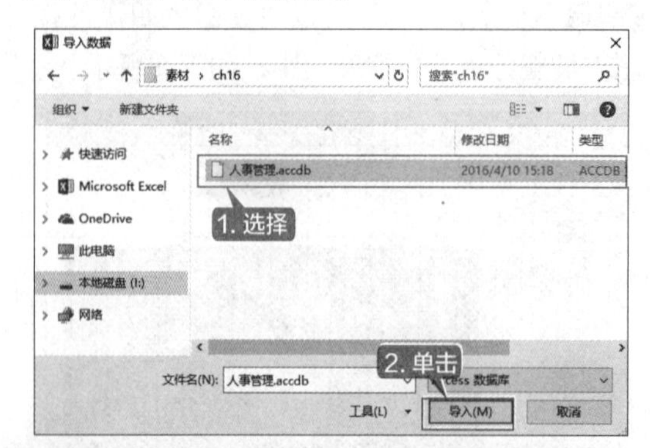

第 3 步 弹出【导航器】对话框，选择要导入的数据，这里选择【部门】选项，可以预览效果，如果用户想选择多个数据包，需要选中【选择多项】复选框，如下图所示。

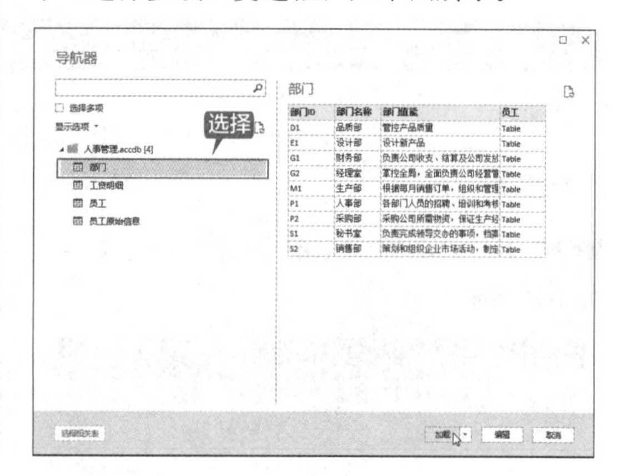

第 4 步 单击【加载】按钮，即可将 Access 数据库中的数据添加到工作表中，如下图所示。

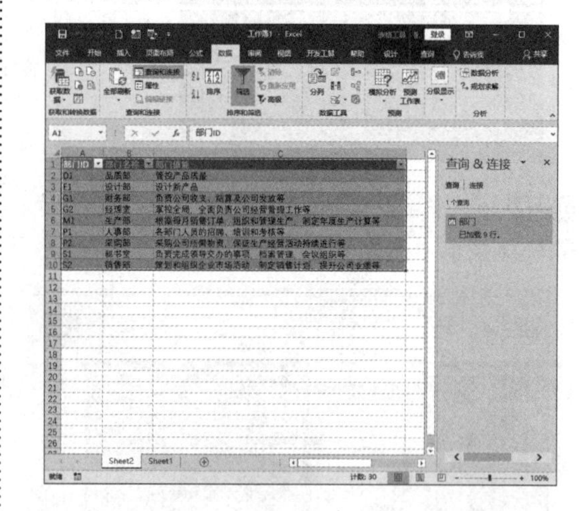

16.3.2 在 Access 中调用 Excel 工作表

在 Access 中也可以调用已有的 Excel 文件，具体操作步骤如下。

第 1 步 打开 Access 2019 软件，在工作界面中选择【外部数据】选项卡，在【导入并链接】组中单击【新数据源】按钮，在弹出的快捷菜单中选择【从文件】→【Excel】选项，如下图所示。

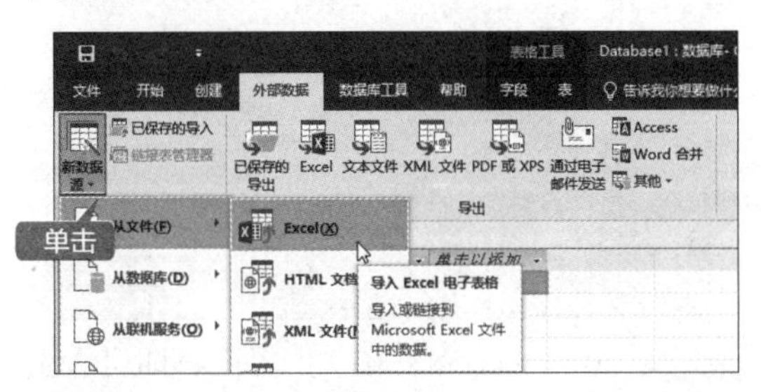

第 2 步 弹出【获取外部数据 -Excel 电子表格】对话框，单击【浏览】按钮，如下图所示。

第 3 步 选择“素材 \ch16\ 部门 .xlsx”文件，返回【获取外部数据 - Excel 电子表格】对话框，采用默认设置，单击【确定】按钮，如下图所示。

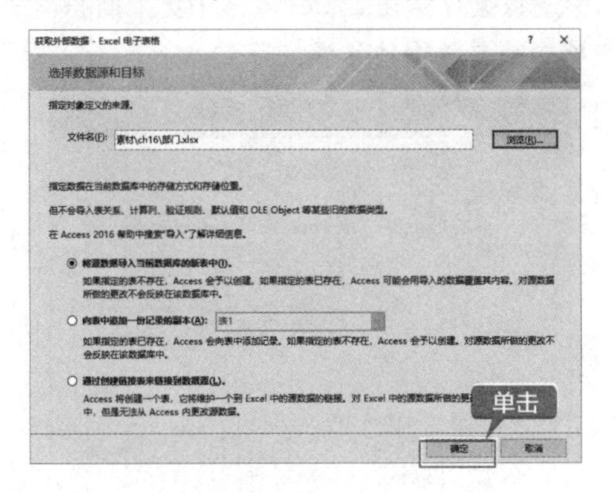

第 4 步 弹出【导入数据表向导】对话框，选中【显示工作表】单选按钮，单击【下一步】按钮，如下图所示。

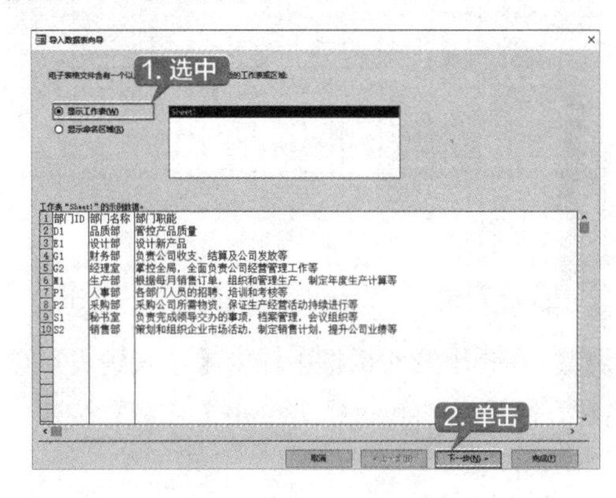

第 5 步 选中【第一行包含列标题】复选框，单击【下一步】按钮，如下图所示。

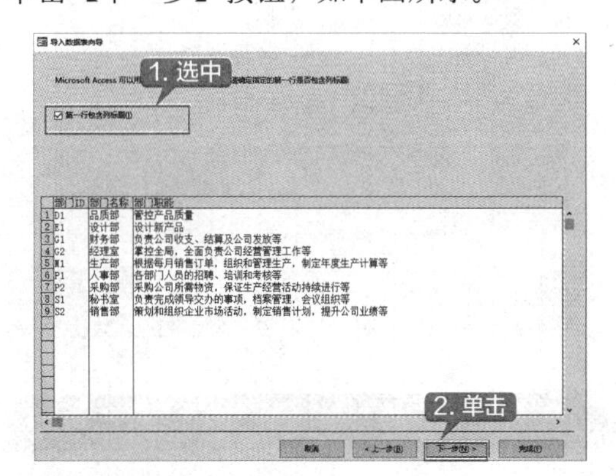

第 6 步 在弹出的对话框中选择字段名称、数据类型和索引，这里采用默认设置，单击【下一步】按钮，如下图所示。

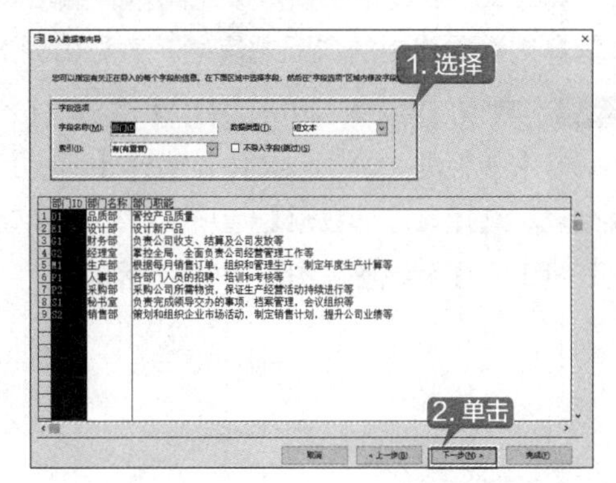

第 7 步 在弹出的对话框中为新表设置一个主键，主键主要是为了显示每个记录，从而加快数据的检索速度。这里采用默认设置，单击【下一步】按钮，如下图所示。

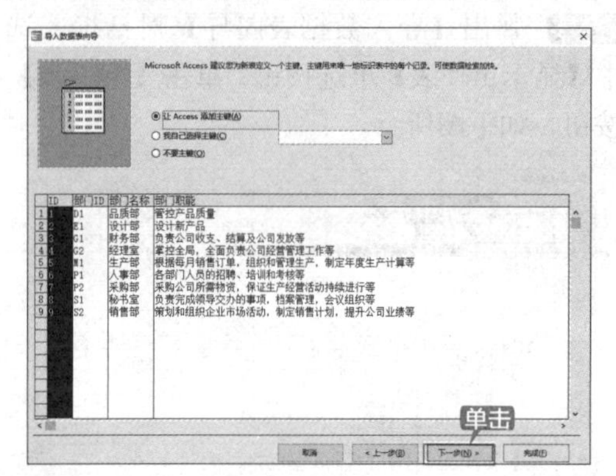

第 8 步 在弹出的对话框中输入【导入到表】的名称，这里为“sheet1”，单击【完成】按钮，如下图所示。

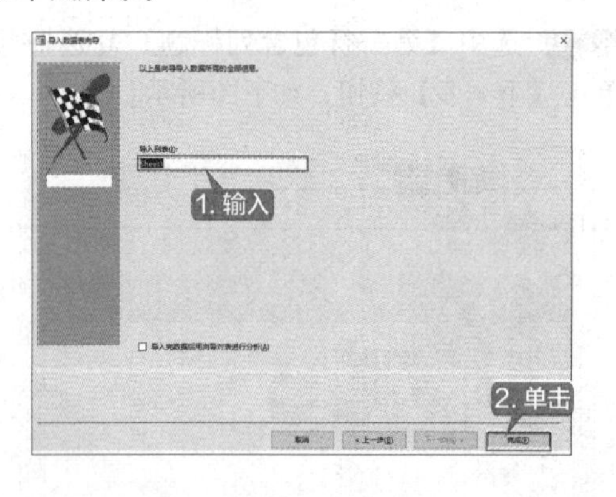

第 9 步 在弹出的对话框中设置是否保存导入步骤，如果用户还会重复该操作，则选中【保存导入步骤】复选框，这里采用默认设置，单击【关闭】按钮，如下图所示。

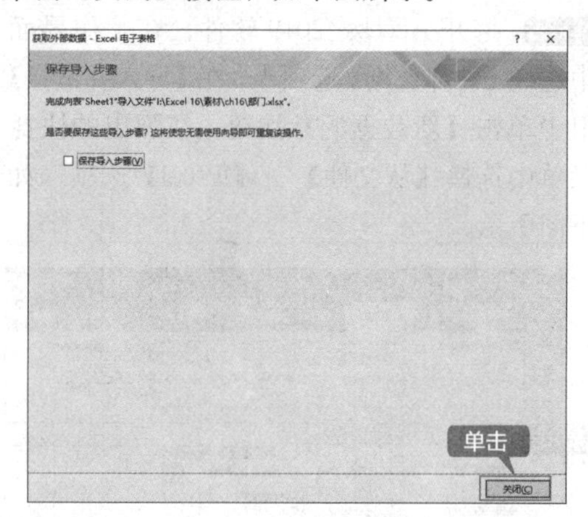

第 10 步 返回 Access 2019 主界面，即可看到“部门.xlsx”的内容已经导入 Sheet1 数据表中，如下图所示。

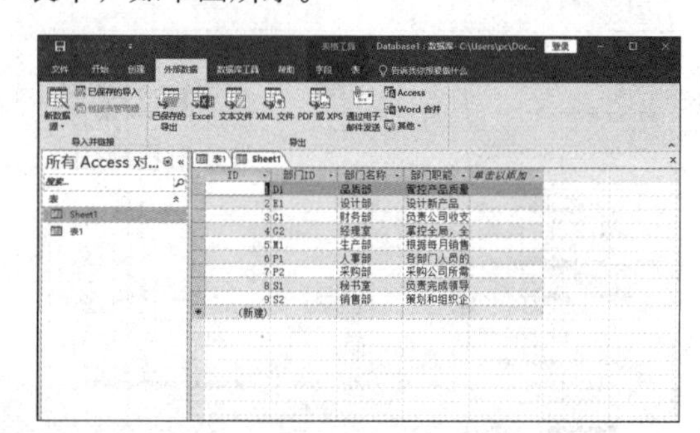

16.3.3 将 Access 文件导出为电子表格数据

利用 Access 的导出功能，可将 Access 数据库中的对象导出到 Excel 电子表格中。这样用户既可以在 Access 数据库中存储数据，又可以使用 Excel 来分析数据。当导出数据时，相当于 Access 创建了所选对象的副本，然后将该副本中的数据存储在 Excel 表格中。下面将“快递信息”数据库中的“配送信息”表导出到 Excel 表格中，具体操作步骤如下。

第 1 步 启动 Access 2019，打开“素材\ch16\人事管理.accdb”文件，选择【部门】数据表，选择【外部数据】选项卡，单击【导出】组中的【Excel】按钮，如下图所示。

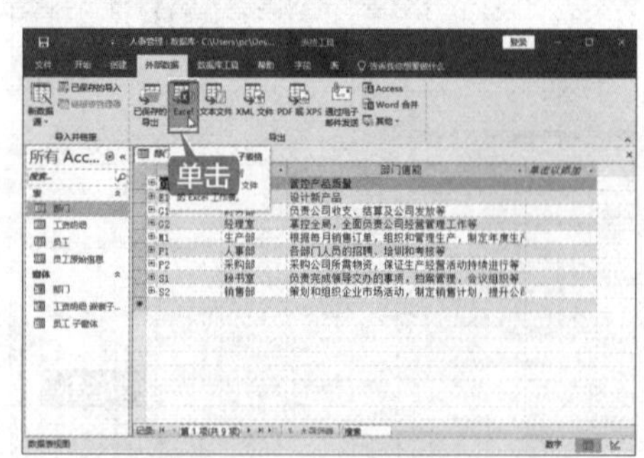

第 2 步 弹出【导出 -Excel 电子表格】对话框，单击【浏览】按钮，如下图所示。

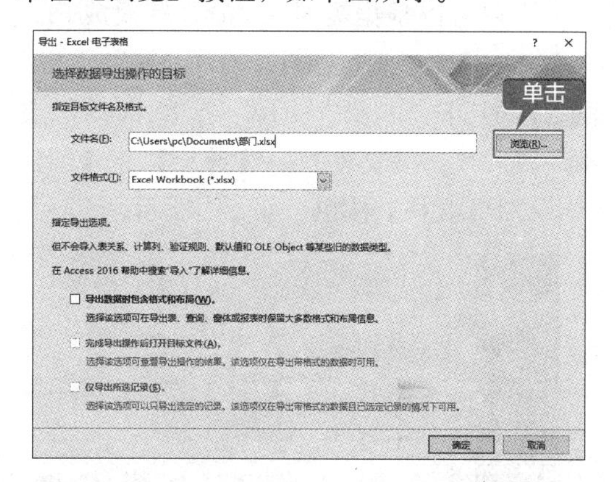

第 3 步 弹出【保存文件】对话框，用户可以设置将表对象导出后存储的位置，在【文件名】文本框中可输入导出后的表格名称。操作完成后单击【保存】按钮，如下图所示。

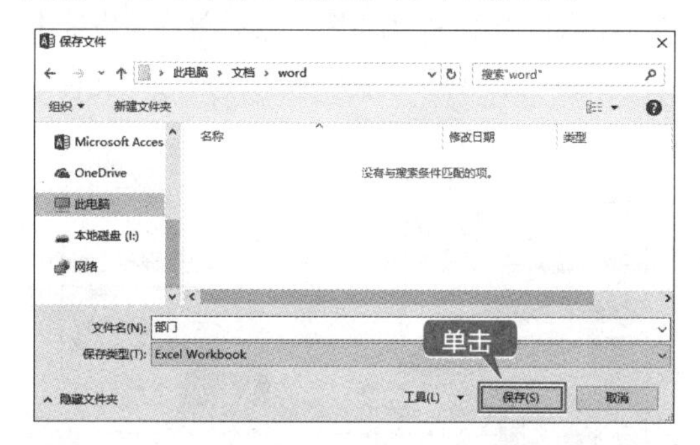

第 4 步 返回【导出 -Excel 电子表格】对话框，选中【导出数据时包含格式和布局】和【完成导出操作后打开目标文件】复选框，然后单击【确定】按钮，如下图所示。

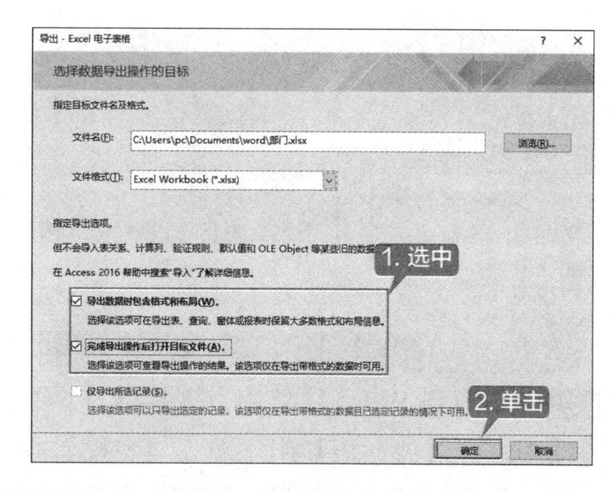

第 5 步 弹出【保存导出步骤】对话框，单击【关闭】按钮，如下图所示。

第 6 步 操作完成后，系统自动以 Excel 表的形式打开“部门”数据表，如下图所示。

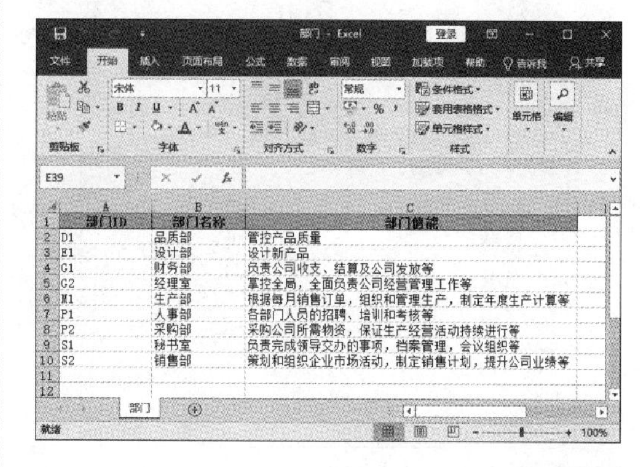

部门ID	部门名称	部门职能
D1	品质部	管控产品质量
E1	设计部	设计新产品
G1	财务部	负责公司收支、结算及公司发放等
G2	经理室	掌控全局，全面负责公司经营管理工作等
M1	生产部	根据每月销售订单，组织和管理生产，制定年度生产计划等
P1	人事部	各部门人员的招聘、培训和考核等
P2	采购部	采购公司所需物资，保证生产经营活动持续进行等
S1	秘书室	负责完成领导交办的事项，档案管理，会议组织等
S2	销售部	策划和组织企业市场活动，制定销售计划，提升公司业绩等

◇ 在 Word 中调用幻灯片

根据不同的需要，用户可以在 Word 中调用幻灯片，具体操作步骤如下。

第 1 步 打开“素材 \ch16\ 素材.pptx”文件，在演示文稿中选择需要插入 Word 中的幻灯片并右击，在弹出的快捷菜单中选择【复制】选项，如下图所示。

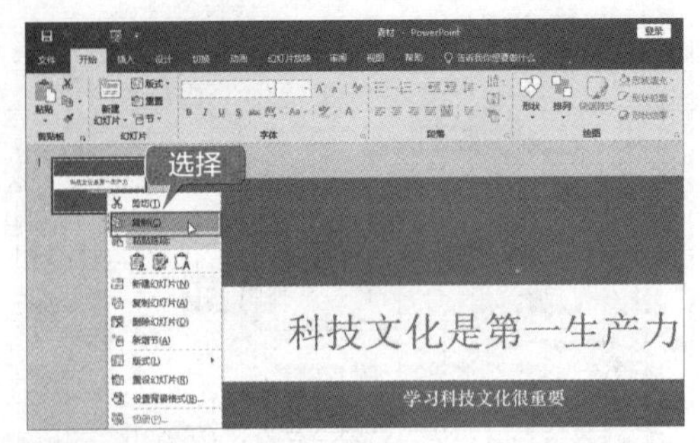

第 2 步 切换到 Word 软件中，选择【开始】选项卡，在【剪贴板】组中单击【粘贴】按钮下方的下拉按钮，在弹出的下拉菜单中选择【选择性粘贴】选项，如下图所示。

第 3 步 打开【选择性粘贴】对话框，选中【粘贴】单选按钮，在右侧的【形式】列表框中选择【Microsoft PowerPoint 幻灯片对象】选项，如下图所示。

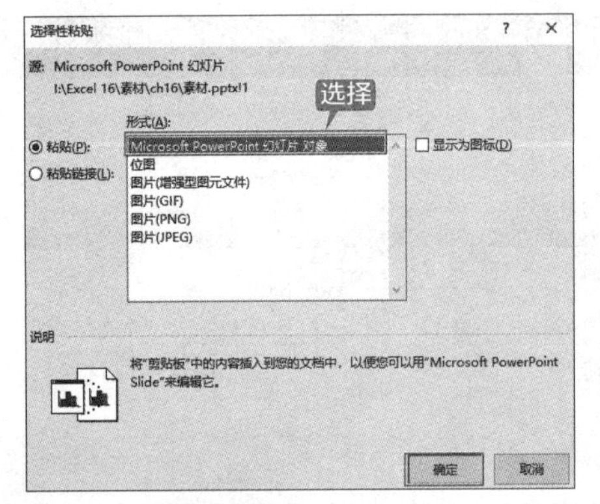

第 4 步 单击【确定】按钮，返回 Word 文档中，即可看到插入的幻灯片，如下图所示。

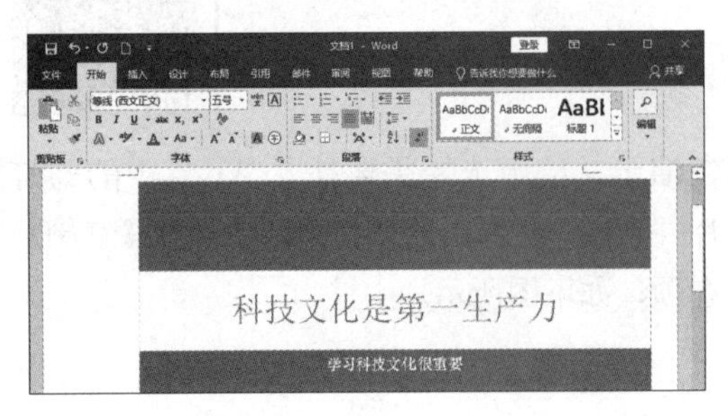

◇ 将 Word 文档导出为 PDF 文件

用户可以根据需要将 Word 转换成 PDF 格式文件，方便浏览，具体操作步骤如下。

第 1 步 打开“素材\ch16\菜单.docx”文件，然后单击【文件】→【导出】→【创建 PDF/XPS 文档】按钮，如下图所示。

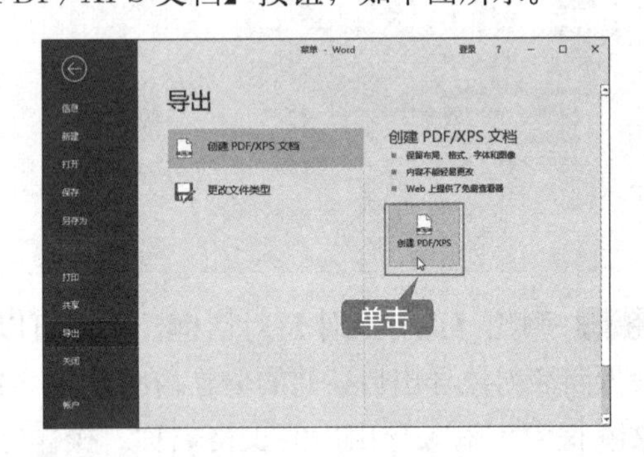

第 2 步 打开【发布为 PDF 或 XPS】对话框，选择保存的类型和文件名，然后单击【发布】按钮，即可将 Word 文档转换为 PDF 文件，如下图所示。

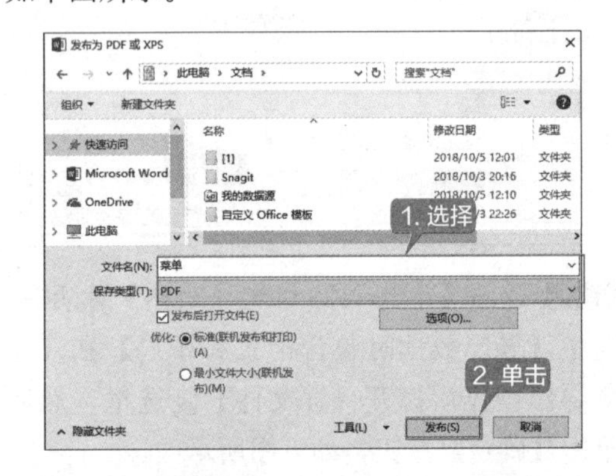

第 3 步 打开导出的 PDF 文件，如下图所示。

第 17 章 Office 的跨平台应用——移动办公

本章导读

使用智能手机、平板电脑等移动设备，可以轻松跨越 Windows 操作系统平台，随时随地进行移动办公，不仅方便快捷，而且不受地域限制。本章将介绍在手机中处理邮件、使用手机 QQ 协助办公及在手机中处理办公文档的操作。

思维导图

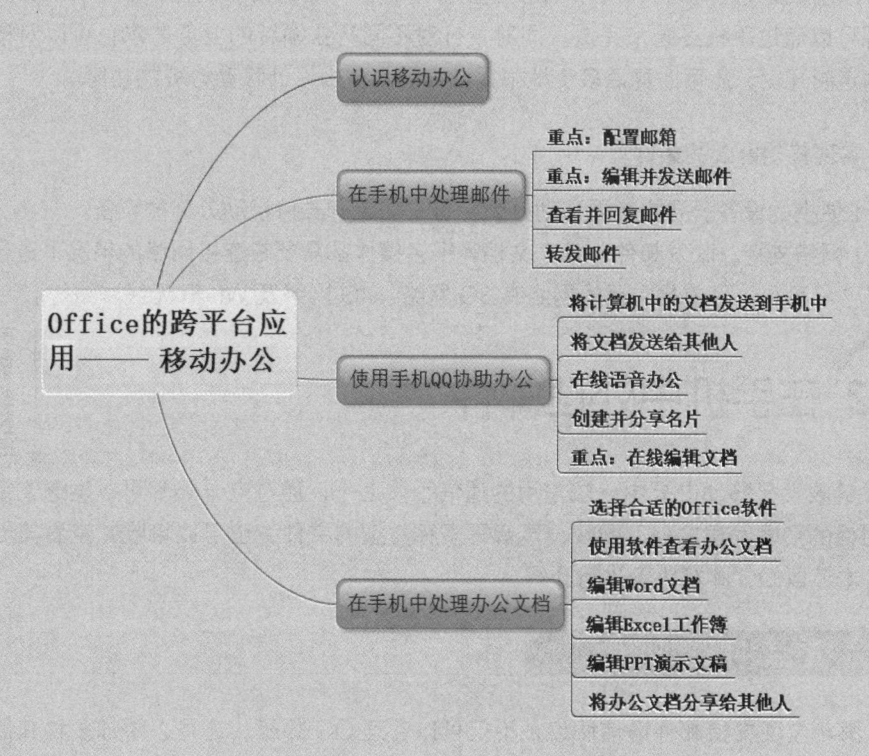

17.1 认识移动办公

移动办公也可称为“3A 办公”，即办公人员可在任何时间(Anytime)、任何地点(Anywhere)处理与业务相关的任何事情(Anything)。这种全新的办公模式，可以让办公人员摆脱时间和空间的约束，随时进行公司管理和沟通，有效提高管理效率，推动企业效益增长。

1. 支持移动办公的设备

（1）手持设备。支持 Android、iOS、Windows Phone、Symbian 及 BlackBerry OS 等手机操作系统的智能手机、平板电脑等都可以实现移动办公，如 iPhone、iPad、三星智能手机、华为手机等。

（2）超极本。集成了平板电脑和 PC 的优势，携带更轻便，操作更灵活，功能更强大。

2. 移动办公的优势

（1）携带方便。移动办公只需要一部智能手机或者平板电脑，操作简单，便于携带，并且不受地域限制。

（2）处理事务高效快捷。使用移动办公，无论出差在外，还是正在上下班的路上，都可以及时处理办公事务。能够有效地利用时间，提高工作效率。

（3）功能强大且灵活。信息产品发展及移动通信网络的日益优化，很多要在计算机中处理的工作都可以通过手机终端来完成。同时，针对不同行业领域的业务需求，可以对移动办公进行专业的定制开发，还可以灵活多变地根据自身需求自由设计移动办公的功能。

3. 实现移动办公的条件

（1）便携的设备。要想实现移动办公，首先需要有支持移动办公的设备。

（2）网络支持。收发邮件、共享文档等很多操作都需要在连接网络的情况下进行，所以网络的支持必不可少。目前最常用的网络有 3G 网络、4G 网络及 Wi-Fi 无线网络等。

17.2 在手机中处理邮件

邮件的收发是移动办公中比较常用的通信手段之一，通过电子邮件可以发送文字信件，还可以以附件的形式发送文档、图片、声音等多种类型的文件，也可以接收并查看其他用户发送的邮件。本节以 QQ 邮箱为例进行介绍。

17.2.1 重点：配置邮箱

QQ 邮箱全面支持邮件通信协议，不仅可以管理 QQ 邮箱，还可以添加多种其他邮箱。使用 QQ 邮箱管理邮件首先需要配置邮箱。

1. 添加邮箱账户

在 QQ 邮箱中添加多个邮箱账户的具体操作步骤如下。

第 1 步 下载、安装并打开 QQ 邮箱应用，进入【添加账户】界面，选择要添加的邮箱类型，这里选择【QQ 邮箱】选项，如下图所示。

第 2 步 进入【QQ 邮箱】界面，如果要使用手机中正在使用的 QQ 邮箱，可以直接点击【手机 QQ 授权登录】按钮，如下图所示。

提示

如果要使用其他 QQ 邮箱，需要点击【账号密码登录】按钮，然后在打开的界面中输入 QQ 邮箱的账号和密码，点击【登录】按钮即可。

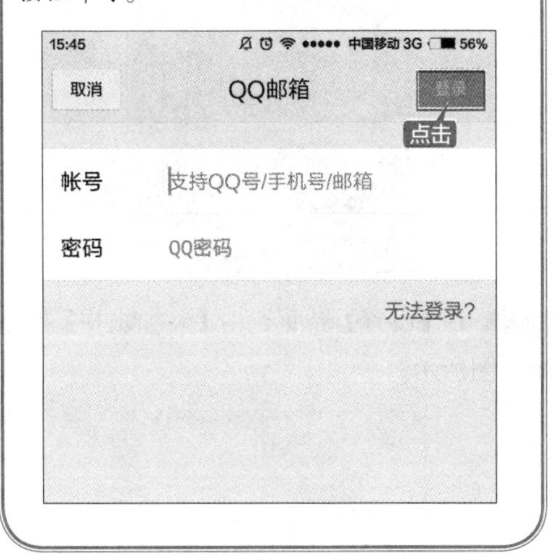

第 3 步 将会自动识别出手机中正在使用的 QQ 号码，点击【登录】按钮，如下图所示。然后在弹出的界面中单击【完成】按钮即可进入邮箱主界面。

第 4 步 如果要同时添加多个邮箱账户，在进入邮箱主界面后点击右上角的 ⋮ 按钮，在弹出的列表中选择【设置】选项，如下图所示。

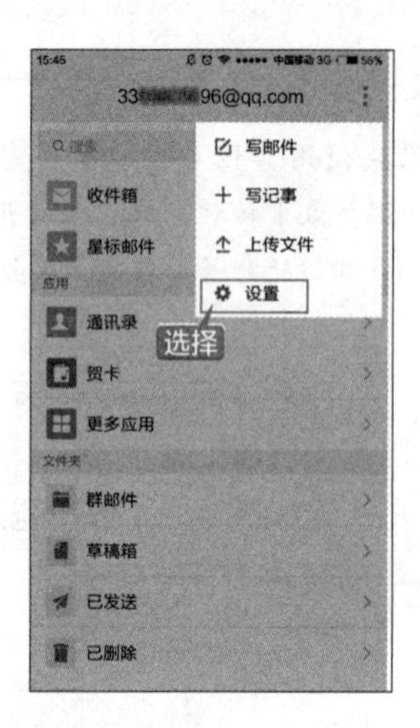

第 5 步 在【设置】界面点击【添加账户】按钮，如下图所示。

第 6 步 打开【添加账户】界面，再次根据需要选择要添加的账户类型，这里选择【163 邮箱】选项，如下图所示。

第 7 步 进入【163 邮箱】界面，输入 163 邮箱的账号和密码，点击【登录】按钮，如下图所示。

第 8 步 根据需要设置头像及发信昵称，点击【完成】按钮，如下图所示。

第 9 步 即可同时登录并在邮箱主界面中显示两个不同的邮箱账户，实现同时管理多个邮箱的操作，如下图所示。

2. 设置主账户邮箱

如果添加多个邮箱，默认情况下第一次添加的邮箱为主账户邮箱，用户也可以根据需要将其他邮箱设置为主账户邮箱。设置主账户邮箱后，在邮箱主界面执行多种操作（如写邮件等）都默认使用主账户邮箱，可以将

操作更频繁的邮箱账户设置为主账户邮箱。设置主账户邮箱的具体操作步骤如下。

第 1 步 在邮箱主界面点击右上角的 ⋮ 按钮，在弹出的列表中选择【设置】选项，打开【设置】界面，点击要设置为主账户的邮箱账户，如下图所示。

第 2 步 打开邮箱账户信息界面，点击【设为主账户】按钮，即可将选择的账户设置为主账户，如下图所示。

提示

这里将主账户再次设置为 QQ 邮箱账号，如果要删除账户，也可以在该界面中点击【删除账户】按钮，将不需要的账户删除。

17.2.2 重点：编辑并发送邮件

邮箱配置完成后，就可以编辑并发送邮件，下面以添加的 QQ 邮箱为例，介绍编辑并发送邮件的具体操作步骤。

第 1 步 进入 QQ 邮箱主界面，点击右上角的 ⋮ 按钮，在弹出的列表中选择【写邮件】选项，如下图所示。

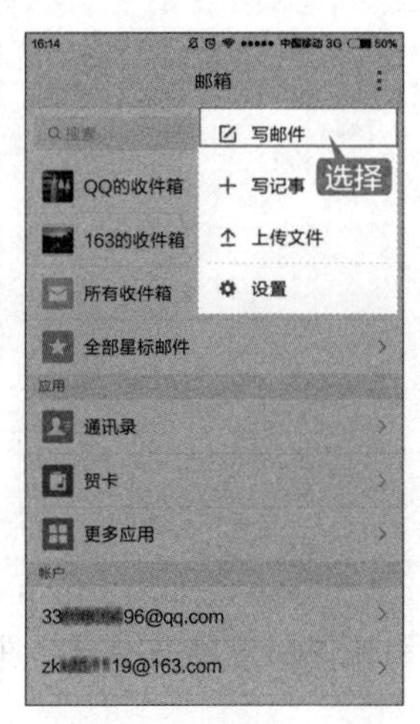

提示

也可以在主界面【账户】组中点击要发送邮件的账户，在打开的界面点击右上角的 ☑ 按钮，进入【写邮件】界面。非主账户邮箱可以使用该方法发送邮件，如下图所示。

第 2 步 进入主账户邮箱的【写邮件】界面，输入收件人名称及邮件主题，并在下方输入邮件内容。如果要添加附件，可以点击界面右下角的【附件】按钮，如下图所示。

第 3 步 在手机中选择要发送的附件内容，点击【发送】按钮，如下图所示。

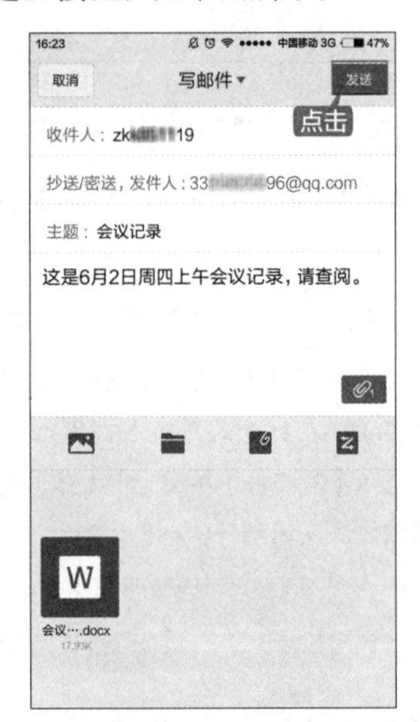

第 4 步 点击主界面中【账户】组中的 QQ 邮箱账户，进入该账户的详细信息界面，选择【已发送】选项，如下图所示。

第 5 步 在【已发送】界面中即可看到发送的邮件，如下图所示。至此，就完成了编辑并发送邮件的操作。

17.2.3 查看并回复邮件

查看和回复邮件是邮件处理常用的功能，下面就介绍收到邮件后查看并回复邮件的具体操作步骤，这里以 163 邮箱为例进行介绍。

第 1 步 收到邮件后，在 QQ 邮箱主界面中的收信箱后将显示收到邮件的数量，选择【163 的收信箱】选项，如下图所示。

第 2 步 进入【163 的收件箱】界面，即可看到收到邮件的简略内容，点击收到的邮件，如下图所示。

第 3 步 在打开的界面中即可显示详细邮件信息内容。附件内容将会显示在最下方，如果要查看附件内容，可以点击附件后的⋮按钮，如下图所示。

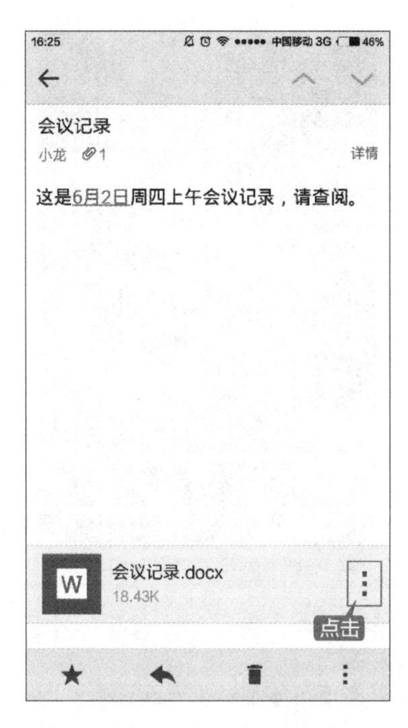

第 4 步 在弹出的选择界面中选择【打开文件】选项，如下图所示，即可使用手机中安装的 Office 应用打开并编辑文档内容。

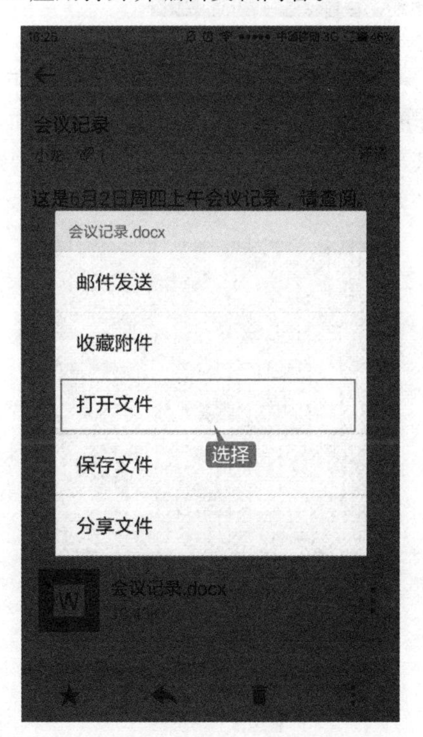

第 5 步 如果要回复邮件，可以在邮件的详细内容页面点击底部的↩按钮，在弹出的选择界面中选择【回复】选项，如下图所示。

第 6 步 打开【回复邮件】界面，输入回复内容，点击【发送】按钮即可完成回复邮件的操作，如下图所示。

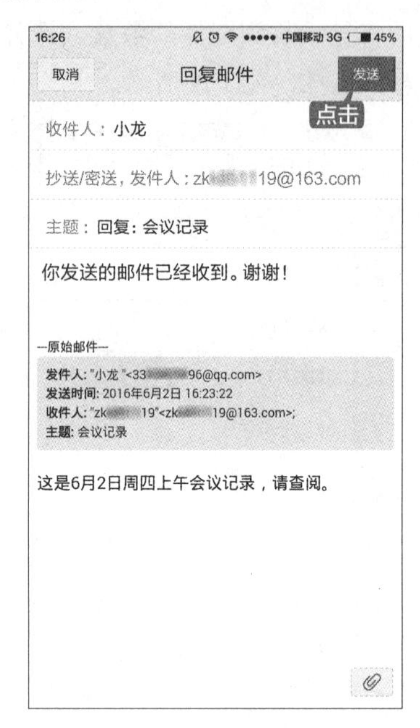

17.2.4 转发邮件

收到邮件后，如果需要将邮件发送给其他人，可以使用转发邮件的功能，具体操作步骤如下。

第 1 步 收到邮件后，进入查看邮件界面，点击底部的按钮，在弹出的选择界面中选择【转发】选项，如下图所示。

第 2 步 打开【转发】界面，输入收件人的邮箱账号或者名称，并输入新建内容，点击【发送】按钮，如下图所示，即可将收到的邮件快速转发给其他用户。

17.3 使用手机 QQ 协助办公

QQ 不仅具有实时交流功能，还可以方便地传输文件或者共享文档，是移动办公的好帮手，本节就来介绍使用手机 QQ 协助办公的常用操作。

17.3.1 重点：将计算机中的文档发送到手机中

现在，可以在 PC 端和手机端同时登录同一 QQ 账号。使用 QQ 软件即可实现将计算机中的文档在不使用数据线的情况下快速发送到手机中的操作，大大提高了传输文档的速度，具体操作步骤如下。

第 1 步 在手机和 PC 中同时登录同一 QQ 账号。在 PC 中打开 QQ 主界面，单击【我的设备】下方识别的手机型号，这里选择【我的 Android 手机】选项，如下图所示。

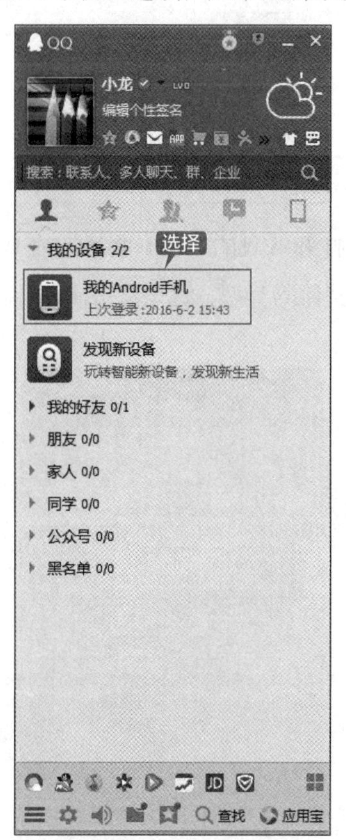

第 2 步 打开【小龙的 Android 手机】窗口，单击左下的【选择文件发送】按钮，如下图所示。

第 3 步 打开【打开】对话框，选择要发送文件存放的位置并选择文档，单击【打开】按钮，如下图所示。

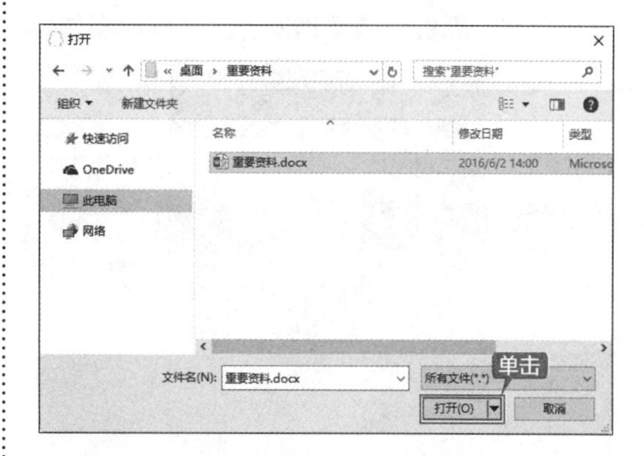

第 4 步 即可完成文档的发送，并显示文档的名称及大小，如下图所示。

提示

直接选择要发送到手机中的文档，并将其拖曳至窗口中，释放鼠标左键，即可完成文档的发送，如下图所示。

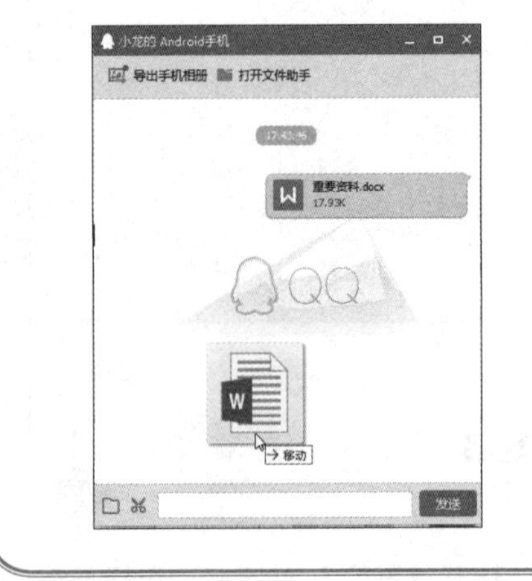

第 5 步 此时，手机 QQ 中将收到提示，并自动下载收到的文件，如下图所示。至此，就完成了将计算机中的文档发送到手机的操作。

此外，如果在手机中编辑文档后，也可以将手机中的文档发送到计算机中，具体操作步骤如下。

第 1 步 在手机中打开手机 QQ，在【联系人】界面中选择【我的设备】→【我的电脑】选项，如下图所示。

第 2 步 打开【我的电脑】界面，在底部选择要发送文件的类型，这里点击 按钮，如下图所示。

第 3 步 选择文档存储的位置，并选择要发送的文档，点击【发送】按钮，如下图所示。

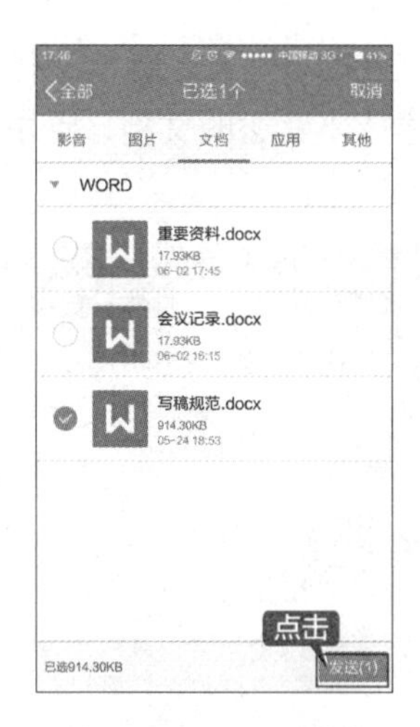

第 4 步 即可完成将手机中的文档发送到计算机的操作，如下图所示。

第 5 步 在计算机中的【小龙的 Android 手机】窗口即可看到收到的文档，在文档名称上右击，在弹出的快捷菜单中选择【打开文件夹】选项，就可以打开存放文档的文件夹，如下图所示。

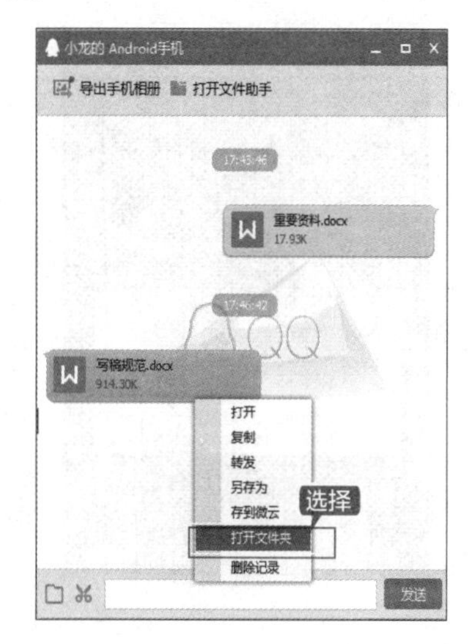

提示

还可以根据需要执行打开文档、复制文档、转发文档、另存为文档等操作。

17.3.2 将文档发送给其他人

使用手机 QQ 可以快速地将编辑后的文档发送给其他用户，具体操作步骤如下。

1. 使用发送功能

第 1 步 找到文档存放的位置，并长按文档名称，底部将会弹出菜单栏，点击【发送】按钮，如下图所示。

第 2 步 打开【发送】界面，点击【发送给好友】QQ 图标，如下图所示。

第3步 在打开的好友界面选择要发送到的好友，弹出【发送到】窗口，点击【发送】按钮。即可完成将文档发送给他人的操作，如下图所示。

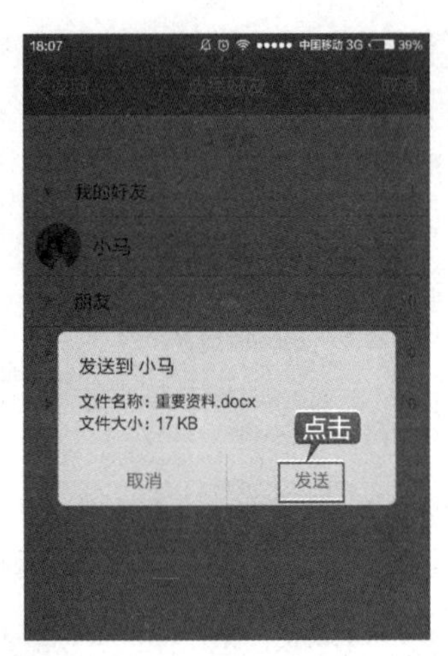

2. 使用聊天窗口

第1步 在手机QQ中打开与好友的聊天窗口，点击⊕按钮，再次点击【文件】按钮，如下图所示。

第2步 在打开的【全部】界面选择文档存储的位置并选择要发送的文档，点击【发送】按钮，如下图所示。

第3步 即可完成将文档发送给其他人的操作，如下图所示。

17.3.3 在线语音办公

使用手机QQ可以在线语音办公，方便公司成员之间的沟通，在任何时间、地点都能轻松办公，具体操作步骤如下。

第 1 步 在手机上登录 QQ 账号，进入手机 QQ 的主界面，如下图所示。

第 2 步 在界面下方的菜单栏中点击【联系人】按钮，选择需要进行语音办公的联系人，进入聊天界面，如下图所示。

第 3 步 点击右下角菜单栏中的【添加】按钮，即可弹出工具面板，如下图所示。

第 4 步 在弹出的工具面板中点击【QQ 电话】按钮，即可等待对方接听，如下图所示。

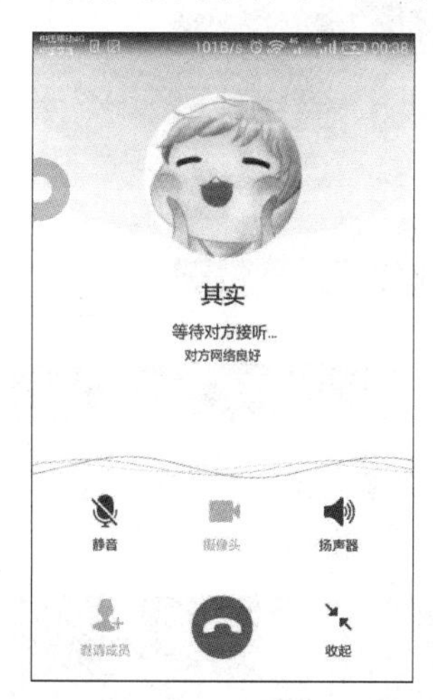

第 5 步 对方接听后，即可进行在线语音办公。办公结束后，点击聊天界面中的【挂断】按钮，即可结束语音办公，如下图所示。

17.3.4 创建并分享名片

用户可以在 QQ 上为自己创建一张名片，并分享给好友，让好友对自己有一个全面的认识，在手机 QQ 上创建并分享名片的具体操作步骤如下。

第 1 步 在手机上登录 QQ 账户，进入手机 QQ 的主界面，如下图所示。

第 2 步 点击左上角的头像按钮，进入用户设置界面，如下图所示。

第 3 步 在弹出的菜单栏中点击【我的名片夹】按钮，进入【我的名片夹】界面，如下图所示。

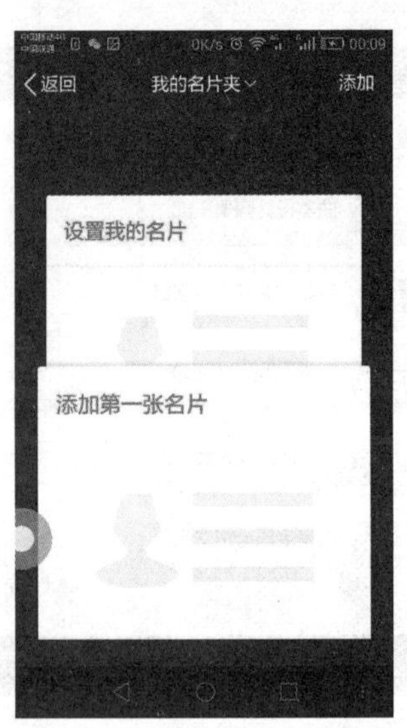

第 4 步 点击【设置我的名片】按钮，进入【我的名片】界面，输入用户的姓名、公司、手机号码、描述等信息，输入完成后，点击右上角的【完成】按钮，即可成功创建名片，如下图所示。QQ 好友即可看到自己设置的名片信息。

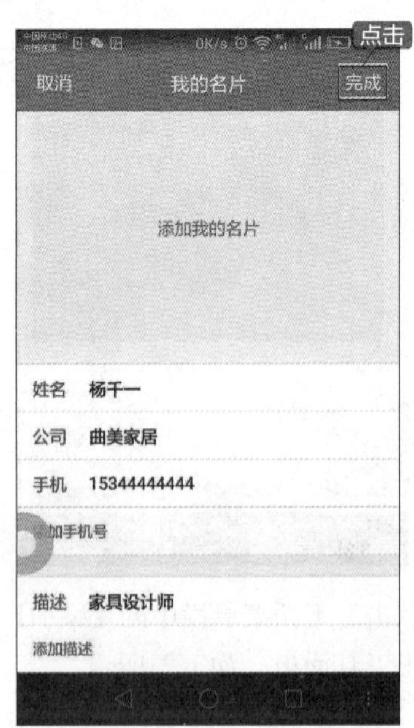

17.3.5 重点：在线编辑文档

用户可以在计算机和 QQ 上同时编辑一个文档，并同时修改，具体操作步骤如下。

1. PC 端的文档编辑

第 1 步 在浏览器中输入 https://docs.qq.com/index.html 网址，即可打开【腾讯文档】界面，单击【立即使用】按钮，如下图所示。

第 2 步 会弹出手机登录扫码页面，如下图所示。

第 3 步 打开手机 QQ 页面的扫一扫，会提示“扫描成功，请在手机上确认是否授权登录”，同时会出现【扫描结果】界面，点击【允许登录腾讯业务】按钮即可，如下图所示。

第 4 步 扫码登录成功后，PC 端就会自动弹出【腾讯文档】页面，单击【导入】按钮，如下图所示。

第 5 步 打开“素材 \ch17\ 公司年度报告 .docx”文档，单击【打开】按钮，如下图所示。

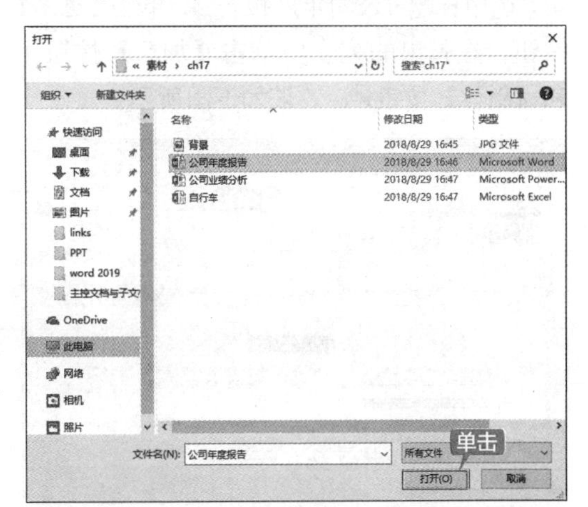

第 6 步 弹出【导入本地文档】界面，单击【立即打开】按钮，如下图所示。

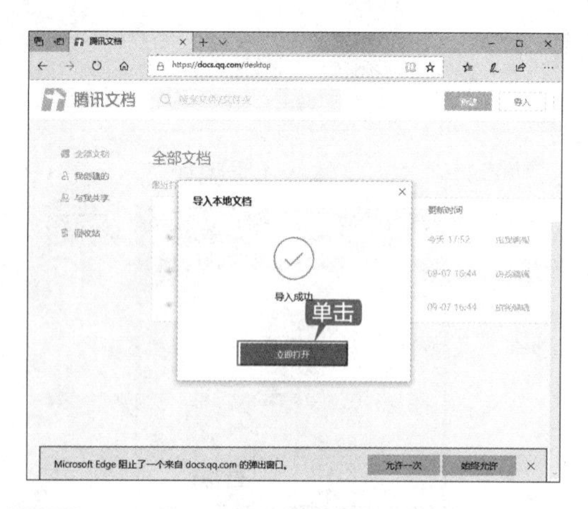

第 7 步 就会弹出素材文档打开的页面，如下图所示。

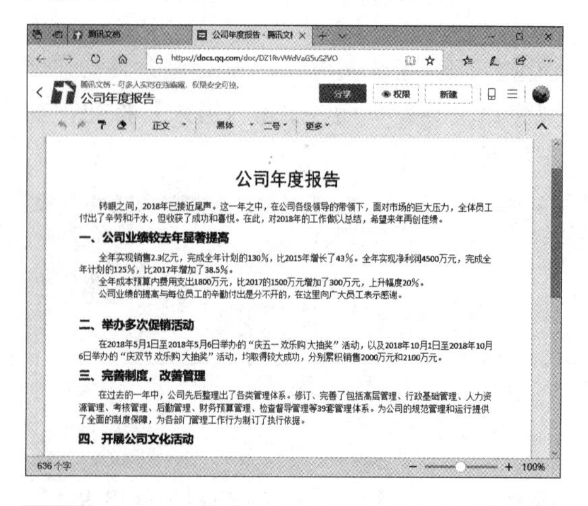

第 8 步 打开文档之后，就可以对文档进行编辑，选中标题“公司年度报告”，单击【更多】按钮，在弹出的列表中单击【加粗】按钮 B 和【斜体】按钮 I，效果如下图所示。

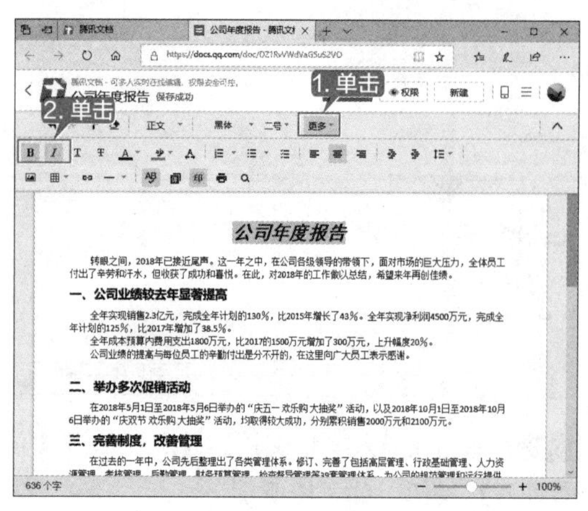

2. 手机端的文档编辑

第 1 步 打开手机浏览器输入“docs.qq.com”网址，进入【腾讯文档】界面，点击【立即使用】按钮，如下图所示。

第 2 步 在弹出的选择登录方式的界面中选择 QQ 登录，如下图所示。

第 3 步 登录成功后，就会在【腾讯文档】界面中显示“公司年度报告”文档，如下图所示。

提示

在即将打开外部应用的时候，会弹出打开方式列表，如下图所示。

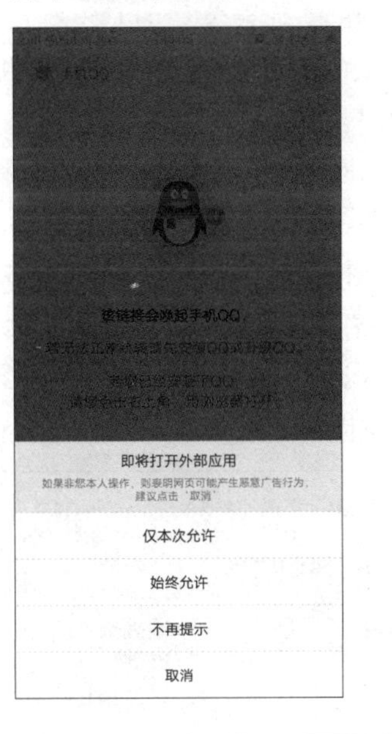

第 4 步 选中第一段正文，点击按钮，对文档的字体进行字体颜色的更改，效果如下图所示。

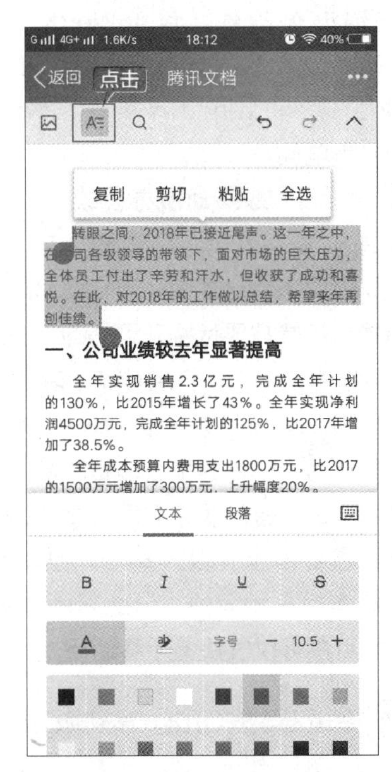

提示

打开素材文档可以看到在 PC 端的编辑结果，同时 PC 端一样可以看到手机端的编辑效果。

17.4 在手机中处理办公文档

在手机中可以使用软件查看并编辑办公文档，并可以把编辑完成的文档分享给其他人，这样可以节省办公时间，实现随时随地办公。

17.4.1 选择合适的 Office 软件

移动办公的普遍使越来越多的移动版 Office 办公软件随之而生，最为常用的有微软 Office 365 移动版、金山 WPS Office 移动版及苹果 iWork 办公套件，本小节主要介绍这 3 款移动版 Office 办公软件。

1. 微软 Office 365 移动版

Office 365 移动版是微软公司推出的一款移动办公软件，包含 Word、Excel、PowerPoint 这 3 款独立应用程序，支持装有 Android、iOS 和 Windows 操作系统的智能手机和平板电脑。

在 Office 365 移动版办公软件中，用户可以免费查看、编辑、打印和共享 Word、Excel 和 PowerPoint 文档。不过，如果使用高级编辑功能就需要付费升级 Office 365，这样用户可以在任何设备安装 Office 套件，包括计算机和 iMac，还可以获取 1TB 的 OneDrive 联机存储空间及软件的高级编辑功能。

Office 365 移动版与 Office 2019 办公套件相比，在界面上有很大不同，但其使用方法及功能实现是相同的，因此熟悉计算机版 Office 的用户可以很快上手移动版。

2. 金山 WPS Office 移动版

WPS Office 是金山软件公司推出的一款办公软件，对个人用户永久免费，支持跨平台的应用。

WPS Office 移动版内置文字 Writer、演示 Presentation、表格 Spreadsheets 和 PDF 阅读器四大组件，支持本地和在线存储的查看和编辑。用户可以使用 QQ 账号、WPS 账号、小米账号或者微博账号登录，并开启云同步服务，对云存储中的文件进行快速查看及编辑、文档同步、保存及分享等，下图所示即为 WPS Office 中的图表界面。

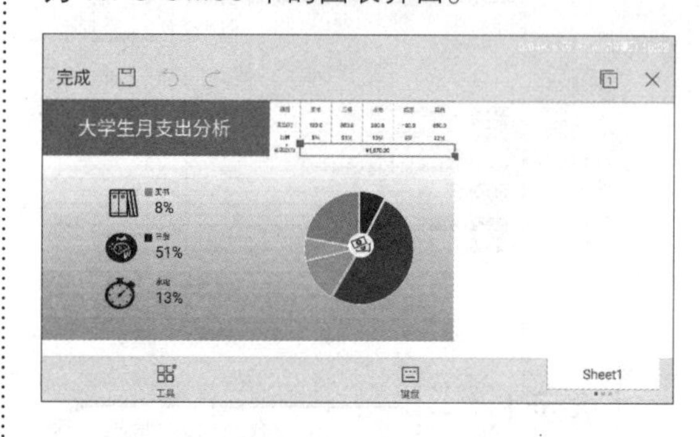

3. 苹果 iWork 办公套件

iWork 是苹果公司为 OS X 及 iOS 操作系统开发的办公软件，并免费提供给苹果设备的用户。

iWork 包含 Pages、Numbers 和 Keynote 3 个组件。Pages 是文字处理工具，Numbers 是电子表格工具，Keynote 是演示文稿工具，分别兼容 Office 的三大组件。iWork 同样支持在线存储 、共享等，方便用户移动办公，下图所示即为 Numbers 界面。

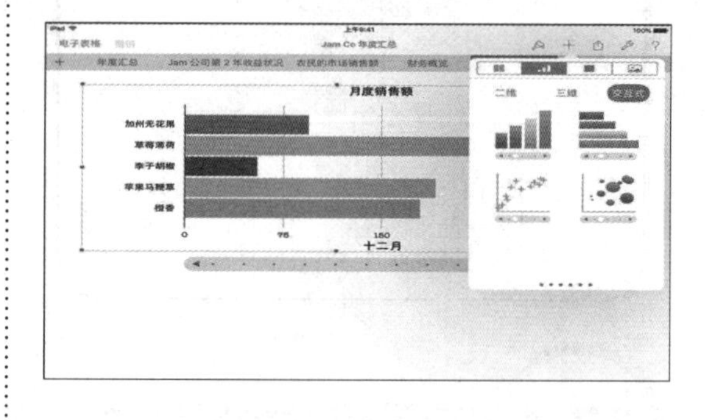

17.4.2 使用软件查看办公文档

下载使用手机软件可以在手机中随时随地查看办公文档，节约了办公时间，具有即时即事的特点，具体操作步骤如下。

第 1 步 在 Excel 程序主界面中选择【打开】→【此设备】选项，然后选择 Excel 文档所在的文件夹，如左下图所示。

第 2 步 点击要打开的工作簿名称，即可打开该工作簿，如右下图所示。

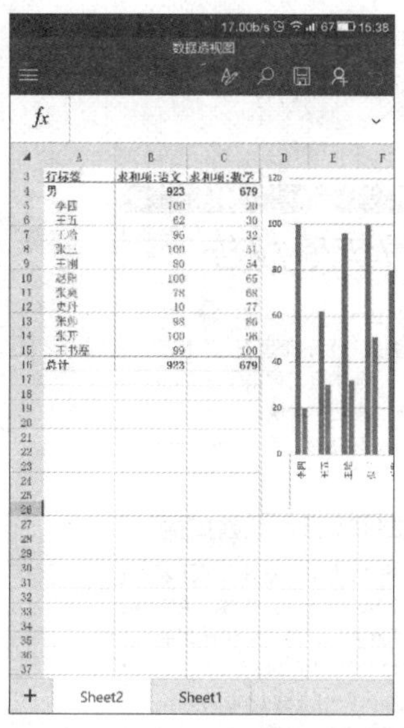

另外，也可以在手机文件管理器中找到存储的 Excel 工作簿，直接点击打开。

17.4.3 重点：编辑 Word 文档

随着移动信息产品的快速发展和移动通信网络的普及，人们只需要一部智能手机或者平板电脑就可以随时随地进行办公，使得工作更简单、更方便。本小节以支持 Android 手机的 Microsoft Word 为例，介绍如何在手机上编辑 Word 文档，具体操作步骤如下。

第 1 步 下载并安装 Microsoft Word 软件。将"素材 \ch17\ 公司年度报告 .docx"文档通过微信或 QQ 发送至手机中。在手机中接收该文件后，点击该文件并选择打开的方式，这里使用 Microsoft Word 打开该文档，如下图所示。

第 2 步 打开文档，点击界面上方的 按钮，如左下图所示。选中"公司年度报告"，选择【编辑】选项，进入文档编辑状态，选择标题文本，点击弹出面板中的【倾斜】按钮，使标题以斜体显示，如右下图所示。

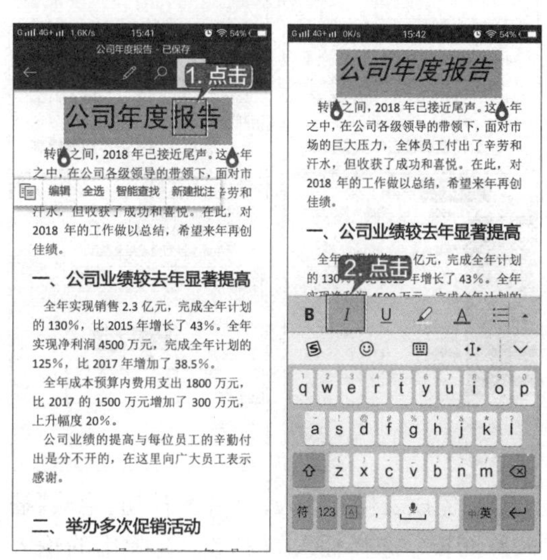

第3步 点击【突出显示】按钮，选择标题要添加的底纹颜色，突出显示标题，如下图所示。

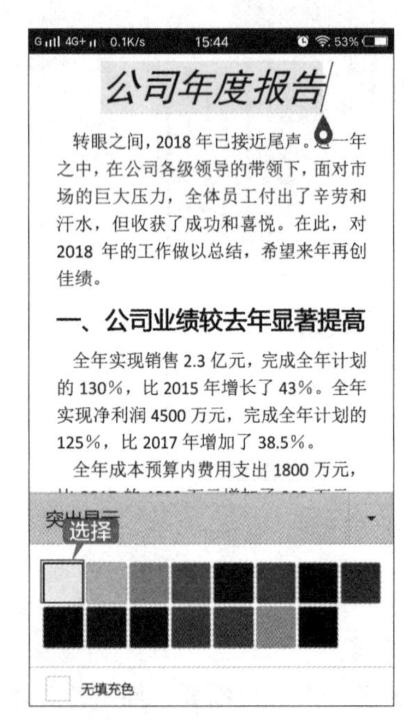

第4步 点击【开始】按钮，在打开的列表中选择【插入】选项，切换至【插入】面板，如左下图所示。进入【插入】面板后，选择要插入表格的位置，点击【表格】按钮，如右下图所示。

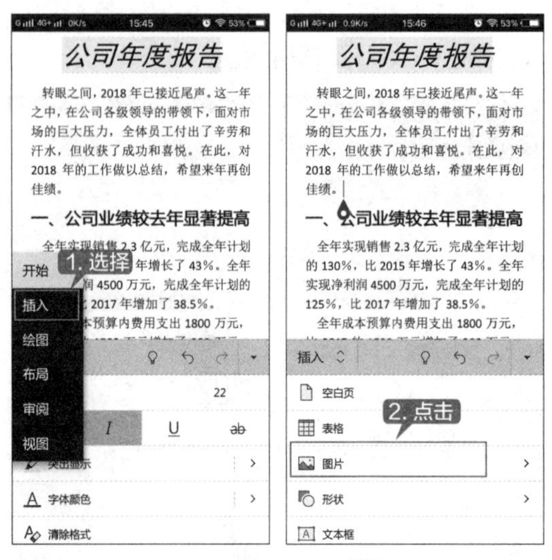

第5步 完成表格的插入，点击按钮，隐藏【插入】面板，选择插入的表格，在弹出的输入面板中输入表格内容，如下图所示。

第6步 选中表格，打开【表格】面板，选择【表格样式】选项，在弹出的【表格样式】列表中选择一种表格样式，如选择【网格表】组中第 5 行第 6 列的表格样式，如下图所示。

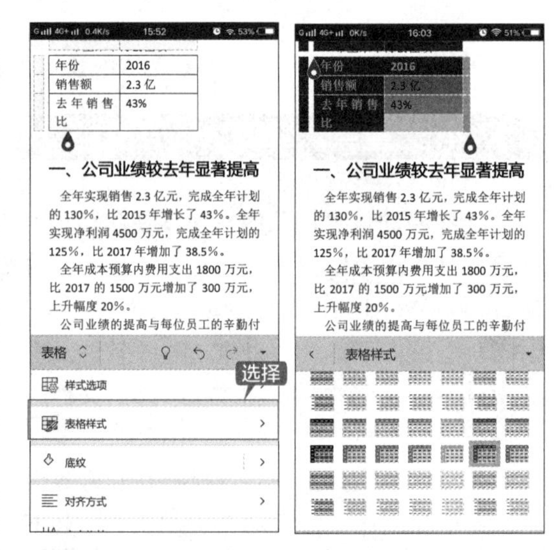

第7步 即可看到设置表格样式后的效果，编辑完成，点击【保存】按钮即可完成文档的修改，如下图所示。

17.4.4 重点：编辑 Excel 工作簿

本小节以支持 Android 手机的 Microsoft Excel 为例，介绍如何在手机中制作销售报表。具体操作步骤如下。

第 1 步 下载并安装 Microsoft Excel 软件，将“素材 \ch17\ 自行车 .xlsx”文档存入计算机的 OneDrive 文件夹中，同步完成后，在手机中使用同一账号登录并打开 OneDrive，点击“自行车 .xlsx”文档，即可使用 Microsoft Excel 打开该工作簿。选中 D2 单元格，点击【插入函数】按钮 fx，输入“=”，然后将选择函数面板折叠，如下图所示。

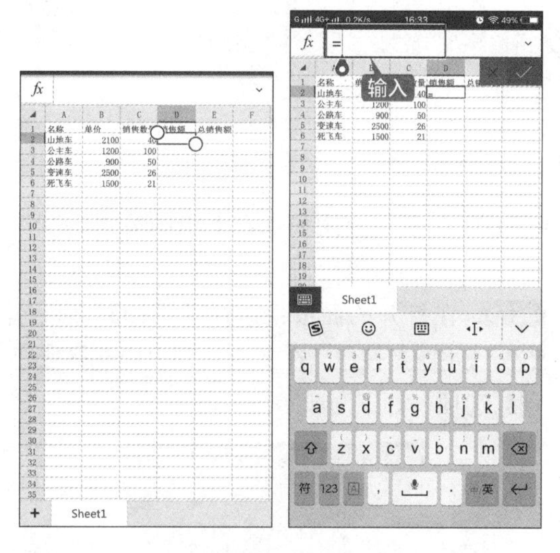

第 2 步 选中 C2 单元格，并输入“*”，然后再选中 B2 单元格，点击 按钮，如左下图所示，即可得出计算结果。使用同样的方法计算其他单元格中的结果，如右下图所示。

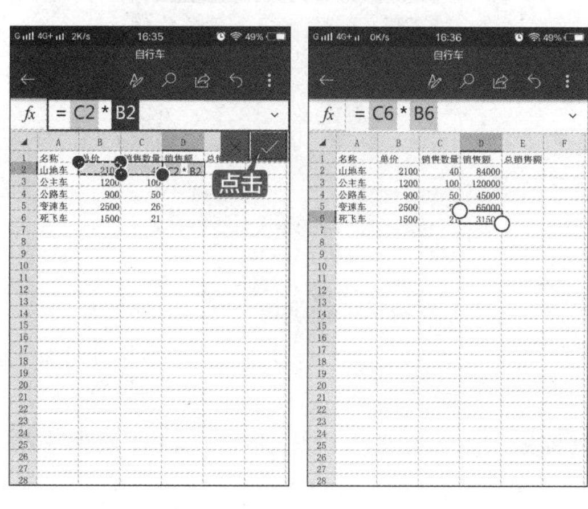

第 3 步 选中 E2 单元格，点击【编辑】按钮 ，在打开的面板中选择【公式】选项，如左下图所示。选择【自动求和】公式，并选择要计算的单元格区域，点击 按钮，即可得出总销售额，如右下图所示。

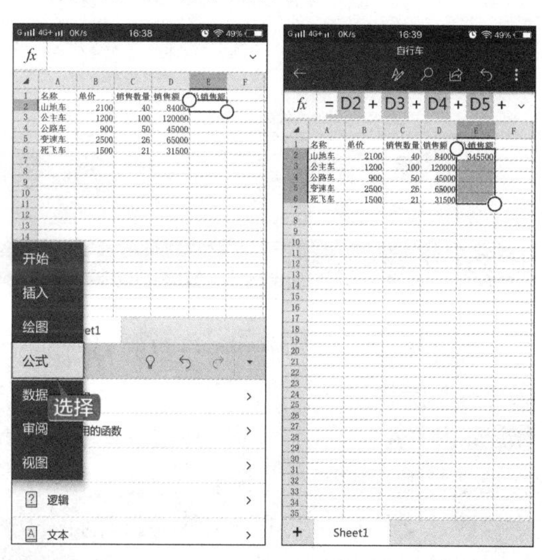

第 4 步 选中任意一个单元格，点击【编辑】按钮 ，在底部弹出的功能区中选择【插入】→【图表】→【柱形图】选项，选择插入的图表类型和样式，这里选择第一种图表样式，如下图所示。

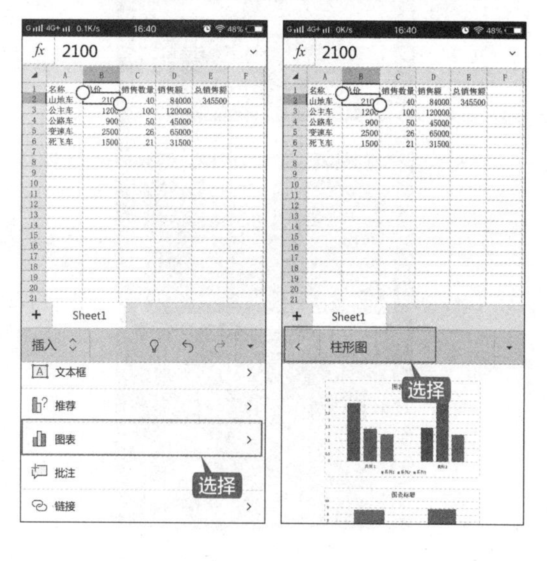

第 5 步 即可看到插入的图表，如下图所示，用户可以根据需求调整图表的位置和大小。

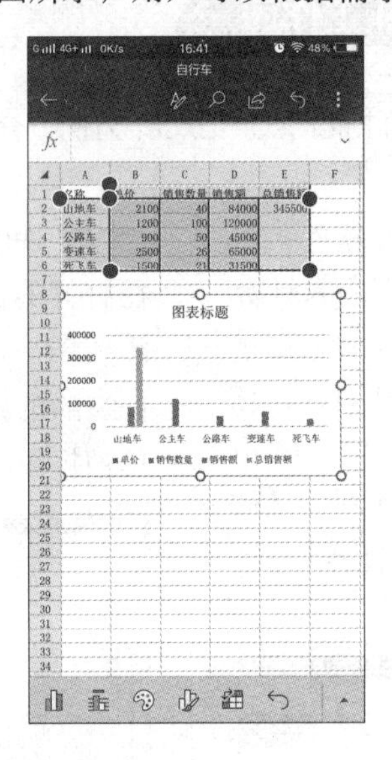

17.4.5 重点：编辑 PPT 演示文稿

本小节以支持 Android 手机的 Microsoft PowerPoint 为例，介绍如何在手机中编辑 PPT。具体操作步骤如下。

第 1 步 将“素材\ch17\公司业绩分析.docx”文档通过微信或 QQ 发送至手机中。在手机中接收该文件后，点击该文件并选择打开方式，这里使用 Microsoft PowerPoint 软件打开该文档，如下图所示。

第 2 步 在打开的面板中选择【设计】面板，点击【主题】按钮，在弹出的列表中选择【红利】选项，如下图所示。

第 3 步 为演示文稿应用新主题的效果如下图所示。

第 4 步 点击屏幕上方的【新建】按钮，新建幻灯片界面，如左下图所示。然后删除其中的文本占位符，如右下图所示。

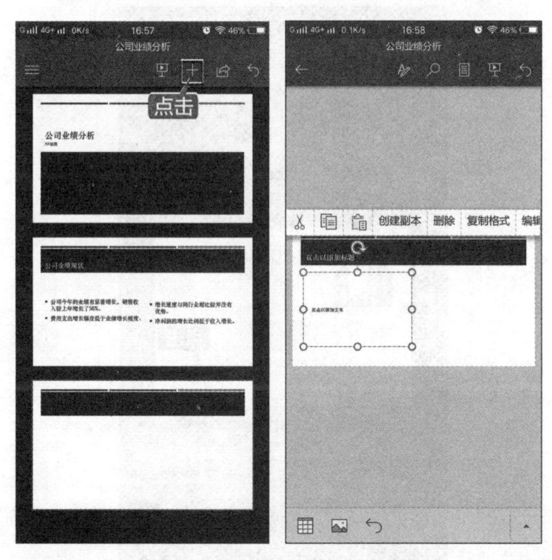

第 5 步 再次点击【编辑】按钮，进入文档编辑状态。选择【插入】选项，打开【插入】面板，点击【图片】按钮，选择图片，如下图所示。

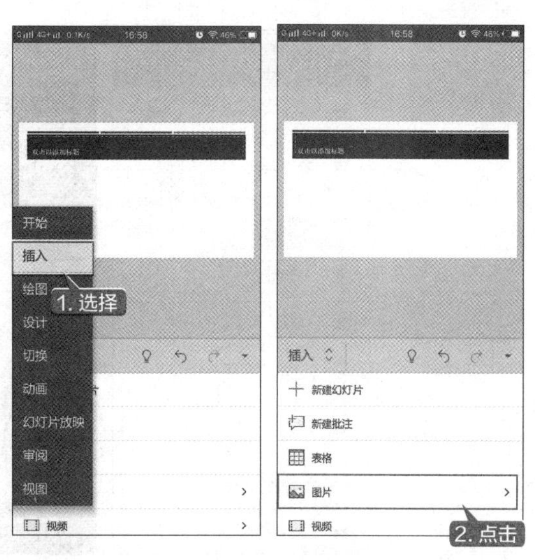

第 6 步 在打开的【图片】面板中点击【照片】按钮，在弹出的界面中点击按钮，选择【图片】选项，如下图所示。

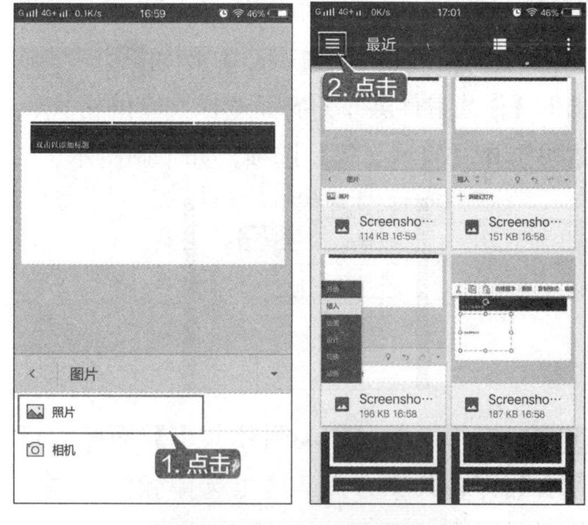

第 7 步 在打开的【图片】界面中选择【QQ-lmages】选项，选择需要插入的图片，点击按钮。可以对图片进行样式、裁剪、旋转及移动等编辑操作。编辑完成，即可看到编辑图片后的效果，如下图所示。

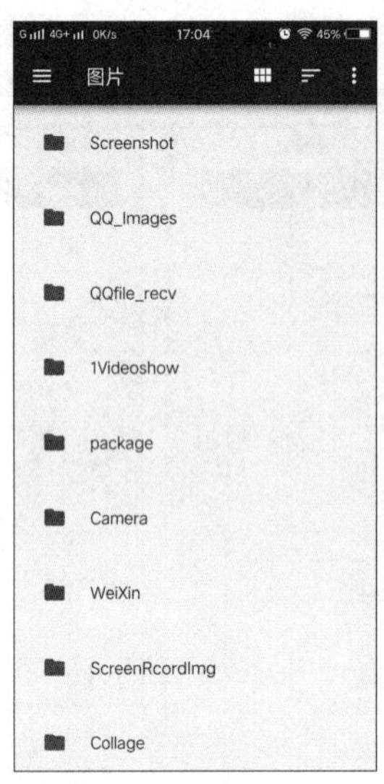

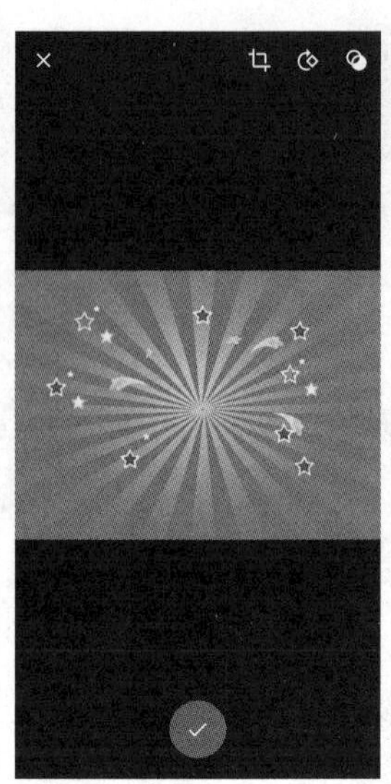

17.4.6 将办公文档分享给其他人

第 1 步 接上小节的操作，在完成演示文稿的编辑后，点击顶部的【分享】按钮，在弹出的【作为附件共享】界面选择共享的格式，这里选择【演示文稿】选项，如下图所示。

第 2 步 在弹出的【作为附件共享】面板中可以看到许多共享方式，这里选择微信方式，如下图所示。

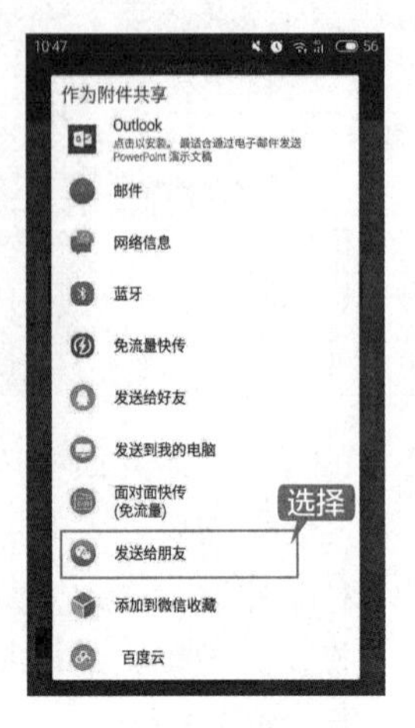

第 3 步 点击【发送给朋友】按钮，打开【选择】界面，选择要分享文档的好友，在打开的面板中点击【分享】按钮，即可把办公文档分享给选中的好友，如下图所示。

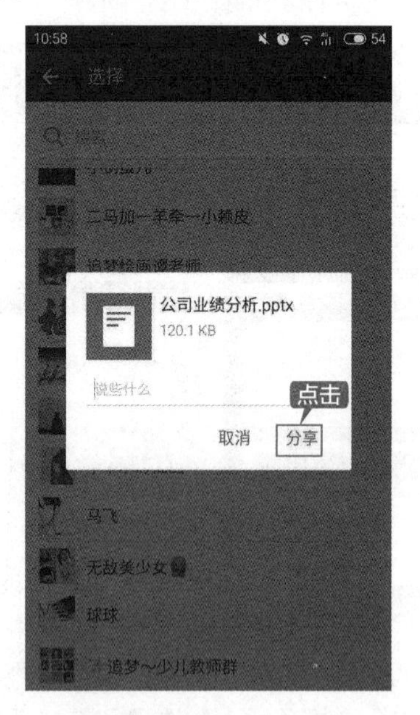

◇ 用手机 QQ 打印办公文档

如今手机办公越来越便利，随时随地都可以处理文档和图片等。在这种情况下，可以将编辑好的 Excel 文档直接通过手机连接打印机进行打印。

一般较为常用的有两种方法。一种是手机和打印机同时连接同一个网络，在手机和 PC 端分别按照打印机共享软件，实现打印机的共享，如打印工场、打印助手等；另一种是通过账号进行打印，则不局限于局域网的限制，但是仍需要手机和计算机联网，安装软件通过账号访问 PC 端打印机，进行打印，最为常用的就是 QQ。

本技巧则以 QQ 为例，前提是需要手机端和 PC 端同时登录 QQ，且 PC 端已正确安装打印机及驱动程序，具体操作步骤如下。

第 1 步 登录手机 QQ，进入【联系人】界面，选择【我的设备】分组下的【我的打印机】选项，如左下图所示。

第 2 步 进入【我的打印机】界面，点击【打印文件】或【打印照片】按钮，可添加打印的文件和照片，如右下图所示。

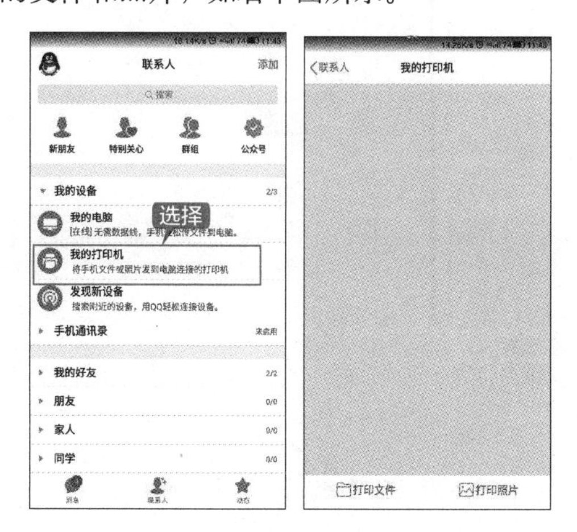

第 3 步 如点击【打印文件】按钮，则显示【最近文件】界面，用户可选择最近手机访问的文件进行打印，如左下图所示。

第 4 步 如最近文件列表中没有要打印的文件，则点击【全部文件】按钮，选择手机中要打印的文件，点击【确定】按钮，如右下图所示。

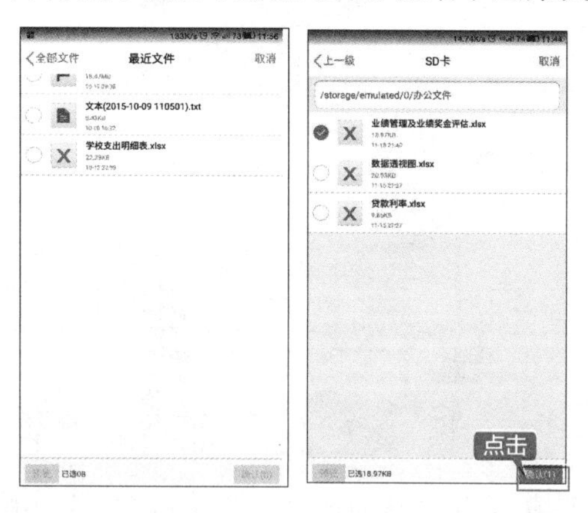

第 5 步 进入【打印选项】界面，可以设置要使用的打印机、打印机的份数、是否双面，设置后点击【打印】按钮，如左下图所示。

第 6 步 返回【我的打印机】界面，即会将该文件发送到打印机进行打印输出，如右下图所示。

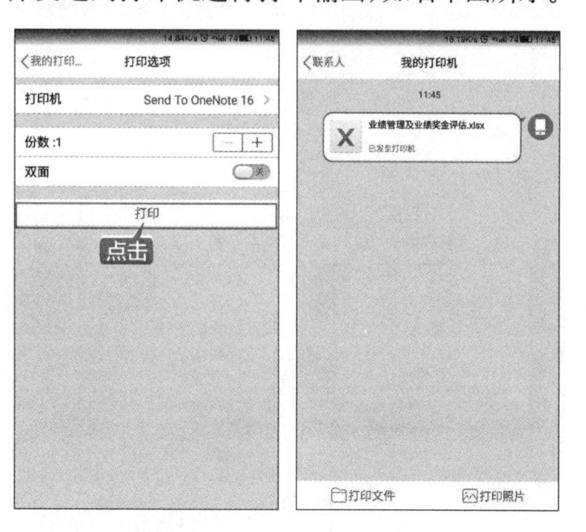

◇ 使用语音输入文字提高手机中的打字效率

在手机中输入文字可以使用打字输入，也可以手写输入，但通常打字较慢。使用语音输入可以提高在手机中的打字效率，下面以搜狗输入法为例介绍语音输入。

第1步 在手机中打开【便签】界面，即可弹出搜狗输入法的输入面板，如下图所示。

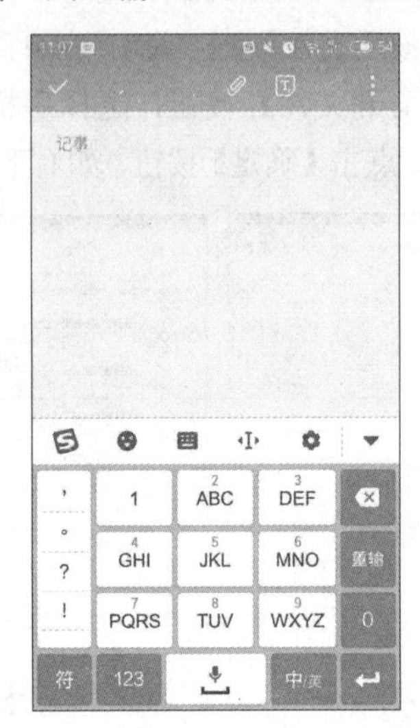

第2步 在输入法面板上长按【空格】键，出现【说话中】面板后即可进行语音输入。输入完成后，即可在面板中显示输入的文字，如下图所示。

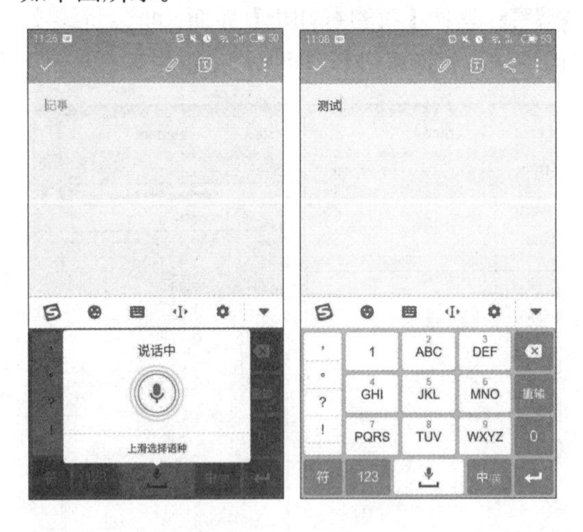

第3步 此外，搜狗语音输入法还可以选择语种，按住【空格】键，出现话筒后手指上滑，即可打开【语种】面板，这里包括【普通话】【英语】和【粤语】3种，用户可以自主选择，如下图所示。

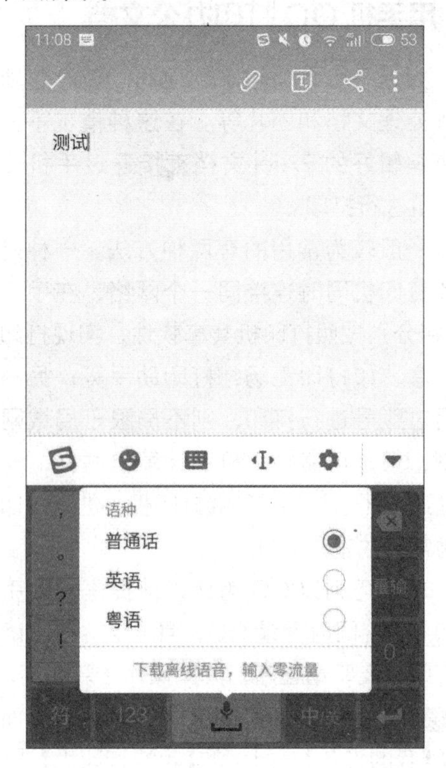